Karl Stephan · Franz Mayinger

Thermodynamik
Grundlagen und technische Anwendungen

Zwölfte, neubearbeitete und erweiterte Auflage

Band 1 Einstoffsysteme

Mit 214 Abbildungen und 2 Tafeln in der Tasche

Springer-Verlag
Berlin Heidelberg New York London Paris Tokyo
1986

Dr.-Ing. Karl Stephan
o. Professor an der Universität Stuttgart
Institut für Technische Thermodynamik und Thermische Verfahrenstechnik

Dr.-Ing. Franz Mayinger
o. Professor an der Technischen Universität München
Lehrstuhl A für Thermodynamik

Titel der 1.—10. Auflage:
E. Schmidt, Einführung in die Technische Thermodynamik
Titel der 11. Auflage:
E. Schmidt/K. Stephan/F. Mayinger, Technische
Thermodynamik neubearbeitet (in 2 Bänden) von
K. Stephan und F. Mayinger

ISBN 3-540-15751-4 12. Aufl., Bd. 1, Springer-Verlag Berlin Heidelberg New York
ISBN 0-387-15751-4 12th Ed., Vol. 1, Springer-Verlag New York Heidelberg Berlin

CIP-Kurztitelaufnahme der Deutschen Bibliothek
Stephan, Karl:
Thermodynamik: Grundlagen u. techn. Anwendungen
Karl Stephan, Franz Mayinger.
Berlin, Heidelberg, New York, London, Paris, Tokyo: Springer
11. Aufl. u. d. T.: Schmidt, Ernst: Technische Thermodynamik
NE: Mayinger, Franz.
Bd. 1. Einstoffsysteme. — 12., neubearb. u. erw. Aufl. — 1986.
ISBN 3-540-15751-4 (Berlin . . .)
ISBN 0-387-15751-4 (New York . . .)

Das Werk ist urheberrechtlich geschützt. Die dadurch begründeten Rechte, insbesondere die der Übersetzung, des Nachdrucks, der Entnahme von Abbildungen, der Funksendung, der Wiedergabe auf photomechanischem oder ähnlichem Wege und der Speicherung in Datenverarbeitungsanlagen bleiben, auch bei nur auszugsweiser Verwertung, vorbehalten.
Die Vergütungsansprüche des § 54, Abs. 2 UrhG werden durch die
‚Verwertungsgesellschaft Wort', München, wahrgenommen.

© Springer-Verlag, Berlin/Heidelberg 1936, 1944, 1950, 1953, 1956, 1958, 1960, 1962, 1963, 1975, 1986
Printed in FRG

Die Wiedergabe von Gebrauchsnamen, Handelsnamen, Warenbezeichnungen usw. in diesem Buch berechtigt auch ohne besondere Kennzeichnung nicht zu der Annahme, daß solche Namen im Sinne der Warenzeichen- und Markenschutz-Gesetzgebung als frei zu betrachten wären und daher von jedermann benutzt werden dürften.

Satz: Thomas Müntzer, Bad Langensalza, DDR
Druck: Saladruck, Steinkopf & Sohn, Berlin
Bindearbeiten: Lüderitz & Bauer, Berlin
2160/3020-54321

Vorwort

Die zwölfte Auflage unterscheidet sich von den vorangegangenen durch eine umfassende Neubearbeitung. Trotz vieler Änderungen waren wir aber bemüht, Ziel und Anlage des Buches zu erhalten.

Es soll als Lehrbuch der Thermodynamik den Studierenden, vor allem den der Ingenieurwissenschaften, mit den Grundlagen der Thermodynamik und ihren technischen Anwendungen vertraut machen. Die im Vergleich zu anderen Lehrbüchern reichliche Ausstattung mit Zahlenangaben für Stoffeigenschaften, die sich schon in den früheren Auflagen bewährte, wurde weiter beibehalten. Dadurch wird die Lösung praktischer Aufgaben erleichtert, und dem Leser bleibt das oft mühsame Suchen von Stoffwerten erspart.

Besonderer Wert wurde auf eine anschauliche und praxisorientierte Darstellung des Stoffes gelegt. Dies sollte dem Studierenden die Anwendung des Gelernten erleichtern und dem bereits in der Praxis Tätigen die technische Verwertbarkeit klarer demonstrieren.

Die Thermodynamik wird von den Studierenden im allgemeinen als eines der schwierigeren Wissensgebiete angesehen, obwohl sie mit nur wenigen Lehrsätzen, neuen Begriffen und mathematischen Kenntnissen auskommt. Dies mag vor allem an den Schwierigkeiten liegen, die wenigen, aber abstrakten Grundlagen auf konkrete technische und physikalische Vorgänge anzuwenden. Es war daher unser Bestreben, die Grundlagen trotz aller gebotenen wissenschaftlichen Strenge stets so anschaulich wie möglich darzubieten, und wir haben außerdem, wie in den früheren Auflagen, unmittelbar im Anschluß an entwickelte Sätze die damit schon behandelbaren Anwendungen angeschlossen. Zahlreiche Übungsaufgaben, deren Lösungen man im Anhang findet, sollen zu eigenem Rechnen anleiten und den Stoff vertiefen.

Als besonders anschaulich und einprägsam für die Darstellung des ersten und zweiten Hauptsatzes erwies sich der Begriff der Austauschvariablen. Sie ist diejenige Variable, über die ein System Kontakt zu seiner Umgebung aufnimmt. Die Entropie ist in diesem Begriffssystem weiter nichts als diejenige Variable, über die das System mit seiner Umgebung in Kontakt tritt, wenn es Wärme aufnimmt. Wärme fließt dann über die Koordinate Entropie in das System auf Kosten der Entropie der Umgebung. Die genauere Diskussion der Eigenschaften dieses so zunächst anschaulich und dann in aller Strenge eingeführten Entropiebegriffes führt zwanglos zur Formulierung des zweiten Hauptsatzes. Auf seine sorgfältige Behandlung wurde besonderer Wert gelegt, und es wurden, ausgehend von seiner allgemeinsten Form, die verschiedenen speziellen, für bestimmte Anwendungen zweckmäßigen Formulierungen behandelt. Ausführlicher als sonst üblich wurden auch die Begriffe der Dissipationsarbeit und Dissipationsenergie erörtert. Mit Hilfe der Dissipationsarbeit ließ sich der erste Hauptsatz ohne Kenntnis des zweiten bereits vollständig formulieren. Erst in Zusammenhang mit dem zweiten Hauptsatz ergab sich dann, daß die Dissipationsarbeit nie negativ sein kann. Die Begriffe der Dissipationsarbeit und -energie erwiesen sich weiter als nützlich bei der Bewertung technischer Prozesse hinsichtlich ihrer Verluste. Sie erleichtern gleichzeitig den Zugang zum Studium der Thermodynamik irreversibler Prozesse, die zwar nicht Gegenstand dieses Buches ist, über die aber zahlreiche Spezialwerke vorliegen.

Im Interesse einer praxisorientierten Vermittlung des Stoffes wurden die technischen Kreisprozesse bewußt ausführlich behandelt. Einen breiten Raum nimmt die Diskussion der Dampfkraftprozesse ein. Kraftmaschinen werden in der Praxis nicht mit idealen, sondern mit realen Gasen betrieben, und ihre Berechnung erfolgt heute in der Regel auf elektronischen Rechenmaschinen. Deshalb werden auch Zustandsgleichungen für reale Gase, insbesondere für Wasserdampf, ausführlich behandelt.

Die vorliegende zwölfte Auflage enthält im Unterschied zur elften wie alle früheren Auflagen wieder eine kurzgefaßte Einführung in die Wärmeübertragung (Kapitel IX) etwa in dem Umfang wie sie in den Grundlagenvorlesungen für Maschinen- und Verfahrensingenieure gelehrt wird. Wir haben uns zu diesem Schritt entschlossen, weil die Grundgesetze der Wärmeübertragung zwanglos aus den Hauptsätzen der Thermodynamik folgen, weswegen auch an vielen Hochschulen eine Einführung in die Wärmeübertragung im Rahmen der Thermodynamik gelehrt wird.

Das Kapitel über Strömungsprozesse haben wir knapper gefaßt und auf den Abschnitt über Zweiphasenströmungen ganz verzichtet, da hierüber inzwischen viele Spezialwerke erschienen sind.

Von den zahlreichen übrigen Änderungen seien folgende genannt: Die Darstellung des ersten Hauptsatzes haben wir erweitert. Den Betrachtungen vorangestellt ist eine allgemeine Formulierung des ersten Hauptsatzes, die auch schon in der vorigen Auflage enthalten war. In folgenden Abschnitten wird dann deren Anwendung auf spezielle Prozesse erörtert: Auf Prozesse in geschlossenen Systemen, auf stationäre und dann auf instationäre Prozesse in offenen Systemen. Die Thermodynamik des Wärmekraftprozesses, der Kälteerzeugung und der Wärmepumpe wurde eingehender als bisher mit Hilfe der Exergie erklärt, die für das Verständnis dieser Vorgänge besonders hilfreich ist. Alle Tabellen und Diagramme wurden neu berechnet und die Angaben auf den neuesten Stand gebracht.

Trotz Einführung des Internationalen Einheitensystems wird der Ingenieur in den kommenden Jahren immer noch hin und wieder mit den technischen oder den in anderen Industrieländern gebräuchlichen Einheitensystemen umgehen müssen, zumal eine große Zahl von Tabellen der Stoffeigenschaften in diesen Einheiten vorhanden sind. Wir haben daher ein Kapitel über Einheitensysteme mit Tabellen über wichtige Umrechnungsfaktoren beibehalten.

Für wertvolle Ratschläge und Hinweise sind wir Studenten unserer Vorlesungen, vielen Kollegen und Freunden zu Dank verpflichtet.

Den Herren Dr.-Ing. M. Tamm und Dipl.-Ing. D. Butz danken wir für das Mitlesen der Korrekturen und für viele Anregungen, dem Springer-Verlag für die angenehme Zusammenarbeit und die sorgfältige Ausführung der Neuauflage.

Stuttgart K. Stephan
München, im Sommer 1986 F. Mayinger

Inhaltsverzeichnis

Liste der Formelzeichen XV

I. Aufgabe und Grundbegriffe der Thermodynamik 1
  1. Aufgabe der Thermodynamik 1
  2. Thermodynamische Systeme 3
  3. Die Koordinaten des Systems 4
  4. Einige Eigenschaften von Zustandsgrößen 6

II. Das thermodynamische Gleichgewicht und die empirische Temperatur 9
  1. Das thermische Gleichgewicht 9
  2. Der nullte Hauptsatz und die empirische Temperatur 11
  3. Die internationale Temperaturskala 16
  4. Praktische Temperaturmessung 19
    a) Flüssigkeitsthermometer 19
    b) Widerstandsthermometer 22
    c) Thermoelemente 23
    d) Strahlungsthermometer 25
  5. Maßsysteme und Einheiten. Größengleichungen 25
  6. Die thermische Zustandsgleichung idealer Gase 31
    6.1. Die Einheit der Stoffmenge. Die Gaskonstante und das Gesetz von Avogadro 36

III. Der erste Hauptsatz der Thermodynamik 40
  1. Allgemeine Formulierung des ersten Hauptsatzes 40
  2. Die Energieform Arbeit 42
    2.1 Mechanische Energie 43
    2.2 Volumarbeit 45
    2.3 Die Arbeit einiger anderer Prozesse. Verallgemeinerung des Begriffs der Arbeit 49
      a) Der elastische Stab 49

b) Oberflächenfilme 50
c) Elektrochemische Zellen 50
d) Polarisation in einem Dielektrikum 51
e) Magnetisierung 55
f) Elektromagnetische Felder 58
g) Verallgemeinerung des Begriffs Arbeit 59
2.4 Die dissipierte Arbeit 60

3. Die innere Energie 62
3.1 Kinetische Deutung der inneren Energie 63

4. Die Energieform Wärme 68

5. Anwendung des ersten Hauptsatzes auf geschlossene Systeme . . . 69

6. Messung und Eigenschaften von innerer Energie und Wärme . . . 70

7. Anwendung des ersten Hauptsatzes auf stationäre Prozesse in offenen Systemen 73

8. Anwendung des ersten Hauptsatzes auf instationäre Prozesse in offenen Systemen 80

9. Die kalorischen Zustandsgleichungen und die spezifischen Wärmekapazitäten 83
9.1 Die kalorischen Zustandsgleichungen und die spezifischen Wärmekapazitäten der idealen Gase 85
9.2 Die spezifischen Wärmekapazitäten der wirklichen Gase . . . 88

10. Einfache Zustandsänderungen idealer Gase 97
a) Zustandsänderung bei konstantem Volum oder Isochore . . . 97
b) Zustandsänderung bei konstantem Druck oder Isobare . . . 98
c) Zustandsänderung bei konstanter Temperatur oder Isotherme 98
d) Quasistatische adiabate Zustandsänderungen 100
e) Polytrope Zustandsänderungen 103
f) Logarithmische Diagramme zur Darstellung von Zustandsänderungen 106

11. Das Verdichten von Gasen und der Arbeitsgewinn durch Gasentspannung 107

IV. Der zweite Hauptsatz der Thermodynamik 112

1. Das Prinzip der Irreversibilität 112

2. Entropie und absolute Temperatur 116

3. Die Entropie als vollständiges Differential und die absolute Temperatur als integrierender Nenner 121

4. Einführung des Entropiebegriffes und der absoluten Temperaturskala mit Hilfe des integrierenden Nenners 127

5. Statistische Deutung des zweiten Hauptsatzes 131
   5.1 Die thermodynamische Wahrscheinlichkeit eines Zustandes . 131
   5.2 Entropie und thermodynamische Wahrscheinlichkeit 135
   5.3 Die endliche Größe der thermodynamischen Wahrscheinlichkeit,
       Quantentheorie, Nernstsches Wärmetheorem 136
6. Eigenschaften der Entropie bei Austauschprozessen 138
7. Allgemeine Formulierung des zweiten Hauptsatzes der Thermodynamik 141
   7.1 Einige andere Formulierungen des zweiten Hauptsatzes . . . 143
   7.2 Schlußfolgerungen aus den verschiedenen Formulierungen des
       zweiten Hauptsatzes 145
       a) Zusammenhang zwischen Entropie und Wärme 145
       b) Zustandsänderungen adiabater Systeme 147
       c) Isentrope Zustandsänderungen 148
   7.3 Aussagen des ersten und zweiten Hauptsatzes über quasistatische und über irreversible Prozesse 148
   7.4 Die Fundamentalgleichung 152
   7.5 Die Entropie idealer Gase und anderer Körper 155
   7.6 Die Entropiediagramme 159
   7.7 Das Entropiediagramm der idealen Gase 160
   7.8 Beweis, daß die innere Energie idealer Gase nur von der Temperatur abhängt 162
8. Spezielle nichtumkehrbare Prozesse 163
   a) Reibungsbehaftete Prozesse 163
   b) Wärmeleitung unter Temperaturgefälle 169
   c) Drosselung 171
   d) Mischung und Diffusion 173
9. Anwendung des zweiten Hauptsatzes auf Energieumwandlungen . 177
   9.1 Einfluß der Umgebung auf Energieumwandlungen 177
   9.2 Berechnung von Exergien 179
       a) Die Exergie eines geschlossenen Systems 179
       b) Die Exergie eines offenen Systems 181
       c) Die Exergie einer Wärme 182
       d) Die Exergie bei der Mischung zweier idealer Gase . . . 186
   9.3 Verluste durch Nichtumkehrbarkeiten 187

V. Thermodynamische Eigenschaften der Materie 192

1. Darstellung der Eigenschaften durch Zustandsgleichungen. Messung
   von Zustandsgrößen 192
2. Gase und Dämpfe, die p,v,T-Diagramme 194
   2.1 Die kalorischen Zustandsgrößen von Dämpfen 203

2.2 Tabellen und Diagramme der Zustandsgrößen von Dämpfen 207
2.3 Einfache Zustandsänderungen von Dämpfen 214
   a) Isobare Zustandsänderung 214
   b) Isochore Zustandsänderung 214
   c) Reversible adiabate Zustandsänderung 215
   d) Adiabate Drosselung 217
2.4 Die Gleichung von Clausius und Clapeyron 218
2.5 Das schwere Wasser 222

3. Das Erstarren und der feste Zustand 223
   3.1 Das Gefrieren und der Tripelpunkt 223
   3.2 Die spezifische Wärmekapazität und die Entropie fester Körper 225

4. Abweichung der realen Gase von der Zustandsgleichung der idealen Gase 227
   4.1 Die Zustandsgleichung realer Gase 227
   4.2 Die van-der-Waalssche Zustandsgleichung 232
   4.3 Das erweiterte Korrespondenzprinzip 238
   4.4 Zustandsgleichungen für den praktischen Gebrauch 239
      a) Zustandsgleichungen des Wasserdampfes 242
   4.5 Beziehung zwischen den kalorischen Zustandsgrößen und der thermischen Zustandsgleichung 246
   4.6 Die Entropie als Funktion der einfachen Zustandsgrößen . . 247
   4.7 Die Enthalpie und die innere Energie als Funktion der einfachen Zustandsgrößen 252
   4.8 Die spezifischen Wärmekapazitäten 255
   4.9 Die Drosselung realer Gase und die Ermittlung der kalorischen und thermischen Zustandsgleichung aus kalorischen Messungen 257

VI. Thermodynamische Prozesse 260
   1. Der Carnotsche Kreisprozeß und seine Anwendung auf das ideale Gas 264
   2. Die Umkehrung des Carnotschen Kreisprozesses 269
   3. Die Heißluftmaschine und die Gasturbine 270
   4. Der Stirling-Prozeß und der Philips-Motor 277
      4.1 Die Umkehrung des Stirling-Prozesses 280
   5. Die Arbeitsprozesse bei Verbrennungsmotoren mit innerer Verbrennung. Otto- und Diesel-Motor 282
      a) Das Otto- oder Verpuffungsverfahren 284
      b) Das Diesel- oder Gleichdruckverfahren 286
      c) Der gemischte Vergleichsprozeß 288
      d) Abweichungen des Vorganges in der wirklichen Maschine vom theoretischen Vergleichsprozeß; Wirkungsgrade 290
      e) Exergetischer Wirkungsgrad der Kreisprozesse 292

6. Der technische Luftverdichter 293
7. Die Dampfkraftanlage — der Clausius-Rankine-Prozeß 296
   7.1 Besondere Arbeitsverfahren im Zusammenhang mit dem Clausius-Rankine-Prozeß 304
      a) Die Verwendung von Dampf in der Nähe des kritischen Zustandes 304
      b) Verluste beim Clausius-Rankine-Prozeß und Maßnahmen zur Verbesserung des Wirkungsgrades 305
      c) Quecksilber, fluorierte bzw. chlorierte Kohlenwasserstoffe und andere Stoffe als Arbeitsmittel für Kraftanlagen . . . 310
      d) Binäre Gemische als Arbeitsmittel 313
8. Die Umkehrung der Dampfmaschine 314
      a) Die Kaltdampfmaschine als Kältemaschine 314
      b) Die reversible Heizung und die Wärmepumpe 316

VII. Strömende Bewegung von Gasen und Dämpfen 320

1. Laminare und turbulente Strömung, Geschwindigkeitsverteilung und mittlere Geschwindigkeit 320
2. Erhaltungssätze für Masse, Impuls und Energie 323
3. Meßtechnische Anwendungen, Staurohr, Düse und Blende . . . 326
4. Enthalpie und kinetische Energie der Strömung 330
5. Die Strömung eines idealen Gases durch Düsen und Mündungen . 331
6. Die Schallgeschwindigkeit in Gasen und Dämpfen 335
7. Die erweiterte Düse nach de Laval 339
8. Verdichtungsstöße 346

VIII. Der Luftstrahlantrieb 355

1. Das Schubrohr (Lorin-Düse) 357
2. Der Turbinenstrahlantrieb 360
      a) Der Turbinenstrahlantrieb im Stand 361
      b) Der Turbinenstrahlantrieb im Fluge 361
      c) Leistungssteigerung durch Nachverbrennung und Wassereinspritzung 364

IX. Die Grundbegriffe der Wärmeübertragung 365

1. Allgemeines 365
2. Stationäre Wärmeleitung 366

3. Wärmeübergang und Wärmedurchgang 370
4. Nichtstationäre Wärmeleitung 374
5. Die Ähnlichkeitstheorie der Wärmeübertragung 381
6. Grundlagen der Wärmeübertragung durch Konvektion 386
   6.1 Dimensionslose Kenngrößen und Beschreibung des Wärmetransportes in einfachen Strömungsfeldern 389
   6.2 Einzelprobleme der Wärmeübertragung ohne Phasenumwandlung 397
      a) Erzwungene Konvektion 397
      b) Freie Konvektion 404
7. Wärmeübertragung beim Sieden und Kondensieren 409
   7.1 Wärmeübergang beim Sieden 409
   7.2 Wärmeübergang beim Kondensieren 417
8. Wärmeübertrager — Gleichstrom, Gegenstrom, Kreuzstrom . . . 421
   8.1 Gleichstrom 422
   8.2 Gegenstrom 424
   8.3 Kreuzstrom 425
9. Die Wärmeübertragung durch Strahlung 428
   9.1 Grundbegriffe, Emission, Absorption, das Gesetz von Kirchhoff 428
   9.2 Die Strahlung des schwarzen Körpers 432
   9.3 Die Strahlung technischer Oberflächen 435
   9.4 Der Wärmeaustausch durch Strahlung 438

Anhang: Dampftabellen 445

Lösungen der Übungsaufgaben 470

Namen- und Sachverzeichnis 496

Tafel A. Mollier h,s-Diagramm des Wasserdampfes } in der Tasche
                                                                                                                  am Schluß
Tafel B. Mollier log p,h-Tafel von Ammoniak   } des Buches

Inhalt des zweiten Bandes:
Mehrstoffsysteme und chemische Reaktionen
  I. Thermodynamik der Gemische
 II. Thermodynamische Prozesse
III. Die Verbrennungserscheinungen und die Verbrennungsrechnung
IV. Einführung in die Thermodynamik der chemischen Reaktionen
Mit zahlreichen Übungsbeispielen

Liste der Formelzeichen

(Maßeinheiten sind in eckigen Klammern hinzugefügt. Größen, bei denen diese Angabe fehlt, sind dimensionslos.)

1. Lateinische Buchstaben

Fettgedruckte lateinische Buchstaben bezeichnen universelle Konstanten der Physik.

A	Fläche [m²]
A'	geometrischer Faktor bei elektrischen Kondensatoren [m²/m]
a	Absorptionszahl bei Strahlungsvorgängen
a	Kohäsionskonstante in der van-der-Waalsschen Zustandsgleichung [Nm⁴/kg²]
a	Abstand [m]
a	Temperaturleitfähigkeit [m²/s]
a_λ	monochromatische Absorptionszahl
B	magnetische Induktion [N/(Am)]
b	Kovolum in der van-der-Waalsschen Zustandsgleichung [m³/kg]
C	Strahlungsaustauschkonstante [W/(m²K⁴)]
C	Kapazität [As/V]
$\bar{C}, \bar{C}_p, \bar{C}_v$	Molwärmen, molare Wärmekapazität [kJ/(kmol K)]
$\boldsymbol{c}$	Lichtgeschwindigkeit im luftleeren Raum [m/s]
c	spezifische Wärmekapazität [kJ/(kg K)]
c_p	— — bei konstantem Druck [kJ/(kg K)]
c_v	— — bei konstantem Volum [kJ/(kg K)]
D	dielektrische Verschiebung [As/m²]
d	Durchmesser, Bezugslänge [m]
E	elektrische Feldstärke [V/m]
E	Emission [W/m²]
E	Energie [kJ]
E^*	Elastizitätsmodul [N/m]
$\boldsymbol{e}$	Elementarladung [C]
e	Einstrahlzahl
F	Kraft [N]
f	spezifische freie Energie [kJ/kg]
g	Fallbeschleunigung [m/s²]
g	spezifische freie Enthalpie [kJ/kg]
H	Enthalpie [kJ]
H	Helligkeit [W/m²]
H	magnetische Feldstärke [A/m]
$\bar{H}$	molare Enthalpie [kJ/kmol]
h	spezifische Enthalpie [kJ/kg]
h', h'', h'''	— — auf den Phasengrenzkurven [kJ/kg]
$\boldsymbol{h}$	Plancksches Wirkungsquantum [Js]
I	Strom [A]
J	Impuls [kg m/s]
J	Intensität [W/m³]
$\boldsymbol{k}$	Boltzmannsche Konstante [J/K]
L	verrichtete Arbeit [J], [Nm]
L_{ex}	Exergie [J], [Nm]

Liste der Formelzeichen

L_m	mechanische Arbeit [J], [Nm]
L_n	Nutzarbeit [J], [Nm]
L_t	technische Arbeit [J], [Nm]
l	spezifische Arbeit [J/kg], [Nm/kg]
M	Magnetisierung [N/(Am)]
M	Molmasse [kg/kmol]
M_d	Drehmoment [Nm]
$\dot{M}$	Mengenstrom [kg/s]
m	Masse, Menge [kg]
m	Öffnungsverhältnis von Düsen und Blenden
$\dot{m}$	Mengenstromdichte [kg/(m² s)]
N_A	Loschmidt-Zahl, Avogadro-Konstante [l/mol], [l/kmol]
n	Drehzahl [1/s], [1/min]
n	Molmenge, Anzahl der Mole [mol], [kmol]
n	Polytropenexponent
P	elektrische Polarisation [As/m²]
P	Leistung [W]
P_m	mechanische Leistung [W]
P_n	Nutzleistung [W]
p	Druck [N/m²], [bar]
p_k	kritischer Druck [bar]
$p_{r/}$	normierter Druck
p_s	Lavaldruck [bar]
p_u	Umgebungsdruck [bar]
Q	zugeführte Wärme [J]
Q_{rev}	reversibel zugeführte Wärme [J]
q	spezifische zugeführte Wärme [kJ/kg]
q	Wärmestromdichte [W/m²]
R	Gaskonstante [kJ/(kg K)], [Nm/(kg K)]
$\bar{R}$	universelle Gaskonstante [kJ/(kmol K)], [Nm/(kmol K)]
r	spezifische Verdampfungsenthalpie [kJ/kg]
S	Entropie [kJ/K]
$\bar{S}$	molare Entropie [kJ/(kmol K)]
$\dot{S}$	Entropiestrom [W/K]
$\dot{S}$	Schub [N]
s	spezifische Entropie [kJ/(kg K)]
s', s'', s'''	— — auf den Phasengrenzkurven [kJ/(kg K)]
s_{abs}	Absolutwert der spezifischen Entropie [kJ/(kg K)]
T	absolute Temperatur [K]
T_k	kritische Temperatur [K]
T_r	normierte Temperatur
T_s^*	Sättigungstemperatur [K]
T_u	Umgebungstemperatur
t	Temperatur über Eispunkt [°C]
t	Zeit [s]
U	innere Energie [J]
U	Umfang [m]
U_e	elektrische Spannung [V]
$\bar{U}$	molare innere Energie [kJ/kmol]
u	spezifische innere Energie [kJ/kg]
u', u'', u'''	— — auf den Phasengrenzkurven [kJ/kg]
V	Volum [m³]
$\bar{V}$	Molvolum [m³/kmol]
v	spezifisches Volum [m³/kg]
v', v'', v'''	— — auf den Phasengrenzkurven [m³/kg]

v_k	kritisches spezifisches Volum [m³/kg]
v_r	normiertes spezifisches Volum
W	thermodynamische Wahrscheinlichkeit
w	elektrischer Widerstand [Ω]
w	Geschwindigkeit, Schallgeschwindigkeit [m/s]
w_s	Lavalgeschwindigkeit, Schallgeschwindigkeit im engsten Querschnitt [m/s]
$\bar{X}$	molare extensive Zustandsgröße [bezogen auf kmol]
Z	Realgasfaktor
z	Länge, Weg [m]

2. Griechische Buchstaben

α	Ausflußziffer
α	Drehwinkel, Winkel
α	Durchflußzahl
α	Wärmeübergangskoeffizient [W/(m² K)]
α_a	Neigungswinkel
α_i	Neigungswinkel
β	Ausdehnungskoeffizient [1/K]
γ	Spannungskoeffizient [1/K]
δ	Wanddicke, Kantenlänge des Impulsraumes [m], [cm]
ε	Dehnung
ε	Dielektrizitätskonstante [C²/(Nm²)]
ε	Emissionszahl
ε	Verdichtungsverhältnis
ε_0	Dielektrizitätskonstante des Vakuums [C²/(Nm²)]
ζ	Gütegrad
ζ	Berichtigungsfaktor für Zähigkeit bei Ausfluß
η	Wirkungsgrad, Gütegrad
η	dynamische Viskosität [kg/(m s)]
Θ	Debye-Temperatur [K]
ϑ	empirische Temperatur [°C], [K]
$\varkappa$	Verhältnis der spezifischen Wärmekapazitäten
λ	Luftverhältnis bei der Verbrennung
λ	Wärmeleitfähigkeit [W/(Km)]
λ	Wellenlänge der Strahlung [m]
μ	Einschnürungszahl bei der Strömung durch Blenden
μ	magnetische Permeabilität [Vs/(Am)]
μ_0	magnetische Permeabilität des Vakuums [Vs/(Am)]
ν	kinematische Viskosität [m²/s]
ν	dimensionsloses Volum
π	dimensionsloser Druck
ϱ	Dichte [kg/m³]
σ	Normalspannung [N/m²]
σ	Strahlungsaustauschkonstante des schwarzen Körpers [W/(m² K⁴)]
σ'	Oberflächenspannung [N/m]
τ	dimensionslose Temperatur
τ	Schubspannung [N/m²]
τ	Zeit [s]
Φ	Wärmestrom [W]
Φ	Potential
Φ	Potentialdifferenz [V]
φ	Einspritzverhältnis bei Dieselmotoren
φ	geographische Breite
φ	Geschwindigkeitsziffer

φ	Lennard-Jones-Potential [J], [Nm]
φ	Winkel
χ	isothermer Kompressibilitätskoeffizient [m²/N]
Ψ	Dissipationsenergie [kJ]
ψ	Ausflußfunktion
ψ	Drucksteigerungsverhältnis bei Dieselmotoren
ψ	Reibungsbeiwert
ω	dimensionslose Geschwindigkeit, Winkelgeschwindigkeit [1/s]

I Aufgabe und Grundbegriffe der Thermodynamik

1 Aufgabe der Thermodynamik

Die Thermodynamik ist als Teilgebiet der Physik eine allgemeine Energielehre. Sie befaßt sich mit den verschiedenen Erscheinungsformen der Energie, mit den Umwandlungen von Energien und mit den Eigenschaften der Materie, da Energieumwandlungen eng mit Eigenschaften der Materie verknüpft sind.

Da es kaum einen physikalischen Vorgang ohne Energieumwandlungen gibt, ist die Thermodynamik einer der grundlegenden Zweige der Naturwissenschaften. Sie ist gleichzeitig Grundlage vieler Ingenieurdisziplinen: Dem Verfahrenstechniker liefert sie die allgemeinen Gesetze der Stofftrennung, da diese stets über Energieumwandlungen ablaufen, dem Kälte- und Klimatechniker die Grundgesetze der Erzeugung tiefer Temperaturen und der Klimatisierung und dem Maschinen- und Elektroingenieur die Gesetze der Energieumwandlung. Es gehört zum Wesen der thermodynamischen Betrachtungsweise, daß sie — losgelöst von speziellen technischen Prozessen – die diesen innewohnenden allgemeinen und übergeordneten Zusammenhänge sucht.

So verschiedene technische Prozesse wie diejenigen, welche in einem Verbrennungsmotor, einem Kernkraftwerk, in einer Brennstoffzelle oder in einer Luftverflüssigungsanlage ablaufen, lassen sich mit Hilfe thermodynamischer Gesetze unter einheitlichen Gesichtspunkten zusammenfassen. Freilich wird der Ingenieur, welcher einen Verbrennungsmotor, ein Kernkraftwerk, eine Brennstoffzelle oder eine Luftverflüssigungsanlage plant und entwirft, sich noch viele andere Kenntnisse über Einzelheiten des Prozeßablaufs, über Werkstoffe, Konstruktion und Fertigung, Eigenschaften der benötigten Maschinen und Apparate und über wirtschaftliche und vielfach auch über politische Zusammenhänge aneignen müssen. Eine sichere Beurteilung des Prozeßablaufs und der energetischen Zusammenhänge ist jedoch ohne eine gründliche Beherrschung der thermodynamischen Gesetze nicht möglich.

Eine Lehre von der Thermodynamik für Ingenieure verfolgt also drei Ziele:

1. Es sollen die allgemeinen Gesetze der Energieumwandlung bereitgestellt, es sollen
2. die Eigenschaften der Materie untersucht, und es soll
3. an ausgewählten, aber charakteristischen Beispielen gezeigt werden, wie diese Gesetze auf technische Prozesse anzuwenden sind.

Im Rahmen dieses Buches wird hierbei eine wichtige Einschränkung vorgenommen. Es werden vorwiegend Energieumwandlungen beim Übergang von einem Gleichgewichtszustand in einen anderen behandelt, und es werden die Eigenschaften der Materie im Gleichgewichtszustand untersucht. Auf Aussagen über den zeitlichen Ablauf von Vorgängen wird weitgehend verzichtet. Für viele technische Prozesse ist diese Einschränkung unerheblich, da hierbei das System tatsächlich von einem Gleichgewichtszustand in den anderen überführt wird und da für eine Beurteilung des Prozesses der zeitliche Verlauf des Übergangs zwischen den Gleichgewichtszuständen uninteressant ist. Viele Prozesse laufen überdies so langsam ab, daß in dem System näherungsweise Gleichgewicht vorhanden ist und daher auch die Zwischenzustände mit dem nur für Gleichgewichte gültigen Formalismus näherungsweise beschrieben werden können. Man bezeichnet den Teil der Thermodynamik, welcher dem Studium der Gleichgewichte gewidmet ist, zutreffender auch als Thermostatik. Die Bezeichnung Thermodynamik hat sich jedoch auch für dieses Gebiet so eingebürgert, daß wir sie beibehalten wollen.

Eine andere Einschränkung, die wir vornehmen, besteht darin, daß wir – von einigen wenigen Ausnahmen abgesehen — nur das makroskopische Verhalten der Materie in ihren Gleichgewichtszuständen behandeln, d. h., wir verzichten darauf, die Bewegung einzelner Moleküle zu beschreiben. Bei einer solchen mikroskopischen Art der Beschreibung muß man die Geschwindigkeit und den Ort eines jeden Moleküls angeben. Im Gegensatz zu dieser aufwendigen Betrachtungsweise kommt die makroskopische Art der Beschreibung mit wenigen Veränderlichen aus. Diese Tatsache kann man sich leicht am Beispiel der Bewegung eines Kolbens im Zylinder eines Motors klarmachen. In jedem Augenblick der Bewegung besitzt das im Zylinder eingeschlossene Gas, Abb. 1, je nach Stellung

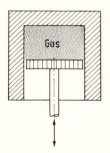

Abb. 1. Bewegung eines Kolbens in einem Zylinder.

des Kolbens ein ganz bestimmtes Volum[1]. Eine weitere für die Beschreibung des Vorgangs nützliche Größe ist der Druck, den man an einem Manometer ablesen kann und der sich – genau wie das Volum – mit der Kolbenbewegung ändert. Weitere meßbare Eigenschaften sind die Temperatur und die Zusammensetzung des Gases. Man kann das im Zylinder eingeschlossene Gas durch diese Eigenschaften charakterisieren. Sie sind makroskopische Eigenschaften, die man messen kann, ohne etwas über die komplizierte Bewegung der einzelnen Gas-

---

[1] Statt des schwerfälligen Wortes „Volumen", Mehrzahl „Volumina", verwenden wir nach einem Vorschlag von Wilhelm Ostwald die kürzere Form „Volum" mit der Mehrzahl „Volume".

moleküle zu wissen. Man nennt derartige Eigenschaften makroskopische Koordinaten.

Wie man an diesem Beispiel erkennt, erfordert die makroskopische Beschreibung keine spezielle Kenntnis der atomistischen Struktur der Materie. Makroskopische Koordinaten sind überdies leicht meßbar, und man benötigt, wie das Beispiel zeigte, nur wenige Koordinaten, um den Vorgang zu charakterisieren.

2 Thermodynamische Systeme

Unter einem thermodynamischen System, kurz auch *System* genannt, versteht man dasjenige materielle Gebilde, dessen thermodynamische Eigenschaften man untersuchen möchte. Beispiele für thermodynamische Systeme sind eine Gasmenge, eine Flüssigkeit und ihr Dampf, das Gemisch zweier Flüssigkeiten, eine Lösung oder ein Kristall. Das System wird durch die Systemgrenze von seiner Umwelt getrennt, die man seine *Umgebung* nennt. Eine Systemgrenze muß keineswegs fest und unbeweglich sein, sondern sie darf sich während des Vorgangs, den man zu untersuchen wünscht, auch verschieben, und sie darf außerdem durchlässig für Energie und Materie sein.

Als Beispiel betrachten wir die Bewegung eines Kolbens in einem Zylinder mit Ein- und Auslaßventilen, Abb. 2.

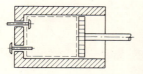
Abb. 2. Zum Begriff des Systems.

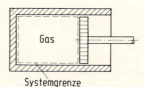
Abb. 3. Beispiel für ein geschlossenes System.

Will man nur die Eigenschaften des Gases untersuchen, so wird man die Systemgrenze, wie es die gestrichelte Linie in Abb. 2 andeutet, um den Gasraum legen. Alles, was außerhalb dieser Grenze liegt, gehört zur Umgebung des Systems. Mit dem Kolben verschiebt sich nun auch die Systemgrenze. Außerdem kann Gas über die Ventile ein- oder ausströmen, so daß Materie mit der Umgebung ausgetauscht wird. Schließlich ist noch ein Energieaustausch mit der Umgebung möglich, zum Beispiel, wenn man die Zylinderwand mit Wasser kühlt.

Vereinbarungsgemäß bezeichnet man ein System als *geschlossen*, wenn die Systemgrenze undurchlässig für Materie ist, während die Grenze eines *offenen* Systems für Materie durchlässig ist. Ein System, das, wie Abb. 3 zeigt, aus einem Gas besteht und durch Zylinder und Kolben begrenzt ist, nennt man demnach geschlossen, unabhängig davon, ob sich der Kolben bewegt oder ob er stillsteht.

Andere Beispiele für ein geschlossenes System sind feste Körper oder Massenelemente in der Mechanik.

In Abb. 4 ist ein Beispiel für ein offenes System dargestellt.

Beispiele für offene Systeme sind unter anderem Turbinen, Strahltriebwerke, strömende Medien in Kanälen. Die Masse eines offenen Systems kann sich mit der Zeit ändern, wenn die während einer bestimmten Zeit in das System einströmende Masse von der ausströmenden verschieden ist.

Im Gegensatz dazu ist die Masse des geschlossenen Systems unveränderlich.

Abgeschlossen nennt man ein System dann, wenn es von allen Einwirkungen seiner Umgebung isoliert ist, wenn also weder Materie noch Energie über die Systemgrenze transportiert werden kann.

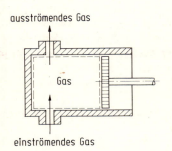

Abb. 4. Beispiel für ein offenes System.

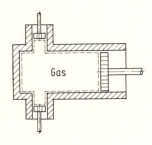

Abb. 5. Geschlossenes Ersatzsystem für das System nach Abb. 4.

Jedes offene System kann in ein geschlossenes überführt werden und umgekehrt. Als Beispiel hierfür betrachten wir die Bewegung eines Fluids, indem wir ein kleines Massenelement als unser System herausgreifen. Seine Bewegung kann man beschreiben, indem man die Koordinaten des Massenelements als Funktion der Zeit angibt. Jedes Massenelement stellt für sich ein geschlossenes System dar. Eine andere und oft einfachere Art der Beschreibung der Bewegung besteht darin, daß man ein raumfestes Volumelement abgrenzt und die Strömung durch dieses Volumelement studiert. Da ständig andere Fluidteilchen durch das Volumelement strömen, hat man es mit einem offenen System zu tun. Es ist demnach auch durchaus möglich, das in Abb. 4 dargestellte offene System in ein geschlossenes zu überführen, indem man sich in den Ein- und Austrittsquerschnitten Kolben angebracht denkt, Abb. 5, die sich mit dem einströmenden Gas nach innen und mit dem ausströmenden nach außen bewegen.

3 Die Koordinaten des Systems

Nachdem man zur Lösung eines thermodynamischen Problems zuerst das System definiert hat, besteht die nächste Aufgabe darin, das System durch Beschreibung seiner Eigenschaften näher zu identifizieren. Unter Eigenschaften

3. Die Koordinaten des Systems

wollen wir hierbei physikalische Eigenschaften wie Druck, Temperatur, Dichte, Volum, elektrische Leitfähigkeit, Brechungsindex, Magnetisierung und andere verstehen.

Pumpt man beispielsweise einen Gasballon auf, so kann man sich fragen, wie sich die Masse des Gases mit dem Volum ändert. Obwohl das Gas noch durch viele andere Variablen charakterisiert wird, beispielsweise die Temperatur, die Dielektrizitätskonstante, den Brechungsindex, die Absorptionsfähigkeit von thermischer Strahlung, werden während des Aufpumpens doch nur wenige Größen verändert, alle anderen werden konstant gehalten und können daher außer acht gelassen werden. Will man also ein System näher beschreiben, so wird man nur die Eigenschaften berücksichtigen, welche sich bei zu untersuchenden Vorgängen ändern. Man beschränkt sich somit von vornherein auf eine bestimmte Anzahl von Variablen. Jede von ihnen hat eine bestimmte Dimension und wird in den Einheiten eines Einheitensystems gemessen. Hat jede der Variablen, welche man zur Beschreibung des Systems verwendet, einen festen Wert, so sagt man abkürzend, das System befinde sich in einem bestimmten Zustand. Der *Zustand des Systems* ist demnach charakterisiert durch feste Werte physikalischer Eigenschaften des Systems. Man kann allerdings, wie wir sahen, keine Regeln über die Eigenschaften aufstellen, welche man zur Beschreibung eines Systems benötigt. Dies hängt ausschließlich davon ab, in welcher Hinsicht man den Zustand eines Systems beschreiben will. So wird man zur Beschreibung eines thermodynamischen Systems, das aus einem Gas, einer Flüssigkeit oder einem Gemisch verschiedener Gase und Flüssigkeiten besteht, beispielsweise die Mengen der verschiedenen Substanzen, ihren Druck und ihr Volum als Eigenschaften wählen. Will man hingegen den Zustand eines Systems beschreiben, bei dem man das Verhalten der Oberflächen von dünnen Flüssigkeitsfilmen betrachtet, so wird man physikalische Eigenschaften wie die Oberflächenspannung heranziehen, während man zur Beschreibung des magnetischen Zustands eines Systems die magnetische Feldstärke und die Magnetisierung verwenden wird.

Wie die Erfahrung zeigt, sind nicht alle Eigenschaften eines Systems unabhängig voneinander. Beispielsweise ist der elektrische Widerstand eines metallischen Leiters von der Temperatur abhängig, der Brechungsindex einer Flüssigkeit ändert sich mit dem Druck und der Dichte. Man kann demnach nur bestimmte Eigenschaften unabhängig voneinander ändern. Nehmen diese unabhängigen Veränderlichen oder Koordinaten bestimmte Werte an, so liegen die davon abhängigen Eigenschaften fest. Man nennt nun jede Auswahl der unabhängigen Veränderlichen ein *Koordinatensystem*. Feste Werte der Koordinaten bestimmen den Zustand des Systems. Die Anzahl der Koordinaten, also der unabhängigen Variablen, nennt man auch die *Anzahl der Freiheitsgrade* des Systems. Kennt man sie und hat man darüber hinaus noch die Werte aller abhängigen Variablen in jedem Zustand des Systems ermittelt, so sind alle Angaben bekannt, die man zur vollständigen Beschreibung der Zustände eines Systems benötigt.

Den Übergang eines Systems von einem Zustand in einen anderen nennt man eine *Zustandsänderung*.

In die Sprache der Mathematik übersetzt bedeuten diese Ausführungen, daß man irgendeine Eigenschaft Y des Systems, beispielsweise sein Volum, als Funktion von n unabhängigen Eigenschaften $X_1, X_2 \ldots X_n$ zum Beispiel des Druckes und der Temperatur ansieht und daß eine eindeutige Funktion

$$Y = f(X_1, X_2 \ldots X_n) \tag{1}$$

existiert. Die Werte $X_1, X_2 \ldots X_n$ sind hierbei die unabhängigen Variablen, bilden also das Koordinatensystem. Die Auswahl der Variablen ist nicht eindeutig, da von vornherein nicht festliegt, welche der möglichen Variablen man als abhängig und welche man als unabhängig ansehen soll.

Gl. (1) beschreibt den Zusammenhang zwischen physikalischen Eigenschaften eines Systems. Man nennt sie eine *Zustandsgleichung* oder *Zustandsfunktion* und die in ihr vorkommenden Koordinaten (Variablen) auch *Zustandsgrößen*. Derartige Zustandsgleichungen kann man aus Meßwerten konstruieren oder in einfachen Fällen auch berechnen. Während das System eine Zustandsänderung durchläuft, ändern sich die Zustandsgrößen, wodurch das System von einem Zustand in einen anderen gelangt.

4 Einige Eigenschaften von Zustandsgrößen

Die Existenz einer Zustandsfunktion, Gl. (1), ist ein Erfahrungssatz, den man nicht beweisen, sondern bestenfalls auf andere Erfahrungssätze zurückführen kann. Tatsächlich gibt es einige wenige Systeme, bei denen man für feste Werte der Zustandsgrößen $X_1, X_2 \ldots X_n$ keine eindeutige Zustandsfunktion Y angeben kann, da die Zustandsfunktion Y nicht nur von den jeweiligen Werten $X_1, X_2 \ldots X_n$, sondern auch noch von deren Vorgeschichte abhängt. Solche Systeme besitzen ein „Gedächtnis" oder Erinnerungsvermögen für ihre Vorgeschichte. Da sie praktisch kaum vorkommen, wollen wir uns hier nicht mit ihnen befassen, sondern nur Systeme untersuchen, deren Zustandsfunktion Y *eindeutig* durch die jeweiligen Werte $X_1, X_2 \ldots X_n$ bestimmt ist, unabhängig davon wie das System in diesen Zustand gelangte. Es spielt also für den Wert der Zustandsfunktion keine Rolle, in welcher Weise sich die Zustandsgrößen änderten, bevor das System in einen bestimmten Zustand gelangte, mit anderen Worten: *die Zustandsfunktion ist „wegunabhängig"*. Da man abhängige und unabhängige Variablen vertauschen kann, gilt diese Feststellung für alle Zustandsgrößen.

Unter „Weg" in dem Wort „wegunabhängig" hat man hier allerdings nicht den Zustandsverlauf in einem gewöhnlichen Raum, sondern den Zustandsverlauf in einem thermodynamischen Raum zu verstehen, der durch die Zustandsgrößen gegeben ist und der häufig auch als *Gibbsscher Phasenraum* bezeichnet wird.

Für wegunabhängige Größen[1] gilt nun folgender wichtiger Satz aus der Mathematik[2]:

---

[1] Klein gedruckte Abschnitte dienen zur Vertiefung des Stoffes. Sie können, falls der Leser auf zu große Schwierigkeiten stößt, beim ersten Studium zunächst überschlagen und später nachgeholt werden.
[2] Wegen Einzelheiten der Ableitung sei auf die Literatur verwiesen, z. B. Rothe, R.: Höhere Mathematik, Teil III. Leipzig: Teubner 1952, S. 115 u. 116.

4. Einige Eigenschaften von Zustandsgrößen

Ist $Y(X_1, X_2 \ldots X_n)$ eine wegunabhängige Größe, so ist

$$dY = \frac{\partial Y}{\partial X_1} dX_1 + \frac{\partial Y}{\partial X_2} dX_2 + \ldots \frac{\partial Y}{\partial X_n} dX_n$$

ein „vollständiges" Differential, das heißt, es ist

$$\frac{\partial^2 Y}{\partial X_i \partial X_k} = \frac{\partial^2 Y}{\partial X_k \partial X_i} \; (i, k = 1, 2 \ldots n) \, .$$

Die Reihenfolge der Differentiation bei der Bildung der zweiten partiellen Ableitungen ist gleichgültig.

Es gilt auch die Umkehrung dieses Satzes:
Ist $\partial^2 Y/(\partial X_i \partial X_k) = \partial^2 Y/(\partial X_k \partial X_i)$, so ist die Funktion $Y(X_1, X_2 \ldots X_n)$ wegunabhängig.

Mit Hilfe dieser Bedingung kann man leicht nachprüfen, ob eine Größe eine Zustandsgröße ist.

Als Beispiel betrachten wir eine Funktion $Y(X_1, X_2) = KX_1/X_2$.
Es sind

$$\frac{\partial Y}{\partial X_1} = \frac{K}{X_2}, \qquad \frac{\partial Y}{\partial X_2} = -\frac{KX_1}{X_2^2}$$

und

$$\frac{\partial^2 Y}{\partial X_2 \partial X_1} = -\frac{K}{X_2^2} = \frac{\partial^2 Y}{\partial X_1 \partial X_2} = -\frac{K}{X_2^2}.$$

Die gemischten partiellen Ableitungen stimmen überein. $Y(X_1, X_2)$ ist eine Zustandsfunktion.

Die Zustandsgrößen unterteilt man in drei Klassen, in *intensive*, *extensive* und *spezifische*.

Intensive Größen sind unabhängig von der Größe des Systems und behalten daher bei einer Teilung des Systems in Untersysteme ihre Werte unverändert bei. Sie sind in Kontinuen stetige Funktionen von Raum und Zeit und werden dort auch Feldgrößen genannt. Beispiele sind Druck und Temperatur eines Systems.

Zustandsgrößen, die proportional zur Menge des Systems sind, heißen extensive Größen. Hierzu gehören die Energie und das Volum.

Zur Kennzeichnung von extensiven Größen wollen wir große Buchstaben verwenden[1].

Dividiert man eine extensive Zustandsgröße X durch die Menge des Systems, so erhält man eine *spezifische Zustandsgröße*. Wird zur Kennzeichnung der Menge die Masse m verwendet, so ist

$$x = X/m$$

die auf die Masse bezogene spezifische Zustandsgröße x. Auf die Masse bezogene spezifische Zustandsgrößen wollen wir durch kleine Buchstaben kennzeichnen. Eine wichtige spezifische Zustandsgröße ist das spezifische Volum

$$v = V/m \quad \text{gemessen z. B. in m}^3/\text{kg},$$

---

[1] Ausnahmen sind die „absolute Temperatur", die eine intensive Größe ist und für die international das Zeichen T vereinbart wurde, die Masse m und die Molmenge n.

es ist der Kehrwert der Dichte oder die Masse je Volumeinheit

$$\varrho = m/V = 1/v \quad \text{gemessen z. B. in kg/m}^3.$$

Wird zur Kennzeichnung der Menge die Molmenge n verwendet[1], so ist

$$\bar{X} = X/n$$

die auf die Molmenge bezogene spezifische Zustandsgröße $\bar{X}$. Solche Zustandsgrößen kennzeichnen wir durch einen Querstrich. Man nennt sie auch molare Zustandsgrößen. Eine wichtige molare Zustandsgröße ist die Molmasse

$$\bar{M} = m/n, \quad \text{gemessen in kg/kmol oder in g/mol,}$$

bei der wir ausnahmsweise den Querstrich weglassen und das Zeichen M setzen.

In bestimmten Eigenschaften stimmen spezifische und intensive Zustandsgrößen überein: Sie bleiben bei der Teilung eines Systems unverändert. In anderen Eigenschaften unterscheiden sie sich jedoch. Betrachtet man zum Beispiel Wasser, in dem sich Eis gebildet hat, so ist die Dichte des Eises als auf die Masse bezogene spezifische Zustandsgröße geringer als die des Wassers (Wasser dehnt sich beim Gefrieren aus). Die intensiven Größen Druck und Temperatur des Wassers und des Eises stimmen hingegen überein.

Wie wir später noch sehen werden, ist es eine charakteristische Eigenschaft der intensiven Größen, daß sie in aus mehreren Phasen (Wasser und Eis sind solche Phasen) bestehenden Systemen, die sich berühren und im Gleichgewicht sind, miteinander übereinstimmen, während die spezifischen im allgemeinen voneinander verschieden sind.

---

[1] Dieser Begriff wird in Kap. II, 6.1 noch ausführlich erörtert.

II Das thermodynamische Gleichgewicht und die empirische Temperatur

Eine der grundlegenden Variablen zur Beschreibung eines thermodynamischen Systems ist die Temperatur. Um sie einzuführen, knüpfen wir zunächst an die Erfahrung an, daß Körper „kalt" oder „heiß" sein können, und konstruieren ausgehend hiervon eine empirische Temperaturskala. Dies bedeutet, daß man den Zustand „heiß" oder „kalt" durch Zahlenwerte beschreibt. Da die Anordnung der Zahlenwerte auf der empirischen Temperaturskala völlig willkürlich vorgenommen werden kann, ist mit der Einführung einer empirischen Temperatur der Begriff Temperatur natürlich in keiner Weise definiert.

Trotzdem ist die empirische Temperatur ein wichtiges Hilfsmittel bei der Untersuchung thermodynamischer Systeme, da sie, wie wir noch sehen werden, es gestattet, die Systeme in Klassen gleicher Temperatur einzuteilen und festzustellen, ob sich verschiedene Systeme im thermischen Gleichgewicht befinden oder nicht. Es ist daher zweckmäßig, die empirische Temperatur an den Anfang unserer Betrachtungen zu stellen, dies um so mehr, als man eine gewisse Vertrautheit, und sei es auch nur durch Gewöhnung, mit dem Begriff der Temperatur voraussetzen darf.

1 Das thermische Gleichgewicht

Bringt man verschiedene Systeme miteinander in Kontakt, so finden im allgemeinen Zustandsänderungen statt, weil einige oder mehrere der unabhängigen Variablen ihre Werte ändern. Man kann sich diesen Vorgang an einem einfachen Beispiel klarmachen. Ein System A möge aus einem Zylinder bestehen, der mit Gas gefüllt und von einem beweglichen Kolben verschlossen ist. Dieses System werde mit einem anderen System B in Kontakt gebracht, Abb. 6, das aus einer vorgespannten Feder besteht.

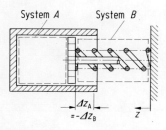

Abb. 6. Kontakt zwischen zwei Systemen A und B.

Nachdem man die beiden Systeme in Kontakt gebracht hat, verschiebt sich der Kolben um eine Strecke Δz_A und die Feder um eine Strecke Δz_B, und zwar so, daß $\Delta z_A = -\Delta z_B$. Es gehört also zu jedem Wert z_A ein ganz bestimmter Wert von z_B und umgekehrt. Die Feder gibt Energie ab, welche von dem Gas aufgenommen wird. Die Energieab- und -aufnahme hat eine Änderung der Variablen z zur Folge. Dieser Vorgang ist charakteristisch für den Kontakt zwischen verschiedenen Systemen: Es kann hierbei ein Austausch zwischen bestimmten Variablen erfolgen, aber nicht alle Variablen müssen ihre Werte ändern. So bleibt beispielsweise die Zahl der Gasmoleküle während des obigen Austauschprozesses konstant. Es werden aber eine oder mehrere Größen zwischen den Systemen dadurch ausgetauscht – in dem erwähnten Beispiel die Energie –, daß sich bestimmte Variablen ändern. Anschaulich ausgedrückt: *Energie „fließt" über die Variable z von einem System in das andere*. Man spricht von einem *Austauschprozeß*:

Ein solcher Prozeß kann offenbar stets dann ablaufen, wenn man verschiedene Systeme miteinander in Kontakt bringt.

Man beobachtet nun, daß die unabhängigen Variablen, in unserem Beispiel die Werte z, nach einer hinreichend langen Zeit bestimmte feste Werte erreichen, die zeitunabhängig sind. In diesem Zustand ist die vom Gas auf den Kolben ausgeübte Kraft gleich der von der Feder auf den Kolben ausgeübten Kraft. Man sagt dann, das System befinde sich im *Gleichgewichtszustand*.
Der Gleichgewichtszustand ist somit der Endzustand eines Austauschprozesses.

Wie das Beispiel lehrt, ist der Gleichgewichtszustand eines Systems jeweils davon abhängig, mit welchen anderen Systemen Kontakt besteht. Der sich einstellende Gleichgewichtszustand ist dann durch die Bedingungen definiert, unter denen sich der Austausch einer oder mehrerer Variablen vollzieht.

Als weiteres Beispiel für einen Austauschprozeß werde ein System A betrachtet, das aus einem Behälter konstanten Volums besteht. In diesem befinde sich ein Gas bei Raumtemperatur, dessen Druck man mit einem Manometer messen kann. Das Gas wird nun mit einem anderen System B in Kontakt gebracht, beispielsweise mit einem großen Behälter, der heißes Wasser enthält. Die beiden miteinander in Kontakt gebrachten Systeme bilden ein Gesamtsystem, Abb. 7.

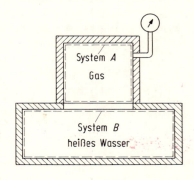

Abb. 7. Kontakt zwischen zwei Systemen.

Dieses soll durch eine so dicke Wand von der Umgebung getrennt sein, daß keine Austauschprozesse mit der Umgebung ablaufen können. Die Trennwand zwischen den beiden Systemen sei nun so beschaffen, daß sie lediglich jeden Stoffaustausch und auch jede mechanische, magnetische oder elektrische Wechselwirkung zwischen den Systemen *A* und *B* verhindert. Wie sich später zeigen wird, ist eine solche Wand wärmeleitend. Man nennt sie *diatherm*. Trotz Trennung der beiden Systeme *A* und *B* durch die diatherme Wand beobachtet man nach dem Zusammenbringen der Systeme eine Zustandsänderung: Das Manometer zeigt einen Druckanstieg an, es muß also die Energie des Systems *A* zugenommen haben. Das ist nur möglich, wenn Energie vom System *B* in das System *A* geflossen ist. Zwischen beiden Systemen muß daher ein, wenn auch nicht sichtbarer, Mechanismus wirksam sein, der einen Energieaustausch ermöglicht. Dieser Mechanismus wird uns im Zusammenhang mit dem zweiten Hauptsatz der Thermodynamik noch ausführlich beschäftigen. Vorerst halten wir nur fest, daß wie im vorigen Beispiel eine Koordinate, die in beiden Systemen vorkommt – im vorigen Beispiel die Koordinate *z* –, ihren Wert geändert haben muß. Wir folgern daher, daß hier noch eine – im Gegensatz zum vorigen Beispiel nicht sichtbare – Koordinate vorhanden ist, durch deren Veränderung zwischen den Systemen Energie ausgetauscht werden kann.

Hinreichend lange Zeit, nachdem man beide Systeme in Kontakt zueinander gebracht hat, stellt sich erfahrungsgemäß ein Endzustand ein, der sich zeitlich nicht ändert und den wir im vorliegenden Fall *thermisches Gleichgewicht* nennen.

2 Der nullte Hauptsatz und die empirische Temperatur

Wir hatten gesehen, daß sich zwischen Systemen, die über eine diatherme Wand miteinander in Kontakt stehen, ein *thermisches Gleichgewicht* einstellt. Diese Tatsache nutzen wir nun aus, um eine neue Zustandsgröße, nämlich die empirische Temperatur, über eine Meßvorschrift zu definieren, die uns eine Nachprüfung gestattet, ob zwischen verschiedenen Systemen thermisches Gleichgewicht herrscht oder nicht. Zu diesem Zweck ziehen wir einen Erfahrungssatz über das thermische Gleichgewicht zwischen drei Systemen *A*, *B* und *C* heran. Es möge thermisches Gleichgewicht zwischen den Systemen *A*, *C* und den Systemen *B*, *C* herrschen. Dann befinden sich, wie die Erfahrung lehrt, auch die Systeme *A* und *B*, wenn man sie über eine diatherme Wand in Kontakt bringt, miteinander im thermischen Gleichgewicht.

Diese Erfahrungstatsache bezeichnet man nach R. H. Fowler auch als den *„nullten Hauptsatz der Thermodynamik"* (die Bezeichnungen erster, zweiter und dritter Hauptsatz waren schon vergeben).

Es gilt also:

Zwei Systeme im thermischen Gleichgewicht mit einem dritten System befinden sich auch untereinander im thermischen Gleichgewicht.

Um festzustellen, ob sich zwei Systeme *A* und *B* im thermischen Gleichgewicht befinden, kann man sie demnach nacheinander in thermischen Kontakt mit einem System *C* bringen. Die Masse des Systems *C* muß man zu diesem Zweck sehr klein im Vergleich zu denjenigen der Systeme *A* und *B* wählen, damit die

Zustandsänderungen der Systeme A und B vernachlässigbar klein sind während der Einstellung des thermischen Gleichgewichts. Bringt man zuerst das System C in Kontakt mit dem System A, so werden sich eine oder mehrere Zustandsvariablen des Systems C ändern, beispielsweise das Volum bei konstantem Druck oder der elektrische Widerstand. Nach Einstellung des Gleichgewichts haben diese Zustandsvariablen neue feste Werte angenommen. Bringt man anschließend das System C in Kontakt mit dem System B, so bleiben diese Werte unverändert, wenn zwischen System A und B zuvor thermisches Gleichgewicht herrschte, sie ändern sich, wenn sich die beiden Systeme A und B nicht im thermischen Gleichgewicht befanden.

Man kann somit bestimmte Eigenschaften des Systems C ausnutzen, um festzustellen, ob zwischen zwei anderen Systemen thermisches Gleichgewicht herrscht oder nicht.

Das System C dient also als Meßgerät, und man kann selbstverständlich den festen Werten, die man nach Einstellung des Gleichgewichtes mißt, willkürlich bestimmte Zahlen zuordnen. Auf diese Weise erhält man eine empirische Temperaturskala. Das Meßgerät selbst nennt man *Thermometer*, die auf ihm angebrachten Zahlen sind die empirischen Temperaturen. Es ist allerdings zunächst nur ein provisorisches Thermometer, da man mit ihm nur nachprüfen kann, ob zwischen verschiedenen Systemen thermisches Gleichgewicht herrscht, wenn man sie in Kontakt bringen würde. Thermisches Gleichgewicht ist dann vorhanden, wenn die Temperaturen der beiden Systeme übereinstimmen, d. h., wenn man auf der Temperaturskala des Thermometers stets denselben Zahlenwert abliest, nachdem man es mit den Systemen A und B in Kontakt gebracht hat.

Um eine empirische Temperaturskala konstruieren zu können, wählt man ein Gasthermometer (als System C in obigem Beispiel). Dieses besteht aus einer gegebenen Menge eines Gases, die in einem Behälter eingeschlossen ist. An dem Behälter ist ein Manometer angebracht, so daß man den Druck des eingeschlossenen Gases messen kann. Voraussetzungsgemäß sollen die Gasmenge und die Behältermenge klein sein im Vergleich zu den Systemen, mit denen thermisches Gleichgewicht herzustellen ist. Man bringt nun das Gasthermometer in thermisches Gleichgewicht mit einem anderen Stoff, beispielsweise mit einem Gemisch aus Eis

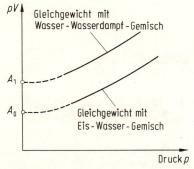

Abb. 8. Thermisches Gleichgewicht mit einem Gas.

und Wasser, das unter einem Druck von 1 bar steht, und mißt das Produkt aus Gasdruck p und Gasvolum V für jeweils verschiedene Gasdrücke, die man am Manometer abliest. Die Meßwerte pV trägt man über dem Druck p in ein Diagramm ein, Abb. 8.

Das Gasthermometer soll sich bei jedem der verschiedenen Gasdrücke im thermischen Gleichgewicht mit dem Gemisch aus Eis und Wasser befinden. Man bezeichnet jeden dieser Gleichgewichtszustände als „Gleichgewicht am Eispunkt". Extrapoliert man zum Druck $p = 0$, so findet man, daß der Grenzwert pV für $p \rightarrow 0$ eine endliche positive Größe A_0 ist, Abb. 8.

Bringt man anschließend das Gasthermometer mit siedendem Wasser, das unter einem bestimmten Druck, beispielsweise von 1 bar, steht, in thermisches Gleichgewicht, so erhält man bei Extrapolation auf den Druck $p \rightarrow 0$ eine andere Konstante A_1. Da sich während der Messungen die Gleichgewichte zwischen Wasser und Eis von 1 bar und zwischen Wasser und dem darüber befindlichen Wasserdampf von 1 bar wegen der Kleinheit des Gasthermometers nicht ändern, können wir sagen, daß Wasser und Eis sowie Wasser und Wasserdampf beim Druck von 1 bar bestimmte feste Temperaturen besitzen, die unabhängig vom Druck p des Gasthermometers sind. Die in Abb. 8 eingezeichneten Kurven sind daher Linien konstanter Temperatur, sogenannte *Isothermen*. Jede von ihnen kann man durch den jeweiligen Wert $A = A_0$ oder $A = A_1$ auf der Ordinate kennzeichnen. Man kann somit eine empirische Temperatur T einführen, die durch eine eindeutige Funktion der gemessenen Werte A beschrieben wird, beispielsweise durch den einfachen linearen Ansatz

$$T = \text{const} \cdot A . \tag{2}$$

Wie die Erfahrung zeigt, sind die Werte A von der Art und der Masse des Gases im Gasthermometer abhängig.

Wählt man den besonders einfachen Ansatz nach Gl. (2) zur Konstruktion der empirischen Temperaturskala, so sind nach Festlegung der Konstanten „const" alle Temperaturen bestimmt. Zur Festlegung der Temperaturskala aufgrund des obigen Ansatzes genügt also, wie schon Giauque[1] darlegte, ein einziger Fixpunkt. So könnte man beispielsweise dem Eispunkt eine bestimmte Temperatur T_0 zuordnen, dann den Zahlenwert A mit dem Gasthermometer messen und anschließend die Konstante berechnen. Alle übrigen Temperaturen, beispielsweise die Siedetemperatur des Wassers bei 1 bar, sind dann zahlenmäßig angebbar, nachdem man die Konstante A mit dem Gasthermometer gemessen hat.

Als Fixpunkt hat die 10. Generalkonferenz für Maße und Gewichte in Paris im Jahre 1954 den Tripelpunkt[2] des Wassers vereinbart und ihm die Tempera-

---

[1] Giauque, W. F.: Nature (London) 143 (1939) 623.
[2] Am Tripelpunkt stehen alle drei Phasen des Wassers, nämlich Dampf, flüssiges Wasser und Eis, miteinander im Gleichgewicht bei einem definierten Druck von 0,006112 bar. Der Tripelpunkt ist durch den Stoff selbst bestimmt und bedarf keiner besonderen Festsetzung.

tur
$$T_{tr} = 273{,}16 \text{ Kelvin}^1 \text{ (abgekürzt 273,16 K)}$$
zugeordnet.

Die Temperatur am Eispunkt des Wassers beträgt annähernd 273,15 K.

Gl. (2) ist natürlich nicht der einzige mögliche Ansatz. Man könnte ebensogut Ansätze der Form $T = aA + b$ oder $T = aA^2 + bA + c$ oder beliebige andere wählen. Auch logarithmische Temperaturskalen sind verschiedentlich vorgeschlagen worden. Der durch Gl. (2) definierten Temperaturskala haftet durch den Anschluß an das Gasthermometer noch eine gewisse Willkür an. Wir werden aber später im Zusammenhang mit der Einführung des Entropiebegriffs zeigen, daß man unabhängig von zufälligen Eigenschaften irgendeines Stoffes eine Skala ableiten kann, die mit der des Gasthermometers vollkommen übereinstimmt. Man bezeichnet diese auch als *thermodynamische Temperaturskala* und die Temperaturen in ihr als thermodynamische oder absolute Temperaturen. Obwohl noch zu beweisen sein wird, daß die mit Hilfe des Gasthermometers und Gl. (2) konstruierte Temperaturskala mit der thermodynamischen übereinstimmt, wollen wir der Einfachheit halber kein besonderes Zeichen für die empirische Temperatur benutzen, sondern diese schon jetzt mit dem Buchstaben T bezeichnen, den man für thermodynamische Temperaturen vereinbart hat.

Die Festlegung der Temperatur am Tripelpunkt durch die gebrochene Zahl 273,16 ist historisch bedingt. Der schwedische Astronom A. Celsius (1701–1744) hatte 1742 bereits eine empirische Temperaturskala dadurch konstruiert, daß er das Intervall zwischen dem Schmelzpunkt des Eises und dem Siedepunkt des Wassers bei 1 atm (= 1,01325 bar) auf einem Quecksilberthermometer in 100 äquidistante Abschnitte einteilte, einen Intervallschritt nannte man 1 Grad Celsius (abgekürzt 1 °C). Nachdem später die Gasgesetze formuliert waren, wurde diese Skala korrigiert. Man übernahm jedoch die Forderung, daß die Temperaturdifferenz $T_1 - T_0$ zwischen dem Siedepunkt und dem Schmelzpunkt des Wassers bei 1 atm 100 Einheiten (°C oder K) betragen sollte:

$$T_1 - T_0 = 100 \ .$$

Bezeichnet man nun mit A_1 den zu T_1 und mit A_0 den zu T_0 gehörigen Wert von A, so muß wegen Gl. (2) gleichzeitig die Bedingung

$$\frac{T_1}{T_0} = \frac{A_1}{A_0}$$

erfüllt sein. Aus beiden Gleichungen folgt

$$T_0 = \frac{100}{\dfrac{A_1}{A_0} - 1} \ .$$

Durch Messungen von A_1/A_0 fand man als Wert für T_0:

$$T_0 = 273{,}15 \text{ K} \ .$$

Dies ist in guter Näherung die Temperatur des Eispunktes.

---

[1] Zu Ehren des englischen Gelehrten William Thomson, seit 1892 Lord Kelvin (1824 bis 1907).

2. Der nullte Hauptsatz und die empirische Temperatur

Die Temperatur $T = 273{,}16$ K am Tripelpunkt des Wassers liegt um 0,01 K höher als die Temperatur $T = 273{,}15$ K am Eispunkt. Da man die Temperatur am Tripelpunkt sicherer reproduzieren kann als die Temperatur anderer Punkte, hat man den Tripelpunkt als Fixpunkt vereinbart und die Temperatur des Tripelpunktes von Wasser zu 273,16 K festgesetzt.

Die vom Eispunkt $T = 273{,}15$ K gezählte Skala bezeichnet man heute als Celsius-Skala, die Temperaturen werden in °C gemessen. In der Celsius-Skala angegebene Temperaturen pflegt man mit t im Unterschied zu den mit T bezeichneten Temperaturen der thermodynamischen Skala anzugeben, es gilt also

$$T = t + 273{,}15 \,°\text{C}. \tag{3}$$

Der absoluten Temperatur von $T_0 = 273{,}15$ K entspricht in der Celsius-Skala eine Temperatur von $t_0 = 0\,°\text{C}$. Diese ist praktisch gleich der Temperatur des Eispunktes, da nach den genauesten zur Zeit bekannten Messungen die Temperatur T_0 am Eispunkt

$$T_0 = (273{,}15 \pm 0{,}0002)\,\text{K}$$

beträgt, so daß nach Gl. (3) der Nullpunkt der Celsius-Skala bis auf einen Fehler von $\pm 0{,}0002$ K mit der Temperatur des Eispunktes übereinstimmt. Auch die Temperatur am Siedepunkt des Wassers bei 1 atm ($= 1{,}01325$ bar) ist nach der neuen Definition Gl. (3) der Celsius-Skala nur unerheblich von 100 °C verschieden. Sie beträgt nach neuesten Messungen

$$T_1 = (373{,}1464 \pm 0{,}0036)\,\text{K}.$$

Strenggenommen stehen natürlich auf beiden Seiten von Gl. (3) die gleichen Einheiten. Die Einheit der Celsius-Temperatur ist also genau wie die Einheit der thermodynamischen Skala das Kelvin. Dennoch ist es erlaubt und wegen des anderen Nullpunktes auch zweckmäßig, für die Celsius-Temperaturen das besondere Zeichen °C einzuführen.

In den angelsächsischen Ländern ist noch die Fahrenheit-Skala üblich mit dem Eispunkt bei 32 °F und dem Siedepunkt von Wasser beim Druck von 1 atm ($= 1{,}01325$ bar) bei 212 °F. Für die Umrechnung einer in °F angegebenen Temperatur t_F in die Celsius-Temperatur t gilt die Zahlenwertgleichung

$$t = \frac{5}{9}(t_F - 32),$$

t in °C, t_F in °F. Die Temperaturintervalle in dieser Skala sind also um den Faktor 5/9 kleiner als in der thermodynamischen Skala. Die vom absoluten Nullpunkt in Grad Fahrenheit gezählte Skala bezeichnet man als Rankine-Skala (°R). Für sie gilt die Zahlenwertgleichung

$$T_R = \frac{9}{5} T,$$

T_R in °R, T in K. In ihr liegt der Eispunkt bei 491,67 °R und der Siedepunkt des Wassers bei 671,67 °R.

3 Die internationale Temperaturskala

Da die genaue Messung von Temperaturen mit Hilfe des Gasthermometers eine sehr schwierige und zeitraubende Aufgabe ist, hat man noch eine leichter darstellbare Skala, die *Internationale Praktische Temperaturskala*, durch Gesetz eingeführt. Diese wurde in ihrer letzten Fassung 1968 vom Internationalen Komitee für Maß und Gewicht gegeben[1]. Die Internationale Praktische Temperaturskala ist so gewählt worden, daß eine Temperatur in ihr möglichst genau die thermodynamische Temperatur annähert. Die Abweichungen liegen innerhalb der heute erreichbaren kleinsten Meßunsicherheit.

Die Abweichungen zwischen den Temperaturen in der Internationalen Praktischen Temperaturskala von 1968 (IPTS-68) und der früher vereinbarten Internationalen Praktischen Temperaturskala von 1948 (IPTS-48) sind bei geeichten Thermometern kleiner als die Eichfehlergrenzen.

Die Internationale Praktische Temperaturskala ist festgelegt durch eine Anzahl von Schmelz- und Siedepunkten bestimmter Stoffe, die so genau wie möglich mit Hilfe der Skala des Gasthermometers in den wissenschaftlichen Staatsinstituten der verschiedenen Länder bestimmt wurden. Zwischen diesen Festpunkten wird durch Widerstandsthermometer, Thermoelemente und Strahlungsmeßgeräte interpoliert, wobei bestimmte Vorschriften für die Beziehung zwischen den unmittelbar gemessenen Größen und der Temperatur gegeben werden.

Die wesentlichen, in allen Staaten gleichen Bestimmungen über die internationale Temperaturskala lauten:

1. In der Internationalen Temperaturskala von 1948 werden die Temperaturen mit „°C" oder „°C (Int. 1948)" bezeichnet und durch das Formelzeichen t dargestellt.

2. Die Skala beruht einerseits auf einer Anzahl fester und stets wieder herstellbarer Gleichgewichtstemperaturen (Fixpunkte), denen bestimmte Zahlenwerte zugeordnet werden, andererseits auf genau festgelegten Formeln, welche die Beziehung zwischen der Temperatur und den Anzeigen von Meßinstrumenten, die bei diesen Fixpunkten kalibriert werden, herstellen.

3. Die Fixpunkte und die ihnen zugeordneten Zahlenwerte sind in der Tab. 1 zusammengestellt. Mit Ausnahme der Tripelpunkte und eines Fixpunktes des Gleichgewichtswasserstoffs (17,042 K) entsprechen die zugeordneten Temperaturen Gleichgewichtszuständen bei dem Druck der physikalischen Normalatmosphäre, d. h. per definitionem bei 1,01325 bar (= 1 atm).

4. Zwischen den Fixpunkttemperaturen wird mit Hilfe von Formeln interpoliert, die ebenfalls durch internationale Vereinbarungen festgelegt sind. Dadurch werden Anzeigen der sogenannten Normalgeräte, mit denen die Temperaturen zu messen sind, Zahlenwerte der Internationalen Praktischen Temperatur zugeord-

---

[1] Deutsche Fassung veröffentlicht in: Physikalisch-Techn. Bundesanstalt-Mitteilungen 81 (1971) 31–43.

3. Die internationale Temperaturskala

Tabelle 1. Fixpunkte der Internationalen Praktischen Temperaturskala von 1968 (IPTS-68)

Gleichgewichtszustand	Zugeordnete Werte der Internationalen Praktischen Temperatur	
	T_{68} in K	t_{68} in °C
Gleichgewicht zwischen der festen, flüssigen und dampfförmigen Phase des Gleichgewichtswasserstoffs (Tripelpunkt des Gleichgewichtswasserstoffs)	13,81	−259,34
Gleichgewicht zwischen der flüssigen und dampfförmigen Phase des Gleichgewichtswasserstoffs beim Druck 0,333306 bar	17,042	−256,108
Gleichgewicht zwischen der flüssigen und dampfförmigen Phase des Gleichgewichtswasserstoffs (Siedepunkt des Gleichgewichtswasserstoffs)	20,28	−252,87
Gleichgewicht zwischen der flüssigen und dampfförmigen Phase des Neons (Siedepunkt des Neons)	27,102	−246,048
Gleichgewicht zwischen der festen, flüssigen und dampfförmigen Phase des Sauerstoffs (Tripelpunkt des Sauerstoffs)	54,361	−218,789
Gleichgewicht zwischen der flüssigen und dampfförmigen Phase des Sauerstoffs (Siedepunkt des Sauerstoffs)	90,188	−182,962
Gleichgewicht zwischen der festen, flüssigen und dampfförmigen Phase des Wassers (Tripelpunkt des Wassers)[1]	273,16	0,01
Gleichgewicht zwischen der flüssigen und dampfförmigen Phase des Wassers (Siedepunkt des Wassers)[1,2]	373,15	100
Gleichgewicht zwischen der festen und flüssigen Phase des Zinks (Erstarrungspunkt des Zinks)	692,73	419,58
Gleichgewicht zwischen der festen und flüssigen Phase des Silbers (Erstarrungspunkt des Silbers)	1235,08	961,93
Gleichgewicht zwischen der festen und flüssigen Phase des Goldes (Erstarrungspunkt des Goldes)	1337,58	1064,43

[1] Das verwendete Wasser soll die Isotopenzusammensetzung von Ozeanwasser haben, siehe hierzu Literaturstelle der Fußnote 1 auf S. 16.
[2] Dem Gleichgewichtszustand zwischen der festen und flüssigen Phase des Zinns (Erstarrungspunkt des Zinns) wurde der Wert t_{68} = 231,9681 °C zugeordnet. Dieser Gleichgewichtszustand kann anstelle des Siedepunktes des Wassers verwendet werden.

net. Eine Zusammenstellung der verschiedenen Interpolationsformeln und der in diesen vorkommenden Konstanten findet man in der Literatur[1].

Als Normalgerät wird zwischen dem Tripelpunkt von 13,81 K des Gleichgewichtswasserstoffes und dem Erstarrungspunkt des Antimons bei 903,89 K (= 630,74 °C) das Platinwiderstandsthermometer verwendet. Zwischen dem Erstarrungspunkt des Antimons und dem Erstarrungspunkt des Goldes von 1337,58 K (= 1064,43 °C) benutzt man als Normalgerät ein Platinrhodium (10% Rhodium)/Platin-Thermopaar. Oberhalb des Erstarrungspunktes von Gold wird die Internationale Praktische Temperatur durch das Plancksche Strahlungsgesetz

$$\frac{J_t}{J_{Au}} = \frac{\exp\left[\dfrac{c_2}{\lambda(t_{Au} + T_0)}\right] - 1}{\exp\left[\dfrac{c_2}{\lambda(t + T_0)}\right] - 1}$$

definiert; J_t und J_{Au} bedeuten die Strahlungsenergien, die ein schwarzer Körper der Wellenlänge λ je Fläche, Zeit und Wellenlängenintervall bei der Temperatur t und beim Goldpunkt t_{Au} aussendet; c_2 ist der als 0,014388 Meterkelvin festgesetzte Wert der Konstante c_2; $T_0 = 273{,}15$ K ist der Zahlenwert der Temperatur des Eisschmelzpunktes; λ ist der Zahlenwert einer Wellenlänge des sichtbaren Spektralgebietes in m.

Die in Anbetracht der beschränkten Meßgenauigkeit möglichen Abweichungen der Internationalen Praktischen Temperaturskala von der thermodynamischen Temperatur sind in Tab. 2 angegeben.

Tabelle 2. *Geschätzte Unsicherheit der Temperaturen in den Fixpunkten*[1]

Definierender Fixpunkt	Zugeordneter Wert	Geschätzte Unsicherheit in K
Tripelpunkt des Gleichgewichtswasserstoffs	13,81 K	0,01
Siedetemperatur des Gleichgewichtswasserstoffs beim Druck 0,333306 bar	17,042 K	0,01
Siedepunkt des Gleichgewichtswasserstoffs	20,28 K	0,01
Siedepunkt des Neons	27,102 K	0,01
Tripelpunkt des Sauerstoffs	54,361 K	0,01
Siedepunkt des Sauerstoffs	90,188 K	0,01
Tripelpunkt des Wassers	273,16 K	genau durch Definition
Siedepunkt des Wassers	100 °C	0,005
Erstarrungspunkt des Zinns	231,9681 °C	0,015
Erstarrungspunkt des Zinks	419,58 °C	0,03
Erstarrungspunkt des Silbers	961,93 °C	0,2
Erstarrungspunkt des Goldes	1064,43 °C	0,2

---

[1] Siehe hierzu Fußnote 1 auf S. 16.

Bei Temperaturen um 2000 °C sind die möglichen Fehler von der Größenordnung einiger °C. Es ist daher sinnlos, z. B. bei Temperaturmessungen oberhalb 1500 °C noch Zehntel eines Grades anzugeben.

Zur Erleichterung von Temperaturmessungen hat man eine Reihe weiterer thermometrischer Festpunkte von leicht genügend rein herstellbaren Stoffen so genau wie möglich an die gesetzliche Temperaturskala angeschlossen. Die wichtigsten sind in Tab. 3 zusammengestellt.

Tabelle 3. Thermometrische Festpunkte beim Druck 1,013250 bar
(=1 atm = 760 Torr)
E.: Erstarrungspunkt, Sd.: Siedepunkt, Tr.: Tripelpunkt

		°C
Normalwasserstoff	Tr.	−259,194
Normalwasserstoff	Sd.	−252,753
Stickstoff	Sd.	−195,802
Kohlendioxid	Sd.	− 78,476
Quecksilber	E.	− 38,862
Wasser (luftgesättigt)	E.	0
Diphenylether	Tr.	26,87
Benzoesäure	Tr.	122,37
Indium	E.	156,634
Wismut	E.	271,442
Cadmium	E.	321,108
Blei	E.	327,502
Quecksilber	Sd.	356,66
Schwefel	Sd.	444,674
Antimon	E.	630,74
Kupfer	E.	1084,5
Nickel	E.	1455
Palladium	E.	1554
Platin	E.	1772
Rhodium	E.	1963
Iridium	E.	2447
Wolfram	E.	3387

4 Praktische Temperaturmessung

a) Flüssigkeitsthermometer

Die gebräuchlichen Thermometer aus Glas mit Quecksilberfüllung sind verwendbar vom Erstarrungspunkt des Quecksilbers bei −38,862 °C an bis etwa +300 °C, wenn der Raum über dem Quecksilber luftleer ist. Man kann sie auch für Temperaturen bis erheblich über dem normalen Siedepunkt des Quecksilbers bei 356,66 °C hinaus verwenden, wenn man den Siedepunkt durch eine Druckfüllung des Thermometers mit Stickstoff, Kohlendioxid oder Argon erhöht. Bei 20 bar kommt man bis 600 °C, bei 70 bar in Quarzgefäßen sogar bis 800 °C.

Wesentlich für die Güte eines Thermometers ist die Art des Glases. Schlechte Gläser haben erhebliche thermische Nachwirkung, d. h., das einer bestimmten Temperatur entsprechende Gefäßvolum stellt sich erst mehrere Stunden nach Erreichen der Temperatur ein. Wenn man also ein kurz vorher bei höherer Temperatur benutztes Thermometer in Eiswasser taucht, so sinkt die Quecksilbersäule etwas unter den Eispunkt (Eispunktdepression). Gute Gläser haben nach Erwärmen auf 100 °C eine Eispunktdepression von weniger als 0,05 °C. In Deutschland werden hauptsächlich benutzt:

Jenaer Normalglas 16^{III} verwendbar bis 350 °C,
Jenaer Borosilikatglas 59^{III} verwendbar bis 500 °C,
Jenaer Supremaxglas 1565^{III} verwendbar bis 700 °C.

Gute Quecksilberthermometer sind sehr genaue und bequeme Meßgeräte. Im Gegensatz zu den elektrischen Temperaturmeßgeräten geben sie ohne Hilfsapparate die Temperatur unmittelbar an. Zur Festlegung der Temperaturskala sind sie aber nicht geeignet, da der Ausdehnungskoeffizient sowohl des Quecksilbers als auch der etwa achtmal kleinere des Glases in verwickelter Weise von der Temperatur abhängen. Die folgende Tabelle zeigt sogenannte Mutterteilungen, die angeben, auf welchen Teilstrich bei äquidistanter Teilung eines Thermometers mit vollkommen zylindrischer, gleichmäßig geteilter Kapillare sich die Quecksilberkuppe bei verschiedenen Temperaturen t einstellt.

Tabelle 4. Mutterteilungen für Quecksilberthermometer

t in °C	Glas: 16^{III} °C	59^{III} °C	1565^{III} °C
−30	−30,28	−30,13	—
0	0,00	0,00	0,00
+50	+50,12	+50,03	+50,05
100	100,00	100,00	100,00
150	149,99	150,23	150,04
200	200,29	200,84	200,90
250	251,1	252,2	252,1
300	302,7	304,4	303,9
350	—	358,0	356,6
400	—	412,6	410,5
450	—	468,8	465,9
500	—	526,9	523,1
600	—	—	644
700	—	—	775

Für tiefe Temperaturen bis herab zu −100 °C füllt man Thermometer mit Alkohol, bis herab zu −200 °C mit Petrolether oder technischem Pentan. Mit diesen Flüssigkeiten, die im Gegensatz zu Quecksilber Glas benetzen, erreicht man aber bei weitem nicht die Genauigkeit des Quecksilberthermometers.

4. Praktische Temperaturmessung

Bei der Teilung der Skalen von Flüssigkeitsthermometern wird vorausgesetzt, daß die ganze Quecksilbermenge die zu messende Temperatur annimmt. Bei der praktischen Messung hat aber der obere Teil der Quecksilbersäule in der Kapillare, der sogenannte *herausragende Faden*, meist eine andere Temperatur. Bezeichnet man mit t_a die abgelesene Temperatur, mit t_f die mittlere Temperatur des herausragenden Fadens und mit n seine Länge in Grad, so ist die Ablesung um den Betrag

$$n\gamma(t_a - t_f)$$

zu berichtigen, wobei γ die relative Ausdehnung des Quecksilbers im Glase ist und je nach der Glasart die in Tab. 5 angegebenen Werte hat.

Tabelle 5. Berichtigungsfaktor γ für den herausragenden Quecksilberfaden

Glasart	γ
Glas 16^{III}	0,000158
Glas 59^{III}	0,000164
Glas 1565^{III}	0,000172
Quarzglas	0,000180

Die mittlere Temperatur des herausragenden Fadens kann entweder geschätzt oder genauer mit dem Mahlkeschen Fadenthermometer bestimmt werden. Das Fadenthermometer hat ein langes röhrenförmiges Quecksilbergefäß mit anschließender enger Kapillare und wird, wie Abb. 9 zeigt, so neben das Hauptthermometer gehalten, daß sich das obere Ende des langen Quecksilbergefäßes in gleicher Höhe mit der Kuppe des Fadens des Hauptthermometers befindet.

Das Fadenthermometer mißt dann die mittlere Temperatur eines Fadenstückes des Hauptthermometers von der Länge des Quecksilbergefäßes des Fadenthermometers. In die Gleichung für die Fadenberichtigung ist dann für n die Länge des Quecksilbergefäßes des Fadenthermometers, gemessen in Graden des Hauptthermometers, einzusetzen. Ist der herausragende Faden des Hauptthermometers

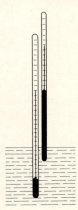

Abb. 9. Fadenthermometer nach Mahlke.

länger als das Quecksilbergefäß des Fadenthermometers, so muß man zwei Fadenthermometer übereinander anordnen. Die Fadenberichtigung kann bei Temperaturen von 300 °C Beträge von der Größenordnung 10 K erreichen.

Auf die vielen anderen Fehler, die bei der Temperaturmessung besonders mit Flüssigkeitsthermometern gemacht werden können, sei hier nicht weiter eingegangen, da sie ausführlich im Schrifttum behandelt sind[1].

b) Widerstandsthermometer

Das elektrische Widerstandsthermometer beruht auf der Tatsache, daß der elektrische Widerstand aller reinen Metalle je Grad Temperatursteigerung um ungefähr 0,004 seines Wertes bei 0 °C zunimmt. Der Betrag der Widerstandszunahme ist ungefähr ebenso groß wie der Ausdehnungskoeffizient der Gase.

Metallegierungen haben sehr viel kleinere Temperaturkoeffizienten des Widerstandes und sind daher für Widerstandsthermometer ungeeignet. Bei Manganin und Konstantan ist der Widerstand in der Nähe der Zimmertemperatur sogar praktisch temperaturunabhängig. Manganin wird häufig für Normalwiderstände benutzt.

Reines Platin ist wegen seiner Widerstandsfähigkeit gegen chemische Einflüsse und wegen seines hohen Schmelzpunktes für Widerstandsthermometer am besten geeignet und liefert nach den auf S. 16 erwähnten Interpolationsformeln für die Abhängigkeit des Widerstandes von der Temperatur unmittelbar die Internationale Praktische Temperaturskala. Daneben wird besonders Nickel benutzt.

Zur Messung des Widerstandes kann jedes geeignete Verfahren angewendet werden. Am bequemsten ist die Wheatstonesche Brücke nach Abb. 10.

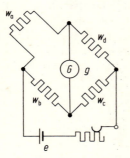

Abb. 10. Widerstandsthermometer in Brückenschaltung.

Dabei ist w_a der Widerstand des Widerstandsthermometers, w_b und w_c sind bekannte feste Vergleichswiderstände, und w_d ist ein regelbarer Meßwiderstand,

---

[1] Vgl. Knoblauch, O.; Hencky, K.: Anleitung zu genauen technischen Temperaturmessungen, 2. Aufl., München und Berlin 1926. Sowie: VDI-Temperaturmeßregeln. Temperaturmessungen bei Abnahmeversuchen und in der Betriebsüberwachung DIN 1953, 3. Aufl., Berlin 1953. Im Juli 1964 neu erschienen als VDE/VDI-Richtlinie 3511, Technische Temperaturmessungen.

e eine Stromquelle, g ein Nullinstrument. Durch Ändern des Widerstandes w_d bringt man den Ausschlag des Nullinstrumentes zum Verschwinden und erhält dann den gesuchten Widerstand des Thermometers aus der Beziehung

$$w_a : w_d = w_b : w_c.$$

Das Widerstandsthermometer kann als Draht beliebig ausgespannt werden und eignet sich deshalb besonders gut zur Messung von Mittelwerten der Temperatur größerer Bereiche. Bei genauen Messungen müssen aber elastische Spannungen im Draht vermieden werden, da auch diese Widerstandsänderungen verursachen.

c) Thermoelemente

Lötet man zwei Drähte aus verschiedenen Metallen zu einem geschlossenen Stromkreis zusammen, so fließt darin ein Strom, wenn man die beiden Lötstellen auf verschiedene Temperatur bringt. Schneidet man den Stromkreis an einer beliebigen Stelle auf und führt die beiden Drahtenden zu einem Galvanometer, so erhält man einen Ausschlag, der als Maß der Temperaturdifferenz der beiden Lötstellen dienen kann. Dieses Verfahren wird für technische Temperaturmessungen viel benutzt. Die eine Lötstelle wird dabei auf Zimmertemperatur oder besser durch schmelzendes Eis auf 0 °C gehalten. Im ersten Fall kann man sie auch ganz fortlassen und die beiden Drahtenden unmittelbar zu den Instrumentenklemmen führen, die dann die zweite Lötstelle ersetzen.

Gegenüber den Flüssigkeitsthermometern hat das Thermoelement den Vorteil der geringen Ausdehnung, die das Messen auch in sehr kleinen Räumen erlaubt. Es erfordert ebenso wie das Widerstandsthermometer Hilfsgeräte, die jedoch für eine große Zahl von Meßstellen nur einmal vorhanden zu sein brauchen. Bei sehr vielen Meßstellen sind Temperaturmessungen mit Thermoelementen billiger und mit geringerem Zeitaufwand auszuführen als mit anderen Thermometern.

Die durch die Temperaturdifferenz der Lötstellen erzeugte elektromotorische

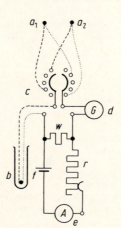

Abb. 11. Thermoelemente mit Kompensationsschaltung.

Kraft kann entweder durch Kompensation oder mit direkt anzeigenden Instrumenten gemessen werden.

Eine einfache Kompensationsvorrichtung zeigt Abb. 11.

Darin sind a_1 und a_2 zwei Thermoelemente, b ist die in einem Glasröhrchen in schmelzendes Eis gebrachte zweite Lötstelle, die auch für viele Meßstellen nur einmal vorhanden zu sein braucht, c ist ein Umschalter für den Anschluß mehrerer Thermoelemente, w ist der feste Kompensationswiderstand, d ein Nullinstrument, e ein Strommesser, f eine Stromquelle, r ein regelbarer Widerstand.

Bei der Messung regelt man die Stromstärke i mit Hilfe des Widerstandes so ein, daß das Nullinstrument und damit auch das Thermoelement stromlos sind. Dann ist die gesuchte thermoelektrische Kraft gerade gleich dem Spannungsabfall $i \cdot w$ des Kompensationswiderstandes.

Bei Verwendung eines Anzeigeinstrumentes zur unmittelbaren Messung der Thermokraft ist zu beachten, daß der abgelesene Wert um den Spannungsabfall des Meßstroms im Thermoelement kleiner ist.

Tab. 6 enthält die wichtigsten, meist in Form von Drähten benutzten Metallpaare mit ungefähren Angaben der Thermokraft je 100 °C Temperaturdifferenz und der höchsten Temperatur, bei der die Drähte noch ausreichende Lebensdauer haben.

Für niedere Temperaturen verwendet man Kupfer–Konstantan oder Manganin–Konstantan, wobei Manganin und Konstantan wegen ihres kleinen Wärmeleitvermögens den Meßwert weniger durch Wärmeaustausch mit der Umgebung stören als Kupfer. Konstantan ist eine Legierung aus 60% Kupfer, 40% Nickel. Manganin besteht aus 84% Kupfer, 12% Mangan, 4% Nickel.

Um störende Thermokräfte an den Klemmen der elektrischen Meßinstrumente zu vermeiden, deren Temperatur wegen des Berührens mit den Händen oft nicht ganz mit der Raumtemperatur übereinstimmt, wird man die Meßeinrichtung stets

Tabelle 6. Thermokraft und ungefähre höchste Verwendungstemperatur von Metallpaaren für Thermoelemente. (Das zuerst genannte Metall wird in seinem von der wärmeren Lötstelle kommenden Ende positiv)

Metallpaare	Verwendbar bis °C	Thermokraft in Millivolt je 100 °C
Kupfer–Konstantan	400	4
Manganin–Konstantan	700	4
Eisen–Konstantan	800	5
Chromnickel–Konstantan	1000	4–6
Chromnickel–Nickel	1100	4
Platinrhodium–Palladiumgold	1200	4
Platinrhodium–Platin (90% Pt, 10% Rh)	1500	1
Iridium–Iridiumrhodium (40% Ir, 60% Rh)	2000	0,5
Iridium–Iridiumrhodium (90% Ir, 10% Rh)	2300	0,5
Wolfram–Wolframmolybdän (75% W, 25% Mo)	2600	0,3

in den Drahtzweig einschalten, der gegen die Kupferleitung der Meßgeräte die kleinere Thermokraft hat, also z. B. in den Kupfer- oder Manganindraht.

Die Abhängigkeit der Thermokraft von der Temperatur ist für kein Thermoelement durch ein einfaches Gesetz angebbar. Nur für mehr oder weniger große Bereiche kann man sie durch Potenzgesetze darstellen, wie für das zur Festlegung der Internationalen Praktischen Temperaturskala oberhalb 630 °C benutzte Thermoelement aus Platin und Platinrhodium (vgl. S. 18). Für kleine Temperaturbereiche genügt oft die Annahme einer linearen Abhängigkeit. Im allgemeinen müssen Thermoelemente durch Vergleich mit anderen Geräten kalibriert werden. Die Angaben der Tab. 6 sind daher nur als Richtwerte zu betrachten.

d) Strahlungsthermometer

Oberhalb 700 °C kann man Temperaturmessungen sehr bequem mit Strahlungsthermometern ausführen. Sie erlauben Fernmessung und sind die einzigen Thermometer für sehr hohe Temperaturen. Bei den meisten Bauarten wird die Helligkeit eines elektrisch geheizten Drahtes mit der Helligkeit eines Bildes des zu messenden Körpers verglichen, das eine Linse in der Ebene des Drahtes entwirft. Gleiche Helligkeit wird erreicht entweder durch Ändern des Heizstromes des Drahtes oder des Helligkeitsverhältnisses von Draht und Bild durch Nicolsche Prismen oder Rauchglaskeile. Neben solchen subjektiven Geräten gibt es auch objektive, bei denen ein Bild des zu messenden Körpers auf ein Thermoelement fällt, dessen Thermokraft zur Messung dient. Die Beziehung zwischen Strahlung und Temperatur ist genau bekannt, aber nur für den absolut schwarzen Körper, der durch einen Hohlraum mit kleiner Öffnung zum Austritt der Strahlung verwirklicht wird. Gewöhnliche Körperoberflächen, vor allem blanke Metalle, haben bei gleicher Helligkeit eine höhere Temperatur als der schwarze Körper.

5 Maßsysteme und Einheiten[1]. Größengleichungen

Das physikalische oder absolute Maßsystem beruht auf den Grundgrößenarten der Länge, Masse und Zeit mit den Einheiten Zentimeter, Gramm und Sekunde (CGS-System). Das früher gebräuchliche technische Maßsystem benutzte als Größenart anstelle der Masse die Kraft. Die Längeneinheit ist das Meter, dargestellt durch das Normalmeter in Paris, die Zeiteinheit ist die Sekunde, d. h. der 86400. Teil des mittleren Sonnentages. Die Einheit der Masse im physikalischen Maßsystem ist das Kilogramm, verwirklicht durch den Kilogrammprototyp in Paris. Die Einheit der Kraft im technischen Maßsystem wird auf die Masse von 1 kg an einem Orte mit der als Normwert vereinbarten Fallbeschleunigung[1] von

---

[1] Vgl. hierzu besonders die gründliche und erschöpfende Darstellung in Stille, U.: Messen und Rechnen in der Physik. Braunschweig: Vieweg 1955.

$g_n = 9{,}80665$ m/s² ausgeübt[2,3]. Diese Anziehungskraft heißt auch Gewicht, genauer Normgewicht. Wir wollen im allgemeinen mit dem aufgerundeten Wert der Fallbeschleunigung von $g = 9{,}81$ m/s² rechnen.

Die Zahl der Grundgrößen der Mechanik ist durch kein allgemeines Gesetz festgelegt, man könnte also die vier Grundgrößen Länge, Zeit, Masse und Kraft beibehalten und ihre Einheiten unabhängig voneinander festsetzen. Dann würde in dem Grundgesetz der Mechanik

$$\text{Kraft} = \text{Masse} \cdot \text{Beschleunigung}$$

ein von der Wahl der Einheiten abhängiger Faktor auftreten. Dadurch, daß man diesem Faktor den Wert 1 gibt, wird eine der beiden Größen Masse und Kraft auf die andere zurückgeführt. In dieser Weise leitete das physikalische Maßsystem seine Krafteinheit, das Dyn, mit Hilfe der Gleichung

$$1 \text{ dyn} = 1 \text{ g cm/s}^2$$

von der Masseneinheit ab als diejenige Kraft, die der Masseneinheit 1 g die Beschleunigung 1 cm/s² erteilt.

Im technischen Maßsystem mit dem *Kilopond* als Grundeinheit war dagegen die Masseneinheit 1 kp s²/m die abgeleitete Einheit, sie ist gleich der Masse, die unter der Wirkung der Kraft 1 kp die Beschleunigung 1 m/s² erfährt.

In den angelsächsischen Ländern benutzte man in entsprechender Weise das British absolute system und das British engineering system. Das absolute System hatte als Masseneinheit das pound-mass

$$1 \text{ lb} = 0{,}45359 \text{ kg} \ .$$

Dieses Nebeneinander verschiedener Maßsysteme wurde beseitigt durch das von Giorgi vorgeschlagene, 1948 von der 9. Generalkonferenz für Maß und Gewicht empfohlene und inzwischen als internationales Maßsystem anerkannte Einheitensystem (Système International d'Unités, SI). In diesem System ist das Kilogramm die Masseneinheit. Die Masse ist unabhängig von der mit dem Ort wechselnden Fallbeschleunigung. Die Einheit der Kraft, das Newton, abgekürzt N, ist diejenige Kraft, die der Masseneinheit 1 kg die Beschleunigung 1 m/s² erteilt.

Die *Einheit der Energie* ist das Joule[4], abgekürzt J, definiert als die Arbeit eines Newtons längs des Weges von einem Meter. Es ist also

$$1 \text{ N} = 1 \text{ kg m/s}^2 \quad \text{und}$$

$$1 \text{ J} = 1 \text{ kg m}^2/\text{s}^2 \ .$$

---

[2] Für die Abhängigkeit der Fallbeschleunigung am Meeresspiegel von der geographischen Breite φ gilt
$$g = 978{,}030 \, (1 + 5{,}302 \cdot 10^{-3} \sin^2 \varphi - 7 \cdot 10^{-6} \sin^2 2\varphi) \text{ cm/s}^2 \ .$$
g ist um $\Delta g = -0{,}0003086z$ cm/s² in freier Luft zu ändern. Ist statt Luft eine Gesteinsplatte der Dichte ϱ (in g/cm³) vorhanden, so erhöht sich g zusätzlich um $\Delta g = +0{,}0000419 \cdot \varrho \cdot z$ cm/s²; mit der Höhe z (in m).

[3] Zahlenwerte, die durch Vereinbarung festgelegt und deshalb genaue Werte sind, pflegt man durch Fettdruck der letzten Ziffer zu kennzeichnen.

[4] Joule wird wie ein französisches Wort ausgesprochen.

5. Maßsysteme und Einheiten. Größengleichungen

Tabelle 7. Internationales Einheitensystem

a) SI-Basiseinheiten

Größe	Einheit	
	Name	Zeichen
Länge	Meter	m
Masse	Kilogramm	kg
Zeit	Sekunde	s
el. Stromstärke	Ampère	A
thermodyn. Temperatur	Kelvin	K
Stoffmenge	Mol	mol
Lichtstärke	Candela	cd

b) Ergänzende SI-Einheiten

Größe	Einheit	
	Name	Zeichen
ebener Winkel (Winkel)	Radiant	rad
räumlicher Winkel (Raumwinkel)	Steradiant	sr

c) Abgeleitete SI-Einheiten mit besonderen Namen

Größe	Einheit		
	Name	Zeichen	Ableitung
Frequenz	Hertz	Hz	s^{-1}
Kraft	Newton	N	$kg\,m/s^2$
Druck, mech. Spannung	Pascal	Pa	$kg/(s^2 m) = N/m^2$
Energie, Arbeit, Wärmemenge	Joule	J	$kg\,m^2/s^2 = Nm$
Leistung, Wärmestrom	Watt	W	$kg\,m^2/s^3 = J/s$
Elektrizitätsmenge, el. Ladung	Coulomb	C	As
el. Spannung, el. Potentialdifferenz, elektromotorische Kraft	Volt	V	$kg\,m^2/(As^3) = W/A$
el. Widerstand	Ohm	Ω	$kg\,m^2/(A^2 s^3) = V/A$
el. Leitwert	Siemens	S	$A^2 s^3/(kg\,m^2) = A/V$
el. Kapazität	Farad	F	$A^2 s^4/(kg\,m^2) = As/V$
magnetischer Fluß	Weber	Wb	$kg\,m^2/(As^2) = Vs$
magnetische Flußdichte	Tesla	T	$kg/(As^2) = Wb/m^2$
Induktivität	Henry	H	$kg\,m^2/(A^2 s^2) = Wb/A$
Lichtstrom	Lumen	lm	cd sr
Beleuchtungsstärke	Lux	lx	cd sr/m^2
Aktivität	Becquerel	Bq	s^{-1}
Energiedosis	Gray	Gy	$m^2/s^2 = J/kg$

Die Einheit der Leistung ist das Joule je Sekunde oder das Watt, abgekürzt W.

Außer diesen Einheiten braucht man in der Thermodynamik und in der Chemie ein Maß für die Menge eines Stoffes. Da alle Stoffe aus Einzelindividuen, den Molekülen, aufgebaut sind, ist das Molekül – oder eine verabredete große Zahl davon – die naturgegebene Einheit für die Stoffmenge. Ein Maß hierfür ist das Mol, mit dem wir uns später noch genauer befassen werden.

Das Internationale Einheitensystem[1] wird aus den sieben Basiseinheiten der Tab. 7(a) und den ergänzenden Einheiten der Tab. 7(b) gebildet. Aus diesen ergeben sich die abgeleiteten Einheiten der Tab. 7(c). Für jede physikalische Größe gibt es eine und nur eine SI-Einheit.

Die abgeleiteten Einheiten der Tab. 7c und weitere auf die Stoffmenge bezogene spezifische Einheiten gehen aus den Basiseinheiten durch einfache Produkt- und Quotientenbildungen hervor, die keinen von Eins verschiedenen Faktor enthalten. In dieser Weise verknüpfte Einheiten nennt man aufeinander abgestimmt oder kohärent.

Wegen des Vorhandenseins von Meßgeräten und Tabellen wird man für eine Übergangszeit gelegentlich noch mit den früher zugelassenen Einheiten rechnen müssen. Dazu gehören das Kilopond, das Dyn und die Kilokalorie.

Mit dem Newton ist das Kilopond und das Dyn verknüpft durch die Gleichung

$$1\,\text{N} = 10^5\,\text{dyn} = \frac{1}{9{,}80665}\,\text{kp}\,.$$

Die Kraft je Flächeneinheit nennen wir Druck. Drücke werden im internationalen System gemessen in N/m^2. Als Einheit dient das Pascal, für das man das Zeichen Pa verwendet. Es ist $1\,\text{N}/\text{m}^2 = 1\,\text{Pa}$. Da diese Einheit für praktische Zwecke unbequem klein ist, verwendet man in der Technik häufig ein dezimales Vielfaches, das Bar, durch die Festsetzung

$$1\,\text{bar} = 10^5\,\text{N}/\text{m}^2 = 10^5\,\text{Pa} = 0{,}1\,\text{MPa}\,.$$

Es ist $1\,\text{MPa} = 10^6\,\text{Pa} = 1$ Megapascal.

Das Bar oder die 1000 mal kleinere Einheit, das Millibar oder Hektopascal, wird in der Meteorologie allgemein angewandt.

In älteren Tabellen und Schriften findet man als Maß des Druckes die normale physikalische Atmosphäre, abgekürzt atm. Sie ist definiert durch die Gleichung

$$1\,\text{atm} = 101\,325\,\text{N}/\text{m}^2 = 760\,\text{Torr}\,.$$

Der Druck von $1\,\text{kp}/\text{m}^2$ ist gleich dem Druck einer Wassersäule von $+4\,°\text{C}$ und 1 mm Höhe, genauer 1,000028 mm, da 1 kg Wasser bei $4\,°\text{C}$ den Raum von $1{,}000028\,\text{dm}^3$ einnimmt.

Die verschiedenen Druckeinheiten sind mit ihren Umrechnungszahlen in Tab. 8 zusammengestellt.

---

[1] Le Système International d'Unités (SI). Bureau International des Poids et Messures, 2. Aufl. Paris 1973, Amtsblatt der Europäischen Gemeinschaft Nr. L 262, S. 204–216 (27. 9. 1976).

5. Maßsysteme und Einheiten. Größengleichungen

Tabelle 8. Umrechnung von früher verwendeten Druckeinheiten

	at	Torr	atm	bar	lb/in²
1 at	1	735,56	0,96784	0,980665	14,2234
1000 Torr	1,35951	1000	1,31579	1,333224	19,3368
1 atm	1,03323	760	1	1,013250	14,6960
1 bar	1,01972	750,06	0,98692	1	14,5038
10 kcal/m³	0,42680	313,93	0,41310	0,41855	6,0704
10 lb/in²	0,70307	517,15	0,68046	0,68948	10

Weiter ist auch die englische Druckeinheit Pfund je Quadratzoll (lb/in²) mit aufgeführt.

In dieser Tabelle sind die Zahlenwerte mit der höchstmöglichen Genauigkeit angegeben. Für das praktische Rechnen kann man sie natürlich abrunden.

In der Technik rechnete man früher noch mit dem Überdruck über die Atmosphäre, abgekürzt atü, und bezeichnete den absoluten Druck zum Unterschied mit ata.

Das historisch bedingte Nebeneinander verschiedener Einheitensysteme macht erfahrungsgemäß dem Anfänger erhebliche Mühe. Aber die Schwierigkeiten vermindern sich zu einer algebraischen Formalität, wenn man alle Formeln und Gleichungen als Größengleichungen schreibt, wie wir das im folgenden stets tun wollen, wenn nicht ausdrücklich etwas anderes gesagt ist. Dabei wird jede physikalische Größe aufgefaßt als Produkt aus dem Zahlenwert (der Maßzahl) und der Einheit. Physikalische Größen und alle Beziehungen zwischen ihnen sind unabhängig von den benutzten Einheiten, denn die Naturgesetze bleiben dieselben, gleichgültig mit welchen Maßstäben und Meßgeräten man sie feststellt. Benutzt man kleinere Maßeinheiten, so erhält man größere Maßzahlen, aber die physikalischen Größen als Produkt aus beiden bleiben ungeändert.

Setzt man in Größengleichungen nicht nur die Zahlenwerte der Größen, sondern auch ihre Einheiten mit ein[1], so ist es gleichgültig, welche Einheiten und welches Maßsystem man benutzt. Dabei kann man immer erreichen, daß auf beiden Seiten der Größengleichungen dieselben Einheiten stehen.

Ist z. B. in der Gleichung

$$\text{Geschwindigkeit} = \text{Weg} : \text{Zeit oder } w = s/t$$

der zurückgelegte Weg $s = 270$ km und die dabei verflossene Zeit $t = 3$ h, so hat man zu schreiben:

$$w = \frac{270 \text{ km}}{3 \text{ h}} = 90 \frac{\text{km}}{\text{h}}.$$

---

[1] Dieses Verfahren ist auch vom Standpunkt der „höheren Algebra" gerechtfertigt; vgl. Landolt, M.: Größe, Maßzahl und Einheit. Zürich 1943.

Will man auf andere Einheiten, z. B. cm und s übergehen, so braucht man nur km und h mit Hilfe der Gleichungen

$$km = 10^5 \text{ cm},$$
$$h = 3600 \text{ s}$$

zu ersetzen und erhält

$$w = 90 \frac{10^5 \text{ cm}}{3600 \text{ s}} = 2500 \frac{\text{cm}}{\text{s}}.$$

Für das praktische Rechnen mit Größengleichungen geben die Aufgaben und ihre am Ende dieses Buches durchgerechneten Lösungen weitere Beispiele. Dem Leser wird die Bearbeitung dieser Aufgaben dringend empfohlen.

In den Wasserdampftafeln wurde früher als Energieeinheit die internationale Tafelkalorie ($kcal_{IT}$) benutzt, die mit Hilfe der Gleichung

$$\underline{860 \text{ kcal}_{IT} = 1 \text{ kWh} = 3{,}6 \cdot 10^6 \text{ Joule}}$$

durch die internationalen elektrischen Größen definiert ist. In den USA verwendete man außerdem die sog. thermochemische Kalorie ($cal_{th\ chem}$).

Für die Umrechnung dieser drei Kalorien gilt

$$\underline{1 \text{ kcal}_{15°} = 0{,}99968 \text{ kcal}_{IT} = 1{,}00036 \text{ kcal}_{th\ chem}}$$

und

$$\underline{860{,}11 \text{ kcal}_{15°} = 1 \text{ kWh} = 3{,}6 \cdot 10^6 \text{ Joule}}.$$

Tabelle 9. Umrechnung von Energieeinheiten.
(Bei durch Vereinbarung festgelegten Zahlen ist die letzte Ziffer fett gedruckt)

	J	mkp	$kcal_{15°}$
1 J	1	0,1019716	$2{,}38920 \cdot 10^{-4}$
1 mkp	9,80665	1	$2{,}34301 \cdot 10^{-3}$
1 $kcal_{15°}$	4185,**5**	426,80	1
1 $kcal_{IT}$	4186,**8**	426,935	1,00031
1 kWh	3 600 000	367 097,8	860,11
1 PSh	2 647 796	270 000	632,61
1 B.t.u.	1055,056	107,5857	0,252074

	$kcal_{IT}$	kWh	PSh	B.t.u.
1 J	$2{,}38846 \cdot 10^{-4}$	$2{,}77778 \cdot 10^{-7}$	$3{,}77673 \cdot 10^{-7}$	$9{,}47817 \cdot 10^{-4}$
1 mkp	$2{,}34228 \cdot 10^{-3}$	$2{,}72407 \cdot 10^{-6}$	$3{,}70370 \cdot 10^{-6}$	$9{,}29491 \cdot 10^{-3}$
1 $kcal_{15°}$	0,99969	$1{,}16264 \cdot 10^{-3}$	$1{,}58075 \cdot 10^{-3}$	3,96709
1 $kcal_{IT}$	1	$1{,}16300 \cdot 10^{-3}$	$1{,}58111 \cdot 10^{-3}$	3,96832
1 kWh	859,845	1	1,35962	3412,14
1 PSh	632,416	0,735499	1	2509,63
1 B.t.u.	0,251996	$2{,}93071 \cdot 10^{-4}$	$3{,}98466 \cdot 10^{-4}$	1

Für technische Zwecke kann der kleine Unterschied der verschiedenen Kalorien im allgemeinen vernachlässigt werden.

Die wichtigsten Energieeinheiten und ihre Umrechnungszahlen sind in Tab. 9 zusammengestellt.

Darin ist unter B.t.u. die an die IT-Kalorie durch die Gleichung

$$1 \text{ kcal}_{IT}/\text{kg} = 1{,}8 \text{ B.t.u.}/\text{lb}$$

angeschlossene Einheit für die Wärmeenergie verstanden, die von der British Standard Institution empfohlen wurde.

Die dezimalen Vielfachen, beispielsweise das 10^3- oder 10^{-6}-fache einer Einheit, bezeichnet man durch Vorsilben, die als Kurzzeichen vor das Einheitensymbol geschrieben werden.

Diese Vorsilben sind in Tab. 10 aufgeführt. Sie sind international vereinbart[1] und genormt[2].

Tabelle 10. Vorsilben und Zeichen für dezimale Vielfache und Teile von Einheiten

Vorsilbe	Zeichen	Zehnerpotenz	Vorsilbe	Zeichen	Zehnerpotenz
Tera-	T	10^{12}	Dezi-	d	10^{-1}
Giga-	G	10^9	Zenti-	c	10^{-2}
Mega-	M	10^6	Milli-	m	10^{-3}
Kilo-	k	10^3	Mikro-	μ	10^{-6}
Hekto-	h	10^2	Nano-	n	10^{-9}
Deka-	da	10^1	Piko-	p	10^{-12}

6 Die thermische Zustandsgleichung idealer Gase

Aufgrund der Messungen mit dem Gasthermometer, siehe hierzu Abb. 8, hatte sich ergeben, daß für sehr kleine Drücke ($p \to 0$)

$$pV = A = \text{const} \cdot T = aT \qquad (4)$$

ist, worin die Größen A und a von der Masse und der Art des als Thermometerfüllung verwendeten Gases abhängen. Für das Gleichgewicht mit einem Stoff am Tripelpunkt gilt

$$(pV)_{tr} = aT_{tr}\,. \qquad (4a)$$

$(pV)_{tr}$ ist hierbei das Produkt aus Druck und Volum des Gases, das sich mit dem Stoff der Temperatur T_{tr} im Gleichgewicht befindet.

---

[1] Comité International des Poids et Mesures: Proc. Verb. Com. int. Poids Mes. (2) 21 (1948) 79.
[2] Deutscher Normenausschuß: DIN 1301 „Einheiten, Kurzzeichen". 5. Ausgabe, Berlin, November 1961.

II. Das thermodynamische Gleichgewicht und die empirische Temperatur

Aus beiden Gleichungen erhält man

$$\frac{pV}{(pV)_{tr}} = \frac{T}{T_{tr}}$$

oder

$$pV = \left(\frac{pV}{T}\right)_{tr} T .$$

Nach Einsetzen des spezifischen Volums

$$v = V/m$$

erhält man hieraus

$$pV = m\left(\frac{pv}{T}\right)_{tr} T . \tag{5}$$

Vergleicht man diesen Ausdruck mit Gl. (4), so erkennt man, daß die von der Masse und der Art des Gases abhängige Größe a sich darstellen läßt durch

$$a = m\left(\frac{pv}{T}\right)_{tr} .$$

Hierin ist T_{tr} die Temperatur am Tripelpunkt des Stoffes, mit dem sich das Gas im Gleichgewicht befindet. Das Produkt $(pv)_{tr}$ enthält nur Größen, die von der Masse des Gases unabhängig sind. Somit ist auch $(pv/T)_{tr}$ von der Masse des Gases unabhängig. Dieser Ausdruck ist aber von der Art des Gases abhängig, da, wie wir sahen, die Größe a eine Funktion der Masse *und* der Art des Gases ist. Somit ist

$$\boxed{R = \left(\frac{pv}{T}\right)_{tr}}$$

unabhängig von der Masse des Gases eine für jedes Gas charakteristische Konstante, die man die *individuelle Gaskonstante* nennt.

Man kann Gl. (5) hiermit auch schreiben

$$\boxed{pV = mRT \quad \text{oder} \quad pv = RT} . \tag{6}$$

Dies ist die bekannte *thermische Zustandsgleichung des idealen Gases*. Gase, die ihr gehorchen, nennt man ideal.

Allgemein bezeichnet man, wie auf S. 6 dargelegt, den Zusammenhang zwischen einer abhängigen und einer unabhängigen Zustandsgröße als Zustandsgleichung und nennt solche Zustandsgleichungen, welche die Temperatur, den Druck und die Dichte als Variable enthalten, thermische Zustandsgleichungen. Die Einheit der individuellen Gaskonstante ist

$$[R] = \frac{J}{kg\ K} \quad \text{und war früher} \quad \frac{kcal}{kg\ K} ; \frac{mkp}{kg\ K} ; \frac{B.t.u.}{lb\ °R}$$

Die Gaskonstanten einiger Stoffe findet man in Tab. 13, S. 91. Natürlich ist ein Gas beim Druck $p = 0$ nicht mehr existent. Gl. (6) gilt aber in guter Näherung, solange die Dichte oder der Druck eines wirklichen Gases nicht zu groß sind.

Gl. (6) ist das einfachste Beispiel für eine thermische Zustandsgleichung. Gase oder Flüssigkeiten gegebener chemischer Zusammensetzung und bestimmter Menge ändern ihr Volum, wenn ihre Temperatur oder der äußere Druck geändert werden. Unter einem bestimmten Druck und bei einer bestimmten Temperatur hat aber die Mengeneinheit des Stoffes stets ein ganz bestimmtes Volum. Man kann diesen Zusammenhang, gleichgültig ob er durch eine mathematische Formel oder nur durch empirische Zahlentafeln gegeben ist, durch eine Funktionsbeziehung zwischen dem Druck p, dem Volum der Mengeneinheit, dem sogenannten spezifischen Volum v und der Temperatur T von der Form

$$F(p, v, T) = 0 \tag{7}$$

ausdrücken. Sind in dieser thermischen Zustandsgleichung zwei von den drei Zustandsgrößen p, v, T bekannt, so wird die dritte durch die Zustandsgleichung bestimmt. Denkt man sich die Funktion nach einer der drei Veränderlichen aufgelöst, so kann man sie schreiben:

$$p = p(v, T), \quad v = v(p, T) \quad \text{und} \quad T = T(p, v). \tag{7a}$$

Auch für feste Körper, die unter einem allseitigen Druck stehen, gilt eine solche Zustandsgleichung, sie kann mehrdeutig sein, wenn der feste Körper in verschiedenen Modifikationen vorkommt.

Die Zustandsgleichung läßt sich als Beziehung zwischen drei Unbekannten durch eine Fläche im Raum mit den drei Koordinaten p, v und T darstellen. In der Technik beschreibt man diese Fläche meist durch eine Kurvenschar in der Ebene zweier Koordinaten in derselben Weise wie ein Berggelände durch Höhenschichtlinien.

Die Zustandsgleichung muß im allgemeinen durch Versuche bestimmt werden. Zwei Zustandsgrößen bestimmen nicht nur die dritte der genannten, sondern auch alle anderen Eigenschaften des Stoffes, wie Energie, Zähigkeit, Wärmeleitfähigkeit, optischen Brechungsindex usw. Man kann daher auch diese Größen als Zustandsgrößen bezeichnen. Aber auch Funktionen von Zustandsgrößen, z. B. die Ausdrücke $cT + pv$ oder $\ln(pv^\varkappa)$, wobei c und $\varkappa$ konstante oder vom Zustand abhängige Größen sind, können als Zustandsgrößen betrachtet werden. Wir werden später eine Anzahl solcher Größen einführen. Differenziert man die Zustandsgleichung z. B. in der Form

$$T = T(p, v),$$

so erhält man das vollständige Differential

$$dT = \left(\frac{\partial T}{\partial p}\right)_v dp + \left(\frac{\partial T}{\partial v}\right)_p dv. \tag{7b}$$

Dabei sind

$$\left(\frac{\partial T}{\partial p}\right)_v \quad \text{und} \quad \left(\frac{\partial T}{\partial v}\right)_p$$

die partiellen Differentialquotienten, deren Indizes jeweils die zweite, beim Differenzieren konstant zu haltende unabhängige Veränderliche angeben. In Abb. 12 ist Gl. (7b) geometrisch veranschaulicht.

Darin ist das umrandete Flächenstück ein Teil der Zustandsfläche, die Linien a_1 und a_2 sind Schnittkurven der Zustandsfläche mit zwei um dv voneinander entfernten Ebenen $v = $ const, die Linien b_1 und b_2 Schnittkurven mit zwei um dp entfernten Ebenen $p = $ const. Beide Kurvenpaare schneiden aus der Fläche das kleine Viereck *1234* heraus. Durch die Punkte *1* und *3* sind dann zwei um dT entfernte Ebenen $T = $ const gelegt, die mit der Zustandsfläche die Schnittkurven c_1 und c_2 ergeben.

Der partielle Differentialquotient $\left(\frac{\partial T}{\partial p}\right)_v$ bedeutet die Steigung des auf der Zustandsfläche parallel zur T,p-Ebene, also unter konstantem v, verlaufenden Weges *12*, und er ist gleich dem Tangens des Winkels, den *12* mit der p,v-Ebene bildet. Die Strecke *22'* ist der beim Fortschreiten um dp längs des Weges *12* überwundene Höhenunterschied $\left(\frac{\partial T}{\partial p}\right)_v dp$.

Entsprechend bedeutet der partielle Differentialquotient $\left(\frac{\partial T}{\partial v}\right)_p$ die Steigung des parallel zur T,v-Ebene, also unter konstantem p, verlaufenden Weges *14*, er ist gleich dem Tangens des Winkels von *14* gegen die p,v-Ebene. Die Strecke *44'* ist der beim Fortschreiten um dv längs des Weges *14* überwundene Höhenunterschied $\left(\frac{\partial T}{\partial v}\right)_p dv$. Das vollständige Differential dT ist dann nichts anderes

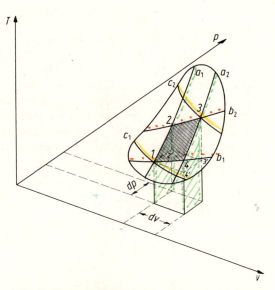

Abb. 12. Zur Differentiation der Zustandsgleichung.

als die Summe dieser beiden Höhenunterschiede, die man überwinden muß, wenn man zugleich oder nacheinander auf der Fläche um dp und dv fortschreitet und dadurch von *1* nach *3* gelangt, es ist gleich der Strecke *33′ = 22′ + 44′*.

In gleicher Weise kann man auch die anderen zwei Formen der Zustandsgleichung differenzieren und erhält

$$dp = \left(\frac{\partial p}{\partial v}\right)_T dv + \left(\frac{\partial p}{\partial T}\right)_v dT \tag{8}$$

und

$$dv = \left(\frac{\partial v}{\partial p}\right)_T dp + \left(\frac{\partial v}{\partial T}\right)_p dT. \tag{9}$$

Erwärmt man einen Körper um dT bei konstantem Druck, also bei $dp = 0$, so ändert sich sein Volum nach der letzten Gleichung um

$$dv = \left(\frac{\partial v}{\partial T}\right)_p dT.$$

Man bezieht diese Volumänderung auf das Volum v und nennt die Größe

$$\beta = \frac{1}{v}\left(\frac{\partial v}{\partial T}\right)_p \tag{10}$$

den *Ausdehnungskoeffizienten*.

Erwärmt man um dT bei konstantem Volum, also bei $dv = 0$, so ändert sich der Druck nach Gl. (8) um

$$dp = \left(\frac{\partial p}{\partial T}\right)_v dT.$$

Man bezieht diese Druckänderung auf den Druck p und nennt *Spannungskoeffizient* den Ausdruck

$$\gamma = \frac{1}{p}\left(\frac{\partial p}{\partial T}\right)_v. \tag{11}$$

Steigert man endlich den Druck bei konstanter Temperatur durch Volumverkleinerung, so ist

$$dv = \left(\frac{\partial v}{\partial p}\right)_T dp,$$

und wenn man auf das Volum v bezieht, kann man die Größe

$$\chi = -\frac{1}{v}\left(\frac{\partial v}{\partial p}\right)_T \tag{12}$$

als *isothermen Kompressibilitätskoeffizienten* bezeichnen.

Wendet man die Gl. (9) auf eine Linie $v = $ const an, so ist $dv = 0$, und es wird

$$\left(\frac{\partial v}{\partial p}\right)_T \frac{dp}{dT} = -\left(\frac{\partial v}{\partial T}\right)_p.$$

Dabei kann man für dp/dT wegen der Voraussetzung $v = $ const auch $\left(\dfrac{\partial p}{\partial T}\right)_v$ schreiben und erhält

$$\left(\frac{\partial v}{\partial p}\right)_T \left(\frac{\partial p}{\partial T}\right)_v \left(\frac{\partial T}{\partial v}\right)_p = -1 \ . \tag{13}$$

Diese einfache Beziehung, in der v, p und T in zyklischer Reihenfolge vorkommen, muß offenbar zwischen den partiellen Differentialquotienten jeder durch eine Fläche darstellbaren Funktion mit drei Veränderlichen bestehen.

Führt man in Gl. (13) mit Hilfe von Gl. (10), (11) und (12) die Größen β, γ und χ ein, so erhält man die Beziehung

$$\boxed{\beta = p\gamma\chi} \tag{13a}$$

zwischen den Koeffizienten der Ausdehnung, der Spannung und der Kompressibilität.

In der Mathematik pflegt man die Indizes bei den partiellen Differentialquotienten fortzulassen, was unbedenklich ist, solange man immer mit denselben unabhängigen Veränderlichen zu tun hat; wird nach einer von ihnen differenziert, so sind eben die anderen konstantzuhalten. In der Thermodynamik werden wir aber später Zustandsgrößen durch verschiedene Paare von unabhängigen Veränderlichen darstellen, und dann ist die Angabe der jeweils konstantgehaltenen Veränderlichen notwendig, wenn man die partiellen Differentialquotienten auch außerhalb ihrer Differentialgleichung benutzt, wie wir das z. B. in Gl. (10) bis (12) getan haben.

6.1 Die Einheit der Stoffmenge
Die Gaskonstante und das Gesetz von Avogadro

Die Gaskonstante R ist eine kennzeichnende Konstante jedes Gases, die durch Messen zusammengehöriger Werte von p, v und T ermittelt wird. Bei Luft z. B. ergibt die Wägung bei

$$p = 0{,}1 \text{ MPa} = 10^5 \text{ N/m}^2 \quad \text{und} \quad T = 273{,}15 \text{ K}$$

eine Dichte $\varrho = 1/v = 1{,}275$ kg/m³.

Damit wird die Gaskonstante der Luft

$$R = \frac{p}{\varrho T} = \frac{100\,000 \text{ N/m}^2}{1{,}275 \text{ kg/m}^3 \cdot 273{,}15 \text{ K}} = 287{,}2 \ \frac{\text{m}^2}{\text{s}^2 \text{K}} = 287{,}2 \ \frac{\text{J}}{\text{kg K}} \ .$$

Erwärmt man 1 kg Gas bei konstantem Druck p von T_1 auf T_2, wobei das spezifische Volum von v_1 auf v_2 steigt, so gilt

$$pv_1 = RT_1 \ ,$$
$$pv_2 = RT_2 \ .$$

Durch Subtrahieren wird $p(v_2 - v_1) = R(T_2 - T_1)$.

Dabei ist die linke Seite die bei der Expansion geleistete Arbeit, deren Zahlenwert für $T_2 - T_1 = 1$ K gerade R ist.

Die Gaskonstante ist also gleich der von 1 kg *Gas bei der Erwärmung um* 1 K *unter konstantem Druck geleisteten Arbeit.*

Bei demselben Zustand, z. B. bei 0,1 MPa und 0 °C, ist die Gaskonstante verschiedener Gase ihrem spezifischen Volum direkt, ihrer Dichte und damit auch ihrer Molmasse umgekehrt proportional.

Als Grundeinheit der Stoffmenge definiert man das Mol und führt hierfür das Einheitensymbol mol ein.

Die Zahl der Teilchen — also der Moleküle, Atome, Ionen, Elementarteilchen usw. — eines Stoffes nennt man dann 1 mol, *wenn dieser Stoff aus ebenso vielen unter sich gleichen Teilchen besteht wie in genau* 12 g *reinen atomaren Kohlenstoffs des Nuklids* ^{12}C *enthalten sind*[1].

Mit dieser Festsetzung ist die früher übliche Definition auf der Basis von 16 g atomaren Sauerstoffs aufgegeben worden. In der Technik benutzt man statt der Einheit 1 mol meistens das Kilomol, dessen Einheitensymbol kmol ist. Es sind 10^3 mol = 1 kmol.

Die Masse eines Mols nennt man *Molmasse.* Sie hat also die Einheit kg/kmol und ergibt sich als Quotient aus der Masse m und Molmenge n

$$M = m/n.$$

Da Masse und Molmenge bzw. Teilchenzahl eines Stoffes einander direkt proportional sind, ist die Molmasse eine für jeden Stoff bestimmte charakteristische Größe.

Um sie zu bestimmen, muß man der Definitionsgleichung entsprechend die Masse m und die Molmenge n eines Stoffes ermitteln. Während man die Masse m durch eine Wägung messen kann, bereitet die Bestimmung der Molmenge im festen und flüssigen Zustand meistens erhebliche Schwierigkeiten. Sie ist jedoch im idealen Gaszustand in einfacher Weise möglich[2]. Dort gilt nach *Avogadro* (1831):

Ideale Gase enthalten bei gleichem Druck und gleicher Temperatur in gleichen Räumen gleichviel Moleküle.

Ist daher ein beliebiger Stoff als ideales Gas von bestimmter Temperatur und bestimmtem Druck vorhanden, so besitzt er die gleiche Teilchenzahl wie 12 g des reinen atomaren Kohlenstoffs ^{12}C im idealen Gaszustand, wenn der betreffende Stoff auch das gleiche Volum ausfüllt und die gleiche Temperatur und den gleichen

---

[1] Diese Vereinbarung findet man in den Empfehlungen der International Union of Pure and Applied Physics (IUPAP), Units and Nomenclature in Physics, 1965, formuliert.
[2] Auf andere direkte Messungen der Molmasse soll hier nicht eingegangen werden. Jede dieser Methoden zur Bestimmung von Molmassen erfordert stets eine Extrapolation von Meßwerten auf verschwindende Dichte oder unendliche Verdünnung, siehe hierzu Münster, A.: Chemische Thermodynamik. Weinheim/Bergstraße: Verlag Chemie 1969.

Druck besitzt wie das gasförmige ^{12}C. Die Teilchenzahl oder Molmenge des Stoffes ist dann gerade 1 mol und seine Masse gleich der Molmasse.

Da definitionsgemäß die Teilchenzahl eines Mols mit der von 12 g des reinen atomaren Kohlenstoffnuklids ^{12}C übereinstimmt, enthält ein Mol eines jeden Stoffes dieselbe Anzahl von Teilchen, nämlich gerade soviel wie in 12 g des reinen atomaren ^{12}C enthalten sind. Man bezeichnet die in einem Mol enthaltene Anzahl von unter sich gleichen Teilchen als *Avogadro-Konstante*[1]. Sie ist eine universelle Naturkonstante[2] der Physik und hat den Zahlenwert[3]

$$N_A = (6{,}022045 \pm 0{,}000031) \cdot 10^{26}/\text{kmol}.$$

Das Gesetz von Avogadro führt zu einem für die Thermodynamik sehr wichtigen Resultat, wenn man in der thermischen Zustandsgleichung des idealen Gases

$$pV = mRT$$

die Masse eliminiert durch die Beziehung

$$m = Mn.$$

Man erhält dann

$$pV = MnRT$$

oder

$$pV/nT = MR.$$

Nach Avogadro hat die linke Seite dieser Gleichung für vorgegebene Werte des Druckes, des Volums und der Temperatur einen bestimmten festen Wert, der unabhängig von der Stoffart ist. Daher ist auch die rechte Seite unabhängig von der Stoffart. Sie ist außerdem, wie wir bei der Herleitung des idealen Gasgesetzes [Gl. (6)] sahen, unabhängig von Druck, Volum und Temperatur.

Die Größe

$$MR = \mathbf{R}$$

muß daher für alle Gase denselben Wert haben. Man nennt sie *universelle Gaskonstante*. Sie ist eine universelle Naturkonstante der Physik. Mit ihr lautet die Zustandsgleichung des idealen Gases

$$pV = n\mathbf{R}T \tag{14}$$

oder, wenn man das *Molvolum $\bar{V} = V/n$* einführt,

$$p\bar{V} = \mathbf{R}T. \tag{14a}$$

---

[1] In der deutschen Literatur findet man gelegentlich auch die Bezeichnung Loschmidt-Zahl.
[2] Die Naturkonstanten der Physik, wie die Avogadro-Zahl, die universelle Gaskonstante, das Wirkungsquantum, die Lichtgeschwindigkeit usw. wollen wir durch Fettdruck kennzeichnen.
[3] Phys. Techn. Bundesanstalt — Mitt. 85 (1975) 44—46.

6. Die thermische Zustandsgleichung idealer Gase

Wie hieraus folgt, ist das Molvolum $\bar{V}$ aller idealen Gase bei gleichem Druck und gleicher Temperatur gleich groß. Nach neuesten Messungen hat das Molvolum der idealen Gase bei 0 °C und 1 atm ($= 1{,}01325$ bar) den Wert

$$\bar{V}_0 = 22{,}41383 \pm 0{,}00070 \, \text{m}^3/\text{kmol}.$$

Führt man dieses in die Zustandsgleichung (14a) des idealen Gases ein, so erhält man die universelle Gaskonstante

$$R = 8{,}31441 \pm 0{,}00026 \, \frac{\text{kJ}}{\text{kmol K}}.$$

Bezieht man die Gaskonstante auf 1 Molekül, indem man durch die Avogadro-Zahl dividiert, so erhält man die sog. Boltzmannsche Konstante

$$k = R/N_A = (1{,}380662 \pm 0{,}000044) \, 10^{-23} \, \text{J/K}.$$

Neben dem kmol benutzte man als Mengeneinheit in der Technik früher noch das *Normkubikmeter* (m_n^3). Man versteht darunter die bei 0 °C und 1 atm ($= 1{,}01325$ bar) in 1 m³ enthaltene Gasmenge von $(1/22{,}4138)$ kmol. Es ist also

$$1 \, \text{m}_n^3 = (1/22{,}4138) \, \text{kmol}.$$

Sie ist kein Volum, sondern die in Raumeinheiten ausgedrückte Molmenge des Gases.

Aufgabe 1. In einer Stahlflasche von $V_1 = 20$ l Inhalt befindet sich Wasserstoff von $p_1 = 120$ bar und $t_1 = 10$ °C.

Welchen Raum nimmt der Inhalt der Flasche bei 0 °C und 1 bar ein, wenn man in diesem Zustand die geringen Abweichungen des Wasserstoffs vom Verhalten des idealen Gases vernachlässigt?

Aufgabe 2. Ein Zeppelinluftschiff von 200 000 m³ Inhalt der Gaszellen kann wahlweise mit Wasserstoff ($M_{H_2} = 2{,}01588$ kg/kmol) oder mit Helium ($M_{He} = 4{,}00260$ kg/kmol) gefüllt werden. Die Füllung wird so bemessen, daß die geschlossenen Zellen in 4500 m Höhe, wo ein Druck von 530 mbar und eine Temperatur von 0 °C angenommen wird, gerade prall sind ($M_{Luft} = 28{,}953$ kg/kmol).

Wieviel kg Wasserstoff bzw. Helium erfordert die Füllung? Zu welchem Bruchteil sind die Gaszellen am Erdboden bei einem Druck von 935 mbar und einer Temperatur von 20 °C gefüllt? Wie groß darf das zu hebende Gesamtgewicht von Hülle, Gerippe und allen sonstigen Lasten in beiden Fällen sein?

(Lösung der Aufgaben am Ende des Buches.)

III Der erste Hauptsatz der Thermodynamik

1 Allgemeine Formulierung des ersten Hauptsatzes

In der Mechanik der starren Körper wird ein System durch seine Geschwindigkeit und durch seine Lagekoordinaten, die sogenannten *äußeren Koordinaten*, gekennzeichnet. Eine Zustandsänderung bedeutet, daß sich die Geschwindigkeit und die Lagekoordinaten ändern.

Wie die Erfahrung lehrt, ändert sich die Energie E eines im Schwerefeld bewegten starren Körpers stets so, daß die Summe aus kinetischer und potentieller Energie konstant bleibt. Eine Abnahme der kinetischen Energie hat eine Zunahme der potentiellen und umgekehrt eine Zunahme der kinetischen eine Abnahme der potentiellen Energie zur Folge, und es gilt:

$$E = E_{\text{kin}} + E_{\text{pot}} = \text{const}.$$

Diesen Satz bezeichnet man in der Mechanik der starren Körper als „Satz von der Erhaltung der Energie". Er ist ein Erfahrungssatz und kann daher nicht bewiesen werden. Als Beweis für die Richtigkeit ist allein die Tatsache anzusehen, daß alle Folgerungen aus dem Energiesatz mit der Erfahrung übereinstimmen.

In der Thermodynamik haben wir es nun meistens mit Systemen zu tun, bei denen sich auch der innere Zustand ändert. Man denke beispielsweise an ein Gas, das in einer dehnbaren Hülle eingeschlossen ist. Pumpt man zusätzlich Gas in diese Hülle, so ändern sich bestimmte innere Koordinaten des Gases, zum Beispiel Druck und Temperatur, während die äußeren Koordinaten dann, wenn das System ruht, ihre Werte beibehalten.

Es erhebt sich nun die Frage, ob auch für die inneren Koordinaten ähnlich wie für die äußeren eine Zustandsfunktion existiert. Ist dies der Fall, so kann man den jeweiligen „inneren Zustand" eindeutig beschreiben, und es spielt keine Rolle, auf welchem Weg ein System in einen bestimmten Zustand gelangte. Die Beantwortung der gestellten Frage läuft auf eine Erweiterung des Energiebegriffs der Mechanik hinaus, insbesondere um die Erscheinungen, die man als „Wärme" bezeichnet, und ist nur über eine langwierige historische Entwicklung möglich gewesen. Wir wollen diese hier nicht nachvollziehen, sondern uns mit der Antwort auf die gestellte Frage begnügen. Sie lautet:

Jedes System besitzt eine extensive Zustandsgröße Energie. Sie ist für ein abgeschlossenes System konstant.

Diesen Satz bezeichnet man als *ersten Hauptsatz der Thermodynamik*. Er ist ein Erfahrungssatz, kann also nicht bewiesen werden und gilt nur deshalb, weil alle Schlußfolgerungen, die man bisher aus ihm gezogen hat, durch die Erfahrung

1. Allgemeine Formulierung des ersten Hauptsatzes

bestätigt werden. Der erste Hauptsatz ist als ein allgemein gültiges Prinzip anzusehen. Er enthält außer der Aussage, daß die Energie eine Zustandsgröße ist, noch eine wichtige Feststellung über Energieänderungen: In einem abgeschlossenen System bleibt die Energie konstant. Das hat zur Folge, daß man die Energie eines Systems nur durch Austausch mit der Umgebung ändern kann. Zählt man die am Energieaustausch beteiligte Umgebung mit zu dem System, bildet man also ein neues System, bestehend aus dem ursprünglichen, dem Energie zu- oder abgeführt wird, und der am Energieaustausch beteiligten Umgebung, so ist das neue System abgeschlossen. Es gilt hierfür der erste Hauptsatz, wonach die Energie des abgeschlossenen Systems konstant ist. Vereinbart man für alle zugeführten Energien ein positives, für alle abgeführten Energien ein negatives Vorzeichen[1], so kann man den ersten Hauptsatz auch so formulieren.

> *In einem abgeschlossenen System ist die Summe aller Energieänderungen gleich Null.*

Als Beispiel betrachten wir den Energieaustausch zwischen einer Flüssigkeit, die sich in einem Zylinder befindet, mit der Umgebung. Im ersten Fall, Abb. 13, taucht ein Rührer in die Flüssigkeit, der eine bestimmte Zeit in Bewegung gesetzt wird und dadurch der Flüssigkeit Energie zuführt.

Der Rührer soll von einem Elektromotor angetrieben werden, so daß man mit Hilfe eines Wattstundenzählers die dem Motor zugeführte Energie ΔE_1 messen kann. Die ursprüngliche Energie der Flüssigkeit sei E_0 gewesen. Sie wird durch den Rührprozeß um ΔE_0 erhöht. Zählt man den Elektromotor, dessen Energiequelle und den Rührer mit zu dem System, so gilt unter der Annahme, daß kein anderer Energieaustausch stattfindet,

$$\Delta E_1 + \Delta E_0 = 0.$$

Die dem Elektromotor an den Spannungsklemmen zugeführte Energie ΔE_1 ist gleich der Energie $-\Delta E_0$, die von dem Rührer an die Flüssigkeit abgeführt wird. Nach dem Energieaustausch beträgt die Energie der Flüssigkeit

$$E = E_0 + \Delta E_0.$$

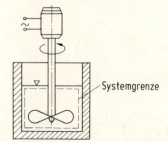

Abb. 13. Energieaustausch durch Rühren.

---

[1] Diese Vereinbarung ist willkürlich; man könnte auch umgekehrt alle abgeführten Energien als positiv, alle zugeführten als negativ bezeichnen. Die oben getroffene Vorzeichenfestlegung setzt sich jedoch immer mehr durch, so daß wir sie beibehalten wollen.

Um den gleichen Betrag hätte man die Energie der Flüssigkeit auch auf andere Weise erhöhen können, beispielsweise dadurch, daß man die Flüssigkeit mit einer anderen Flüssigkeit höherer Temperatur in Kontakt gebracht hätte, oder dadurch, daß man in das Gefäß Flüssigkeit höherer Temperatur geschüttet hätte. In allen diesen Fällen wäre Energie durch Austauschprozesse zwischen dem System und seiner Umgebung übertragen worden. Offensichtlich kann Energie bei Austauschprozessen zwischen dem System und seiner Umgebung in verschiedener Form übertragen werden. Man muß also bei Austauschprozessen zwischen verschiedenen Energieformen unterscheiden. Für alle an einem Prozeß beteiligten Energieformen gilt selbstverständlich wieder der Satz von der Erhaltung der Energie. Wir wollen nun im folgenden die einzelnen Energieformen voneinander unterscheiden und dann den ersten Hauptsatz für alle bei einem Prozeß auftretenden Energieformen formulieren.

2 Die Energieform Arbeit

In der Thermodynamik übernimmt man den Begriff der Arbeit aus der Mechanik und definiert:

Greift an einem System eine Kraft an, so ist die an dem System verrichtete Arbeit gleich dem Produkt aus der Kraft und der Verschiebung des Angriffspunktes der Kraft.

Diese Definition gilt unter der Voraussetzung, daß Kraft und Verschiebung gleich gerichtet sind und daß die Kräfte längs des ganzen Weges konstant sind.

Bewegt sich ein Massenpunkt im Feld einer Kraft F zwischen den Punkten 1 und 2 auf einer Kurvenbahn, Abb. 14, und schließen die Kraft F und die Wegrichtung dz den Winkel Φ ein, so ist die Arbeit dL^1 an irgendeiner Stelle der

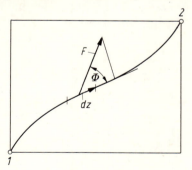

Abb. 14. Zur Berechnung der Arbeit bei einer Verschiebung von 1 nach 2.

---

[1] Abweichend von den Normen DIN 1304 und ISO 31 verwenden wir für die Arbeit nicht die Zeichen W, w (Work) sondern wie früher üblich L, l (Labor). Dadurch wird das Zeichen w frei für die Geschwindigkeit. Hierfür sehen die genannten Normen die Zeichen u oder v vor, die aber außerdem auch innere Energie oder spez. Volum kennzeichnen sollen. Wegen der Schwierigkeiten, die sich dadurch in der Thermodynamik ergeben, hielten wir ein Abweichen von der Norm für gerechtfertigt.

Kurvenbahn gleich der Komponente der Kraft $F \cos \Phi$ in Richtung der Verschiebung dz, multipliziert mit der Verschiebung dz.

$$dL = F \cos \Phi \, dz,$$

wofür man in der Vektorrechnung abkürzend

$$dL = \mathbf{F} \cdot d\mathbf{z}$$

schreibt und das Produkt $\mathbf{F} \cdot d\mathbf{z}$ als Innenprodukt des Kraftvektors $\mathbf{F}$ und des Wegvektors $d\mathbf{z}$ bezeichnet.

Die zwischen den Punkten 1 und 2 geleistete Arbeit ist

$$L_{12} = \int_1^2 F \cos \Phi \, dz = \int_1^2 \mathbf{F} \cdot d\mathbf{z}. \tag{15}$$

Greifen gleichzeitig mehrere Kräfte an einem System an, so ist die an dem System verrichtete Arbeit gleich der Summe der Arbeiten der einzelnen Kräfte.

2.1 Mechanische Energie

Es soll nun die Arbeit berechnet werden, die man verrichten muß, um einen Massenpunkt zu verschieben. Bezeichnet man mit m die Masse und mit $\mathbf{w} = d\mathbf{z}/dt$ den Geschwindigkeitsvektor des Massenpunktes, so ist nach dem Newtonschen Grundgesetz die zeitliche Änderung des Impulses $\mathbf{J} = m\mathbf{w}$ gleich der Kraft

$$\mathbf{F} = \frac{d\mathbf{J}}{dt} = \frac{d}{dt}(m\mathbf{w}).$$

Multipliziert man die linke und rechte Seite von

$$\frac{d}{dt}(m\mathbf{w}) = \mathbf{F}$$

mit dem zurückgelegten Weg $d\mathbf{z}$, so erhält man

$$\frac{d}{dt}(m\mathbf{w}) \, d\mathbf{z} = \mathbf{F} \, d\mathbf{z}.$$

Da die Masse m des Massenpunktes konstant und $d\mathbf{z} = \mathbf{w} \, dt$ ist, kann man hierfür auch schreiben

$$m \frac{d}{dt}(\mathbf{w}) \cdot \mathbf{w} \, dt = \mathbf{F} \, d\mathbf{z}.$$

oder

$$m \, d\left(\frac{w^2}{2}\right) = \mathbf{F} \, d\mathbf{z}.$$

Integration zwischen den Grenzen 1 und 2 ergibt

$$m\left(\frac{w_2^2}{2} - \frac{w_1^2}{2}\right) = \int_1^2 \mathbf{F} \, d\mathbf{z}. \tag{16}$$

Die Arbeit $\int_1^2 F \, dz = L'_{m12}$, welche die am Massenpunkt angreifenden Kräfte F verrichten, dient zur Änderung der kinetischen Energie. Durch die Kräfte F wird ein Massenpunkt oder ein ganzes System beschleunigt. Gl. (16) kann man auch schreiben

$$m\left(\frac{w_2^2}{2} - \frac{w_1^2}{2}\right) = \int_1^2 F \, dz = L'_{m12} \qquad (16\,a)$$

oder:

$$(E_{kin})_2 - (E_{kin})_1 = L'_{m12}. \qquad (16\,b)$$

Die Gl. (16) bzw. (16a) und (16b) nennt man den *Energiesatz der Mechanik*.

Um die Masse m durch eine der Schwerkraft entgegenwirkende Kraft $F = mg$ von der Höhe z_1 auf die Höhe z_2 anzuheben, Abb. 15, ist von der Kraft F eine Arbeit

$$L''_{m12} = mg(z_2 - z_1) = (E_{pot})_2 - (E_{pot})_1$$

zu verrichten.

Sowohl zur Änderung der kinetischen als auch zur Änderung der potentiellen Energie haben wir außen an dem System Kräfte angebracht, durch welche die Geschwindigkeit des Systems geändert oder das System angehoben wurde.

Werden kinetische *und* potentielle Energie durch äußere Kräfte zwischen einem Zustandspunkt *1* und einem Zustandspunkt *2* geändert, so beträgt die von den angreifenden Kräften verrichete „mechanische Arbeit"

$$L_{m12} = L'_{m12} + L''_{m12} = (E_{kin})_2 - (E_{kin})_1 + (E_{pot})_2 - (E_{pot})_1$$

oder

$$L_{m12} = m\left(\frac{w_2^2}{2} - \frac{w_1^2}{2}\right) + mg(z_2 - z_1). \qquad (16\,c)$$

Unter der so definierten mechanischen Arbeit L_{m12} versteht man somit die Arbeit der Kräfte, die ein ganzes System beschleunigen und es im Schwerefeld anheben.

Mechanische Arbeit L_{m12} kann durch an der Oberfläche des Systems angreifende Druckkräfte, Schubspannungen oder durch im Massenmittelpunkt angreifende Kräfte verrichtet werden, wie die Zentrifugalkraft, elektrische oder magnetische Feldkräfte. Greift keine dieser Kräfte an, so ist $L_{m12} = 0$.

Die kinetische Energie ändert sich dann nur auf Kosten der potentiellen, weil die Schwerkraft als einzige äußere Kraft wirkt.

Gl. (16c) folgt direkt aus dem Energiesatz der Mechanik, wenn wir dort für $F = mg + F^*$ setzen, wobei F^* alle oben erwähnten Kräfte außer der Schwerkraft enthält. Einsetzen in Gl. (16) ergibt

$$\int_1^2 F \, dz = -\int_1^2 mg \, dz + \int_1^2 F^* \, dz.$$

2. Die Energieform Arbeit

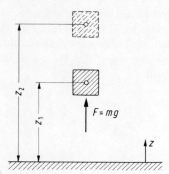

Abb. 15. Zur Berechnung der Arbeit beim Heben einer Masse.

Das Minuszeichen erklärt sich dadurch, daß wir eine Arbeit positiv zählen, wenn die Masse angehoben, d. h. entgegen der Richtung der Schwerkraft verschoben wird.

Gl. (16) geht hiermit über in

$$m\left(\frac{w_2^2}{2} - \frac{w_1^2}{2}\right) = -mg(z_2 - z_1) + \int_1^2 F^* \, dz$$

oder:

$$m\left(\frac{w_2^2}{2} - \frac{w_1^2}{2}\right) + mg(z_2 - z_1) = \int_1^2 F^* \, dz = L_{m12}$$

in Übereinstimmung mit Gl. (16c).

Diese Beziehung bleibt auch in der Thermodynamik gültig, da sie direkt aus dem Newtonschen Grundgesetz folgt.

Im allgemeinen ist die an einem System verrichtete mechanische Arbeit L_{m12} keine Zustandsgröße, da das Ergebnis der Integration

$$L_{m12} = \int F^* \cdot dz$$

nur dann wegunabhängig ist, wenn die Kraft F^* Gradient einer skalaren Ortsfunktion ist, $F^* = -\operatorname{grad} \Phi$.

Dann ist die Arbeit

$$L_{m12} = \int_1^2 -\operatorname{grad} \Phi \, dz = \Phi(1) - \Phi(2)$$

nur von der Lage des Anfangspunktes *1* und des Endpunktes *2*, nicht aber vom Weg zwischen beiden Punkten abhängig. Kraftfelder, die man als Gradient einer skalaren Ortsfunktion darstellen kann, nennt man *konservative Kraftfelder*. Nur in konservativen Kraftfeldern ist die Arbeit eine Zustandsgröße. In allen übrigen Fällen ist sie wegabhängig.

2.2 Volumarbeit

Ein beliebiger unter dem Druck p stehender Körper vom Volum V möge eine Zustandsänderung ausführen, bei der sein Volum abnimmt. Dann verschiebt sich ein Element dA seiner Oberfläche nach Abb. 16 um die Strecke dz, und es wird ihm von außen eine Arbeit $-p\,dA\,dz^1$ zugeführt. Das Minuszeichen kommt dadurch zustande, daß das kleine Volumelement des Körpers um $dA\,dz$ abnimmt, also einen negativen Wert hat, während die Arbeit vereinbarungsgemäß positiv sein soll.

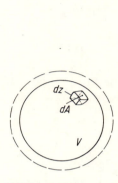

Abb. 16. Verkleinerung eines Gasvolums.

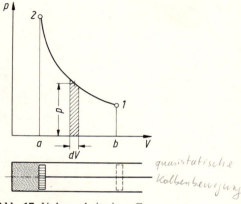

Abb. 17. Volumarbeit eines Gases.

Durch Integrieren über die gesamte Oberfläche A erhält man die von außen zugeführte Arbeit

$$dL = -p \int_A dA\,dz = -p\,dV\,, \tag{17}$$

wobei dV die gesamte durch die Verschiebung aller Oberflächenteile hervorgerufene Volumänderung ist.

Beschreiben wir die Zustandsänderung eines Körpers, die wir etwa durch Verschieben eines Kolbens in einem Zylinder ausgeführt denken, nach Abb. 17 durch eine Kurve 12 in einem p,V-Diagramm, so ist $p\,dV$ der schraffierte Flächenstreifen und die gesamte während der Zustandsänderung verrichtete Arbeit

$$L_{12} = -\int_1^2 p\,dV \tag{17a}$$

ist die Fläche *12ab* unter der Kurve *12*. Diese Darstellung wird in der Technik sehr viel benutzt.

Die Fläche *12ab* hängt vom Verlauf der Zustandskurve zwischen den Punkten *1* und *2* ab. Die Volumarbeit ist daher keine Zustandsgröße, da das Integral in Gl. (17a) wegabhängig ist und je nach Verlauf der Zustandsänderung verschiedene Werte annehmen kann.

---

[1] Der Einfachheit halber ist hier angenommen, daß die Verschiebung dz senkrecht zum Flächenelement dA erfolgt. Andernfalls wird an dem Flächenelement eine Arbeit $-p\,dA\,dz$ verrichtet.

Dieser Sachverhalt ergibt sich auch aus dem mathematischen Kriterium für Zustandsgrößen (Kap. I.4), wonach

$$Y(X_1, X_2)$$

nur dann eine Zustandsgröße und

$$dY = \frac{\partial Y}{\partial X_1} dX_1 + \frac{\partial Y}{\partial X_2} dX_2$$

nur dann ein vollständiges Differential ist, wenn

$$\frac{\partial^2 Y}{\partial X_1 \, \partial X_2} = \frac{\partial^2 Y}{\partial X_2 \, \partial X_1}$$

ist. Um dieses Kriterium auf die Volumarbeit anwenden zu können, wollen wir untersuchen, ob $L = L(V, p)$ ein totales Differential besitzt. Dazu schreiben wir

$$dL = \left(\frac{\partial L}{\partial V}\right)_p dV + \left(\frac{\partial L}{\partial p}\right)_V dp,$$

andererseits ist $dL = -p \, dV = -p \, dV + 0 \cdot dp$.
Durch Vergleich beider Beziehungen ergibt sich

$$\left(\frac{\partial L}{\partial V}\right)_p = -p \quad \text{und} \quad \left(\frac{\partial L}{\partial p}\right)_V = 0.$$

Es ist also

$$\frac{\partial^2 L}{\partial p \, \partial V} = -\frac{\partial p}{\partial p} = -1, \quad \text{während} \quad \frac{\partial^2 L}{\partial V \, \partial p} = 0 \text{ ist}.$$

Damit ist bewiesen, daß $L(V, p)$ kein totales Differential besitzt und daß L keine Zustandsgröße sein kann.

Ganz allgemein gilt, daß Arbeit im Unterschied zur Energie des Systems keine Eigenschaft des Systems, sondern ein Austauschprozeß zwischen einem System und seiner Umgebung ist. Mit der Beendigung des Austauschprozesses ist keine Arbeit mehr vorhanden! Als Ergebnis des Austauschprozesses bleibt eine Energieänderung in dem System zurück.

Berechnet man die Arbeit nach Gl. (17a), so muß man voraussetzen, daß das System in jedem Augenblick der Zustandsänderung einen eindeutigen Druck besitzt. Dies ist allerdings nur möglich, wenn die Zustandsänderung nicht allzu schnell abläuft. Würde man beispielsweise den in Abb. 17 unten dargestellten Kolben extrem schnell nach rechts bewegen, so würden zunächst nur solche Gasmoleküle dem Kolben folgen können, deren Geschwindigkeit senkrecht zum Kolben mindestens gleich der Kolbengeschwindigkeit ist. Bei extrem schneller Kolbenbewegung wären dies nur einige Moleküle, so daß sich das Gas in Kolbennähe verdünnen würde, in einiger Entfernung vom Kolben aber praktisch überhaupt keine Druckabsenkung erführe. In diesem Fall ist der jeweilige Zustand des Gases nicht durch eindeutige Werte des Druckes charakterisiert, und man kann das Integral nach Gl. (17a) nicht bilden, da kein eindeutiger Zusammenhang zwischen p und V existiert. Innerhalb des Systems herrscht kein Gleichgewicht hinsichtlich des Druckes. Derartige Zustandsänderungen, die so rasch ablaufen, daß man sie nicht durch eindeutige Werte der Zustandsgrößen beschreiben kann, lassen sich mit den Methoden der Thermodynamik nicht behandeln.

Durch die Kolbenbewegung wird bei der Ausdehnung des Gases eine Druckabsenkung eingeleitet. Wie man in der Gasdynamik zeigt, breitet sich eine Druckänderung mit Schallgeschwindigkeit aus, die bei den meisten Substanzen einige 100 m/s beträgt. Bewegt man also den Kolben in dem erwähnten Beispiel viel langsamer als die Schallgeschwindigkeit, so ist der Zustand des Gases in jedem Augenblick durch einheitliche Werte des Druckes charakterisiert. Diese Bedingung ist in der Technik fast immer erfüllt. Während der nicht allzu schnellen Kolbenbewegung herrscht zwar streng kein Gleichgewicht, andererseits sind aber die Abweichungen des Druckes von den Gleichgewichtswerten in jedem Augenblick der Zustandsänderung vernachlässigbar gering. Derartige Zustandsänderungen, bei denen die Abweichungen vom Gleichgewicht vernachlässigbar klein sind, nennt man *quasistatische Zustandsänderungen*.

Gl. (17a) ist demnach die Volumarbeit bei quasistatischer Zustandsänderung. Im p,V-Diagramm ist eine quasistatische Zustandsänderung als Kurve darstellbar, Abb. 17, während man eine nichtstatische Zustandsänderung überhaupt nicht darstellen kann, da dem Volum keine eindeutigen Werte des Druckes zugeordnet sind. Ist in Gl. (17a) $dV < 0$, so verringert sich das Volum des Systems, und es wird dem System Arbeit zugeführt. Diese ist positiv. Ist $dV > 0$, so expandiert das System und verrichtet Arbeit, die negativ gezählt wird. Bezieht man auf die Masse des Systems, so erhält man die spezifische Volumarbeit:

$$l_{12} = \frac{L_{12}}{m} = -\int_{1}^{2} p\, dv. \qquad (17\,\text{b})$$

Expandiert das von einem Zylinder eingeschlossene Gas in einer Umgebung, z. B. in der irdischen Atmosphäre, vom Druck p_u, Abb. 18, so muß gegen diesen Druck Arbeit verrichtet werden.

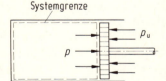

Abb. 18. Zur Berechnung der Nutzarbeit.

Diese wird von dem expandierenden Gas abgegeben. Sie beträgt

$$-p_u(V_2 - V_1)$$

und dient dazu, das Gas vom Druck p_u wegzuschieben. Die vom expandierenden Gas verrichtete Arbeit

$$-\int_{1}^{2} p\, dV$$

ist also nur zum Teil als Arbeit L_{n12} an der Kolbenstange verfügbar, der andere Teil wird als Verschiebearbeit an die Umgebung abgegeben.

$$L_{12} = -\int_1^2 p\, dV = L_{n12} - p_u(V_2 - V_1).$$

Man erhält nur den Teil

$$L_{n12} = -\int_1^2 p\, dV + p_u(V_2 - V_1) \tag{18}$$

als sogenannte *Nutzarbeit* an der Kolbenstange.

Wird umgekehrt das Gas komprimiert, so ist an der Kolbenstange eine Arbeit aufzuwenden, die um die Verschiebearbeit kleiner ist als die dem Gas zugeführte Arbeit, da von der Umgebung dem Gas noch der Anteil $-p_u(V_2 - V_1) > 0$ zugeführt wird.

2.3 Die Arbeit einiger anderer Prozesse Verallgemeinerung des Begriffs der Arbeit

Außer durch Volumänderung können Systeme in vielfältigster anderer Weise durch Änderung von Zustandsgrößen Arbeit verrichten, und es kann sich als Folge davon ihre Energie ändern. Im folgenden sollen einige charakteristische Beispiele betrachtet werden[1].

a) Der elastische Stab

Ein elastischer Stab von der Länge z und dem Querschnitt A werde durch eine Kraft F um die Strecke dz verlängert, Abb. 19.

Die längs des Weges zugeführte Arbeit ist

$$dL = F\, dz = \frac{F}{A}\frac{dz}{z} Az = \sigma\, d\varepsilon\, V, \tag{19}$$

wenn $\sigma = F/A$ die Spannung, $d\varepsilon = dz/z$ die Dehnung und V das Volum des Stabes sind. Entlastet man den Stab, so gibt er die zugeführte Arbeit wieder ab. Um Gl. (19) integrieren zu können, muß man wissen, wie die jeweilige Spannung σ von der zugehörigen Dehnung ε abhängt. Verläuft der Prozeß annähernd bei konstanter Temperatur, so sind – wie die Erfahrung lehrt – Spannungen und Dehnungen des elastischen Stabes einander proportional

$$\sigma = E^*\varepsilon \quad \text{oder} \quad \frac{F}{A} = E^*\frac{dz}{z}.$$

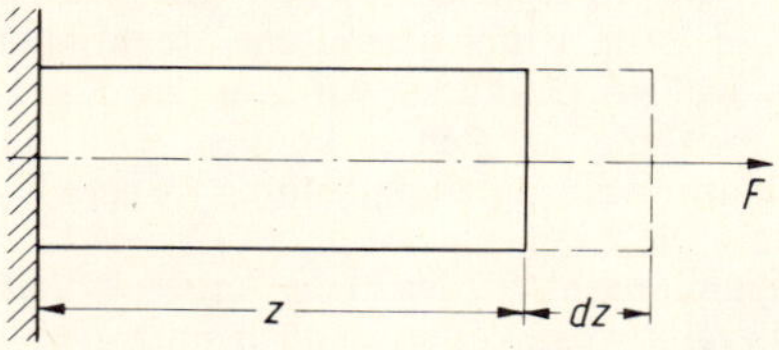

Abb. 19. Dehnung eines Stabes.

---

[1] Die folgenden Ausführungen bis zum Abschnitt g können beim ersten Studium überschlagen werden, vgl. Fußnote 1 auf S. 6.

Man bezeichnet diesen Zusammenhang zwischen Spannung und Dehnung bekanntlich als Hookesches Gesetz. Der Proportionalitätsfaktor ist der *Elastizitätsmodul E**. Die Größe der angreifenden Kraft ist proportional der Längenänderung. Die Arbeit ist somit

$$dL = E^* \varepsilon \, d\varepsilon \, V ,$$

woraus durch Integration

$$L = E^* V \frac{\varepsilon_1^2}{2} = V \frac{1}{2} \sigma_1 \varepsilon_1$$

folgt, wenn jetzt mit ε_1 die gesamte Dehnung $\Delta z/z$ und mit σ_1 die zugehörige Spannung bezeichnet sind.

Wenn wir in Richtung der Achsen x, y, z eines kartesischen Koordinatensystems die Normalspannungen mit σ_x, σ_y, σ_z und die Tangentialspannungen mit τ_x, τ_y, τ_z bezeichnen, so ist die Arbeit an einem homogenen Körper vom Volum V

$$dL = (\sigma_x \, d\varepsilon_x + \sigma_y \, d\varepsilon_y + \sigma_z \, d\varepsilon_z + \tau_x \, d\gamma_x + \tau_y \, d\gamma_y + \tau_z \, d\gamma_z) V , \qquad (19a)$$

wobei ε_x, ε_y, ε_z, γ_x, γ_y, γ_z die von den jeweiligen Spannungen hervorgerufenen Verschiebungen parallel zu den Koordinatenachsen darstellen.

b) Oberflächenfilme

Während Moleküle im Inneren einer Flüssigkeit allseitig von Nachbarn umgeben sind, so daß sich Anziehungskräfte gegenseitig aufheben, sind die Oberflächenmoleküle von mehr Nachbarn im Flüssigkeitsinnern als von solchen in Oberflächennähe umgeben. Auf die Moleküle, die sich innerhalb der Wirkungssphäre der Molekularkräfte ($\sim 10^{-7}$ cm) unter einer Flüssigkeitsoberfläche befinden, wirkt daher eine einseitig ins Innere der Flüssigkeit gerichtete resultierende Kraft, die um so größer ist, je geringer der Abstand von der Flüssigkeitsoberfläche ist. Moleküle in der Oberfläche einer Flüssigkeit besitzen daher eine höhere potentielle Energie als Moleküle im Innern, und man muß demnach Energie zuführen, wenn man zur Vergrößerung von Oberflächen Moleküle aus dem Inneren an die Oberfläche bringt. Diese Energie können wir uns beispielsweise von äußeren Kräften zugeführt denken, die eine Arbeit dL am System verrichten. Bei isothermer Zustandsänderung nimmt hierdurch die Energie des Systems zu. Die Energiezunahme ist gleich der aufzuwendenden Arbeit und direkt proportional der Flächenvergrößerung dA

$$dL = \sigma' \, dA . \qquad (20)$$

Die Oberflächenspannung σ' ist eine Zustandsgröße und hängt hauptsächlich von der Temperatur ab.

c) Elektrochemische Zellen

In einer elektrochemischen Zelle, beispielsweise dem Akkumulator eines Kraftfahrzeuges, ist elektrische Energie gespeichert, die zur Arbeitsleistung verwendet werden kann. Im Innern der Zelle laufen chemische Reaktionen ab, mit denen wir uns hier nicht näher befassen wollen. Dadurch wird an den Klemmen der Batterie eine Potentialdifferenz Φ erzeugt. Um diese messen zu können, wird mit Hilfe der in Abb. 20 skizzierten Potentiometerschaltung die äußere Spannung U_e gerade so eingestellt, daß über das Galvanometer A kein Strom fließt.

Der Spannungsabfall der Potentiometerschaltung ist dann gleich der Potentialdifferenz Φ. Die Zelle gibt keine Energie nach außen ab, und es wird ihr keine Energie zugeführt. Macht man nun die Potentialdifferenz um einen infinitesimalen Anteil kleiner als Φ, so kann eine elektrische Ladung dQ_e durch den äußeren Kreis von der positiven zur negativen Elektrode transportiert werden. Die von der Zelle abgegebene Energie kann als

Arbeit verrichtet werden; diese ist

$$dL = \Phi \, dQ_e \, . \tag{21}$$

Sie ist negativ, da die Ladung der Zelle in unserem Beispiel um dQ_e abnimmt. Macht man die äußere Potentialdifferenz etwas größer als das Potential Φ, so wird Ladung in umgekehrter Richtung transportiert, so daß dQ_e positiv ist und dem System Energie zugeführt wird. Die an der Oberfläche des Systems angreifende „Kraft" ist in diesem Fall das elektrische Potential.

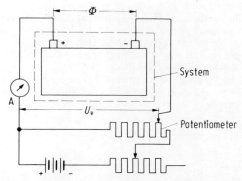

Abb. 20. Messung der von einer Zelle erzeugten Potentialdifferenz.

Die Aufnahme oder Abgabe von Ladung bewirkt einen Transport elektrisch geladener Teilchen in der Zelle. Die transportierte Ladung ist proportional der Ladung eines Teilchens, der sogenannten elektrochemischen Valenz z, und außerdem der Anzahl dn der transportierten Teilchen (Molzahl)

$$dQ_e = Fz \, dn \, .$$

Der Proportionalitätsfaktor

$$F = eN_A = (9{,}648456 \pm 0{,}000027) \cdot 10^7 \text{ C/kmol}$$

ist die _Faraday-Konstante_ (1 C = 1 Coulomb = 1 As = 1 J/V), die sich aus der _Elementarladung_ $e = (1{,}6021892 \pm 0{,}0000046) \cdot 10^{-19}$ C und der _Avogadro-Konstanten_ $N_A = (6{,}022045 \pm 0{,}000031) \cdot 10^{26}$/kmol ergibt. Die elektrische Leistung der Zelle ist

$$\frac{dL}{dt} = \Phi \frac{dQ_e}{dt} = \Phi I \, ,$$

wenn I die Stromstärke in Ampere und t (abweichend von der bisherigen Vereinbarung, wonach mit t die Celsius-Temperatur bezeichnet wird) die Zeit sind. Das Potential Φ der Zelle ist eine Eigenschaft des Systems und hängt hauptsächlich von der Temperatur ab. Über gewisse Bereiche der Ladung ist das Potential konstant, so daß die geleistete Arbeit dort

$$L = \Phi Q_e = \Phi \int_{t_1}^{t_2} I \, dt \quad (t = \text{Zeit}) \tag{21a}$$

ist.

d) Polarisation in einem Dielektrikum

Bringt man zwischen die Platten eines geladenen und dann von der Stromquelle getrennten Kondensators einen Isolator, beispielsweise eine Glas- oder Kunststoffplatte, Abb. 21, so sinkt die Spannung.

Entfernt man die Platte, so stellt sich wieder der ursprüngliche Wert der Spannung ein; dem Kondensator ist also keine Ladung entzogen worden. Entlädt man andererseits einen auf die Spannung U geladenen Kondensator, zwischen dessen Platten vor der Aufladung ein Dielektrikum geschoben wurde, so ist die Ladung größer als die des auf die gleiche Spannung aufgeladenen Kondensators ohne Dielektrikum. Offensichtlich wird durch das Dielektrikum die Kapazität vergrößert, gleichzeitig sinkt bei vorgegebener Ladung die Spannung. Physikalische Ursache für diese Erscheinung ist die Polarisation der Moleküle des Dielektrikums unter dem Einfluß des elektrostatischen Feldes. Man kann sich diesen Vorgang so vorstellen, als ob an der Oberfläche eines jeden Moleküls positive und negative Ladungen gebildet würden. In Richtung des elektrischen Feldes entstehen positive, in entgegengesetzter Richtung negative Ladungen. Da im Inneren des Dielektrikums stets eine positive einer negativen Ladung gegenübersteht, kompensieren sich diese, und es bleibt nur die Oberflächenladung übrig. Sie bewirkt eine Abschwächung der Feldstärke E_0 ohne Dielektrikum um den Anteil E', so daß als resultierende Feldstärke, Abb. 21, $E = E_0 - E'$, übrig bleibt. Definitionsgemäß ist die Feldstärke E in jedem Punkt eines Feldes ihrer Größe und Richtung nach dadurch festgelegt, daß man die Kraft F mißt, die in diesem Punkt auf eine kleine ruhende Probeladung Q_e wirkt

$$F = Q_e E .$$

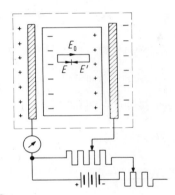

Abb. 21. Dielektrikum in einem Plattenkondensator.

Da wegen des Satzes von der Erhaltung der Energie die Arbeit verschwindet, welche man verrichten muß, um eine Ladung Q_e über eine geschlossene Kurve zu bewegen, $\oint F\, dz = 0$, ist auch $\oint E\, dz = 0$. Es existiert also eine Zustandsgröße

$$\Phi = -\int_1^2 E\, dz ,$$

die man das *elektrische Potential* nennt. Es ist $E = -\operatorname{grad} \Phi$, also beim Plattenkondensator $|E| = U_e/z$, wenn U_e die elektrische Spannung und z der Plattenabstand sind. Nach Einschieben des Dielektrikums muß sich mit der Feldstärke auch die Spannung verringern.

Denkt man sich den in Abb. 21 gezeichneten Kondensator an eine Spannungsquelle angeschlossen und deren Spannung U_e über ein Potentiometer gleich der Kondensatorspannung gewählt, so wird dem Kondensator weder Ladung zu- noch abgeführt, und das Galvanometer ist stromlos. Erhöht man die Spannung des äußeren Kreises um einen kleinen Betrag, so kann eine Ladung dQ_e auffließen, und es wird dem System eine Arbeit

$$dL = U_e\, dQ_e \tag{22}$$

zugeführt.

2. Die Energieform Arbeit

Um diese Gleichung integrieren zu können, muß man wissen, wie die Ladung Q_e von der Spannung U_e abhängt. Wie die Elektrostatik lehrt, ist die Ladung unabhängig davon, ob ein Dielektrikum vorhanden ist oder nicht, und proportional der Spannung U_e. Sie ist abhängig von der geometrischen Gestalt und der gegenseitigen Anordnung der Flächen des Kondensators, die wir durch den geometrischen Faktor A' kennzeichnen

$$Q_e = \varepsilon_m A' U_e. \tag{23}$$

Die Größe ε_m ist ein Proportionalitätsfaktor, den man aufspaltet in $\varepsilon_m = \varepsilon \varepsilon_0$, wobei ε_0 ein fester Wert ist. Den Faktor ε bezeichnet man als Dielektrizitätskonstante. Sie kennzeichnet die Polarisation des als isotrop vorausgesetzten Dielektrikums. Isotrop bedeutet, daß die Stoffeigenschaften des Mediums in abgeschlossenen Volumgebieten ortsunabhängig und in allen Richtungen im Material gleich groß sind. Die Stoffeigenschaften können allenfalls an Grenzflächen unstetig sein. Die Dielektrizitätskonstante ε ist eine Funktion von Druck, Temperatur und Zusammensetzung des Dielektrikums. Für Flüssigkeiten und feste Körper ist allerdings die Temperaturabhängigkeit über weite Zustandsbereiche nicht sehr stark. Für Gase ist ε nur eine Funktion der Dichte, $\varepsilon = \varepsilon(\varrho)$, die ihrerseits über die thermische Zustandsgleichung $f(p, \varrho, T) = 0$ mit Druck und Temperatur verknüpft ist. Der Zustand des Systems, welches aus Kondensator und einem Dielektrikum besteht, wird also durch fünf Variable, nämlich durch Q_e, U_e, p, ϱ, T beschrieben, von denen drei unabhängig sind, da die thermische Zustandsgleichung und Gl. (23) zwei weitere Beziehungen zwischen den Variablen darstellen. Befindet sich ein Vakuum zwischen den Kondensatorflächen, so ist $\varepsilon = 1$.

Die Größe ε_0 nennt man auch die absolute *Dielektrizitätskonstante des Vakuums*. Sie ist eine Fundamentalkonstante der Physik und hat den Wert

$$\varepsilon_0 = \frac{10^7}{4\pi c_0^2} \text{ C}^2/(\text{Nm}^2) = (8{,}85418782 \pm 0{,}00000005) \cdot 10^{-12} \text{ C}^2/(\text{Nm}^2),$$

wobei 1 C = 1 Coulomb = 1 Amperesekunde und c_0 der Zahlenwert der Lichtgeschwindigkeit c

$$c = (2{,}99792458 \pm 0{,}00000001) \cdot 10^8 \text{ m/s}$$

ist.

Den geometrischen Faktor A' in Gl. (23) findet man in Lehrbüchern des Elektromagnetismus vertafelt. Für den Plattenkondensator ist $A' = A/z$, wenn A die Fläche einer Platte und z der Plattenabstand sind. Für den Ausdruck $\varepsilon \varepsilon_0 A'$ setzt man auch das Zeichen C und nennt diese Größe die Kapazität des Kondensators

$$C = \varepsilon \varepsilon_0 A'.$$

Es ist also die Ladung

$$Q_e = CU_e. \tag{23a}$$

Für die Ladung eines Kondensators ohne Dielektrikum gilt entsprechend

$$Q_e = C_0 U_e \tag{23b}$$

mit der Kapazität $C_0 = \varepsilon_0 A'$.

Unter Beachtung von Gl. (23a) erhält man die Arbeit aus Gl. (22)

$$L = \frac{1}{C}\frac{Q_e^2}{2} = \frac{1}{2} C U_e^2 = \frac{1}{2} \varepsilon C_0 U_e^2. \tag{22a}$$

Um die Betrachtung auf kontinuierliche Systeme zu erweitern, in denen sich die Felder örtlich ändern dürfen, muß man die örtlichen Parameter für das elektrostatische Feld einführen. Grundsätzlich könnte man das Feld an jedem Ort durch die in Abb. 21 eingezeichneten Feldstärken E_0, E und E' beschreiben. Es hat sich aber als zweckmäßiger erwiesen, statt der Vektoren E_0 und E' zwei neue Größen einzuführen, nämlich die *dielektrische Verschiebung* D und die *Polarisation* P.

Die dielektrische Verschiebung eines elektrischen Feldes an irgendeiner Stelle denkt man sich dadurch ermittelt, daß man an diese Stelle einen kleinen Plattenkondensator bringt und diesen so im Felde dreht, daß die Ladung der Platten ein Maximum wird. Der Betrag der dielektrischen Verschiebung ist dann gleich der Ladung dividiert durch die Fläche des Kondensators; der Vektor steht senkrecht auf der Kondensatorebene und zeigt von der positiven zur negativen Ladung. In isotropen Medien fallen die Richtungen von E und D zusammen. In einem Vakuum ist

$$|D_0| = \frac{Q_e}{A} = \frac{\varepsilon_0 A' U_e}{A} = \frac{\varepsilon_0 A U_e}{zA} = \varepsilon_0 \frac{U_e}{z} = \varepsilon_0 |E_0| ,$$

und $D_0 = \varepsilon_0 E_0$.

Für einen materieerfüllten Raum gilt diese Beziehung nicht mehr, da sich die Ladung ändert. Dort ist entsprechend

$$D = \varepsilon \varepsilon_0 E = \varepsilon_m E ,$$

wenn wir ein isotropes Medium und einen eindeutigen Zusammenhang zwischen D und E voraussetzen, d. h., wenn wir ferroelektrische Substanzen ausschließen. Statt die obige Gleichung zu verwenden, führt man ganz allgemein (für isotrope und anisotrope Medien) einen neuen Vektor ein durch die Gleichung

$$D = \varepsilon_0 E + P \qquad (24)$$

und nennt P die elektrische Polarisation. Für das Vakuum ist $P = 0$. Für isotrope Medien ist ε_m ein Skalar und

$$D = \varepsilon_m E = \varepsilon_0 E + P \quad \text{oder} \quad P = \varepsilon_0(\varepsilon - 1) E = \psi E . \qquad (24\text{a})$$

Die dimensionslose Größe

$$\boxed{\frac{\psi}{4\pi\varepsilon_0} = \frac{\varepsilon - 1}{4\pi}}$$

nennt man häufig auch elektrische Suszeptibilität. Man findet sie in vielen Lehrbüchern vertafelt. Der Faktor 4π ist dadurch zu erklären, daß die meisten früheren Betrachtungen von Feldern an Kugelkondensatoren ausgingen. Man hat dann den Faktor 4π, der sich hierbei ergibt, aus historischen Gründen beibehalten.

Um die Energie an irgendeiner Stelle des Feldes zu berechnen, denken wir uns an diese Stelle einen kleinen Plattenkondensator gebracht und diesen so orientiert, daß die Ladung ein Maximum wird. Bei einer kleinen Spannungsänderung wird Ladung verschoben, und die Energieänderung ist in einem isotropen Medium genauso groß wie die Arbeit dL, die verrichtet werden könnte

$$dL = U_e \, dQ_e = \frac{U_e}{z} d\left(\frac{Q_e}{A}\right) Az = E \, dDV .$$

wenn $V = Az$ das vom Kondensator eingeschlossene Volum ist. Damit ist die Arbeit je Volumeinheit

$$dL_V = E \, dD . \qquad (25)$$

In einem anisotropen Medium sind die Vektoren D und E nicht parallel zueinander und die Arbeit je Volumeinheit

$$dL_V = (E \cdot dD) . \qquad (25\text{a})$$

Dieses Ergebnis sei, da es plausibel ist, ohne Beweis angeführt. Für den vollständigen Beweis benötigt man die sogenannten Maxwellschen Gleichungen. Im gesamten Feld ist also die Arbeit, die das Volum V verrichten könnte

$$L = \int\limits_{(V)} (\boldsymbol{E} \cdot d\boldsymbol{D})\, dV \;, \tag{25b}$$

wobei die Integration über den ganzen Raum zu erstrecken ist. Für isotrope Medien war $\boldsymbol{D} = \varepsilon_m \boldsymbol{E} = \varepsilon_0 \varepsilon \boldsymbol{E}$; damit ist die Arbeit je Volumeinheit oder die Energiedichte in isotropen Medien im elektrostatischen Feld:

$$L_V = \frac{1}{2}\varepsilon_0 \varepsilon E^2\;.$$

e) Magnetisierung

Als einfaches Beispiel betrachten wir einen ringförmig gebogenen Stab vom Querschnitt A, über den N Windungen einer Spule der Länge l_1 geschoben sind, Abb. 22.

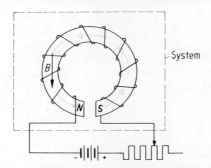

Abb. 22. Zur Berechnung der Arbeit bei der Magnetisierung.

Um die Windungen der stromdurchflossenen Spule entsteht ein magnetisches Feld, dessen Kraftlinien im Innern der Spule parallel verlaufen, wenn man voraussetzt, daß die Spule sehr lang im Vergleich zu ihrem Durchmesser ist. Entsprechend der elektrischen Feldstärke wird in dem Stab ein magnetisches Feld induziert, dessen Richtung definitionsgemäß vom Südpol zum Nordpol weist. Die Materie wird polarisiert, und es entstehen kleine Elementarmagnete. Da sich im Innern des Stabes stets Nordpol und Südpol der Elementarmagnete gegenüberstehen, kompensieren sich diese, und es bleiben nur an den Enden des Stabes freie Pole. Analog zur elektrischen Feldstärke, die in der Elektrodynamik definiert ist durch die Kraft $\boldsymbol{F} = Q_e \boldsymbol{E}$ auf eine kleine Probeladung Q_e, definiert man eine magnetische Induktion $\boldsymbol{B}$ durch folgende Vorschrift:

Man bringt einen vom Strom I durchflossenen Draht der Länge dz in ein magnetisches Feld und mißt die auf diesen Draht ausgeübte Kraft. Wie die Erfahrung zeigt, steht die Kraft senkrecht auf der Ebene, welche von dem Drahtstück und dem magnetischen Feld aufgespannt wird. Man definiert daher

$$d\boldsymbol{F} = I\, dz\, B \sin \varphi\;,$$

worin φ der Winkel zwischen den Vektoren $\boldsymbol{z}$ und $\boldsymbol{B}$ ist. In der Vektorrechnung schreibt man dafür abkürzend

$$d\boldsymbol{F} = I\, d\boldsymbol{z} \times \boldsymbol{B}\;. \tag{26}$$

Nach den heutigen Vorstellungen (Nahewirkungstheorie) von den elektromagnetischen Erscheinungen ist das Feld des Vektors $\boldsymbol{B}$ auch dann vorhanden, wenn man seine Existenz nicht durch Kraftmessungen nachweisen kann.

III. Der erste Hauptsatz der Thermodynamik

Wie Versuche zeigen, ist die magnetische Feldstärke, wenn man extreme Stromstärken in dem ringförmig gebogenen Stab ausschließt, proportional der Zahl N der Windungen, der Stromstärke I und umgekehrt proportional der Länge der Spule,

$$B = \mu_m NI/l_1 \ . \tag{27}$$

Hierbei wird vorausgesetzt, daß der Stab aus einem isotropen Medium besteht. Ferromagnetische Substanzen, deren Feldstärke noch von der Vorgeschichte abhängt, werden durch die obige Beziehung nicht erfaßt. Den Proportionalitätsfaktor μ_m spaltet man analog zum Dielektrikum in zwei Faktoren auf, $\mu_m = \mu_0 \mu$, und nennt μ die Permeabilität. Sie ist von Temperatur, Druck und Zusammensetzung des Mediums abhängig. Im Vakuum ist $\mu = 1$ und daher

$$B_0 = \mu_0 NI/l_1 \ . \tag{27a}$$

Den Term NI/l_1 nennt man auch magnetische Feldstärke H. Sie ist ein Vektor, dessen Richtung im Stab definitionsgemäß vom Südpol zum Nordpol der Spule führt. Man kann daher die Gl. (27) und (27a) auch abkürzend schreiben

$$B = \mu_m H = \mu_0 \mu H \tag{27b}$$

und

$$B_0 = \mu_0 H_0 \ . \tag{27c}$$

Die Größe μ_0 ist eine universelle Konstante und wird magnetische Fundamentalkonstante, Induktionskonstante oder magnetische Permeabilität des Vakuums genannt. Ihr Zahlenwert ist

$$\mu_0 = 4\pi \ 10^{-7} \frac{Js^2}{C^2 m} = 4\pi \ 10^{-7} \frac{Vs}{Am} = \frac{10^{-4}(Vs/m^2)}{\frac{10^3}{4\pi} \ (A/m)} \ .$$

Es bedeuten: C = Coulomb, V = Volt, A = Ampere.

Ändert man die Stromstärke in der Spule, so hat dies eine Änderung der magnetischen Induktion zur Folge. Nach den Maxwellschen Gleichungen erzeugt aber ein zeitlich veränderliches Magnetfeld ein elektrisches Feld

$$\oint E \, dz = -\frac{d}{dt} \int_{(A)} B \, dA \ .$$

In den Windungen der Spule wird eine elektrische Spannung

$$U_e = NA(dB/dt)$$

induziert.

Da mit der Änderung der Stromstärke gleichzeitig eine Ladung verschoben wird, ändert sich die Energie um den Anteil dE, den man sich als Arbeit

$$dL = U_e \, dQ_e = NA \frac{dB}{dt} dQ_e = NA \frac{dQ_e}{dt} dB = NAI \, dB$$

zugeführt denken kann.

Mit der Definition der magnetischen Feldstärke $H = NI/l_1$ geht diese Beziehung über in

$$dL = NA \frac{Hl_1}{N} dB = VH \, dB = VH\mu_m \, dH \ , \tag{28}$$

wenn $V = Al_1$ das von der Spule eingeschlossene Volum ist. Integration ergibt die Arbeit, die ein Körper vom Volum V verrichten könnte

$$L = V\mu_m \frac{H^2}{2} = V\mu_m \frac{N^2}{l_1^2} \frac{I^2}{2} = \frac{1}{2} \mu_m \frac{AN^2}{l_1} I^2 \ . \tag{28a}$$

2. Die Energieform Arbeit

Die vorigen Betrachtungen sollen nun auf kontinuierliche Systeme erweitert werden. Man muß dann wie zuvor beim elektrostatischen Feld örtliche Parameter für das magnetische Feld einführen. Die magnetische Induktion **B** ist bereits durch Gl. (26) definiert und dort auf eine Kraft zurückgeführt. Eine Analogie zur elektrischen Ladung gibt es nicht. Man kann aber die Wirkung eines Magnetfeldes auf einen Körper anschaulich deuten, indem man sich in dem Körper kleine Magnete vorstellt, die aus magnetischem Nord- und Südpol bestehen und die sich ähnlich wie die elektrischen Dipole verhalten. Diese magnetischen Dipole denkt man sich auf kleine Punktdipole idealisiert, damit man die Materie als Kontinuum ansehen kann. Die Induktion **B** setzt sich dann zusammen aus dem Anteil B_0, der auch ohne Materie, also im Vakuum, vorhanden ist, und einem Anteil **B'**, der von den magnetischen Dipolen herrührt. Das Magnetfeld wird somit durch drei Vektoren beschrieben, von denen zwei voneinander unabhängig sind. Statt der Vektoren B_0 und **B** führt man überlicherweise zwei andere Vektoren ein, deren Existenz man sich mit Hilfe der folgenden Überlegungen veranschaulichen kann:

Auf die Dipole wird in einem äußeren Magnetfeld ein Drehmoment ausgeübt, und sie richten sich so aus, daß das Drehmoment verschwindet. Diese Tatsache kann man nun ausnutzen, um analog zur elektrischen Verschiebung einen Vektor **H** für das Magnetfeld einzuführen. Dazu denkt man sich an die Stelle des Magnetfeldes, an der man die Feldstärke ermitteln will, den magnetischen Dipol durch eine kleine zylindrische Spule ersetzt, die aus N Windungen besteht und deren Länge l_1 groß ist im Verhältnis zum Durchmesser. Man schickt einen elektrischen Strom durch die Spule und ändert die Stromstärke I und die Richtung der Spule so lange, bis das auf die Spule ausgeübte Drehmoment verschwindet, d. h., bis das ursprüngliche Magnetfeld durch das Spulenfeld kompensiert wird. Den Ausdruck IN/l_1 definiert man als Betrag der magnetischen Feldstärke **H**, sie ist definitionsgemäß vom Südpol zum Nordpol gerichtet. Die an der betreffenden Stelle induzierte Feldstärke **B**, die gemäß Gl. (26) auf eine Kraftmessung zurückgeführt wird, ist von der so definierten Feldstärke verschieden. Um Induktion und Feldstärke miteinander verknüpfen zu können, führt man einen neuen Vektor **M** ein, über die Definitionsgleichung

$$B = \mu_0 H + M, \qquad (29)$$

und nennt **M** die Magnetisierung. Sie stellt das Analogon zur elektrischen Polarisation in Gl. (24) dar. Gl. (29) besagt, daß das induzierte Feld aus zwei Anteilen besteht, wovon der eine $\mu_0 H$ auf das vom elektrischen Strom erzeugte Magnetfeld zurückzuführen ist und der andere **M** von den magnetischen Dipolen in der Materie herrührt.

Im Vakuum ist $B_0 = \mu_0 H_0$ und $M = 0$.

Untersucht man isotrope Medien, schließt man also ferromagnetische Substanzen aus, so ist die Permeabilität μ ein Skalar und

$$B = \mu_m H = \mu_0 \mu H$$

und somit wegen Gl. (29)

$$M = \mu_0 (\mu - 1) H = \chi H.$$

Die Größe

$$\frac{\chi}{4\pi \mu_0} = \frac{\mu - 1}{4\pi}$$

nennt man auch *magnetische Suszeptibilität*. Sie ist in vielen Lehrbüchern vertafelt. Der Faktor 4π ist dadurch zu erklären, daß man genau wie bei den Betrachtungen über elektrische Felder früher die magnetischen Felder an kugelförmigen Körpern studierte und später den Faktor 4π, der sich hierbei ergibt, aus historischen Gründen beibehielt. Die magnetische Suszeptibilität ist negativ bei diamagnetischen Stoffen; dort ist die Magnetisierung der Feldstärke proportional, aber ihr entgegen gerichtet. Bei paramagnetischen Stoffen ist die magnetische Suszeptibilität positiv, Magnetisierung und Feldstärke sind einander proportional und gleichgerichtet. Außerdem gilt, daß die Suszeptibilität nach dem Curieschen Gesetz für viele Stoffe bei nicht allzu tiefen Temperaturen umgekehrt proportional der absoluten Temperatur ist, $\chi = c/T$.

Bei ferromagnetischen Stoffen ist die Magnetisierung der Feldstärke gleichgerichtet, aber ihr nicht mehr proportional. Die Suszeptibilität ist keine Konstante, sondern eine Funktion der Feldstärke und der Vorgeschichte der Magnetisierung. Sie ist im Gegensatz zur Suszeptibilität dia- und paramagnetischer Stoffe auch keine Zustandsgröße.

Um die *Arbeit zur Magnetisierung* an irgendeiner Stelle eines Feldes berechnen zu können, denken wir uns ein Volumelement der Materie an dieser Stelle von einer stromdurchflossenen Spule eingeschlossen, deren Feld so beschaffen ist, daß das Feld der Umgebung unverändert erhalten bleibt. Dann muß sich, wie wir gesehen hatten, bei einer kleinen Änderung der Stromstärke die Energie um den Anteil dE ändern, der zur Verrichtung von Arbeit dienen kann

$$dL = VH\, dB \tag{28b}$$

oder für die Arbeit je Volumeneinheit

$$dL_\mathrm{V} = H\, dB\,, \tag{28c}$$

wenn H und B gleichgerichtet sind. In einem anisotropen Medium, in dem Feldstärke und Induktion nicht gleichgerichtet sind, muß man, wie man in der Elektrodynamik mit Hilfe der Maxwellschen Gleichungen zeigt, die Arbeit als inneres Produkt der Vektoren $\boldsymbol{H}$ und $d\boldsymbol{B}$ bilden

$$dL_\mathrm{V} = (\boldsymbol{H} \cdot d\boldsymbol{B})\,. \tag{28d}$$

Im gesamten Feld vom Volum V ist daher die Arbeit

$$L = \int_{(V)} (\boldsymbol{H} \cdot d\boldsymbol{B})\, dV\,, \tag{28e}$$

wobei die Integration über das Volum V zu erstrecken ist. Für isotrope Medien war [Gl. (27b)] $\boldsymbol{B} = \mu_0 \mu \boldsymbol{H}$ und damit

$$L_\mathrm{V} = \frac{1}{2} \mu_0 \mu H^2\,. \tag{28f}$$

f) Elektromagnetische Felder

Mit Hilfe von Gl. (25b) und Gl. (28e) kann man nun die Energie in elektromagnetischen Feldern anschreiben. Sie ist gleich der Summe der Arbeiten, welche man für den Aufbau des elektrischen Feldes und des Magnetfeldes verrichten muß

$$L = \int_{(V)} [(\boldsymbol{E} \cdot d\boldsymbol{D}) + (\boldsymbol{H} \cdot d\boldsymbol{B})]\, dV\,. \tag{30}$$

In isotropen Medien ist die Arbeit L_V je Volumeinheit, die sogenannte Energiedichte

$$L_\mathrm{V} = \frac{1}{2}(\varepsilon_0 \varepsilon E^2 + \mu_0 \mu H^2)\,, \tag{30a}$$

woraus man die Arbeit, welche man dem Volum zugeführt hat, durch Integration erhält zu

$$L = \frac{1}{2} \int_{(V)} (\varepsilon_0 \varepsilon E^2 + \mu_0 \mu H^2)\, dV\,. \tag{30b}$$

g) Verallgemeinerung des Begriffs Arbeit

In den vorigen Abschnitten wurde die Arbeit bei verschiedenen physikalischen Vorgängen berechnet. In jedem Fall ließ sich die an dem System verrichtete Arbeit durch einen Ausdruck von der Form

$$dL = F_k \, dX_k \tag{31}$$

darstellen, worin man F_k als „*generalisierte Kraft*" und dX_k als „*generalisierte Verschiebung*" bezeichnet. Die generalisierten Kräfte sind, wie die vorigen Beispiele zeigen, intensive, die generalisierten Verschiebungen extensive Zustandsgrößen. Voraussetzung bei unseren Betrachtungen war, daß man den generalisierten Kräften in jedem Augenblick einen eindeutigen Wert der generalisierten Verschiebung zuordnen kann, da man nur dann die am System verrichtete Arbeit

Tabelle 11. Verschiedene Formen der Arbeit
Einheiten im Internationalen Einheitensystem sind in Klammern [ ] angegeben

Art der Arbeit	Generalisierte Kraft	Generalisierte Verschiebung	Verrichtete Arbeit
Lineare elastische Verschiebung	Kraft, F [N]	Verschiebung dz [m]	$dL = F \, dz = \sigma \, d\varepsilon V$ [Nm]
Drehung eines starren Körpers	Drehmoment, M_d [Nm]	Drehwinkel, $d\alpha$ [—]	$dL = M_d \, d\alpha$ [Nm]
Volumarbeit	Druck, p [N/m²]	Volum, dV [m³]	$dL = -p \, dV$ [Nm]
Oberflächen-vergrößerung	Oberflächenspannung, σ' [N/m]	Fläche A [m²]	$dL = \sigma' \, dA$ [Nm]
Elektrische	Spannung, U_e [V]	Ladung Q_e [C]	$dL = U_e \, dQ_e$ [Ws] in einem linearen Leiter vom Widerstand R $dL = U_e I \, dt$ $= RI^2 \, dt$ $= (U_e^2/R) \, dt$ [Ws]
Magnetische, im Vakuum	Magnetische Feldstärke H_0 [A/m]	Magnetische Induktion $dB_0 = \mu_0 H_0$ [Vs/m²]	$dL_V = \mu_0 H_0 \, dH_0$ [Ws/m³]
Magnetisierung	Magnetische Feldstärke H [A/m]	Magnetische Induktion $dB = d(\mu_0 H + M)$ [Vs/m²]	$dL_V = H \, dB$ [Ws/m³]
Elektrische Polarisation	Elektrische Feldstärke E [V/m]	Dielektrische Verschiebung $dD = d(\varepsilon_0 E + P)$ [As/m²]	$dL_V = E \, dD$ [Ws/m³]

berechnen kann. Extrem schnelle Zustandsänderungen waren also von den Betrachtungen ausgeschlossen. Gl. (31) ist die „verallgemeinerte Arbeit" bei quasistatischen Zustandsänderungen.

Die insgesamt am System verrichtete Arbeit ist gleich der Summe aller n einzelnen Arbeiten

$$dL = \sum_{k=1}^{n} F_k \, dX_k \,. \tag{31a}$$

In Tab. 11 sind verschiedene Formen der Arbeit, die generalisierten Kräfte und Verschiebungen und in Klammern ihre Einheiten im Internationalen Einheitensystem zusammengestellt.

2.4 Die dissipierte Arbeit

Zur Berechnung der Arbeit und der Energieänderungen eines Systems mußten in jedem der bisher behandelten Fälle gewisse Idealisierungen vorgenommen werden. Im Fall der Volumarbeit ist die vom Gas abgegebene Arbeit nur dann gleich der von der Umgebung aufgenommenen, wenn der Kolben reibungslos gleitet. Andernfalls ist die an der Kolbenstange gewonnene Arbeit kleiner als die vom Gas abgegebene, und umgekehrt muß man zur Verdichtung an der Kolbenstange mehr Arbeit aufwenden, als dem Gas tatsächlich zugeführt wird. Offenbar wird ein Teil der an der Kolbenstange verrichteten Arbeit dem Gas nicht als Volumarbeit zugeführt. Infolge der Reibung zwischen Zylinder und Kolben erhitzen sich diese und damit auch das Gas, so daß der andere Teil der an der Kolbenstange verrichteten Arbeit zur Erhöhung der in der Zylinderwand, dem Kolben und dem Gas „gespeicherten Energie" dient. Auch die Arbeit zur Dehnung eines Stabes ist nur dann gleich der von uns berechneten, wenn nicht noch zusätzliche Arbeit aufzuwenden ist, um die Reibung im Innern des Stabes zu überwinden. Beim Laden oder Entladen einer elektrochemischen Zelle hatten wir den elektrischen Widerstand der Zuführungsleitung vernachlässigt. Jeder Vorgang, bei dem elektrische Ladungen verschoben werden, hat aber zur Folge, daß sich Elektronen durch einen Leiter bewegen und dabei Energie an das Gitter abgeben. In allen genannten Fällen wird Energie „dissipiert" (zerstreut), d. h. nicht in die gewünschte, sondern in eine andere Energie umgewandelt.

Es tritt ein erhöhter Energieaufwand oder ein verminderter Energiegewinn durch „*Dissipation*" auf, den wir mit L_{diss} bezeichnen, und *die an einem System tatsächlich zu verrichtende Arbeit setzt sich aus der bisher berechneten und der Dissipationsarbeit* zusammen. Die gesamte an einem System verrichtete Arbeit ist somit

$$dL = \sum_{k=1}^{n} F_k \, dX_k + dL_{\text{diss}} \,. \tag{32}$$

Dieser Ausdruck ist eine Definitionsgleichung für die Dissipationsarbeit und stellt die allgemeinste Beziehung für die Arbeit eines Systems dar. Danach besteht die an wirklichen Systemen verrichtete Arbeit aus der Arbeit, die dem System durch

2. Die Energieform Arbeit

Verschieben der Koordinate X_k zugeführt wird, und aus der Dissipationsarbeit.

Häufig wird für den Begriff der Dissipationsarbeit auch die Bezeichnung Reibungsarbeit L_R benutzt. Vorzuziehen ist der Begriff der Dissipationsarbeit, da die dissipierte Arbeit, wie auch aus den obigen Ausführungen hervorgeht, nicht allein aus der Reibungsarbeit, d. h. aus der Arbeit der Schubspannungen, zu stammen braucht, da auch bei Prozessen ohne Reibung Energie dissipiert werden kann. Überdies wird, wie wir in Kap. IV, 8a, noch sehen werden, bei reibungsbehafteten Prozessen nur der Arbeitsanteil der Spannungen, der eine Verformung (Deformation) bewirkt, dissipiert. Auch wollen wir die gelegentlich zu findende Bezeichnung „Energieverlust" durch Dissipation vermeiden, da keine Energie verlorengeht. Die dissipierte Energie findet sich nur als andere häufig unerwünschte Energie im System wieder. Wir können allgemein auch sagen, die dissipierte Arbeit fließt nicht über die gewünschte Arbeitskoordinate [in Gl. (32) über die Koordinate X_k] in das System[1].

Um die dissipierte Arbeit zu berechnen, muß man die im System ablaufenden inneren Vorgänge studieren. Das ist in vielen Fällen zu aufwendig oder unmöglich wegen der Kompliziertheit der Vorgänge; man behilft sich daher in der Technik meistens mit Erfahrungswerten oder wie in der Thermodynamik der irreversiblen Prozesse mit mathematischen Ansätzen, deren Brauchbarkeit letztlich nur durch das Experiment überprüft werden kann.

Wendet man Gl. (32) auf ein System an, das nur Volumarbeit verrichtet, so ist die gesamte am oder von dem System verrichtete Arbeit L_{12} während einer wirklichen Zustandsänderung zwischen zwei Zustandspunkten *1* und *2*

$$L_{12} = - \int_1^2 p \, dV + (L_{\text{diss}})_{12} \,. \tag{32 a}$$

Entsprechend der zuvor gegebenen Definition ist hierin das Integral über $-p \, dV$ die während der wirklichen Zustandsänderung verrichtete Volumarbeit und die Größe $(L_{\text{diss}})_{12}$ die Arbeit, die man zusätzlich aufwenden muß, weil während dieser Zustandsänderung Energie dissipiert wird, also nicht als Volumarbeit in das System fließt.

Den Unterschied zwischen der Arbeit bei quasistatischer Zustandsänderung und der durch Gl. (32a) gegebenen Arbeit wollen wir uns am Beispiel der Verdichtung oder Entspannung eines Gases in einem gegenüber der Umgebung gut isolierten Zylinder verdeutlichen. Ist der Gegendruck am Kolben genau so groß wie der Gasdruck, so steht der Kolben still. Das aus dem Gas im Zylinder und dem Kolben bestehende System befindet sich in einem statischen Zustand, bei dem Druck p und Temperatur T des Gases ganz bestimmte feste Werte besitzen. Würde man den Kolben verschieben und anschließend wieder dafür sorgen, daß Gasdruck und Gegendruck gleich sind, so würde sich ein anderer statischer

---

[1] Vgl. hierzu: Baehr, H. D.: Über den thermodynamischen Begriff der Dissipationsenergie. Kältetechn.-Klimatisierung 23 (1971) Nr. 2, 38–42.

Zustand mit anderen Werten p, T einstellen. Zu jeder Stellung des Kolbens gehört ein ganz bestimmtes Wertepaar p, T.

Ist der Gegendruck am Kolben ein wenig vom Gasdruck verschieden, so bewegt sich der Kolben nur langsam. Der Zustand des Gases im Zylinder ist in jedem Augenblick durch einheitliche Werte p, T gekennzeichnet, die sich bei einer bestimmten Stellung des Kolbens nur vernachlässigbar wenig von den zuvor bei der gleichen Stellung des Kolbens ermittelten statischen Werten unterscheiden, so daß es berechtigt ist, von einer *quasistatischen Zustandsänderung* zu sprechen. Die Arbeit berechnet sich, da der Kolben reibungsfrei gleitet, aus der schon bekannten Beziehung [Gl. (17a)]

$$L_{12} = - \int_1^2 p \, dV.$$

Gleitet der Kolben nicht reibungsfrei, so muß der Gegendruck am Kolben bei hinreichend starker Reibung merklich vom Gasdruck verschieden sein, damit eine Bewegung zustande kommt. Die an der Kolbenstange zugeführte Arbeit L_{12} wird gemäß Gl. (32a) nur zum Teil als Volumarbeit $- \int_1^2 p \, dV$ an das Gas übertragen, der andere Teil $(L_{\text{diss}})_{12}$ dient zur Erhöhung der in der Zylinderwand, dem Kolben und dem Gas gespeicherten Energie. Die Zylinderwand erwärmt sich infolge der Reibung und erhitzt ihrerseits das Gas. Daher sind in jedem Augenblick der Bewegung die Werte p, T des Gases von den zugehörigen statischen (und damit auch von den quasistatischen) verschieden[1]. Eine solche Zustandsänderung, bei der andere als die statischen Zustandsgrößen durchlaufen werden, wollen wir *nichtstatisch* nennen.

Solange der Kolben nicht extrem schnell bewegt wird, besitzt jedoch das Gas weiterhin eindeutige Werte p, T. Man kann daher jedem Volum V einen eindeutigen Druck p zuordnen und das Integral über $-p \, dV$ in Gl. (32a) berechnen.

Nur falls der Kolben mit schallnaher oder mit Überschallgeschwindigkeit bewegt würde, könnte man im Gasraum keine eindeutigen Werte p, T mehr messen und daher das Integral über $-p \, dV$ in Gl. (32a) nicht mehr bilden. Eine solche Zustandsänderung ist jedoch, wie schon auf S. 48 erwähnt wurde, von unseren Betrachtungen ausgeschlossen.

3 Die innere Energie

Nach dem ersten Hauptsatz besitzt jedes System eine extensive Zustandsgröße Energie. Die kinetische und die potentielle Energie des Systems gehören zur Energie des Systems und sind ihrerseits Zustandsgrößen. Außerdem besitzt ein System noch Energie, die in seinem Innern gespeichert ist, beispielsweise als

---

[1] Derartige Zustandsänderungen werden gelegentlich als „quasistatisch irreversibel" bezeichnet. Wir wollen diese Bezeichnung vermeiden, da es sich, wie oben dargestellt, eindeutig um eine nichtstatische Zustandsänderung handelt.

Translations-, Rotations- und Schwingungsenergie der einzelnen Moleküle. Wir nennen diese Form der Energie die *innere Energie* des Systems. Es ist daher sinnvoll, die gesamte Energie E eines Systems in drei Anteile zu zerlegen: in die innere Energie U, die kinetische Energie E_{kin} und die potentielle Energie E_{pot} des Systems.

$$E = U + E_{kin} + E_{pot}. \tag{33}$$

Da die gesamte Energie, die kinetische und die potentielle Energie Zustandsgrößen sind, muß auch die innere Energie eine Zustandsgröße sein. Mit der Einführung der inneren Energie durch Gl. (33) ist nur die Existenz einer Zustandsgröße „innere Energie" postuliert worden. Es ist allerdings noch nichts darüber ausgesagt, wie man diese ermitteln kann, da sowohl die gesamte Energie E als auch die innere Energie U in Gl. (33) unbekannt sind. Methoden zur Messung der inneren Energie werden wir noch kennenlernen. Eine einfache Methode zur Ermittlung und zugleich eine Deutung der inneren Energie wird im folgenden für einatomige Gase beschrieben.

3.1 Kinetische Deutung der inneren Energie

In der einfachen kinetischen Gastheorie geht man von der Vorstellung aus, daß ein Gas aus kugelförmigen Molekülen besteht, die nach allen Richtungen durcheinanderfliegen, wobei sie miteinander und mit den Wänden des Raumes wie vollkommen elastische Körper zusammenstoßen. Bei jedem Stoß findet ein Austausch von kinetischer Energie statt, deren Gesamtbetrag aber unverändert bleibt, wenn das Gas nach außen keine Energie austauscht. Die Einzelmoleküle haben verschiedene und mit jedem Stoß sich ändernde kinetische Energien, aber im Mittel über genügend lange Zeit hat die kinetische Energie jedes Moleküls einen bestimmten Wert, und die kinetischen Energien verschiedener Moleküle zu einem bestimmten Zeitpunkt gruppieren sich um diesen Mittelwert nach einem bestimmten statistischen Gesetz, das man in der „kinetischen Theorie der Wärme" als Maxwellsche Geschwindigkeitsverteilung bezeichnet.

Der Druck wird gedeutet als die Gesamtwirkung der Stöße der Moleküle auf die Wand.

Die Temperatur ist dem Mittelwert der kinetischen Energie der Moleküle proportional.

Innere Energie ist also nur eine besondere Erscheinungsform mechanischer Energie, die auf die Einzelmoleküle in denkbar größter Unordnung verteilt ist. Es kommen alle möglichen Richtungen und Größen der Geschwindigkeit der Moleküle vor, für die sich nur Wahrscheinlichkeitsgesetze aufstellen lassen. Der Mittelwert der Geschwindigkeiten einer größeren herausgegriffenen Zahl von Molekülen nach Größe und Richtung ist, falls das System ruht, stets Null, d. h., es bewegen sich im Mittel immer ebenso viele Moleküle von links nach rechts wie umgekehrt.

Überwiegt in einem Gasvolum von merklicher Größe, also mit einer schon sehr großen Anzahl von Molekülen, eine Geschwindigkeitsrichtung, so lagert sich über die statistische Schwankungsbewegung noch ein Strömungsvorgang, und man spricht außer von der inneren Energie auch noch von einer kinetischen Energie dieser Strömung.

Zur Vereinfachung betrachten wir die Moleküle als harte elastische Kugeln, die nur Translationsenergie annehmen; tatsächlich haben mehratomige Moleküle auch noch Energie der Rotation und der Schwingung der Atome der Moleküle gegeneinander. Aber auch dann ist die Temperatur proportional der mittleren Translationsenergie.

Bei festen und flüssigen Körpern sind die Verhältnisse verwickelter als bei Gasen. Die kleinsten Teile, als die wir beim festen Körper zweckmäßig die Atome ansehen, werden hier nicht durch feste Wände zusammengehalten, sondern durch gegenseitige Anziehung. Jedes Atom hat dabei in dem Raumgitter des Körpers eine bestimmte mittlere Lage, um die es Schwingungsbewegungen ausführen kann.

Die mittlere kinetische Energie dieser Schwingungen ist hier ein Maß für die Temperatur.

Neben der kinetischen Energie tritt aber auch potentielle Energie auf, denn bei jeder Schwingung eines Atoms pendelt seine Energie zwischen der kinetischen und der potentiellen Form hin und her. Beim Durchgang durch die Ruhelage hat das Atom nur kinetische, in den Umkehrpunkten der Bewegung, wo seine Geschwindigkeit gerade Null ist, nur potentielle Energie.

Die Kräfte zwischen den Atomen eines festen Körpers oder den Molekülen eines Gases oder einer Flüssigkeit setzen sich aus anziehenden und abstoßenden Kräften zusammen und hängen etwa nach Abb. 23 von der Entfernung ab, für große Abstände überwiegt die Anziehung, für kleine die Abstoßung.

Für einen bestimmten Abstand *a* halten Anziehung und Abstoßung sich gerade die Waage. Verkleinert man den Abstand durch äußeren Druck, so wächst die abstoßende Kraft, bis sie dem äußeren Druck das Gleichgewicht hält. Vergrößert man den Abstand etwa durch allseitigen Zug, so überwiegen die anziehenden Kräfte, die mit wachsendem Abstand zunächst zunehmen, ein Maxi-

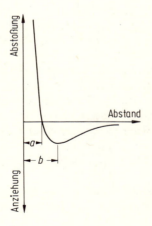

Abb. 23. Kräfte zwischen Molekülen.

3. Die innere Energie

mum beim Abstand b erreichen und dann wieder abnehmen. Bei Überschreiten des Maximums reißen die Teilchen unter der Wirkung einer konstanten Kraft auseinander, ähnlich wie ein Werkstoff beim Zugversuch.

Durch Energiezufuhr werden die Teilchen des festen oder flüssigen Körpers zum Schwingen um ihre Ruhelage gebracht. Da das Kraftgesetz aber kein lineares ist, sondern bei Annäherung die Abstoßung stärker wächst als bei Entfernung die Anziehung, werden die Teilchen voneinander fort weiter ausschwingen als aufeinander zu. Ihr mittlerer Abstand wird sich also gegen den Abstand a der Ruhe vergrößern. Hierdurch erklärt sich die thermische Ausdehnung der Körper.

Beginnt ein fester Körper zu schmelzen, so hat die Bewegung der Moleküle den Gitterverband so weit aufgelockert, daß Teilchen aus dem Anziehungsbereich eines Nachbarn in den eines anderen hinüberwechseln können. Die kinetische Energie der Teilchen reicht aber noch nicht aus, um die Anziehung sämtlicher Nachbarn zu überwinden.

Bei der Verdampfung ist die Bewegung der Moleküle so stark geworden, daß eine merkliche Anzahl Teilchen vorhanden sind, deren Energie groß genug ist, um dem Anziehungsbereich aller ihrer Nachbarn zu entfliehen.

Bei Gasen ist der Abstand der Moleküle so groß, daß ihre Anziehung sehr schwach und damit auch die potentielle Energie klein gegen die kinetische ist. Beim idealen Gas sind außer beim unmittelbaren Zusammenstoß überhaupt keine Kräfte zwischen den Molekülen vorhanden. Aus dem asymptotischen Verlauf des Kraftgesetzes nach Abb. 23 folgt, daß die Moleküle jedes Körpers bei genügend großem Abstand, also bei großer Verdünnung, sich dem Verhalten des idealen Gases beliebig genau nähern, d. h. weder Anziehungs- noch Abstoßungskräfte aufeinander ausüben.

Die „kinetische Theorie der Wärme" führt diese Gedanken näher aus und leitet aus ihnen auf mathematischem Wege das thermische Verhalten der Körper ab.

Um die innere Energie bestimmen zu können, berechnet man zuerst den Druck. Er läßt sich in folgender Weise als Wirkung der Stöße der Moleküle auf die Wand deuten:

In einem Würfel von der Kantenlänge a mögen sich Z Moleküle von der Masse m und der mittleren Geschwindigkeit w befinden. Wir denken uns nun die verwickelte ungeordnete Bewegung der Moleküle dadurch vereinfacht, daß sich je 1/3 von ihnen senkrecht zu einem der drei Paare von Würfelflächen bewegen und daran wie vollkommen elastische Kugeln reflektiert werden. Bei jedem Stoß gibt dann das Einzelmolekül den Impuls $2mw$ an die Wand ab, da sich seine Geschwindigkeit von $+w$ in $-w$ ändert. Jedes Molekül braucht bei der Geschwindigkeit w zum Hin- und Rückgang zwischen den beiden Würfelflächen die Zeit $2a/w$. Die sekundliche Zahl der Stöße auf die Fläche a^2 ist daher $\frac{Z}{3}\frac{w}{2a}$, und in der Sekunde wird der Impuls

$$\frac{Z}{3}\frac{w}{2a}2mw = \frac{Zmw^2}{3a}$$

an die Fläche übertragen. Nach den Gesetzen der Mechanik ist der sekundlich abgegebene Impuls gleich der auf die Fläche ausgeübten Kraft. Teilt man diese Kraft durch die Fläche, so erhält man den Druck

$$p = \frac{1}{3}\frac{Zm}{a^3}w^2 = \frac{1}{3}\varrho w^2,$$

da $Zm/a^3 = \varrho$ die Masse aller Moleküle geteilt durch das Volum und damit die Dichte des Gases ist. Für die mittlere Geschwindigkeit der Moleküle ergibt sich also

$$w = \sqrt{\frac{3p}{\varrho}} = \sqrt{3pv}.$$

Luft hat bei 0 °C und 1 bar die Dichte $\varrho = 1{,}275$ kg/m³, damit ist die mittlere Geschwindigkeit der Moleküle

$$w = \sqrt{\frac{3 \cdot 100\,000 \text{ kg/ms}^2}{1{,}275 \text{ kg/m}^3}} = 485 \text{ m/s}.$$

Bei Wasserstoff wird unter den gleichen Bedingungen $w = 1839$ m/s. Je leichter ein Gas ist, um so größer ist bei gleicher Temperatur die mittlere Geschwindigkeit seiner Moleküle. Da bei gleichbleibendem Volum die Temperaturen der Gase sich wie ihre Drücke verhalten, ist die Temperatur dem Quadrat der mittleren Geschwindigkeit der Moleküle proportional.

Multipliziert man den Druck mit dem Volum $V = a^3$ des Gases, so folgt

$$pV = \frac{1}{3}Zmw^2 = \frac{2}{3}\frac{Zmw^2}{2}.$$

Die Größe $(Zmw^2)/2$ ist unter den getroffenen Vereinbarungen gerade die kinetische Energie des Gases, außerdem ist nach der thermischen Zustandsgleichung für ideale Gase, Gl. (6), $pV = mRT$, so daß folgender Zusammenhang zwischen der kinetischen Energie und der Temperatur besteht:

$$E_{\text{kin}} = \frac{3}{2}mRT.$$

Dividiert man links und rechts durch die Zahl n der Mole, so erhält man für die kinetische Energie $\bar{E}_{\text{kin}}$ je Mol:

$$\bar{E}_{\text{kin}} = \frac{3}{2}MRT = \frac{3}{2}\mathbf{R}T.$$

M ist hierbei die Molmasse und $\mathbf{R}$ die universelle Gaskonstante (siehe S. 39).

Die kinetische Energie aller Moleküle in einem Mol beträgt also $3/2\mathbf{R}T$.

Da wir kugelförmige Moleküle voraussetzen, was am ehesten bei einatomigen Gasen zutrifft, ist die Rotationsenergie vernachlässigbar, und außerdem ist bei einatomigen Gasen keine Schwingung der Atome im Molekül möglich. Die gesamte kinetische Energie $\bar{E}_{kin}$ ist daher gleich der molaren Energie $\bar{U}$ und gegeben durch

$$\bar{E}_{kin} = \bar{U} = \frac{3}{2}RT,$$

wenn wir der Temperatur $T = 0$ die innere Energie Null zuordnen. Andernfalls müßte man auf der rechten Seite noch einen konstanten Wert für die innere Energie bei der Temperatur Null addieren. Die Bewegungsmöglichkeit in drei zueinander senkrechten Richtungen im Raum nennt man auch Freiheitsgrade der Translation. Jeder Freiheitsgrad besitzt daher im Mittel die molare innere Energie $RT/2$. Bei einer Temperaturerhöhung um 1K wächst daher die innere Energie je Mol und Freiheitsgrad um den Betrag $R/2$.

Außer den drei Freiheitsgraden der Translation besitzt ein starrer Körper noch drei Freiheitsgrade der Rotation um drei zueinander senkrechte Achsen. Bei mehratomigen Molekülen findet daher auch noch ein Austausch der Rotationsenergie statt. In der kinetischen Gastheorie weist man nach, daß auf jeden rotatorischen Freiheitsgrad ebenfalls im Mittel die kinetische Energie $RT/2$ entfällt. Zur Ermittlung der inneren Energie eines idealen Gases muß man also nur die Freiheitsgrade abzählen. Betrachtet man ein zweiatomiges Molekül, Abb. 24, so

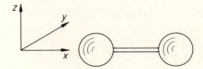

Abb. 24. Zweiatomiges Molekül.

tauschen nur die Rotation um die y- und z-Achse Energie aus, während die Rotationsenergie bei der Drehung um die x-Achse wegen des kleinen Trägheitsmoments vernachlässigt werden kann.

Die Zahl der Freiheitsgrade setzt sich jetzt also aus den drei translatorischen und den zwei rotatorischen Freiheitsgraden zusammen und beträgt 5. Die molare innere Energie ist daher

$$\bar{U} = \frac{5}{2}RT.$$

Entsprechend erhält man als molare innere Energie eines dreiatomigen Moleküls

$$\bar{U} = \frac{6}{2}RT.$$

Abweichungen von dieser einfachen Regel sind dadurch zu erklären, daß neben den Rotationen von zwei- oder dreiatomigen Molekülen insbesondere bei hohen Temperaturen auch Schwingungen der Atome im Molekül vorkommen, wodurch bei Zusammenstößen ebenfalls Energie ausgetauscht wird, so daß die tatsächlichen Werte für die innere Energie größer sind.

Die vorstehende Berechnung ging von einem sehr vereinfachten Schema der Bewegung der Gasmoleküle aus. In Wirklichkeit kommen alle möglichen Richtungen und Größen der Molekülgeschwindigkeit vor, die sich um die mittlere Geschwindigkeit nach dem Maxwellschen Verteilungsgesetz gruppieren. Berechnet man damit die mittlere Molekülgeschwindigkeit, so erhält man aber dasselbe Ergebnis wie oben.

Wir wollen uns im folgenden der kinetischen Vorstellungen nur zur Veranschaulichung bedienen und die thermodynamischen Eigenschaften der Körper der Erfahrung entnehmen.

4 Die Energieform Wärme

Wenn Energie von einem System in ein anderes fließt, so kann dies, wie die vorstehenden Betrachtungen zeigten, durch Verrichtung von Arbeit geschehen. Als einfaches Beispiel betrachten wir wieder einen Zylinder, der durch einen beweglichen Kolben verschlossen ist und ein Gas enthält, Abb. 25.

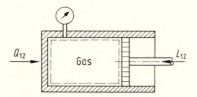

Abb. 25. Zum Energieaustausch mit der Umgebung.

Verschiebt man den Kolben nach links, so wird dem Gas bei quasistatischer Zustandsänderung eine Arbeit

$$L_{12} = - \int_1^2 p \, dV$$

zugeführt. Das Gas erfährt dadurch eine Zustandsänderung. Ein angeschlossenes Manometer würde eine Druckänderung und ein Thermometer eine Temperaturänderung anzeigen. Das System hat mit seiner Umgebung Energie über die Variable V ausgetauscht.

Einen Energieaustausch mit der Umgebung kann man aber auch dadurch herbeiführen, daß man den Zylinder bei festgehaltenem Kolben mit einer Umgebung höherer oder tieferer Temperatur in Kontakt bringt. Dabei erfährt das System ebenfalls eine Zustandsänderung, die über eine Druck- und Temperaturänderung nachweisbar ist. Es kann also ein Energieaustausch mit der Umgebung stattfinden, ohne daß Arbeit verrichtet wird. *Die ohne Verrichtung von Arbeit ausgetauschte Energie nennt man Wärme.* Die dem System zugeführte Wärme ist durch einen Pfeil in Abb. 25 und den Buchstaben Q symbolisiert. Die während einer Zustandsänderung vom Zustand 1 zum Zustand 2 zugeführte Wärme ist Q_{12}.

Vereinbarungsgemäß kennzeichnen wir eine dem System *zugeführte Wärme* als *positiv*, eine *abgeführte* als *negativ*. Die Wärmezu- oder -abfuhr ist ebenfalls ein Austauschprozeß zwischen dem System und seiner Umgebung:

Es wird Energie als Wärme über eine neue, noch nicht näher definierte Variable mit der Umgebung ausgetauscht. Mit dieser Einführung des Begriffs Wärme ist allerdings nur ausgesagt, daß man einem System Energie als Wärme zuführen kann. Es ist noch keine Meßvorschrift für die zugeführte Wärme gegeben, und es ist auch noch nichts über ihre Eigenschaften ausgesagt. Man kann jedoch aufgrund des in Abb. 25 beschriebenen Vorgangs schon jetzt feststellen:

Für die Wärme gilt genau wie für die Arbeit, daß sie keine Systemeigenschaft ist, sondern eine Größe, die während eines Austauschprozesses zwischen dem System und seiner Umgebung auftritt. Sie ist Energie, die an der Grenze zwischen Systemen verschiedener Temperatur übertragen wird. Mit Abschluß dieses Austauschprozesses ist keine Wärme mehr vorhanden, indessen hat sich die Energie des Systems geändert. Es hat also keinen Sinn, von der Wärme eines Systems zu sprechen! Da Arbeit und Wärme nur während einer Zustandsänderung zu- oder abgeführt werden und nicht den Zustand eines Systems (zum Beispiel einen Zustand 2) kennzeichnen, schreiben wir nicht L_1 oder Q_1, sondern Q_{12} und L_{12} für die während einer Zustandsänderung zwischen den Zustandspunkten *1* und *2* zu- oder abgeführte Wärme und Arbeit.

5 Anwendung des ersten Hauptsatzes auf geschlossene Systeme

Wir denken uns nun das System in Abb. 25 von einem Zustand *1* in einen Zustand *2* überführt, indem wir es mit einer Umgebung höherer oder tieferer Temperatur in Kontakt bringen und gleichzeitig den Kolben verschieben. Während der Zustandsänderung werden jetzt Wärme und Arbeit mit der Umgebung ausgetauscht. Es werden die Wärme Q_{12} und die Arbeit L_{12} zugeführt. Sie fließen in das geschlossene System und bewirken dort nach dem ersten Hauptsatz eine Erhöhung der inneren Energie um $U_2 - U_1$. Es ist daher

$$Q_{12} + L_{12} = U_2 - U_1 \quad (34)$$

Wird durch außen am System angreifende Kräfte noch eine mechanische Arbeit L_{m12} verrichtet, so ist nach Gl. (16c)

$$L_{m12} = m\left(\frac{w_2^2}{2} - \frac{w_1^2}{2}\right) + mg(z_2 - z_1)$$
$$= (E_{kin})_2 - (E_{kin})_1 + (E_{pot})_2 - (E_{pot})_1 .$$

Addiert man diesen Ausdruck zu Gl. (34), so ergibt sich

$$Q_{12} + L_{12} + L_{m12} = U_2 + (E_{kin})_2 + (E_{pot})_2 - [U_1 + (E_{kin})_1 + (E_{pot})_1]$$

oder:

$$Q_{12} + L'_{12} = E_2 - E_1 \quad (34a)$$

mit
$$E_2 = U_2 + (E_{kin})_2 + (E_{pot})_2 , \qquad E_1 = U_1 + (E_{kin})_1 + (E_{pot})_1$$
und
$$L'_{12} = L_{12} + L_{m\,12} . \tag{34b}$$

Die Energie E ist die Summe aus der inneren Energie U der ungeordneten Molekularbewegung, aus der kinetischen Energie E_{kin} der geordneten Bewegung, mit der sich der Schwerpunkt des Systems bewegt, und aus der potentiellen Energie des Systems. Die Arbeit L'_{12} enthält einen Anteil L_{12}, der verrichtet wird, um die innere Energie zu ändern, und einen Anteil $L_{m\,12}$, die sogenannte mechanische Arbeit, die man aufwenden muß, um das System als Ganzes zu beschleunigen oder im Schwerefeld anzuheben.

Die Gl. (34) bzw. (34a) stellen die quantitative Formulierung des ersten Hauptsatzes für ein geschlossenes System dar.

Bezieht man Wärme, Arbeit und innere Energie auf die Masse m des Systems, so lautet der erste Hauptsatz für geschlossene Systeme nach Gl. (34)

$$q_{12} + l_{12} = u_2 - u_1 . \tag{34c}$$

Setzt man weiter voraus, daß nur Volumarbeit verrichtet wird und der Prozeß nichtstatisch abläuft, so kann man ausgehend von Gl. (32a) die auf die Masse des Systems bezogene Arbeit auch schreiben

$$l_{12} = -\int_1^2 p\, dv + (l_{diss})_{12} .$$

Damit lautet der erste Hauptsatz in diesem besonderen Fall

$$q_{12} - \int_1^2 p\, dv + (l_{diss})_{12} = u_2 - u_1 . \tag{34d}$$

6 Messung und Eigenschaften von innerer Energie und Wärme

Der erste Hauptsatz für geschlossene Systeme erlaubt es, eine *Meßvorschrift* für die innere Energie und für die Wärme anzugeben.

Diese verdanken wir G. H. Bryan[1] (1907), C. Caratheodory[2] (1909) und M. Born[3] (1921). In Anlehnung an ihre Arbeiten führen wir den Begriff der adiabaten Zustandsänderung und des adiabaten Systems ein. Man definiert:

Ein System heißt adiabat, wenn sich sein Zustand *nur* dadurch ändert, daß von oder an ihm Arbeit verrichtet wird.

---

[1] Bryan, G. H.: Thermodynamics, Leipzig: Teubner 1907.
[2] Caratheodory, C.: Untersuchungen über die Grundlage der Thermodynamik. Math. Ann. 67 (1909) 355–386.
[3] Born, M.: Kritische Betrachtungen zur traditionellen Darstellung der Thermodynamik. Phys. Z. 22 (1921) 218 u. 282.

6. Messung und Eigenschaften von innerer Energie und Wärme

Wie aus der Formulierung des ersten Hauptsatzes für geschlossene Systeme, Gl. (34), hervorgeht, ist dies gleichbedeutend damit, daß das System keine Wärme mit der Umgebung austauscht. Man kann daher ein adiabates System auch dadurch definieren, daß man sagt:

Ein System heißt adiabat, wenn es keine Wärme mit seiner Umgebung austauscht.

Da während einer adiabaten Zustandsänderung $Q_{12} = 0$ ist, gilt:

$$(L_{12})_{ad} = U_2 - U_1 \, . \tag{35}$$

Die einem geschlossenen adiabaten System zugeführte Arbeit $(L_{12})_{ad}$ dient zur Erhöhung der inneren Energie. Umgekehrt stammt die von einem System verrichtete Arbeit aus seinem Vorrat an innerer Energie. Während die an einem System verrichtete Arbeit im allgemeinen vom Verlauf der Zustandsänderung abhängt, ist die Arbeit bei adiabaten Systemen nur durch Anfangs- und Endzustand des Systems gegeben und unabhängig vom Zustandsverlauf, da die innere Energie eine Zustandsgröße ist. Die innere Energie eines Systems kann also bis auf eine additive Konstante dadurch gemessen werden, daß man das System adiabat isoliert und dann die am System verrichtete Arbeit bestimmt. Da man einen Zustand mit der Energie Null nicht herstellen kann, ist es nach dieser Methode nicht möglich, den Absolutwert der inneren Energie zu ermitteln. Man legt daher willkürlich einen Bezugszustand für die innere Energie fest und mißt also Energiedifferenzen gegenüber diesem Zustand. Daß die auf diese Weise ermittelte innere Energie noch eine additive Konstante enthält, ist belanglos, wenn man Zustandsänderungen untersucht, da dann immer nur Differenzen von inneren Energien vorkommen und somit die Konstanten wegfallen[1].

Wird an dem adiabaten System Volumarbeit während einer quasistatischen Zustandsänderung geleistet, ist also keine Dissipation vorhanden, so ist die Änderung der inneren Energie wegen Gl. (34d)

$$U_2 - U_1 = - \int_1^2 p\, dV \, .$$

Es ist somit

$$\boxed{p = - \left(\frac{dU}{dV} \right)_{Q=0}}$$

(quasistatische adiabate Zustandsänderung).

Der Druck p ist somit bekannt, wenn man die innere Energie U eines adiabaten Systems in Abhängigkeit vom Volum V kennt. Umgekehrt ist die innere Energie bekannt, wenn man Druck und Volum des Systems kennt. Man kann daher die innere Energie als Funktion der beiden unabhängigen Variablen p und V oder wegen der für Gase und Flüssigkeiten gegebener chemischer

---

[1] Dies gilt im allgemeinen nicht mehr, wenn chemische Reaktionen vorkommen.

Zusammensetzung gültigen thermischen Zustandsgleichung $f(p, V, T) = 0$ auch als Funktion von Volum und Temperatur darstellen

$$U = U(V, T).\tag{36}$$

Diese Gleichung gilt allerdings nur unter der einschränkenden Voraussetzung, daß alle übrigen Variablen, von denen die innere Energie noch abhängen kann (Teilchenzahl, elektrische und magnetische Feldstärke) bei den betrachteten Zustandsänderungen konstant bleiben und daher nicht als unabhängige Variable aufgeführt werden müssen.

Systeme, deren Gleichgewichtszustand man durch zwei unabhängige Variable beschreiben kann, nennt man *einfache Systeme*. Dazu gehören Gase und Flüssigkeiten einheitlicher chemischer Zusammensetzung, sogenannte homogene Systeme, deren elektrische und magnetische Eigenschaften man nicht zu berücksichtigen braucht und bei denen Oberflächenkräfte keine Rolle spielen.

Strömt ein ideales Gas aus einem adiabaten Behälter in einen anderen, anfänglich leeren adiabaten Behälter, so bleibt, wie der Versuch zeigt, die Temperatur nach dem Überströmen die gleiche wie vorher. Die innere Energie des adiabaten Gesamtsystems kann sich bei diesem Versuch ebenfalls nicht ändern. Da sich lediglich das Volum des Gases ändert, kann die innere Energie keine Funktion des Volums sein. Für ideale Gase ist daher die innere Energie nur von der Temperatur abhängig

$$U = U(T) \quad (\text{ideale Gase}) \tag{36a}$$

in Übereinstimmung mit dem geschilderten Versuch und mit der kinetischen Deutung der inneren Energie nach Kap. III, 3.1.

Zur Messung der Wärme Q_{12} bringt man das System von einem Zustand *1*, gekennzeichnet durch bestimmte Werte V_1, T_1 in einen Zustand *2*, gekennzeichnet durch bestimmte Werte V_2, T_2. Die Zustandsänderung soll adiabat verlaufen, so daß

$$(L_{12})_{\text{ad}} = U_2 - U_1.$$

Dann überführt man das gleiche System wieder vom Zustand *1* in den Zustand *2*, nachdem man zuvor die adiabate Isolierung entfernt hat. Dabei mißt man die am System verrichtete Arbeit. Da das System nicht mehr adiabat ist, gilt jetzt

$$L_{12} + Q_{12} = U_2 - U_1.$$

Vergleicht man beide Prozesse miteinander, so ist

$$(L_{12})_{\text{ad}} - L_{12} = Q_{12}.$$

Damit kann auch die Wärme mit Hilfe der bekannten Energieform Arbeit gemessen werden. Da die Arbeit L_{12} keine Zustandsgröße ist, kann auch die Wärme keine Zustandsgröße sein; ausgenommen hiervon ist eine Zustandsänderung, bei der einem geschlossenen System Wärme ohne Arbeitsleistung ($L_{12} = 0$) zugeführt wird. Dann ist nach Gl. (34) $Q_{12} = U_2 - U_1$ und die zugeführte Wärme nur vom Anfangs- und Endpunkt der Zustandsänderung abhängig.

Hingegen ist nach dem ersten Hauptsatz Gl. (34) die Summe aus Wärme und Arbeit stets eine Zustandsgröße und gleich der Änderung der inneren Energie des geschlossenen Systems.

7 Anwendung des ersten Hauptsatzes auf stationäre Prozesse in offenen Systemen

Bisher wurde der erste Hauptsatz für geschlossene Systeme behandelt. In der Technik handelt es sich aber meist darum, aus einem stetig durch eine Maschine fließenden Stoffstrom Arbeit zu gewinnen. Man denke etwa an eine Turbine, ein Strahltriebwerk oder einen Luftkompressor.

Die an dem stetig durch die Maschine fließenden Stoffstrom in der Zeiteinheit verrichtete Arbeit sei konstant. Man bezeichnet den Arbeitsprozeß als *stationären Fließprozeß*. Die an der Welle der Maschine zugeführte Arbeit nennt man *technische Arbeit* oder Wellenarbeit L_t. Sie ist gleich dem Produkt aus Drehmoment M_d und Drehwinkel $d\alpha$

$$dL_t = M_d\, d\alpha\,.$$

Da man unter der Leistung $P = dL/dt$ die in der Zeiteinheit verrichtete Arbeit und unter der Ableitung des Drehwinkels nach der Zeit die Winkelgeschwindigkeit $\omega = d\alpha/dt$ versteht, ist

$$P = M_d \omega\,.$$

Häufig gibt man statt der Winkelgeschwindigkeit die Drehzahl n einer Welle an (Einheit s^{-1})

$$\omega = 2\pi n\,,$$

worin ω jetzt die Winkelgeschwindigkeit ist (Einheit s^{-1}). Damit erhält man die verrichtete Leistung zu

$$P = M_d\, 2\pi n\,. \tag{37}$$

Andererseits kann man die Leistung auch bilden aus der spezifischen technischen Arbeit l_t und dem zeitlich konstanten Massenstrom $\dot{M} = dm/dt$, der das offene System durchströmt

$$P = \dot{M} l_t\,. \tag{37a}$$

Die an der Welle einer Maschine abgegebene technische Arbeit braucht nicht durch eine Volumänderung zustande zu kommen. Verfolgt man beispielsweise das Volumelement einer Flüssigkeit, die eine Wasserturbine durchströmt, so verrichtet dieses in der Turbine dadurch eine Arbeit, daß sich sein Impuls ändert, während das Volum der Flüssigkeit konstant bleibt. Die Arbeit tritt als technische Arbeit an der Welle der Maschine in Erscheinung. Es wird somit technische Arbeit, aber keine Volumarbeit verrichtet. Technische Arbeit und Volumarbeit sind daher nicht identisch.

In vielen technischen Maschinen wie Turbinen, Strahltriebwerken oder Kompressoren erfährt das Fluid beim Durchströmen der Maschine eine Druckänderung. Wir wollen die hierbei verrichtete, in der Praxis oft vorkommende und daher sehr wichtige technische Arbeit berechnen. Dazu betrachten wir als Beispiel einen Luftkompressor, Abb. 26, in dem ein Gas vom Druck p_1 auf den

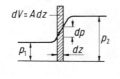

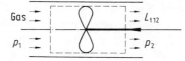

Abb. 26. Verdichten eines Gases.

Druck p_2 verdichtet wird. Der Druckanstieg sei durch den in dem oberen Teil des Bildes gezeichneten Kurvenverlauf gegeben. Wir betrachten nun in einem Querschnitt A ein kleines Gasvolum $dV = A\,dz$. Dieses muß durch den Verdichter gegen den Druckanstieg verschoben werden. Dazu ist eine Wellenarbeit oder technische Arbeit zu verrichten. Die aufzuwendende Kraft ist $dp\,A$, der Weg dz und die technische Arbeit $dp\,A\,dz = dp\,dV$. Denkt man sich einen Beobachter an dem Querschnitt A postiert, der die aufzuwendende Arbeit mißt, so würde dieser für jedes Volum dV eine technische Arbeit $dp\,dV$ registrieren. Addition über alle Volumelemente, welche den Querschnitt A passieren, ergibt dann die Arbeit, um ein Volum V gegen den Druckanstieg dp zu verschieben

$$V\,dp\,.$$

Die an der Welle der Maschine verrichtete Arbeit diente hier zur Druckerhöhung. Man könnte sie daher auch als „Druckarbeit" bezeichnen. Tatsächlich wird aber auch noch Wellenarbeit bzw. technische Arbeit dissipiert, beispielsweise durch Reibung in den Lagern oder durch Verwirbelung des Gases. Sie dient nicht zur Druckerhöhung. An der Welle ist daher tatsächlich die dissipierte Arbeit aufzubringen, und die Arbeit ist insgesamt

$$V\,dp + dL_{\text{diss}}\,.$$

Falls das Gas bei Durchlaufen der Maschine noch seine kinetische und potentielle Energie erhöht, müssen auch diese Beträge von der Maschine aufgebracht werden. Die gesamte technische Arbeit ist somit

$$dL_t = V\,dp + dL_{\text{diss}} + dL_m$$

oder

$$L_{t12} = \int_1^2 V\,dp + (L_{\text{diss}})_{12} + L_{m12} \qquad (38)$$

7. Anwendung des ersten Hauptsatzes auf stationäre Prozesse in offenen Systemen

mit

$$L_{m12} = m\left(\frac{w_2^2}{2} - \frac{w_1^2}{2}\right) + mg(z_2 - z_1) + \text{Federarbeit}$$

Das Integral auf der rechten Seite von Gl. (38) ist die technische Arbeit bei quasistatischer Zustandsänderung, falls keine mechanische Arbeit verrichtet wird. Sie wird dem Betrag nach durch die senkrecht schraffierte Fläche in Abb. 27 dargestellt. Die gepunktete Fläche ist ein Maß für die differentielle Arbeit $V\,dp$.

Wir wenden nun den ersten Hauptsatz auf ein offenes System an. Dazu betrachten wir ein System, Abb. 28, an dem Arbeit verrichtet und Wärme mit der Umgebung ausgetauscht wird.

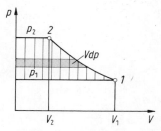
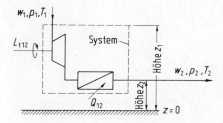

Abb. 27. Darstellung von $\int_1^2 V\,dp$.   **Abb. 28.** Arbeit am offenen System.

Ein Stoffstrom eines Gases oder einer Flüssigkeit[1] vom Druck p_1 und der Temperatur T_1 strömt mit der Geschwindigkeit w_1 in das System ein, verrichtet in einer Maschine (Turbine, Kolbenmaschine, Verdichter) eine Arbeit, welche als technische Arbeit L_{t12} an die Welle abgegeben wird, durchströmt anschließend einen Wärmeaustauscher, in dem mit der Umgebung (z. B. mit Kühlwasser) die Wärme Q_{12} ausgetauscht wird, und verläßt dann das System mit einem Druck p_2, der Temperatur T_2 und der Geschwindigkeit w_2. Die Arbeit ist mit einem negativen Vorzeichen zu versehen, wenn sie von dem System nach außen abgeführt wird. Vereinfacht läßt sich dieses offene System durch Abb. 29 darstellen. Die Materie Δm, die das System durchströmt und der dabei von einer Maschine eine Arbeit zugeführt wird, befindet sich zu Anfang vor der Systemgrenze σ des offenen Systems, Zustand 1. Sie durchläuft dann das System, wobei ihr Wärme und Arbeit zugeführt werden und verläßt das System im Zustand 2. Da man jedes offene System in ein geschlossenes überführen kann, wie bereits früher (Kap. I,2) dargelegt wurde, kann man dem offenen System der Abb. 29 ein geschlossenes Ersatzsystem zuordnen, Abb. 30, dessen Systemgrenze sich nun im Gegensatz zu der des offenen Systems mit der Zustandsänderung verschiebt. Die Masse Δm

---

[1] Für Gase und Flüssigkeiten wird im folgenden der Oberbegriff (das) Fluid (Plural: die Fluide) benutzt.

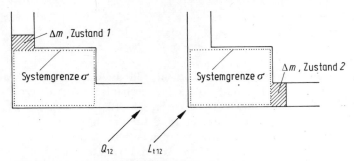

Abb. 29. Schematische Darstellung des offenen Systems nach Abb. 28.

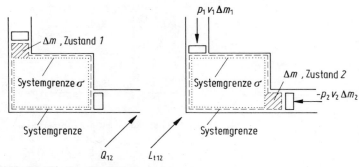

Abb. 30. Geschlossenes Ersatzsystem für das offene System nach Abb. 29.

vom Zustand *1*, gekennzeichnet durch p_1, T_1, v_1 wird mit Hilfe des in Abb. 30 gezeichneten Kolbens eingeschoben. Dazu wird die Systemgrenze um $\Delta V_1 = v_1 \, \Delta m$ verschoben, und man muß die Arbeit $p_1 \, \Delta V_1 = p_1 v_1 \, \Delta m$ aufwenden. Die Masse Δm soll hierbei so klein gewählt werden, daß man ihr einheitliche Zustandsgrößen zuordnen kann. Während die Materie Δm in das System eingeschoben wird, verläßt eine gleich große Masse Δm das System, da der Prozeß stationär ist. Diese verläßt das System im Zustand *2*, gekennzeichnet durch p_2, T_2, v_2. Hierbei wird eine Arbeit $p_2 \, \Delta V_2 = p_2 v_2 \, \Delta m$ nach außen abgegeben. Während der Überführung der Masse Δm vom Zustand *1* zum Zustand *2* im Ersatzsystem wird außerdem über eine Maschine eine technische Arbeit L_{t12} zugeführt. Die an dem geschlossenen Ersatzsystem verrichtete Arbeit L'_{12} setzt sich also zusammen aus der technischen Arbeit L_{t12}, der Arbeit $p_1 \, \Delta V_1$, die man dem System zuführen muß, um die Masse Δm in das System einzuschieben, und der Arbeit $p_2 \, \Delta V_2$, welche von dem System beim Ausschieben der Masse Δm abgegeben wird. Es ist

$$L'_{12} = L_{t12} + \Delta m(p_1 v_1 - p_2 v_2) = L_{t12} + p_1 \, \Delta V_1 - p_2 \, \Delta V_2 \qquad (38\,\text{a})$$

oder

$$l'_{12} = l_{t12} + p_1 v_1 - p_2 v_2 \,. \qquad (38\,\text{b})$$

7. Anwendung des ersten Hauptsatzes auf stationäre Prozesse in offenen Systemen

Die spezifische Gesamtarbeit l'_{12} des geschlossenen Systems unterscheidet sich von der spezifischen technischen Arbeit l_{t12} um die Größe $p_1 v_1 - p_2 v_2$. Diese bezeichnet man als Verschiebearbeit, weil sie angibt, welche Arbeit man verrichten muß, um Materie durch ein offenes System hindurchzuschieben. Die Verschiebearbeit ist eine Zustandsgröße, da sie allein durch die Zustände *1* und *2* festgelegt wird.

Auf das geschlossene Ersatzsystem können wir nun den ersten Hauptsatz in der schon bekannten Form Gl. (34a)

$$Q_{12} + L'_{12} = E_2 - E_1$$

mit

$$E = U + E_{kin} + E_{pot}$$

anwenden. Wir bringen nun noch die innere Energie des geschlossenen Ersatzsystems in Zusammenhang mit der des offenen Systems, die wir durch ein hochgestelltes σ kennzeichnen. Es ist

$$U_1 = U_1^{(\sigma)} + u_1 \, \Delta m$$

und

$$U_2 = U_2^{(\sigma)} + u_2 \, \Delta m \, ,$$

weil die Systemgrenze des geschlossenen Systems den Bereich des offenen Systems und den von der Masse Δm eingenommenen Bereich umfaßt.

Nun soll voraussetzungsgemäß nur an der Masse Δm, die das offene System durchströmt, Arbeit verrichtet werden, nicht aber an der im Innern des σ-Systems gespeicherten Materie. Deren Energievorrat, bestehend aus innerer kinetischer und potentieller Energie, soll konstant bleiben, da wir stationäre Zustandänderungen voraussetzten und somit ausschließen, daß sich die Energien des σ-Systems mit der Zeit änderten. Es ist daher

$$U_1^{(\sigma)} = U_2^{(\sigma)}$$

und infolgedessen

$$U_2 - U_1 = \Delta m (u_2 - u_1) \, .$$

Entsprechend ist

$$E_{kin\,2} - E_{kin\,1} = \Delta m \left(\frac{w_2^2}{2} - \frac{w_1^2}{2} \right)$$

und

$$E_{pot\,2} - E_{pot\,1} = \Delta m \, g (z_2 - z_1) \, .$$

Damit ist

$$E_2 - E_1 = \Delta m (u_1 - u_2) + \Delta m \left(\frac{w_2^2}{2} - \frac{w_1^2}{2} \right) + \Delta m g (z_2 - z_1) \, .$$

Zusammen mit Gl. (38a) kann man damit den ersten Hauptsatz in folgender Form schreiben

$$Q_{12} + L_{t12} + \Delta m(p_1 v_1 - p_2 v_2) = \Delta m(u_2 - u_1) + \Delta m \left(\frac{w_2^2}{2} - \frac{w_1^2}{2} \right) + \Delta m g(z_2 - z_1)$$

oder

$$Q_{12} + L_{t12} = \Delta m[(u_2 + p_2 v_2) - (u_1 + p_1 v_1)] + \Delta m \left(\frac{w_2^2}{2} - \frac{w_1^2}{2} \right) + \Delta m g(z_2 - z_1).$$

Die Summe aus innerer Energie U und Verschiebearbeit pV ist eine Summe von Zustandsgrößen und daher selbst eine Zustandsgröße. Man führt für sie die Beziehung

$$H = U + pV$$

ein, die man *Enthalpie*[1] nennt; entsprechend heißt die auf die Masse des strömenden Fluids bezogene Enthalpie

$$\frac{H}{m} = h = u + pv$$

die spezifische Enthalpie.

Mit Hilfe der Enthalpie kann man daher auch schreiben

$$Q_{12} + L_{t12} = H_2 - H_1 + \Delta m \frac{1}{2}(w_2^2 - w_1^2) + \Delta m g(z_2 - z_1). \qquad (39)$$

Diese Gleichung gilt für das Zeitintervall $\Delta \tau$, in dem die Masse Δm am Eintrittsquerschnitt *1* in das System geschoben wird und gleichzeitig eine andere Masse Δm am Austrittsquerschnitt *2* ausgeschoben wird.

Es ist also der Massenstrom

$$\dot{M} = \frac{\Delta m}{\Delta \tau},$$

der Wärmestrom

$$\Phi_{12} = \frac{Q_{12}}{\Delta \tau}.$$

und der Arbeitsstrom oder die Leistung

$$P_{12} = \frac{L_{t12}}{\Delta \tau}.$$

Außerdem ist

$$H_2 - H_1 = \Delta m(h_2 - h_1).$$

Dividiert man daher Gl. (39) durch das Zeitintervall $\Delta \tau$, so erhält man

$$\Phi_{12} + P_{12} = \dot{M} \left[h_2 - h_1 + \frac{1}{2}(w_2^2 - w_1^2) + g(z_2 - z_1) \right]. \qquad (39\,\text{a})$$

---

[1] Von griech. ἐν = darin und θάλπος = Wärme.

7. Anwendung des ersten Hauptsatzes auf stationäre Prozesse in offenen Systemen

Dividiert man Gl. (39) durch die Masse Δm, so folgt

$$q_{12} + l_{t12} = h_2 - h_1 + \frac{1}{2}(w_2^2 - w_1^2) + g(z_2 - z_1) \,. \tag{39b}$$

Die Änderungen der kinetischen und potentiellen Energie sind in vielen Fällen vernachlässigbar gegenüber der Änderung der Enthalpie, so daß man meistens die letzte Beziehung verkürzt schreiben kann

$$q_{12} + l_{t12} = h_2 - h_1 \,, \qquad (w_2 = w_1; z_2 = z_1) \,. \tag{39c}$$

Die Gln. (39) stellen verschiedene Formulierungen des ersten Hauptsatzes für stationäre Fließprozesse dar. Sie sind Grundlage vieler technischer Prozesse und gehören daher mit zu den wichtigsten Gleichungen für viele technische Anwendungen.

Als *Beispiele* berechnen wir

a) *die technische Arbeit bei adiabaten Prozessen*, wenn man die Änderung von kinetischer und potentieller Energie vernachlässigen darf. Hierfür ist $q_{12} = 0$, $w_2 = w_1$, $z_2 = z_1$ und daher Gl. (39c)

$$l_{t12} = h_2 - h_1 \quad \text{oder} \quad L_{t12} = H_2 - H_1 \,. \tag{39d}$$

Die Beziehung ist von grundlegender Bedeutung, weil man aus ihr die Arbeit vieler Maschinen (Verdichter, Turbinen, Triebwerke) berechnen kann. Sie gilt, wie die Ableitung zeigt, unabhängig vom Wirkungsgrad der Maschine. Für den Fall, daß einem Fluid Arbeit zugeführt wird, ist die technische Arbeit positiv, die Maschine arbeitet dann beispielsweise als Gasverdichter. Wenn das Fluid Arbeit verrichtet, ist die technische Arbeit negativ, die Maschine arbeitet beispielsweise als Turbine.

b) *Die Strömung in einer Rohrleitung*, in der sich Widerstände befinden. Dazu denken wir uns eine Rohrleitung, durch die ein Gas strömt, und in diese einen Widerstand in Gestalt eines porösen Propfens aus Asbest, Ton, Filz oder dgl. eingebaut, derart, daß das Gas einen Druckabfall beim Durchströmen dieses Hindernisses erfährt. Diesen Vorgang, der auch dann auftritt, wenn sich in einer Rohrleitung ein Hindernis befindet oder eine plötzliche Querschnittsveränderung vorhanden ist, bezeichnet man als *Drosselung*. Wir betrachten einen Querschnitt *1* vor und einen Querschnitt *2* hinter der Drosselstelle einer Rohrleitung, Abb. 31.

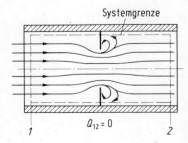

Abb. 31. Adiabate Drosselung.

Die beiden Querschnitte seien so weit von der Drosselstelle entfernt, daß man dort dem Gas einheitliche Werte von Druck und Temperatur über den ganzen Querschnitt zuordnen kann. Unter der Annahme, daß während der Drosselung kein Wärmeaustausch mit der Umgebung stattfindet, folgt aus Gl. (39b), da keine technische Arbeit geleistet wird und sich die potentielle Energie in dem waagerecht liegenden Rohr nicht ändert,

$$0 = h_2 - h_1 + \frac{1}{2}(w_2^2 - w_1^2)$$

oder

$$h_1 + \frac{1}{2}w_1^2 = h_2 + \frac{1}{2}w_2^2 \,. \tag{39e}$$

In vielen Fällen dient der Unterschied in der Druckenergie zwischen den Querschnitten *1* und *2* zur Erzeugung von Wirbeln und führt zu keiner nennenswerten Beschleunigung der Strömung. Dann ist $w_2 = w_1$, und die vorige Beziehung vereinfacht sich zu

$$h_2 = h_1 \,. \tag{39f}$$

Für ideale Gase bedeutet dies, daß sich die Temperatur nicht ändert, weil die Enthalpie idealer Gase nur von der Temperatur abhängt, vgl. Gl. (36a)

$$h = u(T) + pv = u(T) + RT = h(T) \,. \tag{40}$$

Infolgedessen gilt der Satz: *Bei der Drosselung idealer Gase bleibt die Temperatur konstant*, vorausgesetzt, daß sich kinetische und potentielle Energie vor und nach der Drosselstelle nicht merklich unterscheiden.

8 Anwendung des ersten Hauptsatzes auf instationäre Prozesse in offenen Systemen

Wir betrachten nun ein offenes System, Abb. 32, bei dem die im Eintrittsquerschnitt während einer bestimmten Zeit zugeführte Materie Δm_1 von der während

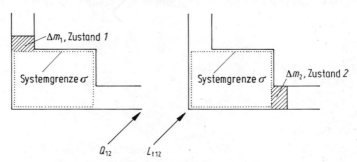

Abb. 32. Schematische Darstellung des offenen Systems.

8. Anwendung des ersten Hauptsatzes auf instationäre Prozesse in offenen Systemen

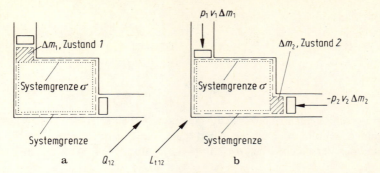

Abb. 33. Geschlossenes Ersatzsystem für das offene System nach Abb. 32

der gleichen Zeit abgeführten Materie Δm_2 verschieden ist. Es werden außerdem während dieser Zeit die Wärme Q_{12} und die technische Arbeit $L_{t\,12}$ über die Systemgrenze zugeführt. Innere, kinetische und potentielle Energie des offenen Systems σ dürfen sich gleichzeitig ändern. Der in dem offenen System ablaufende Prozeß ist somit instationär. Das offene System ersetzen wir durch das geschlossene Ersatzsystem nach Abb. 33. Dieses besteht vor der Zustandsänderung aus dem System σ und dem Teilsystem mit der Materie Δm_1. Nach der Zustandsänderung ist die Masse Δm_1 eingeschoben und eine Masse Δm_2 ausgeschoben. Das geschlossene Ersatzsystem besteht dann aus dem System σ und dem Teilsystem mit der Materie Δm_2.

Auf das geschlossene Ersatzsystem dürfen wir den ersten Hauptsatz in der bekannten Form Gl. (34a) anwenden

$$Q_{12} + L'_{12} = E_2 - E_1$$

mit

$$E = U + E_{\text{kin}} + E_{\text{pot}}.$$

Hierin ist $U_1 = U_1^{(\sigma)} + u_1 \Delta m_1$ die innere Energie des geschlossenen Ersatzsystems nach Abb. 33a. Nach Abb. 33b ist

$$U_2 = U_2^{(\sigma)} + u_2 \Delta m_2.$$

Entsprechend ist

$$E_{\text{kin}\,1} = E_{\text{kin}\,1}^{(\sigma)} + \Delta m_1 \frac{w_1^2}{2},$$

$$E_{\text{kin}\,2} = E_{\text{kin}\,2}^{(\sigma)} + \Delta m_2 \frac{w_2^2}{2},$$

$$E_{\text{pot}\,1} = E_{\text{pot}\,1}^{(\sigma)} + \Delta m_1 \, g z_1,$$

$$E_{\text{pot}\,2} = E_{\text{pot}\,2}^{(\sigma)} + \Delta m_2 \, g z_2.$$

Daraus folgt

$$E_2 - E_1 = E_2^{(\sigma)} - E_1^{(\sigma)} + \left(u_2 + \frac{w_2^2}{2} + gz_2\right)\Delta m_2 - \left(u_1 + \frac{w_1^2}{2} + gz_1\right)\Delta m_1 \quad (41)$$

mit

$$E^{(\sigma)} = U^{(\sigma)} + E_{\text{kin}}^{(\sigma)} + E_{\text{pot}}^{(\sigma)}.$$

Die am geschlossenen Ersatzsystem verrichtete Arbeit setzt sich aus zwei Anteilen zusammen, nämlich der mittels einer Maschine zugeführten technischen Arbeit L_{t12} und der Verschiebearbeit $p_1 v_1 \Delta m_1 - p_2 v_2 \Delta m_2$, wie in Abb. 33 eingezeichnet. Damit ist

$$L'_{12} = L_{t12} + p_1 v_1 \Delta m_1 - p_2 v_2 \Delta m_2.$$

Setzt man dies mit der obigen Gl. (41) in den ersten Hauptsatz ein, so ergibt sich unter Beachtung der Definition für die Enthalpie $h = u + pv$ die Beziehung

$$Q_{12} + L_{t12} = E_2^{(\sigma)} - E_1^{(\sigma)} + \left(h_2 + \frac{w_2^2}{2} + gz_2\right)\Delta m_2 - \left(h_1 + \frac{w_1^2}{2} + gz_1\right)\Delta m_1, \quad (42)$$

die man in differentieller Form auch schreiben kann

$$dQ + dL_t = dE^{(\sigma)} + \left(h_2 + \frac{w_2^2}{2} + gz_2\right)dm_2 - \left(h_1 + \frac{w_1^2}{2} + gz_1\right)dm_1. \quad (42\text{a})$$

Sind Änderungen von kinetischer und potentieller Energie vernachlässigbar, so vereinfacht sich die Gleichung zu

$$dQ + dL_t = dU^{(\sigma)} + h_2 \, dm_2 - h_1 \, dm_1 \quad (42\text{b})$$

mit $$U^{(\sigma)} = u^{(\sigma)} m^{(\sigma)}.$$

In dem zuvor betrachteten Fall des stationären Fließprozesses geht Gl. (42) wegen $E_2^{(\sigma)} = E_1^{(\sigma)}$ und $\Delta m_1 = \Delta m_2 = \Delta m$ in die bereits bekannte Gl. (39) für stationäre Fließprozesse über.

Die Berechnung der Energie $E^{(\sigma)}$ erfordert meistens eine Summierung oder Integration der einzelnen Energien innerhalb des Systems σ, da innere, kinetische und potentielle Energie eines jeden Massenelements zu einer bestimmten Zeit noch örtlich veränderlich sind. Die gesamte Energie eines Massenelements ist

$$\left(u + \frac{w^2}{2} + gz\right) dm.$$

Die Energie $E^{(\sigma)}$ zu einer bestimmten Zeit ergibt sich daraus durch Integration über den gesamten Bereich

$$E^{(\sigma)} = \int_{(\sigma)} \left(u + \frac{w^2}{2} + gz\right) dm. \quad (43)$$

Aufgabe 3. In einer Gasflasche mit dem Volum $V = 0{,}5$ m³ befindet sich Stickstoff (N$_2$) bei einem Druck von 1,2 bar und einer Temperatur von 27 °C. Die Flasche wird zum

Füllen an eine Leitung angeschlossen, in der N_2 unter einem Druck von 7 bar und einer Temperatur von 77 °C zur Verfügung steht. Der Füllvorgang wird abgeschlossen, wenn in der Flasche ein Druck von 6 bar erreicht ist. Die Temperatur des Flascheninhalts wird während des Füllens konstant auf 27 °C gehalten.

Stickstoff darf als ideales Gas angesehen werden. Änderungen von potentieller und kinetischer Energie dürfen vernachlässigt werden. Während des Abfüllens bleibt der Zustand des Stickstoffs in der Leitung konstant.

Stoffwerte: $R_{N_2} = 0{,}2968$ kJ/kg K, $c_{pN_2} = 1{,}0389$ kJ/kg K .

a) Wie groß ist die während des Abfüllens zugeführte Stickstoffmasse m_{zu}?
b) Wieviel Wärme muß während des Füllens zu- oder abgeführt werden?
Hinweis: Diese Aufgabe sollte erst nach dem Studium von Kap. III, 9.1 gelöst werden.

9 Die kalorischen Zustandsgleichungen und die spezifischen Wärmekapazitäten

Der Gleichgewichtszustand eines einfachen Systems wird, wie in Kap. III,6 dargelegt worden war, durch zwei unabhängige Variable beschrieben. Für die innere Energie galt $U = U(V, T)$ oder für die spezifische innere Energie $u = u(v, T)$. Da die Enthalpie definiert ist durch $H = U + pV$ und andererseits für einfache Systeme die thermische Zustandsgleichung $v = f(p, T)$ lautet, kann man auch die Enthalpie als Funktion zweier unabhängiger Variablen, zum Beispiel

$$H = H(p, T) \quad \text{oder} \quad h = h(p, T)$$

darstellen. Die Beziehung zwischen den einfachen Zustandsgrößen p, v und T hatten wir als thermische Zustandsgleichung bezeichnet. Beziehungen zwischen u oder h und je zwei (oder im Fall des idealen Gases nur einer) der einfachen Zustandsgrößen sollen *kalorische Zustandsgleichungen* heißen.

Durch Differenzieren der spezifischen inneren Energie $u = u(T, v)$ erhält man das vollständige Differential

$$du = \left(\frac{\partial u}{\partial T}\right)_v dT + \left(\frac{\partial u}{\partial v}\right)_T dv \,.$$

Darin sind $\left(\frac{\partial u}{\partial T}\right)_v$ und $\left(\frac{\partial u}{\partial v}\right)_T$ die partiellen Differentialquotienten, deren Indizes jeweils angeben, welche der unabhängigen Veränderlichen beim Differenzieren konstant zu halten ist. Die Ableitung

$$\left(\frac{\partial u}{\partial T}\right)_v = c_v(v, T) \tag{44}$$

bezeichnet man als *spezifische Wärmekapazität bei konstantem Volum*.

Eine Möglichkeit, sie zu messen, besteht darin, daß man einem geschlossenen System bei konstantem Volum Wärme zuführt. Erfährt das System hierbei eine quasistatische Zustandsänderung, tritt also keine Dissipation auf, so folgt aus dem ersten Hauptsatz [Gl. (34d)]

$$q_{12} - \int_1^2 p\, dv = u_2 - u_1,$$

für $dv = 0$

$$q_{12} = u_2 - u_1 = \int_{T_1}^{T_2} \left(\frac{\partial u}{\partial T}\right)_v dT$$

oder

$$q_{12} = \int_{T_1}^{T_2} c_v(v, T)\, dT. \tag{44 a}$$

Wegen dieser speziellen Meßmethode, die darin besteht, daß man zur Ermittlung von c_v einem System bei konstantem Volum Wärme zuführt, hat man den Namen spezifische Wärmekapazität bei konstantem Volum gewählt.

In gleicher Weise wie für die innere Energie erhält man für die Enthalpie $h(T, p)$ das vollständige Differential

$$dh = \left(\frac{\partial h}{\partial T}\right)_p dT + \left(\frac{\partial h}{\partial p}\right)_T dp.$$

Die Ableitung

$$\left(\frac{\partial h}{\partial T}\right)_p = c_p(p, T) \tag{45}$$

bezeichnet man als *spezifische Wärmekapazität bei konstantem Druck*.

Sie kann über die einem geschlossenen System bei konstantem Druck zugeführte Wärme gemessen werden. Erfährt das System hierbei eine quasistatische Zustandsänderung, so gilt wiederum [Gl. (34d)]

$$q_{12} - \int_1^2 p\, dv = u_2 - u_1,$$

woraus man für konstanten Druck die folgende Beziehung erhält

$$q_{12} = u_2 - u_1 + p(v_2 - v_1) = h_2 - h_1 = \int_{T_1}^{T_2} \left(\frac{\partial h}{\partial T}\right)_p dT,$$

$$q_{12} = \int_{T_1}^{T_2} c_p(p, T)\, dT. \tag{45 a}$$

Dieser speziellen Meßmethode verdankt c_p den Namen spezifische Wärmekapazität bei konstantem Druck.

Die spezifischen Wärmekapazitäten c_p und c_v unterscheiden sich bei festen Körpern praktisch gar nicht und bei Flüssigkeiten über weite Temperaturbereiche nur so wenig voneinander, daß man dort $c_p \approx c_v \approx c$ setzen darf.

9. Die kalorischen Zustandsgleichungen

Um einen Körper der Masse m um die Temperatur dT zu erwärmen, braucht man demnach nach Gl. (44a) bzw. (45a) die Wärme

$$dQ = mc\, dT\,.$$

Die Einheit der spezifischen Wärmekapazität ergibt sich daraus als J/(kg K).

Die spezifische Wärmekapazität nimmt für konstanten Druck bei den meisten Stoffen mit steigender Temperatur zu. Bei Wasser hat sie bei $+34\,°C$ ein Minimum, wie Tab. 12 zeigt. Sie hängt für konstante Temperaturen in komplizierter Weise vom Druck ab, worauf in Kap. III, 9.2 noch eingegangen wird.

Tabelle 12. Spezifische Wärmekapazität c von luftfreiem Wasser bei 1,01325 bar (1 atm) in Abhängigkeit von der Temperatur t in $°C$. c in kJ/(kg K), angenommen vom Internationalen Komitee für Maß und Gewichte 1950[1]

t	0	1	2	3	4	5	6	7	8	9
0	4,2174	4,2138	4,2104	4,2074	4,2045	4,2019	4,1996	4,1974	4,1954	4,1936
10	4,1919	4,1904	4,1890	4,1877	4,1866	4,1855	4,1846	4,1837	4,1829	4,1822
20	4,1816	4,1810	4,1805	4,1801	4,1797	4,1793	4,1790	4,1787	4,1785	4,1783
30	4,1782	4,1781	4,1780	4,1780	4,1779	4,1779	4,1780	4,1780	4,1781	4,1782
40	4,1783	4,1784	4,1786	4,1788	4,1789	4,1792	4,1794	4,1796	4,1799	4,1801
50	4,1804	4,1807	4,1811	4,1814	4,1817	4,1821	4,1825	4,1829	4,1833	4,1837
60	4,1841	4,1846	4,1850	4,1855	4,1860	4,1865	4,1871	4,1876	3,1882	4,1887
70	4,1893	4,1899	4,1905	4,1912	4,1918	4,1925	4,1932	4,1939	4,1946	4,1954
80	4,1961	4,1969	4,1977	4,1985	4,1994	4,2002	4,2011	4,2020	4,2039	4,2039
90	4,2048	4,2058	4,2068	4,2078	4,2098	4,2100		4,2122	4,2133	4,2145
100	4,2156									

[1] Die maximale Abweichung von den Werten nach der IFC (International Formulation Committee) – Formulation 1967 betragen $\pm 2{,}9 \cdot 10^{-4}$ kJ/kg K).

Die kalorischen Zustandsgleichungen lassen sich ebenso wie die thermischen durch Kurvenscharen darstellen. In der Technik werden benutzt das h,T- und das h,p-Diagramm, in denen die räumliche $h(p,T)$-Fläche durch Kurven $p = \text{const}$ in der h,T-Ebene bzw. durch Kurven $T = \text{const}$ in der h,p-Ebene dargestellt wird. Noch wichtiger ist das h,s-Diagramm, auf das wir später eingehen, wenn wir die Entropie s kennengelernt haben.

Man nennt Diagramme, in denen die Enthalpie als Koordinate benutzt wird, *Mollier-Diagramme* nach Richard Mollier, der sie 1904 zuerst einführte.

Auf weitere allgemeine Beziehungen zwischen den Zustandsgrößen soll später eingegangen werden, nachdem wir spezielle einfache Formen der Zustandsgleichung behandelt haben.

9.1 Die kalorischen Zustandsgleichungen und die spezifischen Wärmekapazitäten der idealen Gase

Die innere Energie und die Enthalpie eines idealen Gases sind, wie wir gesehen hatten [Gl. (36a) und Gl. (40)] nur von der Temperatur abhängig. Dieses Ergebnis galt somit nur für Gase von verschwindendem Druck $p \to 0$, und es ist zu klären, ob es noch auf Gase von mäßigem Druck anwendbar ist. Hierüber gibt der folgende zuerst von Gay-Lussac 1806 und später von Joule (1845) mit besseren Mitteln wiederholte Überströmversuch Auskunft:

Zwei Gefäße, von denen das erste mit einem Gas von mäßigem Druck gefüllt, das zweite evakuiert ist, sind nach Abb. 34 miteinander durch ein Rohr verbunden, das zunächst durch einen Hahn abgeschlossen ist.

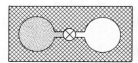

Abb. 34. Versuch von Gay-Lussac und Joule.

Beide Gefäße sind gegen die Umgebung völlig wärmeisoliert. Öffnet man den Hahn, so strömt Gas aus dem ersten Gefäß in das zweite über, dabei kühlt sich aus Gründen, die wir später untersuchen werden, das Gas im ersten Gefäß ab, während es sich im zweiten erwärmt. Wartet man aber den Temperaturausgleich zwischen beiden Gefäßen ab, so zeigt der Versuch, daß dann das auf beide Gefäße verteilte Gas wieder dieselbe Temperatur hat wie zu Anfang im ersten Gefäß.

Bei dem Vorgang wurde mit der Umgebung keine Energie, weder in Form von Wärme noch als Arbeit, ausgetauscht. Die innere Energie des Gases ist also ungeändert geblieben, ebenso wie die Temperatur, obwohl das Volum sich vergrößert hat. Daraus folgt, daß die innere Energie des Gases nicht vom Volum, sondern nur von der Temperatur abhängig ist. Es ist

$$\left(\frac{\partial u}{\partial v}\right)_T = 0.$$

Sehr genaue Versuche ergaben jedoch bei dem Überströmversuch eine Temperaturänderung. Nur für ideale Gase bleibt die Temperatur unverändert, so daß für sie obige Beziehung streng erfüllt ist. Der Versuch bestätigt daher, daß die innere Energie eines idealen Gases nur von der Temperatur abhängt. Dann gilt für beliebige Zustandsänderungen idealer Gase, nicht nur für solche bei konstantem Volum,

$$du = c_v \, dT \tag{46}$$

oder

$$u = \int c_v \, dT = c_v T + u_0, \tag{46a}$$

wenn man die spezifische Wärmekapazität als konstant ansieht und u_0 die willkürliche, durch Verabredung festzusetzende Integrationskonstante ist.

Für die spezifische Enthalpie idealer Gase gilt

$$h = u + pv = u(T) + RT = f(T).$$

Somit ist die spezifische Wärmekapazität c_p idealer Gase

$$\frac{dh}{dT} = c_p = \frac{du}{dT} + R = c_v + R.$$

9. Die kalorischen Zustandsgleichungen

Man erhält also für ideale Gase die wichtige Beziehung

$$c_p(T) - c_v(T) = R .\tag{47}$$

Die spezifischen Wärmekapazitäten c_p und c_v idealer Gase unterscheiden sich um die Gaskonstante.

Die Enthalpie eines idealen Gases erhält man aus

$$dh = c_p(T)\, dT ,\tag{48}$$

also

$$h = \int c_p\, dT + h_0 = c_p T + h_0 ,\tag{48a}$$

wenn man die spezifische Wärmekapazität c_p als konstant ansieht und mit h_0 die Integrationskonstante bezeichnet.

Für die weitere Behandlung ist es zweckmäßig, das Verhältnis der beiden spezifischen Wärmekapazitäten

$$\varkappa = c_p/c_v$$

einzuführen. Mit Hilfe von Gl. (47) ergibt sich dann

$$\frac{c_p}{R} = \frac{\varkappa}{\varkappa - 1} \quad \text{und} \quad \frac{c_v}{R} = \frac{1}{\varkappa - 1} .\tag{47a}$$

Berechnet man aus den Versuchswerten für verschiedene Gase das Verhältnis der beiden spezifischen Wärmekapazitäten, so findet man, wie Tab. 13 auf S. 91 zeigt, daß $\varkappa$ für Gase gleicher Atomzahl im Molekül jeweils nahezu gleiche Werte hat, und zwar ist

für einatomige Gase $\varkappa = 1{,}66$,
für zweiatomige Gase $\varkappa = 1{,}40$,
für dreiatomige Gase $\varkappa = 1{,}30$.

Bei den ein- und zweiatomigen Gasen stimmen diese Regeln recht genau, bei dreiatomigen treten etwas größere Abweichungen auf.

Wendet man weiter die Gl. (47) auf 1 Mol an, indem man sie mit der Molmasse M [kg/kmol] multipliziert, so erhält man

$$Mc_p - Mc_v = MR .$$

Die Ausdrücke auf der linken Seite bezeichnet man als molare Wärmekapazitäten oder als Molwärmen $\bar{C}_p$ und $\bar{C}_v$. Der Ausdruck auf der rechten Seite ist nach den Ausführungen auf S. 38 nichts anderes als die universelle Gaskonstante, so daß man schreiben kann

$$\bar{C}_p - \bar{C}_v = \boldsymbol{R} ,\tag{47b}$$

mit

$$\bar{C}_p = \frac{\varkappa}{\varkappa - 1} \boldsymbol{R} \quad \text{und} \quad \bar{C}_v = \frac{1}{\varkappa - 1} \boldsymbol{R} .$$

Die Differenz der Molwärmen bei konstantem Druck und bei konstantem Volum hat also für ideale Gase denselben Wert. Da für Gase gleicher Atomzahl je Molekül auch die Verhältnisse der beiden spezifischen Wärmekapazitäten übereinstimmen, sind die Molwärmen aller Gase gleicher Atomzahl und damit auch die spezifischen Wärmekapazitäten je Kubikmeter dieselben.

Vergleicht man die spezifischen Wärmekapazitäten mit ihrer unveränderlichen Differenz R, so findet man, daß beim

einatomigen Gas $\quad \bar{C}_v \approx 3/2\,R \quad$ und $\quad \bar{C}_p \approx 5/2\,R$,
zweiatomigen Gas $\quad \bar{C}_v \approx 5/2\,R \quad$ und $\quad \bar{C}_p \approx 7/2\,R$,
dreiatomigen Gas $\quad \bar{C}_v \approx 6/2\,R \quad$ und $\quad \bar{C}_p \approx 8/2\,R$

ist, entsprechend den molaren inneren Energien $\bar{U}$ von $3/2\,RT$, $5/2\,RT$ und $6/2\,RT$, wie wir sie auf S. 67 berechnet hatten. Diese Werte ergeben sich bei voller Anregung der Rotation, während Schwingungen der Atome im Molekül und Elektronenanregung nicht berücksichtigt sind, vgl. hierzu Kap. III, 9.2. Die Molwärmen haben also für alle idealen Gase gleicher Atomzahl je Molekül dieselben festen Werte und stehen bei Gasen verschiedener Atomzahlen in einfachen Zahlenverhältnissen. Die kinetische Gastheorie gibt hierfür folgende Erklärung:

Die Moleküle eines einatomigen Gases werden aufgefaßt als sehr kleine elastische Kugeln, deren jede drei Freiheitsgrade der Bewegung besitzt entsprechend den drei Verschiebungsrichtungen des Raumes. Drehungen des Moleküls kommen nicht in Frage, da wir den Stoß zweier Moleküle als reibungsfrei ansehen oder besser annehmen, daß die Bewegung schon in dem die Moleküle umgebenden Kraftfeld zur Umkehr gebracht wird. Bei zweiatomigen Molekülen, die wir uns als hantelähnliche Gebilde vorstellen, kommen zu den drei Freiheitsgraden der translatorischen Bewegung noch zwei Drehungen um die beiden zur Verbindungslinie der Atome senkrechten Achsen. Die Drehung um die Verbindungslinie selbst bleibt außer Betracht aus dem gleichen Grunde wie bei den einatomigen Gasen. Das zweiatomige Molekül hat demnach fünf Freiheitsgrade. Das dreiatomige Molekül kann Drehungen um alle drei Achsen ausführen und hat daher sechs Freiheitsgrade.

Die Molwärmen bei konstantem Volum verhalten sich also wie die Anzahl der Freiheitsgrade der Moleküle, und auf jeden Freiheitsgrad kommt die Molwärme $1/2\,R$.

9.2 Die spezifischen Wärmekapazitäten der wirklichen Gase

Die spezifischen Wärmekapazitäten der wirklichen (realen) Gase weichen mehr oder weniger stark von denen der idealen Gase ab. Nur bei Temperaturen, die genügend weit oberhalb der Verflüssigung liegen, haben die spezifischen Wärmekapazitäten tatsächlich die vorstehend von der Theorie geforderten Werte.

Bei den einatomigen Gasen sind die spezifischen Wärmekapazitäten bei Temperaturen, die genügend weit oberhalb der Verflüssigungstemperatur liegen, sogar temperaturunabhängig.

9. Die kalorischen Zustandsgleichungen

Bei den zwei- und mehratomigen Gasen sind die spezifischen Wärmekapazitäten bei hohen Temperaturen größer als die oben aufgeführten Werte, weil neben der Translation und Rotation des ganzen Moleküls auch noch Schwingungen der Atome im Molekülverband auftreten. Bei zweiatomigen Gasen können die beiden Atome eines Moleküls längs ihrer Verbindungslinie gegeneinander schwingen. Dieser sog. innere Freiheitsgrad wird aber, wie die Quantentheorie näher ausführt, nur durch Zusammenstöße angeregt, bei denen eine gewisse Mindestenergie übertragen werden kann. Er wird daher erst merklich bei höheren Temperaturen, wo genügend viele Moleküle größere Geschwindigkeiten haben.

Nach der Quantentheorie, auf die wir hier nicht näher eingehen können, braucht man zur Anregung eine Mindestenergie vom Betrage $h\nu$, wobei

$$h = 6{,}626176 \cdot 10^{-34} \text{ Js}$$

das Plancksche Wirkungsquantum und ν die Frequenz der Schwingung ist. Mit steigender Temperatur wächst die Anzahl der Moleküle, deren Energie den genannten Mindestwert übersteigt, es werden mehr Schwingungen angeregt, und die spezifische Wärmekapazität der Gase nimmt zu.

Bei dreiatomigen Gasen wird dieser Anteil der inneren Schwingungsenergie noch stärker, da drei Atome gegeneinander schwingen können, es ist daher die Molwärme bei konstantem Volum merklich größer als $6/2\,R$.

Bei den zweiatomigen Gasen ist bei 100 °C die spezifische Wärmekapazität bei konstantem Volum um etwa 2%, die spezifische Wärmekapazität bei konstantem Druck um etwa 1,5% größer als bei 0 °C. Früher glaubte man, daß dieser Anstieg sich geradlinig bis zu hohen Temperaturen fortsetze. Aus der vorstehenden Deutung folgt aber in Übereinstimmung mit den Versuchen, daß die Zunahme nicht beliebig weitergeht, sondern sich asymptotisch einer oberen Grenze nähert, die der vollen Anregung der inneren Schwingungen entspricht. Die Quantentheorie kann diese Zunahme recht genau allein aus den spektroskopisch gemessenen Frequenzen der inneren Schwingungen der Moleküle berechnen. Bei sehr hohen Temperaturen tritt eine weitere Zunahme der spezifischen Wärmekapazitäten dadurch ein, daß Elektronen aus dem Grundzustand in angeregte Zustände höherer Energie übergehen.

In den meisten Tabellenwerken sind nicht die wahren, sondern die *mittleren spezifischen Wärmekapazitäten* vertafelt. Darunter hat man folgendes zu verstehen:

Für eine Zustandsänderung bei konstantem Druck ist

$$dh = c_p(p, T)\, dT = c_p(p, t)\, dt\,,$$

wenn t die Celsius-Temperatur ist.

Die Änderung der spezifischen Enthalpie ist

$$h_2 - h_1 = \int_{t_1}^{t_2} c_p(p, t)\, dt\,.$$

Um das Integral leicht berechnen zu können, hat man nun eine mittlere spezifische Wärmekapazität $[c_p]_{t_1}^{t_2}$ definiert durch

$$\int_{t_1}^{t_2} c_p(p, t)\, dt = [c_p]_{t_1}^{t_2} (t_2 - t_1). \tag{49}$$

Meist wird die mittlere spezifische Wärmekapazität zwischen 0 °C und t °C vertafelt. Damit ist

$$\int_{t_1}^{t_2} c_p(p, t)\, dt = \int_{0}^{t_2} c_p(p, t)\, dt - \int_{0}^{t_1} c_p(p, t)\, dt = [c_p]_0^{t_2} t_2 - [c_p]_0^{t_1} t_1$$

und

$$h_2 - h_1 = [c_p]_{t_1}^{t_2} (t_2 - t_1) = [c_p]_0^{t_2} t_2 - [c_p]_0^{t_1} t_1. \tag{49a}$$

Entsprechend gilt für die Änderung der spezifischen inneren Energie bei Zustandsänderung mit konstantem Volum

$$u_2 - u_1 = [c_v]_{t_1}^{t_2} (t_2 - t_1) = [c_v]_0^{t_2} t_2 - [c_v]_0^{t_1} t_1. \tag{49b}$$

Mischt man bei konstantem Druck zwei Stoffe von den Massen m_1 und m_2, den spezifischen Wärmekapazitäten c_{p_1} und c_{p_2} und den Temperaturen t_1 und t_2, so erhält man die Temperatur t_m der Mischung nach der Mischungsregel

$$t_m = \frac{m_1 c_{p_1} t_1 + m_2 c_{p_2} t_2}{m_1 c_{p_1} + m_2 c_{p_2}}$$

oder für beliebig viele Stoffe

$$t_m = \frac{\Sigma\, m c_p t}{\Sigma\, m c_p}.$$

Diese Formeln sind wichtig für die Messung von spezifischen Wärmekapazitäten mit dem Mischungskalorimeter, dabei ist vorausgesetzt, daß sich bei der Mischung keine mit „Wärmetönung" verbundenen physikalischen oder chemischen Vorgänge abspielen.

Aufgabe 4. In ein vollkommen gegen Wärmeverlust geschütztes Kalorimeter, das mit $m = 800$ g Wasser von $t = 15$ °C, spezifische Wärmekapazität $c_p = 4{,}186$ kJ/(kg K), gefüllt ist und dessen Gefäß aus Silber der Masse $m_s = 250$ g und der spezifischen Wärmekapazität $c_{p_s} = 0{,}234$ kJ/(kg K) besteht, werden $m_a = 200$ g Aluminium von der Temperatur $t_a = 100$ °C geworfen. Nach dem Ausgleich wird eine Mischungstemperatur von $t_m = 19{,}24$ °C beobachtet.
Wie groß ist die spezifische Wärmekapazität c_{p_a} von Aluminium?

Häufig sind statt der auf 1 kg bezogenen Wärmekapazitäten auch die molaren Wärmekapazitäten

$$M c_p = \bar{C}_p \quad \text{und} \quad M c_v = \bar{C}_v$$

vertafelt.
Tab. 13 enthält die spezifischen und molaren Wärmekapazitäten einiger idealer Gase bei 0 °C, die Molmassen und die Gaskonstanten.

Tabelle 13. Spezifische und molare Wärmekapazitäten einiger idealer Gase bei 0 °C, Molmasse und Gaskonstante

		c_p	c_v	$\bar{C}_p$	$\bar{C}_v$	Molmasse M^1	Gaskonstante R	$\varkappa = c_p/c_v$
		kJ/(kg K)	kJ/(kg K)	kJ/(kmol K)	kJ/(kmol K)	kg/kmol	kJ/(kg K)	
Helium	He	5,2377	3,1605	20,9644	12,6501	4,00260	2,0773	1,66
Argon	Ar	0,5203	0,3122	20,7858	12,4715	39,948	0,2081	1,66
Wasserstoff	H_2	14,2003	10,0754	28,6228	20,3085	2,01588	4,1245	1,409
Stickstoff	N_2	1,0389	0,7421	29,0967	20,7824	28,01340	0,2968	1,400
Sauerstoff	O_2	0,9150	0,6551	29,2722	20,9579	31,999	0,2598	1,397
Luft		1,0043	0,7171	29,0743	20,7600	28,953	0,2872	1,400
Kohlenmonoxid	CO	1,0403	0,7433	29,1242	20,8099	28,01040	0,2968	1,400
Stickstoffmonoxid	NO	0,9983	0,7211	29,9464	21,6321	30,00610	0,2771	1,384
Chlorwasserstoff	HCl	0,7997	0,5717	29,1601	20,8458	36,46094	0,2280	1,40
Kohlendioxid	CO_2	0,8169	0,6279	35,9336	27,6193	44,00980	0,1889	1,301
Distickstoffmonoxid	N_2O	0,8507	0,6618	37,4326	29,1183	44,01280	0,1889	1,285
Schwefeldioxid	SO_2	0,6092	0,4792	38,9666	30,6523	64,0588	0,1298	1,271
Ammoniak	NH_3	2,0557	1,5674	35,0018	26,6875	17,03052	0,4882	1,312
Acetylen	C_2H_2	1,5127	1,1931	39,3536	31,0393	26,03788	0,3193	1,268
Methan	CH_4	2,1562	1,6376	34,5667	26,2524	16,04276	0,5183	1,317
Methylchlorid	CH_3Cl	0,7369	0,5722	37,1979	28,8836	50,48782	0,1647	1,288
Ethylen	C_2H_4	1,6119	1,3153	45,1842	36,8699	28,05276	0,2964	1,225
Ethan	C_2H_6	1,7291	1,4524	51,9556	43,6413	30,06964	0,2765	1,20
Ethylchlorid	C_2H_5Cl	1,3398	1,2109	86,4104	78,0961	64,51470	0,1289	1,106

[1] Die Molmassen beziehen sich auf das jeweilige Hauptisotop entsprechend der ^{12}C-Skala.

Tab. 14 und 15 enthalten für die wichtigsten Gase die quantentheoretisch berechneten wahren und mittleren Wärmekapazitäten in Abhängigkeit von der Temperatur[2].

Tabelle 14. Molwärme $\bar{C}_p$ von idealen Gasen in kJ/(kmol K) bei verschiedenen Temperaturen T in K. Für $\bar{C}_v$ gilt $\bar{C}_p - 8{,}3143$ kJ/(kmol K).
Zur Umrechnung auf 1 kg ist durch die Molmasse M^1 (letzte Zeile) zu dividieren

T in K	$\bar{C}_p$ in kJ/(kmol K)					
	H_2	N_2	O_2	OH	CO	NO
100	28,1522	29,0967	29,1116	31,6350	29,1042	32,3018
200	27,4471	29,0933	29,1274	30,5234	29,1083	30,4619
300	28,8481	29,1050	29,3860	29,8832	29,1416	29,8666
400	29,1806	29,2222	30,1077	29,6063	29,3395	29,9589
500	29,2596	29,5473	31,0921	29,4966	29,7917	30,4951
600	29,3261	30,0694	32,0915	29,5132	30,4394	31,2434
700	29,4401	30,7080	32,9844	29,6546	31,1703	32,0316
800	29,6230	31,3798	33,7385	29,9123	31,8978	32,7699
900	29,8807	32,0300	34,3630	30,2640	32,5729	33,4243
1000	30,2041	32,6303	34,8793	30,6797	33,1782	33,9896
1100	30,5799	33,1682	35,3124	31,1328	33,7086	34,4719
1200	30,9907	33,6438	35,6824	31,6001	34,1692	34,8818
1300	31,4222	34,0603	36,0075	32,0665	34,5683	35,2318
1400	31,8603	34,4245	36,3002	32,5188	34,9142	35,5319
1500	32,2968	34,7421	36,5712	32,9528	35,2135	35,7897
1600	32,7242	35,0198	36,8281	33,3627	35,4746	36,0142
1700	33,1383	35,2634	37,0767	33,7477	35,7040	36,2096
1800	33,5357	35,4779	37,3187	34,1085	35,9053	36,3825
1900	33,9156	35,6675	37,5581	34,4444	36,0832	36,5346
2000	34,2781	35,8354	37,7951	34,7587	36,2420	36,6718
2100	34,6224	35,9851	38,0304	35,0505	36,3842	36,7941
2200	34,9491	36,1189	38,2640	35,3241	36,5114	36,9055
2300	35,2601	36,2395	38,4952	35,5802	36,6269	37,0069
2400	35,5552	36,3476	38,7246	35,8196	36,7317	37,1000
2500	35,8371	36,4457	38,9500	36,0449	36,8273	37,1857
2600	36,1056	36,5346	39,1728	36,2569	36,9154	37,2655
2700	36,3625	36,6161	39,3914	36,4573	36,9969	37,3403
2800	36,6095	36,6910	39,6059	36,6469	37,0726	37,4101
2900	36,8464	36,7600	39,8155	36,8273	37,1424	37,4758
3000	37,0751	36,8232	40,0200	36,9994	37,2081	37,5382
3100	37,2962	36,8822	40,2195	37,1640	37,2696	37,5980
3200	37,5116	36,9371	40,4141	37,3212	37,3270	37,6554
3300	37,7211	36,9878	40,6028	37,4717	37,3819	37,7103
M in kg/kmol	2,01588	28,01340	31,999	17,00274	28,01040	30,00610

[1] Die aufgeführten Molmassen beziehen sich auf das jeweilige Hauptisotop entsprechend der ^{12}C-Skala.

---

[2] Die Werte von H_2, N_2, O_2, OH, CO, NO, H_2O, CO_2, N_2O, SO_2, H_2S, NH_3 wurden aus den Tabellen von H. D. Baehr, H. Hartmann, H.-Chr. Pohl, H. Schomäcker (Thermodynamische Funktionen idealer Gase, Berlin, Heidelberg, New York: Springer 1968) durch

Fortsetzung der Fußnote auf S. 93

9. Die kalorischen Zustandsgleichungen

Tabelle 14. (Fortsetzung)

T in K	$\bar{C}_p$ in kJ/(kmol K)				
	H_2O	CO_2	N_2O	SO_2	Luft
100	33,2871	29,2039	29,3486	33,5274	29,0277
200	33,3378	32,3376	33,5972	36,3817	29,0352
300	33,5839	37,1923	38,6905	39,9394	29,1042
400	34,2499	41,3037	42,6831	43,4829	29,3536
500	35,2127	44,6062	45,8575	46,5700	29,8192
600	36,3093	47,3083	48,4673	49,0418	30,4428
700	37,4792	49,5523	50,6407	50,9575	31,1346
800	38,7055	51,4264	52,4574	52,4366	31,8230
900	39,9726	52,9936	53,9772	53,5889	32,4665
1000	41,2563	54,3073	55,2501	54,4994	33,0493
1100	42,5293	55,4114	56,3218	55,2318	33,5657
1200	43,7681	56,3426	57,2306	55,8313	34,0196
1300	44,9554	57,1333	58,0055	56,3310	34,4195
1400	46,0803	57,8093	58,6731	56,7542	34,7704
1500	47,1362	58,3904	59,2526	57,1184	35,0805
1600	48,1215	58,8935	59,7606	57,4376	35,3566
1700	49,0369	59,3316	60,2096	57,7203	35,6043
1800	49,8866	59,7166	60,6112	57,9756	35,8288
1900	50,6739	60,0566	60,9729	58,2075	36,0317
2000	51,4039	60,3593	61,3021	58,4220	36,2179
2100	52,0816	60,6303	61,6031	58,6216	36,3892
2200	52,7109	60,8748	61,8816	58,8095	36,5480
2300	53,2979	61,0959	62,1402	58,9874	36,6952
2400	53,8450	61,2980	62,3838	59,1579	36,8332
2500	54,3580	61,4825	62,6141	59,3216	36,9621
2600	54,8394	61,6530	62,8328	59,4813	37,0834
2700	55,2934	61,8110	63,0415	59,6368	37,1982
2800	55,7216	61,9573	63,2427	59,7889	37,3071
2900	56,1273	62,0953	63,4372	59,9402	37,4094
3000	56,5139	62,2242	63,6260	60,0891	37,5050
3100	56,8822	62,3456	63,8105	60,2371	
3200	57,2348	62,4611	63,9910	60,3842	
3300	57,5740	62,5709	64,1689	60,5314	
M in kg/kmol	18,01528	44,00980	44,01280	64,0588	28,953

Fortsetzung der Fußnote von S. 92

Multiplikation der dort vertafelten Werte $\bar{C}_p/R$ mit der universellen Gaskonstanten $R = 8,3143$ kJ/(kmol K) berechnet, die den Tabellenwerten zugrunde lag. Die molaren spezifischen Wärmekapazitäten für Luft sind den Tabellen in Landolt-Börnstein, Bd. IV, 4. Teil, Berlin, Göttingen, Heidelberg, New York: Springer 1967, S. 257, entnommen. Mittlere spez. Wärmekapazitäten der genannten Stoffe wurden durch Integration gebildet, soweit sie nicht vertafelt waren.

Die Werte von CH_4 wurden durch Interpolieren der Tabellen von Wagmann, Rossini und Mitarbeitern (NBS Research Paper RP 1634, Febr. 1945) ermittelt, die von C_2H_4 und C_2H_2 unter Benützung von Justi, E.: Spezifische Wärme, Enthalpie, Entropie und Dissoziation technischer Gase und Dämpfe, Berlin: Springer 1938. Das Absinken der spezifischen Wärmekapazitäten zwischen 100 K und 500 K bei OH und von 100 K bis 400 K bei NO

Fortsetzung der Fußnote auf S. 94

Tabelle 15. Mittlere Molwärme $[\bar{C}_p]_0^t$ von idealen Gasen in kJ/(kmol K) zwischen 0 °C und t °C. Die mittlere molare Wärmekapazität $[\bar{C}_v]_0^t$ erhält man durch Verkleinern der Zahlen der Tabelle um 8,3143 kJ/(kmol K). Zur Umrechnung auf 1 kg sind die Zahlen durch die in der letzten Zeile angegebenen Molmassen zu dividieren

t in °C	$[\bar{C}_p]_0^t$ in kJ/(kmol K)					
	H_2	N_2	O_2	OH	CO	NO
0	28,6202	29,0899	29,2642	30,0107	29,1063	29,9325
100	28,9427	29,1151	29,5266	29,8031	29,1595	29,8648
200	29,0717	29,1992	29,9232	29,6908	29,2882	29,9665
300	29,1362	29,3504	30,3871	29,6260	29,4982	30,1984
400	29,1886	29,5632	30,8669	29,6034	29,7697	30,5059
500	29,2470	29,8209	31,3244	29,6240	30,0805	30,8462
600	29,3176	30,1066	31,7499	29,6852	30,4080	31,1928
700	29,4083	30,4006	32,1401	29,7818	30,7356	31,5308
800	29,5171	30,6947	32,4920	29,9074	31,0519	31,8524
900	29,6461	30,9804	32,8151	30,0557	31,3571	32,1543
1000	29,7892	31,2548	33,1094	30,2209	31,6454	32,4354
1100	29,9485	31,5181	33,3781	30,3981	31,9198	32,6962
1200	30,1158	31,7673	33,6245	30,5831	32,1717	32,9377
1300	30,2891	31,9998	33,8548	30,7726	32,4097	33,1612
1400	30,4705	32,2182	34,0723	30,9640	32,6308	33,3683
1500	30,6540	32,4255	34,2771	31,1553	32,8380	33,5605
1600	30,8394	32,6187	34,4690	31,3448	33,0312	33,7391
1700	31,0248	32,7979	34,6513	31,5316	33,2103	33,9054
1800	31,2103	32,9688	34,8305	31,7148	33,3811	34,0607
1900	31,3937	33,1284	35,0000	31,8939	33,5379	34,2060
2000	31,5751	33,2797	35,1664	32,0684	33,6890	34,3421
2100	31,7545	33,4225	35,3263	32,2383	33,8290	34,4701
2200	31,9299	33,5541	35,4831	32,4034	33,9606	34,5905
2300	32,1024	33,6801	35,6366	32,5638	34,0838	34,7042
2400	32,2705	33,8006	35,7838	32,7196	34,2013	34,8117
2500	32,4358	33,9126	35,9309	32,8709	34,3133	34,9135
2600	32,5991	34,0190	36,0717	33,0177	34,4197	35,0101
2700	32,7583	34,1226	36,2124	33,1603	34,5205	35,1019
2800	32,9135	34,2179	36,3500	33,2988	34,6157	35,1895
2900	33,0667	34,3103	36,4844	33,4334	34,7080	35,2730
3000	33,2158	34,3971	36,6155	33,5642	34,7948	35,3528
3100	33,3625	34,4807	36,7451	33,6914	34,8780	35,4293
3200	33,5064	34,5605	36,8723	33,8150	34,9576	35,5026
3300	33,6476	34,6367	36,9972	33,9353	35,0338	35,5730
M in kg/kmol	2,01588	28,01340	31,999	17,00274	28,01040	30,00610

Fortsetzung der Fußnote von S. 93

entsteht dadurch, daß die Moleküle dieser Gase schon bei niederer Temperatur Elektronen aus dem Grundzustand in angeregte Zustände höherer Energie übertreten lassen. Der damit verbundene Beitrag zur spezifischen Wärmekapazität nimmt mit steigender Temperatur wieder ab, weil sich mit zunehmender Häufigkeit der angeregten Zustände die einer kleinen Temperatursteigerung entsprechende Zahl der Übergänge zu höheren Energiestufen wieder vermindert.

9. Die kalorischen Zustandsgleichungen

Tabelle 15. (Fortsetzung)

t in °C	$[\bar{C}_p]_0^t$ in kJ/(kmol K)				
	H_2O	CO_2	N_2O	SO_2	Luft
0	33,4708	35,9176	37,4132	38,9081	29,0825
100	33,7121	38,1699	39,6653	40,7119	29,1547
200	34,0831	40,1275	41,5569	42,4325	29,3033
300	34,5388	41,8299	43,1977	43,9931	29,5207
400	35,0485	43,3299	44,6457	45,3491	29,7914
500	35,5888	44,6584	45,9327	46,5260	30,0927
600	36,1544	45,8462	47,0813	47,5494	30,4065
700	36,7415	46,9063	48,1099	48,4321	30,7203
800	37,3413	47,8609	49,0342	49,1997	31,0265
900	37,9482	48,7231	49,8678	49,8777	31,3205
1000	38,5570	49,5017	50,6224	50,4725	31,5999
1100	39,1621	50,2055	51,3080	51,0098	31,8638
1200	39,7583	50,8522	51,9333	51,4895	32,1123
1300	40,3418	51,4373	52,5058	51,9181	32,3458
1400	40,9127	51,9783	53,0317	52,3146	32,5651
1500	41,4675	52,4710	53,5167	52,6728	32,7713
1600	42,0042	52,9285	53,9655	52,9990	32,9653
1700	42,5229	53,3508	54,3823	53,3060	33,1482
1800	43,0254	53,7423	54,7706	53,5875	33,3209
1900	43,5081	54,1030	55,1336	53,8497	33,4843
2000	43,9745	54,4418	55,4740	54,0928	33,6392
2100	44,4248	54,7629	55,7941	54,3230	33,7863
2200	44,8571	55,0576	56,0960	54,5405	33,9262
2300	45,2749	55,3392	56,3816	54,7452	34,0595
2400	45,6783	55,6031	56,6524	54,9435	34,1867
2500	46,0656	55,8494	56,9099	55,1290	34,3081
2600	46,4402	56,0870	57,1552	55,3081	34,4243
2700	46,8022	56,3069	57,3896	55,4744	34,5356
2800	47,1516	56,5181	57,6139	55,6407	
2900	47,4902	56,7204	57,8290	55,7942	
3000	47,8162	56,9140	58,0358	55,9477	
3100	48,1295	57,0964	58,2350	56,0940	
3200	48,4367	57,2707	58,4271	56,2358	
3300	48,7347	57,4374	58,6128	56,3735	
M in kg/kmol	18,01528	44,00980	44,01280	64,0588	28,953

Die Zahlen gelten für niedrige Drücke, also solange die Gase der Zustandsgleichung $pv = RT$ gehorchen. Bei den wirklichen Gasen hängt die spezifische Wärmekapazität außer von der Temperatur auch noch vom Druck ab, wie das Tab. 16 beispielsweise für Luft zeigt. Die Druckabhängigkeit kann aus den Abweichungen des wirklichen Verhaltens der Gase von der Zustandsgleichung der idealen Gase berechnet werden, wie wir später zeigen wollen.

In den meisten Fällen, besonders bei der Berechnung von Verbrennungsvorgängen, wo man mit hohen Temperaturen, aber nur mit Drücken in der Nähe des

Tabelle 15. (Fortsetzung)

t in °C	$[\bar{C}_p]_0^t$ in kJ/(kmol K)				
	H$_2$S	NH$_3$	CH$_4$	C$_2$H$_4$	C$_2$H$_2$
0	33,82	34,99	34,59	41,92	42,37
100	34,49	36,37	37,02	47,15	46,01
200	35,19	38,13	39,54	52,13	48,82
300	36,95	40,02	42,34	56,68	51,25
400	36,74	41,98	45,23	60,95	53,12
500	37,59	44,04	48,02	64,80	54,80
600	38,42	46,09	50,70	68,31	56,35
700	39,25	48,01	53,34	71,45	57,73
800	40,08	49,85	55,77	74,88	59,07
900	40,84	51,53	58,03	77,23	60,24
1000	41,59	53,08	60,25	79,81	61,37
1100	42,26	54,50	62,29		
1200	42,92	55,84	64,13		
1300	43,51	57,06			
1400	44,05	58,14			
1500	44,60	59,19			
1600	45,12	60,20			
1700	45,60	61,12			
1800	46,02	61,95			
1900	46,39	62,75			
2000	46,80	63,46			
2100	47,18	64,13			
2200	47,52	64,76			
2300	47,81	65,35			
2400	48,14	65,93			
2500	48,44	66,48			
2600	48,69	66,98			
2700	48,94	67,44			
2800	49,19	67,86			
2900	49,44	68,28			
3000	49,69	68,70			
M in kg/kmol	33,9880	17,03052	16,04276	28,05376	26,03788

Tabelle 16. Spezifische Wärmekapazität der Luft bei verschiedenen Drücken berechnet mit der Zustandsgleichung von Baehr und Schwier[1]

$p =$		1	25	50	100	150	200	300	bar
$t = 0$ °C	$c_p =$	1,0065	1,0579	1,1116	1,2156	1,3022	1,3612	1,4087	kJ/(kg K)
$t = 50$ °C	$c_p =$	1,0080	1,0395	1,0720	1,1335	1,1866	1,2288	1,2816	kJ/(kg K)
$t = 100$ °C	$c_p =$	1,0117	1,0330	1,0549	1,0959	1,1316	1,1614	1,2045	kJ/(kg K)

[1] Baehr, H. D.; Schwier, K.: Die thermodynamischen Eigenschaften der Luft. Berlin, Göttingen, Heidelberg: Springer 1961.

atmosphärischen zu tun hat, ist es praktisch ausreichend, die Zustandsgleichung $pv = RT$ als gültig anzunehmen, damit die Druckabhängigkeit der spezifischen Wärmekapazität zu vernachlässigen und nur ihre Temperaturabhängigkeit zu berücksichtigen.

In der Nähe der Verflüssigung bei höheren Drücken weisen alle Gase größere Abweichungen von der Zustandsgleichung der idealen Gase und damit auch druckabhängige spezifische Wärmekapazitäten auf, worauf wir bei den Dämpfen näher eingehen.

10 Einfache Zustandsänderungen idealer Gase

a) Zustandsänderung bei konstantem Volum oder Isochore

Eine Zustandsänderung bei konstantem Volum oder „Isochore"[1] stellt sich im p,V-Diagramm als senkrechte Linie 1–2 dar (Abb. 35).

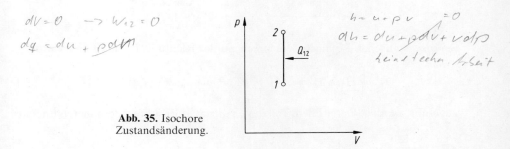

Abb. 35. Isochore Zustandsänderung.

Wenn der Anfangszustand 1 durch p_1 und V_1 gegeben ist, so ist dadurch für eine bestimmte Menge Gas von bekannter Gaskonstante auch die Temperatur T_1 bestimmt. Vom Endzustand seien $V_2 = V_1$ und T_2 gegeben, dann erhält man aus

$$p_1 V_1 = mRT_1 \quad \text{und} \quad p_2 V_2 = mRT_2$$

für den Druck p_2 des Endzustandes

$$\frac{p_2}{p_1} = \frac{T_2}{T_1} \,. \tag{50}$$

Bei der Isochoren verhalten sich also die Drücke wie die absoluten Temperaturen. Für quasistatische Zustandsänderungen ist die gesamte Wärmezufuhr längs des Weges 1–2

$$Q_{12} = U_2 - U_1 = m \int_{T_1}^{T_2} c_v \, dT \,. \tag{51}$$

---

[1] Von griech. ἴσος = gleich, χώρα = Raum.

b) Zustandsänderung bei konstantem Druck oder Isobare

Eine Zustandsänderung unter konstantem Druck oder „Isobare"[1] wird im p,V-Diagramm durch eine waagerechte Linie *1–2* dargestellt (Abb. 36).

Die Volume verhalten sich dabei wie die absoluten Temperaturen nach der Gleichung

$$\frac{V_2}{V_1} = \frac{T_2}{T_1}. \qquad p = \text{const}; \quad dp = 0 \tag{52}$$

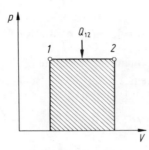

Abb. 36. Isobare Zustandsänderung.

Bei quasistatischer Expansion entsprechend der Richtung *1–2* muß die Wärme

$$Q_{12} = H_2 - H_1 = m \int_{T_1}^{T_2} c_p \, dT = m \int_{T_1}^{T_2} c_v \, dT + p(V_2 - V_1) \tag{53}$$

zugeführt werden. Der größere Teil davon dient zur Erhöhung der inneren Energie

$$m \int_{T_1}^{T_2} c_v \, dT,$$

der kleinere verwandelt sich in die Arbeit $p(V_2 - V_1)$, die in Abb. 36 durch das schraffierte Flächenstück dargestellt ist. Kehrt man den Vorgang um, komprimiert also in der Richtung *2–1*, so müssen Arbeit zugeführt und Wärme abgeführt werden. $W_{12} = -p(V_2-V_1)$ (abgeführt bei Volumenvergrößerung)

c) Zustandsänderung bei konstanter Temperatur oder Isotherme

Bei einer Zustandsänderung bei konstant gehaltener Temperatur oder „Isotherme" bleibt das Produkt aus Druck und Volum konstant nach der Gleichung

$$pV = p_1 V_1 = mRT_1 = \text{const} \qquad \frac{p_1}{p_2} = \frac{V_2}{V_1}$$

oder differenziert

$$p \, dV + V \, dp = 0.$$

Diese Zustandsgleichung wird im p,V-Diagramm nach Abb. 37 durch eine gleichseitige Hyperbel dargestellt.

---

[1] Von griech. ἴσος = gleich, βαρύς = schwer.

10. Einfache Zustandsänderungen idealer Gase

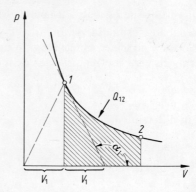

Abb. 37. Isotherme Zustandsänderung.

Die Drücke verhalten sich dabei umgekehrt wie die Volume. Bei der Expansion entsprechend der Richtung *1–2* muß eine Wärme zugeführt werden, die sich nach dem ersten Hauptsatz [Gl. (34d)] für quasistatische Zustandsänderungen und wegen

$$u_2 - u_1 = c_v(T_2 - T_1) = 0$$

zu

$$Q_{12} = \int_1^2 p\, dV = -L_{12} \qquad (54)$$

oder

$$dQ = p\, dV = -dL \qquad (54a)$$

ergibt. Die zugeführte Wärme dient also ausschließlich zur Verrichtung äußerer Arbeit und wird vollständig nach außen abgegeben.

Ersetzt man p in Gl. (54a) mit Hilfe der Zustandsgleichung idealer Gase durch T und V, so wird

$$dQ = mRT \frac{dV}{V} \qquad (54b)$$

oder integriert

$$Q_{12} = -L_{12} = mRT \ln \frac{V_2}{V_1} \qquad (54c)$$

oder

$$L_{12} = -p_1 V_1 \ln \frac{V_2}{V_1} = -p_1 V_1 \ln \frac{p_1}{p_2}. \qquad (54d)$$

Die Arbeit $-L_{12}$ ist die in Abb. 37 schraffierte Fläche unter der Hyperbel. Die Arbeit ist nur abhängig vom Produkt pV und vom Druckverhältnis, dagegen unabhängig von der Art des Gases.

Bei der isothermen Kompression entsprechend der Richtung *2–1* muß die Arbeit zugeführt und ein äquivalenter Betrag von Wärme abgeführt werden.

d) Quasistatische adiabate Zustandsänderungen[1]

Die adiabate Zustandsänderung ist gekennzeichnet durch wärmedichten Abschluß des Gases von seiner Umgebung. Wenn wir quasistatische adiabate Zustandsänderungen voraussetzen, ist nach dem ersten Hauptsatz [Gl. (34d)]

$pV^\varkappa = \text{const.}$

$$Q_{12} = \int_1^2 p\, dV + U_2 - U_1 = 0$$

oder in differentieller Schreibweise

$$p\, dV + dU = 0$$

und somit für ideale Gase

$$p\, dV + mc_v\, dT = 0\,. \tag{55}$$

Nun ist für ideale Gase nach Gl. (47)

$$c_p - c_v = R$$

oder

$$\frac{c_p}{c_v} - 1 = \frac{R}{c_v}\,.$$

Hieraus erhält man [vgl. auch Gl. (47a)]

$$c_v = \frac{R}{\dfrac{c_p}{c_v} - 1} = \frac{R}{\varkappa - 1} \tag{56}$$

mit dem sogenannten *Adiabatenexponenten*

$$\varkappa = c_p/c_v\,.$$

Setzt man Gl. (56) in Gl. (55) ein, so ergibt sich

$$p\, dV + m\frac{R}{\varkappa - 1} dT = 0\,. \tag{55a}$$

Differenziert man die Zustandsgleichung $pV = mRT$, so erhält man

$$p\, dV + V\, dp = mR\, dT\,.$$

Wir eliminieren in Gl. (55a) das Differential dT und erhalten die Differentialgleichung für quasistatische adiabate Zustandsänderungen

$$\frac{dp}{p} + \varkappa \frac{dV}{V} = 0\,. \tag{57}$$

---

[1] Wie im Zusammenhang mit dem zweiten Hauptsatz gezeigt wird, sind quasistatische Zustandsänderungen stets reversibel. Es werden hier also Zustandsänderungen behandelt, die man auch als reversibel adiabat bezeichnet, s. Kap. IV, 7.2b.

Integriert zwischen p_0, V_0 und p, V bei konstantem $\varkappa$ ergibt sich

$$\ln \frac{p}{p_0} + \varkappa \ln \frac{V}{V_0} = 0$$

oder

$$\ln \frac{p}{p_0} \left(\frac{V}{V_0}\right)^\varkappa = 0 = \ln 1 \,.$$

Durch Delogarithmieren erhält man daraus die Gleichung für quasistatische adiabate Zustandsänderungen

$$pV^\varkappa = p_0 V_0^\varkappa = \text{const}, \tag{57a}$$

wobei die Integrationskonstante durch ein Wertepaar p_0, V_0 bestimmt ist.

Den Verlauf der Adiabaten im p,V-Diagramm übersieht man am besten durch Vergleich der Neigung ihrer Tangente mit der Neigung der Hyperbeltangente anhand der Abb. 38.

Für die Isotherme ist wegen $p\,dV + V\,dp = 0$ der Neigungswinkel α_i der Tangente bestimmt durch

$$\tan \alpha_i = dp/dV = -p/V \,.$$

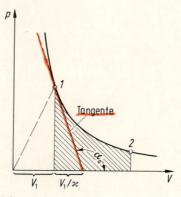

Abb. 38. Quasistatische adiabate Zustandsänderung.

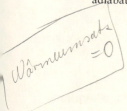

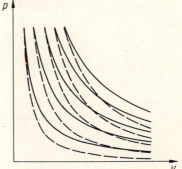

Abb. 39. Isothermen (ausgezogen) und Adiabaten (gestrichelt) des idealen Gases bei quasistatischer Zustandsänderung.

Für den Neigungswinkel α_a der Tangente der Adiabate folgt aus Gl. (57) entsprechend

$$\tan \alpha_a = \frac{dp}{dV} = -\varkappa \frac{p}{V}.$$

Die Adiabate ist also $\varkappa$-mal steiler als die Isotherme durch denselben Punkt. Die Subtangente der Isotherme ist bekanntlich gleich der Abszisse V, die Subtangente der Adiabate dagegen gleich $V/\varkappa$ (vgl. Abb. 37 und 38). In Abb. 39 sind die Isothermen und Adiabaten als Kurvenscharen im p, V-Diagramm gezeichnet.

Bei der Isothermen wurde die verrichtete Arbeit von der zugeführten Wärme geliefert, bei der Adiabaten kann sie, da keine Wärme zugeführt wird, nur von der inneren Energie bestritten werden. Es muß also u und damit auch T sinken, d. h., bei der adiabaten Expansion kühlt sich ein Gas ab, bei adiabater Kompression erwärmt es sich.

Für den Verlauf der Temperatur längs der Adiabaten erhält man, wenn man in Gl. (57) mit Hilfe der differenzierten Zustandsgleichung des idealen Gases

$$p\, dV + V\, dp = mR\, dT \quad \text{oder} \quad \frac{dp}{p} = \frac{mR\, dT}{pV} - \frac{dV}{V} = \frac{dT}{T} - \frac{dV}{V}$$

den Druck eliminiert

$$\frac{dT}{T} + (\varkappa - 1)\frac{dV}{V} = 0 \tag{58}$$

und bei konstantem $\varkappa$ integriert,

$$TV^{\varkappa-1} = T_1 V_1^{\varkappa-1} = \text{const} \tag{58a}$$

oder, wenn V mit Hilfe von Gl. (57a) durch p ersetzt wird,

$$\frac{T}{p^{\frac{\varkappa-1}{\varkappa}}} = \frac{T_1}{p_1^{\frac{\varkappa-1}{\varkappa}}} = \text{const.} \tag{58b}$$

Auch diese Gleichungen gelten für quasistatische adiabate Zustandsänderungen.

Die bei der quasistatischen adiabaten Expansion verrichtete Arbeit dL ergibt sich aus Gl. (55) zu

$$dL = -p\, dV = mc_v\, dT \tag{59}$$

oder integriert zwischen den Punkten *1* und *2* unter der Voraussetzung konstanter spezifischer Wärmekapazität

$$L_{12} = -\int_1^2 p\, dV = mc_v(T_2 - T_1). \tag{59a}$$

Führt man für T_1 und T_2 wieder $\dfrac{p_1 V_1}{mR}$ und $\dfrac{p_2 V_2}{mR}$ ein und berücksichtigt $\dfrac{c_v}{R} = \dfrac{1}{\varkappa - 1}$,

10. Einfache Zustandsänderungen idealer Gase

so wird

$$L_{12} = \frac{1}{\varkappa - 1}(p_2 V_2 - p_1 V_1) \tag{59b}$$

oder

$$L_{12} = \frac{p_1 V_1}{\varkappa - 1}\left(\frac{T_2}{T_1} - 1\right) \tag{59c}$$

oder

$$L_{12} = \frac{p_1 V_1}{\varkappa - 1}\left[\left(\frac{p_2}{p_1}\right)^{\frac{\varkappa - 1}{\varkappa}} - 1\right]. \tag{59d}$$

Setzt man in diese Gleichungen für V das spezifische Volum v ein, so erhält man die Arbeit l_{12} für 1 kg Gas.

Die Arbeit eines vom Volum V_1 auf V_2 ausgedehnten Gases ist bei der quasistatischen adiabaten Entspannung kleiner als bei der quasistatischen isothermen Entspannung.

Bei der quasistatischen adiabaten Expansion ist $p_2 < p_1$ und daher L_{12} negativ entsprechend einer vom Gas unter Abkühlung abgegebenen Arbeit. Die Formeln gelten aber ohne weiteres auch für die Kompression, dann ist $p_2 > p_1$, es wird

$$\left(\frac{p_2}{p_1}\right)^{\frac{\varkappa - 1}{\varkappa}} - 1 \; \frac{T_2}{T_1} = 0$$

und damit L_{12} positiv entsprechend einer vom Gas unter Erwärmung aufgenommenen Arbeit.

e) Polytrope Zustandsänderungen

Die isotherme Zustandsänderung setzt vollkommenen Wärmeaustausch mit der Umgebung voraus. Bei der adiabaten Zustandsänderung ist jeder Wärmeaustausch verhindert. In Wirklichkeit läßt sich beides nicht völlig erreichen. Für die Vorgänge in den Zylindern unserer Maschinen werden wir meist Kurven erhalten, die zwischen Adiabate und Isotherme liegen. Man führt daher für quasistatische Vorgänge eine allgemeinere, die polytrope Zustandsänderung ein durch die Gleichung

$$pV^n = \text{const} \tag{60}$$

oder logarithmiert und differenziert

$$\frac{dp}{p} + n\frac{dV}{V} = 0, \tag{60a}$$

wobei n eine beliebige Zahl ist, die in praktischen Fällen meist zwischen 1 und $\varkappa$ liegt.

Alle bisher betrachteten Zustandsänderungen können als Sonderfälle der Polytrope angesehen werden:

$n = 0$ gibt $pV^0 = p$ = const und ist die Isobare,
$n = 1$ gibt pV^1 = const und ist die Isotherme,
$n = \varkappa$ gibt $pV^\varkappa$ = const und ist die Adiabate,
$n = \infty$ gibt pV^∞ = const$^\infty$ oder $p^{1/\infty} V$ = const oder V = const und ist die Isochore.

In allen Fällen wird quasistatische Zustandsänderung vorausgesetzt.

Für die Polytrope gelten die Formeln der quasistatischen Adiabate, wenn man darin $\varkappa$ durch n ersetzt. Insbesondere ist

$$pV^n = p_1 V_1^n = \text{const},\qquad(60\,\text{b})$$

$$\frac{T}{T_1} = \left(\frac{p}{p_1}\right)^{\frac{n-1}{n}},\qquad(60\,\text{c})$$

$$L_{12} = -\int_1^2 p\,dV = \frac{p_1 V_1}{n-1}\left[\left(\frac{p_2}{p_1}\right)^{\frac{n-1}{n}} - 1\right].\qquad(61)$$

Ebenso kann man die früheren Ausdrücke hinschreiben

$$L_{12} = \frac{1}{n-1}(p_2 V_2 - p_1 V_1),\qquad(61\,\text{a})$$

$$L_{12} = m\,\frac{R}{n-1}(T_2 - T_1),\qquad(61\,\text{b})$$

$$L_{12} = mc_v\,\frac{\varkappa-1}{n-1}(T_2 - T_1).\qquad(61\,\text{c})$$

Im letzten Ausdruck darf im Zähler $\varkappa$ nicht durch n ersetzt werden, da hier $\varkappa - 1$ nur für das Verhältnis R/c_v eingesetzt wurde. Für die bei polytroper Zustandsänderung eines idealen Gases zugeführte Wärme gilt nach dem ersten Hauptsatz

$$dQ + dL = dU = mc_v\,dT.$$

Führt man darin aus Gl. (61c)

$$dL = mc_v\,\frac{\varkappa - 1}{n-1}\,dT$$

für die quasistatische Zustandsänderung ein, so wird

$$dQ = mc_v\,\frac{n-\varkappa}{n-1}\,dT = mc_n\,dT,$$

wobei

$$c_n = c_v \frac{n - \varkappa}{n - 1} \tag{62}$$

als spezifische Wärmekapazität der Polytrope bezeichnet wird. Für ein ideales Gas mit temperaturunabhängiger spezifischer Wärmekapazität ist also auch die spezifische Wärmekapazität längs der Polytrope eine Konstante, und für eine endliche Zustandsänderung gilt

$$Q_{12} = mc_v \frac{n - \varkappa}{n - 1} (T_2 - T_1) . \tag{63}$$

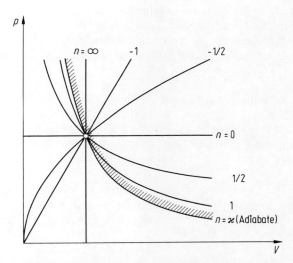

Abb. 40. Polytropen mit verschiedenen Exponenten.

Vergleicht man damit den Ausdruck L_{12} nach Gl. (61c), so wird

$$\frac{Q_{12}}{L_{12}} = \frac{n - \varkappa}{\varkappa - 1} . \tag{64}$$

Für die Isotherme mit $n = 1$ ist, wie es sein muß, die zugeführte Wärme Q_{12} gleich der abgegebenen Arbeit; mit $n = \varkappa$ ist $Q_{12} = 0$; für $1 < n < \varkappa$ wird $|Q_{12}| < |L_{12}|$, d. h., die Arbeit wird zum Teil aus der Wärmezufuhr, zum Teil aus der inneren Energie bestritten.

In Abb. 40 sind eine Anzahl von Polytropen für verschiedene n eingetragen. Geht man von einem Punkt der Adiabate längs einer beliebigen Polytrope in das schraffierte Gebiet hinein, so muß man Wärme zuführen, geht man nach der anderen Seite der Adiabate, so muß Wärme abgeführt werden.

f) Logarithmische Diagramme zur Darstellung von Zustandsänderungen

Verwendet man logarithmische Koordinaten für die Zustandsgrößen, so lassen sich die vorstehend behandelten Zustandsänderungen in besonders einfacher Weise darstellen[1]. Als logarithmische Koordinaten benutzen wir die Größen

$$\mathfrak{p} = \log \frac{p}{p_0}, \quad \mathfrak{v} = \log \frac{v}{v_0}$$

und

$$\mathfrak{T} = \log \frac{T}{T_0}.$$

Dabei sind p_0, v_0 und T_0 gewisse verabredete Normwerte der Zustandsgrößen, z. B. $p_0 = 1$ bar, $v_0 = 1$ m³/kg und $T_0 = p_0 v_0 / R$, die wir einführen, weil man einen Logarithmus sinnvoll nur von einer reinen Zahl bilden kann. In diesen Koordinaten nimmt die Zustandsgleichung der idealen Gase die einfache Form

$$\mathfrak{p} + \mathfrak{v} = \mathfrak{T} \tag{65}$$

an, das ist die Gleichung einer Ebene im Raum. Stellt man diese durch Höhenschichtlinien dar, so erhält man die Isothermen im $\mathfrak{p},\mathfrak{v}$-Diagramm als Schar paralleler unter 45° geneigter Geraden, wie das Abb. 41 zeigt.

Die Gleichung der Polytropen lautet in logarithmischen Koordinaten

$$\mathfrak{p} + n\mathfrak{v} = \text{const}.$$

Bei Annahme temperaturunabhängiger spezifischer Wärmekapazitäten sind die Polytropen also ebenfalls Scharen paralleler Geraden von der Neigung $-n$. Die Adiabaten für $n = \varkappa = 1{,}40$ sind gestrichelt in Abb. 41 eingetragen, diese ist damit gleichbedeutend mit Abb. 39.

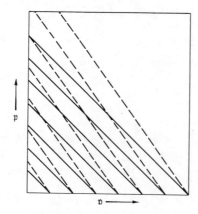

Abb. 41. Isothermen (ausgezogen) und Adiabaten (gestrichelt) in logarithmischen Koordinaten.

---

[1] Vgl. Grammel, R.: Die logarithmischen Diagramme in der Thermodynamik der Gase. Ing. Arch. 2 (1931) 353—358.

Will man Polytropen in gewöhnlichen Koordinaten p und v darstellen, so zeichnet man sie am bequemsten erst auf übliches Logarithmenpapier als gerade Linien und überträgt sie dann punktweise in gewöhnliche Koordinaten.

Aufgabe 5. In einem geschlossenen Kessel von $V = 2$ m³ Inhalt befindet sich Luft von $t_1 = 20$ °C und $p_1 = 5$ bar. Auf welche Temperatur t_2 muß der Kessel erwärmt werden, damit sein Druck auf $p_2 = 10$ bar steigt? Welche Wärme muß dabei der Luft zugeführt werden?

Aufgabe 6. Eine Bleikugel fällt aus $z = 100$ m Höhe auf eine harte Unterlage, wobei sich ihre kinetische Energie in innere Energie verwandelt, von der 2/3 in die Bleikugel gehen. Die spezifische Wärmekapazität von Blei ist $c_p \approx c_v = c = 0{,}126$ kJ/(kg K). Um wieviel Grad erwärmt sich das Blei?

Aufgabe 7. Eine Kraftmaschine wird bei $n = 1200$ min⁻¹ durch eine Wasserbremse abgebremst, wobei ihr Drehmoment zu $M_d = 4905$ Nm gemessen wurde. Der Bremse werden stündlich 8 m³ Kühlwasser von 10 °C zugeführt.
Mit welcher Temperatur fließt das Kühlwasser ab, wenn die ganze Bremsleistung sich in innere Energie des Kühlwassers verwandelt?

Aufgabe 8. Luft von $p_1 = 10$ bar und $t_1 = 25$ °C wird in einem Zylinder von 0,01 m³ Inhalt, der durch einen Kolben abgeschlossen ist, a) isotherm, b) adiabat, c) polytrop mit $n = 1{,}3$ bis auf 1 bar durch quasistatische Zustandsänderungen entspannt. Wie groß ist in diesen Fällen das Endvolum, die Endtemperatur und die vom Gas verrichtete Arbeit? Wie groß ist in den Fällen a) und c) die zugeführte Wärme?

Aufgabe 9. Ein Luftpuffer besteht aus einem zylindrischen Luftraum von 50 cm Länge und 20 cm Durchmesser, der durch einen Kolben abgeschlossen ist. Die Luft im Pufferzylinder habe ebenso wie in der umgebenden Atmosphäre einen Druck von $p_1 = 1$ bar und eine Temperatur von $t_1 = 20$ °C.
Welche Stoßenergie in Nm kann der Puffer aufnehmen, wenn der Kolben 40 cm weit eindringt und wenn die Kompression der Luft adiabat erfolgt? Welche Endtemperatur und welchen Enddruck erreicht dabei die Luft?

Aufgabe 10. Eine Druckluftanlage soll stündlich 1000 m³ₙ Druckluft von 15 bar liefern, die mit einem Druck von $p_1 = 1$ bar und einer Temperatur von $t_1 = 20$ °C angesaugt wird.
Wieviel kW Leistung erfordert die als verlustlos angenommene Verdichtung, wenn sie a) isotherm, b) adiabat, c) polytrop mit $n = 1{,}3$ erfolgt? Welche Wärme muß in den Fällen a) und c) abgeführt werden?

11 Das Verdichten von Gasen und der Arbeitsgewinn durch Gasentspannung

In Abb. 42 ist a der Zylinder eines Kompressors, der Luft oder Gas aus der Leitung b ansaugt, verdichtet und dann in die Leitung c drückt.

Das Ansaugventil öffnet selbständig, sobald der Druck im Zylinder unter den der Saugleitung sinkt, das Druckventil öffnet, wenn der Druck im Zylinder den der Druckleitung übersteigt. Der Kompressor sei verlustlos und möge keinen schädlichen Raum haben, d. h., der Kolben soll in der linken Endlage (innerer Totpunkt) den Zylinderdeckel gerade berühren, so daß der Zylinderinhalt auf Null sinkt. Geht der Kolben nach rechts, so öffnet sich das Saugventil, und es wird Luft aus der Saugleitung beim Druck p_1 angesaugt, bis der Kolben die rechte Endlage (äußerer Totpunkt) erreicht hat. Bei seiner Umkehr schließt das

Saugventil, und die nun im Zylinder abgeschlossene Luft wird verdichtet, bis sie den Druck p_2 der Druckleitung erreicht hat. Dann öffnet das Druckventil, und die Luft wird bei gleichbleibendem Druck in die Druckleitung ausgeschoben, bis der Kolben sich wieder in der linken Endlage befindet. Bei seiner Umkehr sinkt der Druck im Zylinder von p_2 auf p_1, das Druckventil schließt, das Saugventil öffnet, und das Spiel beginnt von neuem.

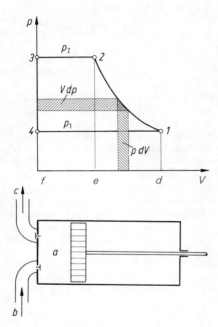

Abb. 42. Arbeit eines Luftverdichters.

Im oberen Teil der Abb. 42 ist der Druckverlauf im Zylinder über dem Hubvolum V dargestellt. Dabei ist

4–1 das Ansaugen beim Druck p_1,
1–2 das Verdichten vom Ansaugedruck p_1 auf den Enddruck p_2,
2–3 das Ausschieben in die Druckleitung beim Druck p_2 und
3–4 der Druckwechsel beim Schließen des Druck- und Öffnen des Saugventils.

Auf der anderen Kolbenseite denken wir uns zunächst Vakuum und berechnen die während der einzelnen Teile des Vorganges geleisteten Arbeiten, die wir mit entsprechenden Indizes bezeichnen. Es ist

$$|L_{41}| = \text{Fläche } 41df = p_1 V_1$$

die vom angesaugten Gas geleistete Verschiebearbeit, sie ist als an den Kolben abgegebene Arbeit negativ, $L_{41} = -p_1 V_1$;

$$L_{12} = \text{Fläche } 12ed = -\int_1^2 p\, dV$$

11. Das Verdichten von Gasen und der Arbeitsgewinn durch Gasentspannung

die dem Gas zugeführte Kompressionsarbeit, sie ist positiv, da dV bei Volumabnahme negativ ist;

$$L_{23} = \text{Fläche } 23fe = p_2 V_2$$

die zugeführte Ausschiebearbeit, sie ist positiv;

$$L_{34} = 0$$

der arbeitslose Druckwechsel.

Die Summe dieser vier Teilarbeiten

$$L_t = L_{12} + L_{23} + L_{34} + L_{41} = -\int_1^2 p\, dV + p_2 V_2 - p_1 V_1 \qquad (66)$$

ist die technische Arbeit des Prozesses. Sie ist gleich der Fläche *1 2 3 4*, kann also auch als Integral über dp dargestellt werden und ist

$$L_t = \int_1^2 V\, dp.$$

Die technische Arbeit L_t ist, wie wir in Kap. III,7. sahen, wohl zu unterscheiden von der Kompressionsarbeit L_{12}.

Befindet sich auf der anderen Kolbenseite kein Vakuum, sondern der atmosphärische oder ein anderer konstanter Druck, so bleibt die technische Arbeit L_t ungeändert, da die Arbeiten des konstanten Druckes bei Hin- und Rückgang des Kolbens sich gerade aufheben. Bei doppelt wirkenden Zylindern sind die technischen Arbeiten beider Kolbenseiten zu addieren.

Die Kompressorarbeit hängt wesentlich vom Verlauf der Kompressionslinie *1 2* ab.

1. Bei isothermer Kompression ist

$$p_1 V_1 = p_2 V_2$$

und daher nach Gl. (54d)

$$L_t = L_{12} = -p_1 V_1 \ln \frac{p_1}{p_2}. \qquad (67)$$

Während der Verdichtung muß eine der Kompressionsarbeit äquivalente Wärme $|Q_{12}| = L_t$ abgeführt werden.

2. Bei quasistatischer adiabater Kompression ist nach Gl. (59b)

$$L_{12} = \frac{1}{\varkappa - 1} (p_2 V_2 - p_1 V_1).$$

Damit wird

$$L_t = \frac{1}{\varkappa - 1} (p_2 V_2 - p_1 V_1) + p_2 V_2 - p_1 V_1,$$

$$L_t = \frac{\varkappa}{\varkappa - 1} (p_2 V_2 - p_1 V_1). \qquad (68)$$

Es ist also $L_t = \varkappa L_{12}$ oder

$$\int_1^2 V\, dp = -\varkappa \int_1^2 p\, dV \ . \tag{69}$$

Aus den Gln. (59c) und (59d) erhält man entsprechend

$$L_t = \frac{\varkappa}{\varkappa - 1} p_1 V_1 \left[\frac{T_2}{T_1} - 1\right] \tag{69a}$$

und

$$L_t = \frac{\varkappa}{\varkappa - 1} p_1 V_1 \left[\left(\frac{p_2}{p_1}\right)^{(\varkappa-1)/\varkappa} - 1\right]. \tag{69b}$$

3. Bei polytroper Kompression hat man in Gl. (69b) nur $\varkappa$ durch n zu ersetzen und erhält

$$L_t = \frac{n}{n - 1} p_1 V_1 \left[\left(\frac{p_2}{p_1}\right)^{(n-1)/n} - 1\right]. \tag{70}$$

Die genannten Formeln ergeben die Kompressorarbeit als positiv, wie es sein muß, da wir dem Gas zugeführte Arbeit als positiv eingeführt hatten.

Diese Formeln zeigen weiter, daß die Kompressionsarbeit außer von dem Produkt $pV = mRT$ nur vom Druckverhältnis p_2/p_1 abhängt. Zur Verdichtung von 1 kg Luft von 20 °C braucht man also z. B. die gleiche Arbeit, einerlei, ob man von 1 auf 10 bar, von 10 auf 100 bar oder von 100 auf 1000 bar verdichtet. Bei sehr hohen Drücken treten allerdings Abweichungen wegen der Druckabhängigkeit der spezifischen Wärmekapazitäten auf (vgl. Tab. 16). Ferner ist zu beachten, daß unsere Formeln für die quasistatischen adiabaten und polytropen Kompressionen temperaturunabhängige spezifische Wärmekapazitäten und damit konstante Werte von $\varkappa$ voraussetzten, in Wirklichkeit ist das nicht streng richtig, doch sind die Abweichungen bei Kompressoren bis 25 bar praktisch belanglos.

Bei isothermer Verdichtung ist, wie Abb. 43 zeigt, eine kleinere Arbeit nötig als bei polytroper oder adiabater.

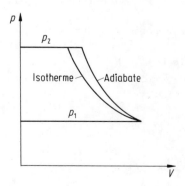

Abb. 43. Verdichtungsarbeit bei quasistatischer isothermer oder adiabater Verdichtung.

11. Das Verdichten von Gasen und der Arbeitsgewinn durch Gasentspannung

Der Unterschied ist um so größer, je größer das Druckverhältnis p_2/p_1 ist. Die isotherme Kompression ist also der anzustrebende Idealfall. Dabei muß aber die gesamte Kompressionsarbeit als Wärme durch die Zylinderwände abgeführt werden, was praktisch unmöglich ist. Die Verdichtung in ausgeführten Kompressoren kann vielmehr nahezu als Adiabate angesehen werden.

Der Vorgang im Luftkompressor läßt sich umkehren, wenn man die Ventile entsprechend steuert. Man erhält dann die Preßluftmaschine, die Arbeit leistet unter Entspannung von Gas höheren Druckes. Alle Formeln der Luftverdichtung gelten auch hier, nur ist $p_2 < p_1$, und es ergeben sich für Arbeiten und Wärmen umgekehrte Vorzeichen.

Aufgabe 11. Ein Raum von $V = 50$ l Inhalt, in dem sich ebenso wie in der umgebenden Atmosphäre Luft von 1,01325 bar und 20 °C befindet, soll auf 0,01 bar evakuiert werden.

Welcher Arbeitsaufwand ist dazu erforderlich, wenn das Auspumpen bei 20 °C erfolgt?

IV Der zweite Hauptsatz der Thermodynamik

1 Das Prinzip der Irreversibilität

Bisher hatten wir die Richtungen der betrachteten thermodynamischen Vorgänge nicht besonders unterschieden, vielmehr unbedenklich angenommen, daß jeder Vorgang, z. B. die Volumänderung eines Gases in einem Zylinder, sowohl in der einen Richtung (als Expansion) wie in der anderen Richtung (als Kompression) vor sich gehen kann.

Die Vorgänge der Mechanik sind, soweit keine Reibung mitspielt, von dieser Art und werden daher als *umkehrbar* oder *reversibel* bezeichnet: Ein Stein kann nicht nur unter dem Einfluß der Erdschwere fallen, sondern er kann dieselbe Bewegung auch in der umgekehrten Richtung steigend durchlaufen. Beim senkrechten Wurf nach oben treten beide Bewegungen unmittelbar nacheinander auf. Ein anderes Beispiel ist die im indifferenten Gleichgewicht befindliche Waage: Legt man ein beliebig kleines Gewicht auf die eine Schale, so sinkt sie herunter, während die andere steigt. Legt man dasselbe Gewicht auf die andere Schale, so vollzieht sich genau der umgekehrte Vorgang.

Wir betrachten als Beispiel die Flugbahn AB einer Masse, Abb. 44, die sich vom Punkt A aus mit der Anfangsgeschwindigkeit w_0 und der Steigung α bewegt,

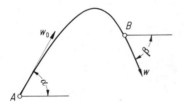

Abb. 44. Flugbahn eines Massenpunktes als umkehrbarer Vorgang.

und nach einer Zeit τ im Punkt B angekommen ist und dort eine Geschwindigkeit w hat, die um den Winkel β gegen die Horizontale geneigt ist.

Würde die gleiche Masse ihre Bewegung im Punkt B mit der gleichen Geschwindigkeit in umgekehrter Richtung beginnen, so würde sie sich auf der gleichen Flugparabel bewegen und nach der Zeit τ in Punkt A mit der Geschwindigkeit w_0, die der ursprünglichen Geschwindigkeit entgegengerichtet ist, ankommen. Die Bewegung auf der Flugbahn kann also in umgekehrter Richtung durchlaufen werden. Die Masse durchläuft dabei die gleiche Wegstrecke in gleichen Zeiten.

Auch die bisher von uns betrachteten thermodynamischen Vorgänge, z. B. die quasistatische adiabate Volumänderung, kann man in gleicher Weise als umkehrbar ansehen. Belastet man den Kolben eines Zylinders mit Hilfe eines geeigneten Mechanismus, wie z. B. der in der Abb. 45 dargestellten Kurvenbahn, auf der das Seil eines Gewichtes abläuft und die durch Zahnrad und -stange mit dem Kolben gekoppelt ist, so läßt sich bei richtiger Form der Kurvenbahn erreichen, daß der Kolben bei adiabater Expansion in jeder Lage stehenbleibt, gerade so wie eine im indifferenten Gleichgewicht befindliche Waage.

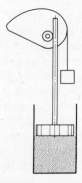

Abb. 45. Umkehrbare Kompression und Expansion eines Gases.

Die Zugabe oder Wegnahme eines beliebig kleinen Gewichtes genügt, um den Kolben sinken oder steigen zu lassen.

Noch einfacher läßt sich die Umkehrbarkeit verdeutlichen beim Verdampfen unter konstantem Druck, wenn die Temperatur der verdampfenden Flüssigkeit durch wärmeleitende Verbindung mit einem genügend großen Wärmespeicher konstantgehalten wird. In Abb. 46 möge der Kolben gerade dem Druck des Dampfes das Gleichgewicht halten.

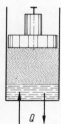

Abb. 46. Umkehrbare Verdampfung.

Legt man ein beliebig kleines Übergewicht auf den Kolben, so kondensiert der Dampf vollständig. Erleichtert man den Kolben beliebig wenig, so steigt er, bis alles Wasser verdampft ist. Diese Beispiele zeigen, was man in der Thermodynamik unter umkehrbaren oder reversiblen Prozessen versteht.

Ein reversibler Prozeß besteht demnach aus lauter Gleichgewichtszuständen, derart, daß eine beliebig kleine Kraft je nach ihrem Vorzeichen den Vorgang sowohl in der einen wie in der anderen Richtung auslösen kann.

Bei Wärmeströmungen entspricht dem Übergewicht eine beliebig kleine Übertemperatur, denn durch das kleine Übergewicht kann eine Kompression erzeugt werden, die mit einer kleinen Übertemperatur verbunden ist. Der Übergang von Wärme von einem Körper zu einem anderen ist also dann reversibel, wenn es nur einer beliebig kleinen Temperaturänderung bedarf, um die Wärme sowohl in der einen wie in der anderen Richtung zu befördern.

Reversible Prozesse sind nur idealisierte Grenzfälle. Erfahrungsgemäß kommen sie in der Natur nicht vor. In Wirklichkeit hat man es stets mit Vorgängen zu tun, die man als *nichtumkehrbar* oder *irreversibel* bezeichnet.

Die Reibung der Mechanik ist ein solcher nichtumkehrbarer Vorgang. Denn wenn bei den vorhin betrachteten umkehrbaren Vorgängen die Bewegung des Kolbens oder der Mechanismen nicht reibungslos stattfindet, so bedarf es eines endlichen Übergewichtes, das mindestens gleich dem Betrag der Reibungskraft ist, um den Vorgang in diesem oder jenem Sinne ablaufen zu lassen. Da bei den Vorgängen der Mechanik Reibung auftritt, sind sie also genaugenommen nicht vollständig umkehrbar.

Ebenso ist die rasche Verdichtung oder Entspannung eines Gases in einem Zylinder nichtumkehrbar. Es bilden sich in dem Gas Wirbel, die ihre Drehrichtung nicht umkehren, wenn man die Kolbenbewegung umkehrt.

Findet die in Abb. 44 dargestellte Bewegung in einem zähen Fluid statt, so übt dieses einen Widerstand aus, der, wie man aus der Strömungslehre weiß, proportional dem Quadrat der jeweiligen Geschwindigkeit ist. Auf die Masse wirkt daher eine Kraft, welche die Bewegung in jedem Punkt der Flugbahn verzögert. Kehrt man die Flugrichtung in irgendeinem Punkt um, so müßte man, um die gleiche Flugbahn wie zuvor zu durchlaufen, die Masse in jedem Punkt beschleunigen. In Wirklichkeit wird aber durch das zähe Fluid erneut eine Verzögerung ausgeübt.

Formal kann man reversible und irreversible Prozesse an der Differentialgleichung unterscheiden, welche den Bewegungsvorgang beschreibt. Da die Bewegung bei reversiblen Vorgängen in umgekehrter Richtung abläuft, wenn man die Zeit umkehrt, muß auch die Differentialgleichung erhalten bleiben, wenn man in ihr das Zeitdifferential $d\tau$ durch $-d\tau$ ersetzt. Reversible Vorgänge enthalten also in den Differentialgleichungen gerade, irreversible Vorgänge ungerade Potenzen der Zeit, so daß sich die Form der Differentialgleichung ändert, wenn man $d\tau$ durch $-d\tau$ ersetzt. Als Beispiel für einen reversiblen Vorgang sei die Differentialgleichung für den senkrechten freien Fall im luftleeren Raum genannt

$$\frac{d^2 z}{d\tau^2} = g,$$

in der man $d\tau$ durch $-d\tau$ vertauschen darf, ohne daß sich die Gleichung ändert. Hingegen beschreibt die Gleichung für den freien Fall unter Berücksichtigung des Luftwiderstandes

$$\frac{d^2 z}{d\tau^2} = g + a\left(\frac{dz}{d\tau}\right)^2$$

mit $a > 0$, wenn $dz/d\tau < 0$, und $a < 0$, wenn $dz/d\tau > 0$, einen irreversiblen Vorgang.

Die Erfahrung zeigt weiter, daß Wärme wohl ohne unser Zutun von einem Körper höherer Temperatur auf einen solchen niederer Temperatur übergeht,

1. Das Prinzip der Irreversibilität

aber niemals tritt der umgekehrte Vorgang ein, d. h., Temperaturunterschiede gleichen sich wohl aus, aber sie entstehen nicht von selbst.

Die Worte „von selbst" sind dabei wesentlich, sie sollen bedeuten, daß der genannte Vorgang sich nicht vollziehen kann, ohne daß in der Natur sonst noch Veränderungen eintreten. Dann ist aber der erfahrungsgemäß von selbst, d. h. ohne irgendwelche Veränderungen in der Umgebung, ablaufende Übergang von Wärme von einem Körper höherer Temperatur auf einen solchen niederer auf keine Weise vollständig rückgängig zu machen, wobei wir unter „vollständig rückgängig machen" verstehen, daß alle beteiligten Körper und alle zu Hilfe genommenen Gewichte und Apparate nachher wieder in derselben Lage und in demselben Zustand sind wie zu Anfang.

Ein Vorgang, der sich in diesem Sinne vollständig wieder rückgängig machen läßt, ist *umkehrbar* oder *reversibel*. Ein Vorgang, bei dem das nicht der Fall ist, ist *nichtumkehrbar* oder *irreversibel*. Damit haben wir eine zweite Definition dieses thermodynamischen Begriffes, die gleichbedeutend ist mit der oben gegebenen Erklärung eines umkehrbaren Vorganges als einer Folge von Gleichgewichtszuständen, die durch Herabsinken eines beliebig kleinen Übergewichts, also einer im Grenzfall verschwindend kleinen Veränderung der Umgebung, in der einen oder anderen Richtung zum Ablauf gebracht werden können.

Alle Naturvorgänge sind mehr oder weniger irreversibel. Die Bewegung der Himmelskörper kommt der reversiblen am nächsten, Bewegungen in der irdischen Atmosphäre werden aber stets durch Widerstände gekennzeichnet (Reibung, Viskosität, elektrische, magnetische u. a. Widerstände), die bei Umkehr der Bewegungsrichtung weiterhin die Bewegung verzögern und nicht beschleunigen, was geschehen müßte, wenn die Bewegung reversibel sein sollte.

Bei vielen Strömungsvorgängen kommen Nichtumkehrbarkeiten dadurch zustande, daß an Hindernissen Wirbel auftreten, die Energie verzehren und sie nicht wieder freigeben, wenn man die Strömungsrichtung umkehrt. Eine andere häufige Ursache von Nichtumkehrbarkeiten ist die mehr oder weniger starke Umwandlung einer makroskopischen geordneten Bewegung, zum Beispiel eines strömenden Fluids, in die statistisch ungeordnete Schwankungsbewegung einzelner Moleküle oder Molekülgruppen.

Auch beim freien Fall wird ein Teil der kinetischen Energie des fallenden Körpers an die umgebende Luft übertragen und dient zur Erhöhung der kinetischen Energie der Luftmoleküle. Da diese sich völlig ungeordnet nach den Gesetzen der Statistik bewegen, kann bei einer Bewegungsumkehr des Körpers die kinetische Energie der Luftmoleküle nicht wieder in Hubarbeit umgewandelt werden.

Alle diese Beispiele zeigen, daß bei den in der Natur vorkommenden Prozessen das Gesetz von der Erhaltung der Energie zwar nicht verletzt wird, daß aber stets Energie „dissipiert", d. h. in eine andere Energie umgewandelt wird und daher die in Arbeit umwandelbare Energie abnimmt. Es gilt daher der Erfahrungssatz:

Alle natürlichen Prozesse sind irreversibel.

Oder:

Bei allen natürlichen Prozessen nimmt die in Arbeit umwandelbare Energie ab.

Neben diesen allgemeinen Aussagen kann man auch spezielle Prozesse konstruieren und feststellen, ob diese irreversibel sind oder nicht. So gilt nach M. Planck[1] für reibungsbehaftete Prozesse:
Alle Prozesse, bei denen Reibung auftritt, sind irreversibel.
Nach R. Clausius[2] gilt für alle Prozesse der Wärmeübertragung:
Wärme kann nie von selbst von einem Körper niederer auf einen Körper höherer Temperatur übergehen.

„Von selbst" bedeutet hierbei, daß man den genannten Vorgang nicht ausführen kann, ohne daß Änderungen in der Natur zurückbleiben. Andernfalls kann man durchaus Wärme von einem Körper tiefer auf einen Körper höherer Temperatur übertragen. Dies geschieht zum Beispiel bei allen Prozessen der Kälteerzeugung, da dort einem Kühlgut Wärme entzogen und bei höherer Temperatur wieder an einen anderen Körper abgegeben wird. Dazu ist jedoch eine Arbeitsleistung erforderlich, so daß nach Abschluß des Prozesses Veränderungen zurückgeblieben sind, da Energie aufzuwenden war.

Diese Sätze stellen bereits einander äquivalente Formulierungen des zweiten Hauptsatzes der Thermodynamik dar. Reversible Prozesse sind nur Grenzfälle der wirklich vorkommenden Prozesse und lassen sich in den meisten Fällen höchstens angenähert verwirklichen. Da bei ihnen keine Energie dissipiert wird, stellen sie Idealprozesse dar, mit denen man die wirklichen Prozesse vergleichen und hinsichtlich ihrer Güte beurteilen kann. Es wird das Ziel unserer weiteren Betrachtungen sein, diese bisherigen qualitativen Aussagen über den zweiten Hauptsatz durch eine quantitative, das heißt mathematische Formulierung zu ersetzen.

2 Entropie und absolute Temperatur

Um das Prinzip der Irreversibilität mathematisch formulieren zu können, ist es zweckmäßig, sich zuerst klarzumachen, welche Vorgänge ablaufen, wenn ein System Wärme mit der Umgebung austauscht. Die Betrachtungen hierüber führen, wie wir noch sehen werden, zur Einführung einer neuen Zustandsgröße, mit deren Hilfe man das Prinzip der Irreversibilität in Gestalt einer Ungleichung darstellen kann.

Zur Lösung der gestellten Aufgabe erinnern wir uns daran, wie ein geschlossenes System, zum Beispiel ein Zylinder mit einem beweglichen Kolben, Arbeit mit der Umgebung austauscht: Der Kolben wird verschoben, und gleichzeitig ändern sich das Volum V des im Zylinder eingeschlossenen Gases und auch das Volum der Umgebung. Die Verrichtung von Arbeit bedeutet demnach, daß zwischen System und Umgebung ein Austauschprozeß stattfindet, bei dem die Koordinate

---

[1] Planck, M.: Über die Begründung des zweiten Hauptsatzes der Thermodynamik. Sitz.-Ber. Akad. 1926, Phys. Math. Klasse, S. 453–463.
[2] Clausius, R.: Über eine veränderte Form des zweiten Hauptsatzes der mech. Wärmetheorie. Pogg. Ann. 93 (1854) S. 481.

2. Entropie und absolute Temperatur

V bewegt wird. Anschaulicher kann man sagen, daß Arbeit über die Koordinate V in das System ein- oder aus ihm herausfließt. Die Koordinate V ist vergleichbar mit einem Kanal, der das System mit der Umgebung verbindet und durch den Arbeit mit der Umgebung ausgetauscht wird. Stellt man sich nun die Frage, über welche Koordinate oder welchen „Kanal" Wärme in das System fließt, so könnte man vermuten, daß es sich hierbei um die Koordinate T, also die Temperatur handelt. Diese Annahme ist allerdings nicht zutreffend. Wäre sie nämlich richtig, so könnte in ein System, dessen Temperatur konstant ist, keine Wärme einfließen, da die Koordinate T des Systems nicht verändert wird. Alle Zustandsänderungen, bei denen die Temperatur konstant ist, müßten demnach adiabat verlaufen, und umgekehrt dürfte sich bei adiabaten Zustandsänderungen die Temperatur eines Systems nicht ändern. Daß dies nicht richtig ist, zeigt schon das Beispiel der adiabaten Zustandsänderung eines idealen Gases, bei der die verrichtete Arbeit eine Änderung der inneren Energie U hervorruft und eine Temperaturänderung bewirkt. Ein anderes Beispiel ist das Verdampfen von Flüssigkeiten unter konstantem Druck. Bei diesem Vorgang bleibt die Temperatur des Systems konstant, trotzdem muß man Wärme zuführen.

Die genannten Beispiele zeigen, daß Wärme in ein System fließen kann, ohne daß die Koordinate T betätigt wird. Da man andererseits einem System auch bei konstantem Druck oder bei konstantem Volum Wärme zuführen kann, sind bei einfachen Systemen die bisher bekannten Koordinaten p, V, T ungeeignet, den Austausch von Wärme zwischen einem System und seiner Umgebung zu beschreiben. Obwohl wir hier der Anschaulichkeit wegen nur einfache Systeme betrachten, kann man sich ebenso an weiteren Beispielen klarmachen, daß auch die anderen aus der Mechanik und Elektrodynamik bekannten Koordinaten (Ortskoordinaten, Geschwindigkeiten, elektrische und magnetische Feldstärken) nicht als Austauschgrößen („Kanäle") für den Wärmefluß zwischen einem System und seiner Umgebung in Frage kommen. Auf eine mathematisch strenge Begründung soll hier im einzelnen nicht eingegangen werden. Entscheidend ist, daß offenbar keine der bisher bekannten Koordinaten geeignet ist, den Vorgang des Wärmeaustausches zwischen einem System und seiner Umgebung zu beschreiben.

Es muß daher als Austauschgröße für den Wärmefluß zwischen einem System und seiner Umgebung noch eine weitere uns bisher noch nicht bekannte Koordinate existieren.

Für diese neue Koordinate wählt man das Zeichen S und nennt sie die *Entropie*.

In unserer obigen anschaulichen Ausdrucksweise ist die Entropie also ein Kanal, durch den Wärme zwischen dem System und seiner Umgebung fließt.

Natürlich ist mit den vorstehenden Erklärungen noch nicht die Existenz der Austauschgröße Entropie in aller Strenge nachgewiesen. Dies wird in dem folgenden Kapitel nachgeholt werden. Wir wollen uns jedoch vorerst mit dieser einfachen Erklärung begnügen, weil sie anschaulich und daher gut geeignet ist, sich mit dem Begriff der Entropie vertraut zu machen.

Wir wollen uns nun zunächst überlegen, welche Folgerungen sich aus der Einführung der neuen Koordinate ergeben. Nach den obigen Überlegungen ist die innere Energie eines Systems, das mit seiner Umgebung Wärme und Arbeit austauschen kann, nicht nur eine Funktion der Arbeitskoordinaten X_i ($i = 1, 2 \ldots n$), also beispielsweise des Volums V, sondern auch der Entropie S:

$$U = U(S, X_1, X_2 \ldots X_n) \,.$$

Im Fall des einfachen Systems fließt Arbeit nur über die Koordinate V in das System, und es ist

$$U = U(S, V) \,. \tag{71}$$

Der neuen Koordinate S können wir zwei wichtige Eigenschaften zuschreiben: Da die Wärme, die ein System unter sonst gleichen Bedingungen aufnehmen kann, proportional seiner Masse ist, muß auch die Entropie als die zur Wärme gehörende Austauschgröße proportional der Masse des Systems sein. *Die Entropie ist somit eine extensive Größe*. Die von uns betrachteten Systeme sollen außerdem kein „Gedächtnis" besitzen, ihr jeweiliger Zustand ist somit unabhängig von der Vorgeschichte und daher auch unabhängig von dem „Weg", auf dem das System in den betreffenden Zustand gelangte. Die Entropie ist also eine *Zustandsgröße*, und zwar eine extensive Zustandsgröße.

Wärme können wir nunmehr als diejenige Energie charakterisieren, die über die Systemgrenze befördert wird, wenn das System Entropie mit der Umgebung austauscht. Das Ergebnis dieses Austauschprozesses ist eine Änderung der inneren Energie. Steht also das System während einer kurzen Zeit $d\tau$ in Kontakt mit der Umgebung und wird hierbei nur Wärme über die Systemgrenze befördert, so findet ein Austauschprozeß statt, bei dem die Austauschkoordinate Entropie um ein dS verschoben wird, wodurch im System eine Energieänderung dU eintritt. Wir verknüpfen nun die Energieänderung dU mit der Entropieänderung dS durch den Ansatz

$$dU = T\, dS \,. \tag{72}$$

Diese Gleichung gilt unter der Annahme, daß das System *nur* Wärme mit der Umgebung austauscht. In ihr darf der Faktor T noch eine Funktion aller Koordinaten $T(S, X_1 \ldots X_n)$, d. h. im Fall des einfachen Systems $T = T(S, V)$ sein. Die Größe T ist eine intensive Variable, da die Energieänderung dU und die Entropieänderung dS in einem geschlossenen System als extensive Größen proportional der Masse des Systems sind und der Quotient $dU/dS = T$ somit nicht von der Masse des Systems abhängt.

Man nennt die intensive Größe T die *thermodynamische Temperatur*. Sie ist durch Gl. (72) definiert.

Die thermodynamische Temperatur ist eine Eigenschaft der Materie und gibt an, wie „heiß" ein Körper ist. Instrumente, mit denen man diese Eigenschaft mißt, nennt man bekanntlich Thermometer.

Nachdem wir nun eine thermodynamische Temperatur eingeführt haben, ist noch zu klären, wie man diese messen kann. Es ist naheliegend, hierfür eines der uns schon bekannten Thermometer zu benutzen. Dabei ergeben sich jedoch Schwierigkeiten, da man diesen Thermometern völlig willkürlich empirische Temperaturen ϑ^1 zugeordnet hat, die natürlich nicht mit der zu messenden thermodynamischen Temperatur T übereinzustimmen brauchen. Vielmehr sind unendlich viele empirische Temperaturen ϑ_1, ϑ_2 ... denkbar, während es nach Gl. (72) nur eine einzige thermodynamische Temperatur gibt. Die Messungen der thermodynamischen Temperatur mit Hilfe eines der uns bekannten Thermometer ist daher nur dann möglich, wenn man jeder gemessenen Temperatur ϑ in eindeutiger Weise eine thermodynamische Temperatur T zuordnen kann. Die Aufgabe, die thermodynamische Temperatur mit Hilfe eines der bekannten Thermometer zu messen, kann somit gelöst werden, wenn man einen Zusammenhang

$$T = T(\vartheta)$$

herstellen kann. Da man nun aber eine beliebige empirische Temperatur ϑ stets über das thermische Gleichgewicht mit beliebigen anderen empirischen Temperaturen ϑ_1, ϑ_2, ϑ_3 ... vergleichen kann, ist es stets möglich, einen Zusammenhang zwischen ϑ und allen anderen empirischen Temperaturen zu ermitteln. Es genügt daher, den Zusammenhang zwischen der thermodynamischen Temperatur T und einer einzigen empirischen Temperatur ϑ zu finden. Dann kann man auch alle anderen empirischen Temperaturen auf die thermodynamische zurückführen.

Als empirische Temperatur ϑ wollen wir die des Gasthermometers wählen und zeigen, wie man sie mit der thermodynamischen Temperatur T verknüpfen kann. Zu diesem Zweck denken wir uns ein Gasthermometer in Kontakt gebracht mit einem System, dessen Temperatur zu messen ist. Das Gasthermometer soll klein sein im Vergleich zu dem System, dessen Temperatur wir messen wollen, damit sich die Temperatur des Systems während der Messungen praktisch nicht ändert. Dem Gas wird von dem System Wärme zugeführt; gleichzeitig ändert sich das Volum des Gases, es verrichtet eine Volumarbeit, die wir als quasistatisch voraussetzen. Während einer kleinen Zeit $d\tau$ ändert sich daher die innere Energie des Gases um

$$dU = T\,dS - p\,dV,$$

oder es ist

$$dS = \frac{dU + p\,dV}{T}.$$

Andererseits hatte der Überströmversuch von Joule (S. 86) gezeigt, daß die innere Energie des idealen Gases nur von der Temperatur abhängt; unter Temperatur verstanden wir beim Überströmversuch die gemessene, also empirische Temperatur, für die wir jetzt das Zeichen ϑ benutzen wollen. Es gilt daher für ideale Gase

$$U = U(\vartheta) \quad \text{und} \quad dU = mc_v(\vartheta)\,d\vartheta,$$

---

[1] Für die empirische Temperatur wird hier zur Unterscheidung der thermodynamischen vorübergehend das Zeichen ϑ verwendet.

wenn m die Masse des im Thermometer eingeschlossenen Gases ist. Schließlich gilt noch das ideale Gasgesetz Gl. (6), in dem wir für die Temperatur wiederum vorübergehend das Zeichen ϑ verwenden:

$$pV = mR\vartheta .$$

Die Entropieänderung des idealen Gases kann man also auch mit Hilfe von

$$dU = mc_v(\vartheta)\, d\vartheta \quad \text{und} \quad p = mR\vartheta/V$$

so schreiben:

$$dS = \frac{mc_v(\vartheta)}{T} d\vartheta + \frac{mR\vartheta}{VT} dV .$$

Die Entropie ist hierin als Funktion von ϑ und V dargestellt $S = S(\vartheta, V)$. Es ist somit

$$dS = \left(\frac{\partial S}{\partial \vartheta}\right)_V d\vartheta + \left(\frac{\partial S}{\partial V}\right)_\vartheta dV .$$

Daraus folgt durch Vergleich mit der vorigen Beziehung

$$\frac{mc_v(\vartheta)}{T} = \left(\frac{\partial S}{\partial \vartheta}\right)_V \quad \text{und} \quad \frac{mR\vartheta}{VT} = \left(\frac{\partial S}{\partial V}\right)_\vartheta .$$

Da die Entropie eine Zustandsgröße ist, gilt

$$\frac{\partial^2 S}{\partial V\, \partial \vartheta} = \frac{\partial^2 S}{\partial \vartheta\, \partial V}$$

und daher

$$\frac{\partial}{\partial V}\left[\frac{mc_v(\vartheta)}{T}\right]_\vartheta = \frac{\partial}{\partial \vartheta}\left[\frac{mR\vartheta}{VT}\right]_V .$$

Da T eine Funktion von ϑ sein soll, $T = T(\vartheta)$, ist die eckige Klammer auf der linken Seite nur von ϑ abhängig und verschwindet bei der Differentiation. Daher ist auch

$$\frac{\partial}{\partial \vartheta}\left[\frac{mR\vartheta}{VT}\right]_V = 0 .$$

Hieraus erhält man nach Division durch mR/V die Differentialgleichung

$$\frac{d}{d\vartheta}\left[\frac{\vartheta}{T}\right] = 0 ,$$

deren Lösung

$$\vartheta = CT \tag{73}$$

lautet. Die Größe C ist eine Konstante. Wie man aus diesem Ergebnis erkennt, ist die mit dem Gasthermometer gemessene Temperatur proportional der thermodynamischen Temperatur. Für die Konstante C kann man noch einen beliebigen Zahlenwert vorschreiben und damit jeder thermodynamischen Temperatur einen Meßwert auf dem Gasthermometer zuordnen.

Wie wir bereits wissen (Kap. II,2), hat man durch Vereinbarung die thermodynamische Temperatur des Tripelpunktes von Wasser zu $T_{tr} = 273{,}16$ K festgelegt und auch die mit dem Gasthermometer am Tripelpunkt gemessene Temperatur $\vartheta_{tr} = 273{,}16$ K gesetzt. Setzt man diese Werte in Gl. (73) ein, so erhält man

$$273{,}16 = C \cdot 273{,}16 \,.$$

Für die Konstante C ist somit der Wert $C = 1$ vereinbart worden. Mit diesen Festlegungen ist als Einheit der thermodynamischen Temperatur das Kelvin gewählt.

In Gl. (72) für den Energieaustausch $dU = T\,dS$ ohne Verrichtung von Arbeit kennt man nunmehr ein Verfahren zur Messung der Temperatur T. Außerdem ist bekannt, wie man Änderungen der inneren Energie mißt (Kap. III,6). Somit kann man Entropieänderungen auf die Messung von thermodynamischer Temperatur und von Änderungen der inneren Energie zurückführen.

Wegen des Zusammenhangs $dU = T\,dS$ hat die Entropie die Einheit einer Energie, dividiert durch die thermodynamische Temperatur. Sie wird also gemessen in kJ/K.

Die spezifische Entropie

$$s = \frac{S}{m}$$

ist eine intensive Größe und wird gemessen in kJ/(kg K).

3 Die Entropie als vollständiges Differential und die absolute Temperatur als integrierender Nenner[1]

Wir wollen nun die Existenz der Zustandsgröße Entropie, die bisher nur über die Anschauung eingeführt worden war, mit Hilfe der Mathematik begründen.

In der Mathematik bezeichnet man bekanntlich einen Differentialausdruck von zwei oder mehr unabhängigen Veränderlichen, dessen Integral vom Weg unabhängig ist, als *vollständiges* Differential. Die zugeführte Wärme, Gl. (34d), lautet

$$Q_{12} + (L_{diss})_{12} = U_2 - U_1 + \int_1^2 p\,dV = \int_1^2 (dU + p\,dV)\,.$$

Da die linke Seite dieser Gleichung vom Weg abhängig ist, ist es auch die rechte. Der Ausdruck

$$dU + p\,dV$$

---

[1] Die Abschnitte 3 bis 5 stellen etwas höhere Ansprüche und können beim ersten Studium zunächst überschlagen und später nachgeholt werden, falls der Leser auf zu große Schwierigkeiten stößt.

ist daher kein vollständiges Differential. In der Mathematik wird jedoch gezeigt, daß man jedes unvollständige Differential wie $dU + p\,dV$ zu einem vollständigen machen kann, indem man es durch einen integrierenden Nenner dividiert.

Wir wollen uns dies zunächst an der Funktion zweier Veränderlicher

$$z = f(x, y)$$

klarmachen. Diese läßt sich geometrisch als Fläche deuten. Ihr Differential lautet

$$dz = \frac{\partial f(x, y)}{\partial x} dx + \frac{\partial f(x, y)}{\partial y} dy = f_x(x, y)\,dx + f_y(x, y)\,dy.$$

Dabei sind die partiellen Differentialquotienten $\partial f(x, y)/\partial x = f_x(x, y)$ und $\partial f(x, y)/\partial y = f_y(x, y)$ wieder Funktionen von x und y.

Gilt zwischen ihnen die Gleichung

$$\frac{\partial f_x(x, y)}{\partial y} = \frac{\partial f_y(x, y)}{\partial x}, \tag{74}$$

die man erhält, wenn man die partiellen Differentialquotienten $\partial f(x, y)/\partial x$ und $\partial f(x, y)/\partial y$ das zweite Mal nach der zuerst konstant gehaltenen Veränderlichen differenziert, so nennt man das Differential dz ein vollständiges. Die Beziehung (74) heißt *Integrabilitätsbedingung*.

Zur Veranschaulichung betrachten wir die Fläche $z = f(x, y)$ wieder als topographische Darstellung z. B. eines Berggeländes mit x als Ost- und y als Nordrichtung. Dann ist $\partial f(x, y)/\partial x$ die Steigung an einer Stelle x, y, wenn man in östlicher Richtung fortschreitet, $\partial f(x, y)/\partial y$ die Steigung in nördlicher Richtung. Die Ausdrücke $\dfrac{\partial f(x, y)}{\partial x} dx$ und $\dfrac{\partial f(x, y)}{\partial y} dy$ sind die Höhenunterschiede, wenn man um dx bzw. dy fortschreitet, und das vollständige Differential

$$dz = \frac{\partial f(x, y)}{\partial x} dx + \frac{\partial f(x, y)}{\partial y}\,dy$$

ist der im ganzen überwundene Höhenunterschied, wenn man zugleich oder nacheinander um dx nach Osten und um dy nach Norden geht. Legt man einen beliebigen Weg zwischen den Punkten x_1, y_1 und x_2, y_2 zurück und integriert über alle dz, so leuchtet sofort ein, daß der Höhenunterschied

$$\int\limits_{x_1, y_1}^{x_2, y_2} dz = f(x_2, y_2) - f(x_1, y_1)$$

unabhängig von dem gewählten Weg ist.

In der unmittelbaren Umgebung eines Punktes x_1, y_1 können die Steigungen $\partial f(x, y)/\partial x = A$ und $\partial f(x, y)/\partial y = B$ als feste Werte angesehen werden. Dann ist $dz = A\,dx + B\,dy$ die Gleichung eines kleinen Flächenelementes, das die Fläche $z = f(x, y)$ oder eine aus ihr durch Parallelverschiebung längs der z-Achse um eine Integrationskonstante z_0 hervorgegangene berührt. Die Wegunabhängigkeit des Integrals bedeutet geometrisch, daß sich die durch den vollständigen Differentialausdruck definierten Flächenelemente zu einer Schar diskreter Flächen zusammenschließen. Bei der Integration längs eines beliebigen Weges bleibt man immer auf einer und derselben Fläche dieser Schar. Es ist nicht möglich, einen Integrationsweg anzugeben, der von einer Fläche der Schar zu einer anderen führt.

In einem Differentialausdruck von der Form

$$dZ = X(x, y)\, dx + Y(x, y)\, dy \tag{75}$$

mit beliebigen $X(x, y)$ und $Y(x, y)$ ist im allgemeinen die Bedingung (74) nicht erfüllt, und man kann keine Fläche $Z = f(x, y)$ angeben, deren Differentiation den Ausdruck (75) ergibt. Aber stets läßt sich eine Funktion $N(x, y)$, der integrierende Nenner, finden, die (75) zu dem vollständigen Differential

$$d\varphi = \frac{dZ}{N(x, y)} = \frac{X(x, y)}{N(x, y)} dx + \frac{Y(x, y)}{N(x, y)} dy \tag{76}$$

macht. Um das einzusehen, setzen wir $dZ = 0$ in (75) und erhalten die sog. Pfaffsche Differentialgleichung

$$X(x, y)\, dx + Y(x, y)\, dy = 0 \tag{77}$$

der Höhenschichtlinien $Z = $ const, durch die die Fläche Z dargestellt wird, falls sie überhaupt existiert. Schreiben wir

$$\frac{dy}{dx} = -\frac{X(x, y)}{Y(x, y)}, \tag{77a}$$

so ist

$$-\frac{X(x, y)}{Y(x, y)} = R(x, y)$$

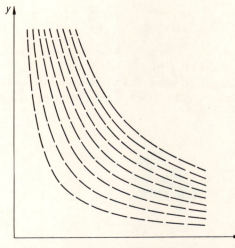

Abb. 47. Integralkurven einer Differentialgleichung.

eine gegebene Funktion von x und y. Dadurch ist in jedem Punkt x, y eine Richtung dy/dx bestimmt, wie in Abb. 47 angedeutet.

Die Differentialgleichung lösen oder integrieren heißt Kurven suchen, die an jeder Stelle die durch sie bestimmte Richtung haben. Man sieht aus der Abbildung, daß die Lösung eine Kurvenschar ist, die einen Bereich der Koordinatenebene stetig und lückenlos überdeckt, wenn die Funktionen $X(x, y)$ und $Y(x, y)$ gewissen Stetigkeitsbedingungen genügen. Diese Kurvenschar kann als topographische Darstellung der Fläche

$$\varphi(x, y) = z$$

angesehen werden, wobei jeder Kurve ein bestimmter Wert c von z zugeordnet ist. Das Differential dieser Fläche ist natürlich ein vollständiges und lautet

$$d\varphi = dz = \frac{\partial \varphi}{\partial x} dx + \frac{\partial \varphi}{\partial y} dy \, .$$

Für jede Kurve $z = $ const dieser Fläche gilt

$$\frac{\partial \varphi}{\partial x} dx + \frac{\partial \varphi}{\partial y} dy = 0 \quad \text{oder} \quad \frac{dy}{dx} = - \frac{\partial \varphi / \partial x}{\partial \varphi / \partial y} \, .$$

Andererseits ist nach Gl. (77a)

$$\frac{dy}{dx} = - \frac{X(x, y)}{Y(x, y)} \, .$$

Diese beiden Gleichungen sind nur dann miteinander verträglich, wenn sich $\partial \varphi / \partial x$ und $\partial \varphi / \partial y$ von $X(x, y)$ und $Y(x, y)$ nur um denselben Nenner $N(x, y)$ unterscheiden, also wenn

$$\frac{\partial \varphi}{\partial x} = \frac{X(x, y)}{N(x, y)} \quad \text{und} \quad \frac{\partial \varphi}{\partial y} = \frac{Y(x, y)}{N(x, y)}$$

ist. Bei Division durch $N(x, y)$ wird also aus dem unvollständigen Differential dZ das vollständige $d\varphi$ der Gl. (76).

Der integrierende Nenner ist keine eindeutig bestimmte Funktion, sondern kann sehr viele verschiedene Formen haben. Ist nämlich ein integrierender Nenner $N(x, y)$ gefunden, derart, daß

$$d\varphi = \frac{X(x, y)}{N(x, y)} dx + \frac{Y(x, y)}{N(x, y)} dy$$

ein vollständiges Differential ist, und wird mit $F(\varphi)$ eine willkürliche Funktion von φ eingeführt, so sieht man sofort, daß auch

$$d\Phi = F(\varphi) \, d\varphi = \frac{X(x, y)}{\left[\dfrac{N(x, y)}{F(\varphi)} \right]} dx + \frac{Y(x, y)}{\left[\dfrac{N(x, y)}{F(\varphi)} \right]} dy \tag{78}$$

3. Die Entropie als vollständiges Differential

ein vollständiges Differential und demnach $N(x, y)/F(\varphi)$ ein neuer integrierender Nenner ist. Dabei geht $d\Phi$ aus $d\varphi$ durch Multiplikation mit einer nur von φ abhängigen willkürlichen Funktion hervor, was mit einer willkürlichen Verzerrung des Maßstabes von φ gleichbedeutend ist.

Zur Erläuterung dieser mathematischen Überlegungen betrachten wir das Differential

$$dz = -y\, dx + x\, dy\,. \tag{79}$$

Die Prüfung anhand von Gl. (74) ergibt

$$\frac{\partial(-y)}{\partial y} = -1 \quad \text{und} \quad \frac{\partial x}{\partial x} = 1\,.$$

Beide Ausdrücke sind verschieden, das Differential ist also kein vollständiges.

Um ein Bild über die Lage der durch dieses Differential definierten Flächenelemente zu erhalten, führen wir in der x, y-Ebene Polarkoordinaten ein:

$$x = r \cos \alpha; \quad dx = \cos \alpha\, dr - r \sin \alpha\, d\alpha\,,$$
$$y = r \sin \alpha; \quad dy = \sin \alpha\, dr + r \cos \alpha\, d\alpha\,.$$

Dann geht Gl. (79) über in

$$dz = r^2\, d\alpha\,.$$

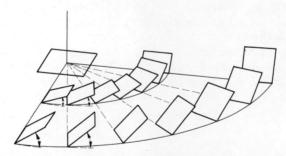

Abb. 48. Lage der durch das unvollständige Differential (79) definierten Flächenelemente.

Betrachtet man in dieser Gleichung dz und $d\alpha$ als Veränderliche, so wird ihr z. B. durch ein kleines Flächenelement genügt, das aus der Ebene $z = 0$ an der Stelle r durch Drehung um den Radiusvektor so weit herausgedreht ist, daß seine Neigung gegen diese Ebene die Größe $dz/(r\, d\alpha) = r$ hat. Mit wachsendem r wächst also die Neigung des Flächenelementes proportional an. Alle Flächenelemente für die Punkte der Ebene $z = 0$ erhält man, indem man den Radiusvektor mit den an ihm befestigt gedachten Flächenelementen um die z-Achse dreht. Abb. 48 deutet die Lage dieser Flächenelemente für sieben solcher Radienvektoren an.

Alle der Differentialgleichung überhaupt genügenden Flächenelemente erhält man, wenn man die bisher gewonnenen parallel zur z-Achse verschiebt. Jedem Punkt des Raumes ist so ein Flächenelement zugeordnet.

Von der Lage aller dieser Flächenelemente kann man sich auch auf folgende Weise ein Bild machen: Dreht man um eine in der z-Achse liegende Schraubenspindel eine Schraubenmutter, so beschreiben alle Punkte der beliebig ausgedehnt gedachten Mutter bei geeigneter Steigung und richtigem Drehsinn Schraubenlinien, die auf allen unseren Flächenelementen senkrecht stehen. Durch diese Flächenelemente kann man, wie die Anschauung lehrt, keine zusammenhängenden Flächen legen. Versucht man im Sinne einer Integration von einem Punkt x_1, y_1 zu einem Punkt x_2, y_2 zu gelangen, indem man immer von einem Flächenelement zum nächsten in Richtung seiner Ebene anschließenden fortschreitet, so gelangt man je nach dem gewählten Integrationswege zu ganz verschiedenen Werten von z.

Durch den integrierenden Nenner $N(x, y)$ wird anstelle von z die neue Variable φ nach der Gleichung

$$d\varphi = \frac{dz}{N(x, y)} = \frac{-y}{N(x, y)} dx + \frac{x}{N(x, y)} dy$$

eingeführt. Die durch diese Gleichung definierten Flächenelemente haben im Koordinatensystem x, y, φ offenbar eine andere Neigung gegen die Ebene $\varphi = $ const als vorher im System x, y, z gegen die Ebene $z = $ const.

Da nur die dritte Koordinate um einen Faktor geändert wurde, ist die Neigungsänderung jedes Flächenelementes gleichbedeutend mit einer Drehung um die in ihm enthaltene, zur x,y-Ebene parallele Gerade. Diese Drehung ist für jede Stelle x, y eine andere, entsprechend dem Wert der Funktion $N(x, y)$.

Die Aufgabe, einen integrierenden Nenner zu finden, besteht also darin, die Funktion $N(x, y)$ so zu wählen, daß nach der Drehung sich alle Flächenelemente zu einer Schar in sich geschlossener Flächen zusammenlegen.

Dividiert man $dz = -y\, dx + x\, dy$ z. B. durch xy, so wird daraus das vollständige Differential

$$d\varphi = \frac{dz}{xy} = -\frac{dx}{x} + \frac{dy}{y},$$

denn jetzt ist die Integrabilitätsbedingung (74) erfüllt, wie man durch Differenzieren leicht erkennt.

Die Integration ergibt

$$\varphi = \ln \frac{y}{x} + \text{const}.$$

Das ist eine Schar von Flächen, die durch Parallelverschieben längs der φ-Achse auseinander hervorgehen. Der Ausdruck $N(x, y) = xy$ war also ein integrierender Nenner. Nach Gl. (78) sind Ausdrücke der Form $F(\varphi) \cdot N(x, y)$ weitere integrierende Nenner, wobei $F(\varphi)$ eine willkürliche Funktion ist. Setzen wir z. B.

$$F(\varphi) = e^{\varphi - \text{const}} = e^{\ln(y/x)} = \frac{y}{x},$$

so erhalten wir in

$$N_1 = \frac{y}{x} N = y^2$$

einen anderen integrierenden Nenner; damit ergibt sich das vollständige Differential

$$d\varphi = \frac{dz}{y^2} = -\frac{1}{y} dx + \frac{x}{y^2} dy$$

oder integriert

$$\varphi = -\frac{x}{y} + \text{const}.$$

Das ist wieder eine Schar von Flächen, die durch Parallelverschieben längs der φ-Achse auseinander hervorgehen. In dieser Weise lassen sich durch Wahl anderer Funktionen $F(\varphi)$ beliebig viele weitere integrierende Nenner angeben.

4 Einführung des Entropiebegriffes und der absoluten Temperaturskala mit Hilfe des integrierenden Nenners

Wir wollen jetzt die vorigen Erkenntnisse über integrierende Nenner nach einem von M. Planck angegebenen Weg auf das unvollständige Differential

$$dU + p\, dV \tag{80}$$

anwenden.

Mit $U = U(V, \vartheta)$, wo ϑ eine empirische Temperatur ist, kann man für das Differential der inneren Energie schreiben

$$dU = \left(\frac{\partial U}{\partial V}\right)_\vartheta dV + \left(\frac{\partial U}{\partial \vartheta}\right)_V d\vartheta.$$

Damit geht das unvollständige Differential Gl. (80) über in

$$\left(\frac{\partial U}{\partial \vartheta}\right)_V d\vartheta + \left[\left(\frac{\partial U}{\partial V}\right)_\vartheta + p\right] dV. \tag{80a}$$

Wie sich rein mathematisch ergab, muß aber immer ein integrierender Nenner $N(\vartheta, V)$ existieren, der aus dem unvollständigen Differential das vollständige

$$dS = \frac{dU + p\, dV}{N(\vartheta, V)} \tag{81}$$

macht. Dann ist $S(\vartheta, V)$ eine Zustandseigenschaft des betrachteten Körpers, die für einen bestimmten integrierenden Nenner durch Angabe zweier Zustandsgrößen, z. B. von ϑ und V, bis auf eine Integrationskonstante bestimmt ist. Wie wir gesehen haben, gibt es aber viele integrierende Nenner; denn jeder Ausdruck der Form $N(\vartheta, V) \cdot f(S)$, wobei $f(S)$ eine willkürliche Funktion von S bedeutet, ist ein solcher. Die Größe S, die wir Entropie nennen, ist daher erst dann eindeutig bestimmt, wenn wir diese willkürliche Funktion festgelegt haben. Wir lassen diese Unbestimmtheit, die durchaus von gleicher Art ist wie die der empirischen Temperaturskala, vorläufig bestehen und rechnen zunächst mit einem willkürlich herausgegriffenen integrierenden Nenner, von dem wir nur fordern, daß

$$N > 0$$

ist.

Aus Gl. (81) folgt dann, daß die Kurven $S = $ const für quasistatische Zustandsänderungen wegen [vgl. Gl. (34d)]

$$dQ = dU + p\,dV = 0$$

Adiabaten sind. Jeder Adiabaten kann man bei quasistatischer Zustandsänderung einen bestimmten Wert von S zuordnen, wenn für eine Adiabate das zugeordnete S vereinbart wird.

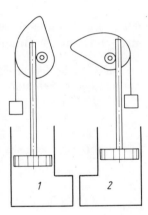

Abb. 49. Umkehrbare Zustandsänderung zweier Körper.

Wir betrachten nun das Verhalten zweier Körper, deren Zustand wir durch die unabhängigen Veränderlichen V_1, ϑ_1 und V_2, ϑ_2 kennzeichnen, wobei unter ϑ die mit einer beliebigen empirischen Skala gemessene Temperatur verstanden ist. Beide Körper sollen umkehrbare Zustandsänderungen ausführen können, wobei wir uns die mechanische Arbeit durch Heben und Senken von Gewichten aufgespeichert denken. Ebenso wie früher können dabei z. B., wie in der Abb. 49 angedeutet, die Gewichte an Fäden hängen, die auf geeigneten, jederzeit abänderbaren Kurven abrollen, derart, daß stets Gleichgewicht besteht.

Sind beide Körper sowohl voneinander wie von der Umgebung adiabat abgeschlossen, so kann der Zustand jedes von ihnen sich nur längs einer Adiabaten ändern, wobei die Größen S_1 und S_2 bestimmte feste Werte behalten, wenn wir

4. Einführung des Entropiebegriffes und der absoluten Temperaturskala

für jeden Körper bestimmte integrierende Nenner $N_1(\vartheta_1, V_1)$ und $N_2(\vartheta_2, V_2)$ gewählt haben.

Änderungen von S_1 und S_2 sind aber in umkehrbarer Weise folgendermaßen möglich: Wir bringen beide Körper durch adiabate Zustandsänderungen zunächst auf eine gemeinsame Temperatur ϑ, stellen dann zwischen ihnen eine wärmeleitende Verbindung her und lassen die Wärme dQ umkehrbar zwischen ihnen austauschen. Dann nimmt der eine Körper gerade die Wärme auf, die der andere abgibt, und es ist

$$dU_1 + p_1\,dV_1 + dU_2 + p_2\,dV_2 = 0\,, \tag{82}$$

wobei U_1 und U_2 bzw. p_1 und p_2 Funktionen von V_1 bzw. V_2 und der gemeinsamen Temperatur ϑ sind. Dafür kann man nach Gl. (81) schreiben

$$N_1\,dS_1 + N_2\,dS_2 = 0\,. \tag{82a}$$

Durch die Gl. (82) bzw. (82a) wird die Änderung der drei Veränderlichen V_1, V_2 und ϑ, welche den Zustand des Systems bestimmen, einer Bedingung unterworfen, so daß nur zwei von ihnen, z. B. V_1 und ϑ, willkürlich wählbar sind. Wenn also der eine Körper auf einen Zustand V_1, ϑ gebracht ist, so ist dadurch auch der Zustand des anderen eindeutig bestimmt. Wir können aber darüber hinaus sagen: Jedesmal, wenn der erste Körper wieder seine ursprüngliche Entropie S_1 hat, und zwar gleichgültig bei welcher Temperatur, muß auch der zweite Körper wieder die ursprüngliche Entropie S_2 annehmen. Denn wenn der erste Körper wieder die alte Entropie hat, so liegt sein Zustand wieder auf der ursprünglichen Adiabaten, und man kann beide Körper trennen und den ersten adiabat und umkehrbar wieder auf den Anfangszustand bringen. Da der ganze Vorgang als umkehrbar vorausgesetzt war, muß dann auch der Zustand des zweiten Körpers wieder auf der ursprünglichen Adiabaten entsprechend der Entropie S_2 liegen, so daß man auch ihn adiabat und umkehrbar auf den Anfangszustand zurückführen kann. Würde der Zustand des zweiten Körpers nach der Trennung nicht wieder auf derselben Adiabaten liegen, so könnte man ihn zunächst adiabat umkehrbar auf seine Anfangstemperatur zurückführen, so daß er von da aus auf einer Isothermen umkehrbar ganz auf den Anfangszustand zurückgebracht würde. Längs dieser Isotherme muß entweder Wärme zugeführt oder Wärme entzogen werden. Wäre eine Wärmezufuhr nötig, so müßte diese Wärme, da sie nicht verschwinden kann und der Zustand beider Körper wieder derselbe ist, sich vollständig in Arbeit verwandelt haben. Das ist aber nach dem zweiten Hauptsatz unmöglich, denn bei allen natürlichen Prozessen nimmt, wie wir sahen, die in Arbeit umwandelbare Energie ab. Wäre ein Wärmeentzug erforderlich, so müßte diese Wärme aus Arbeit entstanden sein, denn sie kann nicht aus der inneren Energie der beiden Körper stammen, da diese wieder in ihrem Anfangszustand sind. Der Vorgang wäre also nichtumkehrbar, was unserer Voraussetzung widerspricht.

Bei der betrachteten umkehrbaren Zustandsänderung zweier Körper gehört also zu einem bestimmten Wert der Entropie des einen ein ganz bestimmter Wert der Entropie des anderen, und zwar unabhängig davon, bei welcher Temperatur die beiden Körper Wärme ausgetauscht hatten. Wenn wir in Gl. (82) anstelle der unabhängigen Veränderlichen V_1, V_2 und ϑ die unabhängigen Veränderlichen S_1, S_2 und ϑ einführen, so muß demnach die Temperatur herausfallen und eine Beziehung nur zwischen S_1 und S_2 übrigbleiben von der Form

$$F(S_1, S_2) = 0$$

oder differenziert

$$\frac{\partial F}{\partial S_1} dS_1 + \frac{\partial F}{\partial S_2} dS_2 = 0\,.$$

Damit diese Gleichung mit Gl. (82a), in der auch die beiden Differentiale dS_1 und dS_2 vorkommen, vereinbar ist, muß

$$-\frac{dS_2}{dS_1} = \frac{N_1}{N_2} = \frac{\partial F/\partial S_1}{\partial F/\partial S_2}$$

sein, d. h., der Quotient N_1/N_2 hängt nur von S_1 und S_2, nicht von der Temperatur ab, da in F die Temperatur nicht vorkommt. Nun ist aber N_1 nur eine Funktion von S_1 und ϑ, N_2 nur eine Funktion von S_2 und ϑ. Es müssen daher N_1 und N_2 von der Form

$$N_1 = f_1(S)\,T \quad \text{und} \quad N_2 = f_2(S)\,T$$

sein, wobei T nur eine Funktion der Temperatur ϑ ist, wenn diese bei der Division herausfallen soll. Da die Funktionen $f_1(S)$ und $f_2(S)$ ganz willkürlich sind, also auch gleich 1 sein können, haben wir einen für alle Körper verwendbaren integrierenden Nenner $T(\vartheta)$ gefunden, der nicht mehr von zwei Veränderlichen abhängt, sondern eine Funktion der Temperatur allein ist.

Diese Temperaturfunktion T bezeichnen wir als absolute oder thermodynamische Temperatur, da sie unabhängig von allen Stoffeigenschaften ist. Der in ihr noch unbestimmte willkürliche Faktor wird wieder mit Hilfe des Tripelpunktes von Wasser festgelegt.

Die absolute Temperatur eines Körpers ist demnach definiert als diejenige Funktion seiner empirisch gewonnenen Temperatur, die als integrierender Nenner des unvollständigen Differentials $dU + p\,dV$ für alle Körper, unabhängig von ihren besonderen Eigenschaften, dienen kann.

Die Willkür in der Wahl der integrierenden Nenner beseitigen wir dadurch, daß wir die willkürlichen Funktionen $f_1(S)$ und $f_2(S)$ gleich 1 setzen, so daß

$$N_1 = N_2 = T$$

wird. Dann lautet Gl. (81)

$$dS = \frac{dU + p\,dV}{T}, \tag{83}$$

und wir können die so von der Willkür des Maßstabes befreite Größe S in Übereinstimmung mit unseren früheren Festlegungen als Entropie bezeichnen.

Die vorstehende Ableitung führt auf die absolute Temperaturskala und auf die Entropie mit einem Mindestaufwand von Erfahrungstatsachen, sie setzt weder das Vorhandensein eines idealen Gases voraus, noch macht sie von speziellen Prozessen Gebrauch. Vom logischen Standpunkt ist sie darum den anderen Ableitungen überlegen. Für den Anfänger sind aber die von uns vorher begangenen Wege anschaulicher.

5 Statistische Deutung des zweiten Hauptsatzes

5.1 Die thermodynamische Wahrscheinlichkeit eines Zustandes

Die innere Energie als eine ungeordnete Bewegung der Moleküle hatten wir als eine besondere Form der mechanischen Energie gedeutet. Die Betrachtung der Bewegung der außerordentlich kleinen, aber noch endlichen Teilchen der Materie führt die Vorgänge der Thermodynamik auf die Dynamik zurück und vereinfacht unser physikalisches Weltbild erheblich. Die Dynamik erlaubt – wenigstens grundsätzlich –, aus den gegebenen Anfangsbedingungen aller Teilchen den ganzen Ablauf des Geschehens vorauszusagen.

Bei der Kleinheit eines Moleküls können wir aber seinen durch Lage und Geschwindigkeit gekennzeichneten Anfangszustand niemals genau ermitteln, da jede Beobachtung einen Eingriff in diesen Zustand bedeutet, der ihn in unberechenbarer Weise verändert. Noch viel weniger ist es möglich, für alle die ungeheuer zahlreichen Moleküle, mit denen wir es bei unseren Versuchen zu tun haben, die Lagen und Geschwindigkeiten, den *Mikrozustand* anzugeben. Messen können wir nur makroskopische Größen, d. h. Mittelwerte über außerordentlich viele Moleküle. Wir sind aber völlig außerstande, über das Verhalten der einzelnen Moleküle etwas Bestimmtes auszusagen. Durch den Makrozustand ist noch keineswegs der Mikrozustand bestimmt; derselbe Makrozustand kann vielmehr durch sehr viele, verschiedene Mikrozustände verwirklicht werden.

Da nach der Dynamik der Mikrozustand den Ablauf des Geschehens bestimmt, erlaubt die Kenntnis des Makrozustandes noch keine bestimmte Voraussage der Zukunft, sondern je nach dem zufällig vorhandenen Mikrozustand kann Verschiedenes eintreten. Diese Unbestimmtheit umgehen wir dadurch, daß wir vom gleichen Makrozustand ausgehend sehr viele Versuche derselben Art ausführen und die Ergebnisse mitteln. Solche Mittelwerte können bei genügend großer Zahl der Versuche streng gültige Gesetze liefern, nur ist die Gesetzmäßigkeit von statistischer Art, sie hat Wahrscheinlichkeitscharakter und sagt nichts aus über das Schicksal des einzelnen Teilchens.

Der Mikrozustand ändert sich infolge der Bewegung der Teilchen auch bei gleichbleibendem Makrozustand dauernd, wobei alle aufeinanderfolgenden Mikrozustände gleich wahrscheinlich sind. Da ganz allgemein die Wahrscheinlichkeit eines Resultats der Anzahl der Fälle, die es herbeiführen können, proportional ist, liegt es nahe, die Wahrscheinlichkeit eines Makrozustandes zu definieren als die Anzahl aller Mikrozustände, die ihn verwirklichen können.

Würfelt man z. B. mit 2 Würfeln, deren jeder die Augenzahl 1 bis 6 hat, so ist der Wurf 2 nur auf eine Weise zu erreichen, dadurch, daß jeder Würfel 1 zeigt. Der Wurf 3 hat schon 2 Möglichkeiten, da der erste Würfel 1 oder 2 und der andere entsprechend 2 oder 1 zeigen kann. Für den Wurf 7 gibt es die größte Zahl der Möglichkeiten, nämlich 6, da der erste Wurf alle Zahlen 1 bis 6 und der andere entsprechend 6 bis 1 ergeben kann. Da bei jedem Würfel jede Ziffer gleiche Wahrscheinlichkeit hat, ist der Wurf 7 (Makrozustand) auf 6mal soviel Arten (Mikrozustände) zu erzielen wie der Wurf 2, er ist also 6mal so wahrscheinlich. Würfelt man vielmals, so nähert sich mit steigender Gesamtzahl der Würfe das Verhältnis der Zahl der Würfe mit 7 Augen zur Zahl der Würfe mit 2 Augen beliebig genau dem Wert 6.

In Tab. 17 ist das tatsächliche Ergebnis von 432 Würfen mit 2 Würfeln zusammen mit der statistisch zu erwartenden Häufigkeit zusammengestellt. Schon bei dieser im Vergleich zu den Vorgängen bei Gasen sehr kleinen Zahl kommen wir dem theoretischen Häufigkeitsverhältnis recht nahe.

Tabelle 17. Ergebnisse von 432 Würfen mit 2 Würfeln

Augenzahl	2	3	4	5	6	7	8	9	10	11	12
Theoretische Häufigkeit	12	24	36	48	60	72	60	48	36	24	12
Wirkliche Häufigkeit	11	16	38	53	69	76	57	45	27	29	12

Erhöht man die Zahl der Würfe, so werden die theoretischen Häufigkeitsverhältnisse immer genauer erreicht, und man erkennt, daß die Statistik sehr wohl Gesetze ergeben kann, die an Bestimmtheit denen der Dynamik nicht nachstehen.

In der Mathematik bezeichnet man als Wahrscheinlichkeit das Verhältnis der Zahl der günstigsten Fälle zur Zahl der überhaupt möglichen. Die mathematische Wahrscheinlichkeit ist daher stets ein echter Bruch. In der Thermodynamik ist es üblich, unter der Wahrscheinlichkeit eines Makrozustandes die Anzahl der Mikrozustände zu verstehen, die ihn darstellen können. Die thermodynamische Wahrscheinlichkeit ist also eine sehr große ganze Zahl, da wir es immer mit ungeheuer vielen Möglichkeiten zu tun haben.

Als einfachstes Beispiel betrachten wir einen aus 2 Hälften von je 1 cm^3 bestehenden Raum, in dem sich $N = 10$ Gasmoleküle befinden, und untersuchen die Wahrscheinlichkeit der verschiedenen Möglichkeiten der Verteilung der Moleküle auf beide Hälften. Wir denken uns die Moleküle zur Unterscheidung mit den Nummern 1 bis 10 versehen. Nach den Regeln der Kombinationslehre lassen sie sich in $N! = 3\,628\,800$ verschiedenen Reihenfolgen anordnen. Denkt man sich von allen diesen Anordnungen die ersten N_1 Moleküle in der linken, die übrigen $N_2 = N - N_1$ in der rechten Hälfte des Raumes, so ergeben alle Anordnungen, welche sich nur dadurch unterscheiden, daß in jeder Raumhälfte dieselben N_1 bzw. N_2 Moleküle ihre Reihenfolge vertauscht haben, ohne daß Moleküle zwischen

5. Statistische Deutung des zweiten Hauptsatzes

beiden Hälften ausgewechselt wurden, keine Verschiedenheiten der Verteilung aller Moleküle auf beide Hälften. Solche Vertauschungen der Reihenfolge innerhalb jeder Hälfte gibt es aber $N_1!$ bzw. $N_2!$. Daraus folgt, daß sich N Moleküle in

$$\frac{N!}{N_1!N_2!}$$

verschiedenen Arten auf die beiden Raumhälften verteilen lassen, wenn N_1 Moleküle in die linke und N_2 in die rechte Hälfte kommen.

Die Gesamtzahl aller Anordnungen von N Molekülen in beliebiger Verteilung auf die beiden Raumhälften ist offenbar $2^N = 1024$, denn man kann die beiden Möglichkeiten jedes einzelnen Moleküls mit den beiden Möglichkeiten jedes anderen Moleküls kombinieren.

In Tab. 18 ist die thermodynamische Wahrscheinlichkeit W verschiedener Verteilungsmöglichkeiten von 10, 100 und 1000 Molekülen und das Verhältnis W/W_m der Häufigkeit jeder Verteilung zur Häufigkeit W_m der gleichmäßigen Verteilung angegeben. Abb. 50 stellt diese Häufigkeitsverhältnisse graphisch dar.

Tabelle 18. Thermodynamische Wahrscheinlichkeit W der Verteilung von $N = N_1 + N_2$ Molekülen auf 2 Raumhälften und relative Wahrscheinlichkeit W/W_m, bezogen auf die gleichmäßige Verteilung

$N = 10$ Moleküle:

N_1	0	1	2	3	4	5	6	7	8	9	10
N_2	10	9	8	7	6	5	4	3	2	1	0
W	1	10	45	120	210	252	210	120	45	10	1
W/W_m	0,0040	0,0397	0,1786	0,476	0,833	1,000	0,833	0,476	0,1786	0,0397	0,0040

$N = 100$ Moleküle:

N_1	0	10	20	30	40	45	50
N_2	100	90	80	70	60	55	50
W	1	$1,6 \cdot 10^{13}$	$5,25 \cdot 10^{20}$	$2,8 \cdot 10^{25}$	$1,31 \cdot 10^{28}$	$6,65 \cdot 10^{28}$	$11,15 \cdot 10^{28}$
W/W_m	$9 \cdot 10^{-30}$	$1,44 \cdot 10^{-16}$	$4,72 \cdot 10^{-9}$	$2,51 \cdot 10^{-4}$	0,1175	0,5970	1,0000

$N = 1000$ Moleküle:

N_1	400	450	460	475	490	500
N_2	600	550	540	525	510	500
W	$6,25 \cdot 10^{290}$	$1,82 \cdot 10^{297}$	$1,1 \cdot 10^{298}$	$7,7 \cdot 10^{298}$	$2,21 \cdot 10^{299}$	$2,70 \cdot 10^{299}$
W/W_m	$2,31 \cdot 10^{-9}$	$6,72 \cdot 10^{-3}$	0,0408	0,287	0,819	1,000

Man erkennt, wie mit wachsender Zahl der Moleküle die Zahl der Möglichkeiten ungeheuer anwächst und wie erhebliche Abweichungen von der gleichmäßigen Verteilung außerordentlich rasch seltener werden. Daß sich alle Moleküle in einer Raumhälfte befinden, kommt schon bei 100 Molekülen nur einmal unter $2^{100} = 1,268 \cdot 10^{30}$ Möglichkeiten vor. Um uns einen Begriff von der Seltenheit dieses Falles zu machen, denken wir uns die 100 Moleküle in einem Raum von 1 cm Höhe und Breite und 2 cm Länge und nehmen wie auf S. 65 an, daß ein Drittel der Moleküle sich mit der mittleren Geschwindigkeit von 500 m/s, wie sie etwa bei Luft von Zimmertemperatur vorhanden ist, in der Längsrichtung des Raumes bewegen.

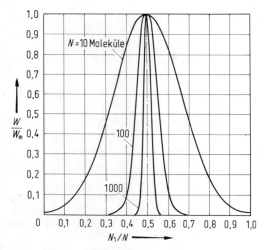

Abb. 50. Verhältnis der Häufigkeit W irgendeiner Verteilung N_1/N von N Molekülen auf 2 Räume zur Häufigkeit W_m der gleichmäßigen Verteilung von $N_1/N = 0,5$.

In der Sekunde legt dann ein Molekül die Strecke von 2 cm 25000mal zurück, und es kommt im Mittel $25000 \cdot 100/3 = 833333$mal vor, daß ein Molekül von einer Hälfte des Raumes in die andere hinüberwechselt[1]. Um alle $1,268 \cdot 10^{30}$ Möglichkeiten der Verteilung durchzuspielen, braucht man $1,268 \cdot 10^{30}/833333$ Sekunden oder rund $4,824 \cdot 10^{16}$ Jahre. Erst etwa alle 50 Billiarden Jahre ist demnach einmal zu erwarten, daß alle Moleküle sich in einer Raumhälfte befinden, und dann dauert dieser Zustand nur etwa 1/25000 s. Kleinere Abweichungen von der mittleren Verteilung sind zwar nicht so unwahrscheinlich, aber bei der großen Zahl von Molekülen, mit denen man es bei Versuchen zu tun hat, doch noch von sehr geringer Wahrscheinlichkeit. Man kann die Häufigkeit ihres Auftretens berechnen, indem man die Zahl der Mikrozustände eines von der häufigsten Verteilung abweichenden Makrozustandes mit der Zahl aller überhaupt möglichen Mikrozustände vergleicht. Dabei ergibt sich, daß bei 1 Million Molekülen in unserem Raum von 2 cm³ in einer Hälfte Druckschwankungen von 1/1 000 000 häufig vorkommen, daß aber solche von 1/1000 schon außerordentlich selten sind.

---

[1] Vgl. hierzu Plank, R.: Begriff der Entropie. Z. VDI 70 (1926) 841—845 und die Behandlung dieses Beispiels von Hausen, H.: Entropie und Wahrscheinlichkeit. Mitt. d. G.H.H.-Konzerns 2 (1932) 51—56.

Denken wir uns in unserem Beispiel alle Moleküle zunächst in der einen, etwa durch einen Schieber abgegrenzten Raumhälfte und nehmen die Trennwand plötzlich fort, so haben wir nichts anderes als den auf S. 86 behandelten Versuch von Gay-Lussac und Joule. Zwischen beiden Räumen findet ein Druckausgleich statt, und der Vorgang ist auf keine Weise wieder vollständig rückgängig zu machen. Im Gegensatz zu dieser Aussage schließt die statistische Behandlung die Wiederkehr eines unwahrscheinlichen Anfangszustandes zwar nicht völlig aus, aber sie erweist diese bei einigermaßen großen Molekülzahlen als so ungeheuer unwahrscheinlich, daß wir berechtigt sind, die Wiederkehr nach menschlichem Maß als unmöglich zu bezeichnen und von einem nichtumkehrbaren Vorgang zu sprechen.

Die Statistik deutet also den zweiten Hauptsatz als ein Wahrscheinlichkeitsprinzip, das mit einer an Gewißheit grenzenden Wahrscheinlichkeit gilt. Die Umkehr von selbst verlaufender Vorgänge ist aber nicht völlig unmöglich, in sehr kleinen Räumen und bei nicht zu großen Molekülzahlen ereignen sich vielmehr dauernd solche Vorgänge. Damit sind der Gültigkeit des zweiten Hauptsatzes Grenzen gesetzt. Für makroskopische Vorgänge sind diese Grenzen praktisch bedeutungslos, jedenfalls ist es völlig unmöglich, etwa die kleinen Druckschwankungen zwischen zwei Gasräumen zum Betrieb einer Maschine zu benutzen. Dazu müßten wir diese Schwankungen erkennen und stets im richtigen Augenblick eine Trennwand zwischen beide Räume schieben können. Bis aber die Wirkung des Eindringens eines Überschusses von Molekülen in dem einen Raum sich auf einem Druckmeßgerät bemerkbar macht, haben soviel neue Molekülübergänge zwischen beiden Räumen stattgefunden, daß die Verteilung schon wieder eine ganz andere geworden ist.

5.2 Entropie und thermodynamische Wahrscheinlichkeit

Nach dem Vorstehenden folgen ohne unser Zutun auf Zustände geringer thermodynamischer Wahrscheinlichkeit höchstwahrscheinlich solche größerer Wahrscheinlichkeit. Es liegt daher nahe, jeden nichtumkehrbaren Vorgang als ein Übergehen zu Zuständen größerer Wahrscheinlichkeit zu deuten und einen universellen Zusammenhang

$$S = f(W) \tag{84}$$

zwischen der ebenfalls zunehmenden Entropie S und der thermodynamischen Wahrscheinlichkeit W zu vermuten. Diese Beziehung hat L. Boltzmann (1877) gefunden in der Form $S = k \ln W$, und sie wird streng abgeleitet mit den Hilfsmitteln der statistischen Mechanik. Man kann sie am einfachsten verstehen, indem man untersucht, wie sich bei zwei voneinander unabhängigen und zunächst getrennt betrachteten Gebilden *1* und *2* einerseits die Entropie, andererseits die thermodynamische Wahrscheinlichkeit aus den Eigenschaften der Einzelgebilde zusammensetzen.

Für die Entropie des Gesamtgebildes gilt

$$S = S_1 + S_2 \,,$$

da die Entropie ebenso wie das Volum, die innere Energie und die Enthalpie eine extensive Zustandsgröße ist. Für seine thermodynamische Wahrscheinlichkeit gilt

$$W = W_1 W_2 \, ,$$

da jeder Mikrozustand des einen Gebildes kombiniert mit jedem Mikrozustand des anderen einen Mikrozustand des Gesamtgebildes liefert. Für die gesuchte Funktion f muß dann die Funktionsgleichung

$$f(W_1 W_2) = f(W_1) + f(W_2) \tag{85}$$

gelten. Differenziert man zunächst nach W_1 bei konstant gehaltenem W_2, so wird

$$W_2 f'(W_1 W_2) = f'(W_1) \, ,$$

wobei f' der Differentialquotient von f nach dem jeweiligen Argument ist. Nochmaliges Differenzieren nach W_2 bei konstantem W_1 ergibt

$$f'(W_1 W_2) + W_1 \cdot W_2 f''(W_1 W_2) = 0$$

oder

$$f'(W) + W f''(W) = 0 \, . \tag{86}$$

Die allgemeine Lösung dieser Differentialgleichung lautet

$$f(W) = k \ln W + \text{const} \, ,$$

wobei sich durch Einsetzen in Gl. (85) const = 0 ergibt. Damit erhalten wir zwischen Entropie und thermodynamischer Wahrscheinlichkeit die universelle Beziehung

$$S = k \ln W \, . \tag{87}$$

Durch diese Gleichung erhält unsere auf S. 135 getroffene Verabredung, dem Endzustand eines nichtumkehrbaren Vorganges eine größere Wahrscheinlichkeit zuzuschreiben als dem Anfangszustand, eine tiefere Begründung und einen genaueren Inhalt.

Die Größe k ist dabei die Boltzmannsche Konstante, d. h. die auf ein Molekül bezogene Gaskonstante, wie man in der kinetischen Gastheorie nachweist.

5.3 Die endliche Größe der thermodynamischen Wahrscheinlichkeit, Quantentheorie, Nernstsches Wärmetheorem

Oben hatten wir die thermodynamische Wahrscheinlichkeit der Verteilung einer bestimmten Anzahl von Molekülen auf zwei gleichgroße Raumhälften zahlenmäßig ausgerechnet. In jeder Hälfte können aber wieder Ungleichmäßigkeiten der Verteilung auftreten; um den Zustand genauer zu beschreiben, müssen wir also feiner unterteilen. Man erkennt leicht, daß die Zahl der Möglichkeiten, N

Moleküle auf n Fächer zu verteilen, so daß in jedes N_1, N_2, N_3 ... N_n Moleküle kommen,

$$\frac{N!}{N_1!N_2!N_3! \ldots N_n!}$$

beträgt. Mit der Zahl der Fächer, die wir uns etwa als Würfel von der Kantenlänge ε vorstellen, wächst die Zahl der möglichen Mikrozustände und damit die Größe der thermodynamischen Wahrscheinlichkeit.

Durch die räumliche Verteilung allein ist aber der Mikrozustand eines Gases noch nicht erschöpfend beschrieben, sondern wir müssen auch noch angeben, welche Energie und welche Geschwindigkeitsrichtungen oder einfacher, welche drei Impulskomponenten jedes Molekül hat. Dabei ist „Impuls" bekanntlich das Produkt aus Masse und Geschwindigkeit. Tragen wir die Impulskomponenten in einem rechtwinkligen Koordinatensystem auf, so erhalten wir den sog. Impulsraum, den wir uns in würfelförmige Zellen von der Kantenlänge δ aufgeteilt denken können. Hat ein Molekül bestimmte Impulskomponenten, so sagen wir, es befindet sich an einer bestimmten Stelle des Impulsraumes oder in einer bestimmten Zelle desselben. Die Verteilung der Impulskomponenten auf die Moleküle ist dann eine Aufgabe ganz derselben Art wie die Verteilung von Molekülen auf Raumteile. Auch hier ist die Zahl der Möglichkeiten und damit die thermodynamische Wahrscheinlichkeit um so größer, je kleiner die Kantenlängen δ der Zellen gewählt werden.

Die thermodynamische Wahrscheinlichkeit der Verteilung von Molekülen auf den gewöhnlichen Raum und den Impulsraum enthält also noch einen unbestimmten Faktor C, der von den die Feinheit der Unterteilung von Raum und Impuls kennzeichnenden Größen ε und δ abhängt und der bei beliebig feiner Unterteilung über alle Grenzen wächst. Im Grenzfall unendlich feiner Unterteilung bildet dann die Gesamtheit der Mikrozustände ein Kontinuum. Dem unbestimmten Faktor C der Wahrscheinlichkeit entspricht nach Gl. (87) eine willkürliche Konstante der Entropie. Für alle Fragen, bei denen nur die Unterschiede des Wertes der Entropie gegen einen verabredeten Anfangszustand eine Rolle spielen, ist diese Unbestimmtheit bedeutungslos.

Max Planck erkannte im Jahre 1900, daß sich die gemessene Energieverteilung im Spektrum des absolut schwarzen Körpers theoretisch erklären läßt, wenn man die Unterteilung für die Berechnung der Zahl der Mikrozustände des als kleinen Oszillator gedachten strahlenden Körpers nicht beliebig klein wählt, sondern für das Produkt $\varepsilon \cdot \delta$ von der Dimension eines Impulsmomentes (Länge · Impuls) oder einer Wirkung (Energie · Zeit) eine bestimmte sehr kleine, aber doch endliche Größe, das Plancksche Wirkungsquantum h, S. 89, annimmt. Dieses neue Prinzip bildet die Grundlage der Quantentheorie. Danach ist jeder Mikrozustand vom benachbarten um einen endlichen Betrag verschieden. Der zu einem sechsdimensionalen Raum der Lage- und Impulskomponenten zusammengefaßte Verteilungsraum der Moleküle hat nicht beliebig kleine Zellen, sondern nur solche der Kantenlänge h. Die Gesamtheit aller Mikrozustände bildet also kein Kontinuum mehr, sondern eine sog. diskrete Mannigfaltigkeit, und man kann sagen:

Ein jeder Makrozustand eines physikalischen Gebildes umfaßt eine ganz bestimmte Anzahl von Mikrozuständen, und diese Zahl stellt die thermodynamische Wahrscheinlichkeit des Makrozustandes dar.

Damit ist nach Gl. (87) auch die willkürliche Konstante der Entropie beseitigt und dieser ein bestimmter Wert zugeteilt.

Gegen unsere Überlegungen kann man einwenden, daß die Entropie sich stetig verändert, während die thermodynamische Wahrscheinlichkeit W eine ganze Zahl ist und sich daher nur sprunghaft ändern kann. Wenn aber W, wie das in praktischen Fällen stets zutrifft, eine ungeheuer große Zahl ist, beeinflußt ihre Änderung um eine Einheit die Entropie so verschwindend wenig, daß man mit sehr großer Annäherung von einem stetigen Anwachsen sprechen kann. Diese Vereinfachung enthält eine grundsätzliche Beschränkung der makroskopisch-thermodynamischen Betrachtungsweise insofern, als man sie nur auf Systeme mit einer sehr großen Zahl von Mikrozuständen anwenden darf. Für mäßig viele Teilchen mit einer nicht sehr großen Zahl von Mikrozuständen verliert die Thermodynamik ihren Sinn. Man kann nicht von der Entropie und der Temperatur eines oder weniger Moleküle sprechen.

Eine starke Abnahme der thermodynamischen Wahrscheinlichkeit tritt bei Annäherung an den absoluten Nullpunkt ein; denn die Bewegungsenergie der Teilchen und damit die Gesamtzahl der Energiequanten wird immer kleiner, um schließlich ganz zu verschwinden. Zugleich ordnen sich erfahrungsgemäß die Moleküle, falls es sich um solche gleicher Art handelt, zu dem regelmäßigen Raumgitter des festen Kristalls, in dem jedes Molekül seinen bestimmten Platz hat, den es nicht mit einem anderen tauschen kann. Es gibt also nur den einen gerade bestehenden Mikrozustand, die Entropie muß den Wert Null haben, und man kann sagen:

Bei Annäherung an den absoluten Nullpunkt nähert sich die Entropie jedes chemisch homogenen, kristallisierten Körpers unbegrenzt dem Wert Null.

Dieser Satz ist das sog. *Nernstsche Wärmetheorem* oder der *dritte Hauptsatz der Thermodynamik* in der Planckschen Fassung. In der Sprache der Mathematik lautet er

$$\lim_{T \to 0} S = 0. \tag{88}$$

6 Eigenschaften der Entropie bei Austauschprozessen

Im folgenden sollen die Eigenschaften der Entropie an ausgewählten typisch irreversiblen Prozessen untersucht und die dabei gewonnenen Erkenntnisse verallgemeinert werden.

Als erstes Beispiel betrachten wir zwei Teilsysteme (1) und (2), die ein abgeschlossenes Gesamtsystem bilden, Abb. 51, und über eine feststehende diatherme Wand miteinander verbunden sind. Die Temperatur $T^{(1)}$ des Teilsystems (1) sei größer als die Temperatur $T^{(2)}$ des Teilsystems (2). Wie wir aus Erfahrung wissen, fließt Wärme von dem Teilsystem (1) in das Teilsystem (2). Bei diesem Vorgang nimmt die innere Energie $U^{(1)}$ des Teilsystems (1) ab, die des Teilsystems (2) zu. Da das Gesamtsystem abgeschlossen ist, ist auch seine innere Energie $U = U^{(1)} + U^{(2)}$ konstant und daher die Änderung der inneren Energie während eines Zeitintervalls $d\tau$:

$$-dU^{(1)} = dU^{(2)}.$$

Abb. 51. Energieaustausch zwischen Teilsystemen verschiedener Temperatur.

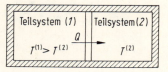

In jedem Zeitintervall ist die Abnahme der inneren Energie des Teilsystems (1) genau so groß wie die Zunahme der inneren Energie des Teilsystems (2).

Die innere Energie strömt als Wärme über die Grenzen der Teilsysteme. Ein derartiger Energieaustausch ist, wie wir gesehen hatten, nur möglich, wenn beide Teilsysteme über die Koordinate Entropie miteinander in Kontakt treten. Die Entropieänderung des Teilsystems (1) während eines Zeitintervalls $d\tau$ ist:

$$dS^{(1)} = \frac{dU^{(1)}}{T^{(1)}} < 0$$

und die des Teilsystems (2)

$$dS^{(2)} = \frac{dU^{(2)}}{T^{(2)}} > 0.$$

Die Entropie des Teilsystems (1) nimmt ab, da ihm innere Energie entzogen wird, $dU^{(1)} < 0$, die des Teilsystems (2) nimmt zu, da dessen innere Energie zunimmt, $dU^{(2)} > 0$.

Dieses Ergebnis gilt allerdings nur dann, wenn wir fordern, daß die thermodynamische Temperatur stets positiv ist, was wir vorausgesetzt haben.

Die Entropieänderung dS des Gesamtsystems während des Zeitintervalls $d\tau$ setzt sich aus den Entropieänderungen der Teilsysteme zusammen, da die Entropie eine extensive Größe ist:

$$dS = dS^{(1)} + dS^{(2)} = \frac{dU^{(1)}}{T^{(1)}} + \frac{dU^{(2)}}{T^{(2)}}.$$

Nun ist aber $dU^{(1)} = -dU^{(2)}$ und daher

$$dS = dU^{(2)} \left[\frac{1}{T^{(2)}} - \frac{1}{T^{(1)}} \right] = dU^{(2)} \frac{T^{(1)} - T^{(2)}}{T^{(1)}T^{(2)}}.$$

Da die Änderung der inneren Energie $dU^{(2)} > 0$ ist und $T^{(1)} > T^{(2)}$ sein soll, ist die rechte Seite dieser Gleichung positiv. Dann ist auch

$$dS > 0.$$

140   IV. Der zweite Hauptsatz der Thermodynamik

Bei dem Austauschprozeß nimmt die Entropie des abgeschlossenen Gesamtsystems zu: Es wird Entropie erzeugt. Ursache für die Entropieerzeugung ist der Temperaturunterschied $T^{(1)} - T^{(2)}$ zwischen den beiden Systemen. Wie man sieht, ist die erzeugte Entropie proportional dem Temperaturunterschied und umgekehrt proportional dem Produkt der absoluten Temperaturen beider Teilsysteme.

Der Austauschprozeß ist dann beendet, wenn die Temperaturen beider Teilsysteme gleich sind, $T^{(1)} = T^{(2)}$. Dann wird auch die Entropieänderung $dS = 0$. Da die Entropie bis zum Erreichen des Gleichgewichts zunahm, muß sie im Gleichgewicht ein Maximum erreichen.

Als weiteres Beispiel betrachten wir den Energieaustausch über eine diatherme bewegliche Wand. Zu diesem Zweck nehmen wir an, die diatherme Wand in Abb. 51 sei ein Kolben und es befinde sich im linken Teilsystem ein ideales Gas, dessen Dichte $\varrho^{(1)}$ größer ist als die Dichte $\varrho^{(2)}$ desselben idealen Gases im rechten Teilsystem. Außerdem soll wie zuvor $T^{(1)} > T^{(2)}$ sein. Aus Erfahrung wissen wir, daß sich die Druck- und Temperaturunterschiede auszugleichen suchen. Es handelt sich auch hier um einen irreversiblen Prozeß, da sich der Kolben in eine ganz bestimmte Richtung bewegt, nämlich von dem Teilsystem, in dem die Gasmoleküle dichter gepackt sind, zu dem Teilsystem, in dem die Gasmoleküle eine geringere Dichte haben, und da außerdem Wärme vom Teilsystem höherer zum Teilsystem tieferer Temperatur strömt. Beide Vorgänge lassen sich nur durch Eingriffe von außen umkehren. Da das Gesamtsystem nach außen abgeschlossen ist, gilt wiederum für die innere Energie

$$U = U^{(1)} + U^{(2)} = \text{const}$$

und daher $-dU^{(1)} = dU^{(2)}$.

Das Volum des Gesamtsystems ist

$$V = V^{(1)} + V^{(2)} = \text{const}.$$

Bewegt sich der Kolben während des Zeitintervalls $d\tau$ um ein kleines Stück Weg von links nach rechts, so ist die Zunahme des Volums des linken Teilsystems gleich der Abnahme des Volums des rechten Teilsystems

$$dV^{(1)} = -dV^{(2)}.$$

Wir wollen annehmen, daß sich die Drücke $p^{(1)}$ und $p^{(2)}$ nicht sehr voneinander unterscheiden, so daß die Zustandsänderung als quasistatisch gelten kann. Dann ist für jedes Teilsystem

$$dU = T\,dS - p\,dV$$

und somit

$$dS^{(1)} = \frac{dU^{(1)}}{T^{(1)}} + \frac{p^{(1)}}{T^{(1)}}\,dV^{(1)}$$

und

$$dS^{(2)} = \frac{dU^{(2)}}{T^{(2)}} + \frac{p^{(2)}}{T^{(2)}}\,dV^{(2)}.$$

Die Entropie des Gesamtsystems setzt sich additiv aus den Entropien der Teilsysteme zusammen und ist

$$dS = dS^{(1)} + dS^{(2)} = dU^{(2)} \left[\frac{1}{T^{(2)}} - \frac{1}{T^{(1)}}\right] + dV^{(1)} \left[\frac{p^{(1)}}{T^{(1)}} - \frac{p^{(2)}}{T^{(2)}}\right].$$

In beiden Teilsystemen sollte sich voraussetzungsgemäß ein ideales Gas befinden, es ist daher wegen $p/\varrho = RT$:

$$\frac{p^{(1)}}{T^{(1)}} = \varrho^{(1)} R \quad \text{und} \quad \frac{p^{(2)}}{T^{(2)}} = \varrho^{(2)} R \,.$$

Damit erhält man für die Entropieänderung des Gesamtsystems während des Zeitintervalls $d\tau$:

$$dS = dU^{(2)} \frac{T^{(1)} - T^{(2)}}{T^{(1)} T^{(2)}} + dV^{(1)} R [\varrho^{(1)} - \varrho^{(2)}] \,.$$

Da jeder Ausdruck auf der rechten Seite dieser Beziehung voraussetzungsgemäß positiv ist, nimmt auch bei diesem Austauschprozeß die Entropie des Gesamtsystems zu. Im Gleichgewicht ist $T^{(1)} = T^{(2)}$, $p^{(1)} = p^{(2)}$ und daher auch $\varrho^{(1)} = \varrho^{(2)}$. Im Gleichgewicht erreicht also die Entropie wiederum ein Maximum.

Diese am Beispiel des Energie- und des Volumaustausches hergeleiteten Ergebnisse findet man auch für alle anderen Austauschprozesse bestätigt, etwa solche, in denen elektrische und magnetische Feldkräfte an den Teilchen des Systems angreifen, in denen chemische Reaktionen ablaufen, in denen Reibung oder Wirbelbildungen auftreten: *Stets laufen die Austauschvorgänge in einem abgeschlossenen System so ab, daß die Entropie zunimmt. Im Grenzfall des Gleichgewichts erreicht die Entropie ein Maximum.* Für Zustandsänderungen im Gleichgewicht ist $dS = 0$, d. h., die Entropie behält ihren Wert bei. Da Austauschprozesse irreversibel und Zustandsänderungen im Gleichgewicht reversibel ablaufen, gilt somit:

Irreversible Prozesse sind mit Entropieerzeugung verbunden, und nur bei reversiblen Prozessen bleibt die Entropie konstant.

Dieser Satz gilt natürlich nur unter der eingangs getroffenen Annahme, daß sich genügend viele Teilchen in dem System befinden, so daß man statistisch gesicherte Aussagen machen kann.

7 Allgemeine Formulierung des zweiten Hauptsatzes der Thermodynamik

Wir hatten gesehen, daß bei Austauschvorgängen in einem abgeschlossenen System die Entropie nur zunehmen kann. Im Falle des Wärmeaustausches über eine diatherme Wand nach Abb. 51 nahm die Entropie des linken Teilsystems weniger ab, als die Entropie des rechten Teilsystems zunahm. Die Entropie in dem gesamten System nahm während des Austauschprozesses zu. Diese Entropieänderung im Inneren des abgeschlossenen Systems beruht auf Irreversibilitäten. Wir kennzeichnen sie durch das Zeichen dS_i (Index i = innen), da sich die Entropie im Inneren des gesamten Systems änderte. Wäre das System hingegen nicht abgeschlossen, würden wir also in Abb. 51 die adiabate Wand um das Gesamtsystem entfernen, so könnte noch Energie mit der Umgebung ausgetauscht werden. Handelt es sich hierbei um einen Wärmeaustausch, so fließt, wie wir wissen, Wärme über die Koordinate Entropie in das System. Die innere Energie ändert sich und gleichzeitig auch die Entropie. Wir kennzeichnen nun die Entropieänderung, die auf Austauschprozessen mit der Umgebung beruht, durch das Zeichen dS_a (Index a = außen). In nicht abgeschlossenen Systemen kann die Entropieänderung während eines Zeitintervalls $d\tau$ demnach durch einen Energieaustausch mit der Umgebung *und* durch Irreversibilitäten im Inneren des Systems verursacht sein

$$dS = dS_a + dS_i, \qquad (89)$$

oder, wenn man durch das Zeitdifferential $d\tau$ dividiert und die auf das Zeitdifferential bezogene Entropieänderung $dS/d\tau = \dot{S}$ durch einen Punkt kennzeichnet,

$$\dot{S} = \dot{S}_a + \dot{S}_i. \qquad (89\,\text{a})$$

Den Anteil $\dot{S}_a$, der auf Energieaustausch mit der Umgebung beruht, nennt man *Entropieströmung*, der Anteil $\dot{S}_i$, der durch Irreversibilitäten im Inneren des Systems verursacht ist, heißt *Entropieerzeugung*.

Die Entropieströmung ist positiv, wenn dem System Wärme zugeführt wird; sie ist negativ bei Wärmeabfuhr und gleich Null bei adiabaten Systemen

$$\dot{S}_a \lesseqgtr 0. \qquad (90)$$

Die Entropieerzeugung kann hingegen, wie wir sahen, nie negativ sein; sie ist positiv bei irreversiblen und gleich Null bei reversiblen Prozessen

$$\dot{S}_i \geq 0. \qquad (91)$$

Die Entropie S des Systems kann je nach Größe von Entropieströmung und Entropieerzeugung zu- oder abnehmen. Sie nimmt zu, wenn Wärme zugeführt wird ($\dot{S}_a > 0$), wenn das System adiabat ist ($\dot{S}_a = 0$), oder wenn Wärme abgeführt wird und gleichzeitig $|\dot{S}_a| < \dot{S}_i$ ist. Sie nimmt ab, wenn Wärme abgeführt wird und $|\dot{S}_a| > \dot{S}_i$ ist, und wird gleich Null, wenn $-\dot{S}_a = \dot{S}_i$ ist.

Man kann nunmehr den zweiten Hauptsatz folgendermaßen formulieren:

Es existiert eine Zustandsgröße S, die Entropie eines Systems, deren zeitliche Änderung $\dot{S}$ sich aus Entropieströmung $\dot{S}_a$ und Entropieerzeugung $\dot{S}_i$ zusammensetzt. Für die Entropieerzeugung gilt

$$\begin{aligned} \dot{S}_i &= 0 \quad \text{für reversible Prozesse,} \\ \dot{S}_i &> 0 \quad \text{für irreversible Prozesse,} \\ \dot{S}_i &< 0 \quad \text{nicht möglich.} \end{aligned} \qquad (92)$$

7. Allgemeine Formulierung des zweiten Hauptsatzes der Thermodynamik

7.1 Einige andere Formulierungen des zweiten Hauptsatzes

a) Für adiabate Systeme ist $\dot{S}_a = 0$ und daher $\dot{S} = \dot{S}_i$. In adiabaten Systemen kann daher die Entropie niemals abnehmen, sie kann nur zunehmen bei irreversiblen Prozessen oder konstant bleiben bei reversiblen Prozessen. Da sich während einer Zustandsänderung die Entropieänderung des Gesamtsystems additiv aus den Entropieänderungen $\Delta S^{(\alpha)}$ der α Teilsysteme zusammensetzt, gilt für ein adiabates System:

$$\sum_{(\alpha)} \Delta S^{(\alpha)} \geq 0 \ . \tag{92a}$$

Diese Formulierung findet man häufig für den zweiten Hauptsatz angegeben. Da sie nur für adiabate Systeme gilt, ist sie nicht so allgemein wie die vorige Formulierung nach Gl. (92).

b) Eine andere Formulierung erhält man, wenn man ein geschlossenes System betrachtet, das mit seiner Umgebung Wärme und Arbeit austauscht. Der Prozeß sei irreversibel. Die während einer kleinen Zeit $d\tau$ zu- oder abgeführte Wärme dQ bewirkt eine Änderung der inneren Energie um

$$dU' = dQ = T\, dS_a \ .$$

Die während der gleichen Zeit verrichtete Arbeit führt zu einer Änderung der inneren Energie um

$$dU'' = -p\, dV + dL_{\text{diss}} \ ,$$

wenn der Einfachheit halber nur eine Volumarbeit verrichtet werden soll. Damit ist die gesamte Änderung der inneren Energie

$$dU = dU' + dU'' = T\, dS_a - p\, dV + dL_{\text{diss}} \ . \tag{93}$$

Wir denken uns jetzt den irreversiblen Prozeß durch einen anderen ersetzt, in dem das Volum durch Verrichten einer quasistatischen Arbeit $-p\, dV$ um den gleichen Anteil dV geändert wird wie zuvor und in dem die zugeführte Wärme dQ_0 so groß gewählt wird, daß sich die Entropie um den gleichen Anteil $dS = dS_a + dS_i$ wie zuvor ändert. Da die innere Energie $U(S, V)$ von der Entropie und dem Volum abhängt, wird durch den neuen Prozeß auch die innere Energie um den gleichen Anteil geändert wie zuvor. Für den neuen Prozeß ist

$$dU = dQ_0 - p\, dV \ .$$

Wie sich aus dem Vergleich mit Gl. (93) ergibt, ist

$$dQ_0 = T\, dS_a + dL_{\text{diss}} \ .$$

Nun ist andererseits voraussetzungsgemäß

$$dQ_0 = T\, dS = T\, dS_a + T\, dS_i$$

und daher die dissipierte Arbeit

$$dL_{\text{diss}} = T\, dS_i \ . \tag{94}$$

Den Ausdruck $T\,dS_i$ bezeichnet man auch als *Dissipationsenergie* $d\Psi$. Sie stimmt bei den hier behandelten einfachen Systemen mit der dissipierten Arbeit überein, ist aber im allgemeinen größer als diese[1], weswegen wir für dissipierte Arbeit und Dissipationsenergie verschiedene Zeichen wählen. Es ist also im vorliegenden Fall $dL_{diss} = d\Psi = T\,dS_i$. Wegen $dS_i \geqq 0$ ist auch $dL_{diss} > 0$. Damit haben wir eine andere Formulierung für den zweiten Hauptsatz gefunden. Sie lautet:

Die Dissipationsenergie (und auch die dissipierte Arbeit) kann nie negativ werden. Sie ist positiv für irreversible Prozesse und gleich Null für reversible Prozesse.

In dem Ausdruck für die zu- oder abgeführte Wärme

$$dQ = T\,dS_a \tag{95}$$

gibt der Anteil dS_a vereinbarungsgemäß die Entropieänderungen durch Wärmeaustausch mit der Umgebung an. Wie hieraus ersichtlich wird, ist *Wärme eine Energie, die zusammen mit Entropie über die Systemgrenze strömt, während die Arbeit ohne Entropieaustausch übertragen wird.*

Wird eine quasistatische Volumarbeit $dL = -p\,dV$ verrichtet, so fließt die Arbeit über die Arbeitskoordinate V in das System. Ist hingegen ein Prozeß, bei dem Volumarbeit verrichtet wird, irreversibel, so wird zwar infolge Arbeit keine Entropie mit der Umgebung ausgetauscht, es ist aber $dL_{diss} > 0$; daher ändert sich die Entropie im Inneren des Systems: Nur ein Teil der verrichteten Arbeit bewirkt eine Änderung der Arbeitskoordinate, während der andere Teil zu einer Änderung der Entropiekoordinate im Inneren des Systems führt.

c) Addiert man auf der rechten Seite von Gl. (95) noch den Term $T\,dS_i$, der bekanntlich stets größer oder gleich Null ist, so erhält man

$$dQ \leq T\,dS \quad \text{oder} \quad \Delta S \geq \int_1^2 \frac{dQ}{T}. \tag{96}$$

Das Gleichheitszeichen gilt für reversible, das Kleiner-Zeichen für irreversible Prozesse. Gl. (96) stellt eine andere Formulierung des zweiten Hauptsatzes dar und wird gelegentlich als *Clausiussche Ungleichung* bezeichnet. Sie hat sich, wie wir noch sehen werden, als besonders nützlich erwiesen beim Studium von Kreisprozessen und wird daher in Lehrbüchern, die sich vorwiegend mit Kreisprozessen befassen, verständlicherweise an den Anfang aller Darstellungen über den zweiten Hauptsatz gestellt. Sie besagt, daß in irreversiblen Prozessen die Entropieänderung größer ist als das Integral über alle dQ/T. Nur bei reversiblen Prozessen ist die Entropieänderung gleich diesem Integral. Für adiabate Prozesse ergibt sich wiederum der schon bekannte Zusammenhang $\Delta S \geqq 0\ (dQ = 0)$.

d) Eine der Clausiusschen Ungleichung äquivalente Formulierung kann man sofort anschreiben, wenn man von dem ersten Hauptsatz für geschlossene Systeme ausgeht,

$$dU = dQ + dL \quad \text{oder} \quad dU - dL = dQ\,.$$

---

[1] Vgl. hierzu Haase, R.: Thermodynamik irreversibler Prozesse. Darmstadt: Steinkopff 1963, S. 96.

Zusammen mit Gl. (96) folgt hieraus sofort

$$dU - dL \leqq T\,dS\,, \tag{97}$$

oder, wenn man durch das Zeitintervall $d\tau$ dividiert und das Zeichen P für die Leistung $dL/d\tau$ setzt

$$\dot{U} - P \leqq T\dot{S}\,. \tag{97a}$$

Gl. (97a) hat Truesdell[1] zum Ausgangspunkt einer Darstellung der Thermodynamik irreversibler Prozesse gewählt.

Abschließend halten wir fest:

Alle hier aufgeführten Formulierungen des zweiten Hauptsatzes sind einander völlig äquivalent. Sie sind, wie wir sahen, alle aus der allgemeinen Formulierung Gl. (92) herzuleiten, und es ist daher gleichgültig, für welche der genannten Formulierungen man sich entscheidet. Wir werden im folgenden immer diejenige Formulierung bevorzugen, die sich zur Lösung einer speziellen Aufgabe am zweckmäßigsten erweist.

7.2 Schlußfolgerungen aus den verschiedenen Formulierungen des zweiten Hauptsatzes

Die verschiedenen Formulierungen des zweiten Hauptsatzes der Thermodynamik ermöglichen es, einige wichtige und interessante Aussagen über thermodynamische Prozesse und Zustandsänderungen zu machen.

a) Zusammenhang zwischen Entropie und Wärme

Addiert man in Gl. (95) auf beiden Seiten $T\,dS_i$, so erhält man

$$dQ + T\,dS_i = T\,dS_a + T\,dS_i$$

oder, wenn man auf der linken Seite für die Dissipationsenergie $T\,dS_i = d\Psi$ setzt und auf der rechten Seite Gl. (89) beachtet,

$$dQ + d\Psi = T\,dS\,. \tag{98}$$

Durch Integration folgt hieraus

$$Q_{12} + \Psi_{12} = \int_1^2 T\,dS\,. \tag{98a}$$

Bei einem reversiblen Prozeß tritt keine Dissipationsenergie auf, und es ist

$$(Q_{12})_{\text{rev}} = \int_1^2 T\,dS\,. \tag{98b}$$

Trägt man also in einem Temperatur-Entropie-Diagramm, abkürzend als T,S-Diagramm bezeichnet, den Zustandsverlauf *1–2* ein, Abb. 52, so stellt nach

---

[1] Truesdell, C.: Rational thermodynamics, New York: McGraw-Hill 1969.

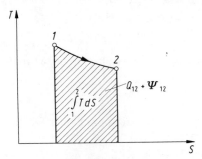

Abb. 52. Wärme und Dissipationsenergie im T,S-Diagramm.

Gl. (98a) die Fläche unter der Kurve *1–2* die Summe aus zu- oder abgeführter Wärme und der Dissipationsenergie dar.

Für *isotherme Prozesse* ist

$$Q_{12} + \Psi_{12} = T(S_2 - S_1)$$

und für den reversiblen isothermen Prozeß

$$(Q_{12})_{\text{rev}} = T(S_2 - S_1).$$

Die Zustandslinie im T,S-Diagramm verläuft horizontal. Nur im Fall des reversiblen Prozesses ist die zu- oder abgeführte Wärme gleich der Fläche unter der Kurve *1–2*. Bei dem in Abb. 52 eingezeichneten Zustandsverlauf wird bei reversibler Zustandsänderung Wärme zugeführt, da die Entropie des Systems zunimmt. Würde Wärme abgeführt, so müßte die Entropie abnehmen, die Kurve *1–2* also von rechts nach links verlaufen.

Ein entsprechendes Ergebnis findet man für die Volumarbeit. Sie war bei irreversiblen Prozessen nach Gl. (32a)

$$L_{12} = -\int_1^2 p\, dV + (L_{\text{diss}})_{12}$$

oder

$$-L_{12} + (L_{\text{diss}})_{12} = \int_1^2 p\, dV. \tag{99}$$

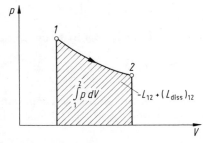

Abb. 53. Volum- und Dissipationsarbeit im p,V-Diagramm.

In einem p,V-Diagramm ist daher die Fläche unter der Zustandslinie *1–2* gleich der abgeführten Arbeit $-L_{12}$ und der dissipierten Arbeit $(L_{diss})_{12}$, Abb. 53, und nur bei reversiblen Prozessen ist die Fläche unter der Kurve *1–2* gleich der vom System verrichteten Arbeit.

Aufgabe 12. Ein Elektromotor mit 5 kW Leistung wird eine Stunde lang abgebremst, wobei die gesamte Leistung als Reibungswärme Q an die Umgebung bei $t = 20\,°C$ abfließt.
Welche Entropiezunahme hat dieser Vorgang zur Folge?

b) Zustandsänderungen adiabater Systeme

Adiabate Systeme sind definitionsgemäß solche, bei denen im Verlauf einer Zustandsänderung weder Wärme zu- noch abgeführt wird. In jedem beliebig kleinen Zeitintervall $d\tau$ der Zustandsänderung ist $dQ = 0$.

Nach dem ersten Hauptsatz, Gl. (34), ist die verrichtete Arbeit gleich der Änderung der inneren Energie

$$dU = dL \quad \text{oder} \quad U_2 - U_1 = L_{12}, \tag{100}$$

und nach dem zweiten Hauptsatz ist

$$dS = dS_i \geqq 0 \quad \text{oder} \quad S_2 - S_1 \geqq 0. \tag{101}$$

Das Größer-Zeichen gilt für irreversible, das Gleichheitszeichen für reversible Prozesse.

Bei einer adiabaten Zustandsänderung ist demnach die verrichtete Arbeit gleich der Änderung der inneren Energie des Systems. Ist die Zustandsänderung irreversibel, so nimmt die Entropie zu, während sie bei reversiblen Zustandsänderungen konstant bleibt.

Wir veranschaulichen diese Ergebnisse in einem p,V- und in einem T,S-Diagramm, Abb. 54a und Abb. 54b, in die wir eine reversible adiabate Zustandsänderung *1–2* und eine irreversible Zustandsänderung *1–2'* einzeichnen.

Die Punkte *2–2'* sollen auf einer Linie konstanten Volums liegen. Der Punkt *2'* kann im T,S-Diagramm nur rechts vom Punkt *2* liegen, da die Entropie bei der irreversiblen adiabaten Zustandsänderung zunimmt.

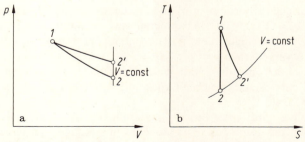

Abb. 54. **a** p,V-Diagramm mit adiabaten Zustandsänderungen;
b T,S-Diagramm mit adiabaten Zustandsänderungen.

c) Isentrope Zustandsänderungen

Isentrope Zustandsänderungen sind solche, bei denen die Entropie während einer Zustandsänderung konstant bleibt; in einem beliebig kleinen Zeitintervall $d\tau$ ist die Entropieänderung $dS = 0$.

Nach der Clausiusschen Ungleichung [Gl. (96)] ist für isentrope Zustandsänderungen

$$dQ \leqq 0 \quad \text{oder} \quad Q_{12} \leqq 0$$

und nach Gl. (97)

$$dU \leqq dL \quad \text{oder} \quad U_2 - U_1 \leqq L_{12}\,.$$

Das Kleiner-Zeichen gilt hier wieder für irreversible, das Gleichheitszeichen für reversible Zustandsänderungen.

Wir kommen zu folgendem Ergebnis:

Eine reversible isentrope Zustandsänderung ist adiabat: die Änderung der inneren Energie ist gleich der geleisteten Arbeit. Umgekehrt ist, wie wir zuvor sahen, auch eine reversible adiabate Zustandsänderung isentrop. Bei einer irreversiblen isentropen Zustandsänderung ist die aufzuwendende Arbeit größer als die Änderung der inneren Energie, da man noch die dissipierte Arbeit zuführen muß; gleichzeitig muß man Wärme abführen. Nur dadurch gelingt es, eine Entropiezunahme bei der irreversiblen Zustandsänderung zu verhindern.

Wie man durch Vergleich mit dem vorigen Ergebnis erkennt, ist eine reversible adiabate Zustandsänderung stets isentrop, hingegen ist eine irreversible adiabate Zustandsänderung nicht isentrop, da die Entropie zunimmt.

7.3 Aussagen des ersten und zweiten Hauptsatzes über quasistatische und über irreversible Prozesse

Der zweite Hauptsatz ermöglicht zusammen mit dem ersten allgemeine Aussagen über quasistatische Zustandsänderungen und über irreversible Prozesse. Um dies zu zeigen, sollen zunächst die Begriffe Zustandsänderung und Prozeß schärfer als bisher erläutert werden.

Zustandsänderungen sind bekanntlich dadurch gekennzeichnet, daß sich die thermodynamischen Koordinaten X_i ändern. Diese sind im allgemeinen Funktionen der Zeit $X_i = X_i(\tau)$. Man denke hierzu etwa an die Expansion eines Gases, das in einem Zylinder eingeschlossen ist: Während der Expansion sind Druck und Volum zeitlich veränderlich $p = p(\tau)$, $V = V(\tau)$, und es ändern sich gleichzeitig alle mit dem Druck und dem Volum veränderlichen anderen Zustandsgrößen. Im Gleichgewichtszustand erreichen Druck und Volum oder allgemein die Koordinaten X_i feste Werte $X_i^{(0)}$.

Hervorgerufen wird eine Zustandsänderung durch äußere Einwirkungen. Man nennt nun die durch *bestimmte* äußere Einwirkungen hervorgerufenen Zustandsänderungen einen *Prozeß*. Zur Kennzeichnung eines Prozesses sind daher nicht nur Angaben über die Zustandsänderung und ihren zeitlichen Ablauf, sondern darüber hinaus noch Angaben über die äußeren Einwirkungen erforderlich, also darüber, wie Energie über die Systemgrenze zu- oder abgeführt wurde.

In der Sprache der Mathematik bedeutet dies, daß eine Zustandsänderung durch den zeitlichen Verlauf der Zustandsgrößen $X_i(\tau)$ beschrieben wird, während der Prozeß durch die Zustandsgrößen $X_i(\tau)$ *und* durch Angabe der „Prozeßgrößen" $L(X_i)$ und $Q(X_i)$ charakterisiert wird.

Zur Beschreibung eines Prozesses genügt es also nicht, nur die Art der Zustandsänderung anzugeben, da man ein und dieselbe Zustandsänderung durch verschiedene Prozesse verwirklichen kann. Als Beispiel denken wir uns ein Gas in einem geschlossenen Behälter, den wir nach Abb. 55a mit einer diathermen Wand umgeben und dann Wärme von außen zuführen. Hierbei erfährt das Gas eine Zustandsänderung bei konstantem Volum. Die gleiche Zustandsänderung kann man auch dadurch verwirklichen, daß man den Behälter mit einer adiabaten Wand umgibt, Abb. 55b, und dann dem System über einen Rührer Arbeit zuführt. Trotz gleicher Zustandsänderungen hat man es hier mit gänzlich verschiedenen Prozessen zu tun.

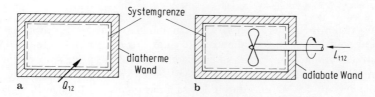

Abb. 55. a Zustandsänderung $V =$ const durch Wärmezufuhr; **b** Zustandsänderung $V =$ const durch Verrichten von Arbeit.

Der Ablauf thermodynamischer Prozesse und selbstverständlich auch die Einstellung des Gleichgewichts wird durch die beiden Hauptsätze geregelt; es müssen also sowohl die *Zustandsgrößen* $X_i(\tau)$ als auch die *Prozeßgrößen* $L(X_i)$ und $Q(X_i)$ den Hauptsätzen genügen. Setzt man Zustandsgrößen und Prozeßgrößen in die Hauptsätze ein, so kann man daher noch unbekannte Größen errechnen. Darüber hinaus erhält man häufig Aussagen über die Eigenschaften der Zustands- und Prozeßgrößen.

Wir wollen diesen Sachverhalt am Beispiel der quasistatischen Zustandsänderung eines Gases untersuchen, das in einem Zylinder mit verschiebbarem Kolben eingeschlossen ist. Die während eines kleinen Zeitintervalls vom Kolben verrichtete Arbeit ist

$$dL = -p\,dV\,.$$

Während der Verschiebung des Kolbens soll das Gas mit der Umgebung Wärme austauschen. Es steht nicht nur durch die Arbeitskoordinate V, sondern auch durch die Koordinate S in Kontakt mit der Umgebung, und die innere Energie ist nach Gl. (71) durch $U = U(S, V)$ gegeben.

IV. Der zweite Hauptsatz der Thermodynamik

Der erste Hauptsatz gestattet es nun, bei Vorgabe von zwei der insgesamt drei Größen L, U, Q die dritte zu berechnen. Außerdem müssen innere Energie U und Arbeit L dem zweiten Hauptsatz genügen, den wir in der Form der Gl. (97)

$$dU - dL \leqq T\, dS$$

benutzen wollen. Wir bilden aus $U = U(S, V)$ zunächst das Differential

$$dU = \left(\frac{\partial U}{\partial S}\right)_V dS + \left(\frac{\partial U}{\partial V}\right)_S dV$$

und setzen dann dieses zusammen mit der quasistatischen Arbeit $dL = -p\, dV$ in Gl. (97) ein

$$\left(\frac{\partial U}{\partial S}\right)_V dS + \left(\frac{\partial U}{\partial V}\right)_S dV + p\, dV \leqq T\, dS$$

oder

$$\left[\left(\frac{\partial U}{\partial S}\right)_V - T\right] dS + \left[\left(\frac{\partial U}{\partial V}\right)_S + p\right] dV \leqq 0\, . \qquad (102)$$

Die Ausdrücke in den eckigen Klammern hängen von der Entropie und dem Volum ab und haben zu irgendeiner Zeit τ des Prozesses bestimmte feste Werte. Wir betrachten nun den Prozeß zu einer beliebigen Zeit τ: Die Ausdrücke in den eckigen Klammern haben dann also feste Werte, während die Änderung dS der Entropie und dV des Volums durch den sich daran anschließenden Prozeßverlauf bestimmt werden. Wir wollen beispielsweise den Kolben festhalten, also $dV = 0$ vorschreiben, und nur die Koordinate Entropie durch Zu- oder Abführen von Wärme ändern. In diesem Fall müßte

$$\left[\left(\frac{\partial U}{\partial S}\right)_V - T\right] dS \leqq 0$$

sein. Da die eckige Klammer einen festen Wert hat, liegt auch ihr Vorzeichen fest. Wir wollen einmal annehmen, es sei positiv. Dann muß, damit die vorige Ungleichung erfüllt ist, $dS \leqq 0$ sein. Wenn unsere Annahme eines positiven Vorzeichens der eckigen Klammer zutrifft, dürfte also die Entropie nie zunehmen, d. h., man könnte einem Gas in einem starren Behälter ($dV = 0$) keine Wärme zuführen, was sicher nicht richtig ist. Bei Annahme eines negativen Vorzeichens der eckigen Klammer kommt man zu dem ebenso unsinnigen Ergebnis, daß man einem Gas in einem geschlossenen Behälter keine Wärme entziehen kann. Der Term in der ersten eckigen Klammer kann daher weder positiv noch negativ, sondern nur gleich Null sein. Setzt man in Gl. (102) $dS = 0$, so findet man durch eine ähnliche Überlegung, daß außerdem der Term in der zweiten eckigen Klammer von Gl. (102) verschwinden muß. Die linke Seite von Gl. (102) ist damit Null. Das Kleiner-Zeichen gilt also nicht für den von uns angenommenen quasistatischen Prozeß! Nur das für reversible Prozesse gültige Gleichheitszeichen ist richtig.

7. Allgemeine Formulierung des zweiten Hauptsatzes der Thermodynamik

Als Ergebnis erhält man:
Quasistatische Prozesse sind reversibel.
Da die eckigen Klammern in Gl. (102) Null sind, ist die Ableitung der inneren Energie $U(S, V)$ nach der Entropie gleich der thermodynamischen Temperatur

$$\left(\frac{\partial U}{\partial S}\right)_V = T \tag{103}$$

und die Ableitung der inneren Energie $U(S, V)$ nach dem Volum gleich dem negativen Druck

$$\left(\frac{\partial U}{\partial V}\right)_S = -p \; . \tag{104}$$

Kennt man die innere Energie $U(S, V)$, so kann man demnach für quasistatische Prozesse sowohl den Druck als auch die Temperatur des Systems durch Differenzieren berechnen.

Die Gln. (103) und (104) werden häufig als Definitionsgleichungen für die Temperatur und den Druck eines Systems angesehen. Sie gelten allerdings nicht nur, wie man aus der vorstehenden Ableitung schließen könnte, für quasistatische Prozesse, d. h. also für eine Folge von Gleichgewichtszuständen eines Systems, sondern sind auch für Nichtgleichgewichtszustände gültig, was im folgenden gezeigt werden soll. Dazu setzen wir voraus, daß man die innere Energie weiterhin als Funktion der Variablen S, V darstellen kann. Diese Voraussetzung ist erfüllt, wenn jedes kleine Volumelement des betrachteten Systems noch hinreichend viele Moleküle enthält und die Vorgänge nicht so rasch ablaufen, daß die Maxwellsche Geschwindigkeitsverteilung merklich gestört wird. Unter dieser Annahme, die bei Vorgängen wie Wärmeleitung, Diffusion und vielen chemischen Reaktionen erfüllt ist, kann man jedes Volumelement als einen homogenen Bereich ansehen und dessen jeweiligen Zustand durch statistische Mittelwerte der thermodynamischen Größen Druck, Temperatur, Dichte u. a. beschreiben. Der Zustand eines jeden Volumelements ist dann durch die jeweiligen Werte der Zustandsgrößen festgelegt, und es existiert für jedes Volumelement ein eindeutiger Zusammenhang $U(S,V)$. Sofern sich das gesamte System nicht im Gleichgewicht befindet, ändern sich natürlich die thermodynamischen Größen eines Volumelements mit der Zeit.

Wie diese Überlegungen zeigen, kann man in einem stark verdünnten Gas keine statistischen Mittelwerte der thermodynamischen Größen bilden, ebensowenig ist dies für ein Gas möglich, das aus einem Raum hohen Druckes in das Vakuum ausströmt. Hierbei wird das ausströmende Gas stark verwirbelt; mehr oder weniger große Ballen von Molekülen führen höchst unregelmäßige, zeitlich und örtlich veränderliche Schwankungsbewegungen aus, so daß die innere Energie noch zusätzlich von der kinetischen Energie dieser schwer erfaßbaren turbulenten Bewegung abhängt und keineswegs mehr allein durch zwei Variablen beschrieben werden kann. Sieht man aber von solchen „sehr heftigen" Bewegungen oder von Zustandsänderungen in stark verdünnten Gasen ab, so kann man offensichtlich auch dann, wenn sich ein System nicht im Gleichgewicht befindet, den thermodynamischen Zustand der einzelnen Volumelemente durch eine stetige Funktion $U(S,V)$ beschreiben. Da der Zustand innerhalb des Volumelements homogen ist, also keine Sprünge in den Koordinaten S,V auftreten, darf man $U(S,V)$ differenzieren

$$dU = \left(\frac{\partial U}{\partial S}\right)_V dS + \left(\frac{\partial U}{\partial V}\right)_S dV \,. \tag{105}$$

Andererseits gilt für jedes Volumelement der erste Hauptsatz

$$dU = dQ + dL \,.$$

Hierbei ist die ausgetauschte Wärme [Gl. (95)]:

$$dQ = T \, dS_a$$

und die während einer irreversiblen Zustandsänderung verrichtete Arbeit [Gl. (32a) und (94)]:

$$dL = -p \, dV + dL_{\mathrm{diss}} = -p \, dV + T \, dS_i \,,$$

wenn der Einfachheit halber nur Volumarbeit verrichtet werden soll. Mit den beiden letzten Beziehungen lautet der erste Hauptsatz

$$dU = T \, dS_a - p \, dV + T \, dS_i$$

oder, da man für die gesamte Entropieänderung $dS = dS_a + dS_i$ setzen kann,

$$dU = T \, dS - p \, dV \,. \tag{106}$$

Wie der Vergleich mit Gl. (105) lehrt, gilt also weiterhin

$$\left(\frac{\partial U}{\partial S}\right)_V = T \quad \text{und} \quad \left(\frac{\partial U}{\partial V}\right)_S = -p \,.$$

Diese Beziehungen sind somit auch für Nichtgleichgewichtszustände gültig, wenn nur die innere Energie des betrachteten Bereiches eindeutig durch $U(S,V)$ festgelegt ist. Unter dieser Voraussetzung gilt somit auch Gl. (106).

7.4 Die Fundamentalgleichung

Wir betrachten ein System oder den Bereich eines Systems, dessen innere Energie durch eine Zustandsgleichung $U(S,V)$ darstellbar ist, und wollen ein solches System in Übereinstimmung mit der bereits früher getroffenen Vereinbarung als *einfaches System* bezeichnen. Durch Differentiation der Zustandsgleichung erhält man die Temperatur

$$\left(\frac{\partial U}{\partial S}\right)_V = T$$

7. Allgemeine Formulierung des zweiten Hauptsatzes der Thermodynamik 153

und den Druck

$$\left(\frac{\partial U}{\partial V}\right)_S = -p$$

des Systems. Da man in der Physik unter einem Potential ganz allgemein eine Größe versteht, deren Ableitung eine andere physikalische Größe ergibt, ist es berechtigt, die Funktion $U(S,V)$ ein *thermodynamisches Potential* zu nennen.

Außer der Temperatur und dem Druck sind auch alle anderen thermodynamischen Größen des Systems aus der Zustandsgleichung $U(S,V)$ ableitbar. Die Enthalpie ergibt sich zu

$$H = U + pV = U - \left(\frac{\partial U}{\partial V}\right)_S V.$$

Da man den Druck und die Temperatur kennt, kann man die Enthalpie als Funktion von Druck und Temperatur darstellen

$$H = H(p,T) \quad \text{oder} \quad h = h(p,T)$$

und damit auch die spezifische Wärmekapazität bei konstantem Druck

$$c_p = \left(\frac{\partial h}{\partial T}\right)_p$$

berechnen.

Weiter läßt sich die innere Energie $U(S,V)$ mit Hilfe von $T = T(S,V)$ in eine Funktion der Temperatur und des Volums umformen

$$U = U(T,V) \quad \text{oder} \quad u = u(T,v),$$

woraus man durch Differentiation die spezifische Wärmekapazität bei konstantem Volum erhält

$$c_v = \left(\frac{\partial u}{\partial T}\right)_v.$$

Schließlich kann man in $p = p(S,V)$ mit Hilfe von $T = T(S,V)$ noch die Entropie eliminieren und so die thermische Zustandsgleichung

$$p = p(T,V)$$

bilden.

Die Gleichung $U = U(S,V)$ bietet somit die Möglichkeit, *alle* thermodynamischen Größen des Systems zu berechnen. Sie ist den thermischen und kalorischen Zustandsgleichungen äquivalent. Die Funktion $U(S,V)$ besitzt also umfassende Eigenschaften. Sie enthält alle Informationen über den Gleichgewichtszustand und über diejenigen Zustände des Nichtgleichgewichts, die nicht extrem rasch ablaufen und daher noch durch eine Funktion $U(S,V)$ darstellbar sind.

Wegen ihrer umfassenden Eigenschaften nennt man die Funktion $U(S,V)$ *Fundamentalgleichung* oder *kanonische Zustandsgleichung* eines einfachen Systems.

Andere Zustandsgleichungen als $U(S,V)$ mit der inneren Energie als der unabhängigen Variablen besitzen nicht solche umfassenden Eigenschaften. So kann man beispielsweise, wie wir zuvor sahen, ohne weiteres in der Fundamentalgleichung $U(S,V)$ die Entropie mit Hilfe der Temperatur $T = T(S,V)$ eliminieren und eine Zustandsgleichung

$$U(T,V) = U\left[\left(\frac{\partial U}{\partial S}\right)_V, V\right]$$

bilden. Durch Integration dieser partiellen Differentialgleichung erster Ordnung $U = f\left[\left(\frac{\partial U}{\partial S}\right)_V, V\right]$ erhält man zwar wieder die innere Energie als Funktion der Entropie und des Volums $U = U(S,V)$. Die integrierte Beziehung enthält jedoch unbestimmte Funktionen und besitzt somit einen geringeren Informationsgehalt als die ursprüngliche Funktion. Eine Gleichung der Form $U(T,V)$ hat also auch eine geringere Aussagekraft als die Fundamentalgleichung $U = U(S,V)$.

Durch Differentiation von $U(S,V)$ erhält man die bereits bekannte Beziehung [Gln. (83) und (106)]:

$$dU = T\,dS - p\,dV \tag{107}$$

oder, wenn man von der Fundamentalgleichung für spezifische Größen $u(s,v)$ ausgeht,

$$du = T\,ds - p\,dv\,. \tag{107a}$$

Durch diese Beziehungen werden alle Zustandsänderungen einfacher Systeme erfaßt und beschrieben. Die Gültigkeit beider Gleichungen ist, wie wir sahen, nicht nur auf reversible Zustandsänderungen beschränkt. Wegen ihrer grundlegenden Bedeutung für Zustandsänderungen nennt man die Gl. (107) oder (107a) auch *Gibbssche Fundamentalgleichung*. Im vorliegenden Fall handelt es sich um die Gibbssche Fundamentalgleichung einfacher Systeme. Zustandsänderungen in Mehrstoffsystemen mit veränderlicher Teilchenzahl der einzelnen Stoffe werden durch die Gln. (107) bzw. (107a) nicht erfaßt, mit ihnen beschäftigt man sich in der Thermodynamik der Mehrstoffsysteme (Bd. 2).

In den Gln. (107) bzw. (107a) kann man die innere Energie durch die Enthalpie ersetzen

$$U = H - pV \quad \text{bzw.} \quad u = h - pv$$

und

$$dU = dH - p\,dV - V\,dp \quad \text{bzw.} \quad du = dh - p\,dv - v\,dp\,.$$

Einsetzen in die Gln. (107) bzw. (107a) ergibt dann eine diesen beiden Gleichungen völlig äquivalente, andere Form der Gibbsschen Fundamentalgleichung

$$dH = T\,dS + V\,dp\,, \tag{108}$$

$$dh = T\,ds + v\,dp\,. \tag{108a}$$

7. Allgemeine Formulierung des zweiten Hauptsatzes der Thermodynamik

Wie man hieraus erkennt, ist die Enthalpie als Funktion $H(S, p)$ bzw. $h(s, p)$ darstellbar. Diese Beziehungen sind die zur *Enthalpie gehörenden Fundamentalgleichungen*; sie sind ihrerseits äquivalent der Fundamentalgleichung $U(S,V)$. Durch Differentiation der zur Enthalpie gehörenden Fundamentalgleichung erhält man

$$dH = \left(\frac{\partial H}{\partial S}\right)_p dS + \left(\frac{\partial H}{\partial p}\right)_S dp$$

bzw.

$$dh = \left(\frac{\partial h}{\partial s}\right)_p ds + \left(\frac{\partial h}{\partial p}\right)_s dp .$$

Aus dem Vergleich mit den Gln. (108) und (108a) folgt

$$\left(\frac{\partial H}{\partial S}\right)_p = T \quad \text{bzw.} \quad \left(\frac{\partial h}{\partial s}\right)_p = T \tag{109}$$

und

$$\left(\frac{\partial H}{\partial p}\right)_S = V \quad \text{bzw.} \quad \left(\frac{\partial h}{\partial p}\right)_s = v . \tag{109a}$$

Aufgabe 13. Man beweise mit Hilfe der Gibbsschen Fundamentalgleichung Gl. (108) die „Maxwell-Relation" $(\partial V/\partial S)_p = (\partial T/\partial p)_S$.

7.5 Die Entropie idealer Gase und anderer Körper

Die Anwendung der Gibbsschen Fundamentalgleichung einfacher Systeme, Gl. (107a), auf ideale Gase ergibt mit $du = c_v \, dT$ den Ausdruck

$$ds = \frac{c_v \, dT + p \, dv}{T} . \tag{110}$$

Mit Hilfe der thermischen Zustandsgleichung $pv = RT$ idealer Gase kann man daraus eine der Größen p, v oder T eliminieren. Die Elimination von p liefert

$$ds = c_v \frac{dT}{T} + R \frac{dv}{v} \tag{111}$$

oder, integriert bei konstanter spezifischer Wärmekapazität,

$$s_2 - s_1 = c_v \ln \frac{T_2}{T_1} + R \ln \frac{v_2}{v_1} . \tag{111a}$$

Benutzt man die Enthalpieform der Gibbsschen Fundamentalgleichung Gl. (108a), so erhält man mit $dh = c_p \, dT$ die Beziehung

$$ds = \frac{c_p \, dT - v \, dp}{T} \tag{112}$$

und nach Elimination des spezifischen Volums v mit Hilfe der Zustandsgleichung idealer Gase

$$ds = c_p \frac{dT}{T} - R \frac{dp}{p}. \qquad (113)$$

Durch Integration bei konstanter spezifischer Wärmekapazität findet man

$$s_2 - s_1 = c_p \ln \frac{T_2}{T_1} - R \ln \frac{p_2}{p_1}. \qquad (113\,\text{a})$$

Für eine isotherme Zustandsänderung ist

$$s_2 - s_1 = R \ln \frac{v_2}{v_1} = - R \ln \frac{p_2}{p_1}. \qquad (113\,\text{b})$$

Benutzt man das Mol als Mengeneinheit, so ergibt Gl. (113) durch Multiplikation der linken und rechten Seite mit der Molmasse M:

$$d\bar{S} = \bar{C}_p \frac{dT}{T} - \mathbf{R} \frac{dp}{p} = \bar{C}_p \, d(\ln T) - \mathbf{R} \, d(\ln p) \qquad (114)$$

oder vom absoluten Nullpunkt, d. h. von $T = 0$ und $p = 0$ bis T und p integriert:

$$\bar{S} = \int_0^T \bar{C}_p \, d(\ln T) - \mathbf{R} [\ln p]_0^p + \bar{S}_0, \qquad (115)$$

wobei $\bar{S}_0$ die Integrationskonstante ist. Diese Gleichung ist insofern unbefriedigend, als ihre ersten zwei Ausdrücke für $T = 0$ und $p = 0$ beide den unbestimmten Wert $-\infty$ annehmen und daher auch die Integrationskonstante unsicher bleibt.

Man kann diese Schwierigkeit überwinden, wenn man voraussetzt, daß $\bar{C}_p = \frac{\varkappa}{\varkappa - 1} \mathbf{R}$ in der Nähe des absoluten Nullpunktes einen konstanten Wert annimmt, dann ist dort

$$d\bar{S} = \mathbf{R}\, d\left(\ln T^{\frac{\varkappa}{\varkappa-1}}\right) - \mathbf{R}\, d(\ln p) = \mathbf{R}\, d\left(\ln \frac{T^{\frac{\varkappa}{\varkappa-1}}}{p}\right) \qquad (114\,\text{a})$$

oder integriert

$$\bar{S} = \mathbf{R} \ln \frac{T^{\frac{\varkappa}{\varkappa-1}}}{p} + \bar{S}_0. \qquad (115\,\text{a})$$

Da die Entropie eine Zustandsgröße ist, muß die Integration von $d\bar{S}$ vom Wege unabhängig sein, man kann sie also vom absoluten Nullpunkt ausgehend längs der reversiblen Adiabaten $T^{\frac{\varkappa}{\varkappa-1}} = p$ vornehmen. Dabei ist stets

$$d\left(\ln T^{\frac{\varkappa}{1-\varkappa}}\right) = d(\ln p) \quad \text{und} \quad \ln \frac{T^{\frac{\varkappa}{\varkappa-1}}}{p} = 0,$$

und wir erkennen, daß die Integrationskonstante $\bar{S}_0$ in Gl. (115) den Wert der Entropie des idealen Gases am absoluten Nullpunkt darstellt.

7. Allgemeine Formulierung des zweiten Hauptsatzes der Thermodynamik 157

Zur Auswertung eines Integrals von der in Gl. (115) vorkommenden Form

$$\int \bar{C}_p \frac{dT}{T} = \int \bar{C}_p \, d(\ln T)$$

stellt man das von der Temperatur abhängige $\bar{C}_p$ zweckmäßig über $\ln T$ dar und integriert numerisch zwischen den Grenzen T_1 und T_2.

Für eine isotherme Zustandsänderung zwischen zwei Punkten *1* und *2* folgt aus Gl. (114) und (115)

$$\bar{S}_1 - \bar{S}_2 = \boldsymbol{R} \ln \frac{p_2}{p_1} = \boldsymbol{R} \ln \frac{\bar{V}_1}{\bar{V}_2}. \tag{115b}$$

Bei der Anwendung braucht man in der Regel nur Entropiedifferenzen.

In Tab. 19 sind für die wichtigsten Gase die mit Hilfe der Molwärmen $\bar{C}_p$ nach Tab. 14 gerechneten oder den auf S. 92 und 93 angegebenen Tabellenwerken entnommenen molaren Entropien $\bar{S}$ für den idealen Gaszustand zusammengestellt. Die Zahlen gelten für einen Druck von 1,01325 bar (=1 atm).

Die Entropie anderer Körper ist mit Hilfe der allgemeinen Gleichung

$$ds = \frac{du + p\,dv}{T} \quad \text{oder} \quad ds = \frac{dh - v\,dp}{T}$$

zu berechnen. Für feste und flüssige Körper kann man bei nicht zu hohen Drücken wegen ihrer kleinen Wärmeausdehnung in der Regel die Expansionsarbeit $p\,dv$ gegen du vernachlässigen. Dann verschwindet der Unterschied zwischen innerer Energie u und Enthalpie h, und wir brauchen nur eine spezifische Wärmekapazität c einzuführen

$$ds = \frac{du}{T} = c\,\frac{dT}{T} \tag{116}$$

oder

$$s = \int_0^T c\,\frac{dT}{T} + s_0, \tag{116a}$$

wobei s_0 die Integrationskonstante ist.

Theoretische Untersuchungen, die zu dem sog. Nernstschen Wärmetheorem führten, das man auch als den dritten Hauptsatz der Thermodynamik bezeichnet, vgl. S. 138, haben ergeben, daß die Entropie aller festen Körper in der Nähe des absoluten Nullpunkts proportional der dritten Potenz der Temperatur nach Null geht. Die Integrationskonstante in Gl. (116a) fällt dann fort, und man kann für feste Körper schreiben

$$s = \int_0^T c\,\frac{dT}{T}. \tag{116b}$$

Tabelle 19. Molare Entropien $\bar{S}$ in kJ/(kmol K) einiger idealer Gase bei der Temperatur T in K und beim Druck 1,01325 bar. Zur Umrechnung auf 1 kg ist durch die Molmasse M (letzte Zeile) zu dividieren

T in K	$\bar{S}$ in kJ/(kmol K)									
	H_2	N_2	O_2	OH	CO	NO	H_2O	CO_2	N_2O	SO_2	Luft
100	112,143	177,951	173,187	155,735	165,737	185,991	163,800	178,857	202,312	208,888	166,9711
200	130,826	198,121	193,366	177,336	185,916	207,733	186,889	199,818	223,729	232,900	187,0934
300	142,266	209,919	205,214	189,574	197,714	219,938	200,441	213,852	238,346	248,315	198,8747
400	150,630	218,300	213,752	198,130	206,120	228,535	210,186	225,143	250,053	260,296	207,2763
500	157,149	224,852	220,578	204,723	212,713	235,270	217,926	234,721	259,930	270,339	213,8729
600	162,486	230,289	226,332	210,102	218,200	240,890	224,445	243,102	268,527	279,061	219,3628
700	167,018	234,970	231,354	214,659	222,948	245,771	230,123	250,568	276,168	286,769	224,1070
800	170,959	239,111	235,802	218,633	227,155	250,094	235,212	257,311	283,052	293,678	228,3098
900	174,467	242,844	239,818	222,175	230,955	253,994	239,843	263,464	289,321	299,922	232,0953
1000	177,627	246,253	243,468	225,384	234,422	257,544	244,116	269,117	295,075	305,617	235,5466
1100	180,520	249,387	246,810	228,327	237,606	260,811	248,115	274,347	300,396	310,847	238,7210
1200	183,206	252,297	249,895	231,063	240,558	263,821	251,865	279,211	305,334	315,677	241,6618
1300	185,700	255,008	252,771	233,607	243,310	266,631	255,415	283,750	309,949	320,167	244,4013
1400	188,045	257,544	255,449	236,001	245,887	269,250	258,791	288,007	314,272	324,357	246,9646
1500	190,256	259,930	257,959	238,263	248,307	271,711	262,009	292,015	318,338	328,290	249,3750
1600	192,351	262,183	260,329	240,400	250,585	274,031	265,077	295,806	322,179	331,982	251,6481
1700	194,347	264,312	262,566	242,437	252,746	276,218	268,020	299,390	325,812	335,474	253,7982
1800	196,259	266,332	264,694	244,374	254,792	278,296	270,855	302,790	329,263	338,783	255,8402
1900	198,080	268,253	266,723	246,228	256,737	280,267	273,574	306,024	332,555	341,917	257,7824
2000	199,826	270,090	268,652	247,999	258,591	282,146	276,184	309,117	335,690	344,910	259,6356
2100	201,514	271,844	270,506	249,703	260,362	283,933	278,712	312,069	338,691	347,771	261,4074
2200	203,127	273,516	272,277	251,341	262,058	285,646	281,148	314,896	341,560	350,498	263,1035
2300	204,690	275,129	273,981	252,913	263,680	287,292	283,509	317,606	344,320	353,117	264,7315
2400	206,195	276,675	275,627	254,434	265,243	288,872	285,787	320,209	346,964	355,628	266,2962
2500	207,650	278,155	277,207	255,906	266,748	290,385	287,999	322,711	349,517	358,047	267,8028
2600	209,063	279,593	278,745	257,319	268,194	291,849	290,136	325,131	351,978	360,375	269,2544
2700	210,435	280,973	280,225	258,691	269,583	293,254	292,214	327,459	354,355	362,628	270,6562
2800	211,757	282,304	281,664	260,021	270,930	294,617	294,235	329,712	356,650	364,798	272,0106
2900	213,046	283,592	283,052	261,310	272,235	295,931	296,197	331,882	358,870	366,902	273,3218
3000	214,301	284,840	284,407	262,566	273,499	297,203	298,109	333,994	361,024	368,930	274,5914
3100	215,515	286,045	285,721	263,779	274,713	298,433	299,963	336,039	363,119	370,909	
3200	216,704	287,217	287,001	264,960	275,902	299,622	301,776	338,018	365,147	372,822	
3300	217,868	288,357	288,248	266,116	277,049	300,786	303,538	339,938	367,118	374,684	
M in kg/kmol	2,01588	28,01340	31,999	17,00274	28,01040	30,00610	18,01528	44,00980	44,01280	64,0588	28,953

Für die praktische Anwendung dieser Gleichung ist zu beachten, daß die spezifische Wärmekapazität c bei festen Körpern in ihrem ganzen Verlauf bis herab zum absoluten Nullpunkt bekannt sein muß, wenn man die absoluten Werte der Entropie wirklich ausrechnen will.

7.6 Die Entropiediagramme

Da die Entropie eine Zustandsgröße ist, kann man in Zustandsdiagramme Isentropen, das sind Kurven gleicher Entropie, einzeichnen. Diese sind, wie wir sahen, im Fall des reversiblen Prozesses mit den reversiblen Adiabaten identisch. Man kann aber auch die Entropie als unabhängige Veränderliche benutzen und andere Zustandsgrößen als Funktion der Entropie auftragen.

Von besonderer Bedeutung ist das von Belpaire 1876 eingeführte Entropiediagramm, in welchem die Temperatur als Ordinate über der Entropie als Abszisse aufgetragen ist. In diesem T,S-Diagramm stellen sich die Isothermen als waagerechte, die reversiblen Adiabaten als senkrechte Linien dar. Für jede im p,V-Diagramm durch eine Kurve gegebene Zustandsänderung läßt sich im T,S-Diagramm eine entsprechende Kurve angeben. Längs eines Linienelementes 12 der Kurve des p,V-Diagramms der Abb. 56 wird eine Arbeit $-(dL)_{\text{rev}} = p\,dV$ verrichtet gleich dem schraffierten Flächenstreifen. Zugleich wird im allgemeinen eine kleine Wärme dQ zugeführt, die sich im p,V-Diagramm nicht veranschaulichen läßt. Dem Linienelement 12 entspricht im T,S-Diagramm der Abb. 56 das Linienelement 12.

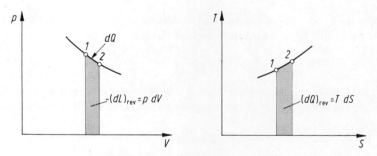

Abb. 56. Übertragung einer Zustandsänderung aus dem p,V- ins T,S-Diagramm.

Nach dem zweiten Hauptsatz war bei umkehrbarer Zustandsänderung $(dQ)_{\text{rev}} = T\,dS$, das ist gerade das schraffierte Flächenstück unter dem Linienelement 12, d. h., die bei einer reversiblen Zustandsänderung zugeführte Wärme wird im T,S-Diagramm durch die Fläche unter der Kurve der Zustandsänderung dargestellt.

In dieser einfachen Veranschaulichung der Wärme besteht die Bedeutung des T,S-Diagramms, das man daher auch Wärmediagramm nennt.

Außer dem T,S-Diagramm wird in der Technik besonders das von Mollier eingeführte H,S-Diagramm benutzt, auf das wir aber erst bei der Behandlung der Dämpfe eingehen wollen. Für ideale Gase konstanter spezifischer Wärmekapazität unterscheiden sich die beiden Diagramme nur durch den Ordinatenmaßstab, denn es ist überall $dh = c_p\, dT$.

7.7 Das Entropiediagramm der idealen Gase

Die spezifische Entropie s eines idealen Gases vom spezifischen Volum v, der Temperatur T und von konstanter spezifischer Wärmekapazität war nach Gl. (111a)

$$s = c_v \ln \frac{T}{T_0} + R \ln \frac{v}{v_0} + s_0,$$

bei konstantem spezifischem Volum ist dann

$$s = c_v \ln T + c_1 \quad (v = \text{const}),$$

wobei die Größe $c_1 = -c_v \ln T_0 + R \ln \dfrac{v}{v_0} + s_0$ für jedes spezifische Volum v ein konstanter Wert ist. Die Isochoren sind demnach im T,s-Diagramm logarithmische Linien, die eine aus der anderen durch Parallelverschiebung längs der s-Achse hervorgehen, wie die gestrichelten Kurven der Abb. 57 zeigen.

Wegen der Gibbsschen Fundamentalgleichung einfacher Systeme [Gl. (107a)] ist bei der isochoren Zustandsänderung

$$T\, ds = du \quad (dv = 0).$$

Andererseits ist für reversible Zustandsänderungen $dQ = T\, dS$ [Gl. (98b)] oder, wenn man auf die Masseneinheit bezogene Größen einführt,

$$dq = T\, ds.$$

Die Fläche unter der Isochoren stellt somit die Änderung der inneren Energie oder bei reversiblen Zustandsänderungen die bei konstantem Volum zugeführte Wärme dar.

Für ideale Gase mit konstanter spezifischer Wärmekapazität c_v gilt

$$T\, ds = du = c_v\, dT \quad (dv = 0),$$

demnach ist

$$\frac{c_v}{T} = \left(\frac{\partial s}{\partial T}\right)_v.$$

In Abb. 57 ist die Tangente an die Isochore gelegt und die Subtangente $\overline{ac}$ gezeichnet. Daraus folgt

$$\overline{ac} = T\left(\frac{\partial s}{\partial T}\right)_v,$$

d. h., die Subtangente $\overline{ac}$ stellt zugleich die spezifische Wärmekapazität c_v dar.

7. Allgemeine Formulierung des zweiten Hauptsatzes der Thermodynamik

Für die Isobare eines idealen Gases von konstanter spezifischer Wärmekapazität folgt aus Gl. (113a)

$$s = c_p \ln T + c_2,$$

wobei die Größe $c_2 = -c_p \ln T_0 - R \ln(p/p_0) + s_0$ für jeden Druck konstant ist. Die Isobaren sind also im T,s-Diagramm ebenfalls logarithmische Linien, die durch Parallelverschieben längs der s-Achse miteinander zur Deckung gebracht werden können, wie die ausgezogenen Linien der Abb. 57 zeigen; sie verlaufen aber flacher als die Isochoren. Für reversible Prozesse ist die Fläche unter jeder Isobaren gleich der bei konstantem Druck zugeführten Wärme oder gleich der Enthalpieänderung, und die spezifische Wärmekapazität c_p wird dargestellt durch die Subtangente $\overline{bc}$ der Isobare, da

$$\frac{c_p}{T} = \left(\frac{\partial s}{\partial T}\right)_p$$

ist.

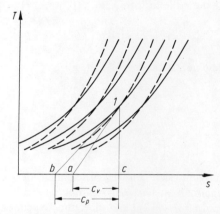

Abb. 57. T,s-Diagramm der idealen Gase mit Isobaren (ausgezogen) und Isochoren (gestrichelt).

Sind die spezifischen Wärmekapazitäten temperaturabhängig, so weichen Isochoren und Isobaren etwas von der Form logarithmischer Linien ab und müssen nach Gl. (111) und (113) durch Integration ermittelt werden, sie gehen aber auch dann durch Parallelverschiebung in der s-Richtung auseinander hervor. Aus Entropietafeln kann man die Eigenschaften von Gasen veränderlicher spezifischer Wärmekapazitäten bequem entnehmen.

Benutzt man im T,s-Diagramm für die Temperatur logarithmische Koordinaten, so werden die Isobaren und Isochoren des Gases konstanter spezifischer Wärmekapazitäten gerade Linien, was das Zeichnen der Diagramme erleichtert. Man kann dann aber die Flächen nicht mehr als Wärmen deuten.

Eine logarithmische Temperaturskala ist auch sonst vorgeschlagen worden; in ihr hätte der absolute Nullpunkt die Temperatur $-\infty$, was die Schwierigkeit, sich ihm zu nähern, und die Unmöglichkeit, ihn zu erreichen oder gar zu unterschreiten, gut veranschaulicht.

7.8 Beweis, daß die innere Energie idealer Gase nur von der Temperatur abhängt

Die Tatsache, daß Zustandsgrößen wegunabhängig sind und daß somit die gemischten partiellen Ableitungen gleich sind, liefert eine Reihe von wichtigen Erkenntnissen. Als wichtiges Beispiel hierfür wollen wir nachweisen, daß die innere Energie eines idealen Gases nur von der Temperatur abhängt, ein Tatbestand, den wir auf S. 86 aufgrund der Versuche von Gay-Lussac und Joule zunächst als empirische Feststellung einführten. Dazu gehen wir aus von der für einfache Systeme gültigen Beziehung [Gl. (71)] für die innere Energie

$$U = U(S,V).$$

Ferner verwenden wir die Ableitungen [Gln. (103) und (104)]

$$\left(\frac{\partial U}{\partial S}\right)_V = T \quad \text{und} \quad \left(\frac{\partial U}{\partial V}\right)_S = -p.$$

Da die innere Energie eine Zustandsgröße ist, gilt

$$\frac{\partial^2 U}{\partial V \, \partial S} = \frac{\partial^2 U}{\partial S \, \partial V}$$

und demnach

$$\left(\frac{\partial T}{\partial V}\right)_S = -\left(\frac{\partial p}{\partial S}\right)_V. \tag{117}$$

Derartige Beziehungen, die sich aus der Gleichheit der gemischten partiellen Ableitungen ergeben, nennt man *Maxwell-Relationen* (vgl. Aufgabe 13). Ausgehend von der Maxwell-Relation Gl. (117) kann man nun zeigen, daß die innere Energie des idealen Gases nur von der Temperatur abhängt. Man betrachtet dazu die innere Energie in Abhängigkeit von Volum und Temperatur $U = U(V,T)$; ihr Differential lautet

$$dU = \left(\frac{\partial U}{\partial V}\right)_T dV + \left(\frac{\partial U}{\partial T}\right)_V dT.$$

Andererseits gilt die Gibbssche Fundamentalgleichung

$$dU = T\,dS - p\,dV.$$

Somit ist

$$\left(\frac{\partial U}{\partial V}\right)_T dV + \left(\frac{\partial U}{\partial T}\right)_V \cdot dT = T\,dS - p\,dV$$

oder

$$\left[\left(\frac{\partial U}{\partial V}\right)_T + p\right] dV = T\,dS - \left(\frac{\partial U}{\partial T}\right)_V dT.$$

Es gilt also

$$\left(\frac{\partial U}{\partial V}\right)_T + p = -\left(\frac{\partial U}{\partial T}\right)_V \left(\frac{\partial T}{\partial V}\right)_S,$$

woraus sich mit Hilfe der Maxwell-Relation Gl. (117)

$$\left(\frac{\partial U}{\partial V}\right)_T + p = \left(\frac{\partial U}{\partial T}\right)_V \left(\frac{\partial p}{\partial S}\right)_V = \left(\frac{\partial U}{\partial S}\right)_V \left(\frac{\partial p}{\partial T}\right)_V$$

ergibt. Da andererseits nach Gl. (103) die Ableitung $(\partial U/\partial S)_V = T$ ist, folgt

$$\left(\frac{\partial U}{\partial V}\right)_T + p = T\left(\frac{\partial p}{\partial T}\right)_V. \qquad (118)$$

Für das ideale Gas mit der Zustandsgleichung $pV = mRT$ wird $T(\partial p/\partial T)_V = p$. Setzt man dies in Gl. (118) ein, so findet man

$$\left(\frac{\partial U}{\partial V}\right)_T = 0.$$

Man sieht also:

Die innere Energie des idealen Gases ist nur eine Funktion der Temperatur; was zu beweisen war.

Da die innere Energie des idealen Gases bei konstanter Temperatur unabhängig vom Volum ist, Volumänderungen bei konstanter Temperatur aber mit Druckänderungen verbunden sind, ist die innere Energie bei konstanter Temperatur auch vom Druck unabhängig. Das heißt, die innere Energie und damit auch die spezifische Wärmekapazität $c_v = (\partial u/\partial T)_v$ und $c_p = c_v + R = (\partial h/\partial T)_p$ sowie das Verhältnis $\varkappa = c_p/c_v$ können beim idealen Gas nur Funktionen der Temperatur allein sein.

8 Spezielle nichtumkehrbare Prozesse

a) Reibungsbehaftete Prozesse

Als erstes Beispiel behandeln wir den klassischen Versuch, mit dem J. P. Joule die in innere Energie umgewandelte Arbeit ermittelte. In einem Behälter befindet sich ein Fluid, das mit Hilfe eines Rührers in Bewegung versetzt wird, Abb. 58.

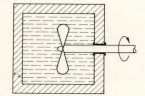

Abb. 58. Zufuhr von Arbeit durch einen Rührer.

Der Behälter sei adiabat und habe starre Wände, so daß das Fluid die Arbeit bei konstantem Volum aufnimmt. Es handelt sich hier um einen typisch irreversiblen Vorgang, da man dem Fluid Arbeit zuführen und in innere Energie umwandeln kann, ohne daß eine Umkehrung möglich ist. Wäre dies dennoch der Fall, so müßte es möglich sein, die dem Fluid zugeführte Energie wieder an die Umgebung abzugeben, d. h., das Fluid müßte imstande sein, von selbst den Rührer in Bewegung zu setzen und auf Kosten seiner inneren Energie Arbeit zu verrichten. Aus Erfahrung weiß man, daß ein derartiger Prozeß unmöglich ist. Da die Arbeitskoordinate V während des Rührprozesses nicht betätigt wird, kann das Fluid die Energie nur über die Koordinate Entropie aufnehmen. Alle zugeführte Energie wird somit dissipiert, und es ist die während der Zeit $d\tau$ zugeführte Arbeit

$$dL = dL_{\text{diss}} = T\, dS_i = T\, dS,$$

somit

$$S_2 - S_1 = \int_1^2 \frac{dL}{T} > 0. \tag{119}$$

Die zugeführte Arbeit wird über Tangential- und Normalkräfte, die an dem Rührer wirksam sind, dem Fluid mitgeteilt. Sie erzeugen in diesem eine Bewegung und erhöhen zunächst die kinetische Energie des Fluids. Durch die Reibung im Innern des Fluids wird jedoch dessen Bewegung gebremst und die kinetische Energie schließlich vollständig in innere Energie verwandelt. Während vor Beginn des Rührvorgangs die innere Energie $U_1 = U(S_1, V)$ war, ist sie nach Abschluß des Vorgangs durch $U_2 = U(S_2, V)$ gegeben, worin man die Entropie S_2 aus dem zuvor mitgeteilten Integral erhält.

Als weiteres Beispiel für einen irreversiblen Prozeß wollen wir die *reibungsbehaftete Strömung* behandeln. Zur Vereinfachung wollen wir annehmen, das Fluid sei inkompressibel, d. h., seine Dichte sei konstant, die Strömung sei stationär und eindimensional[1]. Es sei also nur eine einzige Geschwindigkeitskomponente vorhanden, die zeitlich konstant ist. Ein Beispiel hierfür ist die ausgebildete laminare oder turbulente Rohrströmung, deren Geschwindigkeit in Abb. 59 skizziert ist.

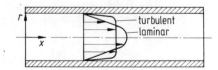

Abb. 59. Geschwindigkeiten bei laminarer und turbulenter Rohrströmung.

---

[1] Eine Verallgemeinerung auf dreidimensionale Strömungen findet man u. a. bei Schade, H.: Kontinuumstheorie strömender Medien. Berlin, Heidelberg, New York: Springer 1970.

8. Spezielle nichtumkehrbare Prozesse

Das Geschwindigkeitsprofil soll sich nur mit der radialen Koordinate r, nicht aber mit dem Strömungsweg x ändern.

Auf die Fluidteilchen wirken bekanntlich Normal- und Schubspannungen. Die Schubspannungen erzeugen Reibung und dämpfen die Bewegung des Fluids. Man muß daher von außen Arbeit zuführen, um die Reibung zu überwinden und das Fluid zu bewegen: Es ist ein Druckunterschied in Strömungsrichtung erforderlich, um das Fluid gegen die Reibungskräfte durch das Rohr zu schieben. Ein Teil der von außen zugeführten Arbeit wird infolge der Reibung in innere Energie verwandelt. Dieser Vorgang ist offensichtlich irreversibel, da es aller Erfahrung widerspricht, daß sich ein Fluid von selbst auf Kosten seiner inneren Energie wieder in Bewegung setzt.

Wir wollen nun die Entropiezunahme und die Dissipationsarbeit der Strömung berechnen. Als thermodynamisches System betrachten wir ein Massenelement des Fluids. Seine innere Energie ändert sich durch Übertragung von Wärme und Arbeit über die Systemgrenzen entsprechend dem ersten Hauptsatz, den wir für ein kleines Zeitintervall[1] dt anschreiben,

$$du = dq + dl.$$

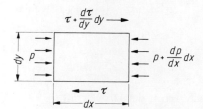

Abb. 60. Massenelement mit Drücken und Schubspannungen in Strömungsrichtung.

An dem Massenelement greifen Schubspannungen und Drücke an. Sie bewirken eine Verschiebung und eine Verformung, wozu von den Drücken und Schubspannungen eine Arbeit dl verrichtet werden muß. Wir berechnen zuerst die Arbeit der Drücke und betrachten dazu das in Abb. 60 skizzierte Massenelement.

Während der Zeit dt wandert das Massenelement mit der Geschwindigkeit w in Strömungsrichtung x weiter; es verschiebt sich also in Abb. 60 um die Strecke $dx = w\,dt$ nach rechts. Hierbei wird von dem Druck p die Arbeit

$$(p\,dy\,dz)\,w\,dt$$

verrichtet, während von dem Druck $p + (dp/dx)\,dx$ die Arbeit

$$-\left[\left(p + \frac{dp}{dx}\,dx\right)dy\,dz\right]w\,dt$$

---

[1] Für die Zeit, die wir bisher mit τ bezeichneten, soll für diese Betrachtung vorübergehend das Zeichen t benutzt werden, damit für die Schubspannung, wie in der Mechanik üblich, das Zeichen τ verwendet werden kann.

verrichtet wird. Das Minuszeichen kommt dadurch zustande, daß die Kraft in der eckigen Klammer und die Geschwindigkeit w verschiedene Vorzeichen haben, die Arbeit aber positiv sein muß, da sie aufzuwenden ist, damit das Massenelement verschoben werden kann. Die insgesamt von den Druckkräften verrichtete Arbeit ist daher

$$dL_p = -\frac{dp}{dx} dx\, dy\, dz\, w\, dt$$

oder mit $dx\, dy\, dz = dV$ und $w\, dt = dx$

$$dL_p = -dV\, dp$$

und somit nach Division durch die Masse dm des Volumelements

$$dl_p = -v\, dp\ .$$

Andererseits muß die Summe aller in Abb. 60 eingezeichneten Kräfte gleich Null sein, da die Strömung voraussetzungsgemäß stationär ist und somit keine Beschleunigungen auftreten. Es ist daher

$$\left(\frac{d\tau}{dy} dy\right) dx\, dz - \left(\frac{dp}{dx} dx\right) dy\, dz = 0$$

oder

$$dp = \frac{d\tau}{dy} dx\ .$$

Damit erhält man für die Arbeit der Druckkräfte

$$dl_p = -v\frac{d\tau}{dy} dx = -v\frac{d\tau}{dy} w\, dt\ .$$

Um die Arbeit der Schubspannungen zu ermitteln, betrachten wir die Bewegung *und* Verformung des Massenelements, Abb. 61.

Da die Schubspannungen am unteren und oberen Rand des Massenelements voneinander verschieden sind, wird die ursprüngliche rechteckige Grundfläche, wie in Abb. 61 skizziert, zu einem Parallelogramm verformt. Der untere Rand wird

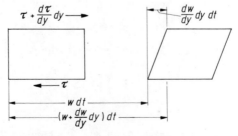

Abb. 61. Zur Berechnung der Arbeit der Schubspannungen bei eindimensionaler Strömung.

8. Spezielle nichtumkehrbare Prozesse

während der Zeit dt mit der Geschwindigkeit w um die Strecke $dx = w\,dt$ und der obere Rand mit der Geschwindigkeit $w + (dw/dy)\,dy$ um die Strecke $dx' = [w + (dw/dy)\,dy]\,dt$ verschoben. Dabei verrichten die Schubspannungen am unteren Rand des Massenelements die Arbeit

$$-(\tau\,dx\,dz)\,w\,dt\;,$$

wobei sich das Minuszeichen wieder dadurch erklärt, daß Schubspannung und Verschiebung entgegengesetzt gerichtet sind, die verrichtete Arbeit aber positiv sein muß. Die Schubspannungen am oberen Rande verrichten die Arbeit

$$\left[\left(\tau + \frac{d\tau}{dy}\,dy\right) dx\,dz\right]\left[w + \frac{dw}{dy}\,dy\right] dt\;.$$

Die insgesamt von den Schubspannungen verrichtete Arbeit ist somit

$$dL_\tau = \left(\tau\,\frac{dw}{dy} + w\,\frac{d\tau}{dy} + \frac{d\tau}{dy}\,\frac{dw}{dy}\,dy\right) dx\,dy\,dz\,dt\;.$$

Da man das letzte Glied in der runden Klammer gegenüber den beiden ersten vernachlässigen kann, folgt mit $dV = dx\,dy\,dz$

$$dL_\tau = \tau\,\frac{dw}{dy}\,dV\,dt + w\,\frac{d\tau}{dy}\,dV\,dt \quad \text{oder} \quad dl_\tau = v\tau\,\frac{dw}{dy}\,dt + v\,\frac{d\tau}{dy}\,w\,dt\;.$$

Die insgesamte verrichtete Arbeit ist

$$dl = dl_p + dl_\tau = -v\,\frac{d\tau}{dy}\,w\,dt + v\tau\,\frac{dw}{dy}\,dt + v\,\frac{d\tau}{dy}\,w\,dt\;,$$

$$dl = v\tau\,\frac{dw}{dy}\,dt\;.$$

Wir setzen diesen Ausdruck in den ersten Hauptsatz ein und erhalten

$$du = dq + v\tau\,\frac{dw}{dy}\,dt\;.$$

Andererseits kann man für einen irreversiblen Prozeß den ersten Hauptsatz auch schreiben [Gl. (34 d)]

$$du = dq - p\,dv + dl_{\text{diss}}\;.$$

Da wir eine inkompressible Strömung, d. h. eine Strömung mit $\varrho = \text{const}$ voraussetzen, ist $v = \text{const}$ und $dv = 0$. Daher verschwindet der Term $-p\,dv$. Vergleicht man die beiden obigen Beziehungen für den ersten Hauptsatz miteinander, so sieht man, daß

$$dl_{\text{diss}} = v\tau\,\frac{dw}{dy}\,dt \qquad (120)$$

ist. Von der gesamten Arbeit der Schubspannungen $v\,\dfrac{d(w\tau)}{dy}\,dt = dl_\tau = v\tau\,\dfrac{dw}{dy}\,dt + v\,\dfrac{\partial\tau}{\partial y}\,w\,dt$ wird also nur ein bestimmter Anteil dissipiert, d. h. irreversibel über die Entropiekoordinate aufgenommen. Für Newtonsche Medien ist bei eindimensionaler Strömung

$$\tau = \eta \frac{dw}{dy},$$

wobei η die dynamische Viskosität ist. Es gilt somit

$$dl_{\text{diss}} = v\eta \left(\frac{dw}{dy}\right)^2 dt \qquad (120\,\text{a})$$

und nach Multiplikation mit der Menge $dm = \frac{1}{v} dV$ des Massenelements

$$dL_{\text{diss}} = \eta \left(\frac{dw}{dy}\right)^2 dV\, dt\,. \qquad (120\,\text{b})$$

Nach dem zweiten Hauptsatz der Thermodynamik ist

$$dl_{\text{diss}} \geqq 0$$

und daher

$$v\eta \left(\frac{dw}{dy}\right)^2 dt \geqq 0\,.$$

Das ist nur möglich, wenn $\eta \geqq 0$ ist. Aus dem zweiten Hauptsatz folgt somit, daß die Viskosität eines Fluids nie negativ sein kann.

Die Entropiezunahme infolge der Nichtumkehrbarkeit erhielt man für die hier betrachteten einfachen Systeme aus

$$dl_{\text{diss}} = T\, ds_{\text{i}}\,.$$

Die im Inneren des Systems erzeugte Entropie ist also

$$ds_{\text{i}} = \frac{1}{T} v\tau \frac{dw}{dy}\, dt$$

und für Newtonsche Medien

$$ds_{\text{i}} = \frac{1}{T} v\eta \left(\frac{dw}{dy}\right)^2 dt\,.$$

Die gesamte Entropieänderung setzt sich zusammen aus der Entropieströmung

$$ds_{\text{a}} = \frac{dq}{T}$$

und der Entropieerzeugung ds_{i}. Während eines kleinen Zeitintervalls dt ändert sich die Entropie somit um

$$ds = \frac{dq}{T} + \frac{1}{T} v\tau \frac{dw}{dy}\, dt$$

oder

$$dS = \frac{dQ}{T} + \frac{1}{T} V\tau \frac{dw}{dy} dt .\qquad(121)$$

b) **Wärmeleitung unter Temperaturgefälle**

Fließt Wärme Q von einem Körper der konstanten Temperatur T auf einen Körper von niederer, ebenfalls konstanter Temperatur T_0, so erfährt der wärmere Körper die Entropieverminderung $-(Q/T)$, der kältere die Entropievermehrung Q/T_0, und im ganzen nimmt die Entropie um

$$\Delta S = \frac{Q}{T_0} - \frac{Q}{T} = Q \frac{T - T_0}{TT_0} .\qquad(122)$$

zu.

Wird Wärme durch Leitung in einem Körper übertragen, so ändert sich die Temperatur im allgemeinen *stetig* von Ort zu Ort. Außerdem sind die Temperaturen oft zeitlich veränderlich.

Die Wärme fließt von Volumteilen höherer zu solchen niederer Temperatur. Dieser Vorgang ist bekanntlich nicht umkehrbar. Um die Entropieänderung dS_i durch Nichtumkehrbarkeiten berechnen zu können, denken wir uns aus dem Körper zwei kleine einander benachbarte Würfel mit den Kantenlängen dx, dy, dz herausgeschnitten, Abb. 62.

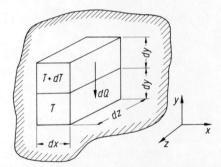

Abb. 62. Wärmeleitung zwischen zwei Volumelementen bei stetiger Temperaturänderung in einem Körper. Wärme soll nur in Richtung der y-Achse fließen.

Die Temperatur des oberen Würfels sei um ein dT größer als die des unteren, und die dem unteren Würfel zugeführte Wärme dQ fließt nun entgegen der Richtung der y-Achse. Die Entropieänderung dS erhält man, indem man sich die beiden Würfel gegenüber ihrer Umgebung adiabat isoliert denkt. Man hat dann zwei Körper unterschiedlicher Temperaturen $T + dT$ und T, die wärmeleitend miteinander verbunden sind. In dem obigen Beispiel nimmt die Temperatur in Richtung der y-Achse zu, $dT > 0$, die Wärme fließt entgegen der Richtung der y-Achse, $dQ < 0$. Wäre umgekehrt $dT < 0$, so hätte man $dQ > 0$. Die Wärme fließt in

Richtung fallender Temperatur. Die Entropieänderung $dS = dS_i$ kann aus der zuvor abgeleiteten Beziehung Gl. (122) berechnet werden, indem man die neuen Temperaturen einsetzt und $dQ < 0$ beachtet.

Die Entropiezunahme beträgt somit

$$dS_i = -dQ \frac{dT}{(T + dT)\,T}.$$

Sind die Temperaturunterschiede in dem Körper nicht extrem groß im Vergleich zu den absoluten Temperaturen, so ist $dT \ll T$, und wir dürfen schreiben

$$dS_i = -dQ \frac{dT}{T^2}. \tag{123}$$

Nach dem Newtonschen Gesetz der Wärmeleitung ist die zwischen den beiden Volumelementen durch Leitung übertragene Wärme proportional dem Temperaturgefälle dT/dy, der Berührungsfläche $dx\,dz$ zwischen beiden Körpern und der Zeit dt, während welcher Wärme übertragen wird,

$$dQ = -\lambda \frac{dT}{dy}\,dx\,dz\,dt^1. \tag{124}$$

Das Minuszeichen kommt dadurch zustande, daß dT/dy positiv, die dem kälteren Volumelement zugeführte Wärme dQ aber entgegen der y-Achse fließt und daher negativ ist. Den durch Gl. (124) definierten Proportionalitätsfaktor λ nennt man „*Wärmeleitfähigkeit*".

Damit wird

$$dS_i = \lambda \frac{dT^2}{T^2\,dy^2}\,dx\,dy\,dz\,dt$$

oder

$$dS_i = \frac{\lambda}{T^2}\left(\frac{dT}{dy}\right)^2 dV\,dt.$$

Die dissipierte Energie infolge Wärmeleitung im Inneren eines Körpers ist

$$d\Psi = T\,dS_i = \frac{\lambda}{T}\left(\frac{dT}{dy}\right)^2 dV\,dt. \tag{125}$$

Nach dem zweiten Hauptsatz der Thermodynamik kann dieser Ausdruck nie negativ sein. Das ist nur möglich, wenn $\lambda \geq 0$. Aus dem zweiten Hauptsatz folgt somit, daß die Wärmeleitfähigkeit eines Fluids nie negativ sein kann.

Gleichen zwei Körper ihre Temperaturen aus, was entweder durch wärmeleitende Verbindung oder bei Fluiden auch durch Mischung geschehen kann, so berechnet man nach der Mischungsregel zunächst die Ausgleichstemperatur.

---

[1] Im Fall des mehrdimensionalen Wärmeflusses hat man dT/dy durch grad T zu ersetzen.

8. Spezielle nichtumkehrbare Prozesse

Aus den Temperaturänderungen beider Teile ergeben sich die Entropieänderungen und aus deren algebraischer Summe die Entropiezunahme des Vorganges.

Hat der eine Körper die Masse m_1, die spezifische Wärmekapazität c_1 und die absolute Temperatur T_1, der andere, wärmere, die Masse m_2, die spezifische Wärmekapazität c_2 und die Temperatur T_2, so ist die Ausgleichstemperatur (siehe S. 90)

$$t_m = \frac{m_1 c_1 t_1 + m_2 c_2 t_2}{m_1 c_1 + m_2 c_2},$$

und die Entropiezunahme des Vorganges beträgt bei konstanter spezifischer Wärmekapazität

$$\Delta S = \Delta S_i = m_1 c_1 \int_{T_1}^{T_m} \frac{dT}{T} - m_2 c_2 \int_{T_m}^{T_2} \frac{dT}{T} = m_1 c_1 \ln \frac{T_m}{T_1} - m_2 c_2 \ln \frac{T_2}{T_m}. \quad (126)$$

Diese Gleichung gilt bei Mischungsvorgängen nur, wenn beide Körper gleiche chemische Zusammensetzung haben. Ist das nicht der Fall, wie z. B. bei der Mischung zweier verschiedener Gase, so tritt außer dem Austausch der Wärme auch noch eine Diffusion der Gase ineinander ein, die mit einer weiteren Entropiezunahme verbunden ist, die wir später berechnen wollen.

c) Drosselung

Als Drosselung hatten wir eine plötzliche Druckabsenkung in einem strömenden Gas bezeichnet, die durch Hindernisse oder schroffe Querschnittsänderungen hervorgerufen wird. Mit Hilfe des ersten Hauptsatzes für offene Systeme, Gl. (39), hatte sich ergeben, daß die Summe aus Enthalpie und kinetischer Energie für adiabate Drosselvorgänge vor und hinter der Drosselstelle konstant ist,

$$h_1 + \frac{1}{2} w_1^2 = h_2 + \frac{1}{2} w_2^2. \quad (39e)$$

Vernachlässigt man die Änderung der Geschwindigkeitsenergie, indem man entweder die Geschwindigkeiten klein genug wählt (bei Gasen etwa $w < 40$ m/s) oder indem man den Rohrquerschnitt hinter der Drosselstelle so viel größer wählt, daß trotz der Volumzunahme die Strömungsgeschwindigkeit nicht ansteigt, so ergab sich

$$h_1 = h_2$$

d. h., bei der Drosselung bleibt die Enthalpie ungeändert. Bei idealen Gasen ist dann wegen $dh = c_p \, dT$ auch die Temperatur konstant. Bei wirklichen Gasen und Dämpfen nimmt dagegen im allgemeinen die Temperatur ab, wie wir später noch genauer sehen werden.

Der Drosselvorgang ist offenbar irreversibel, denn wir müßten in umgekehrter Richtung den endlichen Druckanstieg überwinden, wenn wir das Gas wieder zurückströmen lassen wollten, ganz ähnlich, wie es bei der Reibung eines Kolbens in einem Zylinder der Fall ist.

Die Entropiezunahme zwischen den Querschnitten *1* und *2* ergibt sich nach Gl. (94) zu

$$S_2 - S_1 = \int_1^2 \frac{d\Psi}{T},$$

wobei $d\Psi$ die infolge der Nichtumkehrbarkeiten dissipierte Energie ist; diese bewirkt eine Erhöhung der inneren Energie. Andererseits ist ganz allgemein für irreversible Prozesse einfacher Systeme nach Gl. (38b) die technische Arbeit bei Vernachlässigung der mechanischen Arbeit $L_{m12} = 0$ gegeben durch die Volum- und Verschiebearbeit $\int_1^2 V\,dp$ und durch die Dissipationsarbeit $(L_{\text{diss}})_{12}$

$$L_{t12} = \int_1^2 V\,dp + (L_{\text{diss}})_{12}.$$

Da keine technische Arbeit gewonnen wird, ist $L_{t12} = 0$ und

$$(L_{\text{diss}})_{12} = -\int_1^2 V\,dp \quad \text{oder} \quad dL_{\text{diss}} = d\Psi = -V\,dp. \tag{127}$$

Die Entropiezunahme bei der Drosselung ist nach Gl. (127)

$$S_2 - S_1 = -\int_1^2 \frac{V\,dp}{T}. \tag{128}$$

Da die Entropie eine Zustandsgröße ist, hängt der Wert des Integrals nach Gl. (128) nur von den Zustandsgrößen in den Ebenen *1* und *2* ab. Man kann daher das Integral nach Gl. (128) berechnen, ohne daß man Einzelheiten über den Zustandsverlauf bei der Drosselung kennt.

Für ideale Gase ist $V = (mRT)/p$ und somit die Entropieänderung bei der Drosselung

$$S_2 - S_1 = -mR \int_1^2 \frac{dp}{p} = mR \ln \frac{p_1}{p_2}. \tag{128a}$$

Die dissipierte Arbeit kann man hingegen mit Hilfe des Integrals von Gl. (127) nur berechnen, wenn die Drosselung nicht allzu heftig erfolgt, wenn also der Druckunterschied $p_1 - p_2$ nicht zu groß ist und daher in jedem Augenblick der Drosselung ein einheitlicher Druck p existiert, so daß man stets $V = V(p)$ angeben kann. Man vergleiche hierzu die Ausführungen auf S. 62.

Falls die Geschwindigkeitsenergie in den Querschnitten *1* und *2* vernachlässigbar ist, hat man dann längs einer Linie $h = $ const zu integrieren.

Bei idealen Gasen ist das zugleich eine Isotherme, und man erhält aus Gl. (127) mit Hilfe der Zustandsgleichung $pV = mRT$ für die dissipierte Arbeit

$$(L_{\text{diss}})_{12} = -mRT \int_1^2 \frac{dp}{p} = mRT \ln \frac{p_1}{p_2} \quad \text{(ideale Gase, } T = \text{const)}. \tag{127a}$$

Auch der von uns früher betrachtete Joulesche Überströmversuch, bei dem ein Gas aus einem geschlossenen Behälter in einen luftleeren zweiten ohne Arbeitsleistung überströmt, ist ein Drosselvorgang. Die bei reversibler Entspannung gewinnbare Arbeit wird hier durch turbulente Strömungsbewegungen wieder in innere Energie verwandelt, und die Enthalpie bleibt ungeändert. Bei einem idealen Gas muß daher auch die Temperatur im Endergebnis dieselbe sein. Im einzelnen ist der Vorgang hier aber so verwickelt, daß während des Zustandsverlaufes die Temperatur nicht konstant bleibt und die Dissipationsarbeit nicht aus Gl. (127a) berechenbar ist. Denken wir uns die beiden Behälter nicht nur von der Umgebung, sondern zunächst auch voneinander wärmeisoliert, so wird das Gas im gefüllten Behälter adiabat expandieren und sich dabei abkühlen; denn es kann nicht wissen, ob die ausströmenden Teile nachher in einem Zylinder Arbeit verrichten oder nur zum Auffüllen eines Vakuums dienen. Gleich nach Öffnen des Hahnes tritt das Gas also mit der Anfangstemperatur, die es im gefüllten Behälter hatte, in das Vakuum ein. Im weiteren Verlauf der Bewegung wird das zuerst überströmende Gas durch das nachströmende adiabat komprimiert und dadurch erwärmt. Andererseits werden die aus dem ersten Behälter kommenden und dort schon durch adiabate Expansion abgekühlten Gase mit dieser erniedrigten Temperatur in den zweiten Behälter eintreten und sich dort mit den vorher eingeströmten und durch Kompression erwärmten Gasen mischen. Unmittelbar nach dem Druckausgleich sind also erhebliche Temperaturunterschiede in beiden Behältern vorhanden, die sich später durch Wärmeleitung ausgleichen, derart, daß bei einem idealen Gas die Anfangstemperatur gerade wieder erreicht wird.

Aufgabe 14. Zwei Behälter, von denen der eine von $V_1 = 5$ m^3 Inhalt mit Luft von $p_1 = 1$ bar und $t_1 = 20$ °C, der andere von $V_2 = 2$ m^3 Inhalt mit Luft von $p_2 = 20$ bar und $t_2 = 20$ °C gefüllt ist, werden durch eine dünne Rohrleitung miteinander verbunden, so daß die Drücke sich ausgleichen.

a) Wie ist der Endzustand der Luft in beiden Behältern, wenn sie miteinander in Wärmeaustausch stehen, aber gegen die Umgebung isoliert sind? Welche Entropiezunahme tritt durch den Druck- und Temperaturausgleich ein? Welche Arbeit würde bei umkehrbarer Durchführung des Ausgleichs gewonnen werden, wenn beide Behälter mit der Umgebung von +20 °C dauernd in vollkommenem Wärmeaustausch stehen?

b) Wie ist der Endzustand, wenn die Behälter auch voneinander isoliert sind, so daß keine Wärme vom Inhalt des einen Behälters an den des anderen übertreten kann? Die Expansion im Behälter 2 sei reversibel adiabat.

d) Mischung und Diffusion

Wenn sich in einem geschlossenen Gefäß zwei chemisch verschiedene Gase befinden, die zunächst voneinander getrennt sind, so tritt im Laufe der Zeit auch ohne Umrühren — allein durch Diffusion — eine vollständige Mischung ein, wobei der Druck und die Temperatur sich nicht ändern, wenn das Gefäß keine Wärme mit der Umgebung austauscht. Die Erfahrung lehrt nun, daß Gase sich wohl freiwillig mischen, daß aber niemals der umgekehrte Vorgang der Entmischung von selbst stattfindet. Wir haben also offenbar einen nichtumkehrbaren Vorgang vor uns. Da die Nichtumkehrbarkeit nach dem zweiten Hauptsatz ganz allgemein

IV. Der zweite Hauptsatz der Thermodynamik

durch eine Zunahme der Entropie gekennzeichnet ist, so muß auch hier eine solche Zunahme eintreten, deren Betrag wir berechnen wollen.

In Abb. 63 mögen die beiden Gase *1* und *2* mit den Massen m_1 und m_2 und den Gaskonstanten R_1 und R_2 sich zunächst getrennt in dem geschlossenen Raum V befinden, den sie bei der gemeinsamen Temperatur T und dem gemeinsamen Druck p mit ihren Teilvolumen V_1 und V_2 gerade ausfüllen. Bei dem Mischungsvorgang verteilen sich beide Gase bei gleichbleibender Temperatur auf das ganze Volum V, und wir können bei nicht zu hohen Drücken nach Dalton jedes Gas so behandeln, als ob es alleine in dem Raum V vorhanden wäre. Da die Mischung adiabat ablaufen soll, ist die innere Energie des gesamten Systems konstant. Der Einfachheit wegen wollen wir ideale Gase voraussetzen. Da deren innere Energie nur von der Temperatur abhängt, bleibt bei der Mischung auch die Temperatur konstant. Der Mischungsvorgang ist demnach mit der Drosselung vergleichbar, bei der ebenfalls die Temperatur konstant bleibt, falls es sich um ideale Gase handelt. Man kann also das eine Gas gewissermaßen als den Drosselpfropfen betrachten, durch den hindurch das zweite Gas expandiert, und hat dann die vollständige Analogie zur Drosselung. Bei der Mischung haben dann beide Gase im Endergebnis eine isotherme Expansion von ihrem Anfangsvolum V_1 bzw. V_2 auf das Endvolum V ausgeführt, wobei ihre Drücke der Volumzunahme entsprechend auf die Teildrücke

$$p_1 = p \frac{V_1}{V} \quad \text{und} \quad p_2 = p \frac{V_2}{V}$$

gesunken sind, deren Summe wieder den anfänglichen Druck p ergibt.

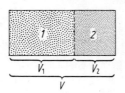

Abb. 63. Mischung zweier Gase.

Wir können uns den Vorgang demnach so vorstellen, als ob das Gas *1* isotherm vom Zustand p, V_1 auf den Zustand p_1, V und das Gas *2* vom Zustand p, V_2 auf den Zustand p_2, V expandierte. Dabei nimmt die Entropie des Gases *1* nach Gl. (128a) um

$$\Delta S_1 = m_1 R_1 \ln \frac{p}{p_1}$$

und die des Gases *2* um

$$\Delta S_2 = m_2 R_2 \ln \frac{p}{p_2}$$

zu. Insgesamt nimmt die Entropie infolge der Nichtumkehrbarkeit somit um

$$\Delta S_i = \Delta S_1 + \Delta S_2 = m_1 R_1 \ln \frac{p}{p_1} + m_2 R_2 \ln \frac{p}{p_2} \tag{129}$$

zu.

8. Spezielle nichtumkehrbare Prozesse

Die Entropiezunahme infolge von Nichtumkehrbarkeiten eines Gemisches idealer Gase ist demnach gleich der Summe der Entropien der Bestandteile des Gemisches, wenn als Drücke für jeden Bestandteil das Verhältnis von Gesamtdruck zu Teildruck eingesetzt wird. Für die Entropie S_v vor der Mischung erhält man durch Integration von Gl. (113) zwischen einem Bezugszustand p_0, T_0 und dem Zustand p, T und anschließender Addition der einzelnen Entropien

$$S_v = m_1 s_1(p_0, T_0) + m_1 \int_{T_0}^{T} c_{p_1} \frac{dT}{T} - m_1 R_1 \ln \frac{p}{p_0}$$

$$+ m_2 s_2(p_0, T_0) + m_2 \int_{T_0}^{T} c_{p_2} \frac{dT}{T} - m_2 R_2 \ln \frac{p}{p_0}.$$

Die gesamte Entropie des Gemisches setzt sich aus der Entropie S_v vor der Mischung und der Zunahme ΔS_i der Entropie durch die Mischung zusammen

$$S = S_v + m_1 R_1 \ln \frac{p}{p_1} + m_2 R_2 \ln \frac{p}{p_2}. \tag{130}$$

Man erhält also die Entropie eines Gemisches nicht einfach dadurch, daß man die Entropie der einzelnen Bestandteile beim Gesamtdruck p und der Temperatur T addiert. Es tritt vielmehr noch eine Mischungsentropie ΔS_i auf, da der Vorgang irreversibel ist.

Die letzte Gleichung kann man noch umformen, indem man die Beziehung für S_v einsetzt und die Ausdrücke, welche den natürlichen Logarithmus enthalten, zusammenfaßt. Man erhält dann

$$S = m_1 s_1(p_0, T_0) + m_1 \int_{T_0}^{T} c_{p_1} \frac{dT}{T} - m_1 R_1 \ln \frac{p_1}{p_0}$$

$$+ m_2 s_2(p_0, T_0) + m_2 \int_{T_0}^{T} c_{p_2} \frac{dT}{T} - m_2 R_2 \ln \frac{p_2}{p_0}.$$

Die Summe der ersten drei Glieder auf der rechten Seite ist die Entropie $S_1(T, p_1)$ des Gases *1* bei der Temperatur T und dem Druck p_1 im Gemisch, die Summe der drei letzten Glieder ist die Entropie $S_2(T, p_2)$ des Gases *2* bei der Temperatur T und dem Druck p_2 im Gemisch. Es ist somit die Entropie eines Gemisches aus zwei idealen Gasen

$$S(p, T) = S_1(T, p_1) + S_2(T, p_2) \quad \text{(ideale Gase)} \tag{130a}$$

gleich der Summe der Entropien beim jeweiligen Teildruck der einzelnen Gase.

Die dissipierte Energie beträgt mit ΔS_i nach Gl. (129)

$$\Psi = T \Delta S_i = m_1 R_1 T \ln \frac{p}{p_1} + m_2 R_2 T \ln \frac{p}{p_2} \quad \text{(ideale Gase, } T = \text{const)}.$$
$$\tag{131}$$

Diese würde man als Arbeit gewinnen können, wenn man in einem reversiblen isothermen Prozeß das Gas *1* vom Zustand p, V_1 auf den Zustand p_1, V und das Gas 2 vom Zustand p, V_2 auf den Zustand p_2, V expandieren ließe. Tatsächlich verzichtet man auf diesen Arbeitsgewinn. Umgekehrt gibt die Größe $L_{\text{diss}} = \Psi$ an, welche Arbeit man aufwenden müßte, wenn man das Gasgemisch durch einen reversiblen isothermen Prozeß wieder in seine Komponenten zerlegte, so daß nach Abschluß der Zerlegung jede Gaskomponente wieder bei dem Druck p und der Temperatur T vorhanden wäre.

Um die Arbeit L_{diss} bei der Mischung durch einen reversiblen Prozeß zu gewinnen, kann man sich nach van t'Hoff das Volum V_1 des Gases *1* und das Volum V_2 des Gases 2 durch verschiebbare Kolben voneinander getrennt denken, Abb. 64, welche aus *halbdurchlässigen* oder *semipermeablen* Wänden bestehen.

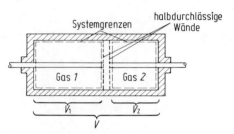

Abb. 64. Umkehrbare Mischung zweier Gase.

Solche Wände lassen nur das eine der beiden Gase ungehindert durch, während sie für das andere völlig undurchlässig sind. Stoffe dieser Eigenschaften sind zwar nur für wenige Gase bekannt, aber dadurch ist ihre grundsätzliche Möglichkeit auch für beliebige Gasgemische sichergestellt. Glühendes Platin- oder Palladiumblech z. B. ist nur für Wasserstoff durchlässig, für andere Gase undurchlässig. Eine Wasserhaut läßt z. B. NH_3 oder SO_2 hindurch, da sich diese Gase leicht in Wasser lösen, schwerlösliche Gase werden dagegen zurückgehalten.

Zwei solche halbdurchlässige Wände denken wir uns nach Abb. 64 als Kolben an der Trennfläche der beiden noch ungemischten Gase eingesetzt. Der linke Kolben *1* sei für das Gas *1*, der rechte Kolben 2 nur für das Gas 2 durchlässig. In den schmalen Raum zwischen den sich gegenüberstehenden Kolbenoberflächen kann von beiden Seiten Gas gelangen und ein Gemisch bilden. Auf den Kolben *1* übt das Gas *1* keine Kräfte aus, da es durch ihn frei hindurchtreten kann und sein Druck daher auf beide Kolbenseiten derselbe ist. Das Gas 2 dagegen, das durch Kolben 2 frei hindurchtritt, aber von Kolben *1* aufgehalten wird, drückt mit seinem vollen Anfangsdruck auf diesen und schiebt ihn nach links, wobei der Druck allmählich abnimmt, das Gas von V_2 expandiert und eine Arbeit L_{20} geleistet wird. Damit die Expansion wie beim Diffusionsvorgang isotherm verläuft, muß aus der Umgebung eine Wärme Q_{20} zugeführt werden, wobei nach den Gesetzen der isothermen Expansion

$$-L_{20} = Q_{20} = pV_2 \ln \frac{V}{V_2}$$

ist. Für das Gas *1* erhält man in gleicher Weise

$$-L_{10} = Q_{10} = pV_1 \ln \frac{V}{V_1},$$

und die gesamte Arbeit der reversiblen Mischung wird

$$L = L_{10} + L_{20} = -\left[pV_1 \ln \frac{V}{V_1} + pV_2 \ln \frac{V}{V_2} \right]$$

oder

$$L = -pV \left(\frac{V_1}{V} \ln \frac{V}{V_1} + \frac{V_2}{V} \ln \frac{V}{V_2} \right), \tag{132}$$

wobei zugleich die Wärme $Q = |L|$ aus der Umgebung zugeführt wird.

Für die reversible isotherme Entmischung zweier Gase muß dieselbe Arbeit aufgewendet und eine entsprechende Wärme abgeführt werden. Für ein aus gleichen Raumteilen zweier Gase bestehendes Gemisch der Masse m mit der Gaskonstanten R_m ist die Entmischungsarbeit also

$$L = pV \left(\frac{1}{2} \ln 2 + \frac{1}{2} \ln 2 \right) = 0{,}693 \, pV = 0{,}693 \, mR_m T \, .$$

Sie beträgt in diesem Beispiel rund 70% der Verdrängungsarbeit pV und nimmt wie diese für eine gegebene Gasmenge mit steigender Temperatur zu. Bei Gemischen aus ungleichen Raumteilen ist die Entmischungsarbeit kleiner.

In wirklichen Anlagen zur Entmischung von Gasen hat man meistens keine semipermeablen Wände, kann also das Gemisch nicht durch einen reversiblen Prozeß in seine Bestandteile zerlegen, sondern muß durch andere nichtumkehrbare Prozesse wie Kondensation, Destillation und Rektifikation die Bestandteile voneinander trennen. Der Energieaufwand beträgt dabei ein Vielfaches des hier errechneten. Dieser stellt nur einen Mindestaufwand dar, der von keinem thermodynamisch noch so günstigen Prozeß unterboten werden kann.

Aufgabe 15. Welche theoretische Arbeit erfordert die Entmischung von 1 kg Luft von 20 °C und 1 bar in ihre Bestandteile (79 Vol.-% N_2 und 21 Vol.-% O_2), wenn diese nachher denselben Druck und dieselbe Temperatur haben?

9 Anwendung des zweiten Hauptsatzes auf Energieumwandlungen

9.1 Einfluß der Umgebung auf Energieumwandlungen

Nach dem ersten Hauptsatz der Thermodynamik bleibt die Energie in einem abgeschlossenen System konstant. Da man jedes nicht abgeschlossene System durch

Hinzunahme der Umgebung in ein abgeschlossenes verwandeln kann, ist es stets möglich, ein System zu bilden, in dem während eines thermodynamischen Prozesses Energie weder erzeugt noch vernichtet werden kann. Ein Energieverlust ist daher nicht möglich. Durch einen thermodynamischen Prozeß wird lediglich Energie umgewandelt. Führt man beispielsweise einem System Wärme zu ohne Verrichtung von Arbeit, so muß sich die innere Energie um den Anteil der zugeführten Wärme erhöhen. Wird von einem System Arbeit verrichtet, so wird ein gleichgroßer Anteil einer anderen Energie verbraucht. Nach dem ersten Hauptsatz entsteht also der Eindruck, als seien alle Energien gleichwertig. Aus Erfahrung wissen wir aber, daß man die einzelnen Energieformen unterschiedlich bewerten muß. So sind die gewaltigen, in der uns umgebenden Atmosphäre gespeicherten Energien praktisch nutzlos. Man kann sie weder zum Heizen von Gebäuden noch zum Antrieb von Fahrzeugen verwerten. Auch die Bewegungsenergie der Erde kann man nicht beeinflussen und in andere Energien umwandeln, da man zu diesem Zweck gleichgroße und entgegengesetzt gerichtete Reaktionen an anderen Körpern erzeugen müßte. Bewegt sich hingegen ein Körper mit einer Relativgeschwindigkeit zu einem anderen, so kann Arbeit verrichtet werden, bis sich beide Körper relativ zueinander in Ruhe befinden. Man denke etwa an eine ortsfeste Maschine. In dieser kann Geschwindigkeitsenergie eines strömenden Fluids in technische Arbeit umgewandelt werden, bis das Fluid gegenüber der Maschine keine Geschwindigkeit mehr besitzt. Betrachtet man andererseits ein bewegtes System, zum Beispiel einen Behälter, in dem sich Kugeln mit der Systemgeschwindigkeit bewegen, so herrscht zwischen den Kugeln keine Relativgeschwindigkeit, und man kann keine Arbeit verrichten, wenn man von einer Kugel auf die andere übergeht. Obwohl man ein bewegtes System hat, kann man also in diesem Fall keine Arbeit verrichten, solange man in dem System bleibt! Ein Beobachter im Inneren des Systems würde diesem daher die kinetische Energie Null zuordnen, obwohl das System gegenüber einer ruhenden oder mit anderer Geschwindigkeit bewegten Umgebung Arbeit verrichten könnte.

Offensichtlich hängt, wie diese Überlegungen zeigen, die Umwandelbarkeit der Energie eines Systems von dem Zustand der Umgebung ab. Da ein großer Teil der thermodynamischen Prozesse in der irdischen Atmosphäre abläuft, stellt diese die Umgebung der meisten thermodynamischen Systeme dar. Wir können die irdische Atmosphäre im Hinblick auf die im Vergleich zu ihr kleinen thermodynamischen Systeme als ein unendlich großes System ansehen, dessen intensive Zustandsgrößen Druck, Temperatur und Zusammensetzung sich während eines thermodynamischen Prozesses nicht ändern. Die täglichen und die jahreszeitlich bedingten Temperaturschwankungen wollen wir bei unseren Betrachtungen außer acht lassen.

Bei vielen technischen Prozessen wird Arbeit gewonnen, indem ein System von einem gegebenen Anfangszustand mit der Umgebung ins Gleichgewicht gebracht wird. Von besonderem Interesse ist hierbei die Frage, welche Arbeit man maximal gewinnen kann. Wie wir wissen, wird das *mögliche Maximum an Arbeit dann verrichtet, wenn das System durch reversible Zustandsänderungen mit der Umgebung in Gleichgewicht gebracht wird.* Man bezeichnet diese bei der Einstellung des

Gleichgewichtes mit der Umgebung maximal gewinnbare Arbeit nach einem Vorschlag von Rant[1] abkürzend als *Exergie* [von ex ergon = Arbeit, die man (aus einem System) herausholen kann]. Wir verwenden für sie das Zeichen L_{ex}.

9.2 Berechnung von Exergien

Im folgenden wollen wir die Exergie für einige technisch wichtige Fälle berechnen.

a) Die Exergie eines geschlossenen Systems

Wir berechnen zuerst die Exergie eines geschlossenen Systems. Dabei ist es gleichgültig, ob das System anfangs wärmer oder kälter als die Umgebung war, oder ob es einen höheren oder niedrigeren Druck hatte. Schließlich kann die Abweichung vom Gleichgewicht auch darin bestehen, daß das System bei gleichem Druck und gleicher Temperatur wie die Umgebung ein Arbeitsvermögen in Form von chemischer Energie besitzt, die durch eine chemische Reaktion, beispielsweise durch Verbrennung, frei wird.

Damit das System mit der Umgebung ins Gleichgewicht kommt, müssen wir seine innere Energie durch Wärmezufuhr oder -entzug und durch Arbeit ändern. Dafür gilt allgemein nach dem ersten Hauptsatz Gl. (34)

$$dU = dQ + dL.$$

Alle Wärme muß bei der konstanten Temperatur T_u der Umgebung ausgetauscht werden. Da der Vorgang umkehrbar verlaufen soll, muß sie dem System auch bei derselben Temperatur zugeführt oder entzogen werden, d. h., dieses muß vor dem Wärmeaustausch reversibel adiabat auf Umgebungstemperatur gebracht werden. Dann ist nach dem zweiten Hauptsatz die reversibel zu- oder abgeführte Wärme $dQ = T_u \, dS$. Die Arbeit dL setzt sich zusammen aus der maximalen Arbeit dL_{ex}, der Exergie, die wir nutzbar machen können, und der Arbeit $p_u \, dV$, die zur Überwindung des Druckes der Umgebung aufgewendet werden muß. Damit wird

$$dU = T_u \, dS + dL_{ex} - p_u \, dV,$$

und die Integration zwischen dem Umgebungszustand (Index u) und dem Ausgangszustand (Index 1) ergibt für die maximale Arbeit

$$-L_{ex} = U_1 - U_u - T_u(S_1 - S_u) + p_u(V_1 - V_u). \tag{133}$$

Über die Arbeit der reversiblen Zustandsänderungen ist bei der Ableitung von Gl. (133) nichts vorausgesetzt worden. Gl. (133) gilt daher unabhängig davon, in welcher Art die maximale Arbeit gewonnen wird. Das System kann also durch mechanische, elektrische, chemische (z. B. Verbrennung) oder thermische Zustandsänderungen mit der Umgebung ins Gleichgewicht gebracht werden.

---

[1] Rant, Z.: Exergie, ein neues Wort für „technische Arbeitsfähigkeit". Forsch.-Ing. Wes. 22 (1956) 36—37.

Hat das System starre Wände oder ist die Verschiebearbeit $p_u(V_1 - V_u)$ vernachlässigbar klein, so ist die Exergie des geschlossenen Systems

$$-L_{ex} = U_1 - U_u - T_u(S_1 - S_u) = U_1 - [U_u + T_u(S_1 - S_u)]. \quad (133a)$$

Wie man aus Gl. (133a) erkennt, ist auch dann, wenn keine Verschiebearbeit verrichtet wird, von der inneren Energie U_1 nur der um $U_u + T_u(S_1 - S_u)$ verminderte Anteil in Arbeit umwandelbar. Der Anteil $T_u(S_1 - S_u)$ ist positiv, wenn die Entropie S_1 des Systems im Ausgangszustand größer ist als die Entropie S_u des Systems im Gleichgewicht mit der Umgebung. Dann gibt das System Wärme an die Umgebung ab, während es ins Gleichgewicht mit dieser überführt wird. Ist umgekehrt die Entropie S_1 im Ausgangszustand kleiner als die Entropie S_u im Gleichgewicht mit der Umgebung, so wird dem System Wärme aus der Umgebung zugeführt und in Arbeit verwandelt. Die verrichtete Arbeit ist somit größer als die Änderung der inneren Energie.

Ein Beispiel für derartige Zustandsänderungen zeigt Abb. 65.

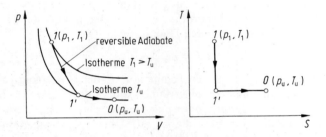

Abb. 65. Maximale Arbeit, mit Wärmezufuhr aus der Umgebung.

Hierbei ist der Ausgangszustand p_1, T_1 eines Systems so beschaffen, daß nach der reversiblen adiabaten Expansion $11'$ bis auf Umgebungstemperatur T_u der Druck p_1' immer noch größer als der Druck p_u der Umgebung ist. Das System kann dann ausgehend vom Zustand 1 isotherm expandieren, wobei ihm aus der Umgebung die Wärme $T_u(S_u - S_1') = T_u(S_u - S_1)$ zugeführt wird.

Ist das System bereits in seinem Ausgangszustand im Gleichgewicht mit der Umgebung, so kann, wie sich aus den Gln. (133) bzw. (133a) ergibt, keine Arbeit gewonnen werden. Wir folgern daraus:

Die innere Energie der Umgebung kann nicht in Exergie umgewandelt werden.

Es ist also beispielsweise unmöglich, Ozeandampfer auf Kosten des riesigen Energievorrates der Weltmeere anzutreiben.

Für den nicht in Arbeit umwandelbaren Anteil der inneren Energie in Gl. (133) schreiben wir abkürzend

$$B_U = U_u + T_u(S_1 - S_u) - p_u(V_1 - V_u).$$

9. Anwendung des zweiten Hauptsatzes auf Energieumwandlungen

Diese Größe kann, wie die vorhergehenden Überlegungen zeigten, positiv, negativ oder gleich Null sein. Man nennt B_U nach einem Vorschlag von Rant[1] *Anergie*. In diesem Fall handelt es sich um die Anergie der inneren Energie. Damit lautet Gl. (133)

$$U_1 = (-L_{ex}) + B_U . \tag{133b}$$

Innere Energie besteht aus Exergie und Anergie. Wie Rant erstmalig dargelegt hat, gilt ganz allgemein:

Jede Energie setzt sich aus Exergie und Anergie zusammen.

In besonderen Fällen können sowohl die Exergie als auch die Anergie zu Null werden. So stellt beispielsweise jede Form von mechanischer Energie ausschließlich Exergie dar, während die innere Energie der Umgebung nur aus Anergie besteht. Je nach Vorzeichen der Anergie in Gl. (133b) kann die maximal gewinnbare Arbeit, wie auch die Überlegungen zu Abb. 65 zeigten, größer, kleiner oder gleich dem Energievorrat U_1 sein.

b) Die Exergie eines offenen Systems

Die von einem offenen System verrichtete Arbeit, die sogenannte technische Arbeit, ist unter der Voraussetzung, daß man Änderungen der kinetischen und potentiellen Energie vernachlässigen kann, durch den ersten Hauptsatz Gl. (39c) gegeben, den wir in differentieller Form anschreiben

$$dQ + dL_t = dH .$$

Die maximale technische Arbeit oder *Exergie eines Stoffstroms* erhält man wieder dadurch, daß der Stoffstrom mit der Umgebung ins Gleichgewicht gebracht wird und dabei alle Zustandsänderungen reversibel sind.

Da Wärme nur mit der Umgebung ausgetauscht werden soll, muß der Stoffstrom zunächst reversibel adiabat auf Umgebungstemperatur T_u gebracht werden. Anschließend wird reversibel die Wärme

$$Q_u = \int_1^u T_u \, dS = T_u(S_u - S_1)$$

mit der Umgebung ausgetauscht. Damit erhält man durch Integration des ersten Hauptsatzes vom Anfangszustand *1* bis zum Umgebungszustand u:

$$-L_{ex} = H_1 - H_u - T_u(S_1 - S_u) = H_1 - [H_u + T_u(S_1 - S_u)] \tag{134}$$

Von der Enthalpie H_1 ist also nur der um $H_u + T_u(S_1 - S_u)$ verminderte Anteil in technische Arbeit umwandelbar. Der Anteil $T_u(S_1 - S_u)$ ist, wie zuvor dargelegt, positiv, wenn der Stoffstrom Wärme an die Umgebung abgibt, und negativ, wenn ihm Wärme aus der Umgebung zugeführt wird. In diesem Fall ist die

---

[1] Rant, Z.: Die Thermodynamik von Heizprozessen. Strojniski vertnik 8 (1962) 1/2 (slowenisch). Die Heiztechnik und der zweite Hauptsatz der Thermodynamik. Gaswärme 12 (1963) 297–304.

Exergie um den Anteil der zugeführten Wärme größer als die Änderung der Enthalpie.

Bei der Dampfturbine mit adiabater Expansion und anschließender Kondensation des Dampfes bei der Temperatur T_u in einem Kondensator ist z. B. H_1 die Enthalpie des Frischdampfes, H_u die des Kondensates und $T_u(S_1 - S_u)$ die an die Umgebung (Kühlwasser des Kondensators) abgeführte Wärme.

Sind kinetische und potentielle Energie des Stoffstroms nicht vernachlässigbar, so hat man auf der rechten Seite von Gl. (134) noch deren Anteil $m(w_1^2/2 - w_u^2/2) + mg(z_1 - z_u)$ zu addieren, wobei w_1 die anfängliche Geschwindigkeit des Stoffstroms, z_1 seine Lagekoordinate, w_u die Geschwindigkeit im Gleichgewicht mit der Umgebung und z_u die Lagekoordinate im Gleichgewichtszustand sind. Da wir die irdische Atmosphäre als ruhenden Energiespeicher ansehen, ist $w_u = 0$.

Den nicht in Arbeit umwandelbaren Anteil der Enthalpie

$$B_H = H_u + T_u(S_1 - S_u)$$

bezeichnet man entsprechend den vorigen Überlegungen wieder als *Anergie*. In diesem Fall handelt es sich um die Anergie einer Enthalpie. Sie kann positiv, negativ oder gleich Null sein. Damit kann man Gl. (134) in folgender Form schreiben

$$H_1 = (-L_{ex}) + B_H . \tag{134a}$$

Die Enthalpie eines Stoffstroms besteht aus Exergie und Anergie. Je nach Vorzeichen von B_H kann, wie auch die obigen Überlegungen zeigten, die Exergie größer, kleiner oder gleich der Enthalpie H_1 des Stoffstroms sein.

c) Die Exergie einer Wärme

Einer Maschine, z. B. dem Zylinder einer Kolbenmaschine, soll Energie in Form von Wärme aus einem Energiespeicher der Temperatur T zugeführt werden, und es ist zu untersuchen, welcher Anteil der zugeführten Wärme maximal in Arbeit umwandelbar ist. Es soll also die Exergie einer Wärme berechnet werden. Damit das mögliche Maximum an Arbeit verrichtet wird, müssen alle Zustandsänderungen reversibel ablaufen. Außerdem interessiert hier nur, welche maximale Arbeit aus der zugeführten Wärme erzeugt werden kann, nicht aber die Arbeit, welche man auf Kosten der inneren Energie der Maschinen und Apparate gewinnen kann. Wir müssen daher weiter voraussetzen, daß nach Ablauf des Prozesses alle Maschinen und Apparate wieder in ihren Ausgangszustand zurückgebracht werden, so daß ihre innere Energie unverändert bleibt.

Wir wollen zunächst einmal annehmen, es sei möglich, eine Maschine zu bauen, in der die zugeführte Wärme vollständig in Arbeit umgewandelt wird. Eine Wärmeabfuhr an die Umgebung sei also ausgeschlossen. Wir wollen nun zeigen, daß diese Annahme zu einem Widerspruch führt. Könnte man nämlich eine solche Maschine betreiben, so müßte, wie Abb. 66 darstellt, die vom Energiespeicher abgegebene und den Maschinen und Apparaten zugeführte Wärme Q_{12} ($Q_{12} > 0$) gleich der verrichteten Arbeit L_{12} ($L_{12} < 0$) sein

$$Q_{12} = |L_{12}| .$$

9. Anwendung des zweiten Hauptsatzes auf Energieumwandlungen

Andererseits ist nach dem zweiten Hauptsatz für das aus Energiespeicher, Maschinen und Apparaten bestehende adiabate Gesamtsystem nach Gl. (92a)

$$-\int_1^2 \frac{dQ}{T} + \int_1^2 dS_M \geqq 0$$

wenn dS_M die Entropieänderung der Maschinen und Apparate kennzeichnet. Voraussetzungsgemäß sollen sich diese nach Ablauf des Prozesses wieder in ihrem Ausgangszustand befinden. Es ist daher

$$\int_1^2 dS_M = 0 \quad \text{und somit} \quad -\int_1^2 \frac{dQ}{T} \geqq 0 \, .$$

Damit der zweite Hauptsatz erfüllt ist, müßte also unter den getroffenen Voraussetzungen von den Maschinen und Apparaten Wärme abgeführt und dem Energiespeicher zugeführt werden. Wir müssen somit unsere ursprüngliche Annahme, daß der Energiespeicher Wärme abgibt, die vollständig in Arbeit umwandelbar ist, fallenlassen.

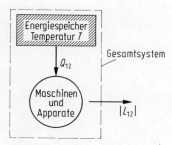

Abb. 66. Zur Umwandlung von Wärme in Arbeit.

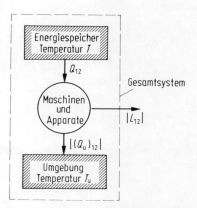

Abb. 67. Zur Umwandlung von Wärme in Arbeit.

Läßt man hingegen zu, daß ein Teil $|(Q_u)_{12}|$ der zugeführten Wärme wieder an die Umgebung übertragen wird, so muß nach dem zweiten Hauptsatz Gl. (92a)

$$-\int_1^2 \frac{dQ}{T} + \int_1^2 \frac{|dQ_u|}{T_u} + \int_1^2 dS_M \geq 0$$

gelten, oder mit $\int_1^2 dS_M = 0$

$$-\int_1^2 \frac{dQ}{T} + \int_1^2 \frac{|dQ_u|}{T_u} \geq 0, \qquad (135)$$

was zu keinem Widerspruch führt, wenn man nur der Umgebung eine hinreichend große Wärme $|(Q_u)_{12}|$ zuführt, so daß die Entropie der Umgebung stärker zunimmt, als die Entropie des Energiespeichers abnimmt. Man muß also das Schema nach Abb. 66 ersetzen durch das nach Abb. 67.

Um nun die Exergie einer Wärme berechnen zu können, denken wir uns den in Abb. 67 gezeichneten Maschinen und Apparaten die Wärme Q_{12} zugeführt. Ein Teil hiervon wird durch reversible Prozesse in Arbeit $L_{12} = L_{ex}$ umgewandelt, ein Teil $|(Q_u)_{12}|$ wird reversibel an die Umgebung abgegeben. Nach dem ersten Hauptsatz gilt für das aus Maschinen und Apparaten bestehende Teilsystem

$$Q_{12} = |(Q_u)_{12}| + |L_{12}|,$$

was man auch

$$Q_{12} + (Q_u)_{12} + L_{ex} = 0$$

oder

$$dQ + dQ_u + dL_{ex} = 0. \qquad (136)$$

schreiben kann.

Nach dem zweiten Hauptsatz ist die Entropieänderung des adiabaten Gesamtsystems

$$\Delta S_{12} + \Delta(S_u)_{12} = 0, \qquad (137)$$

wenn man mit ΔS_{12} die Entropieabnahme des Energiespeichers, mit $\Delta(S_u)_{12}$ die Entropiezunahme der Umgebung bezeichnet. Es ist

$$\Delta S_{12} = \int_1^2 \frac{-dQ}{T},$$

worin dQ das Differential der den Maschinen und Apparaten zugeführten Wärme ist (dQ ist positiv). Weiter ist

$$\Delta(S_u)_{12} = \int_1^2 \frac{-dQ_u}{T_u}$$

9. Anwendung des zweiten Hauptsatzes auf Energieumwandlungen

mit dem Differential dQ_u der von den Maschinen und Apparaten abgeführten Wärme (dQ_u ist negativ). Damit lautet Gl. (137)

$$-\int_1^2 \frac{dQ}{T} - \int_1^2 \frac{dQ_u}{T_u} = 0.$$

Nach Einsetzen von

$$dQ_u = -dQ - dL_{ex}$$

aus Gl. (136) und Kürzen der als konstant angenommenen Umgebungstemperatur T_u erhält man

$$-L_{ex} = \int_1^2 \left(1 - \frac{T_u}{T}\right) dQ$$

oder in differentieller Schreibweise

$$-dL_{ex} = \frac{T - T_u}{T} dQ = \left(1 - \frac{T_u}{T}\right) dQ. \tag{138}$$

In einem reversiblen Prozeß ist nur der um den Faktor $1 - T_u/T$ verminderte Anteil der zugeführten Wärme in Arbeit umwandelbar. Der Anteil $dQ_u = -T_u dS = -T_u(dQ/T)$ wird wieder an die Umgebung abgegeben und kann nicht als Arbeit gewonnen werden.

Man nennt

$$dB_Q = T_u \frac{dQ}{T}$$

die *Anergie* einer Wärme dQ, und Gl. (138) läßt sich daher auch schreiben

$$dQ = (-dL_{ex}) + dB_Q. \tag{138a}$$

Wärme kann nur teilweise in Arbeit umgewandelt werden, ein Teil der zugeführten Wärme ist als Anergie unwiederbringlich verloren.

Der Exergieanteil hängt nach Gl. (138) von dem Faktor $1 - T_u/T$ ab. Wärme ist demnach um so wertvoller, je höher die Temperatur T ist, Wärme von Umgebungstemperatur besteht nur aus Anergie.

Wärme, die bei Umgebungstemperatur zur Verfügung steht, kann daher nicht in Exergie umgewandelt werden.

Zum gleichen Ergebnis waren wir auch für die innere Energie von Umgebungstemperatur gekommen, vgl. S. 180.

Gl. (138) läßt verschiedene Deutungen zu:

1. Ist die Temperatur T des Energiespeichers größer als die Umgebungstemperatur T_u, so ist der Faktor $1 - T_u/T$ positiv. Die verrichtete Arbeit ist dann dem Betrage nach kleiner als die zugeführte Wärme, weil ein Teil dieser Wärme noch an die Umgebung abfließt. Wie in Abb. 67 dargestellt, wird Maschinen

und Apparaten eine Wärme Q_{12} zugeführt und teilweise als Arbeit $|L_{12}|$, teilweise als Wärme $|(Q_u)_{12}|$ wieder abgegeben. Eine solche Einrichtung, in der Wärme in Nutzarbeit umgewandelt wird, heißt *Wärmekraftmaschine*.

2. Liegt die Temperatur des Energiespeichers in Abb. 67 unterhalb der Umgebungstemperatur, $T < T_u$, so fließt die Wärme Q_{12} von einem Energiespeicher tiefer Temperatur T einer Anordnung von Maschinen und Apparaten zu. Dort wird Arbeit verrichtet. Außerdem wird eine Wärme $|(Q_u)_{12}|$ an die Umgebung abgegeben. In Gl. (138) ist nun der Faktor $1 - T_u/T$ negativ, die verrichtete Arbeit dL_{ex} also positiv. Die Wärme Q_{12} wird dem Energiespeicher bei tiefer Temperatur T entzogen und zusammen mit der zugeführten Arbeit L_{12} als Wärme $|(Q_u)_{12}|$ bei höherer Temperatur an die Umgebung abgegeben

$$|(Q_u)_{12}| = Q_{12} + L_{12}.$$

Dies ist das *Prinzip der Kältemaschine*.

3. Ist die Temperatur des Energiespeichers größer als die Umgebungstemperatur, $T > T_u$, und kehrt man die Wärmepfeile der Abb. 67 um, so wird der Umgebung eine Wärme $(Q_u)_{12}$ entzogen und nach Verrichten von Arbeit eine Wärme $|Q_{12}|$ an den Energiespeicher der hohen Temperatur T abgegeben. In diesem Fall ist der Faktor $1 - T_u/T$ in Gl. (138) positiv, aber dQ negativ und daher dL_{ex} positiv. Man muß Arbeit zuführen, um Wärme von Umgebungstemperatur auf eine höhere Temperatur zu bringen.

$$|Q_{12}| = (Q_u)_{12} + L_{12}.$$

Dies ist das *Prinzip der Wärmepumpe*.

Wir werden sowohl die Kältemaschine wie auch die Wärmepumpe später noch eingehender behandeln.

d) Die Exergie bei der Mischung zweier idealer Gase

Falls der arbeitende Stoff chemisch von anderer Art ist als die Umgebung, so ist er auch beim Druck und der Temperatur der Umgebung mit dieser nicht im Gleichgewicht, sondern durch reversible Mischung kann, wie auf S. 176 gezeigt wurde, eine weitere Arbeit gewonnen werden. Obwohl sich die reversible Mischung mangels geeigneter halbdurchlässiger Wände praktisch meistens nicht durchführen läßt, kann man doch leicht die maximale Arbeit oder Exergie L_{ex} der Mischung berechnen. Wir gehen dazu von Gl. (132) für die Arbeit L zur reversiblen Mischung zweier idealer Gase aus

$$L = -pV \left(\frac{V_1}{V} \ln \frac{V}{V_1} + \frac{V_2}{V} \ln \frac{V}{V_2} \right) \tag{132}$$

und beachten, daß beide Gase bei Umgebungstemperatur T_u gemischt werden sollen. Bezeichnet man mit m_1 und m_2 die Massen und mit R die Gaskonstante des Gemisches, so ist nach dem idealen Gasgesetz

$$pV = (m_1 + m_2) RT_u,$$

wenn p der Gesamtdruck ist. Weiter bleibt bei der Mischung die Temperatur konstant. Daher ist

$$\frac{V}{V_1} = \frac{p}{p_1} \quad \text{und} \quad \frac{V}{V_2} = \frac{p}{p_2},$$

wobei p_1 und p_2 die Teildrücke der Gase sind. Damit erhält man aus Gl. (132) die Exergie bei der Mischung

$$-L_{ex} = (m_1 + m_2) R T_u \left(\frac{p_1}{p} \ln \frac{p}{p_1} + \frac{p_2}{p} \ln \frac{p}{p_2} \right). \tag{139}$$

Diese Arbeit L_{ex} muß man umgekehrt mindestens aufwenden, um ein aus zwei Komponenten bestehendes Gasgemisch isotherm bei Umgebungstemperatur T_u in seine Bestandteile zu zerlegen.

9.3 Verluste durch Nichtumkehrbarkeiten

In nichtumkehrbaren Prozessen nimmt, wie wir sahen, die Entropie S_i im Inneren des Systems zu, und es wird ein Teil der Energie dissipiert. Bei allen Austauschprozessen tritt das System über die Austauschvariablen, beispielsweise über die Arbeitskoordinate V und die Entropie S in Kontakt mit der Umgebung. Die gesamte Änderung dS der Entropie setzt sich daher zusammen aus dem Anteil dS_a aufgrund des Wärmeaustausches mit der Umgebung und dem Anteil dS_i, der durch Dissipation erzeugt wird [Gl. (89)]. Es war

$$dS = dS_a + dS_i.$$

Die gleiche gesamte Entropieänderung kann man natürlich auch dadurch erzielen, daß man einen reversiblen Ersatzprozeß ausführt ($dS_i = 0$) und in diesem die Wärme dQ zusammen mit der Dissipationsenergie $d\Psi$ als Wärme dQ' von außen zuführt

$$dQ' = dQ + d\Psi.$$

Die Entropieänderung ist dann gegeben durch

$$T\, dS = dQ' = T\, dS'_a = T\, dS_a + T\, dS_i.$$

Enthält das Ersatzsystem Maschinen und Apparate zur Umwandlung von Wärme in Arbeit, so kann, wie im vorigen Kapitel gezeigt wurde, nur ein Teil der zugeführten Wärme dQ' in Arbeit verwandelt werden. Wäre der ursprüngliche Prozeß reversibel ($d\Psi = 0$) gewesen, so würde man die Wärme dQ zuführen und nach Gl. (138) aus der zugeführten Wärme gerade die maximale Arbeit

$$-(dL_{ex})_Q = \left(1 - \frac{T_u}{T}\right) dQ$$

gewinnen. Da man in dem Ersatzprozeß außerdem noch die Dissipationsenergie $d\Psi$ als Wärme von außen zuführt, wird zusätzlich eine maximale Arbeit

$$-dL_{ex} = \left(1 - \frac{T_u}{T}\right) d\Psi \tag{140}$$

gewonnen. *Die dissipierte Energie ist demnach nicht vollständig verloren, sondern der durch Gl. (140) gegebene Anteil ist in Exergie umwandelbar!*

Den reversiblen Ersatzprozeß, in dem die Dissipationsenergie als Wärme zugeführt und in Arbeit dL_{ex} umgewandelt wird, denken wir uns durch das Schema nach Abb. 68 verwirklicht.

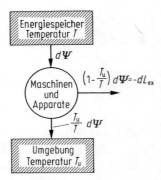

Abb. 68. Zur Umwandlung von Dissipationsenergie in Exergie.

Von der als Wärme zugeführten Dissipationsenergie $d\Psi$ wird in einem reversiblen Prozeß der Anteil

$$\left(1 - \frac{T_u}{T}\right) d\Psi$$

als Arbeit gewonnen, während der restliche Anteil

$$\frac{T_u}{T} d\Psi$$

der Umgebung als Wärme zugeführt wird und nicht mehr in Arbeit umwandelbar ist. Für den restlichen Anteil kann man wegen Gl. (94) auch schreiben

$$\frac{T_u}{T} d\Psi = T_u \, dS_i \, .$$

Die gewinnbare maximale Arbeit wird demnach bei allen irreversiblen Prozessen um diesen Anteil vermindert. Man bezeichnet diesen der Umgebung als Wärme zugeführten Teil der Dissipationsenergie als *Exergieverlust*. Dieser ist also durch die wichtige Beziehung

$$L_{V12} = \int_1^2 T_u \, dS_i = \int_1^2 \frac{T_u}{T} d\Psi \tag{141}$$

gegeben. Nach den Ausführungen von S. 185 ist der Exergieverlust die Anergie der Dissipationsenergie.

Für irreversible Prozesse adiabater Systeme ist die gesamte Entropieänderung gleich der Entropieänderung im Inneren des Systems, $dS = dS_i$, und daher der

9. Anwendung des zweiten Hauptsatzes auf Energieumwandlungen

Exergieverlust gegeben durch

$$L_{V\,12}^{(ad)} = \int_1^2 T_u dS = T_u(S_2 - S_1). \tag{141a}$$

Für die Exergie gilt somit im Gegensatz zur Energie kein Erhaltungssatz! In jedem irreversiblen Prozeß wird Exergie vernichtet, die maximal gewinnbare Arbeit nimmt ab um den durch die Gl. (141) bzw. (141 a) gegebenen Anteil.

Wie man aus dem Quotienten

$$\frac{dL_V}{d\Psi} = \frac{T_u}{T} \tag{141b}$$

erkennt, ruft der gleiche Anteil an Dissipationsenergie einen um so größeren Exergieverlust hervor, je tiefer die Temperatur T ist. Nichtumkehrbarkeiten wirken sich daher thermodynamisch um so ungünstiger aus, je tiefer die Temperatur ist, bei welcher ein Prozeß abläuft.

Ist das System kälter als seine Umgebung, $T < T_u$, so ist nach Gl. (141 b) der Exergieverlust dL_V größer als die dissipierte Energie $d\Psi$. Dieses zunächst überraschende Ergebnis wird verständlich, da man dann, wenn man die Dissipationsenergie einem System als Wärme bei einer tiefen Temperatur T zuführen und auf die Umgebungstemperatur T_u anheben will, noch eine Arbeit dL' verrichten muß (vgl. S. 186). Die an die Umgebung abgeführte Wärme ist in diesem Fall gleich dem Exergieverlust dL_V. Er besteht aus der als Wärme zugeführten Dissipationsenergie $d\Psi$ und der zugeführten Arbeit dL':

$$dL_V = d\Psi + dL', \tag{141c}$$

woraus man mit Gl. (141 b) die Arbeit dL' erhält, um die der Exergieverlust größer als die Dissipationsenergie ist

$$dL' = dL_V - d\Psi = \left(\frac{T_u}{T} - 1\right) d\Psi. \tag{141d}$$

Nach Gl. (141) kann man Exergieverluste leicht berechnen, wenn man die Dissipationsenergie kennt. Da wir diese aber bereits für zahlreiche irreversible Prozesse in Kap. IV, 8 ermittelt haben, können wir die Exergieverluste dieser Prozesse anschreiben. Als Ergebnis dieser Umrechnungen sind in Tab. 20 die Exergieverluste der in Kap. IV, 8 behandelten technisch wichtigen Prozesse zusammengestellt.

Den in der letzten Zeile angegebenen Exergieverlust durch Wärmeübertragung bei endlichem Temperaturunterschied $T_1 - T_2$ in einem Wärmeaustauscher erhält man aus der Entropieänderung dS_i des adiabaten Gesamtsystems, bestehend aus heißem und kaltem Fluid. Während das heiße Fluid die Wärme dQ abgibt, nimmt seine Entropie um dQ/T_1 ab. dQ sei die dem kalten Fluid zugeführte Wärme, $dQ > 0$. Gleichzeitig nimmt die Entropie des kalten Fluids um dQ/T_2 zu. Die gesamte innere Entropieänderung beträgt also, vgl. Gl. (122):

$$dS_i = -\frac{dQ}{T_1} + \frac{dQ}{T_2} = dQ\left(\frac{1}{T_2} - \frac{1}{T_1}\right) = dQ\frac{T_1 - T_2}{T_1 T_2}.$$

Tabelle 20

Prozeß	Exergieverlust	Dissipation nach Gl.
Strömung mit Reibung; Newtonsches Fluid	$P_V = \int\limits_{(V)} \eta \, \dfrac{T_u}{T} \left(\dfrac{dw}{dy}\right)^2 dV$ P_V = Exergieverlust je Zeiteinheit. Integration über das Volum V des Fluids	(120b)
Eindimensionale Wärmeleitung bei stetigem Temperaturgefälle	$P_V = \int\limits_{(V)} \lambda \, \dfrac{T_u}{T^2} \left(\dfrac{dT}{dy}\right)^2 dV$ P_V = Exergieverlust je Zeiteinheit. Integration über das Volum V des Körpers	(125)
Temperaturausgleich durch Wärmeleitung zwischen zwei Körpern von anfänglich verschiedenen Temperaturen $T_2 > T_1$	$L_{V12} = T_u \left(m_1 c_1 \ln \dfrac{T_m}{T_1} - m_2 c_2 \ln \dfrac{T_2}{T_m} \right)$	(126)
Drosselung eines idealen Gases vom Druck p_1 auf den Druck $p_2 < p_1$	$L_{V12} = T_u m R \ln \dfrac{p_1}{p_2}$	(127a)
Mischung von zwei idealen Gasen	$L_{V12} = T_u \left(m_1 R_1 \ln \dfrac{p}{p_1} + m_2 R_2 \ln \dfrac{p}{p_2} \right)$	(131)
Wärmeübertragung von einem Fluid der Temperatur T_1 auf ein Fluid der Temperatur $T_2 < T_1$	$dL_V = T_u \, dQ \, \dfrac{T_1 - T_2}{T_1 T_2}$	(122)

Durch Multiplikation mit der Umgebungstemperatur T_u erhält man den in der Tabelle aufgeführten Exergieverlust der Wärmeübertragung.

Aufgabe 16. In einer Umgebung von $t_u = 20\ °C$ schmelzen 100 kg Eis von $t_0 = -5\ °C$ zu Wasser von $t_u = 20\ °C$. Die spezifische Schmelzenthalpie des Eises ist $\Delta h_S = 333{,}5$ kJ/kg, seine spezifische Wärmekapazität $c = 2{,}04$ kJ/(kg K). Wie groß ist bei diesem nichtumkehrbaren Vorgang die Entropiezunahme?
Welche Arbeit müßte man aufwenden, um ihn wieder rückgängig zu machen?

Aufgabe 17. In einer Preßluftflasche von $V = 100$ l Inhalt befindet sich Luft von $p_1 = 50$ bar und $t_1 = 20\ °C$. Die Umgebungsluft habe einen Druck $p_2 = 1$ bar und eine Temperatur $t_2 = 20\ °C$.
Wie groß ist die aus der Flasche gewinnbare Arbeit, wenn man den Inhalt a) isotherm, b) adiabat auf den Druck der Umgebung entspannt? Welche tiefste Temperatur tritt in der Flasche auf, wenn man das Ventil öffnet und den Inhalt in die Umgebung abblasen läßt, bis der Druck in der Flasche auch auf 1 bar gesunken ist und wenn der Vorgang so schnell

abläuft, daß kein merklicher Wärmeaustausch zwischen Flasche und Inhalt stattfindet? Welche Entropiezunahme ist durch das Abblasen eingetreten, nachdem auch die Temperaturen sich ausgeglichen haben?

Aufgabe 18. 1 kg eines idealen Gases ($R = 0{,}2872$ kJ/(kg K), $\varkappa = 1{,}4$) wird vom Zustand *1*, $p_1 = 8$ bar, $T_1 = 400$ K, auf Umgebungszustand $p_u = 1$ bar, $T_u = 300$ K entspannt.
Welche Arbeit kann hierbei maximal gewonnen werden?

Aufgabe 19. In einer Gasturbine wird ein ideales Gas ($R = 0{,}2872$ kJ/(kg K), $\varkappa = 1{,}4$) vom Anfangszustand $p_1 = 15$ bar, $T_1 = 800$ K, $w_1 \approx 0$ adiabat auf den Druck $p_2 = 1{,}5$ bar entspannt. Das Gas verläßt die Turbine mit einer Temperatur $T_2 = 450$ K und einer Geschwindigkeit $w_2 = 100$ m/s.
a) Welche Leistung gibt die Turbine ab, wenn der Massenstrom des Gases $\dot{M} = 10$ kg/s beträgt?
b) Wie groß ist der Exergieverlust? Umgebungstemperatur $T_u = 300$ K.

Aufgabe 20. In einem Wärmeaustauscher wird zwischen zwei durch eine Wand getrennten Gasströmen der mittleren Temperatur $T_1 = 360$ K und $T_2 = 250$ K ein Wärmestrom von $\Phi = 1$ MW übertragen. Die Umgebungstemperatur beträgt $T_u = 300$ K.
a) Wie groß ist der Exergieverlust?
b) Man gebe eine zweckmäßige allgemeine Definition des exergetischen Wirkungsgrades an.

Aufgabe 21. Aus der Umgebung mit der Temperatur $t_u = +20$ °C strömen in einen Kühlraum, in dem eine Temperatur von $t_1 = -15$ °C herrscht, 35 kW hinein.
Welche theoretische Leistung erfordert eine Kältemaschine, die dauernd -15 °C im Kühlraum aufrechterhalten soll, wenn sie Wärme bei $+20$ °C an Kühlwasser abgibt? Wieviel Kühlwasser wird stündlich verbraucht, wenn es sich um 7 °C erwärmt?

Aufgabe 22. In einem adiabat isolierten Lufterhitzer werden 10 kg/s Luft isobar von der Umgebungstemperatur $T_u = 300$ K und $p_u = 1$ bar durch einen Rauchgasstrom von 10 kg/s erwärmt, der sich dabei von 1200 K auf 800 K abkühlt.
a) Auf welche Temperatur wird die Luft erwärmt?
b) Welcher Exergieverlust entsteht durch den Wärmeaustausch in dem Lufterhitzer?
Spezifische Wärmekapazität der Luft $c_{p_L} = 1{,}0$ kJ/(kg K),
spezifische Wärmekapazität des Rauchgases

$$c_{p_R} = 1{,}1 \frac{\text{kJ}}{\text{kg K}} + 0{,}5 \cdot 10^{-3} \frac{\text{kJ}}{\text{kg K}^2} T.$$

Aufgabe 23. Ein isolierter Behälter enthält 5 kg einer Flüssigkeit bei Umgebungszustand $p_u = 1$ bar, $T_u = 300$ K. Durch ein Rührwerk wird der Flüssigkeit isochor eine Arbeit von 0,2 kWh zugeführt. Die spezifische Wärmekapazität der Flüssigkeit beträgt $c = 0{,}8$ kJ/(kg K).
a) Man zeige, daß dieser Vorgang irreversibel ist!
b) Welcher Anteil der über das Rührwerk zugeführten Energie kann bestenfalls wieder als Arbeit gewonnen werden?

Aufgabe 24. In einem isolierten, starren Behälter befinden sich durch eine starre adiabate Wand voneinander getrennt zwei ideale Gase. Die eine Kammer enthält $m' = 18$ kg Gas von $V' = 10$ m³, $p_1' = 1$ bar, $T_1' = 294$ K, die andere Kammer $m'' = 30$ kg Gas von $V'' = 3$ m³, $p_1'' = 10$ bar und $T_1'' = 530$ K.
a) Welche Endtemperatur und welcher Enddruck stellen sich ein, wenn man die Trennwand entfernt?
b) Man zeige, daß die Mischung irreversibel ist, und berechne den Exergieverlust. Gaskonstante $R' = R'' = 0{,}189$ kJ/(kg K), spezifische Wärmekapazitäten $c_v' = c_v'' = 0{,}7$ kJ/(kg K), Umgebungstemperatur $t_u = 20$ °C.

V Thermodynamische Eigenschaften der Materie

1 Darstellung der Eigenschaften durch Zustandsgleichungen. Messung von Zustandsgrößen

Zur Beschreibung des Gleichgewichtszustandes einfacher Systeme hatte sich die Fundamentalgleichung $U(S, V)$, vgl. Kap. IV, 7.4, als eine Funktion mit umfassenden Eigenschaften erwiesen. Aus ihr erhält man durch Differentiation [Gl. (103) und (104)]

$$\left(\frac{\partial U}{\partial S}\right)_V = T \quad \text{und} \quad \left(\frac{\partial U}{\partial V}\right)_S = -p$$

die Temperatur und den Druck, und man kann weiter alle anderen Zustandsgrößen wie spezifische Wärmekapazitäten, Enthalpien, Kompressibilität usw. berechnen. Die phänomenologische Thermodynamik macht jedoch keine Aussagen über die Form der Fundamentalgleichung. Diese muß man vielmehr aus Messungen bestimmen. Zur Lösung dieser Aufgabe müßte man die Variablen U, S, V unabhängig voneinander messen, man müßte also geeignete Verfahren kennen, mit denen man jede der Variablen unabhängig von den übrigen verändern und außerdem die Absolutwerte der Variablen ermitteln kann. Die praktische Durchführung dieses Vorhabens stößt auf erhebliche Schwierigkeiten, da man bekanntlich immer nur Differenzen der inneren Energie mißt und da man Entropien nicht direkt messen kann. Man kann bestenfalls Entropieunterschiede aus Meßwerten berechnen, beispielsweise aus der in einem reversiblen Prozeß zugeführten Wärme und der Temperatur, bei der die Wärme zugeführt wird.

Leichter zu messen sind hingegen intensive Größen wie Druck, Temperatur u. a., welche man durch Differentiation aus der Fundamentalgleichung gewinnt. Im Gegensatz zu den Variablen U und S kann man sie sogar absolut messen. Die Forderung, eine Fundamentalgleichung aus Meßwerten der extensiven Zustandsgrößen U, S und V aufzubauen und anschließend durch Differentiation die intensiven Zustandsgrößen T, p u. a. zu berechnen, steht also in direktem Gegensatz zu den Möglichkeiten der Meßtechnik. Diese kennt viele genaue Verfahren zur Ermittlung der intensiven Zustandsgrößen, während von den Zustandsgrößen, die man zum Aufstellen der Fundamentalgleichung braucht, die innere Energie und die Entropie nicht absolut bestimmt werden können und schließlich die Entropie gar nicht direkt gemessen werden kann. Hinzu kommt, daß durch Differentiation der Fundamentalgleichung alle Meßfehler vergrößert werden, so daß man U, S und V sehr genau bestimmen müßte, um daraus zuverlässige Werte für die intensiven Zustandsgrößen zu erhalten.

In der Praxis geht man daher so vor, daß man fast immer auf eine Ermittlung der Fundamentalgleichung verzichtet und nur die thermischen Zustandsgrößen p, V, T und gelegentlich auch die kalorischen Zustandsgrößen c_p, c_v, h, u mißt und anschließend die Meßwerte durch eine Interpolationsgleichung darstellt. Wie wir noch sehen werden, kann man auch auf die Messung der kalorischen Zustandsgrößen verzichten und aus gemessenen thermischen Zustandsgrößen die kalorischen unter Zuhilfenahme der spezifischen Wärmekapazitäten idealer Gase berechnen.

Die Darstellung der Meßwerte durch Interpolationsgleichungen ist meistens mehr oder weniger gut theoretisch begründet, und es gibt eine Vielzahl von Vorschlägen für Gleichungsansätze. Derartige Gleichungen sind für weitere Rechnungen notwendig und nützlich, worauf wir im einzelnen bei der Berechnung von Zustandsgrößen noch zurückkommen.

Die *Meßmethoden* zur Ermittlung der thermischen Zustandsgrößen sind in den letzten Jahren sehr verfeinert worden. Besonders zu erwähnen ist eine neuerdings häufig angewandte Methode von Burnett[1], die es ermöglicht, den sogenannten Realgasfaktor $Z = (pV)/(nRT)$ aus Temperatur- und Druckmessungen zu ermitteln, ohne daß man zusätzlich Volume und Massen bestimmen muß. Will man Enthalpien aus thermischen Zustandsgleichungen berechnen, so sind, wie noch zu zeigen sein wird, Differentiationen und Integrationen erforderlich. Da beim Differenzieren bekanntlich die Fehler einer durch Versuche aufgenommenen Funktion sich stark vergrößern, muß die thermische Zustandsgleichung sehr genau bekannt sein, wenn die Enthalpie sich aus ihr ohne große Fehler ergeben soll. Man bestimmt daher die Enthalpie häufig unmittelbar, indem man in einem Kalorimeter strömendem Dampf bei konstantem Druck durch elektrische Heizung Wärme zuführt und den Temperaturanstieg beobachtet. Die zugeführte Wärme ist dann gleich der Änderung der Enthalpie, und wenn man durch den Temperaturanstieg dividiert, erhält man die spezifische Wärmekapazität $c_p = (\partial h/\partial T)_p$.

Außer dieser naheliegenden Methode gibt es eine Reihe weiterer Meßverfahren, die wir im einzelnen jedoch nicht besprechen wollen. Es sei auf die Literatur verwiesen[2].

Als Ergebnis derartiger Messungen erhält man thermische und kalorische Zustandsgleichungen oder Diagramme, in welchen die thermischen und kalorischen Eigenschaften der Stoffe graphisch dargestellt sind. Dabei ergeben sich neben den individuellen, für jeden Stoff anderen Eigenschaften eine Reihe von Erscheinungen, die man bei allen Stoffen beobachtet. Diese wollen wir im folgenden zuerst besprechen, ehe wir uns dann eingehender mit den Zustandsgleichungen befassen.

---

[1] Burnett, E. S.: Compressibility Deformation without volume measurements. J. Appl. Mech. 58 (1936) 136, vgl. auch R. Waibel: Aufbau und Erprobung einer Meßanlage zur Bestimmung der thermischen Eigenschaften von Gasen bei Temperaturen bis 600 °C und Drücken bis 600 bar. Diss. Universität Karlsruhe 1969, dort weitere Literaturhinweise.
Meßverfahren, insbesondere über Verdampfungsgleichgewichte, in: Hálá, E.; Pick, J.; Fried, V.; Vilim, O.: Gleichgewicht Flüssigkeit–Dampf, Berlin: Akademie-Verlag 1960.

2 Gase und Dämpfe, die p,v, T-Diagramme

Als Dämpfe bezeichnet man Gase in der Nähe ihrer Verflüssigung. Man nennt einen Dampf gesättigt, wenn schon eine beliebig kleine Temperatursenkung ihn verflüssigt; er heißt überhitzt, wenn es dazu einer endlichen Temperatursenkung bedarf. Gase sind nichts anderes als stark überhitzte Dämpfe. Da sich alle Gase verflüssigen lassen, besteht kein grundsätzlicher Unterschied zwischen Gasen und Dämpfen; bei genügend hoher Temperatur und niedrigen Drücken nähert sich das Verhalten beider dem des idealen Gases.

Als wichtigstes Beispiel eines Dampfes behandeln wir den Wasserdampf, doch verhalten sich andere Stoffe, wie z. B. Kohlendioxid, Ammoniak, Schwefeldioxid, Luft, Sauerstoff, Stickstoff, Quecksilber usw. ganz ähnlich, nur liegen die Zustände vergleichbaren Verhaltens in anderen Druck- und Temperaturbereichen.

Bei der Verflüssigung trennt sich die Flüssigkeit vom Dampf längs einer deutlich erkennbaren Grenzfläche, bei deren Überschreiten sich gewisse Eigenschaften des Stoffes, wie z. B. Dichte, innere Energie, Brechungsindex usw., sprunghaft ändern, obgleich Druck und Temperatur dieselben Werte behalten. Eine Grenzfläche gleicher Art tritt beim Erstarren zwischen der Flüssigkeit und dem festen Körper auf. Man bezeichnet solche trotz gleichen Druckes und gleicher Temperatur durch sprunghafte Änderungen der Eigenschaften unterschiedene Zustandsgebiete eines Körpers als „Phasen". Eine Phase braucht nicht aus einem chemisch einheitlichen Körper zu bestehen, sondern kann auch ein Gemisch aus mehreren Stoffen sein, z. B. ein Gasgemisch, eine Lösung oder ein Mischkristall. Da sich Gase stets unbeschränkt mischen, wenn man von extrem hohen Drücken absieht, kann ein aus mehreren chemischen Bestandteilen zusammengesetzter Körper nur eine Gasphase haben. Dagegen sind immer so viele flüssige und feste Phasen vorhanden wie nicht miteinander mischbare Bestandteile. Auch ein chemisch einheitlicher Körper kann mehr als eine feste Phase haben, wenn er in verschiedenen Modifikationen vorkommt (Allotropie).

In einem Zylinder befinde sich 1 kg Wasser von 0 °C unter konstantem, etwa nach Abb. 69 durch einen belasteten Kolben hervorgerufenem Druck.

Erwärmen wir das Wasser, so zieht es sich zunächst ein wenig zusammen, erreicht sein kleinstes Volum bei +4 °C, falls der Druck gleich 1 bar ist, und dehnt sich dann bei weiterer Erwärmung wieder aus.

Diese Volumabnahme des Wassers bei Erwärmung von 0 auf 4 °C ist eine ungewöhnliche, bei anderen Flüssigkeiten nicht auftretende Erscheinung. Man erklärt sie damit, daß im Wasser außer H_2O-Molekülen auch noch die Molekül-

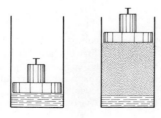

Abb. 69. Die Verdampfung.

arten H_4O_2 und H_6O_3 vorhanden sind, die verschiedene Dichten haben und deren Mengenverhältnis von der Temperatur abhängt. Sind nun bei höherer Temperatur verhältnismäßig mehr Moleküle der dichteren Arten vorhanden, so tritt eine Volumabnahme auf, obwohl jede Molekülart ihr Volum mit steigender Temperatur vergrößert.

Wenn bei dem konstant gehaltenen Druck von 1 bar die Temperatur von rund 100 °C (genau 99,63 °C) erreicht wird, beginnt sich aus dem Wasser unter sehr erheblicher Volumvergrößerung Dampf von gleicher Temperatur zu bilden. Solange noch Flüssigkeit vorhanden ist, bleibt die Temperatur trotz weiterer Wärmezufuhr unverändert. Man nennt den Zustand, bei dem sich flüssiges Wasser und Dampf im Gleichgewicht befinden, Sättigungszustand, gekennzeichnet durch Sättigungsdruck und Sättigungstemperatur. Erst nachdem alles Wasser zu Dampf geworden ist, dessen Volum bei 100 °C das 1673fache des Volums von Wasser bei +4 °C beträgt, steigt die Temperatur des Dampfes weiter an, und der Dampf geht aus dem gesättigten in den überhitzten Zustand über.

Führt man den Verdampfungsvorgang bei verschiedenen Drücken durch, so ändert sich die Verdampfungstemperatur. Die Abhängigkeit des Sättigungsdruckes von der Sättigungstemperatur heißt Dampfdruckkurve, sie ist in Abb. 70 für einige technisch wichtige Stoffe dargestellt.

Die Dampfdruckkurve beginnt im Tripelpunkt. Er kennzeichnet den Zustand, in dem die drei Phasen Gas, Flüssigkeit und Festkörper miteinander im Gleichgewicht stehen. Sie endet im kritischen Punkt, in dem flüssige und gasförmige Phase stetig ineinander übergehen.

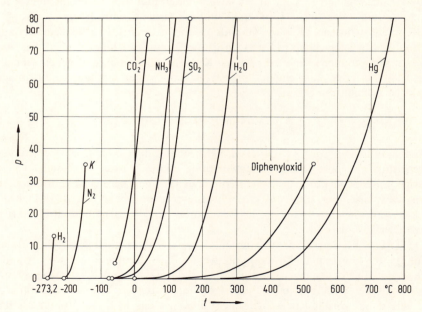

Abb. 70. Dampfdruckkurven einiger Stoffe (vgl. Abb. 89).

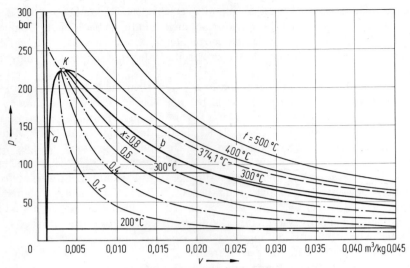

Abb. 71. p,v-Diagramm des Wassers.

Verdampft man bei verschiedenen Drücken und trägt die beobachteten spezifischen Volume der Flüssigkeit bei Sättigungstemperatur vor der Verdampfung und des gesättigten Dampfes nach der Verdampfung, die wir von jetzt ab mit v' und v'' bezeichnen wollen, in einem p,v-Diagramm auf, so erhält man zwei Kurven a und b der Abb. 71, die linke und die rechte Grenzkurve.

Bei nicht zu hohen Drücken verläuft die linke Grenzkurve fast parallel zur Ordinate. Mit steigendem Druck wird die Volumzunahme $v'' - v'$ bei der Verdampfung immer kleiner, die beiden Kurven nähern sich und gehen schließlich, wie Abb. 71 zeigt, in einem Punkt K ineinander über, den man als kritischen Punkt bezeichnet. Für ihn gilt:

$$\left(\frac{\partial p}{\partial v}\right)_T = 0 \quad \text{und} \quad \left(\frac{\partial^2 p}{\partial v^2}\right)_T = 0 .$$

Wärmezufuhr bei höheren Drücken verursacht nur ein stetiges Steigen der Temperatur und eine stetige Volumzunahme, ohne daß der Stoff sich in eine flüssige und eine gasförmige Phase trennt. Die flüssige Phase geht kontinuierlich in die Gasphase über, ohne daß eine Phasengrenze wahrnehmbar ist. In Dampfkesseln wird manchmal eine solche Erwärmung von Wasser oberhalb des kritischen Druckes ausgeführt.

Der Druck, bei dem die Verdampfung, d. h. die Volumzunahme durch Wärmezufuhr unter konstantem Druck ohne gleichzeitigen Temperaturanstieg, gerade aufhört und die flüssige Phase kontinuierlich in die Gasphase überzugehen beginnt, heißt kritischer Druck p_k, die zugehörige Temperatur kritische Temperatur T_k, und das dabei vorhandene spezifische Volum ist das kritische Volum v_k. Bei Wasser liegt nach den neuesten Untersuchungen der kritische Punkt bei p_k

2. Gase und Dämpfe, die p,v,T-Diagramme

Tabelle 21. Kritische Daten einiger Stoffe, geordnet nach den kritischen Temperaturen[1]

	Zeichen	M kg/kmol	p_k bar	T_k K	v_k dm³/kg
Quecksilber	Hg	200,59	1490	1765	0,213
Anilin	C_6H_7N	93,1283	53,1	698,7	2,941
Wasser	H_2O	18,0153	220,64	647,14	3,106
Benzol	C_6H_6	78,1136	48,98	562,1	3,311
Ethylalkohol	C_2H_5OH	46,0690	61,37	513,9	3,623
Diethylether	$C_4H_{10}O$	74,1228	36,42	466,7	3,774
Ethylchlorid	C_2H_5Cl	64,5147	52,7	460,4	2,994
Schwefeldioxid	SO_2	64,0588	78,84	430,7	1,901
Methylchlorid	CH_3Cl	50,4878	66,79	416,3	2,755
Ammoniak	NH_3	17,0305	113,5	405,5	4,255
Chlorwasserstoff	HCl	36,4609	83,1	324,7	2,222
Distickstoffmonoxid	N_2O	44,0128	72,4	309,6	2,212
Acetylen	C_2H_2	26,0379	61,39	308,3	4,329
Ethan	C_2H_6	30,0696	48,72	305,3	4,926
Kohlendioxid	CO_2	44,0098	73,84	304,2	2,156
Ethylen	C_2H_4	28,0528	50,39	282,3	4,651
Methan	CH_4	16,0428	45,95	190,6	6,173
Stickstoffmonoxid	NO	30,0061	65	180	1,901
Sauerstoff	O_2	31,999	50,43	154,6	2,294
Argon	Ar	39,948	48,65	150,7	1,873
Kohlenmonoxid	CO	28,0104	34,98	132,9	3,322
Luft	—	28,953	37,66	132,5	3,195
Stickstoff	N_2	28,0134	33,9	126,2	3,195
Wasserstoff	H_2	2,0159	12,97	33,2	32,26
Helium-4	He	4,0026	2,27	5,19	14,29

[1] Zusammengestellt nach:
Rathmann, D.; Bauer, J.; Thompson, Ph. A.: Max-Planck-Inst. f. Strömungsforschung, Göttingen. Bericht 6/1978.
Atomic weight of elements 1981. Pure Appl. Chem. 55 (1983) 7, 1112–1118.
Ambrose, D.: Vapour-liquid critical properties. Nat. Phys. Lab., Teddington 1980.

$= 220{,}64$ bar und $t_k = 373{,}99$ °C, und das kritische Volum beträgt $v_k = 3{,}106 \times 10^{-3}$ m³/kg[1].

In Tab. 21 sind die kritischen Daten einiger technisch wichtiger Stoffe angegeben. Das kritische Volum ist in allen Fällen rund dreimal so groß wie das spezifische Volum der Flüssigkeit bei kleinen Drücken in der Nähe ihres Erstarrungspunktes. Bei den meisten organischen Fluiden liegt der kritische Druck zwischen 30 und 80 bar.

Damit ein Dampf sich merklich wie ein ideales Gas verhält, hatten wir bisher verlangt, daß er noch genügend weit von der Verflüssigung entfernt ist. Besser würden wir sagen: sein Druck muß klein gegen den kritischen sein, denn bei kleinen Drücken verhält sich ein Dampf auch in der Nähe der Verflüssigung noch

---

[1] Vgl. hierzu Kestin, J.; Sengers, J. V.; Spencer, R. C.: Progress in the standardization of properties of light and heavy water. Mech. Eng. 105 (3) (1983) 72–73.

mit guter Annäherung wie ein ideales Gas. Da der kritische Druck fast aller Stoffe groß gegen den atmosphärischen ist, weicht das Verhalten ihrer Dämpfe bei atmosphärischem Druck nur wenig von dem des idealen Gases ab.

Verdichtet man überhitzten Dampf bei konstanter Temperatur, z. B. bei 300 °C, durch Verkleinern seines Volums, so nimmt der Druck ähnlich wie bei einem idealen Gas nahezu nach einer Hyperbel zu, vgl. Abb. 71. Sobald der Sättigungsdruck erreicht ist, beginnt die Kondensation, und das Volum verkleinert sich ohne Steigen des Druckes so lange, bis aller Dampf verflüssigt ist. Verkleinert man das Volum noch weiter, so steigt der Druck sehr stark an, da Flüssigkeiten ihrer Kompression einen sehr hohen Widerstand entgegensetzen. Trägt man das Ergebnis solcher bei verschiedenen konstanten Temperaturen durchgeführten Verdichtungen in ein p,v-Diagramm ein, so erhält man die Isothermenschar der Abb. 71. Bei Temperaturen unterhalb der kritischen liegt zwischen den Grenzkurven ein waagerechtes Stück, dessen Punkte Gemischen aus Dampf und Wasser entsprechen und das mit steigender Temperatur immer kürzer wird und im kritischen Punkt zu einem waagerechten Linienelement zusammenschrumpft. Hier geht die Isotherme des Dampfes in einem Wendepunkt mit waagerechter Wendetangente stetig in die der Flüssigkeit über. Bei noch höheren Temperaturen bleibt der Wendepunkt zunächst noch erhalten, aber die Wendetangente richtet sich auf, bis sich schließlich der Kurvenverlauf immer mehr glättet und sich den hyperbelförmigen Isothermen des idealen Gases angleicht.

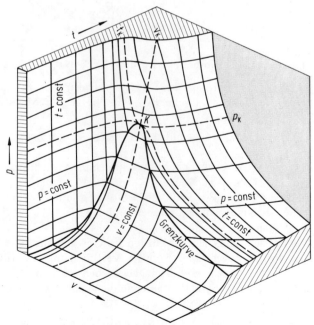

Abb. 72. Zustandsfläche des Wassers in perspektivischer Darstellung.

Verdichtet man ein Gas bei einer Temperatur oberhalb der kritischen, so tritt bei keinem noch so hohen Druck eine Trennung in eine flüssige und eine gasförmige Phase ein, man kann also nicht sagen, wo der gasförmige Zustand aufhört und der flüssige beginnt. Man glaubte daher früher, daß es sog. permanente, d. h. nicht verflüssigbare Gase gäbe. Erst nachdem die Technik tiefer Temperaturen gelehrt hatte, die kritischen Temperaturen dieser Gase zu unterschreiten, gelang es, sie zu verflüssigen.

Die Kurvenschar der Abb. 71 ist nichts anderes als eine graphische Darstellung der Zustandsgleichung eines Dampfes. Man kann sie als eine Fläche im Raum mit den Koordinaten p, v, t ansehen, ebenso wie wir das mit der Zustandsgleichung des idealen Gases getan hatten. In Abb. 72 ist diese Fläche perspektivisch dargestellt.

Das zwischen den Grenzkurven liegende Stück ist dabei nicht doppelt gekrümmt wie die übrige Fläche, sondern in eine Ebene abwickelbar.

Schneidet man die Fläche durch Ebenen parallel zur v,t-Ebene und projiziert die Schnittkurven auf diese, so erhält man die Darstellung der Zustandsgleichung durch Isobaren in der t,v-Ebene nach Abb. 73.

Eine dritte Darstellung nach Abb. 74 durch Isochoren in der p,t-Ebene erhält man als Schar der Schnittkurven der Zustandsfläche mit den Ebenen $v = $ const; hierbei fallen die beiden Äste der Grenzkurve bei der Projektion in eine Kurve zusammen, die nichts anderes ist als die uns schon bekannte Dampfdruckkurve, die, wie wir sehen, im kritischen Punkt endet.

Außerhalb der Grenzkurven ist der Zustand des Dampfes oder der Flüssigkeit stets durch zwei beliebige Zustandsgrößen gekennzeichnet. Zwischen den Grenz-

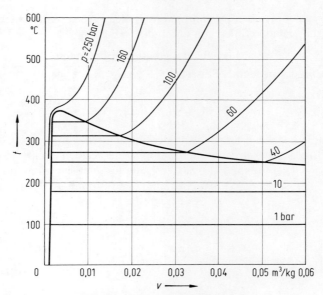

Abb. 73. t,v-Diagramm des Wassers.

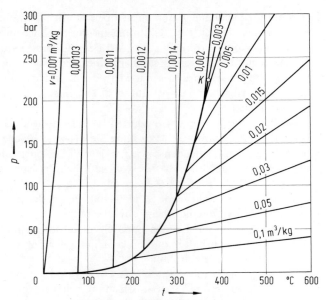

Abb. 74. p,t-Diagramm des Wassers.

kurven ist durch eine der beiden Angaben von p oder T die andere mitbestimmt, da während des ganzen Verdampfungsvorganges p und T unverändert bleiben. Es wächst aber das spezifische Volum, über das wir nun eine Angabe machen müssen.

Dazu bezeichnet man den *Dampfgehalt*, d. h. den jeweils verdampften Bruchteil des Stoffes, mit x und definiert ihn durch die Beziehung

$$x = \frac{\text{Masse } m'' \text{ des gesättigten Dampfes}}{\text{Masse } m' \text{ der siedenden Flüssigkeit} + \text{Masse } m'' \text{ des gesättigten Dampfes}}$$

oder abgekürzt

$$x = \frac{m''}{m' + m''}. \qquad (142)$$

Somit ist für die siedende Flüssigkeit an der linken Grenzkurve $x = 0$, da $m'' = 0$ ist, während für den trocken gesättigten Dampf an der rechten Grenzkurve $x = 1$ ist, da $m' = 0$ wird. Das Volum V des nassen Dampfes setzt sich zusammen aus dem Volum $m'v'$ der siedenden Flüssigkeit und dem Volum $m''v''$ des gesättigten Dampfes

$$V = m'v' + m''v''.$$

Das spezifische Volum $v = V/(m' + m'')$ des Dampf-Wasser-Gemisches, das man auch als *Naßdampf* bezeichnet, ist somit

$$v = \frac{V}{m' + m''} = \frac{m'}{m' + m''} v' + \frac{m''}{m' + m''} v'',$$

woraus sich mit der Definition des Dampfgehaltes die Beziehung

$$v = (1 - x) v' + xv''$$

oder

$$v = v' + x(v'' - v') \tag{143}$$

ergibt.

In Abb. 71 sind Kurven gleichen Dampfgehaltes für einige Werte von x eingezeichnet, sie teilen die Verdampfungsgeraden zwischen den Grenzkurven in gleichen Verhältnissen.

Da das Volum der Flüssigkeit und erst recht seine Änderung durch Druck und Temperatur sehr klein sind, fallen die Isothermen des p,v-Diagramms und die Isobaren des T,v-Diagramms sehr nahe mit der Grenzkurve zusammen, und diese selber verläuft dicht neben der Achse.

Die Abweichungen des Verhaltens des Wasserdampfes von der Zustandsgleichung der idealen Gase zeigt Abb. 75, in der pv/T über t für verschiedene Drücke dargestellt ist. Für den Druck Null ist dieser Ausdruck gleich der Gaskonstanten R. Das Verhältnis $(pv)/(RT)$ ist für ideale Gase gleich Eins, weicht aber für reale Gase hiervon ab.

Um einen Begriff von der ungefähren Größe der Abweichungen zu geben, sind in Tab. 22 nach Baehr[1] für Luft und in Tab. 23 nach Bender[2] für Normal-Wasserstoff berechnete Werte des Ausdruckes $(pv)/(RT)$ angegeben, den man Realgasfaktor nennt.

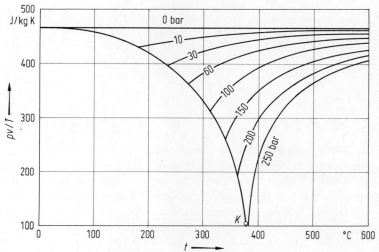

Abb. 75. $\frac{pv}{T}$, t-Diagramm des Wasserdampfes.

---

[1] Baehr, H. D.; Schwier, K.: Die thermodynamischen Eigenschaften der Luft. Berlin, Göttingen, Heidelberg: Springer 1961.
[2] Bender, E.: Zustandsgleichung für Normal-Wasserstoff im Temperaturbereich von 18 K bis 700 K und für Drücke bis 500 bar. VDI-Forschungsheft 609 (1982) 15–20.

Tabelle 22. Werte von $(pv)/(RT)$ für Luft

$t =$	0 °C	50 °C	100 °C	150 °C	200 °C
$p =$ 0	1	1	1	1	1
10	0,9944	0,9988	1,0011	1,0023	1,0030
20	0,9893	0,9981	1,0025	1,0049	1,0062
30	0,9848	0,9978	1,0043	1,0078	1,0097
40	0,9809	0,9978	1,0063	1,0108	1,0133
50	0,9775	0,9983	1,0086	1,0141	1,0170
60	0,9748	0,9983	1,0112	1,0175	1,0209
70	0,9727	1,0004	1,0140	1,0211	1,0249
80	0,9713	1,0020	1,0171	1,0249	1,0290
90	0,9705	1,0039	1,0204	1,0289	1,0323
100 bar	0,9703	1,0063	1,0238	1,0329	1,0376

Tabelle 23. Werte von $(pv)/(RT)$ für Normal-Wasserstoff

$t =$	−150 °C	−100 °C	−50 °C	0 °C	50 °C	100 °C	200 °C
$p =$ 0	1	1	1	1	1	1	1
10	1,0043	1,0069	1,0068	1,0063	1,0057	1,0051	1,0043
20	1,0092	1,0140	1,0137	1,0125	1,0113	1,0102	1,0085
30	1,0146	1,0212	1,0206	1,0188	1,0170	1,0153	1,0128
40	1,0207	1,0285	1,0275	1,0250	1,0226	1,0204	1,0170
50	1,0274	1,0361	1,0345	1,0313	1,0282	1,0255	1,0212
60	1,0348	1,0438	1,0415	1,0376	1,0338	1,0306	1,0254
70	1,0430	1,0517	1,0486	1,0439	1,0394	1,0356	1,0296
80	1,0518	1,0598	1,0558	1,0502	1,0451	1,0407	1,0338
90	1,0613	1,0681	1,0630	1,0566	1,0507	1,0457	1,0380
100 bar	1,0715	1,0766	1,0703	1,0630	1,0564	1,0508	1,0421

Bei Drücken von etwa 20 bar erreichen die Abweichungen vom idealen Gaszustand bei Luft und Wasserstoff die Größenordnung 1 %. Bis zum atmosphärischen Druck sind sie bei allen Gasen praktisch zu vernachlässigen.

Bei höheren Drücken, besonders in der Nähe der Verflüssigung, werden die Abweichungen größer. In Abb. 76 ist für Kohlendioxid der Wert des Produktes $p\bar{V}$ über dem Druck für verschiedene Temperaturen bis zu Drücken von 1000 bar aufgetragen. Wäre Kohlendioxid ein ideales Gas, so müßten alle Isothermen vom linken Rand der Abbildung an als waagerechte Geraden verlaufen.

In Wirklichkeit sinken sie mit steigendem Druck, erreichen ein Minimum und steigen dann wieder. Durch die Minima aller Kurven ist die gestrichelte Kurve gelegt. Bei der Isothermen für ungefähr 500 °C liegt dieses Minimum gerade auf der Ordinatenachse. Für diese Temperatur ist also $p\bar{V}$ bis zu Drücken von über 100 bar praktisch konstant. In jedem Minimum ist $\left(\dfrac{\partial(pv)}{\partial p}\right)_T = 0$ und somit das Produkt aus pv nur von der Temperatur abhängig, wie es das Boylesche Gesetz für ideale Gase verlangt. Man bezeichnet die gestrichelte Kurve daher auch als „*Boyle-Kurve*" und ihren Wert bei $p = 0$ als „*Boyle-Temperatur*". Das schraffierte Gebiet am linken unteren Rand der Abb. 76 entspricht dem Verflüssigungsbereich unter der Grenzkurve. Für Luft liegt die Boyle-Temperatur bei $+75\,°C$, für Normal-Wasserstoff bei $-164\,°C$.

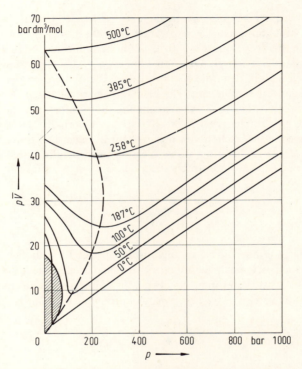

Abb. 76. Abweichungen des Kohlendioxids vom Verhalten des idealen Gases.

2.1 Die kalorischen Zustandsgrößen von Dämpfen

Die Zustandsgrößen h, u und s von Dämpfen werden im allgemeinen aus kalorimetrischen Messungen bestimmt bzw. daraus berechnet; später werden wir zeigen (S. 246), daß man sie auch aus der thermischen Zustandsgleichung ableiten kann. Ebenso wie beim spezifischen Volum sollen die Zustandsgrößen für Flüssigkeit im Sättigungszustand mit h', u' und s', für Dampf im Sättigungszustand mit h'', u'' und s'' bezeichnet werden. Für die Technik am wichtigsten sind die Enthalpie und die Entropie. Um nicht immer die Integrationskonstanten mitführen zu müssen, hat man verabredet, daß für Wasser von $0{,}01\,°C$ (273,16 K) und dem zugehörigen Sättigungsdruck von $0{,}006112$ bar am Tripelpunkt die Enthalpie $h = h_0' = 0$ und die Entropie $s = s_0' = 0$ sein sollen. Die innere Energie u des

Wassers hat dann bei diesem Zustand nach der Gleichung $h = u + pv$ den kleinen negativen Wert

$$u'_0 = -p_0 v'_0 = -611{,}2 \text{ N/m}^2 \cdot 0{,}001 \text{ m}^3/\text{kg} = -0{,}6112 \text{ Nm/kg}$$

oder

$$u'_0 = -0{,}0006112 \text{ kJ/kg} \,.$$

Das ist viel weniger als der unvermeidliche Fehler der besten kalorimetrischen Messungen. Man kann daher genau genug $u'_0 = 0$ setzen.

Bringt man flüssiges Wasser von 0 °C auf höheren Druck, ohne die Temperatur zu ändern, so bleibt bis zu Drücken von etwa 100 bar die innere Energie u_0 praktisch gleich Null, denn die Kompressionsarbeit ist wegen der kleinen Kompressibilität des kalten Wassers sehr klein. Dann ist genügend genau $h_0 = pv_0$, d. h., die Enthalpie bei 0 °C wächst annähernd proportional dem Druck und erreicht z. B. bei 100 bar den Wert 10,0 kJ/kg. Oberhalb 100 bar ist auch die innere Energie bei 0 °C schon von merklichem Betrage. Die Entropie erhält man für beliebige Zustandsänderungen des Wassers, ausgehend von der Sättigungstemperatur T_0 bei 0,01 °C, durch Integration der Gibbsschen Fundamentalgleichung [Gl. (107a)]

$$s = \int_{T_0}^{T} \frac{du + p\,dv}{T} \,.$$

Da für flüssiges Wasser im Sättigungszustand bei nicht zu hohen Temperaturen und damit auch bei nicht zu hohen Drücken die spezifische Wärmekapazität nahezu konstant ist, kann man bis etwa 150 °C die obige Gleichung integrieren unter Beachtung von $du = c\,dT \gg p\,dv$, wodurch man die Näherungsbeziehung

$$s' = c \ln \frac{T}{T_0} \qquad (T_0 = 273{,}16 \text{ K}) \tag{144}$$

erhält.

Die Enthalpie h'' des gesättigten Dampfes unterscheidet sich von der Enthalpie h' der Flüssigkeit im Sättigungszustand bei gleichem Druck und gleicher Temperatur um den Anteil

$$r = h'' - h' \,, \tag{145}$$

den man *Verdampfungsenthalpie* nennt. Da definitionsgemäß die Enthalpie $h = u + pv$ ist, besteht die Verdampfungsenthalpie

$$r = h'' - h' = u'' - u' + p(v'' - v') \tag{145a}$$

aus der Änderung $u'' - u'$ der inneren Energie und der Volumarbeit $p(v'' - v')$ bei der Verdampfung. Die Änderung der inneren Energie dient zur Überwindung der Anziehungskräfte zwischen den Molekülen. Obwohl das spezifische Volum v'' des Dampfes viel größer als das spezifische Volum v' der Flüssigkeit ist, bildet die Volumarbeit nur einen Bruchteil der Verdampfungsenthalpie; sie beträgt bei Wasser von 100 °C etwa 1/13 der Verdampfungsenthalpie.

2. Gase und Dämpfe, die p,v,T-Diagramme

Verdampft man reversibel bei konstantem Druck, so erhält man die zugeführte Wärme aus dem ersten Hauptsatz, Gl. (39c), zu

$$(q_{12})_{\text{rev}} = h'' - h' = r\,.$$

Sie ist gleich der Verdampfungsenthalpie; häufig wird daher für r auch die Bezeichnung Verdampfungswärme eingeführt. Wir wollen diese Bezeichnung vermeiden und nur von Verdampfungsenthalpie sprechen, da r eine Zustandsgröße ist, die nur im Fall des reversiblen, isobaren Prozesses mit der zugeführten Wärme übereinstimmt.

Aus der Gibbsschen Fundamentalgleichung $T\,ds = dh - v\,dp$ erhält man, da sich bei Verdampfung im Sättigungszustand Druck und Temperatur nicht ändern, die wichtige Beziehung

$$T(s'' - s') = h'' - h' = r\,, \tag{146}$$

wobei T die Sättigungstemperatur ist. Den Unterschied $s'' - s'$ bezeichnet man als *Verdampfungsentropie*. Für eine reversible Zustandsänderung ist [Gl. (96)]

$$ds = \frac{dq}{T}$$

und daher

$$s'' - s' = \int_1^2 \frac{dq}{T} = \frac{q_{12}}{T} = \frac{r}{T}\,. \tag{146a}$$

Die Verdampfungsentropie erhält man aus der Verdampfungsenthalpie r nach Division durch die absolute Temperatur, bei der verdampft wurde.

Für das überhitzte Gebiet bestimmt man die Enthalpie h entweder durch unmittelbare kalorimetrische Messungen oder aus den gemessenen spezifischen Wärmekapazitäten c_p des überhitzten Dampfes durch Integration längs einer Isobare mit Hilfe der Gleichung

$$h = h'' + h_{\text{ü}} = h'' + \int_{T_1}^{T} c_p\,dT\,. \tag{147}$$

Die Entropie des überhitzten Dampfes ergibt sich aus

$$s = s'' + \int_{T_1}^{T} c_p \frac{dT}{T}\,, \tag{148}$$

wobei wieder längs einer Isobare zu integrieren ist.

Die spezifische Wärmekapazität c_p des Dampfes hängt, wie Versuche von Knoblauch und Mitarbeitern erstmalig zeigten, außer von der Temperatur in erheblichem Maße vom Druck ab, wie man aus Abb. 77 erkennt.

Die eingezeichneten Isobaren enden jeweils bei der Sättigungstemperatur auf der Grenzkurve. Beim Druck Null ist auch Wasserdampf ein ideales Gas, dessen

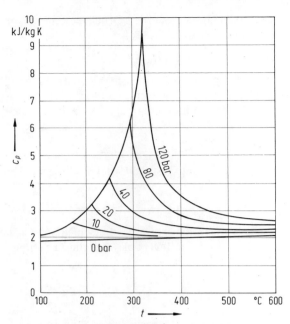

Abb. 77. Spezifische Wärmekapazität c_p des überhitzten Wasserdampfes nach Knoblauch, Jakob, Raisch und Koch.

spezifische Wärmekapazität mit der Temperatur zunimmt. Für höhere Drücke wächst c_p bei Annäherung an die Grenzkurve mit abnehmender Temperatur stark an und wird im kritischen Punkt sogar unendlich groß. Durch Integrieren der Fläche unter einer Isobaren erhält man unmittelbar das für die Berechnung der Enthalpie von überhitztem Dampf nach Gl. (147) benötigte Integral.

Die innere Energie findet man entweder aus Werten der spezifischen Wärmekapazität bei konstantem Volum nach der Gleichung

$$u = u'' + \int_{T_1}^{T} c_v \, dT, \qquad (149)$$

wobei längs einer Isochoren zu integrieren ist, oder besser nach der Gleichung $u = h - pv$ auf dem Wege über die Enthalpie. Denn die spezifischen Wärmekapazitäten bei konstantem Volum lassen sich nur schwer bestimmen, und bei Dämpfen ist die Differenz der spezifischen Wärmekapazitäten $c_p - c_v$ keine konstante Größe mehr, wie bei den idealen Gasen, da Enthalpie und innere Energie nicht vom Volum unabhängig sind.

Bei den vorstehenden Ermittlungen der Zustandsgrößen des Wassers ist der grundsätzlich einfachste Weg angegeben, daneben gibt es noch andere, die für die experimentelle Ausführung von Messungen oft vorteilhafter sind.

2.2 Tabellen und Diagramme der Zustandsgrößen von Dämpfen

Die Zustandsgrößen von Wasser und Dampf im Sättigungszustand stellt man nach Mollier in Dampftabellen dar, die entweder nach Temperatur- oder nach Druckstufen fortschreiten.

Tab. I bis IX des Anhanges zeigen solche Dampftafeln.

Für das Naßdampfgebiet zwischen den Grenzkurven erhält man die spezifischen Zustandsgrößen für einen gegebenen Dampfgehalt x ebenso wie beim spezifischen Volum nach den Gleichungen

$$\left.\begin{aligned} v &= (1-x)\,v' + xv'' = v' + x(v''-v'), \\ h &= (1-x)\,h' + xh'' = h' + xr, \\ u &= (1-x)\,u' + xu'' = u' + x(u''-u'), \\ s &= (1-x)\,s' + xs'' = s' + x(r/T). \end{aligned}\right\} \quad (150)$$

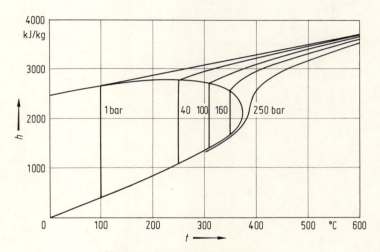

Abb. 78. h,t-Diagramm des Wassers.

Für das Gebiet der Flüssigkeit und des überhitzten Dampfes gibt Tab. III des Anhangs das spezifische Volum, die spezifische Enthalpie und die spezifische Entropie für eine Anzahl von Drücken und Temperaturen an.

Anschaulicher als Tabellen sind Darstellungen der Zustandsgrößen in Diagrammen. Die spezifische Enthalpie des Wassers und Dampfes in Abhängigkeit von der Temperatur und dem Druck gibt das h,t-Diagramm der Abb. 78, in das die Isobaren eingezeichnet sind. Man sieht daraus, daß die spezifische Enthalpie h'' des gesättigten Dampfes mit steigender Temperatur zunächst ansteigt, ein Maximum überschreitet und dann wieder fällt. Gesättigter Dampf z. B. von 160 bar läßt sich demnach mit geringerem Wärmeaufwand herstellen als solcher von 40 bar. Die Isobaren im Flüssigkeitsgebiet verlaufen so nahe der Grenzkurve, daß sie für praktische Zwecke als damit zusammenfallend angesehen werden können; nur bei Drücken,

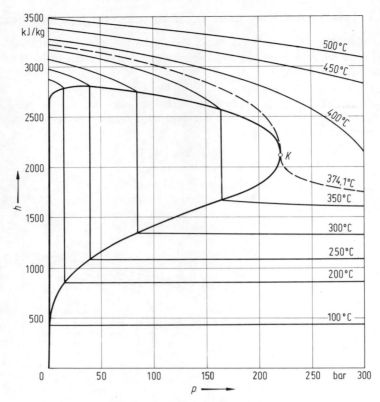

Abb. 79. h,p-Diagramm des Wassers.

die dem kritischen nahekommen, ist der Unterschied bei hohen Temperaturen nicht zu vernachlässigen, wie die Isobare für 250 bar zeigt.

Eine etwas andere Darstellung gibt das h,p-Diagramm der Abb. 79 mit den Isothermen. Solche Diagramme sind besonders in der Kältetechnik gebräuchlich[1]. Abb. 80 gibt ein mit der Enthalpie als Abszisse und dem Druck als Ordinate gezeichnetes p,h-Diagramm des Kohlendioxids. Darin ist unten auch der Bereich des festen Kohlendioxids enthalten. Der Sprung ab in der linken Grenzkurve bedeutet die Erstarrungsenthalpie des Kohlendioxids, und das anschließende Stück bd ist die Grenzkurve für die Verdampfung oder Sublimation des festen Kohlendioxids. Das Gebiet aKc des Diagramms gilt für Gemische von flüssigem und gasförmigem, das Gebiet $bdec$ für Gemische von festem und gasförmigem Kohlendioxid.

---

[1] h, p-Diagramme und Dampftabellen der gebräuchlichen Kältemittel findet man in den Kältemaschinenregeln, 7. Aufl., Karlsruhe: Müller 1981. Eine $\log p, h$-Tafel von Ammoniak befindet sich in der Tasche am Schluß des Buches.

2. Gase und Dämpfe, die p,v,T-Diagramme

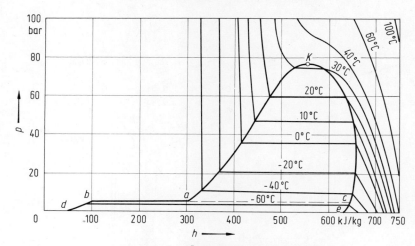

Abb. 80. p,h-Diagramm des Kohlendioxids.

Für Wasserdampf bevorzugt man in der Technik Diagramme mit der Entropie als Abszisse. Abb. 81 zeigt das t,s-Diagramm des Wassers. Darin sind die Isobaren in großer Entfernung von der Grenzkurve nahezu logarithmische Kurven wie bei den idealen Gasen. Bei Annäherung an die Grenzkurve wird ihre Neigung flacher, besonders in der Nähe des kritischen Punktes. Die durch den kritischen Punkt selbst hindurchgehende Isobare hat dort einen Wendepunkt mit waagerechter Tangente. Wie wir bei den Gasen gezeigt hatten, stellt die Subtangente der Isobare die spezifische Wärmekapazität c_p dar, die daher dem Verlauf der Isobare entsprechend für höhere Drücke bei Annäherung an die Grenzkurve zunehmen und im kritischen Punkt unendlich werden muß. Im Gebiet der Flüssigkeit fallen die Isobaren bei nicht zu hohen Drücken mit der Grenzkurve praktisch zusammen.

Die Bedeutung des T,s-Diagramms liegt in der anschaulichen Darstellung der reversibel umgesetzten Wärmen als Flächen unter der Kurve einer Zustandsänderung. Wenn die Flächen die Wärmen in der Größe richtig wiedergeben sollen, muß das T,s-Diagramm aber unverkürzt, d. h. vom absoluten Nullpunkt und nicht nur vom Eispunkt an, aufgetragen sein.

Insbesondere stellt die ganze schraffierte Fläche $0abcde$ unter der Isobaren in Abb. 82 die Enthalpie von überhitztem Dampf dar. Dabei ist $0abg$ die Enthalpie h' des Wassers im Sättigungszustand, das Rechteck $gbcf$ die Verdampfungsenthalpie r und die Fläche $fcde$ die Überhitzungsenthalpie $h_ü$. Die Verdampfungsenthalpie nimmt, wie man aus ihrer Darstellung als Rechteck sofort erkennt, mit Annäherung an den kritischen Punkt schließlich bis auf Null ab, da sie zu einem immer schmäler werdenden Streifen zusammenschrumpft. Ermittelt man für alle Zustandspunkte T,s die Enthalpie als Fläche unter der zugehörigen Isobaren und verbindet die Punkte gleicher Enthalpie, so erhält man im T,s-Diagramm die Kurven $h = $ const der Abb. 81. Zeichnet man auch die Isochoren ein, so hat man

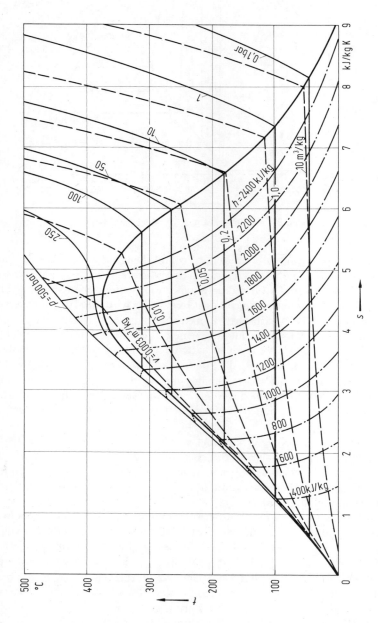

Abb. 81. t,s-Diagramm des Wassers mit Isobaren (ausgezogen), Isochoren (gestrichelt) und Kurven gleicher Enthalpie (strichpunktiert).

2. Gase und Dämpfe, die p,v,T-Diagramme

alle wichtigen Zustandsgrößen in diesem Diagramm vereint. Im überhitzten Gebiet sind die Isochoren den Isobaren ähnlich, aber steiler. Im Naßdampfgebiet sind es gekrümmte Kurven, die von der Nähe des Eispunktes fächerförmig auseinanderlaufen.

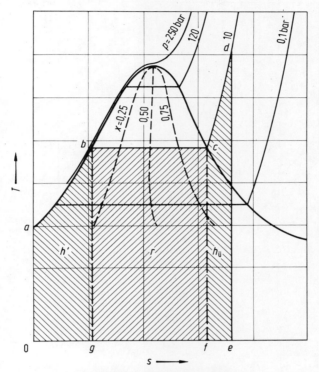

Abb. 82. T,s-Diagramm des Wassers mit Kurven gleichen Dampfgehaltes.

Bequemer als das T,s-Diagramm ist für die Ermittlung der aus Dampf gewinnbaren Arbeit das h,s-Diagramm der Abb. 83. Das *h,s-Diagramm* mit den Isobaren p = const ist die graphische Darstellung der Fundamentalgleichung $h(s,p)$ und enthält somit alle Informationen über den Gleichgewichtszustand. Darauf beruht sein besonderer Vorteil gegenüber anderen Darstellungen. Bei ihm liegt der kritische Punkt nicht auf dem Gipfel, sondern auf dem linken Hang der Grenzkurve. Die Isobaren und Isothermen fallen im Naßdampfgebiet zusammen und sind Geraden mit der Neigung $dh/ds = T$, da längs der Isobare $dh = T \cdot ds$ ist. Im überhitzten Gebiet haben alle Isobaren an den Stellen, wo sie dieselbe Isotherme treffen, gleiche Neigung. In die linke Grenzkurve münden die Isobaren tangential ein und fallen im Flüssigkeitsgebiet praktisch mit ihr zusammen. Die rechte Grenzkurve durchsetzen sie ohne Knick und sind im überhitzten Gebiet logarithmischen Kurven ähnlich.

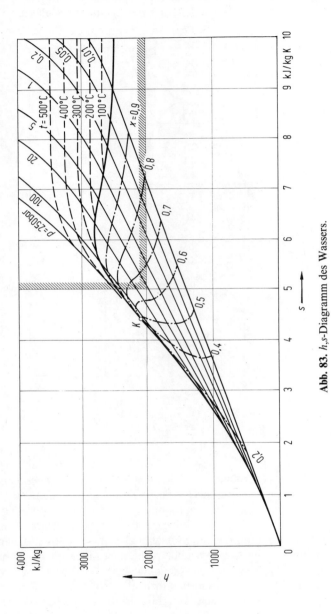

Abb. 83. h,s-Diagramm des Wassers.

Die Isothermen sind im Gebiet des hochüberhitzten Dampfes waagerechte Geraden und krümmen sich nach unten bei Annäherung an die Grenzkurve, die sie mit einem Knick überschreiten. Aus dem T,s-Diagramm kann man den Verlauf der Isothermen und Isobaren im einzelnen entwickeln. In das Naßdampfgebiet des h,s-Diagramms der Abb. 83 sind endlich noch die Kurven gleichen Dampfgehaltes x eingetragen, welche die geraden Isobaren zwischen den Grenzkurven in gleichen Verhältnissen teilen.

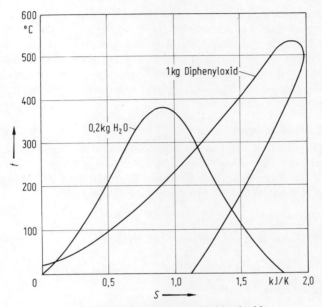

Abb. 84. Grenzkurve von Diphenyloxid, verglichen mit der von Wasser.

Für die Zwecke der Dampftechnik kommt man in der Regel mit dem in Abb. 83 durch starke Umrahmung abgegrenzten und in Tafel A des Anhangs (in der Tasche) in größerem Maßstab gezeichneten Teil des h,s-Diagramms aus.

Für andere Dämpfe, wie Ammoniak, Kohlendioxid, Quecksilber, Methylchlorid usw., haben die entsprechenden Diagramme grundsätzlich einen ähnlichen Verlauf, wenn auch die Zahlenwerte andere sind.

Bei einigen organischen Verbindungen, z. B. bei Benzol und Toluol oder dem als „Wärmeträger" bei hohen Temperaturen gebrauchten und auch als Betriebsflüssigkeit für Dampfkessel vorgeschlagenen Diphenyloxid, hängt die Grenzkurve, wie Abb. 84 zeigt, nach rechts über.

2.3 Einfache Zustandsänderungen von Dämpfen

Einen anschaulichen Überblick über Zustandsänderungen von Dämpfen erhält man am besten anhand der Diagramme. Aus ihnen kann man auch die für praktische Rechnungen wichtigen Zustandsgrößen abgreifen. Besonders im überhitzten Gebiet kann man fast alle praktischen Fragen durch Abgreifen der Zustandsgrößen aus einem Mollierschen h,s-Diagramm lösen, in das außer den Isobaren und Isothermen auch die Isochoren eingetragen sind. Für das Sättigungsgebiet benutzt man die Dampftafeln, welche die Zustandsgrößen für die Grenzkurven enthalten, und berechnet die Werte für nassen Dampf mit gegebenem Dampfgehalt x nach den Formeln der Gl. (150).

Für höhere Genauigkeitsansprüche oder häufig zu wiederholende Rechenoperationen ermittelt man die Zustandsgrößen jedoch meistens mit Hilfe eines Elektronenrechners, indem man entweder Zustandsgrößen speichert und Zwischenwerte interpoliert oder indem man Zustandsgleichungen programmiert. Im folgenden sollen einige einfache Zustandsänderungen näher behandelt und in Diagrammen veranschaulicht werden.

a) Isobare Zustandsänderung

Im Naßdampfgebiet ist die Isobare zugleich Isotherme. Geht man von einem Dampfzustand mit dem Dampfgehalt x_1 zu einem solchen mit dem größeren Dampfgehalt x_2 über, so verdampft von 1 kg Naßdampf die Menge $x_2 - x_1$, und es ist bei reversibler Zustandsänderung die Wärme

$$q_{12} = (x_2 - x_1)\, r$$

zuzuführen. Dabei erhöht sich die innere Energie um

$$u_2 - u_1 = (x_2 - x_1)(u'' - u') = (x_2 - x_1)\, \varphi,$$

und es wird die Expansionsarbeit

$$l_{12} = (x_2 - x_1)\, p(v'' - v') = (x_2 - x_1)\, \psi$$

geleistet. In der letzten Gleichung kann für nicht zu große Drücke das Flüssigkeitsvolum v' gegen das Dampfvolum v'' in der Regel vernachlässigt werden. Aus den letzten drei Gleichungen folgt

$$q_{12} : (u_2 - u_1) : l_{12} = r : \varphi : \psi \,. \tag{151}$$

Im überhitzten Gebiet erhält man die Wärmezufuhr längs der Isobare aus den Diagrammen als Änderung der Enthalpie.

b) Isochore Zustandsänderung

Führt man nassem Dampf bei konstantem Volum Wärme zu, so steigt sein Druck, und er wird im allgemeinen trockener, wie die Linie *12* des p,v-Diagramms der Abb. 85 zeigt.

Soll der Druck von p_1 im Punkte *1* mit dem Anfangsdampfgehalt x_1 auf p_2 in Punkt *2* mit dem noch unbekannten Dampfgehalt x_2 steigen, so gilt für die

2. Gase und Dämpfe, die p,v,T-Diagramme

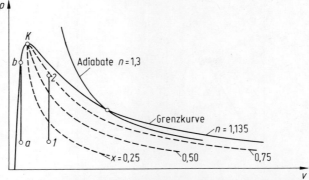

Abb. 85. Isochoren und Adiabaten des Wasserdampfes im p,v-Diagramm.

Volume beider Zustände nach Gl. (150)

$$v_1 = v_1' + x_1(v_1'' - v_1'),$$

$$v_2 = v_2' + x_2(v_2'' - v_2').$$

Auf der Isochoren ist $v_1 = v_2$, damit wird

$$x_2 = x_1 \frac{v_1'' - v_1'}{v_2'' - v_2'} + \frac{v_1' - v_2'}{v_2'' - v_2'},$$

und es ist bei reversibler Zustandsänderung die Wärme

$$q_{12} = u_2 - u_1 = u_2' - u_1' + x_2 \varphi_2 - x_1 \varphi_1$$

zuzuführen, wobei die Zustandsgrößen an den Grenzkurven für die Drücke p_1 und p_2 aus den Dampftafeln zu entnehmen sind. Die Formeln gelten natürlich nur bis zum Erreichen der Grenzkurve. Bei weiterer Wärmezufuhr kommt man ins überhitzte Gebiet, wo das Verhalten des Dampfes mit Hilfe der Diagramme weiter zu verfolgen ist.

Ist der Anfangsdampfgehalt x so klein, daß das spezifische Volum des Gemisches kleiner als das kritische Volum ist, so trifft die Isochore bei Drucksteigerung durch Wärmezufuhr den linken Ast der Grenzkurve entsprechend der Linie ab der Abb. 85, bei b ist dann aller Dampf wieder verflüssigt. Aus dem p,v-Diagramm kann man die Isochoren in das T,s-Diagramm übertragen, indem man punktweise für jeden Zustand p,x einer Isochore des p,v-Diagramms den entsprechenden Punkt T,x in das T,s-Diagramm einzeichnet. Man erhält so den in Abb. 81 bereits dargestellten Verlauf der Isochoren. Die Flächen unter den Isochoren im T,s-Diagramm stellen die innere Energie dar.

c) Reversible adiabate Zustandsänderung

Reversible adiabate Zustandsänderungen verfolgt man am besten im T,s-Diagramm, da die reversiblen Adiabaten zugleich Isentropen und daher hier senkrechte Geraden sind. Entspannt man überhitzten Dampf, beispielsweise überhitz-

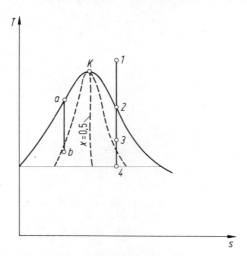

Abb. 86. Expansion im T,s-Diagramm von überhitztem Dampf ($1\ 2\ 3\ 4$) und von Wasser im Sättigungszustand (ab).

ten Wasserdampf, reversibel adiabat genügend weit, entsprechend der Linie *12* der Abb. 86, so wird er trocken gesättigt.

Senkt man den Druck noch weiter nach der Linie *23*, so wird der gesättigte Dampf naß, und man kann den Dampfgehalt x an den gestrichelten Kurven konstanten Dampfgehaltes ablesen. Sinkt bei weiterer Entspannung längs der Linie *34* der Druck bis auf den des Tripelpunktes, so gefriert das zunächst in Form feiner Flüssigkeitstropfen ausgeschiedene Wasser bei 0,01 °C zu Eis oder Schnee. Trifft die reversible Adiabate die Grenzkurve bei noch tieferen Temperaturen, so scheidet sich gleich Schnee aus. Solche Zustandsänderungen spielen sich vor allem in der freien Atmosphäre ab. Dabei treten aber häufig Unterkühlungen und Übersättigungen auf, d. h., Wasser bleibt noch flüssig und Dampf noch gasförmig bis herab zu Temperaturen, bei denen eigentlich schon ein Teil fest oder flüssig sein sollte. Man spricht dann von „metastabilem" Gleichgewicht. Durch eine geeignete Störung z. B. durch Hineinbringen einer winzigen Menge der Gleichgewichtsphase — eines Eiskristalles oder eines Wassertröpfchens — stellt sich aber rasch das stabile Gleichgewicht unter Entropiezunahme ein.

Entspannt man Wasser vom Sättigungszustand reversibel adiabat, so verdampft es teilweise entsprechend der Linie ab der Abb. 86, und der Dampfgehalt wächst mit abnehmendem Druck. Geht man dabei gerade vom kritischen Punkt aus, so bleibt der Zustand des Gemisches in der Nähe der schwach S-förmigen geschwungenen, von der Senkrechten nur wenig abweichenden Linie $x = 0,5$.

Im p,v-Diagramm (Abb. 85) kann man die reversiblen Adiabaten des überhitzten Wasserdampfes für nicht zu hohe Drücke wie bei den Gasen durch die Gleichung

$$pv^{1,30} = p_1 v_1^{1,30} = \text{const} \tag{152}$$

näherungsweise wiedergeben.

Aus Abb. 86 erkennt man, daß bei adiabater Entspannung nasser Dampf hohen Dampfgehaltes (etwa $x > 0{,}5$) noch nasser, Dampf niederen Dampfgehaltes (etwa $x < 0{,}5$) trockener wird. Ebenso wie bei Gasen kann man für überhitzten Wasserdampf (aber bei Drücken >25 bar nicht bis zu nahe an die Grenzkurve heran) aus Adiabaten der Form $pv^n = $ const die Arbeit der reversiblen adiabaten Expansion vom Druck p_1 auf den Druck p_2 nach der Gleichung

$$L_{12} = \frac{p_1 V_1}{n-1} \left[\left(\frac{p_2}{p_1}\right)^{\frac{n-1}{n}} - 1 \right]$$

berechnen. Falls die Adiabate die Grenzkurve überschreitet oder ihr bei hohen Drücken auch nur nahekommt, verfolgt man adiabate Zustandsänderungen bequemer und genauer mit Hilfe der Dampftafeln und -diagramme.

d) Adiabate Drosselung

Bei der Zustandsänderung durch adiabates Drosseln hat die Enthalpie vor und nach der Drosselung denselben Wert, sie kann daher am besten anhand des h,s-Diagramms oder eines T,s-Diagramms mit eingezeichneten Kurven konstanter Enthalpie verfolgt werden. Die Drosselung kann als nichtumkehrbare Zustandsänderung nur in Richtung zunehmender Entropie verlaufen. Dann muß nasser Dampf, wie aus dem t,s-Diagramm der Abb. 81 in Verbindung mit den Kurven $x = $ const der Abb. 82 hervorgeht, sich abkühlen und dabei im allgemeinen trockener werden. Nur wenn die Drosselung in einem gewissen Gebiet in der Nähe des kritischen Punktes beginnt, wird der Dampf zunächst nasser.

Man erkennt das noch besser an dem h,s-Diagramm der Abb. 83, in dem die Kurven konstanter Enthalpie waagerecht verlaufen. Drosselt man gesättigten Dampf, so fällt, wie die Isothermen im überhitzten Gebiet des h,s-Diagramms zeigen, die Temperatur in der Nähe der Grenzkurve zunächst, und zwar um so mehr, je höher der Anfangsdruck war. Entfernt man sich weiter von der Grenzkurve, so bleibt die Temperatur schließlich konstant, entsprechend dem sich asymptotisch der Waagerechten nähernden Verlauf der Isothermen.

Drosselt man gesättigten oder überhitzten Dampf bei hohen Drücken und Temperaturen in der Nähe und oberhalb des kritischen Punktes, so kann die als *Thomson-Joule-Effekt* bezeichnete Abkühlung durch Drosselung sehr beträchtlich werden. Linde hat diese Erscheinung bei seinem Verfahren der Luftverflüssigung benutzt. Bei idealen Gasen bleibt die Temperatur beim Drosseln unverändert. Der Thomson-Joule-Effekt ist also ein Maß für die Abweichung des Verhaltens der realen Gase von der Zustandsgleichung der idealen und er liefert, wie wir später sehen werden, Unterlagen für die Aufstellung der kalorischen Zustandsgleichung von Dämpfen.

Durch Drosseln kann man den Feuchtigkeitsgehalt nassen Dampfes ermitteln, dessen unmittelbare Messung etwa durch Wägen des Wasseranteils auf große Schwierigkeiten stößt, da durch Wärmeaustausch mit der Umgebung Feuchtigkeitsänderungen auftreten. Man läßt dazu nassen Dampf in einem gut vor Wärmeaustausch geschützten sog. Drosselkalorimeter durch eine Drosselstelle strömen, wobei der Druck so weit zu senken ist, daß der Dampf sich überhitzt. Mißt man nun Druck und Temperatur, so ist dadurch der Zustand, z. B. in einem h,s-Diagramm, durch einen Punkt des überhitzten Gebietes eindeutig festgelegt. Von diesem Punkt braucht man nur waagerecht in das Naßdampfgebiet zu gehen und kann dann an den Kurven $x = $ const den anfänglichen Dampfgehalt ablesen oder ihn berechnen, da die Enthalpie h des überhitzten Dampfes gleich der des Naßdampfes ist $h = h' + xr$, woraus der Dampfgehalt $x = (h - h')/r$ folgt.

2.4 Die Gleichung von Clausius und Clapeyron

Führt man im Naßdampfgebiet zwischen den Grenzkurven den im p,v-Diagramm der Abb. 87 dargestellten elementaren Prozeß *1234* durch, indem man von der linken Grenzkurve ausgehend beim Druck $p + dp$ Wasser verdampft, den Dampf längs der rechten Grenzkurve ein wenig expandieren läßt, dann beim Druck p kondensiert und die Flüssigkeit längs der linken Grenzkurve wieder auf den Druck $p + dp$ bringt, so wird dabei eine durch den schraffierten Flächenstreifen von der Höhe dp dargestellte Arbeit geleistet, die bei Vernachlässigung unendlich kleiner Größen zweiter Ordnung

$$-dl = (v'' - v')\, dp$$

ist.

Überträgt man denselben Prozeß in das T,s-Diagramm nach Abb. 88, so ist dort der schraffierte Flächenstreifen von der Höhe dT und der Länge $s'' - s'$ gleich der geleisteten Arbeit, und mit $s'' - s' = r/T$ wird

$$-dl = (s'' - s')\, dT = \frac{r}{T} dT\,.$$

Setzt man beide Ausdrücke einander gleich, so erhält man die *Clausius-Clapeyronsche Gleichung* (1850)

$$r = (v'' - v')\, T \frac{dp}{dT} \tag{153}$$

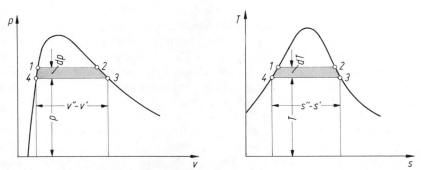

Abb. 87 u. 88. Zur Ableitung der Clausius-Clapeyronschen Gleichung.

2. Gase und Dämpfe, die p, v, T-Diagramme

oder mit $r/T = s'' - s'$ auch

$$\frac{s'' - s'}{v'' - v'} = \frac{dp}{dT}.\tag{153a}$$

Man erhält sie streng analytisch, wenn man von dem Zusammenhang, Gl. (118),

$$\left(\frac{\partial u}{\partial v}\right)_T + p = T\left(\frac{\partial p}{\partial T}\right)_v$$

zwischen thermischen und kalorischen Zustandsgrößen ausgeht. Im Naßdampfgebiet ist

$$\left(\frac{\partial u}{\partial v}\right)_T = \frac{u'' - u'}{v'' - v'} \quad \text{und} \quad \left(\frac{\partial p}{\partial T}\right)_v = \frac{dp}{dT}.$$

Damit geht Gl. (118) über in

$$\frac{u'' - u'}{v'' - v'} + p = T\frac{dp}{dT} \quad \text{oder} \quad \frac{h'' - h'}{v'' - v'} = T\frac{dp}{dT},$$

woraus sich mit der Verdampfungsenthalpie $r = h'' - h'$ die zuvor auf anschauliche Weise hergeleitete Gl. (153) ergibt.

Die Gleichung von Clausius-Clapeyron verknüpft bei der Sättigungstemperatur T die Verdampfungsenthalpie r mit der Volumänderung $v'' - v'$ bei der Verdampfung und dem Differentialquotienten dp/dT der Dampfdruckkurve. Man kann sie daher benutzen, um aus zweien dieser Größen die dritte zu ermitteln. Insbesondere kann man mit ihrer Hilfe aus gemessenen Werten von Verdampfungsenthalpie, Temperatur und Volumzunahme die Dampfdruckkurve erhalten. Davon wird bei kleinen Drücken, wo der Dampf sich praktisch wie ein ideales Gas verhält, oft Gebrauch gemacht. Dann kann man v' gegen v'' vernachlässigen und nach der Zustandsgleichung der idealen Gase $v'' = RT/p$ setzen. Damit wird

$$\frac{dp}{p} = \frac{r}{R}\frac{dT}{T^2},\tag{154}$$

woraus sich nach Integration bei konstanter Verdampfungsenthalpie r zwischen einem festen Punkt p_0, T_0 und einem beliebigen Punkt p, T der Dampfdruckkurve die Beziehung ergibt

$$\ln\frac{p}{p_0} = \frac{r}{R}\left(\frac{1}{T_0} - \frac{1}{T}\right).\tag{154a}$$

Für Wasser zwischen 0 °C (genauer 0,01 °C) und 100 °C kann man die Abhängigkeit der Verdampfungsenthalpie von der Temperatur als geradlinig von der Form

$$r = a - bT$$

mit $a = 3161,8$ kJ/kg und $b = 2,43$ kJ/(kg K) annehmen.

Setzt man diesen Ausdruck für die Verdampfungsenthalpie in Gl. (154) ein und integriert zwischen den Grenzen $T_0 = 273{,}16$ K, $p_0 = 0{,}006112$ bar und einem Wertepaar p, T, so erhält man mit $R = 0{,}4615$ kJ/(kg K) die Gleichung

$$\ln \frac{p}{0{,}006112 \text{ bar}} = \frac{1}{0{,}4615 \text{ kJ/(kg K)}}$$

$$\times \left[3161{,}8 \frac{\text{kJ}}{\text{kg}} \left(\frac{1}{273{,}16 \text{ K}} - \frac{1}{T} \right) - 2{,}43 \frac{\text{kJ}}{\text{kg K}} \ln \frac{T}{273{,}16 \text{ K}} \right]. \quad (155)$$

Trägt man den Logarithmus des Sättigungsdruckes über dem Kehrwert $1/T$ der absoluten Temperatur auf, so erhält man bei allen Stoffen nahezu eine Gerade; bei strenger Gültigkeit von Gl. (154a) würde es eine genaue Gerade sein. Die Auftragung eignet sich daher besonders gut zur Interpolation von Dampfdrücken, wie Abb. 89 zeigt, in der die Dampfdruckkurven einiger Stoffe eingezeichnet sind.

Gl. (154a) ist von der Form

$$\ln p = A - \frac{B}{T},$$

während Gl. (155) von der Form

$$\ln p = A - \frac{B}{T} + C \ln T$$

ist. Beide Gleichungen sind wegen der getroffenen Vereinfachungen nur Näherungen für den wirklichen Verlauf der Dampfdruckkurve. Um diesen möglichst genau wiedergeben zu können, hat man zahlreiche halbempirische Gleichungen entwickelt. Eine der ältesten und genauesten Gleichungen dieser Art entsteht dadurch, daß man in die Gl. (154a) noch eine weitere Konstante einführt. Man erhält die sogenannte *Antoine*-Gleichung (1888)

$$\ln p = A - \frac{B}{C + T}, \quad (156)$$

in der die Größen A, B, C stoffabhängige Konstanten sind, die man aus Messungen bestimmt. Es hat sich gezeigt, daß man durch die Antoine-Gleichung die Dampfdrücke vieler Stoffe vom Tripelpunkt bis zum Siedepunkt bei Atmosphärendruck sehr genau wiedergeben kann. In Tab. X des Anhangs sind die Konstanten der Antoine-Gleichung für eine größere Zahl von Stoffen vertafelt.

Die Clausius-Clapeyronsche Gleichung gilt nicht nur für den Verdampfungsvorgang, sondern auch für andere mit einer plötzlichen Volumzunahme verbundene Zustandsänderungen wie das Schmelzen und Erstarren, die Sublimation oder die Umwandlung in eine allotrope Modifikation.

Für die Schmelzenthalpie von Eis gilt demnach

$$\Delta h_s = (v' - v''') T \frac{dp}{dT}. \quad (157)$$

Dabei ist das Volum v''' des Eises aber größer als das des Wassers v'. Da Δh_s und T positive Größen sind, müssen dp und dT entgegengesetzte Vorzeichen haben, d. h., mit steigendem Druck nimmt die Schmelztemperatur des Eises ab, was die Erfahrung bestätigt. Bei fast allen anderen Stoffen verkleinert sich dagegen das Volum bei der Erstarrung, und die Schmelztemperatur nimmt mit steigendem Druck zu.

Löst man die Clausius-Clapeyronsche Gleichung nach T auf, so erhält man

$$\frac{dT}{T} = \frac{(v'' - v')}{r} dp$$

oder integriert

$$\ln(CT) = \int \frac{(v'' - v')}{r} dp,$$

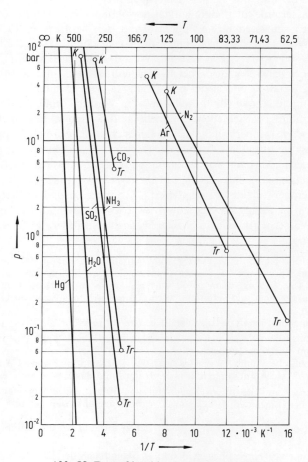

Abb. 89. Dampfdruckkurven einiger Stoffe.

wobei C eine willkürliche Integrationskonstante ist. Mit dieser Gleichung kann man die absolute Temperaturskala bis auf eine willkürliche Maßstabkonstante C aus Messungen bei der Verdampfung, Erstarrung oder der Umwandlung irgendeines Körpers gewinnen, ohne daß über sein Verhalten besondere Voraussetzungen gemacht werden müssen, wie es bei der Einführung der absoluten Temperaturskala mit Hilfe des idealen Gases der Fall ist.

2.5 Das schwere Wasser

Im Jahre 1932 haben Urey, Brickwedde und Murphy gefunden, daß es außer dem gewöhnlichen Wasserstoffatom vom Atomgewicht 1 (genauer 1,007825 bezogen auf Kohlenstoff mit 12) noch eine zweite Atomart, ein Isotop vom Atomgewicht 2 (genauer 2,014102), gibt, die man schweren Wasserstoff oder Deuterium nennt und mit D bezeichnet. Dann gibt es aber drei verschiedene Arten von Wassermolekülen, nämlich das gewöhnliche H_2O mit der Molmasse 18 und die beiden schweren HDO und D_2O mit den Molmassen 19 und 20. Im natürlichen Wasser verhält sich die Zahl der leichten H-Atome zu der der schweren etwa wie 4500:1. Das schwere Wasser D_2O hat bei 20 °C eine Dichte von 1,1050 gegen 0,9982 kg je dm^3 bei natürlichem Wasser. Unter normalem Druck gefriert es bei +3,8 °C und siedet bei 101,42 °C. Sein Dichtemaximum liegt bei 11,6 °C. Gemische von leichtem und schwerem Wasser können also je nach dem Mischungsverhältnis verschiedene Schmelz- und Siedepunkte haben. Die Festsetzungen unserer Temperaturskala beziehen sich strenggenommen nur auf Wasser von einem bestimmten Mischungsverhältnis. Glücklicherweise ist schweres Wasser in so geringer Menge vorhanden und das Mischungsverhältnis in der Natur so wenig veränderlich, daß das in üblicher Weise destillierte Wasser die Fixpunkte der Temperaturskala richtig liefert. Nur durch besondere Methoden, z. B. durch Elektrolyse, gelingt es, das schwere Wasser merklich anzureichern[1].

Schweres Wasser wird heute in großen Mengen als Moderator für Kernenergieanlagen benötigt.

Aufgabe 25. Eine Kesselanlage erzeugt stündlich 20 t Dampf von 100 bar und 450 °C. Dabei wird dem Vorwärmer des Kessels Speisewasser von 100 bar und 30 °C zugeführt und darin auf 180 °C vorgewärmt. Von dort gelangt es in den Kessel, in dem es auf Siedetemperatur gebracht und verdampft wird. Dann wird der Dampf im Überhitzer auf 450 °C überhitzt.
Welche Wärmen werden in den einzelnen Kesselteilen zugeführt?

Aufgabe 26. In einem Kessel von 2 m^3 Inhalt befinden sich 1000 kg Wasser und Dampf von 121 bar und Sättigungstemperatur.
Welches spezifische Volum hat der Dampf? Wieviel Dampf und wieviel Wasser befinden sich im Kessel? Welche Enthalpie haben der Dampf und das Wasser im Kessel?

Aufgabe 27. Einem Kilogramm Naßdampf von 10 bar und einem Dampfgehalt von $x = 0,49$ wird bei konstantem Druck so viel Wärme zugeführt, daß sich sein Volum gerade verdoppelt.
Wie groß ist die zugeführte Wärme, und welchen Zustand hat der Dampf danach?

---

[1] Einzelheiten hierzu: K. Stephan in Plank, R.: Handbuch der Kältetechnik, Band XII. Berlin, Heidelberg, New York: Springer 1967, S. 42–45.

Aufgabe 28. Der Druck in einem Dampfkessel von 5 m³ Inhalt, in dem sich 3000 kg Wasser und Dampf befinden, ist in einer Betriebspause auf 2 bar gesunken.
Wieviel Wärme muß dem Kesselinhalt zugeführt werden, um den Druck auf 20 bar zu steigern? Wieviel Wasser verdampft dabei?

Aufgabe 29. Wasserdampf von 15 bar und 60 °C Überhitzung expandiert reversibel adiabat auf 1 bar.
Welchen Endzustand erreicht der Dampf? Bei welchem Druck ist er gerade trocken gesättigt? Welche Arbeit gewinnt man je kg Dampf bei der Expansion in einer kontinuierlich arbeitenden Maschine?

Aufgabe 30. Nasser Dampf von 20 bar wird zur Bestimmung seines Wassergehaltes in einem Drosselkalorimeter auf 1 bar entspannt, wobei seine Temperatur auf 110 °C sinkt.
Wie groß ist der Wassergehalt? Welche Entropiezunahme erfährt der Dampf bei der Drosselung? Wie groß ist der Exergieverlust bei einer Umgebungstemperatur von 20 °C?

3 Das Erstarren und der feste Zustand

3.1 Das Gefrieren und der Tripelpunkt

Nach der Definition des Eispunktes gefriert luftgesättigtes Wasser bei einem Druck von 1,01325 bar bei 0 °C. Da sich Wasser beim Gefrieren ausdehnt, kann man, wie auf S. 221 nachgewiesen, durch Drucksteigerung, also durch Behinderung dieser Ausdehnung, den Gefrierpunkt senken, umgekehrt muß er bei Druckverminderung steigen. Unter seinem eigenen Dampfdruck von 0,006112 bar gefriert Wasser daher schon bei 0,01 °C. Diesen Zustand, bei dem Flüssigkeit, Dampf und fester Stoff miteinander im Gleichgewicht sind, nannten wir den Tripelpunkt. Nur in diesem durch Druck und Temperatur festgelegten Punkt können alle drei Phasen dauernd nebeneinander bestehen. Für zwei Phasen dagegen, z. B. Dampf und Wasser oder Wasser und Eis, gibt es innerhalb gewisser Grenzen zu jedem Druck eine Temperatur, bei der beide Phasen gleichzeitig beständig sind. Man erkennt dies deutlich aus Abb. 90. Darin sind die gas-

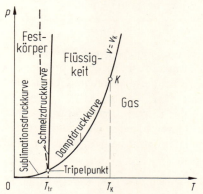

Abb. 90. *p,T*-Diagramm mit den drei Grenzkurven der Phasen. (Die Steigung der Schmelzdruckkurve von Wasser ist negativ, gestrichelte Kurve.)

förmige und die flüssige Phase durch die Dampfdruckkurve, die flüssige und die feste Phase durch die Schmelzdruckkurve und die feste und die gasförmige Phase durch die sog. Sublimationsdruckkurve voneinander getrennt.

Der Tripelpunkt legt für jeden Stoff ohne weitere Angabe ein bestimmtes Wertepaar von Druck und Temperatur fest in ähnlicher Weise wie der kritische Punkt. Deshalb wurde auch die thermodynamische Temperaturskala heute durch den Tripelpunkt des Wassers mit dem vereinbarten Wert 273,16 K festgelegt (vgl. S. 14). Der Tripelpunkt des Wassers liegt so nahe am normalen Eispunkt, daß eine Unterscheidung beider in der Regel nicht notwendig ist. Für sehr genaue Untersuchungen ist auch zu beachten, daß der normale Eispunkt nicht genau auf der Grenzkurve liegt. Beim Gefrieren wird die Schmelzenthalpie des Wassers von 333,5 kJ/kg bei 0 °C abgeführt. Die Entropie des Eises von 0 °C beträgt dann, wenn man die Entropie von Wasser bei 0 °C gleich Null setzt,

$$s_0''' = -\frac{333,5}{273,15} = -1,22 \text{ kJ/(kg K)}.$$

Bei weiterer Abkühlung erhält man die Entropie s''' des Eises bei Temperaturen T unter 0 °C aus

$$s''' = s_0''' - \int_T^{273,15} c\frac{dT}{T}, \qquad (158)$$

wobei die spezifische Wärmekapazität c des Eises nach folgender Tabelle von der Temperatur abhängt:

Tabelle 24. Spezifische Wärmekapazität von Eis in kJ/(kg K)

t in °C =	0	−20	−40	−60	−80	−100	−250
c =	2,039	1,947	1,817	1,658	1,465	1,361	0,126

Die so berechneten Werte der Entropie kann man in das T,s-Diagramm eintragen und erhält dann nach Abb. 91 eine Fortsetzung der Grenzkurve durch die der Erstarrung entsprechende waagerechte Gerade ab und die die Abkühlung des Eises darstellende Kurve bd.

Das Gebiet unterhalb der Eispunkttemperatur zwischen bd und ce entspricht der Sublimation, also dem unmittelbaren Übergang vom festen in den gasförmigen Zustand, wobei die Sublimationsenthalpie gleich der Summe aus Schmelz- und Verdampfungsenthalpie ist.

Aufgabe 31. In der Nachbarschaft des Tripelpunktes ist der Dampfdruck von flüssigem Ammoniak gegeben durch

$$\ln\frac{p}{1 \text{ bar}} = 12{,}665 - \frac{3023{,}3 \text{ K}}{T}$$

3. Das Erstarren und der feste Zustand

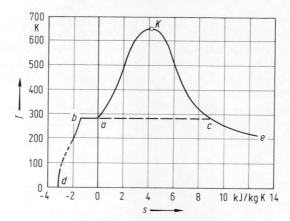

Abb. 91. Grenzkurven von Wasser und Eis.

und der von festem Ammoniak durch

$$\ln \frac{p}{1 \text{ bar}} = 16{,}407 - \frac{3754 \text{ K}}{T}.$$

Man berechne Temperatur und Druck am Tripelpunkt. Wie groß sind Verdampfungs- und Sublimationsenthalpie?

Die Gaskonstante von Ammoniak ist $R = 0{,}4882$ kJ/(kg K), das spezifische Volum des flüssigen Ammoniaks am Tripelpunkt $v' = 0{,}1365 \cdot 10^{-2}$ m³/kg, das des festen Ammoniaks $v''' = 0{,}1224 \cdot 10^{-2}$ m³/kg.

3.2 Die spezifische Wärmekapazität und die Entropie fester Körper

Bei den Gasen hatten wir gesehen, daß die Molwärmen von Gasen gleicher Atomzahl je Molekül nahezu übereinstimmen. Bei den kristallisierten festen Elementen haben Dulong und Petit 1819 gefunden, daß das Produkt aus der molaren Wärmekapazität und der Atommasse, die Atomwärme, unabhängig von der Art des Körpers nahezu gleich 25,9 kJ/(kmol K) ist. Für feste kristallisierte Verbindungen zeigt die Erfahrung, daß die durchschnittliche Atomwärme, d. h. die Molwärme geteilt durch die Anzahl der Atome je Molekül, auch ungefähr den Wert 25,9 kJ/(kmol K) hat.

Wenn diese Regel auch nur roh gilt, so ist sie doch ein Ausdruck gemeinsamer Eigenschaften des festen Zustandes, und es ist berechtigt, ebenso wie von einem idealen Gas auch von einem idealen festen Körper zu sprechen, der in den Kristallen nahezu verwirklicht ist. In einem solchen sind die Atome regelmäßig in einem räumlichen Gitter angeordnet und können Schwingungen um ihre mittleren Lagen ausführen, deren Energie gleich der inneren Energie des Festkörpers ist. Jedes punktförmig zu denkende Atom hat dabei drei Freiheitsgrade der Bewegung. Im Gegensatz zu den idealen Gasen, wo nur kinetische Energie vorhanden ist, pendelt bei der Schwingung der Atome im Kristall die Energie dauernd zwischen der potentiellen und der kinetischen Form hin und her derart, daß immer ebensoviel potentielle wie kinetische Energie vorhanden ist. Die Gesamtenergie ist also das Doppelte der kinetischen und entspricht 6 Freiheitsgraden. Ebenso wie bei den Gasen liefert jeder Freiheitsgrad zur molaren Wärmekapazität einen Beitrag von rund 4,3 kJ/(kmol K).

Die Abweichungen von der *Dulong-Petitschen Regel* sind im wesentlichen auf die verschiedene Temperaturabhängigkeit der molaren Wärmekapazitäten zurückzuführen. Abb. 92 zeigt diese Temperaturabhängigkeit für einige Elemente und Verbindungen.

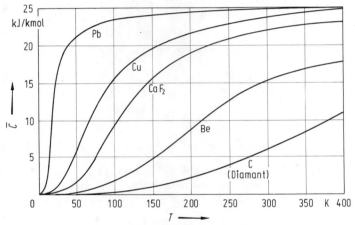

Abb. 92. Molare Wärmekapazitäten einiger fester Körper bei tiefen Temperaturen.

Man sieht daraus, daß für alle Körper die molare Wärmekapazität bei abnehmender Temperatur zunächst langsam, bei Annäherung an den absoluten Nullpunkt aber sehr rasch bis auf außerordentlich kleine Werte sinkt. Für eine Gruppe besonders einfacher Körper, nämlich für regulär kristallisierende Elemente und für Verbindungen mit Atomen nicht allzu verschiedener Atommasse, die in nahezu gleichen Abständen aufgebaut sind, kann man die verschiedenen Kurven der molaren Wärmekapazität recht gut durch eine einzige darstellen, wenn man für jeden Körper eine besondere charakteristische Temperatur Θ, die sogenannte *Debye-Temperatur*, einführt und seine molare Wärmekapazität über T/Θ aufträgt. Für ganz tiefe Temperaturen in der Nähe des absoluten Nullpunkts ist, wie Debye 1912 theoretisch ableitete, für alle Körper die Atomwärme bei konstantem Volum

$$\bar{C} = a \left(\frac{T}{\Theta}\right)^3, \tag{159}$$

wobei a eine universelle, für alle Stoffe gleiche Konstante ist, was die Erfahrung für sehr tiefe Temperaturen gut bestätigt. Zählt man die innere Energie des Atoms vom absoluten Nullpunkt aus, so wird in seiner Nähe

$$\bar{U}_{abs} = a \int_0^T \left(\frac{T}{\Theta}\right)^3 dT = \frac{a}{4} \Theta \left(\frac{T}{\Theta}\right)^4. \tag{160}$$

Wenn die molare Wärmekapazität bis zum absoluten Nullpunkt hinab bekannt ist, kann man auch die Entropie für beliebig tiefe Temperaturen berechnen, wobei es naheliegt, sie vom absoluten Nullpunkt an zu zählen und zu schreiben

$$\bar{S}_{abs} = \int_{T=0}^{T} \bar{C} \frac{dT}{T}, \tag{161}$$

wobei nach dem dritten Hauptsatz die Entropie im absoluten Nullpunkt verschwindet.

Damit ist es möglich, den absoluten Wert der Entropie aller Körper anzugeben[1]. Treten bei der Erwärmung vom absoluten Nullpunkt an außer der Temperatursteigerung Umwandlungen auf, wie Übergang in eine andere Modifikation, Schmelzen oder Verdampfen, so muß dafür jeweils eine Entropiezunahme berücksichtigt werden, die sich als Quotient aus der sogenannten Wärmetönung (Umwandlungs-, Schmelz-, Verdampfungsenthalpie) und der Umwandlungstemperatur ergibt.

Für Wasser von Eispunkttemperatur ist die absolute Entropie $s_{abs} = 3{,}56$ kJ/ (kg K). Dieser Wert ist aber wegen der Unsicherheit der Messung der spezifischen Wärmekapazität bei tiefen Temperaturen viel weniger genau als die Entropiedifferenzwerte der Dampftafeln. Man wird daher für technische Rechnungen auch in Zukunft die Zählung der Entropie vom Tripelpunkt oder vom Nullpunkt der Celsius-Skala beibehalten.

4 Abweichung der realen Gase von der Zustandsgleichung der idealen Gase

4.1 Die Zustandsgleichung realer Gase

Die Zustandsgleichung des idealen Gases gilt für wirkliche Gase und Dämpfe nur als Grenzgesetz bei unendlich kleinen Drücken. Sie läßt sich nach der kinetischen Theorie der Gase herleiten mit Hilfe der Vorstellung, daß ein Gas aus im Verhältnis zu ihrem Abstand verschwindend kleinen Molekülen besteht, die sich bei Zusammenstößen wie vollkommen elastische Körper verhalten. Die wirklichen Gase zeigen ein verwickelteres Verhalten, das wir am Beispiel des Wasserdampfes

---

[1] D'Ans, J., Lax, E.: Taschenbuch für Chemiker und Physiker, 3. Aufl., 3 Bde., Berlin, Heidelberg, New York: Springer ab 1964.

anhand der Erfahrung kennengelernt haben. Im Kap. III, 3.1 hatten wir gesehen, daß die Gesamtenergie eines Moleküls sich aus kinetischen und potentiellen Anteilen zusammensetzt. Wir hatten dort weiterhin festgestellt, daß die kinetische Energie aus der Translationsbewegung, der Rotation und der Schwingung besteht. Potentielle Energie tritt einmal an den Umkehrpunkten der Schwingungsbewegung auf, weiterhin besitzen die Atome in ihren mittleren Lagen eine zweite Art von potentieller Energie, die daher rührt, daß anziehende und abstoßende Kräfte zwischen den Atomen eines festen Körpers oder den Molekülen eines Gases bzw. einer Flüssigkeit vorhanden sind, deren Größe und Richtung vom Abstand der Moleküle abhängt. Diese Beziehung zwischen potentieller Energie und dem Abstand der Moleküle bezeichnet man als intermolekulares Potential.

Ausgehend von diesen nur aus der Struktur der Moleküle resultierenden Energieverhältnissen klassifiziert die statistische Thermodynamik die Gase in

> einatomige Gase,
> zweiatomige Gase,
> mehratomige Gase gestreckter Anordnung und
> mehratomige Gase polygoner Anordnung.

Diese Aufteilung reicht jedoch nicht aus, um alle Gase ihrem thermodynamischen Verhalten nach einzuordnen, da verschiedene Stoffe auch noch andere Energieformen, z. B. Dipoleigenschaften, besitzen.

Man geht in der Thermodynamik empirisch häufig so vor, daß man eine Vielzahl für den praktischen Gebrauch wichtiger Stoffe in Gruppen einordnet und versucht, für jede dieser Gruppen einen Gleichungsansatz zu finden. Dies findet vor allem Anwendung bei organischen Stoffen, also Kohlenwasserstoffverbindungen. Morsy[1] schlägt aufgrund eines Vergleiches des thermodynamischen Verhaltens einer Reihe von Stoffen die Einteilung

> Normalstoffe,
> polare Stoffe,
> dissoziierende Stoffe,
> assoziierende Stoffe,
> Quantenstoffe

vor. Ihr liegt der Gedanke zugrunde, daß die Abweichung vom Normalverhalten der Stoffe auf Polarisations-, Dissoziations-, Assoziations- oder Quanteneffekte zurückzuführen ist. Der für unsere späteren Betrachtungen wichtige Polarisationseffekt, der beim Wasserdampf eine Rolle spielt, beruht auf dauernd im Molekül vorhandenen elektrischen Kräften. Hierbei ist zu beachten, daß kurzzeitig elektrostatische Kräfte durch momentane Störungen der Elektronenbahnen während eines Zusammenstoßes mit einem anderen Atom entstehen können, sie werden nicht als Polarisation bezeichnet, sondern sind im Energiepotential enthalten.

Will man das thermodynamische Verhalten eines Stoffes exakt beschreiben,

---

[1] Morsy, T. E.: Zum thermischen und kalorischen Verhalten realer fluider Stoffe. Diss. TH Karlsruhe 1963.

4. Abweichung der realen Gase von der Zustandsgleichung der idealen Gase

so müssen alle diese Einflußgrößen in der Zustandsgleichung berücksichtigt sein. Die Literatur weist eine Vielzahl von Zustandsgleichungen für die technisch wichtigen Stoffe auf, die man in erster Näherung in drei Gruppen einteilen kann.

Die erste Gruppe faßt alle die Beziehungen zusammen, die rein empirisch durch Interpolation von Meßwerten ohne physikalische Betrachtung der intermolekularen Kräfte und der Molekülstruktur nach mathematischen Korrelationsverfahren aufgestellt wurden. Sie gelten nur für den betrachteten Stoff und nur in dem von den Messungen abgedeckten Bereich, an den sie angepaßt wurden und über den hinaus sie nicht extrapolierbar sind.

Die zweite Gruppe der Zustandsgleichungen versucht mit Hilfe des Prinzips der übereinstimmenden Zustände, das wir in Kap. V, 4.2 und V, 4.3 näher kennenlernen werden, allgemein gültigere und physikalisch fundierte Aussagen zu treffen. Das auf Ähnlichkeitsüberlegungen beruhende Prinzip der übereinstimmenden Zustände entstand aus der Beobachtung, daß die Isothermen in p,v-Diagrammen für viele Gase einen qualitativ ähnlichen Verlauf haben. Quantitative Übereinstimmung kann man im einfachsten Fall schon dadurch erreichen, daß man normierte Zustandsgrößen einführt, indem man Druck, Temperatur und spezifisches Volum durch ihren Wert am kritischen Punkt dividiert und das p,v-Diagramm in diesen neuen Koordinaten aufträgt.

Die dritte Gruppe der Zustandsgleichungen ist in der theoretisch erfolgversprechenden Virialform dargestellt, bei der die in die Gleichung eingeführten Konstanten direkt aus den intermolekularen Kräften abgeleitet sind. Diese Gleichungen werden in der Regel als Funktion des Realgasfaktors Z dargestellt. Er ist definiert über die Gleichung des idealen Gases

$$pv = RT$$

zu

$$Z = \frac{pv}{RT}. \tag{162}$$

Für das ideale Gas ist der Realgasfaktor 1, für reale Gase kann er sowohl größer als auch kleiner als 1 sein. Es gibt für jedes reale Gas eine Zustandskurve, auf der sein Realgasfaktor gerade den Wert 1 annimmt und sich das reale Gas dort wie ein ideales Gas verhält. Man nennt diese Zustandskurve auch Idealkurve des realen Gases. Sie zeigt, wie Morsy[1] nachweist, für eine Reihe von Stoffen im p,v-Diagramm einen linearen Verlauf.

Das Verhalten des Realgasfaktors Z in seinem ganzen Zustandsbereich wird nun so dargestellt, daß man additiv an den Wert 1 für das ideale Gas Korrekturglieder anfügt.

$$Z = 1 + \frac{B(T)}{v} + \frac{C(T)}{v^2} + \frac{D(T)}{v^3} + \ldots . \tag{163}$$

---

[1] Vgl. Morsy, Fußnote S. 228.

Man nennt in Gl. (163) B den zweiten, C den dritten und D den vierten Virialkoeffizienten. Sie sind für reine Stoffe nur eine Funktion der Temperatur und können aus dem intermolekularen Energiepotential abgeleitet werden. Für nichtpolare Moleküle berücksichtigt man dabei häufig nur die anziehenden und abstoßenden Kräfte, und man beschreibt die aus diesen Wechselwirkungen resultierende Energie φ in Abhängigkeit vom Molekülabstand r mit dem einfachen Ansatz

$$\varphi(r) = Xr^{-m} - Yr^{-n}. \tag{164}$$

Hierin sind X und Y Konstanten, die sich aus dem Verlauf der anziehenden und abstoßenden Kräfte über dem Molekülabstand r (siehe Abb. 23, S. 64) ergeben. Der steile Verlauf des Abstoßungspotentials kann nach Lennard-Jones mit dem Exponenten 12, der etwas flachere des Anziehungspotentials mit dem Exponenten 6 wiedergegeben werden, und man kommt so zu dem 12-6-Lennard-Jones-Potential

$$\varphi(r) = 4\varepsilon_0 \left[\left(\frac{a}{r} \right)^{12} - \left(\frac{a}{r} \right)^{6} \right], \tag{165}$$

in dem ε_0 der Wert für das intermolekulare Energiepotential in der Potentialmulde (siehe Abb. 23) ist und a denjenigen Molekülabstand bezeichnet, bei dem die Funktion $\varphi(r)$ durch Null geht. Für eine eingehendere Erläuterung zum Lennard-Jones-Potential sei auf das Schrifttum, z. B. J. O. Hirschfelder u. a.[1], verwiesen.

Für den praktischen Gebrauch ist es von Interesse, welchen Beitrag die verschiedenen Virialkoeffizienten zum Realgasfaktor liefern, d. h., in welchem Maße sie das wirkliche Verhalten des Gases beschreiben. Hirschfelder u. a. geben für Stickstoff bei 0 °C die in Tab. 25 gezeigte Druckabhängigkeit an.

Tabelle 25. Virialkoeffizienten für Stickstoff bei 0 °C

Druck in bar	B/v	C/v^2
1	−0,0005	+0,000003
10	−0,005	+0,0003
100	−0,05	+0,03

Man sieht daraus, daß sich Stickstoff bei dieser Temperatur bis zu einem Druck von 10 bar nahezu wie ein ideales Gas verhält und erst bei höheren Drücken die Virialkoeffizienten den Realgasfaktor merklich beeinflussen.

Zustandsgleichungen werden heute nicht nur für wissenschaftliche Zwecke zur möglichst genauen Interpolation und Berechnung der Stoffwerte in einem weiten, meist nur sporadisch von Messungen belegten Bereich benötigt, sondern dienen

---

[1] Hirschfelder, J. O.; Curtiss, C. F.; Bird, R. B.: The molecular theory of gases and liquids. New York: Wiley. 1967.

4. Abweichung der realen Gase von der Zustandsgleichung der idealen Gase

mit fortschreitendem Einsatz elektronischer Rechenmaschinen in zunehmendem Maße auch als direktes Hilfsmittel für die Auslegung technischer Apparate und Anlagen. So werden heute thermodynamische Kreisprozesse, Zustandsänderungen von Wasser und Dampf in Kesseln, Kernreaktoren und Turbinen sowie verschiedene andere wärmetechnische Prozesse nicht mehr von Hand, sondern auf elektronischen Rechenmaschinen berechnet. Hierbei werden Zustandsgleichungen in einer mathematischen Form benötigt, die eine rasche und wirtschaftliche Bestimmung der Zustandsgrößen auf der elektronischen Rechenmaschine erlaubt. Dadurch kommt von der technisch-wirtschaftlichen Seite ein weiterer Aspekt in die Diskussion. Für die Praxis wurden in jüngster Zeit für verschiedene Stoffe, insbesondere für Wasserdampf, Zustandsgleichungen rein empirischen Charakters entwickelt, die speziell auf die Arbeitsweise der Rechenmaschine zugeschnitten wurden und häufig in Form von Polynomansätzen meist als Chebycheff-Polynome dargestellt sind. Diese Form gewährleistet zwar kurze Rechenzeiten, hat jedoch thermodynamisch keinerlei Berechtigung, ist nicht extrapolierbar und kann bei Zustandsgrößen, die durch ein- oder mehrmaliges Differenzieren solcher Zustandsgleichungen berechnet werden, nicht nur zu erheblich falschen Werten führen, sondern erschwert bei iterativen Rechenverfahren wegen des welligen Verlaufes der Polynomableitungen auch den Rechenprozeß.

Damit sollen die Zustandsgleichungen vom Standpunkt ihrer Anwendung her gesehen auf der einen Seite den Erfordernissen der Thermodynamik entsprechen, auf der anderen Seite für technische Berechnungen möglichst gut geeignet sein. Aus diesen Forderungen können sich widersprechende Kriterien für die Wahl der abhängigen und unabhängigen Parameter ergeben. Wie wir später sehen werden, beschreibt eine Gleichung der Form

$$p = p(v, T),$$

in welcher der Druck als Funktion des Volums und der Temperatur dargestellt ist, die thermodynamischen Zustandsgrößen insbesondere am kritischen Punkt und in der Nähe der Sättigung am besten. Für technische Berechnungen sind jedoch Volum und Temperatur als unabhängige Variablen meist nicht geeignet. Bei der Berechnung eines Dampfkraftprozesses geht man z. B. in der Regel von Druck und Temperatur als den bekannten Größen aus. Es interessieren die Zustandswerte des spezifischen Volums sowie der Enthalpie und Entropie. Für solche Berechnungen ist also eine Darstellung der gesuchten Größen mit Druck und Temperatur als unabhängigen Variablen vorteilhafter, da die gesuchten Größen dann unmittelbar berechnet werden können. Jede andere Darstellung bedingt, daß die interessierenden Werte auf iterativem Wege bestimmt werden müssen, was die Rechenzeiten erheblich verlängert und damit die Prozeßrechnung verteuert. Die Darstellung

$$v = v(p, T)$$

ist für die Berechnung von Strömungsmaschinen wie z. B. Dampfturbinen vorteilhaft, bei denen die Zustandsgrößen längs der isentropen bzw. polytropen Expansionslinie zu bestimmen sind. In der Regel sind als Anfangspunkte der Berechnung hier Druck und Temperatur bekannt. Für die Zwischenschritte der Rechnung, nämlich am Ende einer jeden Expansionsstufe, sind Druck und Entropie oder Druck und Enthalpie gegeben. Wollte man auch hier die Berechnung ohne Iteration durchführen, so müßten neben der Funktion $v(p, T)$ auch Zustandsgleichungen der Form

$$T = T(p, h) \quad \text{und} \quad h = h(p, s)$$

bekannt sein.

4.2 Die van-der-Waalssche Zustandsgleichung

Der erste Versuch zur Aufstellung einer Zustandsgleichung, die das reale Verhalten von Gasen und Flüssigkeiten beschreibt, wurde von van der Waals[1] unternommen. Er führte in die ideale Gasgleichung Korrekturglieder beim Druck und beim Volum ein und kam zu der Beziehung

$$\left(p + \frac{a}{v^2}\right)(v - b) = RT . \tag{166}$$

Darin sind a und b für jedes Gas charakteristische Größen ebenso wie die Gaskonstante R.

Der als *Kohäsionsdruck* bezeichnete Ausdruck a/v^2 berücksichtigt die Anziehungskräfte zwischen den Molekülen, die den Druck auf die Wände vermindern. Man muß also statt des beobachteten Druckes p den größeren Wert $p + a/v^2$ in die Zustandsgleichung des idealen Gases einsetzen. Der Nenner v^2 des Korrekturgliedes wird dadurch gerechtfertigt, daß einerseits die Wirkung der anziehenden Kräfte den Druck um so mehr vermindert, je größer die Zahl der Moleküle in der Volumeinheit ist, andererseits aber die anziehenden Kräfte mit abnehmenden Molekülabständen und also mit abnehmendem spezifischem Volum zunehmen; der Einfluß des spezifischen Volums macht sich also in zweifacher Weise geltend.

Die als *Kovolum* bezeichnete Größe b trägt dem Eigenvolum der Moleküle Rechnung und ist ungefähr gleich dem Volum der Flüssigkeit bei niederen Drükken. In die Zustandsgleichung der idealen Gase wird also nur das für die thermische Bewegung der Moleküle tatsächlich noch freie Volum eingesetzt.

Die van-der-Waalssche Zustandsgleichung ist im ganzen von viertem, für die Koordinate v von drittem Grade und enthält drei Konstanten a, b und R. Man kann sie schreiben:

$$(pv^2 + a)(v - b) = RTv^2$$

oder

$$v^3 - v^2\left(\frac{RT}{p} + b\right) + v\frac{a}{p} - \frac{ab}{p} = 0 . \tag{167}$$

---

[1] Van der Waals, J. D.: Over de continuiteit van den gas en vloeistof toestand. Diss. Univ. Leiden 1873.

4. Abweichung der realen Gase von der Zustandsgleichung der idealen Gase   233

In Abb. 93 ist sie durch Isothermen in der p,v-Ebene dargestellt, dabei sind als Koordinaten die weiter unten eingeführten normierten, d. h. durch die kritischen Werte dividierten Zustandsgrößen benutzt. Sämtliche Kurven haben die Senkrechte $v = b$ als Asymptote. Für $p \gg a/v^2$ und $v \gg b$ gehen die Isothermen

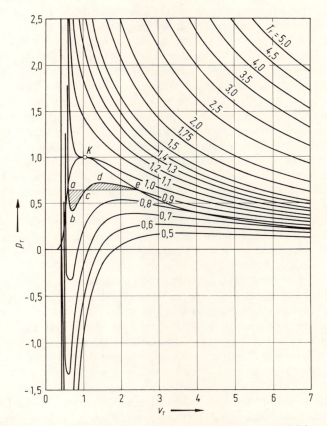

Abb. 93. Isothermen nach der van-der-Waalsschen Zustandsgleichung.

in die Hyperbel der Zustandsgleichung des idealen Gases über. Für große Werte von T erhält man, wie die Abb. 93 zeigt, zu einem bestimmten Wert von p nur einen reellen Wert von v, die anderen beiden Wurzeln sind komplex. Für nicht zu hohe Werte von T und p hat die Gleichung dagegen drei reelle Wurzeln für v. Für ein bestimmtes Wertepaar T, p fallen die drei reellen Wurzeln zusammen, und wir erhalten hier den kritischen Punkt K des Gases.

Unterhalb der kritischen Temperatur zeigen die Isothermen nach van der Waals ein Minimum und ein Maximum dort, wo in Wirklichkeit das von waagerechten Isothermen durchzogene Naßdampfgebiet liegt. Die van-der-Waalsschen Isothermen haben aber auch über die Grenzkurven hinaus eine Bedeutung:

Zwischen der linken Grenzkurve und dem Minimum entsprechen sie nämlich überhitzter Flüssigkeit, deren Temperatur höher ist als der ihrem Druck entsprechende Siedepunkt. Solche Zustände lassen sich bei vorsichtigem Erwärmen tatsächlich herstellen und sind als Siedeverzug bekannt.

Bei niederen Temperaturen reichen die Isothermen nach van der Waals sogar unter die v-Achse in das Gebiet negativer Drücke hinab. Auch solche Zustände, bei denen die Flüssigkeit unter einem allseitigen Zug steht, ohne daß Verdampfung eintritt, sind bei kaltem Wasser bis zu negativen Drücken von etwa —40 bar, für andere Flüssigkeiten bis zu —70 bar beobachtet worden.

Zwischen der rechten Grenzkurve und dem Maximum entsprechen die van-der-Waalsschen Isothermen unterkühltem Dampf. Dabei besteht noch der dampfförmige Zustand, obwohl die Temperatur unter der Sättigungstemperatur des Dampfes bei dem vorhandenen Druck liegt. Unterkühlter Dampf tritt z. B. bei adiabater Entspannung in Turbinen und in der freien Atmosphäre auf, wenn keine Tröpfchen und Fremdkörper vorhanden sind, die als Kondensationskeime wirken können.

Die Zustände der überhitzten Flüssigkeit und des unterkühlten Dampfes sind metastabil, d. h., sie sind stabil gegen kleine Störungen, bei Störungen von einer gewissen Größe an klappt aber der metastabile einphasige Zustand unter Entropiezunahme in den stabilen zweiphasigen um.

Das mittlere Stück der van-der-Waalsschen Isothermen zwischen dem Maximum und dem Minimum ist dagegen instabil und nicht erreichbar, da hier der Druck bei Volumverkleinerung abnehmen würde.

Die Schnittpunkte der van-der-Waalsschen Isothermen mit den stabilen geradlinigen Isothermen konstanten Druckes erhält man aus der Bedingung, daß die von beiden begrenzten Flächenstücke *abc* und *cde* der Abb. 93 gleich groß sein müssen. Wäre das nicht der Fall und etwa *cde* > *abc*, so würde bei Durchlaufen eines aus der van-der-Waalsschen Isothermen *abcde* und der geraden Isothermen *ae* gebildeten Prozesses in dem einen oder anderen Umlaufsinn eine der Differenz der beiden Flächenstücke gleiche Arbeit gewonnen werden können, ohne daß überhaupt Temperaturunterschiede vorhanden wären. Das ist aber nach dem zweiten Hauptsatz unmöglich. Alle so erhaltenen Schnittpunkte bilden die Grenzkurven, aus denen man wieder die Dampfdruckkurve ermitteln kann.

Aus der van-der-Waalsschen Zustandsgleichung kann man in folgender Weise die kritischen Zustandswerte berechnen, d. h. auf die Konstanten a, b und R zurückführen:

Im kritischen Punkt hat die Isotherme einen Wendepunkt mit waagerechter Tangente, es ist dort also, s. S. 196,

$$\left(\frac{\partial p}{\partial v}\right)_T = 0 \quad \text{und} \quad \left(\frac{\partial^2 p}{\partial v^2}\right)_T = 0. \tag{168}$$

4. Abweichung der realen Gase von der Zustandsgleichung der idealen Gase

Zusammen mit der van-der-Waalsschen Zustandsgleichung hat man dann die drei Gleichungen

$$p = \frac{RT}{v-b} - \frac{a}{v^2},$$

$$\left(\frac{\partial p}{\partial v}\right)_T = -\frac{RT}{(v-b)^2} + \frac{2a}{v^3} = 0,$$

$$\left(\frac{\partial^2 p}{\partial v^2}\right)_T = \frac{2RT}{(v-b)^3} - \frac{6a}{v^4} = 0,$$

die die kritischen Werte v_k, T_k und p_k bestimmen. Ihre Auflösung ergibt die kritischen Zustandsgrößen

$$\left.\begin{aligned} v_k &= 3b, \\ T_k &= \frac{8a}{27bR}, \\ p_k &= \frac{a}{27b^2}, \end{aligned}\right\} \tag{169}$$

ausgedrückt durch die Konstanten der van-der-Waalsschen Gleichung. Löst man wieder nach b, a und R auf, so wird

$$\left.\begin{aligned} b &= \frac{v_k}{3}, \\ a &= 3p_k v_k^2, \\ R &= \frac{8}{3}\frac{p_k v_k}{T_k}. \end{aligned}\right\} \tag{170}$$

Das kritische Volum ist also das Dreifache des Kovolums b, und die Gaskonstante ergibt sich aus den kritischen Werten p_k, v_k und T_k in gleicher Weise wie bei den idealen Gasen, nur steht der sog. kritische Faktor 8/3 davor.

Setzt man die Werte der Konstanten nach Gl. (170) in die van-der-Waalssche Gleichung ein und dividiert durch p_k und v_k, so wird

$$\left[\frac{p}{p_k} + 3\left(\frac{v_k}{v}\right)^2\right]\left[3\frac{v}{v_k} - 1\right] = 8\frac{T}{T_k}.$$

Führt man die auf die kritischen Daten bezogenen und dadurch dimensionslos gemachten Zustandsgrößen

$$\frac{p}{p_k} = p_r, \quad \frac{v}{v_k} = v_r \quad \text{und} \quad \frac{T}{T_k} = T_r$$

ein, so erhält man die normierte Form der van-der-Waalsschen Zustandsgleichung

$$\left(p_r + \frac{3}{v_r^2}\right)(3v_r - 1) = 8T_r, \tag{171}$$

in der nur dimensionslose Größen und universelle Zahlenwerte vorkommen. Man bezeichnet diese Gleichung als das van-der-Waalssche *Gesetz der übereinstimmenden Zustände*, da sie die Eigenschaften aller Gase durch Einführen der normierten Zustandsgrößen auf dieselbe Formel bringt.

Die van-der-Waalssche Zustandsgleichung gibt nicht nur das Verhalten des Dampfes, sondern auch das der Flüssigkeit wieder. In dieser Zusammenfassung der Eigenschaften des gasförmigen und des flüssigen Zustandes liegt ihre Bedeutung, sie bringt mathematisch zum Ausdruck, daß der gasförmige und flüssige Zustand stetig zusammenhängen, was man oberhalb des kritischen Punktes tatsächlich beobachten kann.

Abb. 93 stellte bereits die normierte Form der van-der-Waalsschen Gleichung dar. Abb. 94 gibt die nach van der Waals berechneten Werte der Verdrängungsarbeit $p_r v_r$ in Abhängigkeit vom Druck in guter Übereinstimmung in der allgemeinen Gesetzmäßigkeit mit Versuchsergebnissen an Kohlendioxid wieder. Wir wollen ein Gas, das der Zustandsgleichung (171) gehorcht, kurz als van-der-Waalssches Gas bezeichnen.

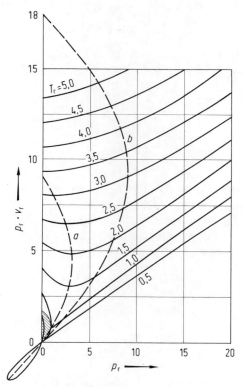

Abb. 94. Verdrängungsarbeit $p_r v_r$
nach der van-der-Waalsschen Gleichung.
a Boyle-Kurve; *b* Inversionskurve des Thomson-Joule-Effektes.
Das Verflüssigungsgebiet ist schraffiert gezeichnet.

4. Abweichung der realen Gase von der Zustandsgleichung der idealen Gase

Die Darstellung der Verdrängungsarbeit als Funktion des Druckes bei konstanten Temperaturen wurde zuerst von Amagat benutzt, um die Abweichungen eines realen Gases vom Verhalten des idealen zu beschreiben. Man nennt deshalb dieses Diagramm auch eine Darstellung in *Amagat-Koordinaten*.

In der Nähe der Minima der Isothermen von Abb. 94 befolgt das reale Gas für nicht zu große Druckänderungen recht genau das Boylesche Gesetz, d. h., die Verdrängungsarbeit pv ist unabhängig vom Druck und nur eine Funktion der Temperatur. Die in Abb. 94 gestrichelte Verbindungslinie a der Minima der Isothermen ist die Boyle-Kurve. Sie läßt sich aus der Bedingung, daß dort die Isothermen im Amagat-Diagramm waagerechte Tangenten aufweisen müssen, leicht ableiten, und man erhält für das van-der-Waals-Gas

$$(p_r v_r)^2 - 9(p_r v_r) + 6 p_r = 0 \,. \tag{172}$$

Ein anderes wichtiges Kennzeichen für die Abweichungen eines realen Gases vom Verhalten des idealen ist der Thomson-Joule-Effekt. Wenn man ein reales Gas drosselt, kühlt es sich ab, besonders bei hohen Drücken und niederen Temperaturen, während beim idealen Gas die Temperatur konstant bleibt. Die Erfahrung lehrt aber, daß es für jedes Gas eine Temperatur gibt, bei der der Thomson-Joule-Effekt verschwindet und bei deren Überschreitung er sein Vorzeichen ändert, so daß das Gas sich beim Drosseln erwärmt. Diese Temperatur nennt man *Inversionstemperatur*.

Wir wollen nun die Kurve der Inversionstemperatur in Amagat-Koordinaten ableiten. In den Punkten dieser Kurve soll beim adiabaten Drosseln, also bei konstanter Enthalpie, keine Temperaturänderung eintreten. Es muß daher ebenso wie beim idealen Gas $(\partial h/\partial p)_T = 0$ sein oder wegen $h = u + pv$ auch

$$\left(\frac{\partial u}{\partial p}\right)_T + \left(\frac{\partial (pv)}{\partial p}\right)_T = 0 \,.$$

Setzen wir

$$\left(\frac{\partial u}{\partial p}\right)_T = \left(\frac{\partial u}{\partial v}\right)_T \left(\frac{\partial v}{\partial p}\right)_T$$

und berücksichtigen die für beliebige Stoffe abgeleitete Beziehung Gl. (118)

$$\left(\frac{\partial u}{\partial v}\right)_T = T \left(\frac{\partial p}{\partial T}\right)_v - p \,,$$

so erhalten wir für die Inversionskurve die Bedingung

$$\left[T \left(\frac{\partial p}{\partial T}\right)_v - p\right] \left(\frac{\partial v}{\partial p}\right)_T + \left(\frac{\partial (pv)}{\partial p}\right)_T = 0 \,.$$

Wenden wir diese Gleichung auf ein van-der-Waalssches Gas an, so erhalten wir die Gleichung der Inversionskurve in Amagat-Koordinaten

$$(p_r v_r)^2 - 18(p_r v_r) + 9 p_r = 0 \,.$$

Links der Kurve *b* in Abb. 94 haben wir einen positiven Thomson-Joule-Effekt, d. h. Abkühlung beim Drosseln, rechts von ihr Erwärmung durch Drosseln (negativer Thomson-Joule-Effekt).

Die van-der-Waalssche Zustandsgleichung hat heute nur noch historische Bedeutung, da auf ihr eine Reihe anderer dem realen Verhalten der Gase näherkommende Zustandsgleichungen aufgebaut sind und da mit ihrer Hilfe zuerst das Gesetz der übereinstimmenden Zustände, auch Korrespondenzprinzip genannt, in seiner klassischen Form aufgestellt wurde. Genau gilt die van-der-Waalssche Gleichung für keinen Stoff.

4.3 Das erweiterte Korrespondenzprinzip

Das klassische Gesetz der übereinstimmenden Zustände fordert, wie wir bei der Behandlung der van-der-Waalsschen Zustandsgleichung gesehen haben, die Existenz einer universellen Funktion

$$F(p_r, T_r, v_r) = 0 , \qquad (173)$$

die für alle Gase gilt. Man nennt diese strenge Forderung das klassische Korrespondenzprinzip, und es läßt sich aus den Gesetzen der statistischen Thermodynamik[1] zeigen, daß hierfür eine Reihe von Voraussetzungen für die inneren Freiheitsgrade und die Bewegung der Moleküle sowie für das Potential, d. h. die Wechselwirkung zwischen Molekülen, erfüllt sein müssen. Die Koeffizienten der Zustandsgleichungen solcher Gase müssen sich allein aus den kritischen Zustandsgrößen ableiten lassen, was, wie wir bei der van-der-Waalsschen Zustandsgleichung gesehen haben, für kein Gas genau gilt.

Es gibt eine Reihe von Versuchen, dieses klassische Korrespondenzprinzip zu modifizieren und zu erweitern. Dies kann z. B. so geschehen, daß man in der Zustandsgleichung zu den normierten Größen p_r, v_r, T_r stoffspezifische Kenngrößen, sogenannte Korrespondenzparameter k, hinzufügt, wodurch die Zustandsgleichung dann die Form

$$F(p_r, T_r, v_r, k_1, k_2 \ldots) = 0 \qquad (174)$$

erhält. Umfassend und systematisch hat sich Straub[2] mit diesem Problem befaßt und mit Hilfe der Methoden der phänomenologischen Thermodynamik eine Theorie für ein allgemeines Korrespondenzprinzip erarbeitet. Er führt den Begriff des „isothermen Gleichungssystems" ein, der dazu dient, längs ausgewählter Isothermen mehrere für alle Gase gültige Beziehungen abzuleiten. Straub zeigt, daß sich die Zustandsgleichung einer beliebigen Isotherme als Taylor-Reihe um die Entwicklungsstelle $\varrho = 0$ darstellen läßt. Für den Spezialfall der kritischen Isotherme ergibt sich dann mit dem Realgasfaktor $Z = Z(T, v)$ unter Einführung

---

[1] Guggenheim, E. A.; McGlashan, M. L.: Corresponding states in mixtures of slightly imperfect gases. Proc. Roy. Soc. A 206 (1951) 448–463.
[2] Straub, D.: Zur Theorie eines allgemeinen Korrespondenzprinzips der thermischen Eigenschaften fluider Stoffe. Diss. TH Karlsruhe 1964.

der Dichte $\varrho = 1/v$ eine Zustandsfunktion der Form

$$Z(\varrho, T_k) = Z(\varrho, T_k)_{\varrho=0} + \left[\frac{\partial Z(\varrho, T_k)}{\partial \varrho}\right]_{\varrho=0} \frac{\varrho}{1!} + \ldots . \quad (175)$$

Straub erhält somit eine Zustandsgleichung in Virialform.

Um den Wert eines Virialkoeffizienten eines Gases mit dem Wert des gleichen Virialkoeffizienten eines anderen Gases vergleichen zu können, setzt Straub zunächst als Hypothese einen korrespondierenden thermodynamischen Zustand beider Gase voraus. Als solchen Korrespondenzpunkt hatten wir bei der Diskussion der van-der-Waalsschen Zustandsgleichung und bei der Aufstellung des klassischen Korrespondenzprinzips bereits den kritischen Punkt kennengelernt. Als weitere Korrespondenzpunkte kommen beispielsweise in Frage das Maximum der Boyle-Kurve im p,T-Diagramm, der Schnittpunkt der Boyle-Isotherme mit der Joule-Thomson-Inversionskurve sowie andere durch ihr thermodynamisches Verhalten ausgezeichnete Punkte. Straub führt also neben dem klassischen Korrespondenzpunkt, nämlich dem kritischen Punkt, weitere Korrespondenzpunkte ein, die er durch die individuelle Zustandsgleichung des betrachteten Stoffes und zwei voneinander unabhängige thermodynamische Bedingungsgleichungen, die für alle Stoffe identisch sind, festlegt. Mit Hilfe der diesem Korrespondenzpunkt A zugeordneten Zustandskoordinaten p_A, T_A, ϱ_A wird eine dimensionslose Kenngröße, nämlich der sich dort ergebende Realgasfaktor $Z_A = p_A/(RT_A\varrho_A)$ berechnet, der als Korrespondenzparameter bezeichnet wird.

Ist dieser Korrespondenzparameter z. B. aufgrund von Messungen bekannt und entwickelt man die Zustandsgleichung eines beliebigen Gases längs der Isotherme T_A durch den Korrespondenzpunkt A, so erhält man ein Gleichungssystem, aus dem erkennbar ist, daß die Virialkoeffizienten und damit auch das Zustandsverhalten des Gases bei der Temperatur T_A nur vom Korrespondenzparameter Z_A abhängen[1].

Wie Straub ausführt, ist die Gültigkeit dieser Theorie nur von der Entwickelbarkeit der Zustandsgleichung, von der Größe des Konvergenzbereichs der Taylor-Reihe und von der Existenz des vorgegebenen Korrespondenzpunktes abhängig. Als phänomenologische Theorie ist sie aber unabhängig von Quanten-, Assoziations- oder Polarisationseinflüssen. Damit gilt sie auch für Stoffe, die sich in das bisherige Korrespondenzprinzip nicht einordnen ließen. Es wird die bisherige Sonderstellung des kritischen Punktes aufgehoben.

4.4 Zustandsgleichungen für den praktischen Gebrauch

Die Kenntnis der Stoffwerte ist eine der grundlegenden Voraussetzungen für die Lösung der Ingenieuraufgaben. Insbesondere der Verfahrenstechniker sieht sich dabei häufig einer Vielzahl von Stoffen äußerst komplizierter Molekülstruktur gegenüber, für die keine individuellen Zustandsgleichungen aufgestellt sind und

---

[1] Bezüglich einer Weiterentwicklung dieser Theorie sei verwiesen auf: Lucas, K.: Proc. 6th Symp. on thermophysical properties, Atlanta, Georgia, August 6–8, 1973, S. 167–173.

deren Verhalten auch nicht mit einfachen Mitteln aus der Molekulartheorie abzuleiten ist. In den meisten Fällen kann man die Zustandsgrößen Tabellenwerken[1] entnehmen. Die Benutzung und Auswertung dieser Zahlentafeln auf elektronischen Rechenmaschinen, z. B. für Auslegungs-, Optimierungs- oder Variationsrechnungen, erfordert einen sehr großen Zeitaufwand, und keineswegs sind für jeden Stoff in allen Zustandsbereichen die notwendigen Zahlenwerte in den Tabellenwerken zu finden. Hinzu kommt noch, daß man es in der Praxis meist nicht mit reinen Stoffen, sondern mit Gemischen zu tun hat.

Man ist deshalb daran interessiert, Zustandsgleichungen zur Verfügung zu haben, die für eine größere Zahl von Stoffen, zumindest aber für chemisch verwandte Stoffe gelten.

Unter Heranziehung der Virialform der Zustandsgleichungen hat Kamerlingh Onnes die empirische Zustandsgleichung

$$pv = A + \frac{B}{v} + \frac{C}{v^2} + \frac{D}{v^4} + \frac{E}{v^6} + \frac{F}{v^8} \qquad (176)$$

angegeben, wobei die Koeffizienten wieder durch Reihen dargestellte Temperaturfunktionen sind:

$$\left.\begin{aligned} A &= RT, \\ B &= b_1 T + b_2 + \frac{b_3}{T} + \frac{b_4}{T^2} + \dots, \\ C &= c_1 T + c_2 + \frac{c_3}{T} + \frac{c_4}{T^2} + \dots \\ &\text{usw. für } D, E \text{ und } F. \end{aligned}\right\} \qquad (177)$$

Mit der Zahl der Reihenglieder kann die Genauigkeit der Anpassung an gegebene Versuchswerte beliebig gesteigert werden.

Ausgehend von einer von A. Wohl aufgestellten Gleichung vierten Grades hat R. Plank[2] die Gleichung fünften Grades in v vorgeschlagen,

$$p = \frac{RT}{v-b} - \frac{A_2}{(v-b)^2} + \frac{A_3}{(v-b)^3} - \frac{A_4}{(v-b)^4} + \frac{A_5}{(v-b)^5}, \qquad (178)$$

wobei A_2, A_3, A_4 und A_5 noch von T abhängen können.

Zustandsgleichungen für den praktischen Ingenieurgebrauch beruhen heute vielfach noch auf dem klassischen Prinzip der übereinstimmenden Zustände und

---

[1] VDI-Wärmeatlas, Berechnungsblätter für den Wärmeübergang, 4. Aufl., Düsseldorf: VDI-Verlag 1984.
Landolt-Börnstein, Zahlenwerte und Funktionen aus Physik, Chemie, Astronomie, Geophysik und Technik, 6. Aufl., 4 Bde., Berlin, Göttingen, Heidelberg: Springer, ab 1950.
D'Ans, J., Lax, E.: Taschenbuch für Chemiker und Physiker, 3. Aufl., 3 Bde., Berlin, Heidelberg, New York: Springer ab 1964.

[2] Plank, R.: Betrachtungen über den kritischen Zustand an Hand einer neuen allgemeinen Zustandsgleichung. Forschung Ing.-Wes. 7 (1936) 161–173.

4. Abweichung der realen Gase von der Zustandsgleichung der idealen Gase

bauen auf der van-der-Waalsschen Form auf. Eine umfassende Übersicht über in der Literatur vorhandene Zustandsgleichungen geben Brush und Mitarbeiter[1]. Man kann wie Reid, Prausnitz und Sherwood[2] diese Art der Zustandsgleichungen auch nach der Zahl ihrer Konstanten klassifizieren. Bei strenger Anlehnung an das klassische Korrespondenzprinzip, das ja den kritischen Punkt als Bezugspunkt wählt, können die Gleichungen außer der Gaskonstanten nur zwei weitere Konstanten beinhalten. In Erweiterung der van-der-Waalsschen Form wurden solche Beziehungen z. B. von

Berthelot[3]
$$\left(p + \frac{a}{Tv^2}\right)(v - b) = RT, \tag{179}$$

Dieterici[4]
$$\left(p\,e^{\frac{a}{vRT}}\right)(v - b) = RT \tag{180}$$

und Redlich-Kwong[5]
$$\left[p + \frac{a}{T^{0,5}v(v + b)}\right](v - b) = RT \tag{181}$$

angegeben. Durch Einführen der normierten Zustandsgrößen und aus dem Verlauf der kritischen Isotherme, deren erste und zweite Ableitung am kritischen Punkt Null sein muß, lassen sich die beiden Konstanten a und b berechnen.

Erhöht man die Zahl der Konstanten, so wird die mathematische Form der Gleichung flexibler, und sie läßt sich besser an gegebene Meßwerte anpassen. Eine häufig für leichte Kohlenwasserstoffverbindungen verwendete Beziehung ist die mit 8 Konstanten behaftete Zustandsgleichung von Benedict-Webb-Rubin[6]

$$Z = 1 + \left(B_0 - \frac{A_0}{RT} - \frac{C_0}{RT^3}\right)\frac{1}{\bar{V}} + \left(b - \frac{a}{RT}\right)\frac{1}{\bar{V}^2} + \left(a\frac{\alpha}{RT}\right)\frac{1}{\bar{V}^5}$$

$$+ \left(\frac{c}{RT^3}\right)\left[(1 + \gamma\bar{V}^{-2})/\bar{V}^2\right]e^{-\gamma\bar{V}^{-2}}. \tag{182}$$

($\bar{V}$ ist in dieser Gleichung das Molvolum.)

Sie stellt einen ausgewogenen Kompromiß zwischen rechnerischem Aufwand und erzielbarer Genauigkeit dar. Zahlenwerte für die in ihr enthaltenen Konstanten können für eine Reihe organischer Verbindungen sowie für einige Gase wie Kohlendioxid, Stickstoff, Schwefeldioxid und Schwefelwasserstoff dem Buch

---

[1] Brush, S. G.; Kraft, R.; Senkin, J.: High-pressure-equation of state bibliography and index. Lawrence Rad. Lab. UCRL-7160, Livermore, Calif., 1963.
[2] Reid, R. C.; Prausnitz, J. M.; Sherwood, T. K.: The properties of gases and liquids, 3. Aufl. New York: McGraw-Hill 1977, S. 26.
[3] Hirschfelder, J. O.; Curtiss, C. F.; Bird, R. B.: Molecular theory of gases and liquids. New York: Wiley 1967, S. 250.
[4] Dieterici, C.: Über den kritischen Zustand. Wied. Ann. 69 (1899) 685–705.
[5] Redlich, O.; Kwong, J. N. S.: On the thermodynamics of solutions. Chem. Rev. 44 (1949) 233–244.
[6] Benedict, M.; Webb, G. B.; Rubin, L. C.: An empirical equation for thermodynamic properties of light hydrocarbons and their mixtures. J. Chem. Phys. 8 (1940) 334–345, 10 (1942) 747–758.

von Reid, Prausnitz und Sherwood[1] entnommen werden. Für höhere Ansprüche an die Genauigkeit haben Martin und Hou[2] zur Berechnung der thermischen Zustandseigenschaften realer Gase eine Gleichung angegeben:

$$p = \sum_{i=1}^{5} f_i(v-b)^{-i}. \tag{183}$$

Hierin ist f_i eine Reihe der Form

$$f_i = A_i + B_i T + C_i \, e^{-kT/T_k}.$$

Diese Gleichung setzt zwar für ihre Anwendung die Kenntnis verhältnismäßig weniger thermodynamischer Zustandswerte voraus, da nur die kritischen Zustandsgrößen sowie ein Druck-Temperatur-Wertepaar längs der Dampfdruckkurve bekannt sein müssen, ihre Anwendung ist jedoch kompliziert und muß nach einem genauen Rechenschema erfolgen, das bei Reid, Prausnitz und Sherwood[1] im einzelnen nachgelesen werden kann.

a) Zustandsgleichungen des Wasserdampfes

Wasser in flüssiger oder auch als Dampf in gasförmiger Form ist der technisch wichtigste Stoff. Wasserdampf treibt zur Stromerzeugung die Turbinen in den Kraftwerken an, dient durch Abgabe seiner Kondensationsenthalpie als Heizmittel in chemischen Anlagen, und flüssiges wie auch siedendes Wasser werden als Wärmeübertragungsmittel in den Reaktoren unserer Kernkraftwerke verwendet. Seine technische Bedeutung führte dazu, daß schon früh eine Reihe von Zustandsgleichungen speziell für Wasserdampf erarbeitet wurden. Von Clausius stammt die Form

$$\left[p + \frac{\varphi(\tau)}{(v+c)^2}\right](v-b) = RT, \tag{184}$$

die zwar das Gesetz der Anziehung zwischen den Molekülen etwas allgemeiner faßt als van der Waals, die aber nur in den Anfängen der Technik, als die Dampfmaschinen und Dampfturbinen noch mit bescheidenen Drücken arbeiteten, in ihrer Genauigkeit den Anforderungen entsprach. Für Drücke bis 150 bar und oberhalb 400 °C auch noch für höhere Drücke gab Mollier 1925 unter Anlehnung an eine 1920 von Eichelberg vorgeschlagene Form die Gleichung

$$v = 47{,}1 \frac{T}{p} - \frac{2}{\left(\dfrac{T}{100\,\text{K}}\right)^{10/3}} - \frac{1{,}9}{\left(\dfrac{T}{100\,\text{K}}\right)^{14} \cdot 10^4} \cdot p^2 \tag{185}$$

an, die er auch in den dreißiger Jahren den von ihm herausgegebenen Dampftafeln zugrunde legte. Hierin ist p in kp/m² einzusetzen (1 kp/m² = 0,980665 · 10⁻⁴ bar),

---

[1] Siehe Fußnote 2 auf S. 241.
[2] Martin, J. J.; Hou, Y. C.: Development of an equation of state for gases. AIChE J. 1 (1955) 142–151, Martin, J. J.; Kapoor, R. M.; De Nevers, N.: An improved equation of state for gases. AIChE J. 5 (1959) 159–160.

4. Abweichung der realen Gase von der Zustandsgleichung der idealen Gase

v erhält man in m³/kg. In Erweiterung dieser Beziehung entwickelte Koch[1] die Zustandsgleichung

$$v = \frac{RT}{p} - \frac{A}{\left(\dfrac{T}{100\,\text{K}}\right)^{2,82}} - p^2\left[\frac{B}{\left(\dfrac{T}{100\,\text{K}}\right)^{14}} + \frac{C}{\left(\dfrac{T}{100\,\text{K}}\right)^{31,6}}\right],$$

die bis zur fünften Auflage (1960) der VDI-Wasserdampftafeln für die Ermittlung der Zustandsgrößen des überhitzten Dampfes mit Ausnahme des kritischen Gebietes verwandt wurde.

Der zunehmende Gebrauch von Rechenanlagen beim Entwurf von Kraftwerken und bei der Optimierung ihrer Prozesse machte es nötig, einen möglichst weiten Bereich des Zustandsgebietes mit Gleichungen zu erfassen. Deshalb wurde für die 1963 herausgegebene sechste Auflage der VDI-Wasserdampftafeln die Kochsche Gleichung durch zusätzliche Glieder erweitert und so gleichzeitig neueren Versuchsergebnissen angepaßt. Mit Hilfe der normierten Zustandsgrößen $T/T_k = T_r$ und $p/p_k = p_r$ auf dimensionslose Form gebracht, lautet sie

$$\frac{v}{\text{m}^3/\text{kg}} = \frac{\bar{R}T_r}{p_r} - \frac{A - E(c - p_r)T_r^{2 \cdot 2,82}}{T_r^{2,82}} - \left[\frac{B - (dp_r - T_r^3)Dp_r}{T_r^{14}} + \frac{C}{T_r^{32}}\right]p_r^2$$
$$- (1 - ep_r)FT_r. \tag{186}$$

Die darin enthaltenen zehn dimensionslosen Konstanten haben für $p_k = 221{,}287$ bar, $T_k = 647{,}3$ K, $R = 8{,}31415$ kJ/(kmol K) und $M = 18{,}0160$ kg pro kmol die in Tab. 26 wiedergegebenen Zahlenwerte.

Tabelle 26. Zahlenwerte der dimensionslosen Konstanten in der erweiterten Kochschen Zustandsgleichung für Wasserdampf

$\bar{R} = 1{,}34992 \cdot 10^{-2}$	$D = 6{,}70126 \cdot 10^{-4}$	$c = 1{,}55108$
$A = 4{,}7331 \cdot 10^{-3}$	$E = 3{,}17362 \cdot 10^{-5}$	$d = 1{,}26591$
$B = 2{,}93945 \cdot 10^{-3}$	$F = 8{,}06867 \cdot 10^{-5}$	$e = 1{,}32735$
$C = 4{,}35507 \cdot 10^{-6}$		

$\bar{R}$ ist eine Gaskonstante entsprechend der Gleichung

$$\bar{R} = \frac{R}{M}\frac{T_k}{p_k}\frac{\text{kg}}{\text{m}^3}.$$

Die zunehmende Konkurrenzsituation am internationalen Markt stellte in jüngster Zeit an die Hersteller von Kraftanlagen höchste Ansprüche im Hinblick auf die Auslegungsgenauigkeit von Dampfturbinen und Kesseln. Man erreichte dabei Grenzbereiche, in denen bereits Unterschiede von wenigen Promille in den Zahlenwerten verschiedener nationaler Dampftafeln zu Abweichungen in den aufgrund der Angebotsunterlagen garantierten Leistungs- und Wirtschaftlichkeits-

---

[1] VDI Wasserdampftafeln, 5. Aufl. Berlin, Göttingen, Heidelberg: Springer 1960.

daten führen konnten, welche die Vergabe des Auftrages maßgeblich beeinflußten. Es wurde deshalb auf der sechsten Internationalen Dampftafelkonferenz 1963 in New York ein „International Formulation Committee" (IFC) gegründet, das neue international einheitlich gültige Zustandsgleichungen für den industriellen Gebrauch erarbeitete. Da es wegen der hohen Genauigkeitsanforderungen nicht möglich war, den gesamten Zustandsbereich des Wasserdampfes — vom flüssigen über das kritische bis zum dampfförmigen Gebiet — in einer Beziehung darzustellen, wurde das Zustandsgebiet entsprechend Abb. 95 in sechs Bereiche unterteilt und für jeden Bereich eine Gleichung angegeben. Der Satz dieser sechs Gleichungen wird „Formulation" genannt, und die damit errechneten Zahlenwerte wurden in der neuen Internationalen Dampftafel[1] dargestellt, die heute weltweit als verbindlich anerkannt wird. Für Auslegungs- und Optimierungsrechnungen greift man in der Regel jedoch nicht auf die Zahlenwerte dieser Wasserdampftafeln zurück, sondern speichert den Gleichungssatz der Formulation unmittelbar in der Rechenmaschine.

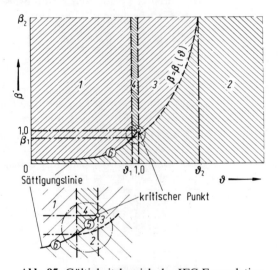

Abb. 95. Gültigkeitsbereich der IFC-Formulation.

Als Beispiel aus dieser Internationalen Formulation sei hier die Zustandsgleichung für überhitzten Dampf diskutiert. Für die Formulation wurden normierte dimensionslose Größen benutzt, die mit

$$\frac{p}{p_k} = \beta , \qquad \frac{T}{T_k} = \vartheta , \qquad \frac{v}{v_k} = \chi$$

bezeichnet wurden, wobei hier $p_k = 221{,}2$ bar, $T_k = 647{,}3$ K und $v_k = 0{,}00317$ m³

---

[1] Schmidt, E.: Properties of water and steam in SI-units, 3. Aufl. Grigull, U. (Hrsg.). Berlin, Heidelberg, New York: Springer 1982.

4. Abweichung der realen Gase von der Zustandsgleichung der idealen Gase

pro kg zu setzen sind. Die untere Grenze für die Zustandsgleichung im überhitzten Gebiet stellt die Sättigungslinie dar, und als Abgrenzung gegen das kritische Gebiet ist die Druck-Temperatur-Beziehung

$$\beta_L = \beta_L(\vartheta) = \frac{(\vartheta_2 - \vartheta)\beta_1 + (\vartheta - \vartheta_1)\beta_2 - L(\vartheta_2 - \vartheta)(\vartheta - \vartheta_1)}{\vartheta_2 - \vartheta_1} \quad (187)$$

angegeben, wobei β_L der normierte Druck längs dieser Grenze ist mit $L = 7{,}160997524$. Gegenüber der vorher diskutierten Zustandsgleichung für Wasserdampf hat diese neue internationale Beziehung eine sehr komplizierte und schwer überschaubare Form. Sie lautet

$$\chi_2 = I_1 \frac{\vartheta}{\beta} - \sum_{\mu=1}^{5} \mu \beta^{\mu-1} \sum_{\nu=1}^{n(\mu)} B_{\mu\nu} X^{z(\mu,\nu)} - \sum_{\mu=6}^{8} \frac{(\mu-2)\beta^{1-\mu} \sum_{\nu=1}^{n(\mu)} B_{\mu\nu} X^{z(\mu,\nu)}}{\left\{\beta^{2-\mu} + \sum_{\lambda=1}^{l(\mu)} b_{\mu\lambda} X^{x(\mu,\lambda)}\right\}^2}$$

$$+ 11 \left(\frac{\beta}{\beta_L}\right)^{10} \sum_{\nu=0}^{6} B_{9\nu} X^{\nu}, \quad (188)$$

wobei

$$X = \exp[b(1-\vartheta)] \quad \text{und} \quad \beta_L = \beta_L(\vartheta).$$

Darin ist I_1 die normierte Gaskonstante

$$I_1 = RT_k/p_k v_k.$$

Die Glieder $n(\mu)$ und $l(\mu)$ sowie die Exponenten $z(\mu, \nu)$ und $x(\mu, \lambda)$ sind in Tab. 27, die Konstanten B und b in Tab. 28 wiedergegeben. Für die Anwendung dieser Gleichung in Rechenmaschinen ist zu beachten, daß Fehler beim Rechnen mit endlichen Differenzen auftreten können, wenn die Intervalle zu klein gewählt werden.

Tabelle 27. Glieder $n(\mu)$ und $l(\mu)$ sowie Exponenten $z(\mu, \nu)$ und $x(\mu, \lambda)$ in der IFC Formulation für überhitzten Dampf

μ	$n(\mu)$	$z(\mu, \nu)$			$l(\mu)$	$x(\mu, \lambda)$		μ
		$\nu=1$	$\nu=2$	$\nu=3$		$\lambda=1$	$\lambda=2$	
1	2	13	3	—	—	—	—	1
2	3	18	2	1	—	—	—	2
3	2	18	10	—	—	—	—	3
4	2	25	14	—	—	—	—	4
5	3	32	28	24	—	—	—	5
6	2	12	11	—	1	14	—	6
7	2	24	18	—	1	19	—	7
8	2	24	14	—	2	54	27	8

Tabelle 28. Konstanten in der IFC Formulation für überhitzten Dampf[1]

B_0 =	$1,683599274 \cdot 10^1$	B_{32} =	$1,069036614 \cdot 10^{-1}$	B_{90} =	$1,936587558 \cdot 10^2$
B_{01} =	$2,856067796 \cdot 10^1$	B_{41} =	$-5,975336707 \cdot 10^{-1}$	B_{91} =	$-1,388522425 \cdot 10^3$
B_{02} =	$-5,438923329 \cdot 10^1$	B_{42} =	$-8,847535804 \cdot 10^{-2}$	B_{92} =	$4,126607219 \cdot 10^3$
B_{03} =	$4,330662834 \cdot 10^{-1}$	B_{51} =	$5,958051609 \cdot 10^{-1}$	B_{93} =	$-6,508211677 \cdot 10^3$
B_{04} =	$-6,547711697 \cdot 10^{-1}$	B_{52} =	$-5,159303373 \cdot 10^{-1}$	B_{94} =	$5,745984054 \cdot 10^3$
B_{05} =	$8,565182058 \cdot 10^{-2}$	B_{53} =	$2,075021122 \cdot 10^{-1}$	B_{95} =	$-2,693088365 \cdot 10^3$
B_{11} =	$6,670375918 \cdot 10^{-2}$	B_{61} =	$1,190610271 \cdot 10^{-1}$	B_{96} =	$5,235718623 \cdot 10^2$
B_{12} =	$1,388983801 \cdot 10^0$	B_{62} =	$-9,867174132 \cdot 10^{-2}$	b =	$7,633333333 \cdot 10^{-1}$
B_{21} =	$8,390104328 \cdot 10^{-2}$	B_{71} =	$1,683998803 \cdot 10^{-1}$	b_{61} =	$4,006073948 \cdot 10^{-1}$
B_{22} =	$2,614670893 \cdot 10^{-2}$	B_{72} =	$-5,809438001 \cdot 10^{-2}$	b_{71} =	$8,636081627 \cdot 10^{-2}$
B_{23} =	$-3,373439453 \cdot 10^{-2}$	B_{81} =	$6,552390126 \cdot 10^{-3}$	b_{81} =	$-8,532322921 \cdot 10^{-1}$
B_{31} =	$4,520918904 \cdot 10^{-1}$	B_{82} =	$5,710218649 \cdot 10^{-4}$	b_{82} =	$3,460208861 \cdot 10^{-1}$

[1] Die Konstanten B_0 bis B_{05} werden zur Berechnung der Enthalpie und Entropie benötigt.

4.5 Beziehung zwischen den kalorischen Zustandsgrößen und der thermischen Zustandsgleichung

Die thermische Zustandsgleichung wird durch unmittelbare Messung von p, v und T erhalten. Durch kalorimetrische Messungen kann man u und h bzw. ihre Differentialquotienten $c_v = (\partial u/dT)_v$ und $c_p = (\partial h/\partial T)_p$ gewinnen und daraus die Entropie s berechnen. Die thermische Zustandsgleichung ist, abgesehen von gewissen Stabilitätsbedingungen, die z. B. das Gebiet zwischen dem Minimum und Maximum der van-der-Waalsschen Isothermen als unmöglich nachweisen, keinen grundsätzlichen Beschränkungen unterworfen, d. h., mit den thermodynamischen Gesetzen sind beliebige Formen der Zustandsgleichung vereinbar, wenn auch in den uns zur Verfügung stehenden Stoffen nur wenige verwirklicht sind. Sobald aber die thermische Zustandsgleichung festliegt, können die kalorischen Zustandsgrößen nicht mehr willkürliche Werte haben, sondern sind der beschränkenden Bedingung unterworfen, daß ihr Integral vom Wege unabhängig sein muß.

Wenn also für eine bestimmte Zustandsänderung kalorimetrische Messungen ausgeführt sind, so ist für eine andere Zustandsänderung zwischen denselben Endpunkten das Ergebnis der kalorimetrischen Messungen nicht mehr beliebig.

Um die Beziehung zwischen den kalorischen Zustandsgrößen und der thermischen Zustandsgleichung abzuleiten, gehen wir aus von den Fundamentalgleichungen [Gl. (107a) und (108a)] für spezifische Größen

$$du = T\,ds - p\,dv,$$

$$dh = T\,ds + v\,dp,$$

woraus man

$$T\,ds = du + p\,dv, \tag{189}$$

$$T\,ds = dh - v\,dp \tag{190}$$

erhält.

4. Abweichung der realen Gase von der Zustandsgleichung der idealen Gase

Wendet man Gl. (189) auf die Isochore $dv = 0$ an, so erhält man

$$\left(\frac{\partial u}{\partial s}\right)_v = T . \tag{191}$$

Führt man die spezifische Wärmekapazität c_v ein, so wird

$$c_v = \left(\frac{\partial u}{\partial T}\right)_v = \left(\frac{\partial u}{\partial s}\right)_v \left(\frac{\partial s}{\partial T}\right)_v$$

oder mit Gl. (191)

$$c_v = T \left(\frac{\partial s}{\partial T}\right)_v . \tag{192}$$

Wendet man Gl. (190) auf die Isobare $dp = 0$ an, so wird

$$\left(\frac{\partial h}{\partial s}\right)_p = T , \tag{193}$$

und für die spezifische Wärmekapazität c_p erhält man

$$c_p = T \left(\frac{\partial s}{\partial T}\right)_p . \tag{194}$$

Hält man in Gl. (189) und (190) die Entropie konstant, wendet sie also auf die Isentrope an, so ergibt sich, vgl. Gl. (109a) und Gl. (104)

$$\left(\frac{\partial h}{\partial p}\right)_s = v \tag{195}$$

und

$$\left(\frac{\partial u}{\partial v}\right)_s = -p . \tag{196}$$

Mit Hilfe der Gln. (189) und (190) werden wir die vollständigen Differentiale ds, dh und du aus der Zustandsgleichung ableiten für beliebige Änderungen von zweien der einfachen Zustandsgrößen p, v und T. Je nachdem, welches Paar man von den unabhängigen Differentialen dp, dv und dT auswählt, erhält man verschiedene Ausdrücke für ds, dh und du, wobei sich noch zahlreiche Beziehungen zwischen den verschiedenen partiellen Differentialquotienten ergeben.

Zwischen den einfachen Zustandsgrößen und ihren Ableitungen gibt es eine Vielzahl thermodynamischer Beziehungen. Wir wollen im folgenden nur einige ableiten, die von besonderem technischem oder physikalischem Interesse sind.

4.6 Die Entropie als Funktion der einfachen Zustandsgrößen

Mit Hilfe der mathematischen Formel für die Differentiation eines Produktes

$$d(Ts) = T\,ds + s\,dT$$

kann man Gl. (190) schreiben

$$T\,ds = d(Ts) - s\,dT = dh - v\,dp$$

oder

$$d(h - Ts) = v\,dp - s\,dT\,. \tag{197}$$

Darin ist $h - Ts = g$ als Funktion der Zustandsgrößen h, T und s auch selbst eine Zustandsgröße, die wir *freie Enthalpie* nennen, sie ist eine negative Größe, da stets $Ts > h$ ist. Die freie Enthalpie ist in dem T,s-Diagramm z. B. des Wasserdampfes der Abb. 96 die schraffierte Fläche oberhalb der Isobare, ihr negativer Wert ergänzt die anders schraffierte Fläche der Enthalpie h zu dem Rechteck $T \cdot s$ aus den Koordinaten.

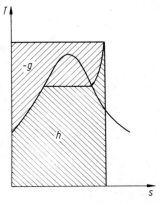

Abb. 96.
Enthalpie h und freie Enthalpie g.

Da jede Zustandsgröße eine Funktion von zweien der einfachen Zustandsgrößen ist und also ein vollständiges Differential hat, muß auch das Differential der freien Enthalpie in Gl. (197) ein vollständiges sein von der Form

$$df(x, y) = \frac{\partial f(x, y)}{\partial x}\,dx + \frac{\partial f(x, y)}{\partial y}\,dy\,.$$

Es ist also

$$\left(\frac{\partial g}{\partial p}\right)_T = v \quad \text{und} \quad \left(\frac{\partial g}{\partial T}\right)_p = -s\,, \tag{198}$$

und wenn man nochmals die linke Gleichung nach T, die rechte nach p partiell differenziert, erhält man

$$\frac{\partial^2 g}{\partial T\,\partial p} = \left(\frac{\partial v}{\partial T}\right)_p \quad \text{und} \quad \frac{\partial^2 g}{\partial p\,\partial T} = -\left(\frac{\partial s}{\partial p}\right)_T\,.$$

Da die Reihenfolge der beiden Differentiationen gleichgültig ist, folgt daraus

$$\left(\frac{\partial s}{\partial p}\right)_T = -\left(\frac{\partial v}{\partial T}\right)_p, \tag{199}$$

worin außer s nur die drei einfachen Zustandsgrößen vorkommen.

4. Abweichung der realen Gase von der Zustandsgleichung der idealen Gase 249

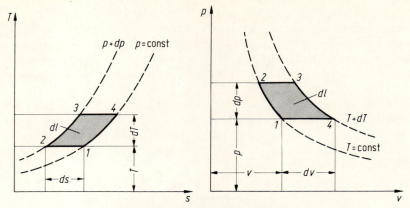

Abb. 97 u. 98. Zur Ableitung von Gl. (199).

Diese Gleichung läßt sich nach Nusselt[1] anschaulicher auch durch Vergleich des T,s-Diagramms mit dem p,v-Diagramm ableiten. Dazu sind in das T,s-Diagramm der Abb. 97 benachbarte Isothermen und Isobaren eingetragen, die einen elementaren Kreisprozeß *1234* mit der Arbeit

$$dl = ds\, dT$$

umgrenzen. Dabei erfolgt die Entropieänderung ds auf Isothermen, also bei $T = \text{const}$, während man um dp von einer Isobaren zur benachbarten fortschreitet. Man kann daher schreiben

$$ds = \left(\frac{\partial s}{\partial p}\right)_T dp\,.$$

Damit wird

$$dl = \left(\frac{\partial s}{\partial p}\right)_T dp\, dT\,. \tag{200}$$

Im p,v-Diagramm der Abb. 98 ist der gleiche elementare Kreisprozeß *1234* gezeichnet, wobei

$$dl = -dp\, dv$$

ist. Die Volumänderung dv erfolgt hier längs der Isobaren, also bei $p = \text{const}$, während die Temperatur sich um dT ändert. Man kann daher schreiben

$$dv = \left(\frac{\partial v}{\partial T}\right)_p dT$$

und

$$dl = -\left(\frac{\partial v}{\partial T}\right)_p dT\, dp\,. \tag{201}$$

---

[1] Nusselt, W.: Beitrag zur graphischen Thermodynamik, Forschung Ing.-Wes. 3 (1932) 173–174.

Durch Gleichsetzen von Gl. (200) und Gl. (201) folgt wieder Gl. (199).

Auch dieser Beweis beruht trotz seiner anderen äußeren Form auf der Tatsache, daß die Entropie ein vollständiges Differential hat.

Die partielle Differentialgleichung (199) kann man auf der in Abb. 99 durch die Isothermenschar dargestellte Zustandsfläche in folgender Weise geometrisch deuten:

Geht man auf der Zustandsfläche längs der Isobare vom Punkt 1 nach $1'$, so ist der Ausdruck $(\partial v/\partial T)_p$ der Tangens des Winkels der Schnittkurve der Zustandsfläche mit der Ebene $p = $ const gegen die T-Achse. Andererseits ist auf der linken Seite der Gleichung $(\partial s/\partial p)_T$ der Differentialquotient der Entropie nach dem Druck längs der Isotherme. Damit ist

$$\left(\frac{\partial s}{\partial p}\right)_T dp = -\left(\frac{\partial v}{\partial T}\right)_p dp$$

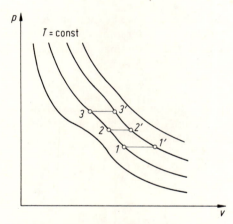

Abb. 99. Geometrische Deutung von Gl. (199).

die Änderung der Entropie, wenn man auf der Isothermen $T = $ const von 1 nach 2 fortschreitet, so daß der Druck sich um dp ändert. Man kann nun in gleicher Weise von 2 nach 3 weitergehen und dabei wieder die Entropieänderung aus der Neigung des Weges $22'$ auf der Zustandsfläche ermitteln. In dieser Weise läßt sich schrittweise längs jeder Isotherme der ganze Verlauf der Entropie erhalten, wenn ihr Wert an einem Punkt p_0, T bekannt ist. Mathematisch ist das nichts anderes als die Integration von Gl. (199) längs der Isotherme $T = $ const:

$$s(p, T) - s(p_0, T) = \int_{p_0}^{p} \left(\frac{\partial s}{\partial p}\right)_T dp = -\int_{p_0}^{p} \left(\frac{\partial v}{\partial T}\right)_p dp \qquad (199\,\text{a})$$

Dabei ist die Integration auf jeder Isothermen bei einem endlichen, aber so kleinen Druck p_0 begonnen, daß der Dampf noch als ideales Gas behandelt

4. Abweichung der realen Gase von der Zustandsgleichung der idealen Gase

werden kann. Begänne man beim Druck $p = 0$, so würde das Integral $-\int_0^p \left(\frac{\partial v}{\partial T}\right)_p dp$ für kleine Drücke, wo jedes reale Gas der Zustandsgleichung $pv = RT$ folgt, die Form $-R \int_0^p \frac{dp}{p} = -R[\ln p]_0^p$ annehmen und damit an der unteren Grenze ∞ werden.

Beim idealen Gas hängt die spezifische Wärmekapazität c_{p_0} nur von der Temperatur, nicht vom Druck ab, und es ist bei konstantem Druck $T \, ds = c_{p_0} \, dT$ oder integriert

$$s(p_0, T) - s(p_0, T_0) = \int_{T_0}^T c_{p_0} \frac{dT}{T}, \qquad (199\,\text{b})$$

wobei der Index 0 bei c_{p_0} auf das Verhalten des Dampfes als ideales Gas hinweist.

Aus dem Vergleich der beiden letzten Gleichungen ergibt sich

$$s = s(p_0, T_0) + \int_{T_0}^T c_{p_0} \frac{dT}{T} - \int_{p_0}^p \left(\frac{\partial v}{\partial T}\right)_p dp. \qquad (199\,\text{c})$$

Das vollständige Differential der Entropie

$$ds = \left(\frac{\partial s}{\partial T}\right)_p dT + \left(\frac{\partial s}{\partial p}\right)_T dp$$

für die unabhängigen Veränderlichen T und p lautet nach Einsetzen von Gl. (194) und (199)

$$ds = \frac{c_p}{T} dT - \left(\frac{\partial v}{\partial T}\right)_p dp. \qquad (202)$$

Geht man von Gl. (189) aus, so erhält man anstelle von Gl. (197) in gleicher Weise wie oben

$$d(u - Ts) = -p \, dv - s \, dT, \qquad (203)$$

wobei $u - Ts = f$ eine neue Zustandsgröße ist, die man *freie Energie* nennt und die in der chemischen Thermodynamik viel benutzt wird, sie ist ebenso wie die freie Enthalpie eine negative Größe (vgl. S. 248). Da ihr Differential ein vollständiges sein muß, folgt

$$\left(\frac{\partial(u - Ts)}{\partial v}\right)_T = -p \quad \text{und} \quad \left(\frac{\partial(u - Ts)}{\partial T}\right)_v = -s$$

und durch nochmaliges Differenzieren

$$\left(\frac{\partial p}{\partial T}\right)_v = \left(\frac{\partial s}{\partial v}\right)_T. \qquad (204)$$

Hiermit[1] und mit Gl. (192) erhält das vollständige Differential der Entropie

$$ds = \left(\frac{\partial s}{\partial T}\right)_v dT + \left(\frac{\partial s}{\partial v}\right)_T dv$$

in den unabhängigen Veränderlichen T und v die Form

$$ds = \frac{c_v}{T} dT + \left(\frac{\partial p}{\partial T}\right)_v dv \ . \tag{202a}$$

Wählt man endlich p und v als unabhängige Veränderliche, so ist

$$ds = \left(\frac{\partial s}{\partial p}\right)_v dp + \left(\frac{\partial s}{\partial v}\right)_p dv \ .$$

Setzt man darin

$$\left(\frac{\partial s}{\partial p}\right)_v = \left(\frac{\partial s}{\partial T}\right)_v \left(\frac{\partial T}{\partial p}\right)_v = \frac{c_v}{T} \left(\frac{\partial T}{\partial p}\right)_v$$

und

$$\left(\frac{\partial s}{\partial v}\right)_p = \left(\frac{\partial s}{\partial T}\right)_p \left(\frac{\partial T}{\partial v}\right)_p = \frac{c_p}{T} \left(\frac{\partial T}{\partial v}\right)_p,$$

so wird

$$ds = \frac{c_v}{T} \left(\frac{\partial T}{\partial p}\right)_v dp + \frac{c_p}{T} \left(\frac{\partial T}{\partial v}\right)_p dv \ . \tag{202b}$$

4.7 Die Enthalpie und die innere Energie als Funktion der einfachen Zustandsgrößen

Um die Enthalpie durch die einfachen Zustandsgrößen auszudrücken, schreiben wir Gl. (190) in der Form

$$ds = \frac{dh}{T} - \frac{v}{T} dp \ .$$

Mit Hilfe der bekannten mathematischen Formel

$$d\left(\frac{h}{T}\right) = \frac{dh}{T} - h \frac{dT}{T^2}$$

für die Differentiation eines Quotienten erhält man daraus

$$d\left(s - \frac{h}{T}\right) = \frac{h}{T^2} dT - \frac{v}{T} dp \ . \tag{205}$$

---

[1] Gl. (204) läßt sich in ähnlicher Weise, wie wir das auf S. 249 nach Nusselt mit Gl. (199) getan hatten, durch Vergleich eines kleinen, von benachbarten Isothermen und Isochoren begrenzten Prozesses im T,s und p,v-Diagramm ableiten.

4. Abweichung der realen Gase von der Zustandsgleichung der idealen Gase 253

Dabei ist

$$s - \frac{h}{T} = \varphi$$

eine Zustandsgröße, die sich von der oben eingeführten freien Enthalpie g nur durch den Faktor $-1/T$ unterscheidet: Da φ eine Zustandsgröße ist, muß die Gl. (205) die Form eines vollständigen Differentials haben, und es ist

$$\left[\frac{\partial\left(s - \frac{h}{T}\right)}{\partial T}\right]_p = \frac{h}{T^2} \quad \text{und} \quad \left[\frac{\partial\left(s - \frac{h}{T}\right)}{\partial p}\right]_T = -\frac{v}{T}. \qquad (206)$$

Nochmaliges Differenzieren ergibt

$$\frac{\partial^2\left(s - \frac{h}{T}\right)}{\partial T\, \partial p} = \frac{1}{T^2}\left(\frac{\partial h}{\partial p}\right)_T \quad \text{und} \quad \frac{\partial^2\left(s - \frac{h}{T}\right)}{\partial p\, \partial T} = -\left[\frac{\partial\left(\frac{v}{T}\right)}{\partial T}\right]_p.$$

Daraus folgt die Differentialgleichung

$$\left(\frac{\partial h}{\partial p}\right)_T = -T^2\left[\frac{\partial\left(\frac{v}{T}\right)}{\partial T}\right]_p = -T\left(\frac{\partial v}{\partial T}\right)_p + v, \qquad (207)$$

in der außer h nur die einfachen thermischen Zustandsgrößen vorkommen und die man wieder ähnlich wie Gl. (199) auf der Zustandsfläche anschaulich deuten kann.

Durch Integration längs einer Isotherme, beginnend beim Druck $p = 0$, erhält man

$$h = \int_0^p \left(\frac{\partial h}{\partial p}\right)_T dp = -T^2 \int_0^p \left[\frac{\partial\left(\frac{v}{T}\right)}{\partial T}\right]_p dp + h(p = 0, T), \qquad (207\text{a})$$

wobei $h(p = 0, T)$ der Integrationskonstante entsprechend der Anfangswert der Enthalpie auf jeder Isothermen beim Druck Null ist. Bei sehr kleinen Drücken verhält sich aber der Dampf wie ein ideales Gas, und es ist:

$$h(p = 0, T) = h(T) = \int_{T_0}^{T} c_{p0}\, dT + h(T_0), \qquad (207\text{b})$$

wobei $h(T_0)$ die durch Vereinbarung festzusetzende Enthalpie des idealen Gases bei der Temperatur T_0 ist. Damit wird

$$h(p, T) = \int_{T_0}^{T} c_{p0}\, dT - T^2 \int_0^p \left[\frac{\partial\left(\frac{v}{T}\right)}{\partial T}\right]_p dp + h(T_0). \qquad (207\text{c})$$

Das vollständige Differential der Enthalpie

$$dh = \left(\frac{\partial h}{\partial T}\right)_p dT + \left(\frac{\partial h}{\partial p}\right)_T dp$$

für die unabhängigen Veränderlichen p und T ergibt sich mit den partiellen Differentialquotienten (45) und (207) zu

oder

$$dh = c_p\, dT - T^2 \left[\frac{\partial \left(\frac{v}{T}\right)}{\partial T}\right]_p dp \qquad (208)$$

$$dh = c_p\, dT - \left[T \left(\frac{\partial v}{\partial T}\right)_p - v\right] dp. \qquad (208\,\text{a})$$

Das vollständige Differential der inneren Energie lautet

$$du = \left(\frac{\partial u}{\partial T}\right)_v dT + \left(\frac{\partial u}{\partial v}\right)_T dv$$

mit T und v als unabhängigen Veränderlichen.

Darin ist nach Gl. (44)

$$\left(\frac{\partial u}{\partial T}\right)_v = c_v,$$

aus Gl. (189) erhält man durch partielles Differenzieren

$$\left(\frac{\partial u}{\partial v}\right)_T = T \left(\frac{\partial s}{\partial v}\right)_T - p,$$

und mit Hilfe von Gl. (204)

$$\left(\frac{\partial u}{\partial v}\right)_T = T \left(\frac{\partial p}{\partial T}\right)_v - p. \qquad (209)$$

Damit wird dann

$$du = c_v\, dT + \left[T \left(\frac{\partial p}{\partial T}\right)_v - p\right] dv. \qquad (209\,\text{a})$$

In ähnlicher Weise kann man auch für die anderen Paare von unabhängigen Veränderlichen die vollständigen Differentiale von h und u angeben. Für die unabhängigen Veränderlichen p und v folgt z. B. aus Gl. (202b) mit Hilfe von Gl. (189) und (190)

$$du = c_v \left(\frac{\partial T}{\partial p}\right)_v dp + \left[c_p \left(\frac{\partial T}{\partial v}\right)_p - p\right] dv \qquad (209\,\text{b})$$

und

$$dh = c_p \left(\frac{\partial T}{\partial v}\right)_p dv + \left[c_v \left(\frac{\partial T}{\partial p}\right)_v + v\right] dp \,. \tag{208b}$$

4.8 Die spezifischen Wärmekapazitäten

Differenziert man c_p in Gl. (194) partiell nach p bei konstantem T, so erhält man

$$\left(\frac{\partial c_p}{\partial p}\right)_T = T \frac{\partial^2 s}{\partial p\, \partial T},$$

andererseits ergibt Gl. (199) bei nochmaligem Differenzieren

$$\frac{\partial^2 s}{\partial T\, \partial p} = -\left(\frac{\partial^2 v}{\partial T^2}\right)_p.$$

Daraus folgt die *Clausiussche Differentialgleichung*

$$\left(\frac{\partial c_p}{\partial p}\right)_T = -T \left(\frac{\partial^2 v}{\partial T^2}\right)_p, \tag{210}$$

welche die Änderung von c_p längs der Isotherme für einen kleinen Druckanstieg verknüpft mit dem zweiten Differentialquotienten $(\partial^2 v/\partial T^2)_p$ eines isobaren Weges auf der Zustandsfläche. Wir können uns diese Gleichung in ähnlicher Weise veranschaulichen, wie es in Abb. 99 mit Gl. (199) geschah.

Integrieren wir Gl. (210) längs einer Isotherme, vom Druck Null beginnend, so wird

$$c_p(p, T) - c_p(p = 0, T) = \int_0^p \left(\frac{\partial c_p}{\partial p}\right)_T dp = -T \int_0^p \left(\frac{\partial^2 v}{\partial T^2}\right)_p dp \,.$$

Dabei ist $c_p(p = 0, T)$ nichts anderes als die spezifische Wärmekapazität c_{p_0} beim Druck Null, und wir können schreiben

$$c_p = c_{p_0} - T \int_0^p \left(\frac{\partial^2 v}{\partial T^2}\right)_p dp \,. \tag{211}$$

In entsprechender Weise kann man c_v in Gl. (192) bei konstantem T partiell nach v differenzieren und erhält dann mit Hilfe von Gl. (204) für c_v die Differentialgleichung

$$\left(\frac{\partial c_v}{\partial v}\right)_T = T \left(\frac{\partial^2 p}{\partial T^2}\right)_v. \tag{212}$$

Die Differenz der spezifischen Wärmekapazitäten $c_p - c_v$ ist bei Dämpfen nicht mehr gleich R wie beim idealen Gas. Setzt man die beiden Ausdrücke (202) und

(202a) für das Differential der Entropie einander gleich, so erhält man

$$c_p - c_v = T\left[\left(\frac{\partial p}{\partial T}\right)_v \frac{dv}{dT} + \left(\frac{\partial v}{\partial T}\right)_p \frac{dp}{dT}\right].\tag{213}$$

Da die Veränderlichen p, v und T durch die Zustandsgleichung verknüpft sind, gilt

$$dv = \left(\frac{\partial v}{\partial T}\right)_p dT + \left(\frac{\partial v}{\partial p}\right)_T dp\,.$$

Ersetzt man damit dv in Gl. (213) durch dT und dp und beachtet, daß wegen Gl. (13)

$$\left(\frac{\partial p}{\partial T}\right)_v \cdot \left(\frac{\partial v}{\partial p}\right)_T + \left(\frac{\partial v}{\partial T}\right)_p = 0$$

ist, so erhält man

$$c_p - c_v = T\left(\frac{\partial p}{\partial T}\right)_v \left(\frac{\partial v}{\partial T}\right)_p.\tag{214}$$

Wendet man die Beziehung auf die Zustandsgleichung der idealen Gase an, so muß ihre rechte Seite, wie man sich leicht überzeugt, natürlich R ergeben.

Auch die Gl. (214) läßt sich nach Nusselt[1] unmittelbar anschaulich ableiten. Dazu ist in dem T,s- und p,v-Diagramm der Abb. 100 und 101 derselbe elementare Kreisprozeß *123* dargestellt, begrenzt von einer Isobaren, einer Isothermen und einer Isochoren. Beachtet man, daß im T,s-Diagramm die Subtangenten der Isobaren und Isochoren die spezifischen Wärmekapazitäten c_p und c_v dar-

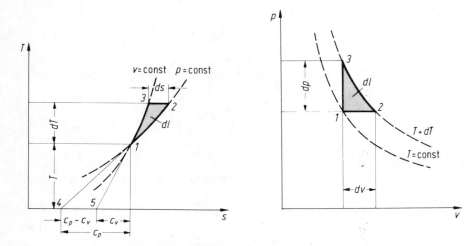

Abb. 100 u. 101. Zur Ableitung von Gl. (214).

---

[1] Siehe Fußnote 1 auf S. 249.

stellen, so ist die Strecke *45* gleich $c_p - c_v$, und aus der Ähnlichkeit der Dreiecke *1 2 3* und *1 4 5* folgt

$$\frac{ds}{dT} = \frac{c_p - c_v}{T}.$$

Damit kann man die Fläche des Dreieckes *123* schreiben

$$dl = \frac{1}{2} dT \, ds = \frac{c_p - c_v}{2T} (dT)^2.$$

Andererseits ist im *p,v*-Diagramm der Abb. 101

$$dl = \frac{1}{2} dv \, dp,$$

dabei ist $dv = (\partial v/\partial T)_p \, dT$, weil *12* auf einer Isobaren, und $dp = (\partial p/\partial T)_v \, dT$, weil *13* auf einer Isochoren liegt. Setzt man nun die beiden Ausdrücke für *dl* einander gleich, so erhält man Gl. (214).

4.9 Die Drosselung realer Gase und die Ermittlung der kalorischen und thermischen Zustandsgleichung aus kalorischen Messungen

Wir waren bisher von der thermischen Zustandsgleichung ausgegangen und hatten daraus nach Gl. (207c) die Enthalpie durch partielle Differentiation und Integration erhalten, wobei die willkürliche Funktion die durch kalorische Messungen zu bestimmende spezifische Wärmekapazität c_{p0} beim Druck Null war. Da beim Differenzieren bekanntlich die Fehler einer durch Versuche aufgenommenen Funktion sich stark vergrößern, muß die Zustandsgleichung sehr genau bekannt sein, wenn die Enthalpie sich aus ihr ohne großen Fehler ergeben soll.

Man bestimmt daher die Enthalpie häufig unmittelbar, indem man in einem Kalorimeter strömendem Dampf bei konstantem Druck durch elektrische Heizung Wärme zuführt und den Temperaturanstieg beobachtet. Die zugeführte Wärme ist dann unmittelbar gleich der Änderung der Enthalpie, und wenn man durch den Temperaturanstieg dividiert, erhält man die spezifische Wärmekapazität $c_p = (\partial h/\partial T)_p$.

Außer dieser naheliegenden Methode kann auch der Drosseleffekt zur Messung der Enthalpie dienen. Entspannt man den Dampf in einem Drosselkalorimeter, das den Wärmeaustausch mit der Umgebung verhindert, um einen kleinen Wert Δp, so tritt bei konstanter Enthalpie eine Temperaturabnahme

$$\Delta T = \left(\frac{\partial T}{\partial p}\right)_h \Delta p,$$

der *Thomson-Joule-Effekt*, auf, die man messen kann. Der Versuch liefert somit den Differentialquotienten $(\partial T/\partial p)_h$, d. h. die Neigung der Kurve $h = $ const im *p,T*-Diagramm. Bestimmt man solche Neigungen für viele Punkte, so kann man daraus durch Integration die ganze Schar der Kurven gleicher Enthalpie erhalten.

Meßtechnisch noch günstiger ist die *isotherme Drosselung*, bei der während der Drosselung so viel Wärme zugeführt wird, daß gerade keine Temperatursenkung eintritt. Die zugeführte Wärme ist dann $(\partial h/\partial p)_T \, \Delta p$, und der Versuch ergibt den Differentialquotienten $(\partial h/\partial p)_T$, also die Neigung der Isotherme im h,p-Diagramm. Durch Integration erhält man daraus die Schar der Isothermen.

Aus den kalorischen Messungen kann man umgekehrt auch Aussagen über die thermische Zustandsgleichung machen. Ist z. B. $c_p = f(T, p)$ aus Messungen bekannt, so liefert Gl. (210)

$$\left(\frac{\partial^2 v}{\partial T^2}\right)_p = -\frac{1}{T}\left(\frac{\partial c_p}{\partial p}\right)_T.$$

Durch Integrieren erhält man daraus

$$\frac{\partial v}{\partial T} = -\int \left(\frac{\partial c_p}{\partial p}\right)_T \frac{dT}{T} + f(p)$$

und

$$v = -\iint \left(\frac{\partial c_p}{\partial p}\right)_T \frac{dT^2}{T} + Tf(p) + f_1(p), \qquad (215)$$

wobei zwei willkürliche Funktionen $f(p)$ und $f_1(p)$ auftreten. Um für kleine Drücke den Übergang in die Zustandsgleichung der idealen Gase erkennen zu lassen, schreibt man meist

$$v = \frac{RT}{p} - \iint \left(\frac{\partial c_p}{\partial p}\right)_T \frac{dT^2}{T} + f_1(p) + Tf_2(p), \qquad (215\text{a})$$

indem man

$$f_2(p) = f(p) - \frac{R}{p}$$

als neue willkürliche Funktion einführt. Die willkürlichen Funktionen können nur durch Versuche bestimmt werden, sie müssen aber so beschaffen sein, daß im Grenzfall sehr kleinen Drucks $f_1(p) + Tf_2(p)$ endlich bleibt, während RT/p unendlich groß wird.

Aufgabe 32. Längs der Boyle-Kurve im pv,v-Diagramm haben die Isothermen waagerechte Tangenten. Es ist aus dieser Bedingung die Gleichung der Boyle-Kurve in Amagat-Koordinaten abzuleiten, wenn man
  a) die van-der-Waalssche Gleichung,
  b) die Gleichung von Dieterici
zugrunde legt.
In gleicher Weise soll die Gleichung für die Inversionskurve aus der Bedingung, daß dort beim Drosseln keine Temperaturänderung des realen Gases eintritt, in Amagat-Koordinaten für die beiden oben genannten Gleichungen abgeleitet werden.

Aufgabe 33. Es sind die Konstanten a und b für die auf S. 241 wiedergegebenen Zustandsgleichungen von a) Berthelot, b) Dieterici und c) Redlich-Kwong aus den kriti-

4. Abweichung der realen Gase von der Zustandsgleichung der idealen Gase 259

schen Werten T_k, p_k, v_k über die Bedingung abzuleiten, daß im p,v-Diagramm die kritische Isotherme am kritischen Punkt einen Wendepunkt mit waagerechter Tangente besitzt.

Aufgabe 34. Auf S. 243 ist die erweiterte Kochsche Zustandsgleichung für das p,v,T-Verhalten des Wasserdampfes angegeben. Über die thermodynamische Konsistenz sind daraus die Zustandsgleichungen für die spezifische Enthalpie h und die spezifische Entropie s zu berechnen. Dabei sei vorausgesetzt, daß die spezifische Wärmekapazität des Wasserdampfes beim Druck Null als Funktion der Temperatur bekannt ist.

Aufgabe 35. Für die Gleichung von Benedict, Webb und Rubin ist der Verlauf der Idealkurve (Realgasfaktor $Z = 1$) anzugeben.

VI Thermodynamische Prozesse

Bei der Behandlung der einfachen Zustandsänderungen hatten wir festgestellt, daß bei der Expansion eines Gases Arbeit gewonnen werden kann und bei der Kompression Arbeit aufzubringen ist. Einen Vorgang, bei dem Wärme vollständig in Arbeit verwandelt wird, lernten wir bei der isothermen Expansion des idealen Gases kennen. Dabei war aber das Gas von hohem auf niederen Druck entspannt worden, d. h., das arbeitende System befand sich nach der Arbeitsleistung in einem anderen Zustand als vorher. Der Vorgang war also mit einer bestimmten Menge Gas nur einmal ausgeführt worden. Würde man ihn auf demselben Wege wieder rückgängig machen, dann würde die gewonnene Arbeit gerade wieder verbraucht werden.

Wenn wir Arbeit gewinnen wollen und das System am Ende wieder in seinem Anfangszustand sein soll, so müssen wir es nach der ersten Zustandsänderung auf einem anderen Weg in den Anfangszustand zurückführen, so daß seine Zustandsänderungen eine geschlossene Kurve durchlaufen, die im p,v-Diagramm eine Fläche umfährt. Man nennt einen solchen Vorgang einen Kreisprozeß.

Er ist z. B. für den reversiblen Kreisprozeß in Abb. 102 durch die Kurve $1a2b$ dargestellt. Längs eines Elementes dieser Kurve wird eine reversible Arbeit $dL = -p\,dV$ gewonnen gleich dem schraffierten kleinen Flächenstreifen, gleichzeitig wird eine kleine Wärme $dQ = dU + p\,dV$ zugeführt. Durchläuft man den ganzen Kreisprozeß in Richtung der Pfeile, so ist die bei der Volumzunahme $c \to d$ gewonnene Arbeit $1a2dc$ größer als die bei der Volumabnahme $d \to c$ zugeführte Arbeit $2b1cd$. Im ganzen wird also eine Arbeit $L = -\oint p\,dV$ gleich dem umfahrenen Flächenstück $1a2b1$ gewonnen, dabei soll der Kreis am Integralzeichen die Integration über eine geschlossene Kurve angeben. Integriert man über die Wärmen in gleicher Weise, so erhält man nach dem ersten Hauptsatz für einen reversiblen Prozeß

$$\oint dQ = \oint dU + \oint p\,dV.$$

Darin ist $dU = 0$, da der Zustand des Körpers und damit auch seine innere Energie nach Durchlaufen des Kreisprozesses wieder der gleiche ist wie zu Anfang, und man erhält für den reversiblen Prozeß

$$\oint dQ = -\oint dL = \oint p\,dV. \qquad (216)$$

Die verrichtete Arbeit ist also gleich dem Überschuß der zugeführten über die abgeführten Wärmebeträge, d. h., eine der geleisteten Arbeit äquivalente Wärme ist verschwunden.

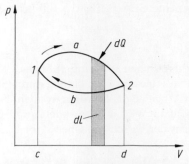

Abb. 102. Kreisprozeß im p,V-Diagramm.

Für einen Kreisprozeß mit irreversiblen Zustandsänderungen gilt nach dem ersten Hauptsatz

$$\oint dQ + \oint dL = \oint dU.$$

Da der Anfangszustand nach Durchlaufen des Prozesses wieder erreicht wird, ist wie zuvor $\oint dU = 0$ und damit

$$\oint dQ = -\oint dL. \tag{216a}$$

Für die Durchführung des Kreisprozesses benötigen wir eine Maschine, in Abb. 103 mit M bezeichnet, der von einem System I die Wärme Q mit der Temperatur T zufließt und die den nicht in Arbeit L verwandelten Teil Q_0 der zugeflossenen Wärme wieder an ein System II der Temperatur T_0 abgibt, vgl. S. 183. In der Maschine befindet sich ein arbeitsfähiger Stoff, der gemäß Abb. 102 verschiedene Zustandsänderungen in einem Kreisprozeß durchläuft. Betrachten wir die Beträge der Wärmen, die der Maschine aus dem System I zu und von ihr an das System II wieder abgeführt werden, und nehmen wir an, daß die Maschine sonst gegen ihre Umgebung wärmedicht isoliert ist, so muß nach dem ersten Hauptsatz die von der Maschine abgegebene Arbeit $|L|$

$$|L| = Q - |Q_0| \tag{217}$$

sein.

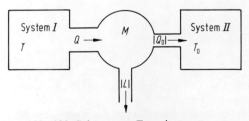

Abb. 103. Schema zur Energieumsetzung.

Das Verhältnis der verrichteten Arbeit zur zugeführten Wärme

$$\eta = \frac{-L}{Q} = \frac{|L|}{Q} \tag{218}$$

bezeichnet man als den thermischen Wirkungsgrad eines Kreisprozesses.

Wird der Kreisprozeß in umgekehrter Richtung durchlaufen, so wird, wie man aus Abb. 102 sieht, mehr Arbeit zugeführt als gewonnen. Nach dem ersten Hauptsatz muß sich diese Arbeit in Wärme verwandeln, und es muß die abgeführte Wärme um das Äquivalent der verschwundenen Arbeit größer sein als die zugeführte Wärme.

Der Kreisprozeß, den das Arbeitsmedium in der Maschine durchläuft, kann mit beliebigen Zustandsänderungen vorgenommen werden, und es ergeben sich damit unendlich viele Möglichkeiten, ihn durchzuführen. Eine Reihe einfacher Zustandsänderungen hatten wir für ideale Gase in Kap. III, 10, für kondensierbare Dämpfe in Kap. V, 2.3 kennengelernt.

Für die Betrachtung der Kreisprozesse kann man, wie Bidard[1] vorschlägt, die Zustandsänderungen in zwei Gruppen einteilen, nämlich in solche, bei denen die Temperatur des Arbeitsmediums konstant bleibt, und in solche, bei denen sie sich ändert. Zur ersten Gruppe gehören z. B. die isotherme Kompression und Expansion, die Verdampfung und Kondensation, die Kristallisation und das Schmelzen sowie die Änderung elektrischer und magnetischer Eigenschaften. In der zweiten Gruppe sind die Zustandsänderungen längs einer Isobare, einer Polytrope oder Adiabate zu nennen. In diesen beiden Gruppen sind die in Abb. 104 mit A_2 und B_2 bezeichneten Zustandsänderungen mit einem Umsatz an Arbeit und Wärme behaftet, während die Zustandsänderungen A_1 und B_1 nur Wärme und die Zustandsänderungen A_3 und B_3 nur Arbeit mit der Umgebung austauschen. Im weiteren Verlauf unserer Überlegungen wollen wir die Zustandsänderungen A_3 nicht weiter betrachten.

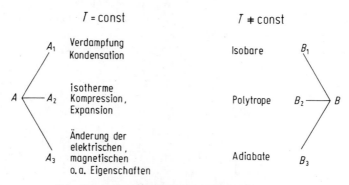

Abb. 104. Zustandsänderungen bei Kreisprozessen.

---

[1] Bidard, R.: Nouveaux cycles et fluides thermodynamiques. Rev. Gen. Therm. 9 (1970) 99, 239–269.

Wir hatten gesehen, daß zur Gewinnung von Arbeit in einem Kreisprozeß einem Wärmespeicher *I* Wärme entnommen werden muß und ein Teil dieser Wärme, wie wir aus dem zweiten Hauptsatz der Thermodynamik wissen, bei niedrigerer Temperatur T_0 an einen Wärmespeicher *II* wieder abzuführen ist. Wir lassen also unseren Kreisprozeß zwischen den beiden Temperaturen T und T_0 arbeiten. Wollen wir den Wärmeaustausch zwischen den Wärmespeichern und der Maschine reversibel gestalten, so muß in den entsprechenden Teilabschnitten des Kreisprozesses die Temperatur des Arbeitsmediums möglichst dem jeweiligen Wärmespeicher angeglichen sein. Dies ist dann gegeben, wenn in der Wärmeübergangsphase das Arbeitsmedium eine Zustandsänderung der Gruppe A bei der Temperatur T oder T_0 durchläuft. Nach Bidard wird man anstreben, die Kreisprozesse aus Zustandsänderungen der Gruppen A und B in alternierender Reihenfolge *ABAB* so zusammenzusetzen, daß der Vorgang möglichst reversibel erfolgt.

Tabelle 29

Carnot	Carnot mit Kondensation	Rankine
A_2–B_3–A_2–B_3	A_1–B_3–A_2–B_3	A_1–B_3–A_1–B_3
Spezieller Fall	Ericsson	Allgemeiner Fall
A_2–B_3–A_1–B_3	A_2–B_1–A_2–B_1	A_2–B_2–A_2–B_2
Gas mit Kondensation	Rankine mit unterkühlter	Spezieller Fall
A_1–B_2–A_2–B_2	Flüssigkeit	A_2–B_2–A_1–B_2
	A_1–B_2–A_1–B_2	

Lassen wir die Zustandsänderungen A_3 außer Betracht, so sind thermodynamisch die in Tab. 29 dargestellten Kombinationen möglich. Hierbei kommen, wie wir später sehen werden, den Kombinationen *1* und *3* in der ersten Zeile und der zweiten Kombination in der zweiten Zeile besondere Bedeutung zu, die Carnot-, Rankine- bzw. Ericsson-Prozeß genannt werden. Betrachten wir diese Kreisprozesse im T,s-Diagramm, so ergibt sich die in Abb. 105 gezeigte Darstellung. Die ersten vier dieser Kreisprozesse zeichnen sich dadurch aus, daß Wärmeaustausch nur bei den Temperaturen $T = T_2$ und $T_0 = T_1$ ohne Temperaturgefälle, also reversibel erfolgt. Bei den übrigen Beispielen ist das nicht mehr in vollem Umfang gegeben, da hier auch längs der Zustandsänderungen B_1 und B_2 Wärme zu- bzw. abgeführt werden muß. Wie Abb. 105 zeigt, sind einige der Kreisprozesse nur möglich, wenn die Grenzkurve des Arbeitsmediums einen ganz bestimmten charakteristischen Verlauf zeigt.

Im folgenden werden wir uns nun mit einigen speziellen Kreisprozessen befassen, die entweder für das theoretische Verständnis wesentlich sind oder aber wegen ihrer Anwendung in Wärmekraftanlagen technische Bedeutung erlangt haben. Wir wollen dabei vor allem den Verlauf der Zustandsänderungen diskutieren und Aussagen über den thermischen Wirkungsgrad η des Prozesses machen, den wir als das Verhältnis der gewonnenen Arbeit zur zugeführten Wärme definierten.

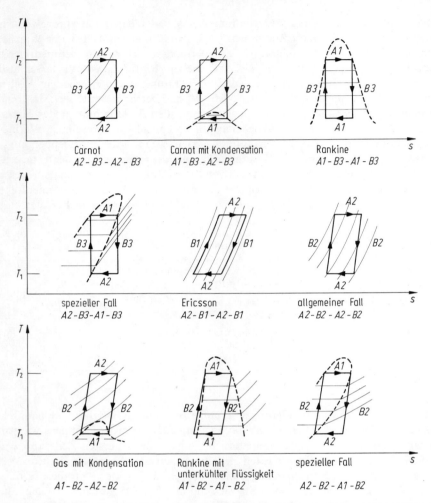

Abb. 105. Darstellung der in Tab. 29 aufgeführten Kreisprozesse im T,s-Diagramm.

Da der Wärmeaustausch mit der Umgebung von der Art der Zustandsänderung abhängt, sind für die Berechnung des Wirkungsgrades eines Kreisprozesses Angaben über seinen Verlauf notwendig.

1 Der Carnotsche Kreisprozeß und seine Anwendung auf das ideale Gas

Von besonderer Bedeutung für die Thermodynamik, wenn auch nicht für die Praxis, ist der 1824 von Carnot eingeführte Kreisprozeß, bestehend aus 2 Isothermen und 2 Adiabaten in der Reihenfolge: isotherme Expansion, adiabate

1. Der Carnotsche Kreisprozeß und seine Anwendung auf das ideale Gas

Expansion, isotherme Kompression und adiabate Kompression zurück zum Anfangspunkt. Die Verwirklichung in der Praxis scheitert an dem hohen maschinellen Aufwand und an dem unrealistisch groß zu wählenden Druckverhältnis p_1/p_3 (Abb. 106), um eine ausreichend große Arbeit zu erhalten.

Den Arbeitsstoff denken wir uns dabei nach Abb. 106 in einen Zylinder eingeschlossen. Während der isothermen Expansion *1–2* bringen wir den Arbeitsstoff mit einem Wärmebehälter von der Temperatur T, während der isothermen Kompression *3–4* mit einem solchen von der Temperatur T_0 in wärmeleitende Verbindung. Beide Wärmebehälter sollen so groß sein, daß ihre Temperatur sich durch Entzug oder Zufuhr der bei dem Kreisprozeß umgesetzten Wärmen nicht merklich ändert. Während der adiabaten Zustandsänderungen *2–3* und *4–1* ist der Arbeitsstoff wärmedicht abgeschlossen.

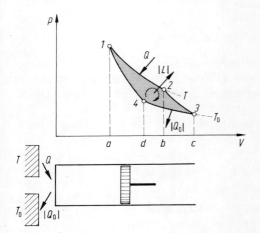

Abb. 106. Kreisprozeß nach Carnot.

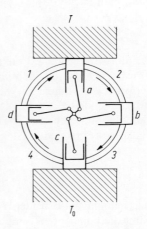

Abb. 107. Carnotscher Kreisprozeß in getrennten Zylindern.

Ebensogut können wir die einzelnen Teilvorgänge auch in getrennten Zylindern ausführen, die das Arbeitsmittel im Kreislauf durchströmt, wie das Abb. 107 zeigt. Dabei arbeiten Zylinder c und d als Kompressoren, Zylinder a und b als Expansionsmaschinen. In a wird isotherm expandiert unter Wärmezufuhr von dem Wärmespeicher T, in c wird isotherm komprimiert unter Wärmeabfuhr an den Wärmespeicher T_0. Die Zylinder b und d sind wärmedicht abgeschlossen; in b wird adiabat expandiert, in d adiabat komprimiert. Durch die als Viertelkreise gezeichneten Rohrleitungen strömt das Medium im Kreislauf in Richtung der Pfeile durch alle 4 Zylinder, wobei die Ziffern *1–4* seinem Zustand im p,V-Diagramm der Abb. 106 entsprechen. Die Rohrleitungen müssen zugleich ein ausreichendes Speichervolum haben, damit trotz des absatzweisen Zu- und Abströmens von Gas keine zeitlichen Zustandsänderungen in ihnen auftreten. Durch entsprechende Steuerung der Ventile kann man den Prozeß leicht umkehren, wobei das Arbeitsmittel entgegengesetzt strömt und der Maschine Arbeit zugeführt werden muß.

Statt der Kolbenmaschinen könnte man auch Turbinen und Turbokompressoren für die Entspannung und Verdichtung wählen.

Um den Wirkungsgrad des Carnotschen Kreisprozesses zu berechnen, führen wir ihn zunächst an einem idealen Gas durch. Für ein solches Gas galt die Zustandsgleichung

$$\frac{pV}{mR} = T.$$

Weiter zeigte uns der Versuch von Gay-Lussac und Joule, daß die innere Energie eines idealen Gases nur von der Temperatur, nicht von seinem Volum abhängt, so daß man nach Gl. (46) schreiben kann:

$$dU = mc_v\, dT,$$

dabei darf c_v noch eine Funktion der Temperatur sein.

Wir betrachten nun den Wärme- und Arbeitsumsatz des reversiblen Carnotschen Kreisprozesses. Längs der beiden Isothermen ist die innere Energie des Gases konstant, und die zugeführte Wärme Q und die abgeführte Wärme $-Q_0$ sind gleich der abgegebenen (Fläche *12ba* in Abb. 106) und zugeführten Arbeit (Fläche *34dc*) nach den Gleichungen

$$Q = -L_{12} = \int_1^2 p\, dV \quad \text{und} \quad Q_0 = -L_{34} = \int_3^4 p\, dV.$$

Setzt man in diese beiden Ausdrücke $p = mRT/V$ bzw. $p = mRT_0/V$ ein und nimmt die konstanten Temperaturen vor das Integral, so wird

$$\left.\begin{array}{c} Q = mRT \displaystyle\int_1^2 \frac{dV}{V} = mRT \ln\frac{V_2}{V_1}, \\[2ex] Q_0 = mRT_0 \displaystyle\int_3^4 \frac{dV}{V} = mRT_0 \ln\frac{V_4}{V_3} \end{array}\right\} \qquad (219)$$

oder

$$|Q_0| = mRT_0 \ln\frac{V_3}{V_4}.$$

Längs der als reversibel vorausgesetzten Adiabaten *2–3* und *4–1* gilt auch bei temperaturabhängiger spezifischer Wärmekapazität die Differentialgleichung (58)

$$\frac{dT}{T} + (\varkappa - 1)\frac{dV}{V} = 0$$

1. Der Carnotsche Kreisprozeß und seine Anwendung auf das ideale Gas

oder integriert

$$\ln \frac{V_3}{V_2} = -\int_T^{T_0} \frac{1}{\varkappa - 1} \frac{dT}{T},$$

$$\ln \frac{V_4}{V_1} = -\int_T^{T_0} \frac{1}{\varkappa - 1} \frac{dT}{T}.$$

Da die rechten Seiten dieser beiden Gleichungen übereinstimmen, sind auch ihre linken gleich, und man erhält

$$\frac{V_3}{V_2} = \frac{V_4}{V_1} \quad \text{oder} \quad \frac{V_3}{V_4} = \frac{V_2}{V_1}. \tag{220}$$

Diese Beziehung muß zwischen den 4 Eckpunkten des Carnotschen Kreisprozesses erfüllt sein, damit das Diagramm sich schließt. Aus Gl. (219) folgt damit

$$\frac{Q}{|Q_0|} = \frac{T}{T_0} \quad \text{oder} \quad \frac{Q - |Q_0|}{Q} = \frac{T - T_0}{T}, \tag{221}$$

d. h., die umgesetzten Wärmen verhalten sich wie die zugehörigen absoluten Temperaturen.

Längs der beiden Adiabaten werden nach Gl. (59) die Arbeiten

$$L_{23} = m \int_T^{T_0} c_v \, dT = -m \int_{T_0}^T c_v \, dT \quad \text{und} \quad L_{41} = m \int_{T_0}^T c_v \, dT$$

verrichtet, die auch bei temperaturabhängigem c_v entgegengesetzt gleich sind und sich daher aufheben. Da nur längs der Isothermen des Kreisprozesses Wärmen umgesetzt werden, gilt nach dem ersten Hauptsatz für die vom Kreisprozeß verrichtete Arbeit

$$|L| = Q - |Q_0|,$$

und wir erhalten für den Wirkungsgrad den einfachen Ausdruck

$$\eta = \frac{|L|}{Q} = \frac{T - T_0}{T} = 1 - \frac{T_0}{T}. \tag{222}$$

Der Wirkungsgrad des reversiblen Carnotschen Kreisprozesses hängt also nur von den absoluten Temperaturen der beiden Wärmebehälter ab, mit denen die Wärmen ausgetauscht werden. Dabei wollen wir besonders beachten, daß wir zur Ausführung eines solchen Kreisprozesses, der Wärme in Arbeit verwandelt, wie in Kap. IV, 9.2c auf S. 183 nachgewiesen wurde, zwei Wärmebehälter brauchen, von denen der eine Wärme abgibt, der andere Wärme aufnimmt.

Aus Gl. (221) folgt

$$\frac{Q}{T} - \frac{|Q_0|}{T_0} = 0.$$

Wenn wir die abgeführte Wärme nicht mehr als absoluten Betrag, sondern in algebraischer Weise als zugeführte, aber mit negativem Vorzeichen, einführen und allgemein mit T die Temperatur bezeichnen, bei welcher der Umsatz erfolgt, so kann man dafür

$$\Sigma \frac{Q}{T} = 0 \qquad (223)$$

schreiben.

Das Ergebnis von Gl. (222) über das Verhältnis von verrichteter Arbeit $|L|$ und zuzuführender Wärme Q hätten wir ohne den Umweg über die Berechnung der Zustandsänderungen des idealen Gases auch über den zweiten Hauptsatz unmittelbar herleiten können. Am einfachsten kann dies z. B. unter Zuhilfenahme der in Kap. IV, 9.2c auf S. 185 angestellten Exergiebetrachtung und der dort abgeleiteten Gl. (138)

$$-dL_{ex} = \frac{T - T_u}{T} dQ = \left(1 - \frac{T_u}{T}\right) dQ$$

geschehen. In Gl. (138) stellt dL_{ex} die Energie der Wärme bzw. die maximal gewinnbare Arbeit dar, wenn ein System durch reversible Zustandsänderungen — und nur um solche handelt es sich im Carnot-Prozeß — mit der Umgebung ins Gleichgewicht gebracht wird. Wir denken uns deshalb den Carnot-Prozeß zwischen den Grenzen Umgebungstemperatur ($T_0 = T_u$) und der Temperatur T betrieben. Der Wärmeaustausch erfolgt damit längs der Isothermen $T_0 = T_u$ und T, und wir erhalten durch Integration von Gl. (138) unmittelbar

$$\frac{|L_{ex}|}{Q} = \frac{|L|}{Q} = \frac{T - T_u}{T} = 1 - \frac{T_u}{T} = \eta_c . \qquad (138)$$

Der so abgeleitete Faktor η_c wird auch Carnot-Faktor[1] genannt, er stimmt mit dem thermischen Wirkungsgrad des Carnot-Prozesses überein.

In Wirklichkeit läßt sich ein Kreisprozeß nie völlig reversibel führen. So erfolgt der Wärmeaustausch immer unter Temperaturgefälle, die untere Temperaturgrenze des Prozesses ist meist nicht gleich der Umgebungstemperatur, und die den Prozeß ausführende Arbeitsmaschine läuft nicht reibungsfrei, wodurch Energie dissipiert wird. Damit ist die tatsächlich gewinnbare technische Arbeit L_t kleiner als die maximale Arbeit bzw. die Exergie L_{ex} des wärmeabgebenden Systems. Als Maß für die Irreversibilität der Energieumwandlung in einer Wärmekraftmaschine kann man das Verhältnis aus tatsächlicher Arbeit und Exergie

$$\eta_{ex} = L_t/L_{ex}$$

heranziehen, das in der Literatur[2,3] als exergetischer Wirkungsgrad bezeichnet wird. Es gibt hinsichtlich der Energieumwandlung unmittelbar Auskunft über

---

[1] Weitere Erläuterungen vgl.: Baehr, H. D.: Thermodynamik, 3. Aufl., Berlin, Heidelberg, New York: Springer 1973.
[2] Fratzscher, W.: Zum Begriff des exergetischen Wirkungsgrades. BWK 13 (1961) 486–493.
[3] Baehr, H. D.: siehe Zitat S. 61

die Güte der Prozeßführung sowie der dafür verwendeten Apparate und Maschinen.

2 Die Umkehrung des Carnotschen Kreisprozesses

Läßt man den reversiblen Carnotschen Kreisprozeß in der umgekehrten Reihenfolge *4 3 2 1* durchlaufen (vgl. Abb. 108), so kehren sich die Vorzeichen der Wärmen und Arbeiten um. Es wird keine Arbeit gewonnen, sondern es muß die Arbeit L zugeführt werden. Längs der Isotherme *43* wird die Wärme Q_0 dem Behälter von der niederen Temperatur T_0 entzogen und längs der Isotherme *2 1* die Wärme

$$|Q| = Q_0 + L$$

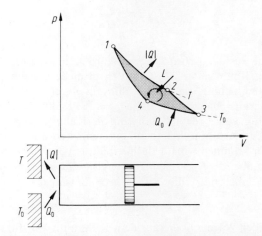

Abb. 108. Umkehrung des Carnotschen Kreisprozesses.

an den Behälter von der höheren Temperatur T abgeführt. Es wird also Arbeit in Wärme verwandelt, zugleich wird eine Wärme einem Körper niederer Temperatur entnommen und zusammen mit der aus Arbeit gewonnenen an einen Körper höherer Temperatur übertragen, vgl. die Ausführungen auf S. 186.

Man kann den umgekehrten Carnot-Prozeß benutzen zur reversiblen Heizung. Dabei wird der Umgebung etwa bei $T_0 = 293$ K eine Wärme Q_0 entzogen, um z. B. an die Heizung einer Destillieranlage etwa bei 100 °C entsprechend annähernd $T = 373$ K eine Wärme $|Q|$ abzugeben. Dann ist

$$\frac{L}{|Q|} = \frac{T - T_0}{T} = \frac{80 \text{ K}}{373 \text{ K}}$$

oder

$$|Q| = 4{,}66 L \, .$$

Würde man die Arbeit L etwa durch Reibung oder, falls sie als elektrische Energie vorhanden ist, durch elektrische Widerstandsheizung in Wärme verwandeln, so würde nach dem ersten Hauptsatz nur das entsprechende Äquivalent entstehen. Durch die reversible Heizung wird also das Mehrfache, in unserem Beispiel das 4,66fache der aufgewendeten Arbeit als Wärme nutzbar gemacht. Man bezeichnet eine solche Maschine auch als Wärmepumpe.

Dieses Ergebnis hatten wir auch der Exergiebetrachtung in Kap. IV, 9.2c, Gl. (138), entnommen.

Eine andere, wichtigere Anwendung des umgekehrten Carnot-Prozesses sind die Kältemaschinen; bei ihnen wird die Wärme Q_0 einem Körper entzogen, dessen Temperatur T_0 unter der Umgebungstemperatur liegt, und es wird an die Umgebung oder an Kühlwasser von der Temperatur T eine Wärme $|Q| = Q_0 + L$ abgegeben. In diesem Falle ist das als Leistungsziffer der Kälteanlage bezeichnete Verhältnis

$$\varepsilon = \frac{Q_0}{L} = \frac{T_0}{T - T_0} \qquad (224)$$

maßgebend für die aus der Arbeit L gewinnbare Kälteleistung Q_0.

Will man einen Raum auf $-10\,°C$ halten in einer Umgebung von $+20\,°C$, so muß die Kältemaschine die dem Kühlraum durch die Wände zufließende Wärme wieder herausschaffen. Da dann $\varepsilon = 263\,\text{K}/30\,\text{K} = 8{,}8$ ist, kann also der 8,8fache Betrag von L dem Kühlraum als Kälteleistung entzogen werden. Hierbei sind die Verluste durch Unvollkommenheiten aber noch nicht berücksichtigt. Auch hier kommen wir für das Verhältnis von Kälteleistung und aufzuwendender Arbeit über die Exergiebetrachtung rasch wieder zum selben Ergebnis, wobei wir jetzt lediglich mit Hilfe des ersten Hauptsatzes aus

$$L = |Q| - Q_0$$

in Gl. (138) statt der Wärme Q die aus dem Kühlraum abzuführende Wärme Q_0 einsetzen, die ja für diesen Prozeß von Interesse ist. Die Abfuhr der Wärme Q an die Umgebung erfolgt bei der Temperatur T_u, und man erhält

$$L = \left(\frac{T_u}{T_0} - 1\right) Q_0 \,,$$

was mit Gl. (224) identisch ist, wenn wir auch dort als obere Temperaturgrenze des Prozesses T_u wählen.

In der Technik werden nach dem Carnotschen Prozeß arbeitende Kaltluftmaschinen nicht gebaut, sondern man benutzt ausschließlich kondensierende Gase, sog. Kaltdämpfe, als Arbeitsmedien und arbeitet auch nach einem vom Carnotschen etwas abweichenden Prozeß, den wir in Kap. VI, 8 kennenlernen werden.

3 Die Heißluftmaschine und die Gasturbine

Die Teilvorgänge des Carnotschen Kreisprozesses hatten wir in vier getrennten Zylindern ausgeführt, die das Arbeitsmittel nacheinander durchströmte. Dabei

3. Die Heißluftmaschine und die Gasturbine

wurden zwei Zylinder zur Verdichtung des Gases verwendet und zwei dienten als Expansionsmaschinen. In je einer dieser Kompressions- und Expansionsmaschinen wurde Wärme zu- bzw. abgeführt, die beiden anderen arbeiteten adiabat.

Ersetzt man nun die beiden erstgenannten Maschinen durch Wärmeaustauscher, in denen die Wärmezu- und -abfuhr isobar erfolgt, so kommt man zu der in Abb. 109 gezeigten Heißluftmaschine. Im linken Zylinder wird die mit der Temperatur T_1 und dem Druck p_0 angesaugte Luft auf p verdichtet, wobei ihre Temperatur auf T_2 steigt. Dann wird die Luft in einem Wärmeaustauscher, der als Erhitzer dient und z. B. die Form einer von außen mit einer Flamme beaufschlagten Rohrschlange hat, bei dem konstanten Druck p unter Zufuhr der Wärme

$$Q = mc_p(T_3 - T_2) \tag{225}$$

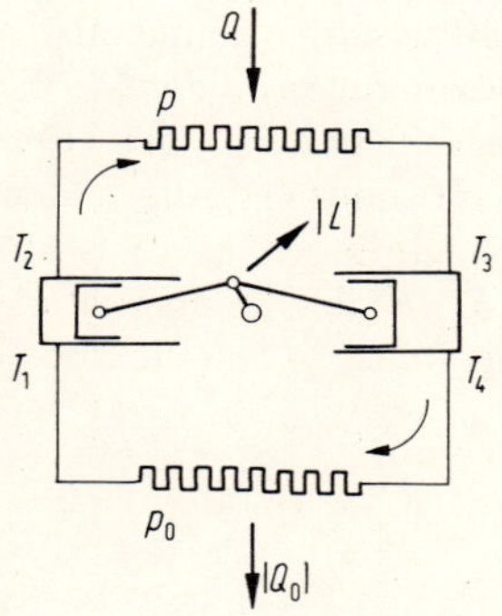

Abb. 109.
Schema einer Heißluftmaschine mit adiabater Kompression und Expansion.

von T_2 auf T_3 erwärmt, wobei wir konstante spez. Wärmekapazität c_p annehmen. Im Expansionszylinder wird sie dann vom Druck p auf p_0 entspannt, wobei ihre Temperatur von T_3 auf T_4 sinkt. Dabei muß natürlich T_4 größer sein als T_1. Die mit der Temperatur T_4 aus dem Expansionszylinder austretende Luft wird in einem zweiten Wärmeaustauscher, der als Kühler dient, bei dem konstanten Druck p_0 wieder auf die Anfangstemperatur T_1 gebracht durch Entzug der Wärme

$$|Q_0| = mc_p(T_4 - T_1) \tag{226}$$

und strömt dann wieder dem Kompressionszylinder zu. Wenn p_0 gleich dem Umgebungsdruck ist, könnte man auch die Luft in die Umgebung entweichen und vom Kompressionszylinder Frischluft ansaugen lassen, was thermodynamisch das gleiche ist, da dann die Umgebung als unendlich großes Wärmereservoir betrachtet werden kann.

Behandelt man die Luft als ideales Gas, so gilt bei reversiblen adiabaten Zustandsänderungen zwischen denselben Druckgrenzen und bei gleichem Exponenten $\varkappa$ für Expansion und Kompression

$$\frac{T_1}{T_2} = \frac{T_4}{T_3} = \left(\frac{p_0}{p}\right)^{(\varkappa-1)/\varkappa} \quad \text{und} \quad \frac{T_4 - T_1}{T_3 - T_2} = \frac{T_1}{T_2} = \left(\frac{p_0}{p}\right)^{(\varkappa-1)/\varkappa}. \tag{227}$$

Die verrichtete Arbeit ist die Differenz der zugeführten und der abgeführten Wärmen

$$|L| = Q - |Q_0| = mc_p(T_3 - T_2)\left[1 - \frac{T_4 - T_1}{T_3 - T_2}\right]$$

$$= mc_p(T_3 - T_2)\left[1 - \frac{T_1}{T_2}\right],$$

und der Wirkungsgrad wird

$$\eta = \frac{|L|}{Q} = 1 - \frac{T_1}{T_2} = 1 - \left(\frac{p_0}{p}\right)^{(\varkappa - 1)/\varkappa}. \tag{228}$$

Der Wirkungsgrad dieses zuerst von *Joule* behandelten Prozesses der verlustlosen Heißluftmaschine hängt also nur vom Temperaturverhältnis T_1/T_2 oder dem Druckverhältnis p_0/p der Verdichtung ab, er ist unabhängig von der Größe der Wärmezufuhr und von der Höhe der damit verbundenen Temperatursteigerung. Abb. 110 und 111 zeigen den Vorgang im p,V- und im T,S-Diagramm. In beiden Diagrammen ist die Arbeitsfläche schraffiert, in Abb. 110 bedeutet die Fläche *12ab* die Kompressions-, *34ba* die Expansionsarbeit, in Abb. 111 *23dc* die zugeführte, *41cd* die abgeführte Wärme.

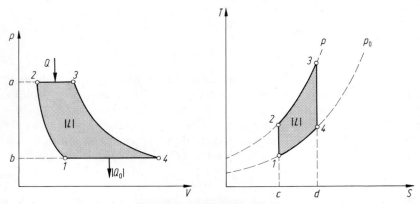

Abb. 110 u. 111. Prozeß der Heißluftmaschine und der Gasturbine mit reversibler adiabater Kompression und Expansion im p,V- und T,S-Diagramm (Joule-Prozeß).

Statt einer adiabaten Zustandsänderung können wir uns die Verdichtung bzw. Expansion in den beiden Zylindern der Heißluftmaschine auch isotherm durchgeführt denken. Dann wird auch in den beiden Zylindern Wärme übertragen, und es ist

$$T_1 = T_2 \quad \text{und} \quad T_3 = T_4. \tag{229}$$

3. Die Heißluftmaschine und die Gasturbine

Die beiden in Erwärmer und Kühler umgesetzten Wärmen

$$Q_{23} = mc_p(T_3 - T_2) \quad \text{und} \quad |Q_{41}| = mc_p(T_4 - T_1)$$

dieses zuerst von *Ericsson* angegebenen Prozesses sind einander gleich und werden bei denselben Temperaturen übertragen. Man kann sie daher in umkehrbarer Weise mit Hilfe eines idealen Gegenstromwärmeübertragers nach Abb. 112 umsetzen. Abb. 113 und 114 zeigen den Vorgang im p,V- und im T,S-Diagramm. Man sieht auch aus dem T,S-Diagramm, daß die Wärmen Q_{23} und $|Q_{41}|$, dargestellt durch die Flächen *2 3 c b* und *4 1 a d*, einander gleich sind. Wir brauchen daher nur die in den Zylindern bei den isothermen Zustandsänderungen umgesetzten Wärmen zu berücksichtigen. Ihr Betrag ist gleichwertig der Größe der Arbeitsflächen *34dc* und *12ba* im p,V-Diagramm und gleich den Flächen *34dc* und *12ba* im T,S-Diagramm, und es ist

$$Q_{34} = mRT_3 \ln \frac{p}{p_0}, \tag{230}$$

$$|Q_{12}| = mRT_1 \ln \frac{p}{p_0}, \tag{231}$$

$$|L| = Q_{34} - |Q_{12}| = mR(T_3 - T_1) \ln \frac{p}{p_0}.$$

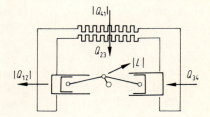

Abb. 112. Schema einer Heißluftmaschine mit isothermer Kompression und Expansion.

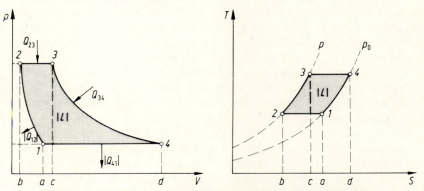

Abb. 113 u. 114. Prozeß der Heißluftmaschine und der Gasturbine mit isothermer Kompression und Expansion im p,V- und T,S-Diagramm (Ericsson-Prozeß).

Damit wird der Wirkungsgrad

$$\eta = \frac{|L|}{Q_{34}} = \frac{T_3 - T_1}{T_3} = 1 - \frac{T_1}{T_3}. \tag{232}$$

Der Wirkungsgrad der Heißluftmaschine mit isothermer Kompression und Expansion ist also gleich dem des reversiblen Carnotschen Prozesses.

Bei Anwendungen kommt es aber nicht nur auf den Wirkungsgrad, sondern auch auf den Maschinenaufwand an. Bei gegebenem Anfangsdruck steigt dieser Aufwand mit wachsendem Höchstdruck und wird um so kleiner, je mehr Arbeit bei gegebenem Höchstdruck aus der Mengeneinheit angesaugter Luft zu gewinnen ist. Zeichnet man in einem T,s-Diagramm zwischen den Isobaren des kleinsten und größten Druckes Prozesse nach Carnot und nach Ericsson ein, so sieht man, daß bei gleichen Temperaturgrenzen und daher auch gleichem Wirkungsgrad der Ericsson-Prozeß die größere Arbeitsfläche liefert, er nutzt also die Maschine besser aus. Ähnliches gilt für den Vergleich mit dem Joule-Prozeß. Beim Ericsson-Prozeß ist aber ein guter Gegenstromwärmeübertrager nötig.

Die bisherigen Überlegungen gelten für verlustlose Maschinen, bei Berücksichtigung von Wirkungsgraden der Kompression und Expansion werden die Ausdrücke verwickelter.

Die Heißluftmaschine ist in der in Abb. 112 skizzierten Form ohne praktisches Interesse. Als Strömungsmaschine, bestehend aus einem Turboverdichter und einer Gasturbine, hat sie dagegen größere Bedeutung dank der Steigerung der Gütegrade dieser Maschine durch die Fortschritte der Strömungslehre.

Bei der Gasturbine kann die Erhitzung der verdichteten Arbeitsluft durch Einspritzen von Brennstoff als innere Wärmezufuhr oder durch Heizflächen hindurch als äußere Wärmezufuhr erfolgen. Im zweiten Fall wird als Arbeitsmedium nicht Luft, sondern Helium oder auch Kohlendioxid verwendet. Bei dem sog. offenen Kreislauf saugt der Verdichter die Luft aus dem Freien mit dem Druck und der Temperatur der Umgebung an, und die Turbine läßt sie mit höherer Temperatur wieder ins Freie austreten. Lufterhitzung durch innere Wärmezufuhr ist nur bei offenem Kreislauf möglich. Bei geschlossenem Kreislauf läuft immer dasselbe Arbeitsgas um, ihm wird im Erhitzer Wärme durch Heizflächen hindurch zugeführt und hinter der Turbine vor Wiedereintritt in den Verdichter ebenfalls durch Heizflächen hindurch wieder entzogen.

Will man hohe Wirkungsgrade erreichen, so ist bei beiden Systemen ein Wärmeübertrager nötig, der im Gegenstrom Wärme von dem heißen Arbeitsgas hinter der Turbine an das aus dem Verdichter kommende kältere Gas überträgt, bevor ihm die Verbrennungswärme zugeführt wird.

Das Schema einer Gasturbinenanlage mit offenem Kreislauf und innerer Wärmezufuhr zeigt Abb. 115. Die aus dem Freien angesaugte Luft wird im Verdichter a auf höheren Druck gebracht, vorgewärmt und dann in der Brennkammer b durch Einspritzen von Brennstoff erhitzt. Darauf wird sie in der Turbine c unter Arbeitsleistung entspannt, gibt im Wärmeübertrager d einen Teil ihrer Restwärme zur Luftvorwärmung ab und tritt dann ins Freie aus. Im Stromerzeuger e wird endlich die Nutzarbeit des Prozesses in elektrische Energie verwandelt.

3. Die Heißluftmaschine und die Gasturbine

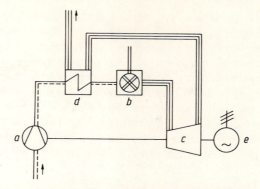

Abb. 115. Gasturbinenprozeß mit offenem Kreislauf.
a Verdichter; *b* Brennkammer; *c* Gasturbine;
d Wärmeübertrager; *e* elektrischer Stromerzeuger.

Das t,s-Diagramm des Vorganges zeigt Abb. 116. Dabei entspricht die Isobare AB der Erhitzung durch innere Verbrennung, BC ist die Expansionslinie, deren Neigung gegen die Senkrechte die Entropiezunahme durch Verluste angibt. Längs CD wird Wärme im Wärmeübertrager entzogen, DE entspricht dem mit dem Auspuff verbundenen Wärmeentzug. Bei E wird frische Luft angesaugt und längs EF verdichtet, wobei die Neigung der Kompressionslinie wieder die Entropiezunahme durch die Verluste des Verdichters darstellt. Längs FA wird der verdichteten Luft die dem Abgas längs CD entzogene Wärme zugeführt. Da der Wärmeübertrager ein Temperaturgefälle benötigt, liegen die Punkte von CD bei höheren Temperaturen als die entsprechenden der Kurve AF.

Der Gasturbinenprozeß mit geschlossenem Kreislauf, wie er zuerst von Ackeret und Keller[1] angegeben wurde, hat in jüngster Zeit insbesondere in Verbindung

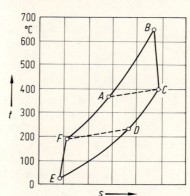

Abb. 116.
t,s-Diagramm
des Gasturbinenprozesses
mit offenem Kreislauf
nach Abb. 115.

---

[1] Ackeret, J.; Keller, C.: Eine aerodynamische Wärmekraftanlage. Schweiz. Bauztg. 113 (1939) 229–230; Aerodynamische Wärmekraftmaschine mit geschlossenem Kreislauf. Z. VDI 85 (1941) 491–500; Hot-air turbine power plant. Engineering 161 (1946) 1–4; Keller, C.: The Escher-Wyss-AK closed-cycle turbine, its actual development and future prospects. Trans. ASME (1946) 791–822.

276 VI. Thermodynamische Prozesse

mit gasgekühlten Kernreaktoren sehr an Interesse gewonnen. Um die Wirtschaftlichkeit solcher Anlagen zu verbessern, plant man, wie Abb. 117 schematisch zeigt, das in den Brennelementen des Reaktors *a* durch Wärme aus Uranzerfall erhitzte Gas in einer nachgeschalteten Gasturbine *b* unter Arbeitsleistung zu entspannen. Das Gas – meist Helium – gibt dann in dem Wärmetauscher *c* einen Teil seiner inneren Energie als Wärme an das aus dem Verdichter kommende Gas ab und wird in einem Flüssigkeitskühler *d* möglichst tief heruntergekühlt. Dann wird es im Verdichter *e* auf höheren Druck gebracht, im Wärmeübertrager vorgewärmt und im Reaktor weiter erhitzt. Das t,s-Diagramm des Vorganges zeigt Abb. 118. Dabei entspricht AB der Wärmezufuhr im Reaktor, BC der

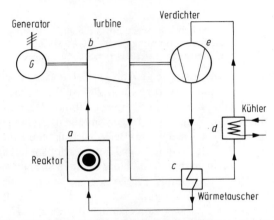

Abb. 117. Gasturbinenprozeß mit geschlossenem Kreislauf.

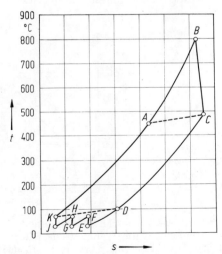

Abb. 118. t,s-Diagramm des Gasturbinenprozesses mit geschlossenem Kreislauf nach Abb. 117.

Entspannung in der Turbine. Längs *CD* wird Wärme im Wärmeaustauscher *c* wieder in den Kreislauf gegeben, längs *DE* wird Wärme durch den Kühler *d* abgeführt. Die Verdichtung erfolgt in diesem Beispiel in drei Stufen *EF*, *GH* und *JK*, dazwischen wird längs *FG* und *HJ* gekühlt. (Diese Zwischenkühler sind in dem Schema der Abb. 117 fortgelassen.) Auf der Strecke *KA* wird im Wärmeübertrager die längs *CD* abgegebene Wärme wieder aufgenommen. Die zugeführte Wärme entspricht der Fläche unter *AB*, die abgeführte der Summe der Flächen unter *DE*, *FG* und *HJ*. Die gewonnene Arbeit ist die Differenz beider. Anhand eines maßstäblichen T,s-Diagrammes des Gases lassen sich so alle Einzelheiten des Vorganges genau verfolgen. Die Leistung regelt man durch Steuern der Wärmezufuhr ebenso wie beim offenen Prozeß. Zugleich ändert man aber auch den Druck und damit die Dichte des Arbeitsmittels durch Zufuhr oder Ablassen von Gas, denn die Leistung aller Strömungsmaschinen ist der Dichte des Arbeitsmittels verhältnisgleich. Dieses Regelverfahren erlaubt es, Verdichter und Turbine auch bei Teillast an demselben günstigsten Betriebspunkt zu fahren, indem man zwar die Absolutwerte des Druckes ändert, aber alle Druckverhältnisse und damit auch alle Geschwindigkeiten ungeändert läßt.

Der offene Gasturbinenprozeß hat eine wichtige Anwendung als Flugzeugantrieb gefunden. Dabei verarbeitet in der Regel die Turbine vom Druckgefälle nur so viel, wie der Antrieb des Verdichters benötigt. Der Rest des Druckgefälles dient zur Erzeugung eines Gasstrahls hoher Geschwindigkeit, dessen Reaktion unmittelbar das Flugzeug treibt (vgl. S. 360).

4 Der Stirling-Prozeß und der Philips-Motor

Im Jahre 1816, drei Jahre bevor James Watt starb, meldete Robert Stirling, ein presbyterianischer Geistlicher aus Schottland, ein Patent für einen Heißluftmotor an. Dies war rund 70 Jahre, bevor G. Daimler und W. Maybach ihren Otto-Motor in einem ersten Motorfahrzeug erprobten und Diesel die nach ihm benannte Verbrennungskraftmaschine erfand. Während Otto- und Diesel-Motor eine gewaltige Entwicklung erfuhren und heute nahezu ausschließlich die Antriebsaggregate unserer Kraftfahrzeuge sind, geriet der Stirling-Motor für lange Zeit in Vergessenheit.

Im Jahre 1938 griff die Firma Philips Industries[1] in Eindhoven (Niederlande) die Idee von Stirling wieder auf und begann, diesen Motor weiterzuentwickeln. Die Gründe, die zum Wiederaufgreifen der Idee von Stirling führten, sind in dem ruhigen, nahezu geräuschlosen Lauf dieser Maschine, in der Tatsache, daß sie mit beliebigen Wärmequellen betrieben werden kann, sowie in ihren schadstofffreien Abgasen auch bei Verwendung fossiler Brennstoffe als Wärmequelle zu suchen.

---

[1] Meijer, R. J.: Der Philips-Stirling-Motor. Z. MTZ 29 (1968) 7, 284–298 u. Meijer, R. J.: Möglichkeiten des Stirling-Fahrzeugmotors in unserer künftigen Gesellschaft. Philips Tech. Rundsch. 31 (1970/71) Nr. 5/6, 175–193.

Das gasförmige Arbeitsmedium – aus wärme- und strömungstechnischen Gründen meist Wasserstoff, teilweise auch Helium – beschreibt im Stirling-Prozeß einen geschlossenen Kreislauf und wird zwischen den beiden Zylinderräumen a und b, Abb. 119, von denen der erste auf hoher, der zweite auf niedriger Temperatur gehalten wird, von einem Verdrängerkolben d laufend hin- und hergeschoben. Dieser Verdrängerkolben ist mit dem Arbeitskolben e über eine spezielle Gestängeanordnung und ein sogenanntes Rhombengetriebe verbunden, das die Bewegung beider Kolben synchronisiert und ihren Arbeitsablauf steuert.

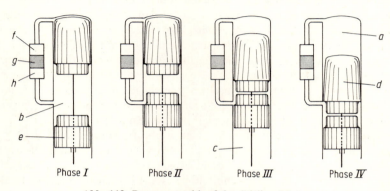

Abb. 119. Bewegungsablauf des Stirling-Motors.
a Warmer Raum; b kalter Raum; c Pufferraum; d Verdränger; e Kolben; f Erhitzer; g Regenerator; h Kühler.

Phase: *I.* Kolben in tiefster, Verdränger in höchster Lage; alles Gas im kalten Raum.
II. Der Verdränger ist in der höchsten Lage geblieben; der Kolben hat das Gas bei niedriger Temperatur verdichtet.
III. Der Kolben ist in höchster Lage geblieben; der Verdränger hat das Gas über Kühler, Regenerator und Erhitzer in den heißen Raum geschoben.
IV. Das heiße Gas ist expandiert, Verdränger und Kolben sind zusammen in der tiefsten Lage, wo der Kolben stehenbleibt, während der Verdränger das Gas über Erhitzer, Regenerator und Kühler in den kalten Raum schiebt (Stellung I).

In Phase *I* der Abb. 119 befindet sich das gesamte Gas im kalten Zylinderraum b mit den beiden Kolben in ihren Extremlagen. Der Arbeitskolben e wird nun nach oben bewegt und das Gas in Phase *II* im kalten Zylinderraum b komprimiert. Anschließend bewegt sich der Verdrängerkolben d nach unten und schiebt das Gas über einen Kühler h, der aber in dieser Kreislaufphase nicht wirkt, da Kühler und Gas dieselbe Temperatur besitzen, über einen Regenerativwärmetauscher g und über einen Erhitzer f in den warmen Zylinderraum a. Während dieses Überschiebens wird das Gas im Regenerator g und im Erhitzer f bei nahezu konstantem Volum erwärmt, da während des Überschiebens der Verdrängerkolben d entsprechend dem Einschubvolum des Gases, wie aus Phase *III* zu erkennen ist, nach unten bewegt wurde. In der Phase *IV* leistet schließlich das Gas durch Expansion Arbeit, wobei das gesamte Kolbensystem, sowohl der Arbeitskolben e als auch der Verdränger d, nach unten bewegt wird. Schließlich wird das expan-

4. Der Stirling-Prozeß und der Philips-Motor

dierte Gas durch Hochschieben des Verdrängerkolbens d bei in unterer Totlage festgehaltenem Arbeitskolben e wieder in den kalten Zylinderraum b befördert und gibt dabei im Kühler h Wärme ab.

Wir wollen nun den thermodynamischen Kreisprozeß dieses Philips-Motors betrachten. Die Bewegung der beiden Kolben ist so gesteuert, daß die Überschiebevorgänge als isochore Zustandsänderungen verlaufen, bei denen dem Arbeitsmedium Wärme zugeführt oder entzogen wird. Während des Kompressions- und des Expansionsvorganges steht das Gas laufend mit dem Kühler h bzw. dem Erhitzer f in Verbindung und erfährt damit einen Wärmeaustausch, weshalb wir diese Zustandsänderungen in erster Näherung als isotherm ansehen können. Damit ist, wie in Abb. 120 dargestellt, der Stirling/Philips-Prozeß aus zwei Isochoren und zwei Isothermen zusammengesetzt.

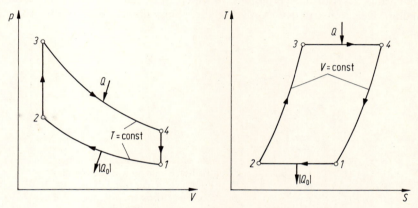

Abb. 120. Stirling-Prozeß im p,V- und T,S-Diagramm.

Der Unterschied zu dem im vorhergehenden Abschnitt behandelten Ericsson-Prozeß liegt darin, daß der dort bei konstantem Druck erfolgte Wärmeaustausch im Regenerator hier bei konstantem Volum vor sich geht. Damit sind aber auch hier die beim Überschieben umgesetzten Wärmen einander gleich und werden bei denselben Temperaturen übertragen. Für die Berechnung des Wirkungsgrades ist deshalb nur der Wärmeumsatz während der isothermen Expansion und Kompression zu betrachten. Damit gilt

$$\left.\begin{aligned} Q = Q_{34} &= mRT_3 \ln \frac{V_4}{V_3}, \\ |Q_0| = |Q_{12}| &= mRT_1 \ln \frac{V_1}{V_2}, \end{aligned}\right\} \quad (233)$$

$$|L| = Q_{34} - |Q_{12}| = mR(T_3 - T_1) \ln \frac{V_4}{V_3}, \quad (234)$$

woraus sich der Wirkungsgrad η zu

$$\eta = \frac{|L|}{Q_{34}} = \frac{T_3 - T_1}{T_3} = 1 - \frac{T_1}{T_3} \qquad (235)$$

ergibt. Der Wirkungsgrad des Stirling-Prozesses ist also gleich dem des Carnotschen Prozesses.

4.1 Die Umkehrung des Stirling-Prozesses

Die hohen Herstellungskosten und vor allem sein großes Gewicht ließen den Stirling-Motor bis heute, auch nach einer versuchten Renaissance, nicht zum Einsatz kommen. Durchgesetzt und bewährt hat sich für spezielle Zwecke jedoch die Umkehrung des Stirling-Verfahrens in einer Maschine zur Tieftemperaturerzeugung. Der konstruktive Aufbau dieser Gaskältemaschine, Abb. 121, ist

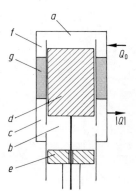

Abb. 121. Stirling-Kältemaschine.
a Kalter Raum; *b* warmer Raum;
c Kühler; *d* Verdrängerkolben;
e Kolben; *f* Froster; *g* Regenerator.

identisch mit dem des vorher erläuterten Stirling-Motors. Der Kreisprozeß wird jetzt jedoch in umgekehrter Richtung durchlaufen und die Maschine von außen angetrieben. Der bisher als Erhitzer *f* bezeichnete Teil arbeitet jetzt als Froster und wird mit dem zu kühlenden Raum oder Gut verbunden, dem er Wärme entzieht und dem Arbeitsmittel in der Gaskältemaschine zuführt, während der Kühler *c* aus dem Prozeß Wärme an Luft oder Wasser bei Umgebungstemperatur abführt. Das Arbeitsmittel wird im Raum *b* bei Umgebungstemperatur längs der Isotherme *1—2*, Abb. 122, komprimiert, anschließend vom Verdrängerkolben unter Wärmeentzug im Regenerator *g* in den Zylinderraum *a* übergeschoben, wobei es sich längs der Isochore *2—3* auf die Temperatur T_0 abkühlt. Nun schließt sich die isotherme Expansion *3–4* längs T_0 an, während der das Arbeitsmittel dem zu kühlenden Raum Wärme entzieht. Beim isochoren Rückschieben *4–1* durch den Verdrängerkolben *d* in den unteren Raum *b* nimmt das Arbeitsmittel im Regenerator *g* die dort vorher abgegebene Wärme wieder auf und erwärmt sich auf die Temperatur *T*.

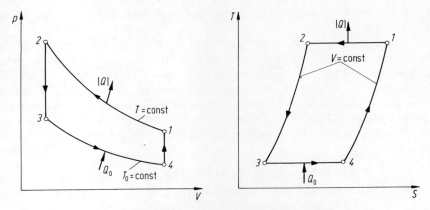

Abb. 122. Kreisprozeß der Stirling-Kältemaschine.

Da sich die im Regenerator längs der Isochoren *4–1* und *2–3* ausgetauschten Wärmen wieder gerade aufheben, brauchen wir sie bei der Berechnung der Kälteleistung unserer Maschine nicht zu berücksichtigen, und die dem Kühlgut entzogene Wärmemenge Q_0 errechnet sich als Differenz der im Kühler c abgeführten Wärme Q und der zugeführten Arbeit L

$$Q_0 = |Q| - L. \tag{236}$$

Beim Carnotschen Kreisprozeß hatten wir als Leistungsziffer ε der Kälteanlage

$$\varepsilon = \frac{Q_0}{L}$$

definiert. Durch Einsetzen der Beziehungen für die Isothermenzustandsänderungen erhalten wir

$$\varepsilon = \frac{T_0}{T - T_0} \tag{237}$$

d. h., die Leistungsziffer der Stirling-Gaskältemaschine ist gleich der des Carnotschen Kreisprozesses, was aufgrund unserer Wirkungsgradbetrachtungen beim Stirling-Motor zu erwarten war.

Die tiefste Temperatur, die bisher mit dem beschriebenen einfachen Prozeß in einer Stirling-Gaskältemaschine erreicht wurde, lag bei 20 K. Bei einer abgewandelten Bauweise, der sogenannten zweistufigen Ausführung[1], gelang es, 10,5 K zu erzielen, wobei Helium als Arbeitsmittel verwendet werden muß.

Aus Gl. (237) kann man sofort ablesen, daß dann die Kälteziffer nur sehr geringe Werte erreicht, da zur Kühlung der Maschine in der Regel Wasser oder

---

[1] Prast, G.: A gas refrigerating machine for temperatures down to 20 K and lower. Philips Tech. Rev. 26 (1965) No. 1, 1–11.

Luft von Umgebungstemperatur verwendet werden muß und T zu rund 300 K einzusetzen ist.

Will man die Stirling-Maschine schließlich als Wärmepumpe betreiben, so ist der Kreisprozeß im selben Sinne wie bei der Kältemaschine zu umfahren, es erfolgt dann jedoch die Expansion des Gases bei der niederen Temperatur T_0 im unteren Zylinderraum b und seine isotherme Kompression im oberen Zylinderraum a. Die während dieser isothermen Kompression bei der Temperatur T vom Arbeitsmittel abzuführende Wärme $|Q|$ kann zur Heizung verwendet werden. Dabei ist es ohne weiteres möglich, Temperaturen von 800 °C zu erreichen.

5 Die Arbeitsprozesse bei Verbrennungsmotoren mit innerer Verbrennung. Otto- und Diesel-Motor

Die heute weitaus verbreitetste Kolbenkraftmaschine ist der Verbrennungsmotor mit innerer Verbrennung, wobei die Wärme durch Verbrennen eines Gemisches von Luft und Gas oder mit einem nebelförmigen Brennstoff – meist Kraftstoff genannt – im Zylinder entwickelt wird. Man unterscheidet zwei Verfahren, das Viertakt- und das Zweitaktverfahren. Das Viertaktverfahren ist heute am meisten gebräuchlich. Das Zweitaktverfahren findet vornehmlich in kleinen Motoren als Antrieb für Zweiradfahrzeuge, aber auch in sehr großen Diesel-Motoren für Schiffsantriebe Verwendung.

Beim Viertaktverfahren, dessen Diagramm Abb. 123 darstellt, hat nur jede zweite Kurbelumdrehung einen Arbeitshub, und es bedeutet:

0–1 das Ansaugen des brennbaren Gemisches (1. Takt),
1–2 die Verdichtung des Gemisches (2. Takt),
2–3 die Verbrennung,
3–4 die Expansion (3. Takt),
4–5 das Auspuffen,
5–0 das Ausschieben der Verbrennungsgase (4. Takt).

Beim Zweitaktverfahren, dessen Diagramm Abb. 124 gibt, hat jede Kurbelumdrehung einen Arbeitshub, und es bedeutet:

0–1 das Spülen und Einführen der neuen Ladung,
1–2 die Verdichtung (1. Takt),
2–3 die Verbrennung,
3–4 die Expansion (2. Takt),
4–0 den Auspuff.

Der Auspuff erfolgt bei Zweitaktmaschinen, wie in Abb. 124 angedeutet, meist durch Schlitze, welche durch den Kolben freigelegt werden.

Ferner unterscheidet man: *Otto-Motoren*, auch *Verpuffungs-* oder *Zündermotoren* genannt, mit plötzlicher, durch besondere, in der Regel elektrische Zündung eingeleitete Verbrennung im Totpunkt mit raschem Druckanstieg entsprechend der Linie *23* der Abb. 123. *Diesel-Motoren*, auch *Gleichdruck-* oder *Brennermotoren* genannt, saugen reine Luft an, verdichten sie und spritzen den Brennstoff bei nahezu gleichbleibendem Druck nach Linie *23* der Abb. 124 in

5. Die Arbeitsprozesse bei Verbrennungsmotoren mit innerer Verbrennung   283

die hochverdichtete und dadurch stark erhitzte Luft ein, wobei er sich von selbst entzündet.

Für die theoretische Behandlung vereinfacht man die Arbeitsprozesse gewöhnlich durch folgende Annahmen:

1. Der Zylinder enthält während des ganzen Vorganges stets Gas derselben Menge und Zusammensetzung.

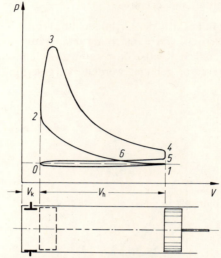

Abb. 123. Viertaktverfahren mit Verpuffung.

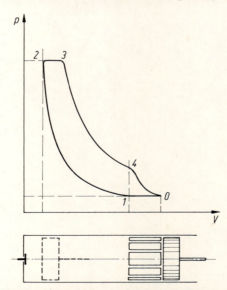

Abb. 124. Zweitaktverfahren mit Gleichdruckverbrennung.

2. Die Wärmeentwicklung durch innere Verbrennung wird wie eine Wärmezufuhr von außen behandelt.

3. Die Wärmeabgabe durch Auspuffen und das Einführen von frischem Gemisch wird durch Abkühlen des sonst unverändert bleibenden Zylinderinhaltes ersetzt.

4. Die spezifische Wärmekapazität des Arbeitsgases wird als unabhängig von der Temperatur angenommen und dieses als ideales Gas angesehen.

a) Das Otto- oder Verpuffungsverfahren

Am Ende des Saughubes ist der Zylinder im Punkt *1* der Abb. 125 mit dem brennbaren Gemisch von Umgebungstemperatur und atmosphärischem Druck gefüllt. Bei flüssigen Kraftstoffen kann das Gemisch entweder vor dem Zylinder in einem Vergaser gebildet werden (Vergasermotor) oder durch Ein-

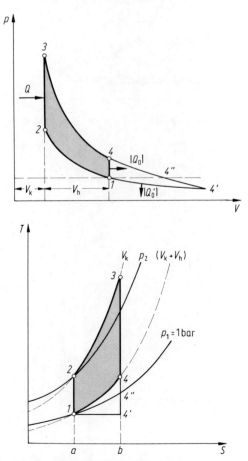

Abb. 125 u. 126. Theoretischer Prozeß des Verpuffungsmotors im p,V- und T,S-Diagramm.

5. Die Arbeitsprozesse bei Verbrennungsmotoren mit innerer Verbrennung

spritzen des Kraftstoffes in den Zylinder oder in das Saugrohr während des Saughubes (Einspritzmotor). Längs der Adiabate *12* wird das Gemisch vom Anfangsvolum $V_k + V_h$ auf das Kompressionsvolum V_k verdichtet. Im inneren Totpunkt erfolgt meist durch elektrische Zündung plötzlich die Verbrennung. Wir denken uns die Verbrennungsenergie als Wärme von außen zugeführt, wobei der Druck des sonst unveränderten Gases von Punkt *2* auf *3* steigt. Beim Zurückgehen des Kolbens expandiert das Gas längs der Adiabate *3 4*. Den in *4* beginnenden Auspuff denken wir uns ersetzt durch den Entzug einer Wärme Q_0 bei konstantem Volum, wobei der Druck von Punkt *4* nach *1* sinkt. In Punkt *1* müßten die Verbrennungsgase durch neues Gemisch ersetzt werden, wozu im wirklichen Motor ein Doppelhub gebraucht wird.

Im T,S-Diagramm der Abb. 126 wird der Vorgang durch den Linienzug *1 2 3 4* dargestellt, wobei *2 3 b a* die zugeführte Wärme Q und *4 1 a b* die abgeführte Wärme $|Q_0|$ ist.

Der Auspuffvorgang ist ein irreversibler Prozeß und demnach mit Verlust verbunden. Auch die Abgabe der Wärme $|Q_0|$ an die Umgebung längs der Linie *4 1* ist irreversibel, da die Temperatur des Gases höher ist als die der Umgebung und die Wärme daher unter einem Temperaturgefälle abfließt.

Bezeichnet man als *Verdichtungsverhältnis* den Ausdruck

$$\varepsilon = \frac{V_1}{V_2} = \frac{V_k + V_h}{V_k}, \tag{238}$$

so ist, wenn für Kompressions- und Expansionslinie reversible Adiabaten mit gleichen Exponenten $\varkappa$ angenommen werden,

$$\frac{p_2}{p_1} = \frac{p_3}{p_4} = \varepsilon^\varkappa$$

und

$$\frac{T_2}{T_1} = \frac{T_3}{T_4} = \frac{T_3 - T_2}{T_4 - T_1} = \varepsilon^{\varkappa-1}.$$

Bei konstanter spezifischer Wärmekapazität der Gase ist für die Arbeitsgasmenge m die zugeführte Wärme

$$Q = Q_{23} = mc_v(T_3 - T_2),$$

die abgeführte Wärme

$$|Q_0| = |Q_{41}| = mc_v(T_4 - T_1),$$

also die verrichtete Arbeit

$$|L| = Q - |Q_0|$$

und der Wirkungsgrad

$$\eta = \frac{|L|}{Q} = 1 - \frac{|Q_0|}{Q} = 1 - \frac{T_4 - T_1}{T_3 - T_2} = 1 - \frac{T_1}{T_2}$$

oder

$$\eta = 1 - \frac{1}{\varepsilon^{\varkappa-1}} = 1 - \left(\frac{p_1}{p_2}\right)^{(\varkappa-1)/\varkappa}. \tag{239}$$

Der Wirkungsgrad hängt also ebenso wie bei der adiabaten Heißluftmaschine außer von $\varkappa$ nur vom Druckverhältnis p_2/p_1 und nicht von der Größe der Wärmezufuhr und damit nicht von der Belastung ab. Je höher man verdichtet, um so besser wird die Wärme ausgenutzt.

Das Verdichtungsverhältnis ist bei Otto-Motoren durch die Selbstentzündungstemperatur des Gemisches begrenzt, die bei der adiabaten Verdichtung nicht erreicht werden darf, da sonst die Verbrennung schon während der Kompression einsetzen würde. Praktisch setzt aber das sogenannte Klopfen dem Verdichtungsverhältnis schon eher eine Grenze als die Selbstentzündungstemperatur.

b) Das Diesel- oder Gleichdruckverfahren

Die Beschränkung des Verdichtungsdruckes durch die Entzündungstemperatur des Gemisches fällt fort bei den Gleichdruck- oder Dieselmotoren, in denen die Verbrennungsluft durch hohe Verdichtung über die Entzündungstemperatur des Brennstoffes hinaus erhitzt wird und dieser in die heiße Luft eingespritzt wird, wobei er sich von selbst entzündet. Hält man den Druck während des ganzen Einspritzvorganges möglichst gleich, so verschwindet die bei den Verpuffungsmotoren vorhandene Druckspitze, und das Triebwerk der Maschine wird trotz hohen Kompressionsenddruckes nicht so stark beansprucht.

Den Einspritzvorgang kennzeichnen wir nach Abb. 127 durch das Einspritzvolum V_e und bezeichnen

$$\varphi = \frac{V_k + V_e}{V_k} \tag{240}$$

als *Einspritzverhältnis*. Um den Wirkungsgrad des Gleichdruckprozesses *1 2 3′ 4* unter denselben vereinfachenden Annahmen wie beim Verpuffungsprozeß zu berechnen, denken wir uns die reversible Adiabate *3′ 4* über *3′* bis zum Punkt *3* fortgesetzt und erhalten so den Verpuffungsprozeß *1 2 3 4*, der sich vom Gleichdruckprozeß *1 2 3′ 4* nur um die Fläche *2 3 3′* unterscheidet.

Die beim Gleichdruckprozeß längs der Isobare *2 3′* zugeführte Verbrennungswärme ist

$$Q = mc_p(T_{3'} - T_2),$$

die längs der Isochore *4 1* abgeführt gedachte Auspuffwärme ist

$$|Q_0| = mc_v(T_4 - T_1).$$

In Abb. 128 ist der Gleichdruckprozeß in ein T,S-Diagramm übertragen. Darin werden die Wärmen Q und $|Q_0|$ durch die Fläche *2 3′ b a* und *4 1 a b* dargestellt. Da längs der Adiabaten *1 2* und *3′ 4* ein Wärmeaustausch nicht stattfindet, ist

$$|L| = Q - |Q_0|$$

und

$$\eta = \frac{|L|}{Q} = 1 - \frac{1}{\varkappa} \frac{T_4 - T_1}{T_{3'} - T_2}$$

oder

$$\eta = 1 - \frac{1}{\varkappa} \frac{\dfrac{T_4}{T_3} \dfrac{T_3}{T_2} - \dfrac{T_1}{T_2}}{\dfrac{T_{3'}}{T_2} - 1}.$$

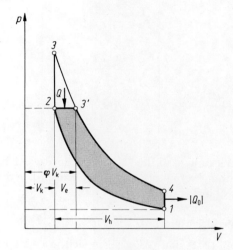

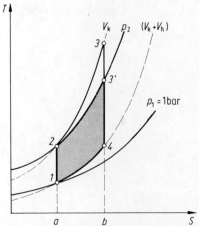

Abb. 127 u. 128. Theoretischer Prozeß des Gleichdruckmotors im p,V- und T,S-Diagramm.

Für den Verpuffungsprozeß *1 2 3 4* war

$$\frac{T_1}{T_2} = \frac{T_4}{T_3} = \frac{1}{\varepsilon^{\varkappa-1}}.$$

Weiter ist auf der Isobaren *2 3'*

$$\frac{T_{3'}}{T_2} = \frac{\varphi V_k}{V_k} = \varphi,$$

auf der reversiblen Adiabaten *3 3'*

$$\frac{T_3}{T_{3'}} = \varphi^{\varkappa-1}.$$

Damit wird

$$\frac{T_3}{T_2} = \frac{T_{3'}}{T_2} \frac{T_3}{T_{3'}} = \varphi^{\varkappa};$$

dieses eingesetzt ergibt

$$\eta = 1 - \frac{1}{\varkappa \varepsilon^{\varkappa-1}} \frac{\varphi^{\varkappa}-1}{\varphi-1}. \tag{241}$$

Der theoretische Wirkungsgrad des Gleichdruckprozesses hängt also außer von $\varkappa$ nur vom Verdichtungsverhältnis ε und vom Einspritzverhältnis φ ab, das sich mit steigender Belastung vergrößert.

c) Der gemischte Vergleichsprozeß

Die beiden Formeln (241) und (239) lassen sich in eine zusammenfassen, wenn man einen allgemeineren Prozeß betrachtet, bei dem der Druck nach Abb. 129

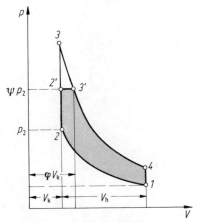

Abb. 129. Gemischter Prozeß des Verbrennungsmotors.

5. Die Arbeitsprozesse bei Verbrennungsmotoren mit innerer Verbrennung

am Ende der Kompression im Totpunkt wie bei der Verpuffung plötzlich ansteigt und sich dann wie beim Gleichdruckmotor noch einige Zeit auf dieser Höhe hält. Führen wir als Drucksteigerungsverhältnis $\psi = p_2'/p_2$ das Verhältnis des Druckes nach der plötzlichen Drucksteigerung zu dem am Ende der Kompression vorhandenen ein, so erhält man für den Wirkungsgrad

$$\eta = 1 - \frac{\psi\varphi^\varkappa - 1}{\varepsilon^{\varkappa-1}[\psi - 1 + \varkappa\psi(\varphi - 1)]}. \tag{242}$$

Tab. 30 zeigt für Verpuffungsmotoren die nach Gl. (239) für ein Gas mit $\varkappa = 1{,}35$ berechnete Zunahme des Wirkungsgrades mit dem Druckverhältnis p_2/p_1 der Kompression und dem zugehörigen Verdichtungsverhältnis ε.

Tabelle 30. Verdichtungsverhältnis und theoretischer Wirkungsgrad des Otto-Motors

p_2/p_1	5	8	10	15	35
ε	3,29	4,67	5,51	7,45	13,9
η	0,342	0,417	0,450	0,504	0,602

Bei Benzinmotoren ist $\varepsilon = 6$ bis 11, bei Diesel-Motoren 12 bis 21, der letzte Wert $p_2/p_1 = 35$ ist bei Motoren mit Gemischverdichtung nicht möglich, sondern kann nur bei Brennstoffeinspritzung erreicht werden.

In Tab. 31 ist für einen Gleichdruckmotor mit dem Druckverhältnis $p_2/p_1 = 35$, das ausgeführten Diesel-Motoren entspricht, und wieder für ein Gas mit $\varkappa = 1{,}35$ die Änderung des Wirkungsgrades mit dem Einspritzverhältnis nach Gl. (241) berechnet.

Tabelle 31. Theoretische Wirkungsgrade des Diesel-Motors

φ	1	1,5	2	2,5	3	4	5
η	0,602	0,570	0,553	0,519	0,497	0,459	0,427

Der letzte Wert des Wirkungsgrades in Tab. 30 muß mit dem ersten der Tab. 31 übereinstimmen, da für $\varphi = 1$, also bei verschwindend kurzer Einspritzung, sich der Gleichdruckmotor vom Verpuffungsmotor nicht mehr unterscheidet. Der Vergleich beider Tabellen zeigt den günstigen Einfluß des bei Gleichdruckmotoren möglichen hohen Verdichtungsverhältnisses auf den Wirkungsgrad. Mit wachsendem Einspritzverhältnis, d. h., mit wachsender Belastung, nimmt der theoretische Wirkungsgrad des Gleichdruckprozesses ab im Gegensatz zum Verpuffungsprozeß.

d) Abweichungen des Vorganges in der wirklichen Maschine vom theoretischen Vergleichsprozeß; Wirkungsgrade

Der Vorgang in der wirklichen Maschine hat aus folgenden Gründen eine geringere mechanische Arbeit selbst als der unter Berücksichtigung der Temperaturabhängigkeit der spezifischen Wärmekapazitäten durchgeführte theoretische Vergleichsprozeß:

1. Die Verbrennung erfolgt beim Verpuffungsprozeß nicht augenblicklich im Totpunkt, sondern erstreckt sich über längere Zeit. Dadurch wird die scharfe Spitze des Verpuffungsprozesses abgerundet und die Arbeitsfläche verkleinert. Beim Gleichdruckprozeß beginnt und endet die Verbrennung nicht so plötzlich wie im theoretischen Diagramm angenommen, sondern reicht noch in den Beginn der Expansion hinein. Dadurch treten Abrundungen des Diagramms ein, die seine Fläche verkleinern.
2. Für das Ausschieben der Verbrennungsgase und das Ansaugen des neuen Gemisches ist Arbeit erforderlich, die im Diagramm des Viertaktmotors nach Abb. 123 durch die schmale Arbeitsfläche *0 1 6* dargestellt wird und von der eigentlichen Diagrammfläche abzuziehen ist. Beim Zweitaktmotor wird eine entsprechende Arbeit von der Spülpumpe verrichtet.
3. Der Auspuffvorgang findet nicht genau im Totpunkt statt, sondern erfordert eine gewisse Zeit. Man öffnet daher das Ventil schon vor dem Totpunkt und schließt es erst einige Zeit dahinter. Dadurch treten Abrundungen der Diagrammfläche auf, die den Arbeitsgewinn verkleinern.
4. Die Abgabe von Wärme an die Zylinderwände während der Verbrennung und der Expansion hat eine wesentliche Verkleinerung der Diagrammfläche zur Folge. Diese Wärmeabgabe ist sehr erheblich, da die Temperaturen der Verbrennungsgase sehr hoch sind und da die Zylinderwände mit Rücksicht auf die Festigkeit des Baustoffes gekühlt werden müssen. Als rohen Überschlag kann man sich merken, daß bei einer guten Verbrennungsmaschine ein Drittel des Heizwertes des Brennstoffes an das Kühlwasser abgegeben wird, ein Drittel durch den Auspuff entweicht und ein Drittel als mechanische Arbeit gewonnen wird.

Unter $|L|$ haben wir die Arbeit des theoretischen Vergleichsprozesses einer vollkommenen Maschine verstanden, wobei aber je nach dem Arbeitsverfahren (Gasturbine, Otto- oder Diesel-Motor) verschiedene Prozesse zugrunde gelegt werden können und auch keine Einheitlichkeit darüber herrscht, ob man die wirklichen Eigenschaften des Arbeitsmittels (Temperaturabhängigkeit der spezifischen Wärmekapazitäten, Änderungen der Zusammensetzung durch Gaswechsel und gegebenenfalls durch Dissoziation) zugrunde legen oder mit einem idealisierten Arbeitsmittel konstanter spezifischer Wärmekapazitäten und unveränderlicher Zusammensetzung rechnen soll.

Unter Q haben wir die bei der Verbrennung entwickelte Wärme entsprechend dem Heizwert des Kraftstoffes verstanden. Wir bezeichnen mit $|L_i|$ die mit Hilfe eines Indikatordiagrammes zu ermittelnde innere oder indizierte Arbeit, mit

5. Die Arbeitsprozesse bei Verbrennungsmotoren mit innerer Verbrennung

$|L_e|$ die effektive oder Nutzarbeit an der Welle. Dann ist

$$\left.\begin{aligned}\eta_{th} &= \frac{|L|}{Q} \quad \text{der thermische Wirkungsgrad des theoretischen} \\ &\qquad\text{Prozesses der vollkommenen Maschine,} \\ \eta_i &= \frac{|L_i|}{Q} \quad \text{der innere Wirkungsgrad der Maschine,} \\ \eta_g &= \frac{|L_i|}{|L|} \quad \text{der Gütegrad (auch indizierter Wirkungsgrad),} \\ \eta_m &= \frac{|L_e|}{|L_i|} \quad \text{der mechanische Wirkungsgrad,} \\ \eta_e &= \eta_{th} \cdot \eta_g \cdot \eta_m = \eta_i \cdot \eta_m = \frac{|L_e|}{Q} \quad \text{der effektive oder} \\ &\qquad\qquad\qquad\qquad\qquad\qquad\qquad\text{Nutzwirkungsgrad.}\end{aligned}\right\} \quad (243)$$

Berechnet man die theoretische Arbeit $|L|$ mit den wirklichen Eigenschaften des Arbeitsmittels, so ist η_g der Gütegrad der *Maschine* und $1 - \eta_g$ ein Maß für die vorstehend unter 1 bis 4 angegebenen Verluste. Wird dagegen die theoretische Arbeit mit einem idealen Arbeitsmittel konstanter spezifischer Wärmekapazität und unveränderlicher Zusammensetzung berechnet, so kann man η_g in zwei Faktoren zerlegen, von denen der eine den Gütegrad der Maschine angibt, während der andere ein Maß für die Abweichung des Arbeitsmittels vom Idealfall ist und als Gütegrad des Arbeitsmittels bezeichnet werden kann.

Beim mechanischen Wirkungsgrad ist zu beachten, daß er nicht nur die Reibung des Kolbens und der Lager umfaßt, sondern auch die Antriebsarbeit für die Hilfsmaschinen, wie Zündmaschine, Pumpen zur Schmierung, Spülung und Einspritzung und gegebenenfalls des Laders.

Statt der Arbeit $|L|$ benutzt man häufig die Arbeit je Zeiteinheit oder Leistung P. Ferner gebraucht man oft den Begriff des *mittleren Arbeitsdruckes* oder mittleren indizierten Druckes p_m, der sich aus der Leistung P, dem Hubvolum V_h und der Drehzahl n nach der Formel

$$p_m = k \frac{P}{nV_h} \qquad (244)$$

ergibt. Dabei ist $k = 1$ für Zweitaktmotoren und $k = 2$ für Viertaktmotoren, da bei diesen nur auf jede zweite Umdrehung ein Arbeitshub kommt. Bei doppeltwirkenden Zylindern sind die Hubräume von Kurbel- und Deckelseite zu addieren, bei Mehrzylindermaschinen ist unter V_h die Summe der Hubräume aller Zylinder zu verstehen.

Der Arbeit je Zeiteinheit entspricht eine Wärmezufuhr je Zeiteinheit oder Wärmeleistung, die man als Produkt $B \Delta h_u$ aus dem meist in kg/h gemessenen Kraftstoffverbrauch B und dem in kJ/kg angegebenen Heizwert Δh_u erhält. Die je Einheit der Zeit und Leistung verbrauchte, meist in g/kWh angegebene Kraftstoffmenge heißt *spezifischer Kraftstoffverbrauch b*. In gleicher Weise spricht man von dem in g/kWh angegebenen *spezifischen Schmierstoffverbrauch*

b_s. Bei Messungen ist zu beachten, daß auch der Schmierstoff teilweise mitverbrennen und zur Leistung der Maschine beitragen kann.

e) Exergetischer Wirkungsgrad der Kreisprozesse

Kreisprozesse werden in der Technik dazu benutzt, um aus Wärme Arbeit zu gewinnen. Aus dem zweiten Hauptsatz wissen wir, daß dies nie restlos möglich ist, und der thermische Wirkungsgrad eines Kreisprozesses

$$\eta_{th} = \frac{|L|}{Q} = 1 - \frac{|Q_u|}{Q}$$

ist deshalb immer kleiner als Eins, da die Abwärme Q_u an die Umgebung nicht Null werden kann.

In Kap. IV, 9.2c hatten wir die Exergie einer Wärme behandelt und untersucht, welcher Anteil der einem Kreisprozeß zugeführten Wärme maximal in Arbeit umwandelbar ist. Bei konstant angenommener Umgebungstemperatur T_u fanden wir für diese maximale Arbeit

$$-L_{ex} = \int_1^2 \left(1 - \frac{T_u}{T}\right) dQ. \qquad (138)$$

Diese maximale Arbeit $|L_{ex}|$ ist die Exergie der dem Kreisprozeß zugeführten Wärme Q. Der über die Exergie hinausgehende Betrag der zugeführten Wärme $(Q - |L_{ex}|)$ ist nicht in Arbeit umwandelbar und wird auch als Anergie der zugeführten Wärme bezeichnet.

In einem reversiblen Prozeß kann die gesamte Exergie der zugeführten Wärme als Arbeit gewonnen werden. Diese maximale Arbeit ist um den Faktor $(1 - T_u/T)$ kleiner als die zugeführte Wärme. Bei irreversiblen Prozessen wird mehr Wärme an die Umgebung abgeführt als bei reversiblen und die theoretische Arbeit $|L|$ ist entsprechend kleiner. Man kann die Vollkommenheit und damit die Reversibilität eines Kreisprozesses mit Hilfe eines exergetischen Wirkungsgrades ausdrücken, der die aus dem Kreisprozeß gewinnbare theoretische Arbeit $|L|$ zur Exergie $|L_{ex}|$ der zugeführten Wärme ins Verhältnis setzt.

$$\eta_{ex} = \frac{|L|}{|L_{ex}|}.$$

Dieser exergetische Wirkungsgrad ist ein wesentlich besseres Maß für die im thermodynamischen Sinne vollkommene Nutzung eines gegebenen Wärmereservoirs als der thermische Wirkungsgrad. Er gibt uns unmittelbar an, wie vollkommen eine Energieumwandlung abläuft und welcher Anteil der theoretisch als Arbeit nutzbaren Exergie unwiederbringlich verloren ist.

In der technischen Praxis darf man Betrachtungen des exergetischen Wirkungsgrades nicht auf den Kreisprozeß allein beschränken, da dort die Wärme meist durch Verbrennung aus latenter chemischer Energie, der sogenannten Reaktionsenthalpie, bereitgestellt wird. Für die Berechnung der Exergie eines Brennstoffes müßte man in Gl. (138) demnach die höchste, theoretisch erzielbare Verbrennungstemperatur bei Verbrennung mit der stöchiometrisch gerade notwendigen Luftmenge einführen. Dies ist aber mangels genügend hoher Warmfestigkeit des für die Maschinen und Apparate verwendeten Konstruktionsmaterials und aus reaktionstechnischen Gründen meist nicht möglich.

Aus Gl. (138) ersieht man, daß die Exergie um den Faktor $(1 - T_u/T)$ kleiner ist als die zugeführte Wärme Q. Dieser Faktor ist identisch mit dem thermischen Wirkungsgrad des Carnot-Prozesses – Gl. (222) –, und wir können deshalb für Kreisprozesse, die Wärme in technische Arbeit umwandeln, den exergetischen Wirkungsgrad auch über den thermischen Wirkungsgrad des Carnot-Prozesses und den des betrachteten Kreisprozesses ausdrücken.

$$\eta_{ex} = \frac{\eta_{th}}{\eta_{th\,Carnot}}.$$

Bei dieser Betrachtung sind dann aber Exergieverluste, die bereits bei der Verbrennung oder beim Wärmetransport unter Temperaturgefälle entstehen, nicht enthalten, wenn man für T die höchste Temperatur des Vergleichsprozesses heranzieht, und es ist auch dabei vorausgesetzt, daß die Abwärme bei Umgebungstemperatur T_u abgeführt wird. Mit dieser einfachen Formel läßt sich aber rasch abschätzen, wie gut oder wie schlecht die großtechnisch verwendeten Kreisprozesse die Exergie der Wärme nutzen.

Andererseits darf man aber den exergetischen Wirkungsgrad keineswegs zum alleinigen Maßstab auch energiebewußten technischen Denkens machen, da Kraftmaschinen, die nach dem exergetischen Optimum ausgelegt sind, einen so hohen konstruktiven Aufwand erfordern, daß sie wegen der großen Investitionskosten unwirtschaftlich arbeiten würden. Erinnert sei hier an den Stirling-Prozeß, der die Exergie der Wärme voll nutzt, aber als Kraftmaschine – trotz hohen Entwicklungsaufwandes – technisch nie zum Einsatz kam.

6 Der technische Luftverdichter

Wir hatten bis jetzt vorwiegend Kreisprozesse zur Gewinnung von Arbeit diskutiert. Lediglich beim Carnotschen Prozeß und beim Stirling-Prozeß hatten wir gesehen, daß sie auch in umgekehrter Richtung betrieben werden können und unter Arbeitsaufnahme Wärme von einem System niedriger Temperatur in ein anderes höherer Temperatur transportieren. Eine so betriebene Maschine dient als Wärmepumpe oder Kälteanlage. In der Regel haben aber die mit nichtkondensierbaren Gasen betriebenen Maschinen kaum technische Bedeutung als Kälteanlagen oder Wärmepumpen erlangt. Hierzu verwendet man, wie wir später sehen werden, einen Prozeß mit Phasenwechsel.

Unter Arbeitsaufnahme läuft ein weiterer in der Praxis häufig anzutreffender Prozeß, nämlich der des technischen Gaskompressors. Sein Prozeß ist aber im strengen Sinn des Wortes nicht als Kreisprozeß zu bezeichnen. Kompressoren werden für kleine Gasmengen als Kolbenmaschinen, für größere Fördervolume als Turbomaschinen gebaut.

Das Verdichten von Gasen in Kompressoren ohne schädlichen Raum, d. h. in denen der Kolben nach Abb. 130 den Zylinderdeckel in der linken Endlage (innerer Totpunkt) gerade berührt, war schon auf S. 107 behandelt worden.

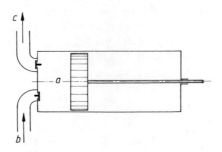

Abb. 130. Luftverdichter.

Mit Rücksicht auf die Anordnung der Ventile im Zylinder und wegen der Gefahr des Anstoßens des Kolbens an den Zylinderdeckel ist es beim wirklichen technischen Verdichter nicht möglich, den Zylinderraum beim Ausschieben des Gases auf Null zu bringen, d. h., es bleibt ein Restvolum verdichteter Luft im Zylinder, das nicht in die Druckleitung ausgeschoben werden kann. Man nennt dieses Restvolum den schädlichen Raum und kennzeichnet seine Größe in gleicher Weise, wie wir es beim Verbrennungsmotor bereits als Verdichtungsverhältnis kennenlernten, durch das Verhältnis ε_0 des schädlichen Raumes zum Hubvolum.

In Abb. 131 ist das Diagramm eines Kompressors mit schädlichem Raum dargestellt, darin ist V_h das Hubvolum, $\varepsilon_0 V_h$ der schädliche Raum.

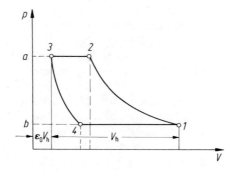

Abb. 131. Diagramm eines Kompressors mit schädlichem Raum

6. Der technische Luftverdichter

Nach der Umkehr des Kolbens expandiert zunächst die im schädlichen Raum komprimierte Gasmenge längs der Kurve *3 4*, und das Ansaugen erstreckt sich nur auf den Teil *4 1* des Hubes. Die Kompression *1 2* verläuft wie früher, aber das Ausschieben *2 3* endet bei dem Volum des schädlichen Raumes. Durch die Rückexpansion des darin enthaltenen Gasrestes wird die angesaugte Luftmenge und damit auch die Arbeitsfläche verkleinert. Nehmen wir für Kompression und Expansion Polytropen von gleichen Exponenten an, so ergibt sich die wirkliche Arbeitsfläche *1 2 3 4* als Differenz der Flächen *1 2 a b* und *4 3 a b* nach der Gleichung

$$L = \frac{n}{n-1} p_1 V_1 \left[\left(\frac{p_2}{p_1}\right)^{(n-1)/n} - 1 \right] - \frac{n}{n-1} p_1 V_4 \left[\left(\frac{p_2}{p_1}\right)^{(n-1)/n} - 1 \right]$$

oder

$$L = L_t = \frac{n}{n-1} p_1 V_{14} \left[\left(\frac{p_2}{p_1}\right)^{(n-1)/n} - 1 \right], \tag{245}$$

wobei die Indizes der Volume den gleich bezeichneten Strecken der Abb. 131 entsprechen. Der Kompressor verhält sich also in bezug auf Förderleistung und Arbeitsbedarf wie ein Kompressor ohne schädlichen Raum mit dem Hubvolum V_{14}. Der schädliche Raum erhöht den Arbeitsbedarf nicht unmittelbar, er vermindert aber die Leistung und macht für gegebene Förderung einen größeren Kompressor erforderlich, der mehr Reibung und daher auch höhere Verluste hat.

In der Praxis kann der schädliche Raum bei Ventilverdichtern bis auf 1–2%, bei Schieberverdichtern auf 3–4% des Hubvolums vermindert werden.

Abweichungen vom idealen Verhalten entstehen in einem wirklichen technischen Verdichter auch durch Drosselung des an- und abströmenden Gases in den Rohrleitungen sowie in den Ventilen. Weiterhin werden die Zylinderwände durch die verdichtete Luft angewärmt und erwärmen ihrerseits wieder die angesaugte Luft beim Einströmen. Dadurch ist am Ende des Saughubes die Luft von höherer Temperatur und geringerer Dichte im Zylinder, als ihrem Zustand nach dem idealen Prozeß entspricht. Trotzdem erfordert die Verdichtung denselben Arbeitsaufwand wie bei kalter Luft. Undichtheiten an Kolben und Ventilen rufen einen steileren Verlauf der Expansionslinie und einen flacheren, der Isothermen ähnlichen Verlauf der Kompressionslinie hervor, dadurch steigt der Arbeitsaufwand.

Hohe Drücke lassen sich in einstufigen Verdichtern nicht wirtschaftlich erreichen. Man wählt deshalb die mehrstufige Kompression in mehreren hintereinandergeschalteten Zylindern. Der Hauptvorteil des Stufenkompressors liegt aber in der Möglichkeit, die Luft zwischen den Zylindern zu kühlen und dadurch den Verdichtungsvorgang der Isothermen zu nähern und somit den Arbeitsaufwand zu verringern.

Zur Beurteilung von ausgeführten Verdichtern ist die reversible isotherme Verdichtungsarbeit L_{is} zugrunde zu legen, da sie den wirklichen Mindestaufwand darstellt. Aus dem Indikatordiagramm ergibt sich die indizierte Leistung P_i. An der Welle wird die Leistung P_e von der Antriebsmaschine zugeführt. Dann ist

$$\left.\begin{aligned} \eta_i &= \frac{P_{is}}{P_i} \quad \text{der indizierte Wirkungsgrad,} \\ \eta_m &= \frac{P_i}{P_e} \quad \text{der mechanische Wirkungsgrad,} \\ \eta_g &= \eta_i \eta_m \quad \text{der Gesamtwirkungsgrad.} \end{aligned}\right\} \qquad (246)$$

Manchmal werden die Wirkungsgrade noch auf die adiabate Verdichtungsarbeit bezogen, dabei ist aber zu beachten, daß für mehrstufige Verdichter und bei guter Kühlung der Zylinderwände auch für einstufige die Wirkungsgrade größer als eins werden können.

7 Die Dampfkraftanlage — der Clausius-Rankine-Prozeß

In den bisher ausgewählten Beispielen für Kreisprozesse hatten wir als Arbeitsmittels stets nichtkondensierbares Gas vorausgesetzt. In unseren grundsätzlichen Überlegungen eingangs dieses Kapitels auf S. 262 hatten wir jedoch bereits gesehen, daß Kreisprozesse mit Arbeitsmitteln auch unter Phasenwechsel möglich sind. In der Tat wird der weitaus überwiegende Teil der uns aus dem öffentlichen Stromversorgungsnetz zur Verfügung stehenden elektrischen Energie in Kraftanlagen erzeugt, die mit verdampfendem und kondensierendem Arbeitsmittel betrieben werden. Der Arbeitsprozeß einer solchen Dampfkraftanlage in seiner einfachsten Form ist folgender: Im Dampfkessel a (vgl. Abb. 132) wird Wasser bei konstantem Druck von Speisetemperatur bis zum Siedepunkt erwärmt und dann unter großer Volumzunahme verdampft. Der Dampf wird in einem Überhitzer b gewöhnlich noch überhitzt und tritt dann in die Turbine c ein, in der er unter Arbeitsleistung adiabat entspannt wird. Aus der Turbine gelangt er in den Kondensator d, wo er sich verflüssigt, indem seine Verdampfungsenthalpie als Wärme an das Kühlwasser übergeht. Das Kondensat wird schließlich durch die Speisepumpe e auf Kesseldruck gebracht und wieder in den Kessel gefördert.

Bei kleinen Anlagen wurde früher statt der Turbine eine Kolbendampfmaschine verwendet. Die zur Verdampfung des Wassers und Überhitzung des Dampfes im Kessel notwendige Wärme wird heute noch weitgehend durch Verbrennung von Kohle, Öl oder Erdgas erzeugt, wobei die dabei entstehenden heißen

7. Die Dampfkraftanlage – der Clausius-Rankine-Prozeß

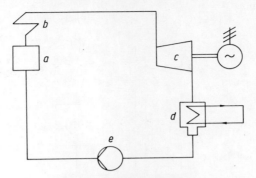

Abb. 132. Dampfkraftanlage.
a Kessel; *b* Überhitzer; *c* Turbine; *d* Kondensator; *e* Speisepumpe.

Rauchgase Wärme an das Wasser bzw. den Dampf abgeben. In zunehmendem Maße gewinnen Kernreaktoren als Wärmequellen für den Dampfkraftprozeß an Bedeutung. Dabei wird entweder wie beim Siedewasserreaktor, wie Abb. 133 zeigt, direkt im Kern des Reaktors, in dem der Uranzerfall stattfindet, Wasser erwärmt und verdampft, oder es wird, wie man in Abb. 134 sieht, ein Wärmeübertragungsmittel zwischengeschaltet, das die Wärme aus dem Reaktor aufnimmt, zu einem Wärmeaustauscher transportiert und es dort an das verdampfende Wasser

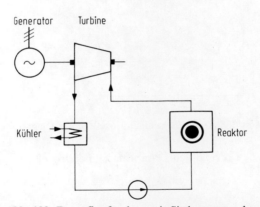

Abb. 133. Dampfkraftanlage mit Siedewasserreaktor.

abgibt. Dieses Wärmeübertragungsmittel kann Wasser von höherem Druck als das im Dampfkraftprozeß verwendete Wasser sein; man spricht dann von einem Druckwasserreaktor. Man kann jedoch auch Gas, z. B. Helium, oder flüssiges Metall verwenden. Beim Druck- und Siedewasserreaktor wird der Dampf aus technologischen Gründen nicht überhitzt – die Turbine arbeitet deshalb als Sattdampfmaschine.

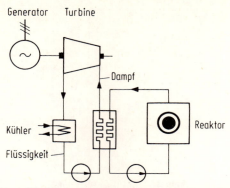

Abb. 134. Dampfkraftanlage mit Kernreaktor und Sekundärkreislauf

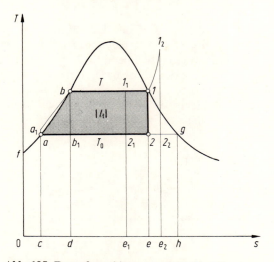

Abb. 135. Dampfmaschinenprozeß im T,s-Diagramm.

Betrachten wir den reversiblen Dampfmaschinenprozeß im T,s-Diagramm, so erhält man Abb. 135.

Darin bedeutet:

1–2 die reversible adiabate Entspannung des trockengesättigten Dampfes, der dabei feucht wird,

2–a die Verflüssigung des Dampfes im Kondensator unter Entzug der Wärme $2\,a\,c\,e$,

a–a_1 die reversible adiabate Verdichtung des Wassers in der Speisepumpe von Kondensator- auf Kesseldruck,

a_1–b die Erwärmung des Wassers unter Kesseldruck von Kondensator- auf Sattdampftemperatur unter Zufuhr der Wärme $a_1\,b\,d\,c$,

b–1 die Verdampfung im Kessel unter Zufuhr der Wärme $b\,1\,e\,d$.

7. Die Dampfkraftanlage – der Clausius-Rankine-Prozeß

In der Abb. 135 ist die Entfernung des Punktes a_1 und der Isobare $a_1\,b$ von der Grenzkurve stark übertrieben. Die wirkliche Abweichung geht aus der folgenden Tabelle hervor. Darin sind die Temperatursteigerungen Δt für verschiedene Sättigungstemperaturen t_s ausgerechnet, wenn man Wasser vom Sättigungszustand reversibel adiabat auf Enddrücke von 25, 100 und 200 bar bringt.

Sättigungstemperatur t_s in °C		0	50	100	150	200	250	300	350
Temperatursteigerung Δt in K bei Drucksteigerung von Sättigung auf	25 bar	—0,013	+0,1	0,15	0,2	0,15	—	—	—
	100 bar	—0,5	+0,35	0,7	1,1	1,4	1,5	0,5	—
	200 bar	—0,8	+0,71	0,31	2,0	3,2	3,5	4,5	4,0

Die Isobare für 100 bar liegt also im T,s-Diagramm höchstens um 1,5 K über der Grenzkurve, die Isobare für 200 bar bis 4,5 K über ihr. Im ganzen sind also die Abweichungen der Isobaren von der Grenzkurve sehr klein, und wir wollen im folgenden die Isobaren als mit der Grenzkurve zusammenfallend ansehen.

Die Enthalpie h_1 des Dampfes im Punkt 1 ist dann dargestellt durch die Fläche $0\,f\,b\,1\,2\,e$. Die Enthalpie des Dampfes h_2 im Punkt 2 durch die Fläche $0\,f\,a\,2\,e$, und die erzeugte Arbeit $-l_t$ ist die schraffierte Fläche $a\,b\,1\,2$.

$$|l_t| = h_1 - h_2\,. \tag{247}$$

Tritt der Dampf feucht z. B. mit dem Zustand 1_1 in die Turbine ein, so ist die Arbeit dem Betrag nach gleich der Fläche $a\,b\,1_1\,2_1$ und die im Kondensator abgeführte Wärme gleich der Fläche $2_1\,a\,c\,e_1$. Ist der Dampf bei Eintritt überhitzt, entsprechend dem Zustand im Punkt 1_2, so ist die Arbeitsfläche $a\,b\,1\,1_2\,2_2$ und die abzuführende Wärme gleich der Fläche $2_2\,a\,c\,e_2$.

Dieser Arbeitsprozeß, gekennzeichnet durch isobare Wärmezufuhr im Kessel, adiabate Entspannung in der Turbine, isobare Wärmeabfuhr im Kondensator und adiabate Speisung des Kondensates in den Kessel dient heute allgemein als theoretischer Vergleichsprozeß für Dampfmaschinen. Man nennt ihn den *Clausius-Rankine-Prozeß*. Er wird sowohl für Kolbenmaschinen wie für Turbinen benutzt, denn die theoretische Arbeit ist unabhängig von der Art der Maschine.

Vom Carnot-Prozeß unterscheidet sich der Clausius-Rankine-Prozeß durch die bei konstantem Druck und steigender Temperatur erfolgende Wärmezufuhr an das Speisewasser, ferner, falls mit Überhitzung gearbeitet wird, durch die Zufuhr der Überhitzungswärme ebenfalls bei konstantem Druck und steigender Temperatur. Wollte man mit Wasserdampf den Carnot-Prozeß durchführen, so dürfte die Kondensation nicht vollständig, sondern nur bis zu dem senkrecht unter b liegenden Punkt b_1 durchgeführt werden, und man müßte das Dampf-Wasser-Gemisch längs der Linie $b_1\,b$ adiabat auf Kesseldruck komprimieren, wobei sein Dampfteil gerade kondensiert. Ein solcher Prozeß ist aber bisher praktisch nicht ausgeführt worden, da die Verdichtung eines Dampf-Wasser-Gemisches kaum durchzuführen ist, ohne den Kompressionszylinder durch Wasserschläge zu gefährden.

Wir berechnen nun die Arbeit für verschiedene Anfangszustände des Dampfes und bezeichnen die Zustandsgrößen vor der Expansion durch Buchstaben ohne Index, nach der Expansion durch den Index 0.

Für trocken gesättigten Dampf

mit der Enthalpie h'' entspricht die Arbeit $l_t = h_0 - h''$ dem Betrag nach der Fläche *1 2 a b*. Die Enthalpie h_0 im Punkt *2* kann als Differenz der Flächen *0 f a g h* und *2 g h e* ausgedrückt werden durch die Zustandswerte an den Grenzkurven und beträgt

$$h_0 = h_0'' - (s_0'' - s'') T_0 \ . \tag{248}$$

Damit wird

$$|l_t| = h'' - h_0'' + (s_0'' - s'') T_0 \ . \tag{249}$$

Für nassen Dampf

vom Dampfgehalt x und der Enthalpie $h = h' + xr$ ist die Arbeitsfläche *a b 1₁ 2₁* dem Betrage nach um das Stück *1 2 2₁ 1₁* kleiner als die Arbeit $|l_t|$ des trocken gesättigten Dampfes. Da die Fläche *1 b d e* gleich der Verdampfungsenthalpie r ist, ergibt sich durch Vergleich der Höhen und Breiten die Fläche *1 2 2₁ 1₁* zu $r(1-x)\dfrac{T-T_0}{T}$. Damit wird die Arbeit des nassen Dampfes

$$|l_{tn}| = |l_t| - r(1-x)\frac{T-T_0}{T}$$

oder

$$|l_{tn}| = h'' - h_0'' + (s_0'' - s'') T_0 - r(1-x)\frac{T-T_0}{T} \ . \tag{250}$$

Für überhitzten Dampf

mit der Enthalpie h entspricht die Arbeit $|l_{tü}| = h - h_0$ der Fläche *a b 1 1₂ 2₂* und die Enthalpie h_0 im Endpunkt *2₂* der Entspannung ist um die Fläche *2₂ g h e₂* gleich $T_0(s_0''-s)$ kleiner als die Enthalpie h_0'' an der Grenzkurve. Damit wird die Arbeit des überhitzten Dampfes

$$|l_{tü}| = h - h_0'' + T_0(s_0'' - s) \ . \tag{251}$$

Einfacher und genauer ist aber bei überhitztem Dampf und in der Regel auch im Naßdampfgebiet die Ermittlung der Arbeit mit Hilfe des h,s-Diagramms. In dem h,s-Diagramm der Abb. 136 ist *1 2 a b* das Bild eines Clausius-Rankine-Prozesses mit überhitztem Dampf, und die Arbeit ist unmittelbar der Unterschied der Ordinaten der Punkte *1* und *2* nach der Gleichung

$$l_{t\,12} = h_2 - h_1 \ .$$

Da diese Gleichung ganz allgemein auch für nichtumkehrbare Vorgänge gilt, liefert sie auch die Arbeit der wirklichen Maschine.

Entspricht die Senkrechte *1 2* in Abb. 136 der reversiblen adiabaten Expansion vom Druck p auf p_0 in einer vollkommenen Maschine, so wird in der mit Verlusten behafteten wirklichen Maschine die Expansion vielleicht im Punkt *3* der Isobare p_0 enden. Dann ist der Betrag der Arbeit der wirklichen Maschine gleich dem durch die senkrechte Entfernung *14* der Punkte *1* und *3* dargestellten Enthalpiegefälle $h_1 - h_3$ und damit um die Verluste $h_4 - h_2$ kleiner als das isentrope Enthalpiegefälle $h_1 - h_2$.

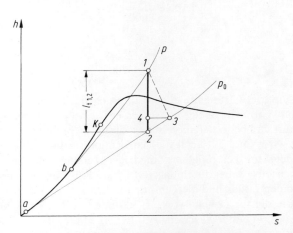

Abb. 136. Dampfmaschinenprozeß im h,s-Diagramm.

Unter $|l_t|$ hatten wir die Arbeit der verlustlosen, nach dem Clausius-Rankine-Prozeß arbeitenden Maschine verstanden. An Wärme wurde dem Kessel der Unterschied $q = h - h_w$ der Enthalpie h des Dampfes und h_w des Speisewassers zugeführt. Wir bezeichnen mit l_{ti} die Arbeit der wirklichen Maschine, mit l_{te} die effektive Nutzarbeit an der Welle der Maschine und nennen

$\eta_{th} = \dfrac{|l_t|}{q} = \dfrac{h - h_0}{h - h_w}$ den thermischen Wirkungsgrad des theoretischen Prozesses nach Clausius-Rankine,

$\eta_g = \dfrac{|l_{ti}|}{|l_t|}$ den Gütegrad der Maschine,

$\eta_t = \dfrac{|l_{ti}|}{h - h_w}$ den thermischen Wirkungsgrad des wirklichen Prozesses,

$\eta_m = \dfrac{|l_{te}|}{|l_{ti}|}$ den mechanischen Wirkungsgrad,

$\eta_e = \eta_{th}\eta_g\eta_m = \dfrac{|l_{te}|}{q}$ den effektiven Wirkungsgrad.

In der Praxis rechnet man statt mit der Arbeit $|l_t|$ in kJ je kg Dampf oft mit dem Kehrwert

$$D = \frac{1}{|l_t|},$$

dem Dampfverbrauch in kg je kJ Arbeit. Meist wird der Dampfverbrauch auf die Kilowattstunde D_{kWh} bezogen und in kg/kWh angegeben. Da

$$1 \text{ kJ} = \frac{1}{3600} \text{ kWh}$$

ist, wird

$$D_{kWh} = \frac{1}{|l_t|} \frac{\text{kg}}{\text{kJ}} \cdot 3600 \frac{\text{kJ}}{\text{kWh}}.$$

Der zweite Hauptsatz hatte ganz allgemein ergeben, daß der Wirkungsgrad der Umsetzung von Wärme in Arbeit um so besser ist, bei je höherer Temperatur die Wärme zugeführt und bei je tieferer Temperatur ihr nicht in Arbeit verwandelbarer Teil abgeführt wird. Dies gilt auch für den Dampfkraftprozeß. Der Dampf muß also im Kondensator bei möglichst niedriger Temperatur verflüssigt werden. Die untere Grenze ist dabei durch das verfügbare Kühlwasser gegeben.

Steigert man den Druck und die Temperatur im Kessel, so wachsen bei gesättigtem Dampf, wie die für Drücke von 20, 100 und 220 bar gezeichneten Arbeitsflächen $a\,b\,g\,h$, $a\,c\,f\,i$ und $a\,d\,e\,k$ der Abb. 137 erkennen lassen, die Arbeiten beim Clausius-Rankine-Prozeß nicht in demselben Maße wie beim Carnot-Prozeß, da bei dem ersteren die gestrichelt berandeten Stücke der Arbeitsfläche oberhalb der linken Grenzkurve fehlen.

Durch Überhitzen des Dampfes werden die Arbeitsflächen, wie Abb. 138 wieder bei 20, 100 und 220 bar und für 400 °C Dampftemperatur zeigt, um die schraffierten Flächenstücke vergrößert. Dadurch steigt der Wirkungsgrad, wenn auch bei weitem nicht in dem Maße der Temperatursteigerung.

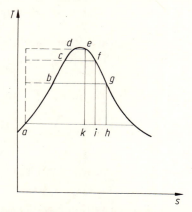

Abb. 137. Arbeit von Sattdampf bei verschiedenen Drücken.

Um den Einfluß des Druckes und der Überhitzung auf den thermischen Wirkungsgrad des Clausius-Rankine-Prozesses zahlenmäßig zu zeigen, ist in Abb. 139 der Wirkungsgrad η_{th} für überhitzten Dampf von 400 °C und 500 °C für Kondensationsbetrieb eines angenommenen Kondensationsdruckes von 0,04 bar und weiter noch für Gegendrücke von 1, 5 und 25 bar graphisch dargestellt. Gegendrücke

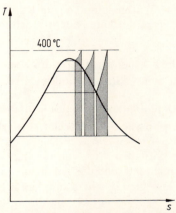

Abb. 138. Einfluß der Überhitzung auf die Arbeit des Dampfes.

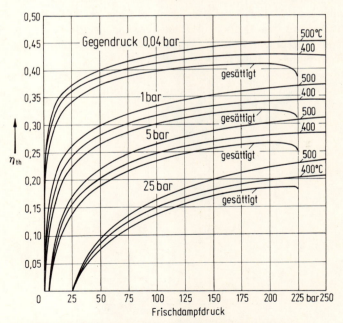

Abb. 139. Wirkungsgrad des Clausius-Rankine-Prozesses für verschiedene Betriebsverhältnisse in Abhängigkeit vom Dampfdruck.

über 1 bar kommen vor, wenn der aus der Maschine austretende Dampf z. B. für Heizzwecke weiterverwendet werden soll. Diese Kraft-Wärme-Kopplung bietet sich bei der Energieversorgung in der chemischen Industrie und im kommunalen Bereich an, wo elektrischer Strom und Wärme gleichzeitig benötigt werden. Exergetisch günstiger wäre eine Entspannung auf Kondensatordruck 0,04 bar und die Bereitstellung der Wärme über eine von der Turbine oder von einem Elektromotor angetriebene Wärmepumpe (siehe Kap. VI, 8 b.). Die hohen Investitionskosten machen dieses Verfahren aber unwirtschaftlich.

7.1 Besondere Arbeitsverfahren im Zusammenhang mit dem Clausius-Rankine-Prozeß

a) Die Verwendung von Dampf in der Nähe des kritischen Zustandes

Die Verdampfung des Wassers im Kessel bringt eine erhebliche Volumzunahme mit sich, die um so größer ist, je geringerer Druck im Kessel herrscht. Steigert man den Druck bis zum kritischen Wert von ungefähr 221 bar und darüber, so tritt keine Verdampfung mehr auf, und die Volumzunahme entspricht der thermischen Ausdehnung der Flüssigkeit. Damit kann die für Kessel im unterkritischen Druckbereich notwendige Kesseltrommel mit ihren Rücklaufrohren entfallen, und es ist auch kein Wasserumlauf mehr nötig, da das Wasser stetig in den Dampfzustand übergeht.

Man kann also Wasser in einem einfachen Rohr im Durchfluß vollständig in überhitzten Dampf vom kritischen Druck verwandeln. Eine solche Kesselbauart, bei der in der Regel mehrere Rohre von erheblicher Länge parallelgeschaltet sind, ist unter dem Namen „Benson-Kessel" bekannt.

Heizt man ein von Wasser bei 221 bar durchströmtes Rohr mit über die ganze Länge gleichmäßig verteilter Heizleistung, so ändert sich die Wassertemperatur t

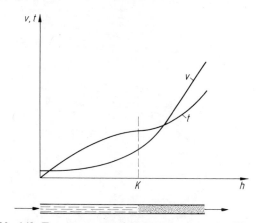

Abb. 140. Temperatur- und Volumzunahme von Wasser, das beim kritischen Druck durch ein gleichmäßig beheiztes Rohr strömt.

längs des Rohres nach Abb. 140. Die Kurve der Temperatur steigt zunächst ungefähr geradlinig, wird dann flacher, hat im kritischen Punkt einen Wendepunkt mit waagerechter Tangente und wird bei weiterer Wärmezufuhr wieder steiler. Die Kurve ist nichts anderes als die kritische Isobare in einem T,h-Diagramm. Das spezifische Volum ändert sich dabei nach der Kurve v, die bei gleichbleibendem Rohrdurchmesser zugleich die Strömungsgeschwindigkeit darstellt.

Nachdem einmal Rohrkessel für kritischen Druck im Betrieb waren, zeigte sich, daß sie auch bei niederen Drücken ohne Störung arbeiten. Die befürchteten Schwierigkeiten der Wasserverdampfung im Rohr treten nicht auf, wenn sich an die Verdampfung noch eine genügend hohe Überhitzung anschließt.

Diese Erfahrung führt auf eine neue Möglichkeit der Regelung von Hochdruckkraftanlagen durch Ändern des Kesseldruckes. Gewöhnliche Kesselanlagen mit großem Wasserinhalt und erheblichem Speichervermögen pflegt man mit konstantem Druck zu betreiben und die Leistungsabgabe durch Regeln der Füllung der Dampfmaschine oder durch Drosseln des Dampfes vor der Turbine zu regeln. Bei dem Rohrkessel ohne Trommel kann man auf eine Regelung der Maschine verzichten und die Leistung der Anlage durch Ändern des Kesseldruckes dem Bedarf anpassen. Mit steigendem Druck erhöht sich die durch die Turbine hindurchtretende Dampfmenge, und damit wächst die Maschinenleistung entsprechend.

b) Verluste beim Clausius-Rankine-Prozeß und Maßnahmen zur Verbesserung des Wirkungsgrades

Wie in jeder technischen Maschine, so treten auch bei der Dampfkraftanlage Verluste auf, die einen reversiblen Ablauf des Clausius-Rankine-Prozesses unmöglich machen. Sie entstehen z. B.

durch Wärmeverluste des Dampferzeugers an die Umgebung — sei es in Form von Abstrahlung oder über die aus dem Schornstein strömenden, nicht hinreichend abgekühlten Rauchgase,
durch Drosselvorgänge und reibungsbehaftete Strömung in Turbine, Speisewasserpumpe, Ventilen, Rohrleitungen und anderen Apparaten der Dampfkraftanlage sowie
durch mechanische Reibung in Lagern und Dichtungen drehender Maschinenteile.

Bei der Diskussion dieser Verluste müssen wir zwischen einer energetischen und einer exergetischen Betrachtung unterscheiden. Der Dampferzeuger hat z. B. im allgemeinen einen sehr hohen energetischen Wirkungsgrad, d. h., es werden in der Regel über 90% der mit dem Brennstoff eingebrachten Energie in Form von Wärme an das Arbeitsmittel übertragen und erhöhen so die Enthalpie des Wassers bzw. des Wasserdampfes. Für die exergetische Betrachtung müssen wir jedoch auf die noch arbeitsfähigen Energieanteile achten und vor allem die Exergieverluste bei der Verbrennung sowie bei der unter erheblichem Temperaturgefälle stattfindenden Wärmeübertragung zwischen den heißen Rauchgasen und dem Wasser berücksichtigen. Auf der anderen Seite ist nicht die gesamte bei

Drosselung und Reibung dissipierte Energie als Exergieverlust einzusetzen, da ein Teil dem Kreisprozeß wieder zugute kommt.

Eine einfache Abschätzung mit der in Tab. 20, S. 190, angegebenen Gleichung

$$\frac{dL_v}{dQ} = T_u \frac{T_{1m} - T_{2m}}{T_{1m} T_{2m}} \qquad (252)$$

für den Exergieverlust durch Wärmeübertragung bei endlichem Temperaturgefälle zeigt, daß allein durch diesen irreversiblen Vorgang rund ein Viertel der Brennstoffenergie nicht in Exergie verwandelt wird, wenn man für T_{1m} eine mittlere Rauchgastemperatur von 1000 °C und für T_{2m} eine mittlere Wasserdampftemperatur von 350 °C annimmt. Für T_u ist die Umgebungstemperatur einzusetzen. Bei der Mittelung der Wasser- bzw. Dampftemperatur zwischen den im Dampferzeuger auftretenden Extremwerten ist über die Entropieänderung des Arbeitsmediums zu wichten. Die Mitteltemperatur ergibt sich dann zu

$$T_{2m} = \frac{h_{2aus} - h_{2ein}}{s_{2aus} - s_{2ein}},$$

wobei sich die Indizes „2 aus" und „2 ein" auf den Aus- bzw. Eintritt des Arbeitsmittels im Dampferzeuger beziehen. Zu diesem Exergieverlust der Wärmeübertragung kommen noch die Exergieverluste der Verbrennung, die etwa 30% betragen, sowie der Exergieverlust durch Abwärme, der allerdings gegenüber den beiden erstgenannten Verlusten mit einer Größenordnung von 5–10% von untergeordneter Bedeutung ist. Damit kommt im Dampfkraftwerk von der im Brennstoff enthaltenen Energie weniger als die Hälfte dem Arbeitsmittel als Exergie, und damit als arbeitsfähige Energieform, zugute. Dieser exergetische Wirkungsgrad, der nicht mit dem thermodynamischen Wirkungsgrad einer Anlage verwechselt werden darf, ist auch bei den modernen Kernkraftwerken nicht besser. Die Temperaturen, bei denen die Kernspaltung in den Brennelementen erfolgt, liegen zum Teil sogar noch wesentlich höher als die Verbrennungstemperaturen in fossil beheizten Dampferzeugern.

Gegenüber den Exergieverlusten im Dampferzeuger entstehen in den übrigen Anlagenteilen durch Irreversibilitäten nur geringe Exergieverluste. Die Druckerhöhung in der Speisepumpe sowie die Expansion des Dampfes in der Turbine sind nicht isentrop. Der innere Wirkungsgrad

$$\eta_i = \frac{L_{tats}}{L_{itr}}, \qquad (253)$$

der bei Kraftmaschinen als das Verhältnis von tatsächlicher Expansionsarbeit zu der bei isentroper Expansion gewinnbaren Arbeit definiert wird, beträgt in modernen Dampfturbinen über 90% und bei großen Kesselspeisepumpen 75 bis 80%, wobei aber dann auf der rechten Seite von Gl. (253) der reziproke Bruch steht. Zu erwähnen ist noch, daß die Arbeitsaufnahme der Speisepumpe nur einen verschwindend kleinen Bruchteil der bei der Expansion in der Turbine freiwerdenden Arbeit beträgt.

Wie wir in Kap. IV, 9.3, S. 188, gesehen hatten, ist die bei der nichtisentropen Zustandsänderung dissipierte Energie nicht vollständig verloren, sondern ein Teil ist in Exergie umwandelbar. Der verbleibende Exergieverlust dL_v bei einer reibungsbehafteten Expansion ist in Kap. IV, 9.3 durch Gl. (141 b) gegeben

$$dL_v = \frac{T_u}{T} d\Psi ,$$

wobei $d\Psi$ die bei der reibungsbehafteten Expansion entstandene Dissipationsenergie darstellt. Aus dieser Gleichung können wir unmittelbar entnehmen, daß bei gleichem Reibungsanteil in der Strömung der Exergieverlust mit abnehmender Temperatur T größer wird. Daraus ergibt sich die wichtige Folgerung, daß bei der konstruktiven Gestaltung und strömungstechnischen Auslegung von Turbinen vor allem den Endstufen, die bei niedrigen Temperaturen nahe der Umgebungstemperatur T_u arbeiten, besondere Beachtung zu schenken ist.

Moderne Dampfkraftanlagen werden heute bei überkritischen Drücken und bei Temperaturen bis zu 550 °C betrieben. Vereinzelt wurden auch Anlagen gebaut, die Turbineneintrittstemperaturen von 600 bis 650 °C aufweisen. Bei diesen Dampftemperaturen müssen für den Hochdruckteil der Turbine und für den Überhitzer hochwarmfeste austenitische Stähle verwendet werden, wodurch sich die Herstellungskosten erheblich erhöhen. Deshalb ist man von dieser Entwicklung heute wieder abgekommen.

Der Druck des Dampfes hinter der letzten Stufe der Turbine, am Eintritt zum Kondensator, beträgt 0,02 bis 0,05 bar, wobei die niedrigen Werte nur dann erreicht werden, wenn für den Kondensator Kühlwasser niedriger Temperatur zur Verfügung steht, während bei Wärmeabfuhr über Kühltürme der Druck im Kondensator die höheren Werte annimmt. Wie man aus dem T,s- bzw. h,s-Diagramm sofort ersieht, treten bei der Entspannung aus dem Bereich hoher Drücke auf den Kondensatordruck hohe Feuchtigkeitsgehalte in der Turbine auf. Feuchtigkeit in Form von Wassertröpfchen im Dampf vermindert aber nicht nur den Wirkungsgrad der Turbine, sondern führt bei zu hohem Wassergehalt auch zu einer Beschädigung der Turbinenschaufeln durch Erosion. Zur Vermeidung unzulässiger Wassergehalte wird deshalb der Dampf nach einer ersten Entspannung, die bis nahe an die Sattdampflinie reicht, wieder zum Dampferzeuger zurückgeleitet und dort nochmals erhitzt. Diese sogenannte Zwischenüberhitzung vermeidet nicht nur zu hohe Feuchtegrade in den Endstufen der Niederdruckturbine, sie verbessert auch den thermodynamischen Wirkungsgrad der Anlage. In Abb. 141 ist ein solcher Prozeß im T,s-Diagramm mit Zwischenüberhitzung auf 500 °C dargestellt.

Wir hatten gesehen, daß beim Dampfkraftwerk ein großer Teil der im Brennstoff vorhandenen arbeitsfähigen Energie nicht als Exergie dem Prozeß zugute kommt und daß die Exergieverluste in überwiegendem Maße bei der Verbrennung und der Wärmeübertragung im Dampferzeuger entstehen. Hinzu kommen noch Verluste durch Dissipation sowie durch den geringeren thermodynamischen Wirkungsgrad des Clausius-Rankine-Prozesses im Vergleich zu einem bei gleichen Extremtemperaturen durchgeführten Carnot-Prozeß. Das exergetische Verhalten

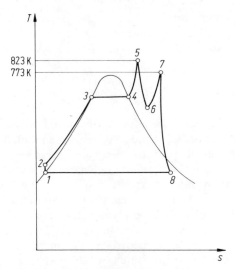

Abb. 141. Dampfkraftprozeß mit Zwischenüberhitzung.

des Clausius-Rankine-Prozesses kann man dadurch verbessern, daß man das von der Pumpe dem Dampferzeuger zufließende Speisewasser zunächst stufenweise durch Dampf vorwärmt, der als Teilstrom an geeigneter Stelle der Turbine entnommen wurde. Man nennt dieses Verfahren „*Speisewasservorwärmung durch Anzapfdampf*". Durch diese stufenweise Speisewasservorwärmung kann die Wärmeübertragung vom Rauchgas an das Wasser bzw. an den Dampf im Mittel bei höherer Temperatur erfolgen, wodurch sich, wie wir bei unseren Überlegungen auf S. 306 aus Gl. (252) gesehen haben, eine Verringerung des Exergieverlustes im Dampferzeuger ergibt. Gleichzeitig wird dadurch auch der Clausius-Rankine-Prozeß dem Carnot-Prozeß angenähert, und man spricht von einer „Carnotisierung" des Clausius-Rankine-Prozesses. Einen solchen Vorgang bei dreistufiger Vorwärmung zeigt Abb. 142 im T,s-Diagramm. Der Turbine wird bei den verschiedenen Zwischendrücken p_1, p_2 und p_3 jeweils Anzapfdampf entnommen, der drei Speisewasservorwärmern zugeführt wird und dort die von der Pumpe kommende Flüssigkeit vor ihrem Eintritt in den Dampferzeuger erwärmt. Bei dem Druck p_3 z. B. wird so viel Anzapfdampf entnommen, daß seine Verdampfungsenthalpie (Fläche *l m 9 8* der Abb. 142) bei der Kondensation in einem Wärmeübertrager die Enthalpieänderung des Speisewassers zwischen den Drücken p_2 und p_3 deckt (Fläche *c d 4 3*). Beim Druck p_2 wird so viel Dampf entnommen, daß er das Speisewasser von *b* auf *c* bringt, wobei die Verdampfungsenthalpie *i k 8 7* die Flüssigkeitsenthalpie *b c 3 2* bestreitet; und in der letzten Stufe bringt schließlich die Verdampfungsenthalpie *g h 7 6* die Flüssigkeitsenthalpie *a b 2 1* auf. Der Kessel braucht dann nur die Wärme *d e n 9 4*, die gleich *a e n m l k i h g f 6 1* ist, zu liefern, und die Arbeitsfläche wird dargestellt durch die Fläche *a e n m l k i h g f*, die gleich ist der Fläche *p d e n q*. Die Arbeitsfläche ist um das Stück *a d p* kleiner als beim Clausius-Rankine-Prozeß, aber dafür braucht von der Feuerung auch nicht

7. Die Dampfkraftanlage – der Clausius-Rankine-Prozeß

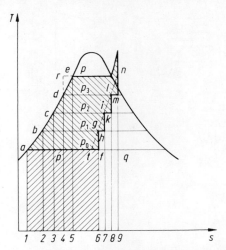

Abb. 142. Stufenweise Speisewasservorwärmung, dargestellt im T,s-Diagramm.

die Flüssigkeitsenthalpie $a\,d\,4\,1$ zugeführt zu werden. Die Arbeitsfläche unterscheidet sich nur um das kleine gestrichelt berandete Stück $d\,r\,e$ von dem Rechteck $r\,n\,q\,p$ des Carnot-Prozesses zwischen denselben Temperaturgrenzen.

Vergrößert man die Zahl der Anzapfungen, so wird die Annäherung an den Carnot-Prozeß immer besser, und im Grenzfall unendlich vieler Stufen wird er völlig erreicht. Grundsätzlichen Betrachtungen legt man gewöhnlich diesen Grenzfall zugrunde und erhält dann statt der Treppenlinie die gestrichelt gezeichnete Linie $n\,t$, die zur Grenzkurve $e\,a$ parallel verläuft und gegen sie nur um die Strecke $e\,n$ waagerecht verschoben ist.

Ein schematisches Bild einer solchen Vorwärmeanlage gibt Abb. 143. Das von der Pumpe e aus dem Kondensator geförderte Speisewasser wird in den Vorwärmern f_1, f_2 und f_3 durch Anzapfdampf aus der Turbine c vorgewärmt. Das Kondensat der Vorwärmer strömt durch Drosselventile g_3 und g_2 jeweils in die nächst niedere Vorwärmstufe. Dabei verdampft ein Teil, und der Dampf dient mit zur Vorwärmung in dieser Stufe. Aus dem letzten Vorwärmer gelangt das Kondensat in den Gegenstromkühler h, in dem es noch Wärme an das Speisewasser abgibt, um dann durch das Drosselventil g_1 in die Ansaugleitung der Speisepumpe einzutreten.

Diese Speisewasservorwärmung durch Anzapfdampf mit vier bis maximal neun Stufen wird heute für große Hochdruckanlagen allgemein benutzt. Mit der Steigerung der Stufenzahl erhöht sich der Wirkungsgrad immer weniger, und die Anlage wird verwickelter und teurer. Für die Turbine hat das Anzapfen den Vorteil, daß die Dampfmenge im Niederdruckteil kleiner wird, was vom konstruktiven Standpunkt aus erwünscht ist.

In Ergänzung wird zu der Vorwärmung durch Anzapfdampf auch ein Luftvorwärmer in die Anlage eingebaut, der die Rauchgase bis zu tieferen Tem-

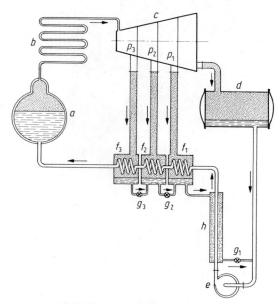

Abb. 143. Schema einer Dampfkraftanlage mit stufenweiser Speisewasservorwärmung.

peraturen herab ausnützt, als es den Kesselheizflächen möglich ist, und der die entzogene Wärme mit der Verbrennungsluft der Feuerung wieder zuführt.

c) Quecksilber, fluorierte bzw. chlorierte Kohlenwasserstoffe und andere Stoffe als Arbeitsmittel für Kraftanlagen

Um hohe Wirkungsgrade zu erreichen, braucht man hohe Dampftemperaturen. Bei Wasserdampf steigt bei hoher Temperatur der Druck sehr stark. Es liegt daher nahe, nach Arbeitsmitteln zu suchen, die hohe Sättigungstemperaturen des Dampfes bei niedrigen Drücken besitzen. Aufgrund des Verlaufes der Dampfdruckkurven kommen hierfür eine Reihe von Stoffen wie z. B. Quecksilber, Diphenyloxid $(C_6H_5)_2O$ sowie verschiedene Bromide[1] in Frage. Praktisch angewandt wurde bisher nur Quecksilber, das bei 500 °C erst einen Dampfdruck von 8,141 bar hat und dessen kritischer Punkt bei 1490 bar und 1492 °C liegt. Wollte man aber Quecksilberdampf in einer Maschine bis auf Umgebungstemperatur entspannen, so brauchte man wegen der sehr kleinen Dichte des Dampfes ungeheuer große, praktisch unausführbare Räume und Querschnitte. Man kondensiert daher den Quecksilberdampf bei höherer Temperatur und nutzt den Rest des Enthalpiegefälles aus, indem man durch die Kondensationsenthalpie Wasserdampf erzeugt und diesen in einer gewöhnlichen Dampfturbine verarbeitet. Dann sind zwei Arbeitsprozesse mit verschiedenen Stoffen so hintereinandergeschaltet, daß

---

[1] Vgl. Martin, O.: Die Weiterentwicklung der Dampfkraftprozesse, Forschung Ing.-Wes. 16 (1949) 1–18.

7. Die Dampfkraftanlage – der Clausius-Rankine-Prozeß

die abgeführte Wärme des einen gleich der zugeführten des anderen ist. In Abb. 144 ist ein solcher Quecksilber-Wasserdampf-Prozeß dargestellt, wobei die T,s-Diagramme für 1 kg Wasserdampf und für 9,73 kg Quecksilber übereinander gezeichnet sind. Die obere schraffierte Fläche dieses Diagramms entspricht dem Betrage nach der theoretischen Arbeit der Quecksilberturbine, die mittlere derjenigen der Dampfturbine. Der Wirkungsgrad dieses theoretischen Prozesses ist 56,8 %. Trotz dieses Vorteiles konnte sich aber dieser kombinierte Prozeß wegen der technologischen Schwierigkeiten mit Quecksilber nicht durchsetzen, sondern fand nur in einzelnen amerikanischen Anlagen Verwendung.

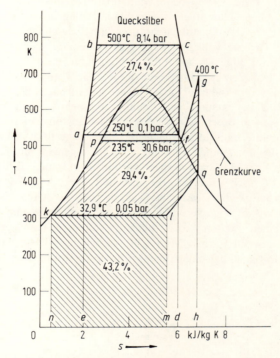

Abb. 144. Zweistoffprozeß Quecksilber–Wasserdampf im T,s-Diagramm.
Das Diagramm des Wasserdampfes gilt für 1 kg,
das des Quecksilbers für 9,73 kg.

Auf die Wirtschaftlichkeit einer Wärmekraftanlage hat nicht nur der Wirkungsgrad, sondern auch der Beschaffungspreis erheblichen Einfluß. Die Kapitalkosten für die Erstellung der Anlage schlagen um so mehr zu Buche, je geringer der Anteil der Brennstoffkosten an den Stromgestehungskosten ist. Dies ist besonders dann der Fall, wenn ein Kernreaktor als Dampferzeuger verwendet wird, da die reinen Brennstoffkosten nur zum geringen Teil am Strompreis beteiligt sind. Den Anteil der Kapitalkosten am Strompreis kann man erniedrigen, wenn man möglichst große Baueinheiten erstellt. Dies führte dazu, daß die heute im Bau befindlichen Kernkraftwerke Leistungen von rund 1000 MW aufweisen und man für die Zukunft an noch größere Einheiten von 2000, ja bis zu 3000 MW denkt.

Dabei werden wegen ihres fortgeschrittenen technischen Entwicklungsstandes vornehmlich noch Druck- und Siedewasserreaktoren eingesetzt, während gasgekühlte Reaktoren in ihrer modernen Bauweise und mit flüssigem Metall gekühlte Reaktoren sich noch in der Phase der Prototypanlagen befinden. Die thermodynamischen Wirkungsgrade dieser Wasserreaktoren sind wegen der aus Werkstoffgründen auf rund 350 °C begrenzten oberen Temperatur nicht sehr hoch. Dies führt zu einem Dampfverbrauch dieser Anlagen von rund 5,9 kg/kWh. Die modernen 1000-MW-Leistungsreaktoren haben demnach einen Dampfdurchsatz durch die Turbine von 2000 kg/s, was bei einem spezifischen Volum des Dampfes von rund 30 m^3/kg am Eintritt zum Kondensator einen Volumstrom von $60 \cdot 10^3$ m^3/s bedeutet. Man kann daraus leicht abschätzen, daß der Strömungsquerschnitt im Abdampfstutzen der Niederdruckturbine in der Größenordnung von 1000 m^2 entsprechend einem Durchmesser von 35 m bei einflutiger Bauweise liegt. Noch wesentlich schwieriger als die konstruktive Gestaltung der großen Abströmquerschnitte ist die festigkeitsmäßige und strömungstechnische Beherrschung der notwendigen großen Schaufellängen in den letzten Stufen der Niederdruckturbine. Man baut deshalb die Turbinen in mehrflutiger Bauweise.

Geht man zu noch größeren Baueinheiten über, so lassen sich die konstruktiven Schwierigkeiten der Niederdruckturbine nur sehr schwer beherrschen. In jüngster Zeit wurde daher verschiedentlich der Vorschlag gemacht, dem Wasserdampfprozeß einen zweiten Prozeß nachzuschalten, in dem ein Kältemittel als Arbeitsmittel verwendet wird. Man läßt hierbei den Wasserdampf nur bis zu Drücken von 15 bis 20 bar entspannen, führt ihn dann in einen Wärmetauscher,

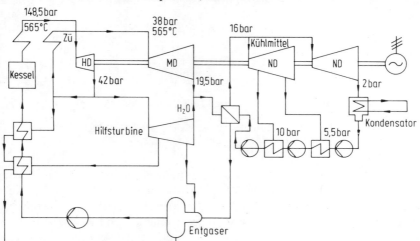

Abb. 145. Dampfkraftanlage mit nachgeschaltetem Kältemittelkreislauf (Zü Zwischenüberhitzer).

wo er seine Kondensationsenthalpie an ein Kältemittel, z. B. Ammoniak (NH_3), Difluormonochlormethan (CHF_2Cl) oder Difluordichlormethan (CF_2Cl_2) abgibt und dieses verdampft. Das Schaltbild einer solchen gekoppelten Anlage, wie es in einer englischen Studie[1] vorgeschlagen wurde, zeigt Abb. 145. Es sind dort je zwei Wasserdampf- und Kältemitteldampfturbinen auf einer Welle montiert, die gemeinsam einen Generator antreiben. Der Wasserdampfprozeß arbeitet zwischen den Grenzen 565 °C/148,5 bar und 218 °C/19,5 bar. Der Mengenstrom im Kältemittelkreislauf ist etwas weniger als 1/12 von dem in der Wasserdampfanlage. Trotzdem tragen die beiden Kältemittelturbinen etwas über ein Fünftel zur Gesamtleistung bei und nehmen zusammen weniger als ein Zehntel des Bauvolumens einer in den gleichen Temperaturgrenzen arbeitenden Wasserdampf-Niederdruckturbine gleicher Leistung ein.

d) Binäre Gemische als Arbeitsmittel

Eine Steigerung der Dampftemperatur ohne Erhöhung des Dampfdruckes kann man auch dadurch erreichen, daß man den Dampf nicht aus der reinen Flüssigkeit, sondern aus einer Lösung, einem binären Gemisch entwickelt. Kalilauge von 84,6 % KOH siedet z. B. unter einem Druck von 15 bar erst bei 480 °C. Dabei entsteht aus der Lösung überhitzter Dampf von 480 °C, während die Sättigungstemperatur bei diesem Druck 198,3 °C beträgt. Der Dampf wird nach seiner Arbeitsleistung in der Maschine in konzentrierter Kalilauge niederer Temperatur absorbiert, wobei erhebliche Wärmen frei werden (Absorptionswärme), die man zur Verdampfung von Wasser in ähnlicher Weise verwenden kann, wie es im Kondensator der Quecksilberanlage geschieht.

Da wässerige Lösungen bei hoher Temperatur die üblichen Kesselbaustoffe angreifen, hat Koenemann vorgeschlagen, Flüssigkeiten zu benutzen, die bei hoher Temperatur ein Gas abspalten (dissoziieren) und sich bei tieferen Temperaturen mit ihm wieder verbinden (assoziieren). Eine solche Verbindung ist z. B. Zinkchloriddiammoniak $ZnCl_2(NH_3)_2$, ein bei 140 °C schmelzendes Salz, das bei Erwärmung auf 480 °C überhitztes NH_3 von gleicher Temperatur und 7,1 bar abgibt, wobei es in Zinkchloridmonammoniak $ZnCl_2NH_3$ übergeht. Der überhitzte Ammoniakdampf leistet Arbeit in einer Turbine und wird bei 0,07 bar und etwa 220 °C von Zinkchloridmonammoniak wieder gebunden. Dabei wird ebenso wie bei der Absorption Wärme frei (Bindungswärme), die zur Erzeugung von Wasserdampf in einem zweiten Arbeitsprozeß dient. Das Zinkchloriddiammoniak fließt im Kreislauf durch die Anlage und gibt abwechselnd bei hoher Temperatur NH_3 ab und nimmt es bei niederer wieder auf. Die Abkühlung und Erwärmung des Salzes erfolgt dabei in einem Gegenstromwärmeübertrager.

Eine technische Verwirklichung haben diese Verfahren für die Energiegewinnung bisher nicht gefunden, ihre Umkehrung wird aber in den Absorptionskältemaschinen benutzt.

---

[1] Eaves, S. K.; Hadrill, H. F. J.: Factors affecting the application of binary cycle plant to the CEGB system. Conférence mondiale de l'Energie, Moscou 1968, Rapport C_1 S. 241.

8 Die Umkehrung der Dampfmaschine

Den Prozeß der Dampfmaschine kann man ebenso umkehren wie den Carnotschen Kreisprozeß. Dazu muß man Wasser bei niedriger Temperatur verdampfen, den Dampf z. B. in einem Kolbenkompressor oder einem Turboverdichter auf höheren Druck bringen und ihn bei der diesem Druck entsprechenden, höheren Sättigungstemperatur kondensieren. Auf diese Weise wird der verdampfenden Flüssigkeit Wärme zugeführt bzw. ihrer Umgebung bei niederer Temperatur Wärme entzogen und diese während der Kondensation bei höherer Temperatur zusammen mit der Kompressionsarbeit abgegeben.

Ein solcher Vorgang ist für den reversiblen Prozeß in dem T,s-Diagramm der Abb. 146 dargestellt. Dabei wird bei der Temperatur T_0 und dem zugehörigen

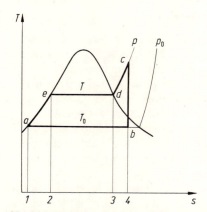

Abb. 146. Umkehrung der Dampfmaschine.

Sättigungsdruck p_0 längs der Linie $a\,b$ Wasser verdampft unter Aufnahme der Verdampfungsenthalpie $a\,b\,4\,1$ aus der Umgebung. Der feuchte Dampf wird im Kompressor reversibel adiabat auf den Druck p komprimiert, wobei er sich überhitzt. Dann werden vom Dampf bei abnehmender Temperatur die Überhitzungsenthalpie $c\,d\,3\,4$, bei konstanter Sättigungstemperatur T die Verdampfungsenthalpie $d\,e\,2\,3$ und endlich wieder bei abnehmender Temperatur die Flüssigkeitsenthalpie $e\,a\,1\,2$ abgegeben. Die kalte Flüssigkeit wird schließlich bei a von p auf p_0 entspannt und beginnt den Kreislauf von neuem.

a) Die Kaltdampfmaschine als Kältemaschine

Liegt der Temperaturbereich dieses Prozesses unter der Umgebungstemperatur, so erhält man eine Kältemaschine, die Körpern niederer Temperatur (einer Salzlösung oder einem Kühlraum) durch Verdampfung des Arbeitsmittels Wärme entzieht und bei Umgebungstemperatur Wärme an Kühlwasser oder Luft abgibt.

Da Wasserdampf bei Temperaturen unter 0 °C ein unbequem großes spezifisches Volum hat, verwendet man andere Dämpfe, wie Ammoniak NH_3, Kohlendioxid

8. Die Umkehrung der Dampfmaschine

CO_2, Methylchlorid CH_3Cl, Monofluortrichlormethan $CFCl_3$, Difluordichlormethan CF_2Cl_2, Difluormonochlormethan CHF_2Cl usw. Dampftafeln von Kältemitteln enthält der Anhang in den Tab. V bis IX.

Das Schema einer Kälteanlage zeigt Abb. 147. Der Kompressor a, der für kleine Leistungen meist als Kolbenverdichter, für große meist als Turboverdichter ausgebildet ist, saugt Dampf aus dem Verdampfer b beim Druck p_0 und der zugehörigen Sättigungstemperatur T_0 an und verdichtet ihn längs der Adiabate $1\,2$, Abb. 148, auf den Druck p. Der Dampf wird dann im Kondensator c

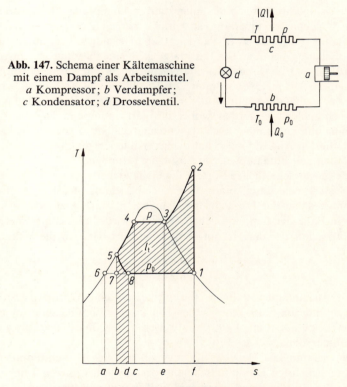

Abb. 147. Schema einer Kältemaschine mit einem Dampf als Arbeitsmittel.
a Kompressor; b Verdampfer; c Kondensator; d Drosselventil.

Abb. 148. Kältemaschinenprozeß im T,s-Diagramm.

beim Druck p niedergeschlagen. Das Kondensat kann aber nicht bis T_0, sondern je nach der Temperatur des Kühlwassers nur bis zum Punkt 5 abgekühlt werden. Das Kühlwasser nimmt dabei die in der Abb. 148 durch die Fläche $2\,3\,4\,5\,b\,f$ dargestellte Wärme auf. Das flüssige Kältemittel könnte man in einem Expansionszylinder längs der Linie $5\,7$ adiabat entspannen, wobei es teilweise verdampft und Arbeit verrichtet. Dadurch würde sich der Arbeitsbedarf der Anlage vermindern.

Im Interesse der Vereinfachung der Anlage verzichtet man in der Praxis in der Regel auf die Arbeit des Expansionszylinders und ersetzt diesen durch ein

Drosselventil d, in dem die Flüssigkeit auf einer Linie konstanter Enthalpie *5 8* entspannt wird. Die aufzuwendende Arbeit $l_t = |q| - q_0$ ist dargestellt durch die Differenz der Flächen *1 2 3 4 5 b f* und *1 8 d f*. Sie ist gleich der schraffierten Fläche in Abb. 148. Würde man die Drosselung *5 8* durch eine reversible adiabate Expansion ersetzen, so wäre die Arbeit um die Fläche *7 8 d b* vermindert.

Die Leistungsziffer $\varepsilon = Q_0/L_t$ der Kälteanlage mit Drosselventil ist dann dargestellt durch das Verhältnis der beiden Flächen *1 8 d f* und *1 2 3 4 6* in Abb. 148.

b) Die reversible Heizung und die Wärmepumpe

Liegt der Temperaturbereich des umgekehrten Dampfmaschinenprozesses oberhalb der Umgebungstemperatur, so spricht man von reversibler Heizung oder Wärmepumpe. In der Schweiz[1] wurden solche Heizungen vor Jahren zum erstenmal für Gebäude benutzt. Ihr Einsatz zur Gebäudeheizung ist vor allem dort wirtschaftlich, wo Umgebungswärme von nicht zu tiefer Temperatur $t_u > 5\,°C$ vorhanden ist, beispielsweise durch Quell- oder Flußwasser oder sonstige Abwärme. Zur Gebäudeheizung sind Wärmepumpen vor allem in den Vereinigten Staaten gebräuchlich geworden, wobei die Wärmepumpe in der kalten Jahreszeit als Heizung und im Sommer auch als Kühlaggregat verwendet werden kann. Eine ihrer wichtigsten Anwendungen hat die reversible Heizung beim Destillieren von Flüssigkeiten und Eindampfen von Lösungen gefunden.

Die energiewirtschaftlichen Vorteile der Gebäudeheizung mit Hilfe einer Wärmepumpe lassen sich durch eine einfache Überlegung deutlich demonstrieren: Wir nehmen dabei der Einfachheit halber an, daß alle Prozesse verlustlos verlaufen. Im Falle der herkömmlichen Heizung wird die gesamte Energie E_B des Brennstoffes, mit der der Heizungskessel befeuert wird, in die Wärme Q_H verwandelt.

$$Q_H = E_B .$$

Dabei ist angenommen, daß im Heizungskessel keine Wärmeverluste auftreten und die gesamte Brennstoffenergie den Heizkörpern im Gebäude zugute kommt, die eine Temperatur von $+80\,°C$ aufweisen sollen. Die Umgebungstemperatur außerhalb des Gebäudes sei $5\,°C$.

Wollen wir nun die Heizung auf reversiblem Wege durchführen, so müssen wir den umgekehrten Dampfmaschinenprozeß zwischen diesen Temperaturgrenzen betreiben. In unserem Gedankenmodell führen wir nun den Brennstoff, den wir vorher direkt zur Heizung benützten, einer verlustlos arbeitenden Kraftmaschine zu, die einen Kompressor antreibt, der wiederum das Arbeitsmittel in dem umgekehrten Dampfmaschinenprozeß verdichtet. Schaltplan und Prozeßverlauf entsprechen völlig den in den Abb. 147 und 148 wiedergegebenen Verhältnissen. Würde uns zum Antrieb des Kompressors eine Carnot-Maschine zur Verfügung stehen, der die Energie E_B des Brennstoffes bei $600\,°C$ zugeführt wird, so könnten bei einer Umgebungstemperatur von $5\,°C$, wie die einfache Exergie-

---

[1] Egli, M.: Die Wärmepump-Heizung des renovierten züricherischen Rathauses. Schweiz. Bauztg. 116 (1940) 59–64.

betrachtung

$$-L_{ex} = \frac{T_B - T_u}{T_B} E_B,$$

$$-L_{ex} = 0{,}68 E_B$$

zeigt, 68% dieser Energie in Arbeit umgewandelt werden. Aus dieser Arbeit entsteht, wenn sie einem verlustlos und reversibel zwischen den Temperaturen $t_u = 5\,°C$ und $t = 80\,°C$ verlaufenden Wärmepumpenprozeß zugeführt wird, als Heizwärme

$$|Q_H| = |L_{ex}| \frac{T}{T - T_u}$$

$$|Q_H| = 4{,}71 \, |L_{ex}| = 3{,}21 E_B$$

das 4,71fache der zugeführten Arbeit. Fassen wir die beiden Überschlagsrechnungen zusammen, so sehen wir, daß auf dem Weg über die reversible Heizung das 3,21fache der Brennstoffenergie dem Gebäude als Heizwärme zugute käme.

In Wirklichkeit liegen die Verhältnisse selbstverständlich nicht so günstig. Unsere tatsächlichen Wärmekraftmaschinen erreichen nicht den guten thermodynamischen Wirkungsgrad des oben angenommenen Carnot-Prozesses, sondern es werden statt der errechneten 68% nur rund 35 bis 40% der Brennstoffenergie in mechanische bzw. elektrische Arbeit umgewandelt. Auch die Leistungsziffer der Wärmepumpe ist in Wirklichkeit geringer. Damit sinkt der wirtschaftliche Vorteil der Wärmepumpe für die Gebäudeheizung, und ihr Energiebedarf — der Kraftmaschinenprozeß muß ja in die Betrachtung mit eingeschlossen werden — ist nahezu gleich groß wie bei der direkten Verwendung des Brennstoffes in der Feuerung der Heizungsanlage. Anders ist es, wenn Umgebungswärme von nicht zu tiefer Temperatur $t_u > 5\,°C$ vorhanden ist und wenn zudem bei niederen Temperaturen geheizt wird, beispielsweise über eine Fußbodenheizung. Dann ist die Heizung durch eine Wärmepumpe wirtschaftlich der Heizung durch direkte Verwendung des Brennstoffs in der Feuerung der Heizungsanlage überlegen.

Aufgabe 36. Mit einem zweistufigen Kompressor soll Luft bei polytroper Kompression vom Zustand p_1, T_1 auf den Enddruck p_2 verdichtet werden, wobei die Luft bei konstantem Druck p_x zwischen beiden Zylindern auf die Anfangstemperatur T_1 zurückgekühlt wird.
Man bestimme das Druckverhältnis p_x/p_1, bei dem maximale Arbeitsersparnis auftritt.

Aufgabe 37. Ein einfachwirkender zweistufiger Kompressor soll bei $n = 300 \text{ min}^{-1}$ stündlich $V = 100 \text{ m}^3$ Luft von $p_1 = 1$ bar und $t_1 = 15\,°C$ auf $p_2 = 40$ bar verdichten.
Wie groß ist die theoretische Leistung jeder Stufe, wenn die Kompression nach Polytropen mit dem Exponenten $n = 1{,}30$ erfolgt und die Luft nach Zwischenkühlung bei konstantem Druck $p_m = \sqrt{p_1 p_2}$ mit 50 °C in den Hochdruckzylinder eintritt? Welche Wärmen werden in den beiden Zylindern und im Zwischenkühler abgeführt? Mit welcher Temperatur verläßt die Luft den Hochdruckzylinder?
Wie groß muß das Hubvolum der beiden Zylinder gewählt werden, wenn der Niederdruckzylinder einen Liefergrad (= Fördervolum/Hubvolum) von 90%, der Hochdruckzylinder einen solchen von 85% hat?

Aufgabe 38. Ein Otto-Motor mit 2 l Hubvolum und 0,25 l Kompressionsvolum saugt brennbares Gasgemisch von 20 °C und 1 bar an (*1*), verdichtet reversibel adiabat (*2*), zündet und verbrennt bei konstantem Volum (*3*), wobei ein Druck von 30 bar erreicht wird. Dann expandiert das Gas reversibel adiabat bis zum Hubende (*4*). Verbrennung und Auspuff werden durch Wärmezufuhr bzw. -entzug bei konstantem Volum ersetzt gedacht. Für das arbeitende Gas seien die Eigenschaften der Luft bei konstanter spezifischer Wärmekapazität angenommen.
Wie groß sind die Drücke und Temperaturen in den Punkten *1* bis *4* des Prozesses? Welche Verbrennungswärme wurde frei, und welche Wärme wurde im äußeren Totpunkt entzogen? Welche theoretische Arbeit leistet die Maschine je Hub?

Aufgabe 39. Der Zylinder einer einfachwirkenden Diesel-Maschine hat 13 l Hubraum und 1 l Verdichtungsraum. Der Arbeitsvorgang der Maschine werde durch folgenden Idealprozeß ersetzt: Reversibel adiabate Verdichtung der am Ende des Saughubes im Zylinder befindlichen Luft von 1 bar und 70 °C (*1*) bis zum inneren Totpunkt (*2*). Anstelle der Einspritzung und Verbrennung des Treiböls wird isobar Wärme längs 1/13 des Hubes zugeführt (*3*). Reversibel adiabate Ausdehnung der Verbrennungsgase bis zum Hubende (*4*). Anstelle des Auspuffes und des Ansaugens frischer Luft soll im äußeren Totpunkt Wärme entzogen werden bis zum Erreichen des Anfangszustandes der angesaugten Luft (*1*). Für das arbeitende Gas seien die Eigenschaften der Luft mit konstanter spezifischer Wärmekapazität angenommen.
Der Prozeß ist im *p,V*- und im *T,S*-Diagramm darzustellen. Wie groß sind die Temperaturen und Drücke in den Eckpunkten des Diagramms? Welche Wärmen werden bei jedem Hub zu- und abgeführt? Wie groß ist die theoretische Leistung der Maschine, wenn sie nach dem Zweitaktverfahren arbeitet und mit 250 min^{-1} läuft?

Aufgabe 40. Gl. (242) ist abzuleiten.

Aufgabe 41. Ein Stirling-Motor, bei dem die expandierte Luft im kalten Zylinderraum bei 20 °C ein Volum von 3 l einnimmt und dann im selben Raum auf 0,5 l verdichtet wird, läuft mit 2000 min^{-1}. Die maximale Temperatur, die bei dem Kreisprozeß auftritt, beträgt 800 °C. Wie groß ist der höchste Druck in der Anlage, wenn die Maschine eine Leistung von 50 kW abgeben soll, und welchen theoretischen Wirkungsgrad weist der Prozeß auf?

Aufgabe 42. Einer Wärmekraftanlage werden stündlich 10000 kg Wasser von 32,5 °C zugeführt und in überhitzten Dampf von 25 bar und 400 °C verwandelt. Der Dampf wird in einer Turbine mit einem thermodynamischen Wirkungsgrad von 80% auf 0,05 bar entspannt und in einem Kondensator niedergeschlagen. Das Kondensat wird der Anlage mit 32,5 °C wieder zugeführt. Die Zustandsänderung in der Speisepumpe darf vernachlässigt werden.
Welche Wärmen werden dem Arbeitsmittel im Kessel und im Überhitzer stündlich zugeführt und im Kondensator entzogen? Mit welchem Feuchtigkeitsgehalt gelangt der Dampf in den Kondensator? Welche Leistung in kW gibt die Turbine an der Welle ab, wenn ihr mechanischer Wirkungsgrad 95% beträgt? Wie groß ist der Dampf- und Wärmeverbrauch der Anlage je kWh?

Aufgabe 43. Wie groß ist der theoretische Wirkungsgrad einer Dampfkraftanlage, die Dampf von 100 bar und 400 °C verarbeitet bei einem Kondensatordruck von 0,05 bar
 a) bei dem gewöhnlichen Prozeß nach Clausius-Rankine?
 b) bei zweimaliger Zwischenüberhitzung auf 400 °C, jeweils bei Erreichen der Grenzkurve?
Welche Feuchtigkeit hat der Dampf in den Fällen a) und b) beim Eintritt in den Kondensator? Für beide Fälle ist der Prozeß im *T,s*- und im *h,s*-Diagramm maßstäblich darzustellen.

Aufgabe 44. In einer Hochdruckanlage wird folgender Prozeß durchgeführt: Beim kritischen Druck wird aus Wasser von 28,6 °C Dampf von 400 °C erzeugt. Der dem Kessel entnommene Dampf wird auf 100 bar gedrosselt, dann wieder auf 400 °C überhitzt und so dem Hochdruckteil einer Turbine zugeführt, die ihn mit einem Gütegrad von

8. Die Umkehrung der Dampfmaschine

0,85 bis herab auf 12 bar ausnutzt. Nach einer Zwischenüberhitzung auf 400 °C wird er im Niederdruckteil der Turbine bei einem Gütegrad von 0,7 auf 0,04 bar entspannt, im Kondensator verflüssigt und das Kondensat auf 20 °C unterkühlt.

Wie groß sind die Wärmen, die je kg Dampf im Kessel und den beiden Überhitzern zugeführt werden? Wie groß ist die im Kondensator abzuführende Wärme? Wie groß ist der thermische Wirkungsgrad der Anlage? Wieviel mehr Arbeit je kg Dampf könnte gewonnen werden, wenn man die Drosselung vom kritischen Druck auf 100 bar durch eine geeignete Turbine mit einem Gütegrad von 0,7 ersetzte und dann den Dampf wieder auf 400 °C überhitzte?

Aufgabe 45. In einem Wasserdampf-Kältemitteldampf-Prozeß wird in einem Kessel Wasserdampf von 150 bar und 500 °C erzeugt, der in einer Turbine auf 22 bar reversibel adiabat entspannt wird. Der aus der Wasserdampfturbine abströmende Dampf wird in einem Wärmeaustauscher bei 22 bar vollständig kondensiert und über eine Pumpe dem Kessel wieder zugeführt. In dem Wärmeaustauscher wird flüssiges Difluordichlormethan (R 12) bei 32,5 bar von 27 °C ($h = 225{,}7$ kJ/kg) auf Siedetemperatur erwärmt, verdampft und auf 220 °C ($h = 488$ kJ/kg) überhitzt. Der Kältemitteldampf wird dann in einer Turbine reversibel adiabat auf 11 bar entspannt. Der die Turbine verlassende überhitzte Dampf ($h = 455$ kJ/kg, $v = 0{,}026$ m³/kg) wird kondensiert und das Kondensat als unterkühlte Flüssigkeit über eine Pumpe dem Wärmeaustauscher zugeführt. Die Zustandsänderungen in den Pumpen werden vernachlässigt.

Die gesamte Anlage ist auf 500 MW auszulegen. Wie verteilt sich diese Leistung auf die Wasserdampf- und auf die Kältemitteldampfturbine? Welchen theoretischen Wirkungsgrad hat die Anlage, und welche Volumströme sind an den Abdampfstutzen der beiden Turbinen vorhanden? Welcher Volumstrom würde sich am Abdampfstutzen der Wasserdampfturbine ergeben, wenn sie für die gesamte Leistung bei einem Kondensatordruck von 0,04 bar zu entwerfen wäre?

Aufgabe 46. Der Kompressor einer Ammoniakkältemaschine verdichtet NH_3-Dampf von -10 °C und 2% Feuchtigkeit auf 10 bar mit einem auf die Adiabate bezogenen indizierten Wirkungsgrad von 75%. Der komprimierte Dampf wird in einem Kondensator niedergeschlagen und das verflüssigte Ammoniak bis auf $+15$ °C unterkühlt. Durch ein Drosselventil tritt die Flüssigkeit in den Verdampfer ein, wo sie bei -10 °C verdampft. Der Dampf wird wieder vom Kompressor angesaugt. Mit dieser Kälteanlage sollen stündlich 500 kg Eis von 0 °C aus Wasser von $+20$ °C erzeugt werden.

Wieviel kg Ammoniak müssen vom Kompressor stündlich verdichtet werden, und wie groß ist die Kälteleistung? Welche Wärme ist an das Kühlwasser im Kondensator abzugeben, und wie groß ist die Antriebsleistung des Kompressors bei einem mechanischen Wirkungsgrad von 80%? Um wieviel Prozent ist die Leistungsziffer des Prozesses kleiner als die des Carnot-Prozesses zwischen den angegebenen Temperaturgrenzen? Wie groß ist der Dampfgehalt des Ammoniaks am Ende der Drosselung? Welches Hubvolum benötigt der als einfach wirkend angenommene Kompressor bei einer Drehzahl von $n = 500$ min^{-1} und einem Liefergrad ($=$ Fördervolum/Hubvolum) von 90%?

Man beachte, daß die Dampftabelle für Ammoniak und das Mollier-Diagramm unterschiedliche Nullpunkte der Enthalpie und der Entropie aufweisen.

VII Strömende Bewegung von Gasen und Dämpfen

1 Laminare und turbulente Strömung, Geschwindigkeitsverteilung und mittlere Geschwindigkeit

Die bisherige Betrachtung der Zustände von Flüssigkeiten, Gasen und Dämpfen, die wir kurz als Fluide bezeichnen wollen, setzte ruhende Stoffe voraus. Befindet sich das Fluid in Bewegung, so müßte man die Geräte zur Messung von Zustandsgrößen (Thermometer, Barometer usw.) sich mit dem Strom fortbewegt denken, etwa wie mit einem Freiballon in der Atmosphäre, um alle Zustandsgrößen in gleicher Weise definieren und messen zu können wie in einem ruhenden Gas. Zur Kennzeichnung der Strömung braucht man Größe und Richtung der Geschwindigkeit an jeder Stelle des Feldes.

Der wichtigste Fall der Strömung, auf den wir uns hier beschränken wollen, ist die Strömung durch Kanäle, die zylindrisch erweitert oder verjüngt sein können. Man nennt eine Strömung stationär, wenn die Geschwindigkeit an jeder Stelle im Laufe der Zeit nach Größe und Richtung unverändert bleibt. Der einfachste Kanal ist das kreiszylindrische Rohr. Die Erfahrung zeigt, daß die Strömungsgeschwindigkeit über den Querschnitt[1] eines Rohres nicht konstant ist, sondern nach Abb. 149 gegen die Wände hin bis auf Null abnimmt. Die Erfahrung zeigt weiter, daß nur bei geringen Geschwindigkeiten oder sehr engen Rohren die Strömung eine wirkliche Parallelströmung (laminare Strömung) ist, bei der die Teilchen des Mediums sich auf parallelen Bahnen bewegen, daß aber bei höheren Geschwindigkeiten auch Querbewegungen senkrecht zur Rohrachse auftreten,

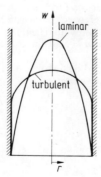

Abb. 149. Geschwindigkeitsverteilung in einem Rohr bei laminarer und bei turbulenter Strömung

---

[1] Stark verdünnte Gase und enge Kapillaren wollen wir bei unseren Betrachtungen ausschließen, da wir annehmen, daß der Durchmesser des Strömungskanales immer groß gegenüber der mittleren freien Weglänge der Moleküle ist.

1. Laminare und turbulente Strömung, Geschwindigkeitsverteilung

welche in ganz unregelmäßiger Weise schwanken (turbulente Strömung). Die Strömung ist dann nicht mehr im strengen Sinne stationär, man sieht sie aber noch als stationär an, wenn an jeder Stelle der zeitliche Mittelwert der Geschwindigkeit unverändert bleibt.

Ob eine Strömung laminar oder turbulent verläuft, hängt ab von der Größe der Reynolds-Zahl

$$Re = \frac{w\,d}{v}.$$

Dabei ist

- w die mittlere Strömungsgeschwindigkeit (m/s),
- d eine kennzeichnende Längenabmessung, bei der Strömung in Rohren der Durchmesser (m),
- $v = \eta/\varrho$ die kinematische Viskosität (m²/s),
- η die dynamische Viskosität (kg/m s),
- ϱ die Dichte (kg/m³).

Die dynamische Viskosität η der Flüssigkeit oder des Gases ist bestimmt durch die Gleichung für die Schleppkraft F oder die Schubspannung τ, vgl. S. 168.

$$F = \tau A = \eta A \frac{dw}{dy}, \tag{254}$$

die eine Strömung nach Abb. 150 auf eine parallel zu ihrer Richtung liegende Fläche A ausübt, wenn das Geschwindigkeitsgefälle an der Fläche senkrecht zu ihr dw/dy ist.

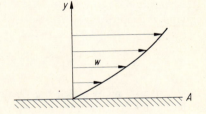

Abb. 150. Verlauf der Geschwindigkeit w einer Strömung nahe einer Wand.

Die kinematische Viskosität v wird in m²/s oder in cm²/s gemessen, wobei man die Einheit cm²/s als Stokes (abgekürzt St) bezeichnet. Daneben sind das Zentistokes (cSt) und das Millistokes (mSt) gebräuchlich.

Die dynamische Viskosität η wird in kg/ms oder Pa · s gemessen. Es ist

$$1 \text{ kg/ms} = 1 \text{ Pa} \cdot \text{s}.$$

Früher verwendete man das Poise (abgekürzt P), 1 P = 0,1 Pa · s, und neben dem Poise wurden das Zentipoise (cP) und Mikropoise (1 μP = 10^{-6} P) benutzt.

Die Reynolds-Zahl ist eine dimensionslose Größe, die das Verhältnis der Trägheitskräfte zu den Zähigkeitskräften in der Strömung kennzeichnet. Ist bei zwei sich innerhalb geometrisch ähnlicher Grenzen und Randbedingungen abspielenden Strömungen die Reynolds-Zahl dieselbe, so sind auch die beiden Strömungsfelder einander ähnlich, d. h., die Geschwindigkeiten unterscheiden sich in beiden Fällen nur um einen für alle Stellen des Feldes gleichen Faktor.

Die Erfahrung zeigt nun, daß es für jede Strömung eine bestimmte kritische Reynolds-Zahl gibt, unterhalb der die Strömung laminar, oberhalb der sie turbulent ist. Der Wert der kritischen Reynolds-Zahl hängt von Art und Größe der Strömungskanal, entstehen. Näheres darüber findet man in Büchern über Strö- Kanten und Rauhigkeiten der Oberfläche, besonders beim Einlauf in einen Strömungskanal entsteht. Näheres darüber findet man in Büchern über Strömungsmechanik. Im allgemeinen kann man für $Re > 3000$ in technischen Rohren mit turbulenter Strömung rechnen.

Bei der Laminarströmung ist die Geschwindigkeitsverteilung über den Querschnitt im kreiszylindrischen Rohr in genügender Entfernung von der Einlaufstelle eine Parabel. Bei turbulenter Strömung ist die Geschwindigkeitsverteilung in der Mitte flacher und fällt an den Rändern steiler ab (vgl. Abb. 149). Hinter Störungen (Einlauf, Krümmer, Ventile usw.) hat die Geschwindigkeit einen anderen Verlauf und nähert sich erst im Laufe eines längeren geraden Rohrstückes (Einlaufstrecke) den genannten Formen.

Bei unseren thermodynamischen Betrachtungen wollen wir im allgemeinen von den Verschiedenheiten der Geschwindigkeit über den Querschnitt absehen und mit einer mittleren Geschwindigkeit

$$w_m = \frac{1}{A} \int w \, dA \tag{255}$$

rechnen, wobei A die Querschnittsfläche der Strömung bezeichnet. Ist z. B. im Kreisrohr mit dem Radius $r = R$ bei kreissymmetrischer Strömung das Geschwindigkeitsprofil $w = f(r)$ durch Messung gegeben, so wird

$$w_m = \frac{1}{A} \int_{r=0}^{R} w \, dA = \frac{2}{R^2} \int_0^R r f(r) \, dr \, .$$

Man darf also nicht gleich die Ordinaten des Geschwindigkeitsprofils mitteln, sondern muß erst das Produkt $rf(r)$ nach Abb. 151 bilden und kann dann die schraffierte Fläche berechnen.

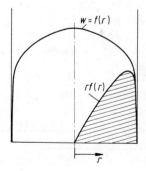

Abb. 151. Ermittlung der mittleren Geschwindigkeit in einem Kreisrohr.

Die mittlere Strömungsgeschwindigkeit kann man auch mit Hilfe des durch das Rohr fließenden Massenstromes $\dot{M}$ in kg/s definieren nach der Gleichung

$$w_m = \frac{\dot{M}}{\varrho A} = \frac{\dot{M}v}{A}. \tag{255a}$$

Beide Definitionen sind gleichbedeutend, wenn das spezifische Volum des Fluids über den ganzen Querschnitt dasselbe ist, sie weichen aber voneinander ab, wenn z. B. Verschiedenheiten der Temperatur oder des Aggregatszustandes in einem Querschnitt vorhanden sind und damit das spezifische Volum über den Querschnitt nicht konstant ist.

Da wir von jetzt ab nur mit mittleren Geschwindigkeiten rechnen, wollen wir unter w die mittlere Geschwindigkeit verstehen.

2 Erhaltungssätze für Masse, Impuls und Energie

Betrachtet man einen Kanalabschnitt von der Länge dz, der das Volum V enthält, so muß, wie sich aus dem Erhaltungssatz für die Masse ergibt, der Unterschied zwischen zu- und abfließendem Massenstrom $\dot{M}$ gleich der in der Zeiteinheit im Bilanzgebiet V verbleibenden Masse m sein.

$$\dot{M}_1 = \dot{M}_2 + \frac{dm}{dt}. \tag{256}$$

Mit der über den Strömungsquerschnitt gemittelten Geschwindigkeit w nach Gl. (255a) ergibt sich dann die Kontinuitätsgleichung für die eindimensionale Kanalströmung

$$w_1 \varrho_1 A_1 = w_2 \varrho_2 A_2 + \frac{d(\varrho A z)}{dt} \tag{257}$$

(Speicherung)

Für den speziellen Fall der stationären Strömung ist die Speicherung gleich Null, und es tritt durch jeden Querschnitt des Kanals die gleiche sekundliche Menge $\dot{M}$ hindurch. Damit vereinfacht sich die Kontinuitätsgleichung, und es gilt für alle Querschnitte

$$\dot{M} = A_1 w_1 \varrho_1 = A_2 w_2 \varrho_2 = A w \varrho = \text{const}. \tag{258}$$

Durch Differenzieren erhält man für die stationäre Kanalströmung

$$\frac{dA}{A} + \frac{dw}{w} = \frac{dv}{v}, \tag{259}$$

wodurch die relativen Änderungen der Querschnittsfläche, der Geschwindigkeit und des spezifischen Volums in Strömungsrichtung miteinander verknüpft sind.

Bei der stationären Bewegung eines Fluids in einem Kanal besteht Gleichgewicht zwischen Massenträgheit, Druckgefälle, Schwerkraft und Reibung. Bei der Strömung in einem Kanal nicht konstanten Querschnitts beschleunigt die Ausdehnung des Gases die davor befindlichen Gasteile, wobei die Expansionarbeit sich in kinetische Energie des Gases verwandelt.

In dem verjüngten Kanal der Abb. 152 möge ein Gas in Richtung der positiven z-Achse strömen, wobei seine Geschwindigkeit zunehmen soll. Die Verjüngung erfolge so allmählich, daß Geschwindigkeiten senkrecht zur Achse gegen die Axialgeschwindigkeit vernachlässigt werden können. Man spricht dann von eindimensionaler Strömung. Um das Gas in der Verjüngung zu beschleunigen, ist eine Kraft erforderlich, d. h., der Druck muß in Richtung der

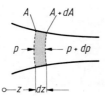

Abb. 152. Strömung im verjüngten Kanal.

Strömung sinken. Auf die aus dem Gas senkrecht zur Geschwindigkeit herausgeschnittene und in Abb. 152 schraffierte Scheibe von der Fläche A und der Dicke dz wirken dann in Richtung der Achse folgende Kräfte, wobei wir von links nach rechts, also im Sinne wachsender z gerichtete als positiv bezeichnen:

Auf die linke Grundfläche wirkt pA, auf die rechte Grundfläche $-(p + dp)$ $(A + dA)$, wobei dA und dp in unserem Beispiel negative Größen sind. Auf die von der Rohrwand gebildete Mantelfläche der Gasscheibe wirkt eine Kraft, die in Richtung der z-Achse die Komponente $(p + dp/2)\, dA$ hat. Die Summe dieser Kräfte unter Berücksichtigung ihres Vorzeichens ist

$$pA - (p + dp)(A + dA) + \left(p + \frac{dp}{2}\right) dA = -A\, dp,$$

wenn man unendlich kleine Größen zweiter Ordnung gegen solche erster Ordnung vernachlässigt. Nach dem Grundgesetz der Mechanik erteilt diese Kraft der Gasscheibe von der Masse $\varrho A\, dz$ die Beschleunigung Dw/Dt nach der Gleichung

$$-A\, dp = \varrho A\, dz\, \frac{Dw}{Dt}. \tag{260}$$

Darin besteht die sog. substantielle, d. h. auf ein bestimmtes Massenteilchen bezogene, Beschleunigung

$$\frac{Dw}{Dt} = \frac{\partial w}{\partial t} + w\, \frac{\partial w}{\partial z} \tag{261}$$

aus einem Teil $\partial w/\partial t$, der den zeitlichen Anstieg der Geschwindigkeit an derselben Stelle angibt, und einen Teil $w\, \dfrac{\partial w}{\partial z}$, der die Zunahme der Geschwindigkeit infolge der Bewegung des Massenteilchens mit der Geschwindigkeit w durch ein Strömungsfeld mit dem Geschwindigkeitsanstieg $\partial w/\partial z$ darstellt.

2. Erhaltungssätze für Masse, Impuls und Energie

Im allgemeinen treten aber in der Strömung noch zusätzliche Kräfte auf, nämlich die der Schwere,

$$|F_g| = \varrho A\, dz\, g \sin \alpha\,, \qquad (262)$$

wobei α der Neigungswinkel des Kanales gegen die Horizontale ist, sowie eine der Strömungsrichtung stets entgegen wirkende Widerstandskraft, die in realen Flüssigkeiten und Gasen durch Reibung hervorgerufen wird und die wir aus Gründen der Anschaulichkeit zunächst einmal so ansetzen wollen, als würde sie nur durch eine an der Kanalwand vorhandene Schubspannung τ entstehen.

$$|F_\eta| = \tau U\, dz \qquad (263)$$

mit U als dem benetzten Umfang des Kanals.

Setzen wir alle an der Strömung angreifenden Kräfte ins Gleichgewicht, so ergibt sich

$$-A\, dp = \varrho A\, dz \left(w\, \frac{\partial w}{\partial z} + \frac{\partial w}{\partial t}\right) + \varrho A g\, dz \sin \alpha + \tau U\, dz\,. \qquad (264)$$

Bei stationärer Strömung ist $\partial w/\partial t = 0$, und damit vereinfacht sich Gl. (264) zu

$$-\frac{dp}{dz} = \varrho\, w\, \frac{dw}{dz} + \varrho\, g \sin \alpha + \tau\, \frac{U}{A}\,. \qquad (264\,\text{a})$$

Multipliziert man Gl. (264a) mit dem spezifischen Volum v des Fluids im Kanal und mit der Länge dz des Strömungsweges, so erhält man die Form einer Energiebilanz. Es stehen in ihr die Expansionsenergie, die kinetische Energie, die Energie der Lage sowie die Reibungsenergie der Strömung im Gleichgewicht.

$$-v\, dp = d\left(\frac{w^2}{2}\right) + g\, dz \sin \alpha + \tau\, \frac{U}{A}\, v\, dz\,.$$

Es ist $g\, dz \sin \alpha$ die Hubarbeit je kg Gas. Setzt man für $\tau\, \frac{U}{A}\, v\, dz = dl_R$, was die von den Wandschubspannungen verrichete „Reibungsarbeit" je kg Gas oder Flüssigkeit darstellt, so ergibt sich

$$-v\, dp = d\left(\frac{w^2}{2}\right) + g\, dz \sin \alpha + dl_R\,. \qquad (264\,\text{b})$$

Durch Integration von Gl. (264b) erhält man

$$\int_1^2 v\, dp + \left(\frac{w_2^2}{2} - \frac{w_1^2}{2}\right) + g \sin \alpha (z_2 - z_1) + (l_R)_{12} = 0\,, \qquad (265)$$

wobei l_R die Reibungsarbeit von 1 kg Gas auf dem Weg von *1* nach *2* ist. Wir werden auf diese Energiebetrachtung nochmals in Kap. VII,4 in Zusammenhang mit der Betrachtung der Enthalpie und der kinetischen Energie der Strömung eingehen.

Diese Gleichungen gelten sowohl für Gase wie für Flüssigkeiten. Bei Gasen ist die Hubarbeit meist klein gegen die anderen Ausdrücke. Vernachlässigt man auch die Reibungsarbeit, so wird

$$-\int_1^2 v\, dp = \frac{w_2^2}{2} - \frac{w_1^2}{2}. \tag{266}$$

Das durch Fläche *1 2 b a* der Abb. 153 dargestellte Integral kann man durch ein Rechteck *1′ 2′ b a* ersetzen nach der Gleichung

$$-\int_1^2 v\, dp = v_m(p_1 - p_2) = \frac{p_1 - p_2}{\varrho_m}, \tag{266a}$$

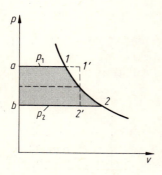

Abb. 153. Umsetzung von Ausdehnungsarbeit in kinetische Energie der Strömung.

wobei v_m bzw. ϱ_m mittlere Werte sind, die man bei nicht zu großen Druckunterschieden genau genug als zum Druck $(p_1 + p_2)/2$ gehörig ansehen kann. Damit ergibt sich die *Bernoullische Gleichung* der Hydromechanik

$$p_1 + \frac{\varrho_m}{2} w_1^2 = p_2 + \frac{\varrho_m}{2} w_2^2. \tag{267}$$

Man bezeichnet $\frac{\varrho_m}{2} w^2 = p_d$ als dynamischen Druck oder Staudruck und nennt zum Unterschied den gewöhnlichen Druck, den ein mitbewegtes Manometer messen würde, statischen Druck p_{st}. Die Summe von beiden heißt Gesamtdruck p_g. Die Bernoullische Gleichung sagt also: In einer reibungsfreien Strömung ohne Hubarbeit ist der Gesamtdruck an allen Stellen derselbe.

3 Meßtechnische Anwendungen, Staurohr, Düse und Blende

Der statische Druck p_{st}, den ein mit der Strömung bewegtes Manometer anzeigt, wird auch auf eine zur Strömung parallele Wand ausgeübt. Man kann ihn daher nach Abb. 154 in einer sauberen, gratfreien Anbohrung der Wand messen oder nach Abb. 155 mit Hilfe eines Rohres mit seitlichen Öffnungen, dessen Achse in Richtung der Strömung liegt (Hakenrohr).

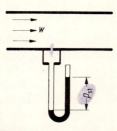

Abb. 154. Messung des statischen Druckes in der Anbohrung einer Rohrwand.

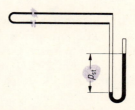

Abb. 155. Hakenrohr zur Messung des statischen Druckes in einer Strömung.

Der Gesamtdruck tritt im Staupunkt vor einem Hindernis dort auf, wo die Geschwindigkeit bis auf Null abnimmt. Bringt man hier nach Abb. 156 eine Bohrung an, so wird in ihr der Gesamtdruck gemessen (Pitot-Rohr).

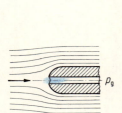

Abb. 156. Messung des Gesamtdruckes mit dem Pitot-Rohr.

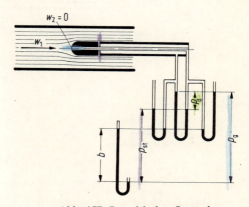

Abb. 157. Prandtlsches Staurohr zur Messung des statischen, des dynamischen und des Gesamtdruckes in einer Strömung.

Hakenrohr und Pitot-Rohr sind vereinigt in dem *Staurohr* von Prandtl, mit dem man nach Abb. 157 den Gesamtdruck und den statischen Druck als Überdruck gegen die Atmosphäre und ihre Differenz, den dynamischen Druck, unmittelbar messen kann. In der Abb. 157 ist noch ein Barometer eingetragen, um auch die absoluten Drücke angeben zu können. Die genauen Maße des Prandtlschen

Staurohrs sind genormt, wobei alle Maße nach Abb. 158 auf zwei beliebig wählbare Grundmaße d und δ bezogen sind[1].

Aus dem dynamischen Druck erhält man die Strömungsgeschwindigkeit nach der Gleichung

$$w = \sqrt{\frac{2}{\varrho_m} p_d} \, . \tag{268}$$

Mit dem Staurohr kann man den dynamischen Druck und damit auch den Geschwindigkeitsverlauf über einen Strömungsquerschnitt punktweise abtasten und daraus die mittlere Geschwindigkeit erhalten. In Rohrleitungen kommt man einfacher zum Ziel, wenn man die Geschwindigkeit der Strömung durch eine Einschnürung des Querschnittes erhöht und die Drucksenkung beobachtet. Die Einschnürung kann durch Düsen mit abgerundetem Einlauf nach Abb. 159

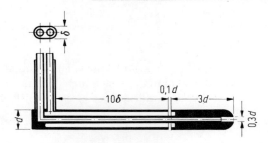

Abb. 158. Genormte Maße des Prandtlschen Staurohres.

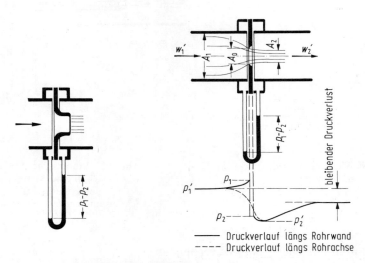

Abb. 159 u. 160. Mengenmessung in Rohrleitungen mit Düse und mit Blende.

---

[1] Vgl. Abnahme- und Leistungsversuche an Verdichtern, VDI-Richtlinie, VDI 2045.

3. Meßtechnische Anwendungen, Staurohr, Düse und Blende

oder durch Blenden in Form ebener Scheiben mit scharfkantiger Öffnung nach Abb. 160 erfolgen. Bei gerundetem Einlauf tritt das Fluid als zylindrischer Strahl vom Querschnitt der Öffnung aus, bei der scharfkantigen Blende zieht er sich, wie Abb. 160 zeigt, nach dem Austritt zusammen (Strahleinschnürung) und erreicht seinen engsten Querschnitt und seine höchste Geschwindigkeit erst etwas hinter der Öffnung.

Zur Verminderung des Druckverlustes kann man an die Düse eine konische Erweiterung anschließen, die kinetische Energie wieder in Druck umsetzt (Venturidüse).

Ist A_1 der Rohrquerschnitt vor der Einschnürung,

w_1' die mittlere Geschwindigkeit darin,

p_1' der zugehörige statische Druck,

A_0 der Querschnitt der Öffnung,

A_2 der engste Querschnitt des austretenden Strahles,

w_2' die darin vorhandene mittlere Geschwindigkeit,

p_2' der zugehörige statische Druck,

so ergibt die Bernoullische Gleichung für Flüssigkeiten konstanter Dichte, wozu man bei kleinen Druckänderungen auch die Gase und Dämpfe rechnen kann,

$$p_1' - p_2' = \frac{\varrho}{2}(w_2'^2 - w_1'^2), \qquad (269)$$

und die Kontinuitätsgleichung lautet

$$A_1 w_1' = A_2 w_2'.$$

Der engste Querschnitt des austretenden Strahles ist wegen der Strahleinschnürung kleiner als die Öffnung, und man nennt

$$\mu = A_2/A_0 \qquad (270)$$

die *Einschnürungszahl*. Führt man das *Öffnungsverhältnis*

$$m = A_0/A_1 \qquad (271)$$

ein, so wird $w_1' = w_2' \mu m$. Damit erhält man aus Gl. (269) durch Auflösen

$$\boxed{w_2' = \frac{1}{\sqrt{1 - \mu^2 m^2}} \sqrt{\frac{2}{\varrho}(p_1' - p_2')}.}$$

Statt der Drücke p_1' und p_2' führt man die bequemer zugänglichen Drücke p_1 und p_2, gemessen in einem ringförmigen Schlitz oder in Bohrungen der Rohrwand unmittelbar vor und hinter der Düse oder Blende ein. Die dadurch hervorgerufenen Änderungen sowie die Abweichungen der wirklichen Strömung von den theoretischen Gleichungen infolge der Viskosität faßt man in einen empirischen Berichtigungsfaktor ζ zusammen, so daß die wirkliche Geschwindigkeit w_2 im engsten Querschnitt sich aus der Gleichung

$$w_2 = \frac{\zeta}{\sqrt{1 - \mu^2 m^2}} \sqrt{\frac{2}{\varrho}(p_1 - p_2)} \qquad (272)$$

ergibt. Der Mengenstrom (Durchfluß) $\dot{M} = \mu \varrho A_0 w_2$ ist dann

$$\dot{M} = \frac{\zeta \mu}{\sqrt{1 - \mu^2 m^2}} A_0 \sqrt{2\varrho(p_1 - p_2)}\,. \tag{273}$$

Da sich ζ und μ schlecht getrennt messen lassen, führt man eine *Durchflußzahl*

$$\alpha = \frac{\zeta \mu}{\sqrt{1 - \mu^2 m^2}} \tag{274}$$

ein. Damit erhält man zwischen dem Mengenstrom $\dot{M}$ und Wirkdruck $p_1 - p_2$ die einfache für Gase und Dämpfe konstanter Dichte gültige Beziehung

$$\dot{M} = \alpha A_0 \sqrt{2\varrho(p_1 - p_2)}\,. \tag{275}$$

Bei kleinen absoluten Drücken und großen Druckunterschieden ist die rechte Seite mit einem Faktor ε zu korrigieren, den man dem Normblatt DIN 1952 entnehmen kann.

4 Enthalpie und kinetische Energie der Strömung

Der erste Hauptsatz für ein offenes System lautete, Gl. (39c), falls kinetische und potentielle Energie unverändert bleiben,

$$dq + dl_t = dh\,.$$

Ändert sich die potentielle Energie, so muß man noch eine Arbeit verrichten, die bei zunehmender potentieller Energie der Schwerkraft entgegengerichtet ist. Berücksichtigt man schließlich noch die Energieänderung, die die Strömung durch Verzögerung oder Beschleunigung erfahren kann, so erhält man den ersten Hauptsatz für ein offenes System einschließlich seiner potentiellen und kinetischen Energieanteile nach Gl. (39b) zu

$$dq + dl_t - g\,dz = dh + d\left(\frac{w^2}{2}\right)\,. \tag{276}$$

Wir betrachten nun eine Strömung, die keine Arbeit an die Umgebung abgibt:

$$dl_t = 0\,.$$

Für sie gilt

$$dq = dh + d\left(\frac{w^2}{2}\right) + g\,dz\,, \tag{277}$$

oder integriert

$$q_{12} = h_2 - h_1 + \left(\frac{w_2^2}{2} - \frac{w_1^2}{2}\right) + g(z_2 - z_1)\,, \tag{278}$$

5. Die Strömung eines idealen Gases durch Düsen und Mündungen

wobei es gleichgültig ist, ob es sich um reversible oder irreversible Strömungsvorgänge handelt. Läßt man in Gl. (277) die bei Gasen meist vernachlässigbare Hubarbeit weg und macht den Vorgang adiabat, so folgt die bereits bekannte Beziehung Gl. (39e)

$$\left(\frac{w_2^2}{2} - \frac{w_1^2}{2}\right) = h_1 - h_2 \, . \tag{278a}$$

oder

$$d\left(\frac{w^2}{2}\right) = -dh \, ,$$

Die Zunahme der kinetischen Energie der Strömung ist also hier gleich der Abnahme der Enthalpie des Fluids.

5 Die Strömung eines idealen Gases durch Düsen und Mündungen

Wir lassen ein ideales Gas aus einem großen Gefäß, das etwa durch Nachpumpen auf konstantem Druck gehalten wird und in dem es den Zustand p_0, v_0, T_0 und die Geschwindigkeit $w_0 = 0$ hat, durch eine gut gerundete Düse mit dem Endquerschnitt A_e, der zunächst auch ihr engster Querschnitt sein soll (verjüngte oder konvergente Düse), nach Abb. 161 in einen Raum von dem niederen Druck

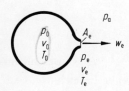

Abb. 161.
Ausfluß aus einem Druckbehälter.

p_a austreten und wollen die Endgeschwindigkeit w_e berechnen. Den Zustand im Endquerschnitt bezeichnen wir mit p_e, v_e, T_e. Beim idealen Gas mit konstanter spezifischer Wärmekapazität gilt

$$h_0 - h_e = c_p(T_0 - T_e) \, .$$

Damit folgt aus Gl. (278a), wenn man $w_1 = 0$ setzt,

$$\frac{w_e^2}{2} = c_p(T_0 - T_e) = c_p T_0 \left(1 - \frac{T_e}{T_0}\right) \, .$$

Verläuft die Strömung reversibel adiabat, so ändert sich der Zustand des Gases nach der Isentropen

$$\frac{T_e}{T_0} = \left(\frac{p_e}{p_0}\right)^{\frac{\varkappa - 1}{\varkappa}} \, ,$$

und wenn wir noch

$$T_0 = \frac{p_0 v_0}{R} \quad \text{und} \quad \frac{c_p}{R} = \frac{\varkappa}{\varkappa - 1}$$

setzen, wird

$$w_e = \sqrt{2 \frac{\varkappa}{\varkappa - 1} p_0 v_0 \left[1 - \left(\frac{p_e}{p_0} \right)^{\frac{\varkappa - 1}{\varkappa}} \right]}. \tag{279}$$

Bei der Strömung mit Reibung ist die wirkliche Geschwindigkeit w_{er} kleiner als die theoretische, was wir durch eine Geschwindigkeitsziffer φ berücksichtigen. Dann ist

$$w_{er} = \varphi w_e = \varphi \sqrt{2 \frac{\varkappa}{\varkappa - 1} p_0 v_0 \left[1 - \left(\frac{p_e}{p_0} \right)^{\frac{\varkappa - 1}{\varkappa}} \right]}. \tag{279 a}$$

Ist die Mündung nicht gerundet, sondern eine scharfkantige Öffnung, so zieht der Strahl sich nach dem Austritt zusammen, wie wir es schon in Abb. 160 bei der Meßblende gesehen hatten, und die Geschwindigkeit w_e tritt erst ein Stück hinter der Öffnung im engsten Querschnitt μA_e auf, wobei μ die Einschnürungszahl ist. Bei gut gerundeten Düsen mit zur Achse paralleler Austrittstangente ist $\mu = 1$.

Die in der Zeiteinheit ausströmende Gasmenge, der Mengenstrom, ist

$$\dot{M} = \mu \varphi w_e A_e \varrho_e = \alpha A_e \frac{w_e}{v_e}, \tag{280}$$

wenn wir

$$\alpha = \mu \varphi$$

als Ausflußziffer bezeichnen. Um nicht immer den Faktor α mitschleppen zu müssen, wollen wir in den folgenden Formeln $\alpha = 1$ setzen, also die reibungsfreie Strömung in einer gut abgerundeten Düse betrachten. Durch Einsetzen von Gl. (279) in (280) und mit Hilfe der Gleichung für die reversible Adiabate

$$\frac{v_0}{v_e} = \left(\frac{p_e}{p_0} \right)^{1/\varkappa}$$

erhalten wir dann

$$\dot{M} = A_e \left(\frac{p_e}{p_0} \right)^{1/\varkappa} \sqrt{\frac{\varkappa}{\varkappa - 1} \left[1 - \left(\frac{p_e}{p_0} \right)^{\frac{\varkappa - 1}{\varkappa}} \right]} \sqrt{2 \frac{p_0}{v_0}}. \tag{281}$$

Diese Gleichung gilt nicht nur für den Endquerschnitt A_e, sondern auch für jeden vorhergehenden A, wenn wir den Querschnitt über eine gekrümmte, überall senkrecht auf der Geschwindigkeit stehende Fläche messen. Wir wollen daher den

5. Die Strömung eines idealen Gases durch Düsen und Mündungen

Index bei A_e und p_e fortlassen und schreiben

$$\dot{M} = A\psi \sqrt{2\frac{p_0}{v_0}}, \tag{281a}$$

wobei

$$\psi = \left(\frac{p}{p_0}\right)^{\frac{1}{\varkappa}} \sqrt{\frac{\varkappa}{\varkappa-1}\left[1-\left(\frac{p}{p_0}\right)^{\frac{\varkappa-1}{\varkappa}}\right]} = \sqrt{\frac{\varkappa}{\varkappa-1}} \sqrt{\left(\frac{p}{p_0}\right)^{\frac{2}{\varkappa}}-\left(\frac{p}{p_0}\right)^{\frac{\varkappa+1}{\varkappa}}} \tag{282}$$

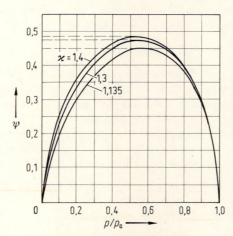

Abb. 162. Ausflußfunktion ψ.

die Abhängigkeit der Ausflußmenge vom Druckverhältnis und von $\varkappa$ enthält, während der übrige Teil der Gl. (281a) nur von festen Größen und dem Zustand des Gases im Druckraum abhängt. In Abb. 162 ist die Funktion ψ, die wir als *Ausflußfunktion* bezeichnen wollen, über dem Druckverhältnis p/p_0 für einige Werte von $\varkappa$ dargestellt. Sie wird Null für $p/p_0 = 0$ und $p/p_0 = 1$ und hat, wie man aus der Gleichung

$$d\psi/d(p/p_0) = 0$$

leicht feststellt, ein Maximum bei einem bestimmten sog. *kritischen Druckverhältnis*, für das die Bezeichnung Laval-Druckverhältnis vorgeschlagen wird (vgl. S. 339),

$$\frac{p_s}{p_0} = \left(\frac{2}{\varkappa+1}\right)^{\frac{\varkappa}{\varkappa-1}} \tag{283}$$

von der Größe

$$\psi_{\max} = \left(\frac{2}{\varkappa+1}\right)^{\frac{1}{\varkappa-1}} \sqrt{\frac{\varkappa}{\varkappa+1}}. \tag{284}$$

Bei gleichem Druckverhältnis und damit gleichem ψ hängt die Ausflußmenge eines bestimmten Gases nur vom Anfangszustand im Druckraum ab. Für ideale Gase mit $pv = RT$ erhält man

$$\dot{M} = A\psi p_0 \sqrt{\frac{2}{RT_0}}, \tag{285}$$

d. h., bei gleichem Anfangsdruck nimmt die ausströmende Menge mit steigender Temperatur proportional $1/\sqrt{T_0}$ ab; das gilt näherungsweise auch für Dämpfe.

Bei stationärer Strömung, die wir hier voraussetzen, und bei gleichbleibendem Zustand im Druckbehälter strömt durch alle aufeinanderfolgenden Querschnitte dieselbe Gasmenge, es muß daher an allen Stellen

$$A\psi = \text{const}$$

sein. Bei einer Düse, deren Querschnitt A sich nach Abb. 161 in Richtung der Strömung stetig verjüngt, so daß sie ihren engsten Querschnitt am Ende hat, muß dann ψ in Richtung der Strömung und damit in Richtung abnehmenden Druckes bis zum Düsenende dauernd zunehmen.

Nach Abb. 162 nimmt aber ψ vom Wert Null bei $p/p_0 = 1$ mit abnehmendem Druck nur so lange zu, bis es beim Laval-Druckverhältnis sein Maximum erreicht hat. Daraus folgt der zunächst überraschende Satz:

In einer in Richtung der Strömung verjüngten Düse kann der Druck im Austrittsquerschnitt nicht unter den Laval-Druck sinken, auch wenn man den Druck im Außenraum beliebig klein macht.

Nur solange $p_a \geqq p_s$ ist, darf man also $p_e = p_a$ setzen und schreiben

$$w = \sqrt{2\frac{\varkappa}{\varkappa - 1} p_0 v_0 \left[1 - \left(\frac{p_a}{p_0}\right)^{\frac{\varkappa - 1}{\varkappa}}\right]}, \tag{286}$$

$$\dot{M} = A_0 \sqrt{2\frac{\varkappa}{\varkappa - 1}\frac{p_0}{v_0} \left[\left(\frac{p_a}{p_0}\right)^{\frac{2}{\varkappa}} - \left(\frac{p_a}{p_0}\right)^{\frac{\varkappa + 1}{\varkappa}}\right]}. \tag{287}$$

Ist gerade $p_a = p_s$, so ergibt Gl. (279) wegen Gl. (283) im engsten Querschnitt

$$w_s = \sqrt{2\frac{\varkappa}{\varkappa + 1} p_0 v_0} \tag{288}$$

oder mit Benutzung der Enthalpie $h_0 = c_p T_0 = \dfrac{\varkappa}{\varkappa - 1} p_0 v_0$ im Behälter

$$w_s = \sqrt{2\frac{\varkappa - 1}{\varkappa + 1} h_0}. \tag{288 a}$$

Führen wir mit Hilfe der Gleichung für die reversible Adiabate $p_0 v_0^\varkappa = p_s v_s^\varkappa$ und der Gl. (283) in Gl. (288) anstelle der Zustandsgrößen p_0, v_0 im Druckbehälter die Zustandsgrößen p_s und v_s des Gases im engsten Querschnitt ein, so wird

$$w_s = \sqrt{\varkappa p_s v_s}. \qquad (289)$$

Das ist der Wert der reversibel adiabaten Schallgeschwindigkeit in einem Gas, wie wir im nächsten Abschnitt nachweisen wollen. Wenn der äußere Druck dem Laval-Druck gleich ist oder ihn unterschreitet, tritt also gerade Schallgeschwindigkeit im engsten Querschnitt auf.

Auch für $p_a < p_s$ kann im engsten Querschnitt der verjüngten Düse, den wir jetzt mit A_s bezeichnen wollen, keine größere Geschwindigkeit als die Schallgeschwindigkeit erreicht werden, da der Druck an dieser Stelle nicht unter p_s sinken kann. Für $p_a \leqq p_s$ gilt also

$$w = w_s = \sqrt{2 \frac{\varkappa}{\varkappa + 1} p_0 v_0},$$

$$\dot{M} = A_s \psi_{\max} \sqrt{2 \frac{p_0}{v_0}} = A_s \left(\frac{2}{\varkappa + 1}\right)^{\frac{1}{\varkappa - 1}} \sqrt{\frac{\varkappa}{\varkappa + 1}} \sqrt{2 \frac{p_0}{v_0}}. \qquad (290)$$

Die Ausflußmenge hängt dann außer von $\varkappa$ nur vom Zustand im Druckraum, nicht mehr vom Gegendruck ab.

In Tab. 32 sind für eine Anzahl von $\varkappa$-Werten die kritischen oder Laval-Druckverhältnisse und die Werte von $\psi_{\max}$ angegeben.

Tabelle 32. Kritische oder Laval-Druckverhältnisse

$\varkappa =$	1,4	1,3	1,2	1,135
$p_s/p_0 =$	0,530	0,546	0,564	0,577
$\psi_{\max} =$	0,484	0,472	0,459	0,449

Ist die Geschwindigkeit im Druckraum nicht zu vernachlässigen, sondern strömt das Gas z. B. in einer Rohrleitung mit der Geschwindigkeit w_1 und einem ebenfalls durch den Index 1 gekennzeichneten Zustand p_1, v_1, h_1 der Düse zu, so erhält man nach Gl. (278a) für die Austrittsgeschwindigkeit

$$w_e = \sqrt{2(h_1 - h_0) + w_1^2}$$

oder bei Gasen

$$w_e = \sqrt{2 \frac{\varkappa}{\varkappa - 1} p_1 v_1 \left[1 - \left(\frac{p_e}{p_1}\right)^{\frac{\varkappa - 1}{\varkappa}}\right] + w_1^2}.$$

6 Die Schallgeschwindigkeit in Gasen und Dämpfen

Die Schallgeschwindigkeit ist diejenige Geschwindigkeit, mit der sich Druck- und Dichteschwankungen fortbewegen.

Um die Schallgeschwindigkeit auszurechnen, betrachten wir eine ebene, in der z-Richtung fortschreitende Welle. Dabei treten zeitliche und örtliche Änderungen des Druckes p, der Geschwindigkeit w und der Verschiebungen s der Gasteilchen aus ihrer Ruhelage auf. An der Stelle z mögen diese Größen s, w und p sein, dann haben sie gleichzeitig an der Stelle $z + dz$ die Werte

$$s + \frac{\partial s}{\partial z} dz, \quad w + \frac{\partial w}{\partial z} dz \quad \text{und} \quad p + \frac{\partial p}{\partial z} dz.$$

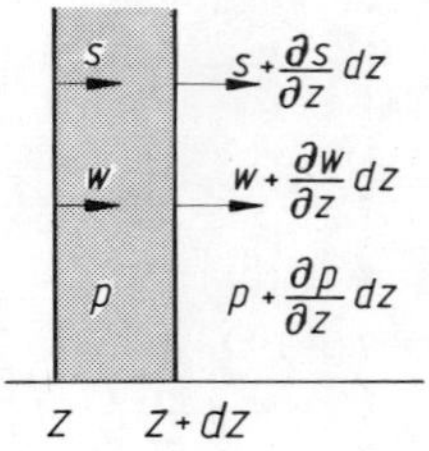

Abb. 163. Zur Ableitung der Schallgeschwindigkeit.

Auf die beiden Endflächen einer Gasschicht von der Dicke dz und 1 m² Querschnitt mit der Masse $\varrho\, dz$ wirkt dann nach Abb. 163 ein Druckunterschied $-\frac{\partial p}{\partial z} dz$, der ihr die Beschleunigung

$$\frac{Dw}{Dt} = \frac{\partial w}{\partial t} + w \frac{\partial w}{\partial z}$$

in der z-Richtung erteilt. Beschränken wir uns auf kleine Ausschläge und damit auch auf kleine Geschwindigkeiten der Schwingung, so kann das in w quadratische Glied $w \frac{\partial w}{\partial z}$ gegen $\frac{\partial w}{\partial t}$ vernachlässigt werden, und wir erhalten

$$\varrho \frac{\partial w}{\partial t} = - \frac{\partial p}{\partial z}. \tag{291}$$

Ferner muß der Unterschied der in die Schicht dz ein- bzw. aus ihr ausströmenden Gasmassen ϱw und $\varrho \left(w + \frac{\partial w}{\partial z} dz \right)$ eine Änderung $- \frac{\partial \varrho}{\partial t}$ der Dichte des Gases in der Schicht dz zur Folge haben nach der Gleichung

$$\varrho \frac{\partial w}{\partial z} = - \frac{\partial \varrho}{\partial t}. \tag{292}$$

Da die Zustandsänderungen in Schallwellen so rasch verlaufen, daß nicht genügend Zeit für die Abfuhr der Kompressionsarbeit in Form von Wärme ist, gilt zwischen den Druck- und Dichteänderungen die Differentialgleichung (57) der reversiblen Adiabate, die man mit $v = 1/\varrho$ schreiben kann,

$$\frac{dp}{d\varrho} = \varkappa \frac{p}{\varrho}. \tag{293}$$

6. Die Schallgeschwindigkeit in Gasen und Dämpfen

In diesen drei Gleichungen können wir bei kleinen Amplituden der Schallwelle Druck und Dichte, soweit sie nicht als Differentiale auftreten, durch ihre anfänglichen Werte p_0 und ϱ_0 vor Auftreten der Schallwelle ersetzen.

Bei reversibler adiabater Zustandsänderung hängt p nach Gl. (293) nur von ϱ ab, gleichgültig zu welcher Zeit t und an welchem Ort z der Welle. Die partielle Ableitung $\partial p/\partial \varrho$ ist daher mit dem gewöhnlichen Differentialquotienten $dp/d\varrho$ identisch, und auf der rechten Seite der Gl. (291) kann geschrieben werden

$$\frac{\partial p}{\partial z} = \frac{\partial p}{\partial \varrho}\frac{\partial \varrho}{\partial z} = \frac{dp}{d\varrho}\frac{\partial \varrho}{\partial z} = \varkappa \frac{p_0}{\varrho_0}\frac{\partial \varrho}{\partial z},$$

was in Gl. (291) eingesetzt die drei Gln. (291) bis (293) auf das Gleichungspaar

$$\varrho_0 \frac{\partial w}{\partial t} = -\varkappa \frac{p_0}{\varrho_0}\frac{\partial \varrho}{\partial z}, \qquad (294)$$

$$\varrho_0 \frac{\partial w}{\partial z} = -\frac{\partial \varrho}{\partial t} \qquad (294\,\text{a})$$

vermindert, in dem nur mehr die zwei Unbekannten w und ϱ vorkommen. Differenziert man Gl. (294) nochmals partiell nach z, Gl. (294a) nochmals nach t, so liefert der Vergleich der Ergebnisse:

$$\frac{\partial^2 \varrho}{\partial t^2} = \varkappa \frac{p_0}{\varrho_0}\frac{\partial^2 \varrho}{\partial z^2},$$

oder wenn wir zur Abkürzung $\varkappa \dfrac{p_0}{\varrho_0} = \varkappa p_0 v_0 = w_s^2$ einführen,

$$\frac{\partial^2 \varrho}{\partial t^2} = w_s^2 \frac{\partial^2 \varrho}{\partial z^2}. \qquad (295)$$

Das ist die bekannte Wellengleichung, ihre allgemeine Lösung ist, wie man durch Einsetzen leicht nachweist

$$\varrho = f_1(z + w_s t) + f_2(z - w_s t). \qquad (296)$$

Dabei sind f_1 und f_2 willkürliche Funktionen; $f_1(z + w_s t)$ ist eine in Richtung negativer z und $f_2(z - w_s t)$ eine in Richtung positiver z mit der Geschwindigkeit w_s unter Erhaltung ihrer Form fortlaufende Welle. Damit ist bewiesen, daß

$$w_s = \sqrt{\varkappa \frac{p_0}{\varrho_0}} = \sqrt{\frac{dp}{d\varrho}} \qquad (297)$$

oder, wenn wir den Index 0 fortlassen und $1/\varrho$ durch v ersetzen,

$$w_s = \sqrt{\varkappa p v} = \sqrt{\varkappa RT} \qquad (297\,\text{a})$$

338   VII. Strömende Bewegung von Gasen und Dämpfen

wirklich die reversibel adiabate Schallgeschwindigkeit in einem Gas ist. Sie wächst beim idealem Gas proportional $\sqrt{T}$.

Versuche zeigen, daß die Form des aus einer Düse austretenden Strahles verschieden ist, je nachdem der Gegendruck über oder unter dem kritischen liegt. Im ersten Fall verläßt der Strahl die Düse nach Abb. 164 als zylindrischer Parallelstrahl, dessen Ränder allmählich von dem umgebenden Gas verzögert werden, wobei sich eine Mischzone bildet, in der die Geschwindigkeit von der des Strahlkernes auf die der Umgebung sinkt. Im zweiten Falle dagegen verbreitert sich nach Abb. 165 der Strahl sofort nach dem Austritt. Das in der Mündung noch

Abb. 164 u. 165. Strahlformen,
wenn der Gegendruck über oder unter dem kritischen liegt

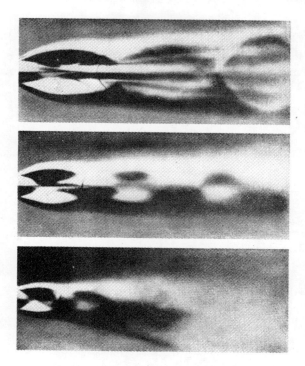

Abb. 166. Schlierenaufnahme von Gasstrahlen
aus einfachen Mündungen.
Der Gegendruck ist am kleinsten im obersten
und am größten im untersten Bild
(nach Ackeret, Hdb. d. Phys. Bd. 7).

unter dem Laval-Druck stehende Gas gelangt plötzlich in einen Raum niederen Druckes und dehnt sich explosionsartig aus wie der Inhalt einer platzenden Preßgasflasche, die Gasteilchen werden nach den Seiten beschleunigt, schießen infolge ihrer Trägheit über ihre Gleichgewichtslage hinaus und verursachen eine Drucksenkung im Strahlkern, die die Teilchen wieder umkehren läßt. Dieses Spiel wiederholt sich periodisch. Dabei kann in der Strahlachse die Laval-Geschwindigkeit örtlich überschritten werden. Da der Strahl zugleich im Raum fortschreitet, wird er, wie die Schlierenaufnahme der Abb. 166 erkennen läßt, periodisch dicker und dünner, wir beobachten stehende Schallwellen, die mit starkem Lärm verbunden sind und die das Arbeitsvermögen des Gases unterhalb des Laval-Druckes aufzehren.

7 Die erweiterte Düse nach de Laval

Nach dem vorstehenden wird in einer verjüngten Düse nur der in Abb. 167 schraffierte Teil der Arbeitsfläche oberhalb des Laval-Druckes p_s in kinetische Energie der Strömung umgesetzt, der untere Teil von p_s bis p_e verwandelt sich nach dem Austritt aus der Düse in Schallenergie und durch Reibung in innere Energie und geht dadurch als kinetische Energie verloren. Wie de Laval 1887 zeigte, kann man das ganze Enthalpiegefälle bis herab zum Druck p_e in kinetische Energie verwandeln, wenn man nach Abb. 168 an die verjüngte Düse eine schlanke Erweiterung anschließt (Laval-Düse), in der der Querschnitt von seinem kleinsten Wert A_s auf A_e zunimmt. Da im engsten Querschnitt schon die Schallgeschwindigkeit erreicht wird, muß im erweiterten Teil Überschallgeschwindigkeit auftreten.

Für die im engsten Querschnitt einer Düse bei verlustloser Entspannung bis zum kritischen Druckverhältnis auftretende Geschwindigkeit wird die Bezeichnung *Laval-Geschwindigkeit* vorgeschlagen. Da das Wort „kritisch" schon eine

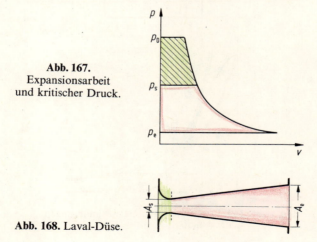

Abb. 167. Expansionsarbeit und kritischer Druck.

Abb. 168. Laval-Düse.

340 VII. Strömende Bewegung von Gasen und Dämpfen

andere Bedeutung hat (kritischer Punkt S. 196), haben wir das kritische Druckverhältnis auch *Laval-Druckverhältnis* genannt und vom *Laval-Druck* gesprochen.

Zur Erklärung der Erscheinungen in der Laval-Düse gehen wir auf unsere Grundgleichungen für die reversible Strömung zurück. Nach Gl. (266) in Verbindung mit Gl. (279) ist die kinetische Energie der Strömung

$$\frac{w_2^2}{2} - \frac{w_1^2}{2} = - \int_1^2 v\, dp = \frac{\varkappa}{\varkappa - 1} p_0 v_0 \left[1 - \left(\frac{p_e}{p_0}\right)^{\frac{\varkappa - 1}{\varkappa}} \right];$$

mit $w_2 = w$ und $w_1 = 0$ beträgt die Strahlgeschwindigkeit

$$w = \sqrt{2 \frac{\varkappa}{\varkappa - 1} p_0 v_0 \left[1 - \left(\frac{p_e}{p_0}\right)^{\frac{\varkappa - 1}{\varkappa}} \right]},$$

ferner ist nach der Kontinuitätsgleichung

$$A = \dot{M} \frac{v}{w} \tag{298}$$

oder nach Gl. (281a)

$$A\psi = \frac{\dot{M}}{\sqrt{2 \frac{p_0}{v_0}}} = \text{const}.$$

Den Inhalt dieser Gleichungen stellt Abb. 169 graphisch dar. Die spezifische kinetische Energie e_{kin} ist die Fläche links der Expansionslinie v vom Druck p_0 bis zu dem beliebigen Druck p. Integriert man diese Flächen von p_0 bis p und trägt das Ergebnis als Abszisse zu jedem p auf, so erhält man die Kurve der kinetischen Energie e_{kin} und daraus durch Wurzelziehen die Geschwindigkeit w,

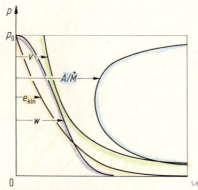

Abb. 169. Ermittlung der Zustandsänderungen in der Laval-Düse.

die auch als Abszisse zur Ordinate p aufgetragen ist. Damit sind v und w für alle Drücke bekannt, und die Kontinuitätsgleichung (298) liefert den Querschnitt A, der notwendig ist, um die Expansion und die Geschwindigkeitssteigerung durchzuführen. Dabei ist die sekundliche Gasmenge $\dot{M}$ natürlich für alle Querschnitte dieselbe. In Abb. 169 ist $A/\dot{M}$ als Quotient aus v und w punktweise berechnet und als Abszisse für alle p aufgetragen. Man erkennt, daß der zur Durchführung der Expansion notwendige Querschnitt zunächst abnimmt, ein Minimum erreicht und dann wieder ansteigt, da unterhalb eines bestimmten Wertes des Druckes das spezifische Volum stärker zunimmt als die Geschwindigkeit. Es muß also durch seitliche Erweiterung des Strömungskanals Platz für die Volumzunahme geschaffen werden, damit eine Geschwindigkeitssteigerung möglich ist.

Dasselbe Ergebnis erhält man mit Hilfe der Gl. (281) und der in Abb. 162 dargestellten Abhängigkeit der Größe ψ vom Druckverhältnis der Expansion. Wie wir dort gesehen hatten, nimmt ψ mit abnehmendem Druck zunächst zu bis zu einem Maximum beim Laval-Druck. Da $A\psi$ wegen der Kontinuitätsgleichung konstant ist, konnte in einer konvergenten Düse ψ nur zunehmen und daher sein Maximum nicht überschreiten. Erweitern wir die Düse aber hinter ihrem engsten Querschnitt, in dem gerade die Schallgeschwindigkeit erreicht ist, wieder, so nimmt A zu, und damit muß ψ abnehmen, d. h., der Druck kann weiter sinken, und wir kommen auf den linken Ast der ψ-Kurve, der nun den Vorgang im erweiterten Teil der Düse beschreibt. Da an jeder Stelle wieder

$$A\psi = A_s \psi_{\max} = \text{const}$$

sein muß, ist nach Abb. 170

$$\frac{A}{A_s} = \frac{\psi_{\max}}{\psi} = \frac{\overline{AC}}{\overline{AB}}.$$

Die ψ-Kurve liefert damit das Erweiterungsverhältnis A/A_s der Düse, das notwendig ist, um das Enthalpiegefälle bis herab zu unterkritischen Drücken in kinetische Energie umzusetzen.

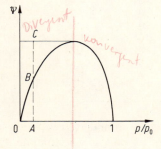

Abb. 170. Erweiterungsverhältnis von Laval-Düsen.

Führt man bei Gasen die Werte von ψ und $\psi_{\max}$ nach Gl. (282) und (284) ein, so erhält man für das Verhältnis des engsten Querschnittes A_s zum Endquerschnitt A_e einer Düse, die ein Gas von $p_e < p_s$ reversibel adiabat unter Umwandlung von Enthalpie in kinetische Energie entspannt, die Gleichung

$$\frac{A_s}{A_e} = \frac{\psi_e}{\psi_{max}} = \left(\frac{\varkappa+1}{2}\right)^{\frac{1}{\varkappa-1}} \sqrt{\frac{\varkappa+1}{\varkappa-1}\left[\left(\frac{p_e}{p_0}\right)^{\frac{2}{\varkappa}} - \left(\frac{p_e}{p_0}\right)^{\frac{\varkappa+1}{\varkappa}}\right]}$$

$$= \left(\frac{\varkappa+1}{2}\right)^{\frac{1}{\varkappa-1}} \left(\frac{p_e}{p_0}\right)^{\frac{1}{\varkappa}} \sqrt{\frac{\varkappa+1}{\varkappa-1}\left[1 - \left(\frac{p_e}{p_0}\right)^{\frac{\varkappa-1}{\varkappa}}\right]}. \tag{299}$$

Das Erweiterungsverhältnis A_e/A_s hängt also außer von $\varkappa$ nur vom Druckverhältnis ab.

Für das Verhältnis der Geschwindigkeit erhält man aus Gl. (279) und (288)

$$\frac{w_e}{w_s} = \sqrt{\frac{\varkappa+1}{\varkappa-1}\left[1 - \left(\frac{p_e}{p_0}\right)^{\frac{\varkappa-1}{\varkappa}}\right]}. \tag{300}$$

In Tab. 33 sind für zweiatomige Gase und für überhitzten Dampf die zu verschiedenen Druckverhältnissen p_0/p_e gehörigen Werte von A_e/A_s und w_e/w_s ausgerechnet.

Tabelle 33. Erweiterungsverhältnis A_e/A_s und Geschwindigkeitsverhältnis w_e/w_s bei Laval-Düsen für zweiatomige Gase ($\varkappa = 1{,}4$) und überhitzten Dampf ($\varkappa = 1{,}3$) bei reibungsfreier Strömung

p_0/p_e	$\varkappa = 1{,}4$		$\varkappa = 1{,}3$	
	A_e/A_s	w_e/w_s	A_e/A_s	w_e/w_s
∞	∞	2,45	∞	2,77
100	8,13	2,10	9,71	2,24
80	7,04	2,07	8,26	2,21
60	5,82	2,03	6,76	2,17
50	5,16	2,01	5,97	2,14
40	4,46	1,98	5,12	2,10
30	3,72	1,93	4,20	2,04
20	2,90	1,86	3,22	1,96
10	1,94	1,72	2,08	1,78
8	1,70	1,64	1,82	1,71
6	1,47	1,55	1,55	1,61
4	1,21	1,40	1,26	1,45
2	1,02	1,04	1,03	1,07

Zu einem bestimmten Erweiterungsverhältnis der Laval-Düse gehört nach dem vorstehenden ein ganz bestimmter Gegendruck, und es erhebt sich die Frage, wie sich die Strömung ändert, wenn der Gegendruck vom richtigen Wert abweicht.

Wird er unter den richtigen Wert gesenkt, so bleiben die Verhältnisse in der Düse ungeändert, da die Drucksenkung sich nicht gegen den mit Überschallgeschwindigkeit austretenden Gasstrom ausbreiten kann. Der Strahl expandiert aber nach dem Austreten ebenso, wie wir das bei der konvergenten Düse mit unterkritischem Gegendruck gesehen hatten.

Steigert man den Gegendruck über den richtigen Wert, so kann die Drucksteigerung als Druckwelle nur mit Schallgeschwindigkeit vom Rande des Strahls her in das mit Überschallgeschwindigkeit strömende Gas eindringen. Die Überlagerung beider Geschwindigkeiten liefert eine Druckwelle, die mit schräger Front an der Austrittskante der Düse beginnend in den Strahl eindringt.

Ganz ähnliche Erscheinungen treten auf, wenn sich ein Körper (Geschoß) mit Überschallgeschwindigkeit durch ruhende Luft bewegt. Man kann sich vorstellen, daß von der Geschoßspitze in jedem Augenblick an der Stelle, wo sie sich gerade befindet, eine kugelförmige Druckwelle ausgeht. Diese Druckwellen überlagern sich stetig und ergeben nach Abb. 171 eine sie einhüllende kegelförmige Druckwelle, die mit dem Geschoß fortschreitet, ebenso wie die Bugwelle mit einem fahrenden Schiff. Abb. 172 zeigt eine der Schlierenaufnahmen einer solchen Kopfwelle eines Gewehrgeschosses von Cranz. Für den halben Öffnungswinkel des Kegels, den sog. Machschen Winkel γ, gilt die Beziehung

$$\sin \gamma = \frac{w_s}{w}, \tag{301}$$

wobei w die Geschoß- und w_s die Schallgeschwindigkeit ist.

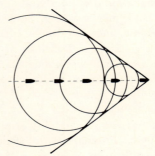

Abb. 171. Kopfwelle eines mit Überschallgeschwindigkeit fliegenden Geschosses.

Bei der Düsenströmung hat die Austrittskante der Düse, an der der höhere Druck der Umgebung zu wirken beginnt, relativ zum Strahl Überschallgeschwindigkeit. Es geht daher von ihr unter dem Machschen Winkel eine Welle aus, ebenso wie von der Spitze eines Geschosses. Man bezeichnet diese Druckwelle, in der der Druck fast plötzlich von dem Wert im Austrittsquerschnitt der Düse auf den Außendruck springt, als Verdichtungsstoß. Dahinter zieht sich der Strahl auf einen kleineren Querschnitt zusammen, der dem Volum des Gases beim Außendruck entspricht.

Steigert man den Außendruck weiter, so löst sich der Strahl nach Abb. 173 von der Wand der Düse ab. Denn wegen der Reibung muß die Geschwindigkeit bei Annäherung an die Wand bis auf Null sinken. In diese mit Unterschall-

VII. Strömende Bewegung von Gasen und Dämpfen

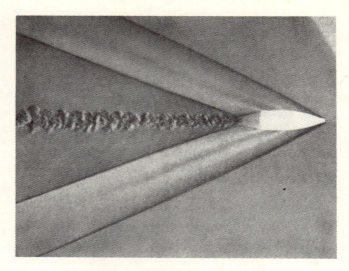

Abb. 172. Schlierenaufnahme der Kopfwelle
eines Gewehrgeschosses nach Cranz.

geschwindigkeit strömende Grenzschicht kann der größere Außendruck vordringen und den Strahl von der Wand abdrängen.

Diese Überlegungen werden bestätigt durch Messungen des Druckverlaufes längs der Achse einer Laval-Düse, die Stodola[1] durchgeführt hat. Bei richtigem Gegendruck verläuft der Druck in Abb. 174 längs der Düse nach der untersten, alle anderen Kurven begrenzenden Linie. Steigert man den Außendruck, so tritt zunächst bei der Kurve L ein Drucksprung auf, der mit steigendem Gegendruck entsprechend den Kurven K, J, H, G stärker wird und weiter in die Düse hineinwandert. Die Wellungen der Kurve sind auf stehende Schallwellen im Strahl zurückzuführen von gleicher Art, wie wir sie in Abb. 166 kennengelernt hatten. Bei den Kurven F und E ist der steile Druckstoß gleich hinter dem Minimum besonders deutlich zu erkennen. Bei Kurve D wird die Schallgeschwindigkeit gerade noch erreicht, aber der Druckstoß liegt schon dicht am engsten Querschnitt. Die Kurven C, B und A verlaufen ganz im Bereich der Unterschallgeschwindigkeit, der erweiterte Teil der Düse setzt die Geschwindigkeit wieder in Druck um, wie uns das bei inkompressiblen Flüssigkeiten geläufig ist.

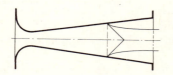

Abb. 173.
Strahlablösung in einer Laval-Düse
bei zu großem Gegendruck.

---

[1] Stodola, A.: Dampf- und Gasturbinen, 6. Aufl., Berlin: Springer 1924, S. 60.

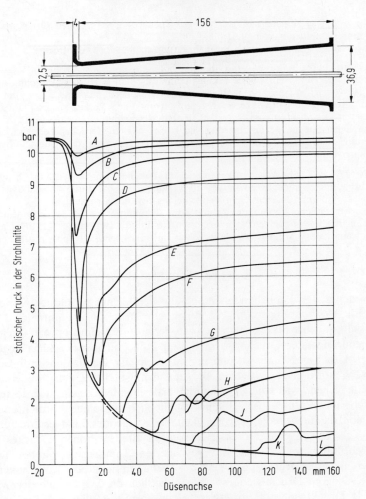

Abb. 174. Messungen des statischen Druckes
längs der Achse einer Laval-Düse
bei verschiedenen Gegendrücken nach Stodola.

Aufgabe 47. In einem Flugzeug wird die Fluggeschwindigkeit aus dem Staudruck eines in die Flugrichtung eingestellten Prandtlschen Staurohrs gemessen, das bei einer Lufttemperatur von $-10\ °C$ und einem absoluten Luftdruck von 700 mbar einen Staudruck von 29,43 mbar anzeigt.

Wie groß ist die Fluggeschwindigkeit?

Aufgabe 48. Ein Dampfkessel erzeugt stündlich 10 t Sattdampf von 15 bar. Der Dampf soll als ideales Gas ($\varkappa = 1,3$) behandelt werden, die Strömung sei reversibel adiabat.

Wie groß muß der freie Querschnitt des Sicherheitsventils mindestens sein?

Aufgabe 49. In eine Dampfleitung, durch die Dampf von 1,0 bar und 150 °C strömt, ist zur Messung der Dampfmenge eine Normblende von $d_0 = 60$ mm Öffnungsdurchmesser (Durch-

flußzahl $\alpha = 0{,}648$) eingebaut. Der Differenzdruckmesser zeigt einen Druckunterschied vor und hinter der Blende von 19,62 mbar an.
Wie groß ist die stündlich durch die Rohrleitung strömende Dampfmenge?

Aufgabe 50. Ein Dampfkessel liefert überhitzten Dampf von $p_0 = 10$ bar und $t_0 = 350\,°\mathrm{C}$. Der Dampf wird durch ein kurzes gerades Rohrstück von $d_2 = 4$ cm Durchmesser einer Laval-Düse von $d_s = 2$ cm Durchmesser im engsten Querschnitt und $d_e = 5$ cm Durchmesser im Austrittsquerschnitt zugeführt und strömt nach Verlassen der Düse in einen Kondensator. Die Strömung sei reversibel adiabat, der Dampf ein ideales Gas mit $\varkappa = 1{,}3$.
Welche Dampfmenge M durchströmt die Düse? Welche Drücke, Temperaturen und Geschwindigkeiten hat der Dampf im geraden Rohrstück, im engsten Querschnitt und im Austrittsquerschnitt der Düse?

Aufgabe 51. In einen vollständig evakuierten Behälter von $V = 1{,}5\ \mathrm{m}^3$ Rauminhalt strömt Luft aus der Atmosphäre von $t_0 = 20\,°\mathrm{C}$ und $p_0 = 1$ bar durch eine gut abgerundete Düse von $A_s = 2\ \mathrm{mm}^2$ engstem Querschnitt bei verlustloser Strömung.
Wie ist der zeitliche Verlauf des Druckes im Behälter, wenn a) der Wärmeaustausch der Luft im Behälter mit seinen Wänden so gut ist, daß die Lufttemperatur nicht merklich steigt, b) wenn kein Wärmeaustausch zwischen Luft und Behälterwand stattfindet?

8 Verdichtungsstöße

Außer den auf S. 336 behandelten Schallwellen kleiner Amplitude gibt es noch sogenannte Verdichtungsstöße, bei denen ein Drucksprung auftritt, d. h. ein steiler, sich auf eine Strecke von der Größenordnung einiger freier Weglängen zusammendrängender Druckanstieg, dessen Höhe nicht mehr klein gegen den absoluten Druck des Gases ist und der mit mehr als Schallgeschwindigkeit fortschreitet. Ursprünglich stetige, z. B. sinusförmige ebene Schallwellen großer Amplitude gehen, wie von E. Schmidt[1] experimentell gezeigt wurde und wie man leicht theoretisch einsehen kann, schließlich in solche Verdichtungsstöße über. Denn da die Schallgeschwindigkeit mit steigender Temperatur zunimmt, pflanzt sich eine kleine Drucksteigerung an Stellen hohen Druckes wegen der durch adiabate Kompression gesteigerten Temperatur rascher fort als an Stellen niederen Druckes. Die Teile der Welle mit höherem Druck holen daher die Teile niederen Druckes ein, so daß schließlich die Vorderseite der Welle in eine steile Druckfront mit unstetigem Drucksprung endlicher Höhe übergeht, während die Rückseite sich abflacht.

Ein solcher mit mehr als Schallgeschwindigkeit in das vor ihm liegende ruhende Gas eindringender Verdichtungsstoß läßt sich im Zustand der Ruhe betrachten, wenn man ihn stationär macht, indem man der ganzen betroffenen Luftmenge eine der Fortpflanzungsgeschwindigkeit des Stoßes entgegengesetzt gleiche Geschwindigkeit überlagert.

Beim geraden oder senkrechten Verdichtungsstoß, den wir nur behandeln wollen, steht die Ebene der Stoßfront senkrecht auf den Geschwindigkeiten des Gases vor und hinter dem Stoß, bei schiefem Stoß ist sie geneigt. In Abb. 175 ist ein gerader stationärer Verdichtungsstoß dargestellt. Von links strömt ihm Gas mit

---
[1] Schmidt, E.: Schwingungen großer Amplitude von Gassäulen in Rohrleitungen Z. VDI 79 (1938) 671–673.

8. Verdichtungsstöße

Überschallgeschwindigkeit zu. Im Stoß erfährt das Gas eine plötzliche Drucksteigerung und fließt dann nach rechts ab, wir wir sehen werden, mit weniger als Schallgeschwindigkeit. Die Zustände links vom Stoß bezeichnen wir mit dem Index 1, rechts davon mit dem Index 2. Der Vorgang ist eindeutig beschrieben durch die 6 Größen p_1, v_1, w_1 und p_2, v_2, w_2, aus denen sich alle anderen Größen wie Temperatur, Enthalpie und Entropie mit Hilfe der thermischen und kalorischen Zustandsgleichung ableiten lassen.

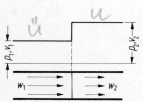

Abb. 175. Stationärer senkrechter Verdichtungsstoß.

Da der Stoßfront von außen weder Energie zugeführt noch entzogen wird, verlangt der Energiesatz die Gleichheit der Energie des Gases auf beiden Seiten des Stoßes:

$$\frac{w_1^2}{2} + h_1 = \frac{w_2^2}{2} + h_2 = h_0. \qquad h = c_p T \qquad (302)$$

Dabei ist h_0 die Enthalpie des Gases von der Geschwindigkeit Null in einem genügend großen Behälter oder Kessel, von dem ausgehend man in Düsen und Kanälen von geeignetem Querschnittsverlauf unter Drucksenkung die Geschwindigkeit w_1 erzeugt denken kann. Senkt man den Druck auf Null, wobei sich die Enthalpie vollständig in kinetische Energie umwandelt, so erhält man die Grenzgeschwindigkeit

$$w_\infty = \sqrt{2h_0} = \sqrt{2\frac{\varkappa}{\varkappa - 1} R T_0}. \qquad (302\,a)$$

Weiter gilt die Kontinuitätsgleichung, nach der die Massenstromdichte $\dot{M}/A = w/v$ durch den Stoß nicht geändert wird, oder

$$\frac{w_1}{v_1} = \frac{w_2}{v_2}. \qquad (303)$$

Ferner verlangt der Impulssatz, daß die Änderung der Impulsstromdichte $\varrho w^2 = w^2/v$ gleich dem Druckunterschied sein muß, da man die Reibungskräfte vernachlässigen kann, oder

$$\frac{w_1^2}{v_1} - \frac{w_2^2}{v_2} = p_2 - p_1, \qquad (304)$$

wofür man unter Benutzung von (303) auch schreiben kann

$$\frac{w_1}{v_1}(w_1 - w_2) = p_2 - p_1. \qquad (305)$$

In diesen Gleichungen sind die Enthalpien h_1 und h_2 keine selbständigen Veränderlichen, da sie sich mit Hilfe der kalorischen Zustandsgleichung $h = h(p,v)$ oder eines Mollier-Diagramms auf p und v zurückführen lassen. Wir haben demnach drei Gleichungen zwischen den 6 Veränderlichen p_1, v_1, w_1 und p_2, v_2, w_2, so daß, wenn 3 davon willkürlich gewählt werden, die anderen bestimmt sind. Strömt z. B. ein Gas vom Zustand p_1, v_1 mit der Überschallgeschwindigkeit w_1 durch ein Rohr und tritt darin ein stationärer Verdichtungsstoß auf, so kann er nur einen durch die Gln. (302) bis (305) gegebenen Endzustand p_2, v_2, w_2 zur Folge haben.

Im allgemeinen, d. h. bei beliebigen, etwa durch Kurvenscharen gegebenen kalorischen und thermischen Zustandsgleichungen findet man den Endzustand 2 für einen gegebenen Anfangszustand 1, z. B. durch Eliminieren der Unbekannten w_2 in Gl. (302) mit Hilfe von Gl. (303), was auf

$$h_2 + \left(\frac{w_1}{v_1}\right)^2 \frac{v_2^2}{2} = h_1 + \frac{w_1^2}{2} = h_0 \qquad (306)$$

führt. Das ist eine quadratische Gleichung von der Form $h_2 = A - Bv_2^2$, die zu jedem v_2 ein h_2 liefert. Über die Zustandsgleichung des Fluids kann man nun zu jedem Wertepaar von h und v der Gl. (306) die Entropie s bestimmen und Linien konstanter Massenstromdichte $\dot{M}/A = w/v$ in ein Mollier-Diagramm einzeichnen. Die dabei entstehenden Kurven nennt man „Fanno"-Linien.

Betrachten wir mit Gl. (306) eine verzögerte Überschallströmung des Zustandes h_1 und s_1, so nehmen zunächst, wie wir aus Gl. (306) sowie mit Hilfe der Zustandsgleichung des Fluids sehen, sowohl die Enthalpie als auch die Entropie zu bis zu einem Punkt, an dem die „Fanno"-Linie eine senkrechte Tangente aufweist. Hier erreicht die Strömungsgeschwindigkeit gerade Schallgeschwindigkeit. Bei weiterer Verzögerung ergäbe die Rechnung wieder eine Abnahme der Entropie, was nach dem zweiten Hauptsatz in einer adiabaten Strömung nicht möglich ist. In Abb. 176 ist der Verlauf einer „Fanno"-Linie im h,s-Diagramm eingezeichnet.

Die „Fanno"-Linien geben zugleich die Zustandsänderung in einem zylindrischen Rohr, durch dessen konstanten Querschnitt A der Mengenstrom $\dot{M}$ stationär hindurchströmt, wobei keine Wärme zwischen Rohrwand und Strömungsmedium ausgetauscht wird, denn auch hier gilt $w/v = $ const wie in Gl. (303), und die Gesamtenergie bleibt konstant wie bei Gl. (302).

Ziehen wir nun Gl. (305) als weitere Bedingung für den Zustandsverlauf heran und eliminieren mit Hilfe von Gl. (303) die Geschwindigkeit w_2, so erhalten wir eine Beziehung zwischen p_2 und v_2

$$p_2 - p_1 = \left(\frac{w_1}{v_1}\right)^2 (v_1 - v_2), \qquad (307)$$

die man ebenfalls über die Zustandsgleichung des Fluids in das h,s-Diagramm einzeichnen kann. Die dabei entstehende Kurve nennt man „Rayleigh"-Linie.

Die Zustände des Fluids vor und hinter einem Verdichtungsstoß müssen den Gln. (302) bis (305) genügen und deshalb sowohl auf der zugehörigen „Fanno"-

8. Verdichtungsstöße

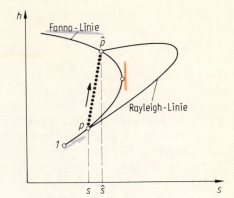

Abb. 176. Schnittpunkte von Fanno- und Rayleigh-Linie im h,s-Diagramm.

als auch auf der „Rayleigh"-Linie liegen, d. h., ausgehend von einem gegebenen Anfangszustand in der Überschallströmung ergibt sich der Zustand nach dem Verdichtungsstoß, wie in Abb. 176 eingezeichnet, aus dem Schnittpunkt der „Rayleigh"- und „Fanno"-Linie. Die Geschwindigkeit des Fluids ist nach dem Verdichtungsstoß unter die Schallgeschwindigkeit gesunken, und der Druck sowie die Enthalpie haben entsprechend größere Werte angenommen. Außerdem hat die Entropie zugenommen. Dies bedingt, daß z. B. kein Verdünnungsstoß möglich ist, in dem die Strömung sprunghaft von Unterschall- auf Überschallgeschwindigkeit beschleunigt würde, was dem zweiten Hauptsatz widerspricht.

Im Falle des idealen Gases lassen sich, wie Prandtl[1] zuerst gezeigt hat, geschlossene Formeln angeben. Mit $pv = RT$ und $h = c_p T = \dfrac{\varkappa}{\varkappa - 1} pv$ lautet Gl. (302), wenn man v_2 mit Hilfe von Gl. (303) entfernt:

$$\frac{w_1^2}{2} + \frac{\varkappa}{\varkappa - 1} p_1 v_1 = \frac{w_2^2}{2} + \frac{\varkappa}{\varkappa - 1} p_2 \frac{w_2}{w_1} v_1 \,.$$

Eliminiert man daraus p_2 mit Hilfe von Gl. (305), so erhält man

$$\frac{w_1^2 - w_2^2}{2} + \frac{\varkappa}{\varkappa - 1} p_1 v_1 \frac{w_1 - w_2}{w_1} = \frac{\varkappa}{\varkappa - 1} w_2 (w_1 - w_2) \,,$$

woraus sich nach Kürzen durch $w_1 - w_2$ und einfaches Umformen ergibt

$$\frac{w_1^2}{2} + \frac{\varkappa}{\varkappa - 1} p_1 v_1 = \frac{\varkappa + 1}{\varkappa - 1} \frac{w_1 w_2}{2}$$

oder mit Einführung der Kesselenthalpie $h_0 = \dfrac{w_1^2}{2} + \dfrac{\varkappa}{\varkappa - 1} p_1 v_1$

$$\frac{w_1 w_2}{2} = \frac{\varkappa - 1}{\varkappa + 1} h_0 \,. \tag{308}$$

---

[1] Prandtl, L.: Zur Theorie des Verdichtungsstoßes. Z. ges. Turbinenwes. 3 (1906) 241–245.

Nach Gl. (288a) können wir damit unter Benutzung der Laval-Geschwindigkeit w_s auch schreiben

$$w_1 w_2 = w_s^2. \tag{309}$$

Das Produkt der Geschwindigkeiten vor und hinter einem stationären Verdichtungsstoß ist also gleich dem Quadrat der Laval-Geschwindigkeit im engsten Querschnitt einer Laval-Düse, mit deren Hilfe man den Zustand und die Überschallgeschwindigkeit vor dem Verdichtungsstoß herstellen kann.

Der gerade Verdichtungsstoß verursacht einen Übergang der Geschwindigkeit von Überschall auf Unterschall, und hinter dem Verdichtungsstoß wirkt die Düsenerweiterung als Diffusor mit Verzögerung der Strömung unter Druckanstieg.

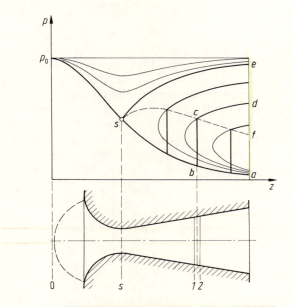

Abb. 177. Verdichtungsstöße in einer Lavaldüse.

In Abb. 177 unten ist eine Düse dargestellt, in der das Gas aus einem Kessel (Index 0), in dem es die Geschwindigkeit Null hat, über den engsten Querschnitt (Index s) in den Zustand *1* gelangt, von dem es durch den Verdichtungsstoß auf den Zustand *2* gebracht wird. Denken wir uns die Düse bis auf unendlichen Querschnitt erweitert, so kommt das Gas bei Entspannung ins Vakuum auf die Grenzgeschwindigkeit w_∞.

Wird eine Laval-Düse mit erheblich größerem Gegendruck betrieben als ihrem Erweiterungsverhältnis entspricht, so wandert ein gerader Verdichtungsstoß so weit in die Erweiterung hinein, daß sein Drucksprung zusammen mit der Drucksteigerung des Diffusors dahinter gerade den vorgegebenen Austrittsdruck liefert. In Abb. 177 sind die Druckverläufe in einer Laval-Düse bei verschiedenem Gegendruck über ihrer Längenkoordinate z aufgetragen. Soll die Düse in ihrer ganzen Länge die Strömung beschleunigen mit einem Druckverlauf nach der stark ausgezogenen Kurve $p_0\,s\,a$, so muß der Gegendruck am Austritt kleiner oder gleich den Werten dieser Kurve sein. Entspricht der Austrittsdruck dem Punkt d, so erhalten wir den Druckverlauf $p_0\,s\,b\,c\,d$ mit dem senkrechten Verdichtungsstoß $b\,c$. Für Gegendrücke oberhalb der gestrichelten Kurve $s\,c\,f$ erhalten wir solche Verdichtungsstöße. Ist der Gegendruck größer als im Punkt e, so erreichen wir nicht die Laval-Geschwindigkeit im Punkt s und bleiben, wie die oberen Kurven der Abbildung andeuten, ganz im Bereich der Unterschallströmung. Liegt der Gegendruck zwischen der gestrichelten Kurve $s\,c\,f$ und der Kurve $s\,b\,a$, so reicht er nicht aus, um einen senkrechten Verdichtungsstoß aufzubauen, und der Druck kann nur in Form von schiefen Verdichtungsstößen in die Düse eindringen, wobei sich der Strahl, wie in Abb. 173 angedeutet, von der Wand ablöst. Dadurch werden die Verhältnisse verwickelter und lassen sich nicht mehr als Funktion nur einer Koordinate darstellen.

Die Theorie des Verdichtungsstoßes erklärt somit die in Abb. 174 dargestellten Messungen Stodolas. Die dort mit D, E und F bezeichneten Kurven enthalten senkrechte Verdichtungsstöße, wenn ihre Steilheit wegen der Unvollkommenheit der Messungen auch nicht voll zum Ausdruck kommt. Bei den Kurven G, H, J und K war der Gegendruck zu klein für einen senkrechten Verdichtungsstoß, und die verwickelteren Vorgänge der schiefen Verdichtungsstöße und der Ablösung des Strahles von der Wand drücken sich in der Wellung dieser Kurven aus.

Die Verhältnisse des geraden Verdichtungsstoßes lassen sich sehr anschaulich mit Hilfe eines p,w-Diagrammes darstellen, wie wir es bereits bei der Kurve w in Abb. 169 benutzt hatten. Nach Gl. (279) ist die Strömungsgeschwindigkeit

$$w = \sqrt{2\frac{\varkappa}{\varkappa-1}p_0 v_0}\sqrt{1-\left(\frac{p}{p_0}\right)^{\frac{\varkappa-1}{\varkappa}}} = \sqrt{2 c_p T_0}\sqrt{1-\frac{T}{T_0}}, \qquad (310)$$

wenn p_0, v_0 und T_0 den Anfangszustand des Gases in einem Druckkessel kennzeichnen, in dem es sich in Ruhe befindet. Führen wir weiter die Laval-Geschwindigkeit $w_s = \sqrt{2\dfrac{\varkappa}{\varkappa+1}p_0 v_0}$ nach Gl. (288) ein und benützen die dimensionslosen Koordinaten[1]

$$\omega = \frac{w}{w_s}, \qquad \pi = \frac{p}{p_0}, \qquad \tau = \frac{T}{T_0} \quad \text{und} \quad v = \frac{v}{v_0},$$

so vereinfacht sich Gl. (310) zu

$$\omega = \sqrt{\frac{\varkappa+1}{\varkappa-1}}\sqrt{1-\pi^{\frac{\varkappa-1}{\varkappa}}} = \sqrt{\frac{\varkappa+1}{\varkappa-1}}\sqrt{1-\tau}. \qquad (311)$$

---

[1] In diesen Koordinaten hat die Zustandsgleichung des idealen Gases die einfache Form $\pi v = \tau$.

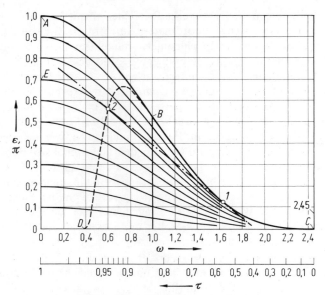

Abb. 178. Druck-Geschwindigkeits-Diagramme
in dimensionslosen Koordinaten
$\pi = p/p_0$, $\omega = w/w_s$ für $\varkappa = 1{,}4$.

Die Gl. (311) ist in Abb. 178 als die stark ausgezogene Kurve $A\ B\ 1\ C$ dargestellt, deren Wendepunkt B bei $\omega = 1$ der Laval-Geschwindigkeit entspricht. Die übrigen Kurven der Abbildung kann man auf folgende Weise gewinnen: Man drosselt den Kesseldruck auf den Wert εp_0 mit $\varepsilon < 1$, wobei die Temperatur beim idealen Gas sich nicht ändert, das Gas in Ruhe bleibt, sein spezifisches Volum auf v_0/ε steigt und die Entropie zunimmt. Von diesen gedrosselten Drücken εp_0 entspannt man das Gas durch eine Laval-Düse, wobei es die Geschwindigkeiten

$$w = w_s \sqrt{\frac{\varkappa+1}{\varkappa-1}} \sqrt{1 - \left(\frac{p}{\varepsilon p_0}\right)^{\frac{\varkappa-1}{\varkappa}}} \tag{312}$$

erreicht oder mit $\pi_\varepsilon = p/\varepsilon p_0$ als dimensionlose Ordinate einer der Kurven

$$\omega = \sqrt{\frac{\varkappa+1}{\varkappa-1}} \sqrt{1 - (\pi_\varepsilon)^{\frac{\varkappa-1}{\varkappa}}} = \sqrt{\frac{\varkappa+1}{\varkappa-1}} \sqrt{1-\tau}. \tag{313}$$

Diese Gleichung ist durch die schwach ausgezogenen Kurven der Abbildung dargestellt mit $\varepsilon = 0{,}9$; $0{,}8 \ldots 0{,}1$. Die Kurven unterscheiden sich nur durch den jeweiligen Faktor ε der Ordinaten, und sie enden in demselben Punkt

$$\omega = \sqrt{\frac{\varkappa+1}{\varkappa-1}} = 2{,}45$$

der Abszissenachse. Alle Kurven entsprechen einer verlustlosen adiabaten Umwandlung von Enthalpie in kinetische Energie und sind daher Isentropen, wobei die Entropie mit abnehmendem ε wächst. Jedem ω entspricht nach Gl. (313) eine bestimmte Temperatur τ, die Vertikalen konstanter Geschwindigkeit sind daher zugleich Isothermen und Linien konstanter Enthalpie. Die Temperaturteilung ist aber nicht linear, sondern nach Gl. (313) eine quadratische Funktion von ω, sie ist in Abb. 178 unter der Geschwindigkeitsskala gezeichnet. Das ganze Diagramm kann daher auch als ein p,T- oder p,h-Diagramm mit verzerrtem Abszissenmaßstab aufgefaßt werden, in das reversible Adiabaten eingetragen sind. In dieser dimensionslosen Form ist es für alle Gase von gleichem $\varkappa$ bei beliebigem Anfangszustand (Kesselzustand) verwendbar. Abb. 178 ist für zweiatomige Gase mit $\varkappa = 1{,}40$ gezeichnet. Für andere Werte von $\varkappa$ verlaufen die Kurven etwas anders.

Die gestrichelte Kurve $B\,2\,D$ verbindet die Berührungspunkte aller Tangenten, die die Kurve $A\,B\,C$ von unten und eine der anderen Kurven von oben berühren. Sie begrenzt das Zustandsfeld $0\,A\,B\,2\,D\,0$, das, wie wir sehen werden, hinter einem Verdichtungsstoß erreicht wird.

Durch Differenzieren von Gl. (312) erhält man

$$-\frac{dp}{dw} = 2\,\frac{\varkappa}{\varkappa+1}\,\frac{\varepsilon p_0}{w_s^2}\left(\frac{p}{\varepsilon p_0}\right)^{1/\varkappa} w\,. \tag{314}$$

Bei reversibler adiabater Expansion von einem Zustand εp_0 und v_0/ε, wie er dem Punkt ε der Ordinatenachse entspricht, ist

$$pv^\varkappa = \varepsilon p_0\left(\frac{v_0}{\varepsilon}\right)^\varkappa \quad \text{oder} \quad \left(\frac{p}{\varepsilon p_0}\right)^{1/\varkappa} = \frac{v_0}{\varepsilon v},$$

und Gl. (314) wird bei Beachtung von $w_s^2 = 2\,\dfrac{\varkappa}{\varkappa+1}\,p_0 v_0$

$$-\frac{dp}{dw} = 2\,\frac{\varkappa}{\varkappa+1}\,\frac{p_0 v_0}{w_s^2}\,\frac{w}{v} = \frac{w}{v}$$

oder in dimensionslosen Koordinaten

$$-\frac{d\pi}{d\omega} = 2\,\frac{\varkappa}{\varkappa+1}\,\frac{\omega}{v}, \tag{314a}$$

d. h., die Neigung aller Kurven der Abb. 178 ist proportional der Mengenstromdichte ω/v. Zieht man demnach eine Gerade, z. B. $1\,2$, die eine der π,ω-Kurven im Überschallbereich von unten (Punkt 1), eine andere im Unterschallbereich von oben (Punkt 2) berührt, so sind die Mengenstromdichten an beiden Stellen dieselben, was Gl. (303) für den Verdichtungsstoß verlangt. Für die Neigung der Geraden $1\,2$ gilt aber auch

$$\frac{\pi_2 - \pi_1}{\omega_1 - \omega_2} = -\frac{d\pi}{d\omega} = 2\,\frac{\varkappa}{\varkappa+1}\,\frac{\omega}{v}$$

oder mit Gl. (288) in gewöhnlichen Koordinaten

$$\frac{p_2 - p_1}{w_1 - w_2} = \frac{w_1}{v_1} = \frac{w_2}{v_2}$$

in Übereinstimmung mit Gl. (305). Schließlich haben wir der Energiegleichung (302) dadurch genügt, daß unser Diagramm nichts anderes ist als ein p,T- oder p,h-Diagramm mit einem entsprechend der Energiegleichung verzerrten Abszissenmaßstab.

Die gemeinsame Tangente *1 2* zweier Kurven unseres Diagrammes entspricht somit dem Verdichtungsstoß. Tritt in der Erweiterung einer Laval-Düse ein Verdichtungsstoß auf, so ist die Strömung vom Druckkessel über die engste Stelle bis zum Verdichtungsstoß durch das Kurvenstück *A B 1* dargestellt. Im Stoß springt der Zustand von *1* nach *2*, und danach verläuft die Strömung ganz im Unterschallgebiet entsprechend der Kurve *2 E*, wenn man sie durch einen ausreichend erweiterten Diffusor auf Null verzögert. Dabei wird nur der Druck εp_0 erreicht; dem Druckverlust $(1 - \varepsilon) p_0$ entspricht eine Entropiezunahme

$$s_2 - s_1 = R \ln \frac{1}{\varepsilon}, \tag{315}$$

und wir sehen, daß der Verdichtungsstoß ein nichtumkehrbarer Vorgang ist.

Die Druckeinbuße und damit die Entropiezunahme bleiben klein, wie man aus der Abbildung sofort erkennt, wenn die Strömung die Schallgeschwindigkeit (Punkt *B*) nicht erheblich überschreitet.

VIII Der Luftstrahlantrieb

Die Luftstrahltriebwerke von Flugzeugen entnehmen eine bestimmte sekundliche Luftmasse $\dot M$ mit Fluggeschwindigkeit aus der Umgebung, führen ihr Wärme in einer Brennkammer zu und stoßen sie mit größerer Geschwindigkeit nach hinten aus. Damit das austretende Gas eine höhere Geschwindigkeit bekommt als die eintretende Luft sie hatte (relativ zur Brennkammer), kann man vor der Verbrennung den Druck erhöhen. Am einfachsten kann dies in einem sogenannten Schubrohr, d. h. in einem Diffusor, der die Luft verzögert und dadurch auf höheren Druck bringt, geschehen. Dieses Verfahren hat kaum praktische Bedeutung erlangt. Die heute in Betrieb befindlichen Strahltriebwerke benutzen einen Turboverdichter mit Antrieb durch eine Gasturbine, die ihre Leistung dem heißen Gasstrom entnimmt, bevor dieser als Schubstrahl wirkt.

Für kleine Flugzeuge mit geringen und mittleren Fluggeschwindigkeiten wird auch heute noch der Propeller als Vortriebsmittel verwandt. Er hat den Vorteil, daß er große Luftmengen erfaßt und ihnen nur kleine Zusatzgeschwindigkeiten erteilt, so daß die Verluste klein bleiben. Als Übergangslösung zwischen Propellerantrieb und Strahltriebwerk findet man deshalb auch Gasturbinen, die dem Gasstrom mehr Leistung entnehmen als der Verdichter benötigt und den Mehrertrag über einen Propeller in Vortrieb verwandeln unter entsprechender Verminderung der Leistung des Schubstrahles.

Beim reinen Strahlantrieb (d. h. ohne Propeller), wird die Verbrennungsenthalpie auf thermodynamischem Wege in die kinetische Energie des Treibstrahles verwandelt. Die Güte dieses Umsatzes kennzeichnet der thermodynamische oder *innere Wirkungsgrad* η_i.

Die sekundliche Strahlenergie ist aber noch kein Maß für die Nutzleistung, die sich als Produkt aus Schubkraft und Fluggeschwindigkeit ergibt. Man hat vielmehr noch einen Vortriebs- oder *äußeren Wirkungsgrad* η_a einzuführen gleich dem Verhältnis von Schubleistung am Flugzeug zur sekundlichen Energie des Strahles. Dieser Vortriebswirkungsgrad hängt wesentlich von der Fluggeschwindigkeit ab. Der Gesamtwirkungsgrad des Antriebes ist dann das Produkt

$$\eta = \eta_i \eta_a \tag{316}$$

beider Wirkungsgrade.

In beweglichen Fluiden wie Luft oder Wasser kann ein Vortrieb nur erzeugt werden, indem man Teilen des Fluids eine Geschwindigkeit entgegen der Fahrzeugbewegung erteilt. Die mit dieser Geschwindigkeit verbundene kinetische Energie ist ein unvermeidlicher Verlust, der in gleicher Weise beim Propeller und beim thermodynamischen Strahlantrieb auftritt und der den Vortriebswirkungsgrad bestimmt.

Wir behandeln zunächst den Schraubenpropeller. Ist w_1 die Fluggeschwindigkeit, w_4 die Geschwindigkeit des Propellerstrahles relativ zum Flugzeug, so überträgt der Propeller, abgesehen von dem geringen Drall, an den Strahl vom Massenstrom $\dot M$ die mechanische Leistung

$$|P_\mathrm{m}| = \dot M \left(\frac{w_4^2}{2} - \frac{w_1^2}{2}\right). \tag{317}$$

Nach dem Impulssatz ist der Schub des Propellers

$$|\dot S| = \dot M(w_4 - w_1), \tag{318}$$

der am Flugzeug die Nutzleistung

$$|P_\mathrm{n}| = w_1 |\dot S| = \dot M w_1 (w_4 - w_1) \tag{319}$$

vollbringt. Damit ergibt sich der Vortriebswirkungsgrad

$$\eta_\mathrm{a} = \frac{|P_\mathrm{n}|}{|P_\mathrm{m}|} = \frac{2}{1 + \dfrac{w_4}{w_1}}, \tag{320}$$

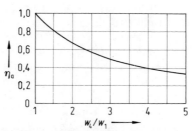

Abb. 179. Äußerer oder Vortriebswirkungsgrad η_a eines Schubstrahles als Funktion des Verhältnisses w_4/w_1 von Strahlgeschwindigkeit zu Fluggeschwindigkeit.

der in Abb. 179 dargestellt ist, oder, wenn wir den vom Propeller erzeugten Geschwindigkeitszuwachs $\Delta w = w_4 - w_1$ einführen,

$$\eta_\mathrm{a} = \frac{1}{1 + \dfrac{1}{2}\dfrac{\Delta w}{w_1}}.$$

Um gute Vortriebswirkungsgrade zu erzielen, muß man also kleine Zusatzgeschwindigkeiten Δw anwenden und so nach Gl. (318) möglichst viel Luft erfassen durch Wahl eines großen Propellerdurchmessers. Dem stehen andere Rücksichten entgegen, auf die wir hier nicht eingehen wollen. Der wirkliche Propeller hat noch zusätzliche Verluste durch Strahldrall, Oberflächenreibung, Wirbelbildung, die man durch einen Gütegrad ζ erfaßt, der bei guten Ausführungen etwa bei 0,90 liegt.

Bei der Strahlerzeugung durch Verbrennung ist die Masse des austretenden Strahles um die Masse $\dot{M}_b$ des je Sekunde verbrauchten Brennstoffes größer als die erfaßte Luftmasse $\dot{M}_1$. Damit ändern sich die Gln. (317) bis (319) in

$$|P_m| = (\dot{M}_1 + \dot{M}_b) \frac{w_4^2}{2} - \dot{M}_1 \frac{w_1^2}{2}, \tag{317a}$$

$$|\dot{S}| = (\dot{M}_1 + \dot{M}_b) w_4 - \dot{M}_1 w_1, \tag{318a}$$

$$|P_n| = (\dot{M}_1 + \dot{M}_b) w_1 w_4 - \dot{M}_1 w_1^2, \tag{319a}$$

und, wenn wir zur Abkürzung das Brennstoff-Luft-Verhältnis $b = \dot{M}_b/\dot{M}_1$ einführen, wird der äußere Wirkungsgrad

$$\eta_a = \frac{2}{1 + \frac{w_4}{w_1}} \left[1 + \frac{b}{(1+b) \frac{w_4}{w_1} - \frac{w_1}{w_4}} \right]. \tag{320a}$$

Hierin ist bei stöchiometrischer Verbrennung $b \approx 1/15$. Wirkliche Strahlantriebe arbeiten mit etwa vierfachem Luftüberschuß, um die Verbrennungstemperatur in zulässigen Grenzen zu halten, also mit $b \approx 1/60$. Ferner ist bei ihnen die Strahlgeschwindigkeit mindestens das Doppelte der Fluggeschwindigkeit oder $w_4/w_1 > 2$. Damit ist das zweite Glied in der Klammer von Gl. (320a) nur von der Größenordnung 0,01, d. h., wir können auch für thermodynamische Strahlantriebe ohne wesentlichen Fehler mit der einfachen Propellerformel Gl. (320) für den äußeren Wirkungsgrad rechnen.

Diese Vernachlässigung der Brennstoffmenge im Vergleich zur Luftmenge hatten wir übrigens auch bei der vereinfachten Behandlung der Verbrennungskraftmaschinen angewandt, als wir während des ganzen Prozesses mit derselben Gasmenge im Zylinder rechneten und Verbrennung und Auspuff durch Wärmezufuhr und -entzug ersetzten.

Nachdem durch Einführen des Vortriebswirkungsgrades der wesentlich von der Fluggeschwindigkeit abhängige Teil der Verluste erfaßt ist, soll die thermodynamische Erzeugung des Strahles behandelt werden. Dabei ist es für den thermodynamischen Vorgang gleichgültig, ob wir die mechanische Arbeit als Wellenleistung eines Propellers oder als kinetische Energie des Schubstrahles erzeugen, zumal der Vortriebswirkungsgrad, wie wir gezeigt haben, in beiden Fällen durch dieselbe Formel (320) gegeben ist. Wir können daher die an der Heißluftmaschine und Gasturbine bei adiabaten Volumänderungen und isobarer Wärmezufuhr gefundenen Beziehungen ohne weiteres übernehmen.

1 Das Schubrohr (Lorin-Düse)

Wir behandeln wegen seiner bestechenden Einfachheit zunächst das Schubrohr oder die Lorin-Düse (Englisch: Propulsive duct oder aerothermodynamic duct, abgekürzt athodyd). In Abb. 180 ist ein solcher Antrieb schematisch im Längsschnitt dargestellt. Bei *1* tritt die Luft mit Fluggeschwindigkeit w_1 und einem durch den Index 1 gekennzeichneten Zustand ein. Im Diffusor *1 2* wird sie auf die Geschwindigkeit w_2 bei dem Zustand Index 2 verzögert. Zwischen den Querschnitten *2* und *3* wird Brennstoff eingespritzt und verbrannt, wobei wir den Querschnitt entsprechend der Volumzunahme so erweitern, daß die Geschwindigkeit $w_2 = w_3$ konstant bleibt und damit bei reversibler Zustandsänderung auch der Druck $p_2 = p_3$ konstant bleibt, da $dl_t = 0 = v\,dp$ ist. (Bildet man diesen Teil zylindrisch aus, so findet in ihm bei der Verbrennung eine Geschwindigkeitszunahme mit Drucksenkung statt, deren Behandlung auch nicht schwierig ist, aber die Theorie weniger übersichtlich macht.) In der Düse *3 4* wird das Gas auf die Geschwindigkeit $w_4 > w_1$ beschleunigt, wobei der Druck wieder den Anfangsdruck $p_4 = p_1$ erreicht.

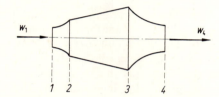

Abb. 180. Schema des Schubrohres (Lorindüse).

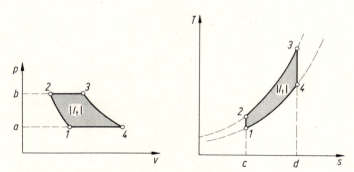

Abb. 181 u. 182. Prozeß des Schubrohres im *p,v*- und *T,s*-Diagramm.

Die Zustandsänderungen des reversiblen Vorganges sind im *p,v*- und im *T,s*-Diagramm der Abb. 181 und 182 dargestellt, die völlig den Diagrammen einer Heißluftmaschine Abb. 110 und 111 entsprechen, wenn wir wie damals die Verbrennung durch Wärmezufuhr an das chemisch gleichbleibende Arbeitsmittel ersetzen. In beiden Diagrammen ist *1 2* die Verdichtung im Diffusor, *2 3* die der Verbrennung entsprechende Wärmezufuhr und *3 4* die Entspannung in der Austrittsdüse. Die Verdichtungsarbeit ist gleich der Fläche *1 2 b a*, die Expansionsarbeit gleich *3 4 a b*. Die schraffierte Differenz *1 2 3 4* dieser beiden Flächen gibt die kinetische Energie des Schubstrahles, die im *T,s*-Diagramm in gleicher Weise

1. Das Schubrohr (Lorin-Düse)

bezeichnet ist. In Abb. 182 bedeutet *2 3 d c* die bei der Verbrennung je kg Gas zugeführte Wärme

$$q = c_p(T_3 - T_2)$$

und *4 1 c d* die mit dem austretenden Gas abgeführte Wärme

$$|q_0| = c_p(T_4 - T_1) .$$

Der Wirkungsgrad der Umsetzung von Enthalpie in kinetische Energie des Schubstrahles ist in Übereinstimmung mit Gl. (228) auf S. 272.

$$\eta_i = 1 - \frac{T_1}{T_2} = 1 - \left(\frac{p_1}{p_2}\right)^{\frac{\varkappa-1}{\varkappa}} . \tag{321}$$

Er hängt nur vom Druckverhältnis p_1/p_2 bzw. vom Temperaturverhältnis T_1/T_2 ab, das durch die im günstigsten Fall reversibel adiabate Verzögerung der Strömung von der Fluggeschwindigkeit w_1 auf die Geschwindigkeit w_2 in der Brennkammer erzeugt wird.

Nehmen wir die Umsetzung von Geschwindigkeit in Druck und umgekehrt als reversibel adiabat an, so folgt aus Gl. (278a), wenn für c_p dem Temperaturbereich entsprechende Mittelwerte eingesetzt werden,

$$w_1^2 - w_2^2 = 2c_p(T_2 - T_1) .$$

Setzt man hieraus

$$\left(\frac{p_2}{p_1}\right)^{\frac{\varkappa-1}{\varkappa}} = \frac{T_2}{T_1} = 1 + \frac{w_1^2 - w_2^2}{2c_p T_1} \tag{322}$$

in die Gl. (321) des inneren Wirkungsgrades ein, so erhält man

$$\eta_i = \frac{1}{1 + \dfrac{2c_p T_1}{w_1^2 - w_2^2}} . \tag{323}$$

Der innere Wirkungsgrad des Schubrohres hängt also wesentlich von der Fluggeschwindigkeit w_1 und der Anfangstemperatur T_1 ab, während der Einfluß der kleinen Geschwindigkeit in der Brennkammer gering bleibt.

Für die Geschwindigkeit w_2 besteht nämlich eine nicht hohe obere Grenze, die durch die Fortpflanzungsgeschwindigkeit der Verbrennung im Brennraum gegeben ist. Wird diese von der Strömungsgeschwindigkeit übertroffen, so wird die Flamme von der Strömung mitgerissen und ausgeblasen. Die Flammgeschwindigkeit hängt vom Mischungsverhältnis des Brennstoff-Luft-Gemisches und in hohem Maße von seinem Turbulenzzustand ab. Da die Luft aus der Atmosphäre praktisch turbulenzfrei eintritt, muß sie durch geeignete Einbauten, die zugleich der Brennstoffverteilung dienen, künstlich turbulent gemacht werden, was Druckenergie kostet.

Bei gebräuchlichen Kohlenwasserstoffen (Benzin) und den in solchen Brennkammern erreichbaren Turbulenzzuständen sind nach bisherigen Erfahrungen Flammengeschwindigkeiten zwischen 25 und 50 m/s möglich. Nur bei Wasserstoff-Luft-Gemischen kommen höhere Werte vor. Da das Schubrohr, wie wir sehen werden, nur für sehr hohe Fluggeschwindigkeiten in Frage kommt, ist w_2 ein kleiner Bruchteil der Fluggeschwindigkeit, und man kann praktisch w_2^2 gegen w_1^2 vernachlässigen. Beim Flug mit Überschallgeschwindigkeit sind gasdynamische Betrachtungen notwendig (vgl. S. 346–354).

Die vorstehenden Überlegungen sind für konstante spezifische Wärmekapazitäten und bei Vernachlässigung der Brennstoffmenge gegen die Luftmenge durchgeführt worden, um die Grundzüge der Theorie so klar wie möglich hervortreten zu lassen. Mit etwas mehr Rechenaufwand ist es ohne Schwierigkeit möglich, diese Vereinfachungen fallenzulassen. Dabei werden aber die Zusammenhänge verwickelter, und die Abhängigkeit des Wirkungsgrades von den wesentlichen Einflußgrößen verliert ihre Durchsichtigkeit.

2 Der Turbinenstrahlantrieb

Die Verbrennungsturbine hat sich als Flugzeugantrieb früher durchgesetzt als für stationäre Kraftanlagen, obwohl die Luftfahrt wegen ihrer Beschränkungen an Raum und Gewicht höhere Anforderungen an die Konstruktion stellt. Der Grund hierfür ist die Einfachheit des Strahlantriebes, bei dem die Nutzleistung nicht erst in das Drehmoment einer Welle verwandelt zu werden braucht, sondern unmittelbar in der Reaktion des Impulses der austretenden Gase auftritt.

Beim reinen Strahlantrieb dient die ganze Wellenleistung der Turbine nur zum Antrieb des Verdichters, der im Gegensatz zum Schubrohr ein von der Fluggeschwindigkeit nur wenig abhängendes, höheres Druckverhältnis liefert und damit auch im Stand und bei kleinen Fluggeschwindigkeiten einen brauchbaren inneren Wirkungsgrad des Prozesses ergibt.

Wie wir gesehen haben, sind vernünftige äußere Wirkungsgrade des Strahlantriebes nur zu erreichen bei Fluggeschwindigkeiten, die mindestens der halben Geschwindigkeit des Schubstrahles nahekommen. Bei nicht sehr großen Fluggeschwindigkeiten erhält man bessere Wirkungsgrade, wenn man in der Turbine mehr Wellenleistung erzeugt als der Verdichter braucht und den Überschuß durch eine Luftschraube in Vortrieb verwandelt.

Der theoretische innere Wirkungsgrad, d. h. das Verhältnis der kinetischen Energie des Schubstrahles zum Heizwert des Brennstoffes, ist

$$\eta_i = 1 - \left(\frac{p_1}{p_2}\right)^{\frac{\varkappa-1}{\varkappa}} \tag{324}$$

und hängt nur vom Druckverhältnis der Verdichtung ab. Die Fluggeschwindigkeit verbessert ihn ein wenig, da der Flugstau den Druck am Verdichtereintritt und damit das wirksame Druckverhältnis etwas erhöht. Dieser Einfluß läßt sich, wie wir zeigen werden, am einfachsten dadurch berücksichtigen, daß man ein Schubrohr mit der Verbrennungsturbine verbunden denkt. Zunächst soll aber der Turbinenprozeß ohne diese Staudruckaufwertung behandelt werden, also unter Verhältnissen, wie sie auf dem Prüfstand oder bei langsamem Fluge auftreten.

a) Der Turbinenstrahlantrieb im Stand

Den Kreisprozeß eines Verbrennungsturbinen-Strahltriebwerkes zeigt Abb. 183 im H,S-Diagramm unter der vereinfachenden Annahme eines während des ganzen Prozesses chemisch gleichbleibenden Arbeitsmittels, wobei Verbrennung und Gaswechsel durch Wärmezufuhr und Wärmeentzug ersetzt sind. Dabei ist *1 2* die Kompression, *2 3* die der Verbrennung entsprechende Wärmezufuhr, *3 5 4* die Expansion und *4 1* der durch Wärmeentzug ersetzte Gaswechsel. Die Verluste bei der Kompression und Expansion sind durch die Neigung der Linien im Sinne zunehmender Entropie berücksichtigt.

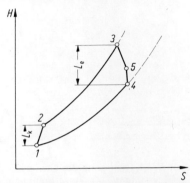

Abb. 183. H,S-Diagramm des Gasturbinen-Strahltriebwerkes.

Von der gesamten Expansionsarbeit $L_e = H_3 - H_4$ dient der Teil $H_3 - H_5$ zur Deckung der Verdichterarbeit $L_k = H_2 - H_1$, und der Teil $L_n = H_5 - H_4$ ist Nutzarbeit, die beim reinen Strahlantrieb als kinetische Energie des Schubstrahles auftritt. Da die Strahlerzeugung in einer Düse mit geringeren Verlusten verbunden ist als die Erzeugung von Arbeit durch die Turbine, ist die Linie *5 4* steiler gezeichnet als *3 5*.

Die Geschwindigkeit des Schubstrahles ergibt sich nach

$$\dot{M}\frac{w^2}{2} = |P_n| \qquad (325)$$

aus dem Massenstrom $\dot{M}$ und dem Betrag der Nutzleistung P_n

$$|P_n| = \dot{M}(h_5 - h_4).$$

b) Der Turbinenstrahlantrieb im Fluge

Wie bereits kurz erwähnt, erhöht sich der Wirkungsgrad des Turbinenprozesses im Fluge, da der Staudruck eine mit wachsender Fluggeschwindigkeit steigende Zunahme des Druckverhältnisses der Verdichtung zur Folge hat.

VIII. Der Luftstrahlantrieb

Man kann diesen Einfluß der Fluggeschwindigkeit am einfachsten verstehen, wenn man als Anfangs- und Enddruck des Turbinenprozesses den Staudruck am Eingang des Verdichters ansieht und einen Schubrohrprozeß damit gekoppelt denkt, der zwischen diesem Staudruck und dem statischen Druck der umgebenden Atmosphäre arbeitet, so daß die Turbine gleichsam als Brennkammer für das Schubrohr anzusehen ist. Abb. 184 und 185 zeigen dies im p,V- und im H,S-Diagramm, wobei *1 2 3 4* der Prozeß der Turbine und *1_a 1 4 4_a* der des Schubrohres ist. In Abb. 184 wird von der Arbeit *3 4 a b* der Turbine der Teil *1 2 b a* zum Antrieb des Verdichters verbraucht, und die Fläche *1 2 3 4* zusammen mit der Arbeitsfläche *1_a 1 4 4_a* des Schubrohrprozesses entsprechen der kinetischen Energie des Schubstrahles.

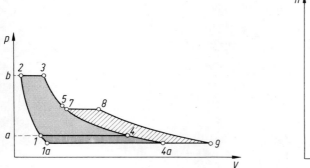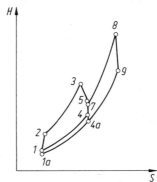

Abb. 184 u. 185. p,V- und H,S-Diagramm des Gasturbinen-Strahltriebwerkes im Fluge und mit Zusatzverbrennung.

Bei Annahme reversibel adiabater Verdichtung und Entspannung ist der auf den Heizwert Q_B des Brennstoffes bezogene innere Wirkungsgrad des Turbinenprozesses mit der Arbeit $|L_t|$ = Fläche *1 2 3 4*

$$\eta_{it} = \frac{|L_t|}{Q_B} = 1 - \left(\frac{p_1}{p_2}\right)^{\frac{\varkappa-1}{\varkappa}} = 1 - \frac{T_1}{T_2} \qquad (326)$$

nur eine Funktion des Druckverhältnisses und unabhängig von der absoluten Höhe des Anfangsdruckes.

Die mit den Abgasen der Turbine abgeführte Wärme

$$Q_B \frac{T_1}{T_2} = Q_B \left(\frac{p_1}{p_2}\right)^{\frac{\varkappa-1}{\varkappa}} \qquad (327)$$

ist die zugeführte Wärme des Schubrohrprozesses, der daraus den Beitrag L_s = Fläche *1_a 1 4 4_a* zur kinetischen Energie des Schubstrahles erzeugt mit dem

2. Der Turbinenstrahlantrieb

Wirkungsgrad Gl. (323)

$$\eta_{is} = \frac{|L_s|}{Q_B \left(\dfrac{p_1}{p_2}\right)^{\frac{\varkappa-1}{\varkappa}}} = \frac{1}{1 + \dfrac{2c_p T_u}{w^2}}, \qquad (328)$$

wenn T_u die Umgebungstemperatur und w die Fluggeschwindigkeit ist. Die in Gl. (323) auftretende Geschwindigkeit w_2 ist hier Null, da die als Brennkammer wirkende Turbine die Luft aus der Ruhe ansaugt und wie vorausgesetzt ihr Abgas auch mit der Geschwindigkeit Null wieder freigibt.

Für den inneren Wirkungsgrad des Turbinentriebwerkes im Fluge mit der Geschwindigkeit w erhält man somit

$$\eta_i = \frac{|L_t| + |L_s|}{Q_B} = 1 - \left(\frac{p_1}{p_2}\right)^{\frac{\varkappa-1}{\varkappa}} \left[1 - \frac{1}{1 + \dfrac{2c_p T_u}{w^2}}\right]$$

oder

$$\eta_i = 1 - \frac{\left(\dfrac{p_1}{p_2}\right)^{\frac{\varkappa-1}{\varkappa}}}{1 + \dfrac{w^2}{2c_p T_u}}. \qquad (329\,a)$$

Wenn wir nach Gl. (297a) die Schallgeschwindigkeit $w_s = \sqrt{\varkappa R T_u}$ in der umgebenden Atmosphäre und die Mach-Zahl $(Ma) = w/w_s$ der Fluggeschwindigkeit einführen, können wir dafür schreiben

$$\eta_i = 1 - \frac{\left(\dfrac{p_1}{p_2}\right)^{\frac{\varkappa-1}{\varkappa}}}{1 + \dfrac{\varkappa-1}{2}(Ma)^2}, \qquad (329\,b)$$

woraus hervorgeht, daß der innere Wirkungsgrad des Turbinenstrahlantriebes mit der Fluggeschwindigkeit oder der entsprechenden Mach-Zahl zunimmt.

Da die Schallgeschwindigkeit der Wurzel aus der absoluten Temperatur proportional ist, nimmt die Mach-Zahl bei gleicher Fluggeschwindigkeit mit der Höhe zu (wenigstens bis zur Stratosphärengrenze).

Die Leistung eines gegebenen Turbinentriebwerkes und ebenso eines Schubrohres ist der Dichte der angesaugten Luft proportional und nimmt daher mit der Höhe ab. In demselben Maße vermindert sich der Widerstand, so daß die Fluggeschwindigkeit von der Flughöhe in erster Näherung unabhängig sein sollte. Tatsächlich nimmt die Geschwindigkeit des Fluges bei Turbinentriebwerken mit der Höhe etwas zu: Denn mit Rücksicht auf den Werkstoff betreibt man die Turbine mit konstanter Verbrennungstemperatur, was bei kälterer Ansaugluft einer größeren Wärmezufuhr und damit auch einer größeren Nutzarbeit je kg Ansaugluft (bei gleich angenommenem Wirkungsgrad) entspricht.

Selbstverständlich geben diese Überlegungen die Verhältnisse nur in großen Zügen wieder. Für eine genauere Untersuchung braucht man die Kenntnis der Aerodynamik des Flugzeuges und genauere Angaben über die Güte des Triebwerkes, bei dem wir uns auf die Betrachtung des theoretischen Wirkungsgrades beschränkt hatten.

Im Interesse der einfachen Darstellung der wesentlichen Zusammenhänge haben wir auch von der Änderung der Gaszusammensetzung und der Temperaturabhängigkeit der spezifischen Wärmekapazität des Arbeitsmittels abgesehen.

c) Leistungssteigerung durch Nachverbrennung und Wassereinspritzung

Die Gasturbine mit Treibstahl bietet eine einfache Möglichkeit der Leistungssteigerung durch Verbrennen von Brennstoff, den man in die aus der Turbine kommenden Gase einspritzt, bevor diese auf die Geschwindigkeit des Treibstrahles beschleunigt werden. Der innere Wirkungsgrad dieses Verfahrens ist zwar sehr bescheiden, da er vom Verhältnis des Druckes am Ort der Nachverbrennung und im Austrittsquerschnitt des Strahles abhängt. Dieses Verhältnis wird in der Regel den Wert 2 nicht überschreiten. Im p,V-Diagramm der Abb. 184 ist die Arbeit dieser Nachverbrennung durch die Arbeitsfläche $4\ 7\ 8\ 9\ 4_a$ dargestellt, der im H,S-Diagramm der Abb. 185 der Unterschied der Enthalpiedifferenzen $H_8 - H_9$ und $H_7 - H_{4a}$ entspricht. Da die Gase nach der Nachverbrennung keine hoch beanspruchten Maschinenteile wie Turbinenschaufeln u. dgl. mehr treffen, kann man auf erheblich höhere Verbrennungstemperaturen gehen als vor der Turbine, was in Abb. 185 durch die im Vergleich zu Punkt 3 große Enthalpie des Punktes 8 zum Ausdruck kommt. Natürlich ist dann auch die Temperatur des austretenden Strahles in Punkt 9 erheblich höher als vorher in Punkt 4_a. Die heißen Gase benötigen einen größeren Austrittsquerschnitt, was eine Regelungseinrichtung für diesen Querschnitt erfordert. Die Verwendung dieses Verfahrens der Leistungssteigerung wird wegen des schlechten Wirkungsgrades auf militärische Zwecke beschränkt bleiben.

Zur kurzzeitigen Leistungssteigerung beim Start kann man bei gleichzeitiger Erhöhung der Brennstoffzufuhr Wasser in die Brennkammer einspritzen, das verdampft und durch seine Volumzunahme die Ausströmgeschwindigkeit und damit sowohl den Schub als auch die Turbinenleistung des Triebwerks erhöht. Die große Verdampfungsenthalpie des Wassers bewirkt, daß die Temperaturen trotz merklicher Leistungserhöhung in den zulässigen Grenzen bleiben. Wegen des begrenzten Wasservorrates kann man von dieser Leistungssteigerung nur kurzzeitig Gebrauch machen.

IX Die Grundbegriffe der Wärmeübertragung

1 Allgemeines

Bei unseren bisherigen Betrachtungen wurde oft Wärme von einem Körper an einen anderen übertragen, aber dabei spielte die Zeit keine Rolle. Wir haben im Gegenteil oft angenommen, daß die Wärme mit verschwindend kleinem Temperaturgefälle und damit unendlich langsam überging. Je langsamer aber die Wärme übertragen wird, um so größer werden die dazu notwendigen Einrichtungen. Die Kenntnis der unter gegebenen Verhältnissen auszutauschenden oder abzuführenden Wärmen bestimmt also die Abmessungen von Dampfkesseln, Heizapparaten, Wärmeübertragern usw. Aber auch die Berechnung von elektrischen Maschinen, Transformatoren, hoch beanspruchten Lagern usw. hat wesentlich auf die Möglichkeit der Abfuhr der Verlustwärme Rücksicht zu nehmen. Viele Vorgänge bei hoher Temperatur sind nur bei intensiver Kühlung der Wände möglich (Dieselmotoren, Gasturbinen, Brennkammern, Strahldüsen von Raketen usw.).

Bei der Wärmeübertragung haben wir im wesentlichen drei Fälle zu unterscheiden.

1. Die Wärmeübertragung durch *Leitung* in festen oder in unbewegten flüssigen und gasförmigen Körpern.
2. Die Wärmeübertragung durch *Mitführung* oder *Konvektion* durch bewegte flüssige oder gasförmige Körper.
3. Die Wärmeübertragung durch *Strahlung*, die sich ohne materiellen Träger vollzieht.

Bei technischen Anwendungen wirken oft alle drei Arten der Wärmeübertragung zusammen. In einem Dampfkessel wird z. B. die Wärme von der Feuerung durch Strahlung und Konvektion vom Kohlebett und den Flammgasen an den Kessel übertragen. Die Wand des Kessels durchdringt sie durch Wärmeleitung. An das Wasser geht sie wieder durch Wärmeleitung und Konvektion über. Da die einzelnen Arten der Wärmeübertragung verschiedenen Gesetzen gehorchen, kann man nur zu einem Einblick kommen, wenn man sie zunächst gesondert behandelt. Die Konvektion ist allerdings von der Wärmeleitung nicht ganz zu trennen, da an der wärmeabgebenden Oberfläche selbst die Wärme durch Leitung in die vorbeiströmenden Teile des bewegten Stoffes eindringen muß.

2 Stationäre Wärmeleitung

Werden die beiden Oberflächen einer ebenen Wand von der Dicke δ auf verschiedenen Temperaturen ϑ_1 und ϑ_2 gehalten[1], so strömt durch die Fläche A der Wand in der Zeit t nach dem Fourierschen Gesetz die Wärme

$$Q = \lambda A \frac{\vartheta_1 - \vartheta_2}{\delta} t \qquad (330)$$

hindurch. Dabei ist λ ein Stoffwert, den man *Wärmeleitfähigkeit* nennt. Sie wird angegeben in W/Km.

Wir führen als neue Begriffe ein den *Wärmestrom*

$$\Phi = \frac{Q}{t} = \lambda A \frac{\vartheta_1 - \vartheta_2}{\delta}, \qquad (331)$$

das ist die in der Zeiteinheit durch eine Oberfläche hindurchströmende Wärme (SI-Einheit W) und die *Wärmestromdichte*

$$q = \frac{\Phi}{A} = \lambda \frac{\vartheta_1 - \vartheta_2}{\delta}, \qquad (332)$$

das ist die in der Zeiteinheit durch die Flächeneinheit hindurchtretende Wärme (SI-Einheit W/m²). Die Wärmestromdichte entspricht der Heizflächenbelastung in der Feuerungstechnik.

Betrachten wir statt der Wand von der endlichen Dicke δ eine aus ihr senkrecht zum Wärmestrom herausgeschnittene Scheibe von der Dicke dx, so können wir an Stelle von Gl. (331) und (332) schreiben

$$\Phi = -\lambda A \frac{d\vartheta}{dx} \qquad (331\text{a})$$

und

$$q = -\lambda \frac{d\vartheta}{dx}, \qquad (332\text{a})$$

wobei das negative Vorzeichen ausdrückt, daß die Wärme in Richtung abnehmender Temperatur strömt.

Tab. 34 gibt die Wärmeleitfähigkeit einiger Stoffe an. Danach leiten die Metalle die Wärme am besten, dann kommen die nichtmetallischen Elemente und die Verbindungen. Die schlechtesten Wärmeleiter sind die Gase. Zwischen den Verbindungen und den Gasen stehen die Isolierstoffe, deren Wirkung auf ihrer Porosität beruht. Ihr aus organischen oder anorganischen Stoffen bestehendes Gerippe hat nur die Aufgabe, ihnen eine gewisse Festigkeit zu verleihen und die Wärmeübertragung durch Strahlung und Konvektion in den mit Luft gefüllten Räumen zu vermindern.

---

[1] In den folgenden Abschnitten bezeichnen wir Temperaturen mit ϑ, da wir den Buchstaben t für die Zeit gebrauchen.

Tabelle 34. Wärmeleitfähigkeiten λ in W/Km. Vgl. auch Tab. 38, S. 420.

Feste Körper bei 20 °C

Silber	458
Kupfer, rein	393
Kupfer, Handelsware	350 ... 370
Gold, rein	314
Aluminium (99,5%)	221
Magnesium	171
Messing	80 ... 120
Platin, rein	71
Nickel	58,5
Eisen	67
Grauguß	42 ... 63
Stahl 0,2% C	50
Stahl 0,6% C	46
Konstantan, 55% Cu, 45% Ni	40
V2A, 18% Cr, 8% Ni	21
Monelmetall 67% Ni, 28% Cu, 5% Fe + Mn + Si + C	25
Manganin	22,5
Graphit, mit Dichte und Reinheit steigend	12 ... 175
Steinkohle, natürlich	0,25 ... 0,28
Gesteine, verschiedene	1 ... 5
Quarzglas	1,4 ... 1,9
Beton, Stahlbeton	0,3 ... 1,5
Feuerfeste Steine	0,5 ... 1,7
Glas (2500)[1]	0,81
Eis, bei 0 °C	2,2
Erdreich, lehmig, feucht	2,33
Erdreich, trocken	0,53
Quarzsand, trocken	0,3
Ziegelmauerwerk, trocken	0,25 ... 0,55
Ziegelmauerwerk, feucht	0,4 ... 1,6

Isolierstoffe bei 20 °C

Alfol	0,03
Asbest	0,08
Asbestplatten	0,12 ... 0,16
Glaswolle	0,04
Korkplatten (150)[1]	0,05
Kieselgursteine, gebrannt	0,08 ... 0,13
Schlackenwolle, Steinwollmatten (120)[1]	0,035
Schlackenwolle, gestopft (250)[1]	0,045
Kunstharz — Schaumstoffe (15)[1]	0,035
Seide (100)[1]	0,055
Torfplatten, lufttrocken	0,04 ... 0,09
Wolle	0,04

Flüssigkeiten

Wasser[2] von 1 bar bei	0 °C	0,562
	20 °C	0,5996
	50 °C	0,6405
	80 °C	0,6668

Tabelle 34. Fortsetzung

Sättigungszustand:	99,63 °C	0,6773
Kohlendioxid	0 °C	0,109
	20 °C	0,086
Schmieröle		0,12 ... 0,18

Gase bei 1 bar und bei der Temperatur ϑ in °C

Wasserstoff	$\lambda = 0{,}171\,(1 + 0{,}0034\vartheta)$	$-100\ °C \leq \vartheta \leq 100\ °C$
Luft	$\lambda = 0{,}0245\,(1 + 0{,}00225\vartheta)$	$0\ °C \leq \vartheta \leq 1000\ °C$
Kohlendioxid	$\lambda = 0{,}01464\,(1 + 0{,}005\vartheta)$	$0\ °C \leq \vartheta \leq 1000\ °C$

[1] in Klammern Dichte in kg/m³
[2] Nach Schmidt, E.: Properties of water and steam in SI-units, 3. Aufl. Grigull, U. (Hrsg.). Berlin, Heidelberg, New York: Springer 1982.

Oft benutzt man den Begriff des *Wärmeleitwiderstandes*

$$R_l = \frac{\delta}{\lambda A}, \qquad (333)$$

mit dessen Hilfe man in Anlehnung an das Ohmsche Gesetz schreiben kann:

Temperaturunterschied = Wärmewiderstand × Wärmestrom

oder

$$\vartheta_1 - \vartheta_2 = R_l \Phi \,.$$

Den Kehrwert der Wärmeleitfähigkeit

$$\varrho_l = \frac{1}{\lambda} \qquad (333\,\text{a})$$

nennt man den *spezifischen Wärmeleitwiderstand*.

Bei einer aus mehreren hintereinanderliegenden Schichten bestehenden Wand addieren sich die Wärmewiderstände R_i der einzelnen Schichten und man erhält für den Wärmestrom

$$\Phi = \frac{\vartheta_1 - \vartheta_2}{\sum R_i}. \qquad (334)$$

Nächst der ebenen Wand ist die Wärmeströmung durch zylindrische Schichten (Rohrschalen) am wichtigsten. In einer solchen Rohrschale von der Länge l tritt durch eine in ihr liegende, in der Abb. 186 gestrichelt angedeutete, konzentrische Zylinderfläche vom Radius r nach Gl. (331a) der Wärmestrom

$$\Phi = -\lambda\, 2\pi r l\, \frac{d\vartheta}{dr}$$

hindurch. Bei stationärer Strömung ist der Wärmestrom für alle Radien gleich und der vorstehende Ausdruck ist die Differentialgleichung des Temperaturverlaufs. Trennt man die Veränderlichen ϑ und r und integriert von der inneren Oberfläche der Schale bei $r = r_1$ mit der Temperatur ϑ_1 bis zu einer beliebigen Stelle r mit der Temperatur ϑ, so erhält man

$$\vartheta_1 - \vartheta = \frac{\Phi}{\lambda\, 2\pi l} \ln \frac{r}{r_1}.$$

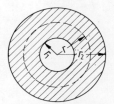

Abb. 186. Rohrschale.

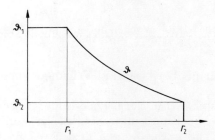

Abb. 187. Temperaturverlauf in einer Rohrschale.

Die Temperatur nimmt also, wie Abb. 187 zeigt, nach einer logarithmischen Linie ab. Ist auch auf der äußeren Oberfläche der Schale bei $r = r_2$ die Temperatur $\vartheta = \vartheta_2$ vorgeschrieben, so kann man diese Werte in die letzte Gleichung einsetzen und erhält durch Auflösen nach Φ den Wärmestrom durch eine Zylinderschale

$$\Phi = \lambda\, 2\pi l\, \frac{\vartheta_1 - \vartheta_2}{\ln \dfrac{r_2}{r_1}}. \tag{335}$$

Diese Gleichung ist wichtig für die Berechnung des Wärmeverlustes von Rohrisolierungen.

In Anlehnung an das Ohmsche Gesetz kann man auch schreiben

$$\vartheta_1 - \vartheta_2 = R_1 \Phi \tag{335a}$$

mit

$$R_l = \frac{1}{\lambda \, 2\pi l} \ln \frac{r_2}{r_1}.$$

Den Wärmeleitwiderstand formen wir noch um. Er ist

$$R_l = \frac{r_2 - r_1}{\lambda \, 2\pi(r_2 - r_1)\, l} \ln \frac{2\pi r_2 l}{2\pi r_1 l}.$$

Setzt man $r_2 - r_1 = \delta$, wobei δ die Wanddicke des Rohrs ist, und bezeichnet man die äußere Rohroberfläche $2\pi r_2 l$ mit A_2, die innere $2\pi r_1 l$ mit A_1, so ist der Wärmeleitwiderstand

$$R_l = \frac{\delta}{\lambda(A_2 - A_1)} \ln \frac{A_2}{A_1}$$

oder

$$R_l = \frac{\delta}{\lambda A_m} \quad \text{mit} \quad A_m = \frac{A_2 - A_1}{\ln \dfrac{A_2}{A_1}}. \tag{335 b}$$

A_m ist das logarithmische Mittel zwischen äußerer und innerer Rohroberfläche.

3 Wärmeübergang und Wärmedurchgang

Der Wärmeaustausch zwischen einem Fluid (Flüssigkeit oder Gas) und einer festen Oberfläche ist ein außerordentlich verwickelter Vorgang, weil dabei Bewegungen des Fluids mitwirken, die sich in den weitaus meisten Fällen der Berechnung entziehen. Wenn man von Fluiden extrem niederer Drücke absieht, so haften an der Oberfläche Fluid und fester Körper aneinander und haben gleiche Temperatur und keine Geschwindigkeit gegeneinander. Mit dem Abstand von der Oberfläche tritt ein wachsender Temperatur- und Geschwindigkeitsunterschied auf.

In Abb. 188 sind die Temperaturen der Fluide auf beiden Seiten einer Wand mit ϑ_a und ϑ_b bezeichnet. Das Temperaturfeld in den Fluiden zu beiden Seiten

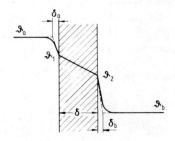

Abb. 188. Wärmedurchgang durch eine ebene Wand.

3. Wärmeübergang und Wärmedurchgang

der Wand verläuft im allgemeinen so, wie es die Abb. 188 zeigt. Die Temperatur fällt in einer schmalen Schicht unmittelbar an der Wand steil ab, während sich die Temperaturen in einiger Entfernung von der Wand nur wenig voneinander unterscheiden. Man kann den Temperaturverlauf durch den gestrichelten Linienzug vereinfachen und, da die Strömungsgeschwindigkeit des Fluids an der Wand Null ist, dann vereinfachend annehmen, daß an der Wand eine dünne ruhende Fluidschicht von der Filmdicke δ_a haftet, während das Fluid außerhalb dieses Films durch Vermischung alle Temperaturunterschiede ausgleicht. In dem dünnen Fluidfilm an der Wand wird Wärme durch Leitung übertragen, der Temperaturverlauf ist geradlinig und der an die linke Wandseite in Abb. 188 übertragene Wärmestrom gemäß Gl. (331)

$$\Phi = \lambda A \frac{\vartheta_a - \vartheta_1}{\delta_a}.$$

In dieser Gleichung ist λ die Wärmeleitfähigkeit des Fluids. Um den Wärmestrom berechnen zu können, muß man die Filmdicke δ_a kennen. Diese hängt von vielen Größen ab, beispielsweise von der Geschwindigkeit des Fluids entlang der Wand, von der Form der Wand und der Oberflächenbeschaffenheit.

Es hat sich nun als zweckmäßig erwiesen, nicht unmittelbar mit der Filmdicke δ_a des Fluids zu rechnen, sondern mit dem Quotienten λ/δ_a und dafür das Zeichen α einzuführen. Schreibt man weiter für die Temperatur ϑ_a allgemein ϑ_f und für eine Oberflächentemperatur das Zeichen ϑ_o, so geht die vorige Gleichung über in den auf Newton (1643–1727) zurückgehenden Ansatz

$$\Phi = \alpha A(\vartheta_f - \vartheta_o), \tag{336}$$

wobei man den Faktor α, der alle Einflüsse der Eigenschaften und des Bewegungszustandes der Flüssigkeit zusammenfaßt, als *Wärmeübergangskoeffizient* bezeichnet. α hat die SI-Einheit $W/m^2 K$.

Als mittlere Fluidtemperatur ϑ_f wählt man bei der Strömung in geschlossenen Kanälen meistens die sogenannte *Strömungsmitteltemperatur*

$$\vartheta_f = \frac{\int w\vartheta \, dA}{\int w \, dA},$$

bei frei angeströmten Körpern die Temperatur in genügender Entfernung, die sogenannte *Freistromtemperatur*.

Ist die Strömungsgeschwindigkeit in Gasen von der Größenordnung der Schallgeschwindigkeit oder allgemein von solcher Größe, daß die Wärmeerzeugung durch Reibung merklich wird, so ist unter ϑ_o die *Eigentemperatur* zu verstehen, d. h. die Temperatur, welche die Oberfläche des weder beheizten noch gekühlten und auch keine Wärme fortleitenden Körpers unter der alleinigen Wirkung der Strömung annehmen würde.

Die Größe

$$R_{\ddot{u}} = \frac{1}{\alpha A} \tag{337}$$

bezeichnet man als *Wärmeübergangswiderstand* und den Kehrwert des Wärmeübergangskoeffizienten

$$\varrho_\text{ü} = \frac{1}{\alpha} \qquad (337\text{a})$$

als *spezifischen Wärmeübergangswiderstand*.

Unmittelbar an der Oberfläche der festen Wand in Abb. 188 gilt

$$\alpha(\vartheta_\text{f} - \vartheta_\text{o}) = -\lambda \left(\frac{\partial \vartheta}{\partial x}\right)_0. \qquad (338)$$

Diese Beziehung gilt auch für nichtstationäre Wärmeströmungen, weshalb das partielle Differentialzeichen benutzt wurde. Gl. (338) besagt, daß die der festen Wandoberfläche von dem Fluid konvektiv zugeführte Wärme in der Wand fortgeleitet wird. Dabei verhalten sich die Neigungen der Temperaturkurve beiderseits der Oberfläche umgekehrt wie die Leitfähigkeiten der an die Oberfläche angrenzenden Fluide, da der an der Oberfläche haftende Fluidfilm Wärme nur durch Leitung aufnehmen kann.

Geht von einem Fluid Wärme an eine Wand über, wird darin fortgeleitet und auf der anderen Seite an ein zweites Fluid übertragen, so spricht man von *Wärmedurchgang*. Dabei sind zwei Wärmeübergänge und ein Wärmeleitvorgang hintereinander geschaltet. Bei stationärer Strömung ist der Wärmestrom überall derselbe, und wenn ϑ_a und ϑ_b die Temperaturen der beiden Fluide, ϑ_1 und ϑ_2 die der beiden Oberflächen und α_1 und α_2 die zugehörigen Wärmeübergangskoeffizienten sind, gilt für die Temperaturdifferenzen nach Gl. (331) und (336)

$$\begin{aligned}
\vartheta_\text{a} - \vartheta_1 &= \frac{\Phi}{\alpha_1 A} = R_{\text{ü}1}\Phi, \\
\vartheta_1 - \vartheta_2 &= \frac{\delta \Phi}{\lambda A} = R_\text{l}\Phi, \\
\vartheta_2 - \vartheta_\text{b} &= \frac{\Phi}{\alpha_2 A} = R_{\text{ü}2}\Phi.
\end{aligned} \qquad (339)$$

Die Temperaturdifferenzen verhalten sich also wie die Wärmewiderstände. Durch Addieren ergibt sich

$$\vartheta_\text{a} - \vartheta_\text{b} = \left(\frac{1}{\alpha_1 A} + \frac{\delta}{\lambda A} + \frac{1}{\alpha_2 A}\right) \Phi = (R_{\text{ü}1} + R_\text{l} + R_{\text{ü}2})\Phi. \qquad (339\text{a})$$

Es summieren sich einfach die Wärmewiderstände zu dem Gesamtwiderstand

$$R = \frac{1}{\alpha_1 A} + \frac{\delta}{\lambda A} + \frac{1}{\alpha_2 A}. \qquad (340)$$

Schreibt man den Wärmestrom in der Form

$$\Phi = \frac{1}{\dfrac{1}{\alpha_1} + \dfrac{\delta}{\lambda} + \dfrac{1}{\alpha_2}} A(\vartheta_\text{a} - \vartheta_\text{b}) = kA(\vartheta_\text{a} - \vartheta_\text{b}), \qquad (341)$$

3. Wärmeübergang und Wärmedurchgang

so bezeichnet man

$$k = \frac{1}{\frac{1}{\alpha_1} + \frac{\delta}{\lambda} + \frac{1}{\alpha_2}} \tag{341a}$$

als *Wärmedurchgangskoeffizient*, er hat die SI-Einheit W/m²K.

Die vorstehenden Gleichungen gelten für den Wärmedurchgang durch eine ebene Wand.

Wird Wärme von einem Fluid an eine Rohrwand übertragen, darin fortgeleitet und auf der anderen Seite an ein zweites Fluid übertragen, so gilt Gl. (339) unverändert. Allerdings ist jetzt der Wärmewiderstand auf der Innenseite

$$R_{ü1} = \frac{1}{\alpha_1 A_1},$$

derjenige der Rohrwand nach Gl. (335b)

$$R_1 = \frac{\delta}{\lambda A_m}$$

und der Wärmewiderstand auf der Außenseite

$$R_{ü2} = \frac{1}{\alpha_2 A_2}.$$

Damit tritt an Stelle von Gl. (339a) die Beziehung

$$\vartheta_a - \vartheta_b = \left(\frac{1}{\alpha_1 A_1} + \frac{\delta}{\lambda A_m} + \frac{1}{\alpha_2 A_2}\right) \Phi = (R_{ü1} + R_1 + R_{ü2}) \Phi. \tag{342}$$

Schreibt man den Wärmestrom in der Form

$$\Phi = \frac{1}{\frac{1}{\alpha_1 A_1} + \frac{\delta}{\lambda A_m} + \frac{1}{\alpha_2 A_2}} (\vartheta_a - \vartheta_b) = k A_2 (\vartheta_a - \vartheta_b), \tag{343}$$

bezieht also definitionsgemäß den Wärmedurchgangskoeffizienten auf die äußere Rohroberfläche A_2, so ist

$$k = \frac{1}{\frac{A_2}{\alpha_1 A_1} + \frac{\delta A_2}{\lambda A_m} + \frac{1}{\alpha_2}} \tag{343a}$$

der Wärmedurchgangskoeffizient. Gl. (343) ist wichtig für die Berechnung des Wärmeübergangs durch eine Rohrwand. Im Fall der ebenen Wand ist $A_1 = A_2 = A_m$: Der Wärmedurchgangskoeffizient stimmt mit dem der ebenen Wand nach Gl. (341a) überein.

4 Nichtstationäre Wärmeleitung

Bei nichtstationärer Wärmeleitung ändert sich die Temperatur im Laufe der Zeit. In einem festen Körper, in dem Wärme nur in Richtung der x-Achse strömt, ist dann der Temperaturverlauf nicht mehr geradlinig, und aus einer aus dem Körper herausgeschnittenen Scheibe von der Dicke dx nach Abb. 189 tritt an der Stelle x ein Wärmestrom $-\lambda A(\partial\vartheta/\partial x)$ ein, der im allgemeinen von dem an der Stelle $x + dx$ austretenden Wärmestrom $-\lambda A\left(\dfrac{\partial\vartheta}{\partial x} + \dfrac{\partial^2\vartheta}{\partial x^2}\, dx\right)$ verschieden ist.

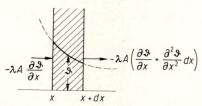

Abb. 189. Temperaturverlauf bei nichtstationärer Wärmeleitung.

Der Unterschied zwischen ein- und austretendem Wärmestrom

$$-\lambda A \frac{\partial\vartheta}{\partial x} - \left[-\lambda A\left(\frac{\partial\vartheta}{\partial x} + \frac{\partial^2\vartheta}{\partial x^2}\, dx\right)\right] = \lambda A \frac{\partial^2\vartheta}{\partial x^2}\, dx$$

bleibt als innere Energie in der Scheibe stecken und erhöht die Temperatur der Scheibe von der Dichte ϱ und der spezifischen Wärmekapazität c im Laufe der Zeit t um

$$c\varrho A\, dx\, \frac{\partial\vartheta}{\partial t} = \lambda A\, dx\, \frac{\partial^2\vartheta}{\partial x^2}$$

oder

wobei

$$\frac{\partial\vartheta}{\partial t} = a\, \frac{\partial^2\vartheta}{\partial x^2}, \tag{344}$$

$$a = \frac{\lambda}{c\varrho}$$

als *Temperaturleitfähigkeit* bezeichnet wird. Ihre SI-Einheit ist m²/s.
Die Gl. (344) ist eine partielle Differentialgleichung, um deren analytische Lösung sich Fourier (1768–1830) sehr verdient gemacht hat. Man nennt sie die *Fourier-Gleichung*, in diesem Fall gilt sie für die geometrisch eindimensionale Wärmeleitung. Wie Fourier gezeigt hat, kann man die Gl. (344) exakt durch Reihenansätze lösen, die man später die Methode der Fourier-Reihen nannte.

Mit Hilfe eines Taschenrechners kann man aber auch eine numerische Näherungslösung ermitteln. Dazu schreiben wir die Differentialgleichung (344) als Differenzengleichung

$$\Delta_t \vartheta = a \frac{\Delta t}{(\Delta x)^2} \Delta_x^2 \vartheta . \tag{345}$$

Dabei ist dem Differenzenzeichen Δ der betreffende Index zur Kennzeichnung des partiellen Charakters der Differenzenbildung beigefügt. Unter Δt und Δx sind feste kleine, aber endliche Werte zu verstehen, welche als Einheit des Zeit- und Längenmaßstabes dienen. Wird mit $\vartheta_{n,k}$ die Temperatur an der Stelle $n\,\Delta x$ zur Zeit $k\,\Delta t$ bezeichnet, so ist:

$$\Delta_t \vartheta = \vartheta_{n,k+1} - \vartheta_{n,k} ,$$
$$\Delta_x \vartheta = \vartheta_{n+1,k} - \vartheta_{n,k} ,$$
$$\Delta_x^2 \vartheta = \vartheta_{n+1,k} + \vartheta_{n-1,k} - 2\vartheta_{n,k} .$$

Durch Einsetzen dieser Werte geht die Differenzengleichung über in die Rekursionsformel:

$$\vartheta_{n,k+1} - \vartheta_{n,k} = a \frac{\Delta t}{(\Delta x)^2} (\vartheta_{n+1,k} + \vartheta_{n-1,k} - 2\vartheta_{n,k}) . \tag{346}$$

Ist die Temperaturverteilung zur Zeit $k\,\Delta t$ gegeben, sind also die Temperaturen $\vartheta_{n+1,k}$ und $\vartheta_{n-1,k}$ bekannt, so erlaubt die Gl. (346) die Berechnung der Temperatur $\vartheta_{n,k+1}$ zu der um Δt späteren Zeit. Sind diese Werte errechnet, so kann man in gleicher Weise um Δt fortschreiten und so schließlich den ganzen zeitlichen Verlauf der Temperatur ermitteln.

Für die praktische Rechnung ist es zweckmäßig, die Werte von Δt und Δx so zu wählen, daß

$$a \frac{\Delta t}{(\Delta x)^2} = \frac{1}{2}$$

wird.

Das ist ohne Einschränkung der Allgemeinheit immer möglich. In diesem Falle vereinfacht sich die Rekursionsformel zu

$$\vartheta_{n,k+1} = \frac{1}{2} (\vartheta_{n+1,k} + \vartheta_{n-1,k}) . \tag{347}$$

Man kann also die Temperatur $\vartheta_{n,k+1}$ zur Zeit $(k+1)\,\Delta t$ als arithmetisches Mittel der Temperaturen $\vartheta_{n+1,k}$ und $\vartheta_{n-1,k}$ zur Zeit $k\,\Delta t$ berechnen. Das arithmetische Mittel kann man numerisch oder graphisch bilden. Das graphische Verfahren ist als Binder-Schmidt-Verfahren bekannt geworden, da es zuerst von Binder[1] mitgeteilt und später von E. Schmidt[2] zu einem allgemeinen Verfahren

---

[1] Binder, L.: Über äußere Wärmeleitung und Erwärmung elektrischer Maschinen. Diss. TH München 1910.
[2] Schmidt, E.: Über die Anwendung der Differenzenrechnung auf technische Anheiz- und Abkühlungsprobleme. Beiträge zur technischen Mechanik und technischen Physik (Föppl-Festschrift). Berlin: Springer 1924.

der Behandlung nichtstationärer Vorgänge der Wärmeleitung erweitert wurde. Wegen der leichten Durchführbarkeit mit einem Taschenrechner wird man heute die numerische Rechnung bevorzugen. Genauere Untersuchungen haben gezeigt, daß das Verfahren immer stabil ist, wenn

$$\frac{a\,\Delta t}{\Delta x^2} \leqq \frac{1}{2}$$

ist. Rechen- und Rundungsfehler wachsen dann im Verlauf der weiteren Rechnung nicht weiter an.

Ist ϑ_f die Temperatur des Fluids, α der Wärmeübergangskoeffizient, λ die Wärmeleitfähigkeit des Körpers und ϑ_o die Temperatur seiner Oberfläche, so gilt nach Gl. (338)

$$\alpha(\vartheta_o - \vartheta_f) = \lambda \left(\frac{\partial \vartheta}{\partial x}\right)_o.$$

Stellt man die Temperaturverteilung als Kurve über der x-Achse dar (Abb. 190), so bedeutet diese Bedingung, daß die Tangente der Temperaturkurve in der Oberfläche A–A durch einen Richtpunkt R gehen muß, dessen Ordinate ϑ_f und dessen Abstand von der Oberfläche $s = \lambda/\alpha$ ist. Mit dem Verlauf der Temperatur im Fluid hat diese Tangente natürlich nichts zu tun.

Dem Differenzenverfahren entsprechend denken wir uns den Körper von der Oberfläche $A - A$ an in Schichten der Dicke Δx geteilt, in deren Mitte jeweils die Temperatur $\vartheta_{1,k}$, $\vartheta_{2,k}$ usw. herrschen soll. Der wirkliche Temperaturverlauf, wie er in Abb. 190 gezeichnet ist, wird also durch den gebrochenen Linienzug nach Abb. 191 ersetzt. Um nun die Randbedingung an der Oberfläche zu erfüllen, denken wir uns den Körper an seiner Oberfläche um eine Hilfsschicht verdickt, in deren Mitte die Temperatur ϑ_{-1} herrsche. Zwischen den Punkten 1 und -1 soll Wärme nur durch Leitung übertragen werden, so daß

$$\frac{\lambda}{\Delta x/2}(\vartheta_o - \vartheta_{-1}) = \frac{\lambda}{\Delta x/2}(\vartheta_1 - \vartheta_0)$$

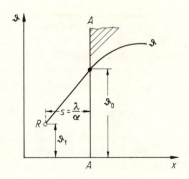

Abb. 190.
Erfüllung
der Randbedingung.

4. Nichtstationäre Wärmeleitung

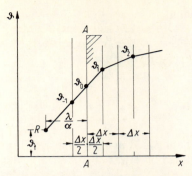

Abb. 191. Temperaturen des Differenzenverfahrens.

oder

$$\vartheta_0 = \frac{1}{2}(\vartheta_1 + \vartheta_{-1}) \tag{348}$$

zur Zeit $k\,\Delta t$ gilt. Die noch unbekannte Hilfstemperatur ϑ_{-1} erhält man aus der vorigen Energiebilanz Gl. (338) an der Oberfläche, die man als Differenzengleichung

$$\alpha(\vartheta_0 - \vartheta_f) = \frac{\lambda}{\Delta x/2}(\vartheta_1 - \vartheta_0)$$

schreibt. Nach Elimination von ϑ_0 folgt mit der *Biot-Zahl*

$$Bi = \frac{\alpha}{\lambda}\frac{\Delta x}{2}$$

$$\vartheta_{-1} = \frac{1-Bi}{1+Bi}\vartheta_1 + \frac{2Bi}{1+Bi}\vartheta_f \tag{349}$$

zur Zeit $k\,\Delta t$.

Mit Hilfe der Gl. (347) erhält man also die Temperaturen im Innern des Körpers, die Gl. (349) ergibt daraus die Temperatur der äußeren Hilfsschicht und die Gl. (348) schließlich die jeweilige Oberflächentemperatur.

Die Anwendung des Verfahrens sei an folgendem Beispiel gezeigt: Eine 0,4 m dicke Betonwand der Wärmeleitfähigkeit 1,2 W/Km, der spez. Wärmekapazität $c = 1,0$ kJ/kg K und der Dichte $\varrho = 2000$ kg/m³ soll eine gleichmäßige Temperatur von 20 °C haben und werde plötzlich in einen Raum von 0 °C gebracht, wobei der Wärmeübergangskoeffizient $\alpha = 8$ W/m² K sein soll. Die Temperaturleitfähigkeit ist

$$a = \frac{\lambda}{c\varrho} = 6 \cdot 10^{-7}\ \text{m}^2/\text{s}\,.$$

Zur Berechnung der Temperaturen soll die Wand in Schichten von der Dicke $\Delta x = 4$ cm unterteilt werden. Der zeitliche Abstand zweier aufeinanderfolgender

Temperaturkurven ist dann

$$\Delta t = \frac{\Delta x^2}{2a} = \frac{0{,}0016}{2 \cdot 6 \cdot 10^{-7}} \text{ s} = 1333{,}3 \text{ s} = 0{,}37 \text{ h}.$$

Die Biot-Zahl ist

$$Bi = \frac{\alpha}{\lambda} \frac{\Delta x}{2} = \frac{8}{1{,}2} \frac{0{,}04}{2} = 0{,}1333$$

Die Ergebnisse der Rechnung sind in Tab. 35 aufgeführt, wobei wegen der Symmetrie nur die Temperaturen bis etwas über die Hälfte der Betonwand angegeben sind.

Tabelle 35. Rechenwerte des Beispiels

	Temperaturen in °C						
	ϑ_{-1}	ϑ_1	ϑ_2	ϑ_3	ϑ_4	ϑ_5	ϑ_6
$t = 0$	15,29	20	20	20	20	20	20
0,37 h	13,49	17,65	20	20	20	20	20
0,74 h	12,81	16,75	18,83	20	20	20	20
1,11 h	12,10	15,82	18,38	19,42	20	20	20
1,48 h	11,65	15,24	17,62	19,19	19,71	20	20
1,85 h	11,19	14,64	17,22	18,67	19,60	19,86	19,86
2,22 h	10,86	14,21	16,66	18,41	19,27	19,73	19,73
	(14,30)	(16,79)	(18,39)	(19,26)	(19,63)	(19,63)	

Die Temperatur an der Oberfläche erhält man als arithmetisches Mittel aus den Temperaturen ϑ_{-1} und ϑ_1.

Um eine Vorstellung von der Rechengenauigkeit zu geben, sind in der letzten Zeile in Klammern die Temperaturen nach 2,22 h angegeben, die sich aus der exakten Lösung durch Fourier-Reihen ergeben.

Strömt die Wärme nicht nur in einer Richtung, so hat man die Wärmeströmung aller drei Koordinatenrichtungen zu addieren und erhält dann an Stelle von Gl. (344) die Differentialgleichung

$$\frac{\partial \vartheta}{\partial t} = a \left(\frac{\partial^2 \vartheta}{\partial x^2} + \frac{\partial^2 \vartheta}{\partial y^2} + \frac{\partial^2 \vartheta}{\partial z^2} \right). \tag{350}$$

Sonderfälle der Differentialgleichung (350) sind für das zylindrische Problem, falls der Wärmefluß in Richtung z der Zylinderachse vernachlässigbar ist,

$$\frac{\partial \vartheta}{\partial t} = a \left(\frac{\partial^2 \vartheta}{\partial r^2} + \frac{1}{r} \frac{\partial \vartheta}{\partial r} \right)$$

4. Nichtstationäre Wärmeleitung

und für das kugelsymmetrische Problem

$$\frac{\partial \vartheta}{\partial t} = a\left(\frac{\partial^2 \vartheta}{\partial r^2} + \frac{2}{r}\frac{\partial \vartheta}{\partial r}\right).$$

allgemein: $\frac{\partial \vartheta}{\partial t} = a\left(\frac{\partial^2 \vartheta}{\partial r^2} + \frac{n}{r}\frac{\partial \vartheta}{\partial r}\right)$

$n=0$ Platte, $n=1$ Zylinder, $n=2$ Kugel

Um den räumlich-zeitlichen Verlauf der Temperatur in einem bestimmten Körper berechnen zu können, muß man die Randbedingungen kennen, d. h. es muß z. B. die Temperatur auf gewissen, das zu berechnende Temperaturfeld begrenzenden Flächen für alle Zeiten vorgegeben und zu einer bestimmten Zeit im ganzen Feld bekannt sein. Dann bestimmt die Differentialgleichung eindeutig den ganzen weiteren Verlauf der Temperatur. Da alle Terme einer Größengleichung von gleicher Dimension sind, ist es stets möglich, sie durch entsprechende Erweiterungen in dimensionsloser Form zu schreiben. Wir zeigen dies am zu betrachtenden Beispiel der instationären Wärmeleitung in einer Wand der Dicke $2X$. Diese habe die Anfangstemperatur ϑ_a und werde in ein Fluid von der Temperatur ϑ_f getaucht. Es stellt sich dann ein zeitlich und örtlich veränderliches Temperaturprofil $\vartheta(x, t)$ ein, wovon in Abb. 192 ein Profil zur Zeit t_1 skizziert ist.

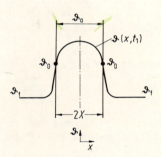

Abb. 192. Temperaturprofil bei Abkühlung einer Platte

Die Temperatur $\vartheta(x, t)$ erhält man durch Lösen der Differentialgleichung (344) der Wärmeleitung

$$\frac{\partial \vartheta}{\partial t} = a\frac{\partial^2 \vartheta}{\partial x^2}. \quad + \frac{0}{x}\frac{\partial \vartheta}{\partial x}\bigg)^{=0}$$

Die Lösung muß den Anfangs- und Randbedingungen

$$\vartheta(t \leq 0) = \vartheta_a$$

$$\frac{\partial \vartheta(x = 0)}{\partial x} = 0$$

$$-\lambda \frac{\partial \vartheta(x = X)}{\partial x} = \alpha(\vartheta_o - \vartheta_f)$$

genügen.

Die Gl. (344) und die zugehörigen Anfangs- und Randbedingungen kann man auch nach Einführen einer dimensionslosen Temperatur

$$\Theta = \frac{\vartheta - \vartheta_f}{\vartheta_a - \vartheta_f}$$

in folgender Form schreiben

$$\frac{\partial \Theta}{\partial \left(\dfrac{at}{X^2}\right)} = \frac{\partial^2 \Theta}{\partial \left(\dfrac{x}{X}\right)^2},$$ (344a)

$$\Theta(t \leq 0) = 1,$$

$$\frac{\partial \Theta(x = 0)}{\partial \left(\dfrac{x}{X}\right)} = 0.$$

$$-\frac{\partial \Theta(x = X)}{\partial \left(\dfrac{x}{X}\right)} = \frac{\alpha X}{\lambda} \Theta_0 \quad \text{mit} \quad \Theta_0 = \frac{\vartheta_o - \vartheta_a}{\vartheta_a - \vartheta_f}.$$

Darin ist, wie man sich leicht überzeugt, auch die Größe

$$\frac{at}{X^2} = Fo$$

dimensionslos. Man nennt sie *Fourier-Zahl*, abgekürzt *Fo*.

Ebenso sind x/X und auch die Größe

$$\frac{\alpha X}{\lambda} = Bi$$

dimensionslos. Wie schon besprochen, nennt man $(\alpha X)/\lambda$ die *Biot-Zahl*, abgekürzt *Bi*.

Die Lösung der Gl. (344a) läßt sich daher unter Beachtung der Randbedingungen in der Form

$$\Theta = f\left(Fo, \frac{x}{X}, Bi\right)$$ (351)

schreiben. Die für das Temperaturfeld $\vartheta(x, t)$ außer den unabhängigen Variablen x, t noch maßgebenden Größen a, α, λ, ϑ_a, ϑ_f lassen sich somit zu bestimmten dimensionslosen Größen zusammenfassen; ihre Anzahl ist 3 und somit geringer als die der 7 Größen x, t, a, α, λ, ϑ_a, ϑ_f.

Nach Gl. (351) erhält man stets den gleichen Wert der dimensionslosen Temperatur Θ, wenn nur die Werte *Fo*, x/X und *Bi* gleich bleiben. Vergrößert oder verkleinert man also die Plattendicke X um einen Faktor μ, so bleibt die dimensionslose Koordinate x/X dieselbe, wenn man auch die Koordinate x um den gleichen Faktor ändert. Damit ändert sich auch die Fourier-Zahl auf $at/(\mu X)^2$; man kann sie aber wieder auf ihren alten Wert zurückführen, wenn man die Zeit t mit dem Faktor μ^2 multipliziert, also die Temperatur zur Zeit $\mu^2 t$ betrachtet. Das heißt in einem im Maßstab μ vergrößerten Körper treten die gleichen dimensionslosen Temperaturen zu im Verhältnis μ^2 vergrößerten Zeiten auf. Betrachtet man schließlich einen Körper anderer Temperaturleitfähigkeit a, so gilt die Lösung auch für diesen Fall, wenn man den Maßstab der Länge oder der Zeit so ändert, daß die Fourier-Zahl $Fo = at/X^2$ denselben Wert behält. Wird in der Biot-Zahl $(\alpha X)/\lambda$ die Plattendicke im Verhältnis μ vergrößert, so muß man die Größe α/λ im gleichen Verhältnis verkleinern, wenn man den alten Wert der Biot-Zahl beibehalten will. Man muß also entweder den Wärmeübergang an die Umgebung oder die Wärmeleitfähigkeit der Platte, oder beide Größen gleichzeitig so ändern, daß der Quotient α/λ um den Faktor $1/\mu$ verkleinert wird.

Kennt man also für ein Wärmeleitproblem, das der Gl. (344) und den zugehörigen Randbedingungen gehorcht, einzelne Temperaturen oder das Temperaturfeld an einer bestimmten Platte, so kann man daraus einzelne Temperaturen oder auch das derselben Differentialgleichung und den Randbedingungen genügende Temperaturfeld einer beliebigen anderen Platte von anderer Wärmeleitfähigkeit, anderer Dichte und bei anderem Wärmeübergang an die Umgebung für gleiche Werte der Fourier-Zahl Fo, der Biot-Zahl Bi und der dimensionslosen Koordinate x/X berechnen.

5 Die Ähnlichkeitstheorie der Wärmeübertragung

Die Wärmeübertragung zwischen einer festen Oberfläche und einem einzelnen Fluid ist ein Problem der Hydrodynamik und des Energietransports in der Strömung. Zur vollständigen Beschreibung muß man daher die Grundgleichungen der Hydrodynamik mit der Gleichung für den Energietransport verbinden, die im Fall des Energietransports durch Wärmeleitung durch Gl. (350) gegeben ist. Diese Gleichungen sind Ausdruck von Erhaltungssätzen, nämlich die Kontinuitätsgleichungen als Satz von der Erhaltung der Masse, die Bewegungsgleichungen als Satz von der Erhaltung des Impulses und schließlich die Energiegleichung als Satz von der Erhaltung der Energie. Diese Gleichungen sollen hier nicht abgeleitet werden. Es sei hierzu auf Lehrbücher der Strömungsmechanik verwiesen. Auch wenn wir diese Gleichungen nicht kennen, muß es sich wie bei allen physikalischen Problemen um Größengleichungen handeln; es müssen daher alle Terme von gleicher Dimension sein und, wie an dem zuvor erörterten Beispiel der Wärmeleitung gezeigt wurde, kann man die Gleichungen infolgedessen durch entsprechende Erweiterungen in dimensionsloser Form schreiben. Auch die Rand- und Anfangsbedingungen lassen sich durch dimensionslose Größen ausdrücken. Man kann daher die Lösungen des Gleichungssystem stets durch dimensionslose Größen ausdrücken. Dieser Sachverhalt ist Ausdruck des allgemeinen Prinzips, daß die Lösung eines physikalischen Problems unabhängig von dem zufällig gewählten Maßsystem sein muß. Gleichbedeutend mit der Einführung dimensionsloser Größen ist die Einführung problemorientierter Maßeinheiten. Man kann sich dies am Beispiel des zuvor behandelten Wärmeleitproblems klarmachen, dessen allgemeine Lösung nach Gl. (351)

$$\Theta = f\left(Fo, \frac{x}{X}, Bi\right)$$

lautete. Es tritt hier nicht die Ortskoordinate x allein auf, sondern statt dessen die auf die halbe Plattendicke X bezogene dimensionslose Ortskoordinate x/X. Der jeweilige Ort wird also in Bruchteilen der halben Plattendicke gemessen und nicht in den Einheiten irgendeines Einheitensystems. Entsprechendes gilt für die dimensionslose Zeit $Fo = at/X^2 = t/(X^2/a)$. Die Zeit wird als Bruchteil der Größe X^2/a gemessen, die, wie man sich leicht überzeugt, die Dimension einer Zeit hat. In der Biot-Zahl $Bi = \alpha X/\lambda = \alpha/(\lambda/X)$ wird der äußere Wärmeübergangskoeffizient mit dem „Wärmeleitwert" λ/X der Platte gemessen.

Falls man das betrachtete Problem mathematisch formulieren kann, etwa durch Differentialgleichungen oder durch algebraische Gleichungen, so kann man nach dem zuvor Gesagten stets dimensionslose Kennzahlen bilden.

Auch wenn keine mathematische Formulierung des Problems bekannt ist, lassen sich trotzdem die dimensionslosen Kennzahlen ermitteln. Man muß dazu allerdings die für die Lösung des Problems relevanten physikalischen Größen $a_1, a_2, \ldots, a_n$ kennen. Zwischen diesen besteht eine allgemeine funktionelle Abhängigkeit

$$f(a_1, a_2, a_3, \ldots, a_n) = 0, \qquad (352)$$

die man, wie zuvor dargelegt wurde, stets in eine Gleichung

$$F(\pi_1, \pi_2, \ldots, \pi_m) = 0 \qquad (353)$$

umformen kann, in der die Größen $\pi_1, \pi_2, \ldots, \pi_m$ dimensionslose Größen, das sind Kombinationen der ursprünglichen Größen, darstellen. Diese Beziehung kann man auch

$$\pi_m = \varphi(\pi_1, \pi_2, \ldots, \pi_{m-1}) \qquad (353\text{a})$$

schreiben. Hat man diese Funktion beispielsweise für den Wärmeübergang an einen umströmten Körper durch Laborversuche gefunden, so gilt die gleiche Funktion auch für den entsprechenden Vorgang des Wärmeübergangs an einem geometrisch ähnlichen, aber maßstäblich vergrößerten Körper, da alle Größen unabhängig von der Dimension sind. Man kann somit vom Modellversuch am Labormaßstab auf den entsprechenden Vorgang mit sehr viel größeren Abmessungen schließen. Wenn für einander entsprechende Vorgänge die Größen $\pi_1, \pi_2, \ldots, \pi_{m-1}$ übereinstimmen, dann stimmt auch die Größe π_m überein. Allgemein nennt man zwei Vorgänge, die durch dieselbe π-Funktion nach Art der Gl. (353a) beschrieben werden, einander ähnlich, wenn sie in den $m - 1$ Größen π übereinstimmen.

Wie man die π-Größen findet, sei an dem vorigen Beispiel der instationären Wärmeleitung in einer ebenen Platte erörtert. Für das Temperaturfeld ergibt sich

5. Die Ähnlichkeitstheorie der Wärmeübertragung

aus der Differentialgleichung (344) mit den zugehörigen Randbedingungen die allgemeine funktionelle Abhängigkeit

$$f(x, t, X, a, \alpha, \lambda, \vartheta_a - \vartheta_f, \vartheta - \vartheta_f) = 0 \,. \tag{354}$$

Die Temperaturen sind hierin von der Fluidtemperatur ϑ_f an gemessen. Jede der Größen in Gl. (354) besitzt eine bestimmte Dimension, die durch die Einheiten eines Einheitensystems gemessen wird. Abkürzend bezeichnen wir die Dimension Länge mit $\tilde{l}$, die Dimension Zeit mit $\tilde{t}$, die Dimension Masse mit $\tilde{m}$, die Dimension Temperatur mit $\tilde{\vartheta}$ und kürzen Dimension ab durch „Dim". Dann ist in obiger Gleichung

$$\begin{aligned}
\text{Dim } x &= \tilde{l}, \\
\text{Dim } t &= \tilde{t}, \\
\text{Dim } X &= \tilde{l}, \\
\text{Dim } a &= \tilde{l}^2/\tilde{t}, \\
\text{Dim } \alpha &= \tilde{m}/\tilde{t}^3\tilde{\vartheta}, \\
\text{Dim } \lambda &= \tilde{m}\tilde{l}/\tilde{t}^3\tilde{\vartheta}, \\
\text{Dim } \vartheta &= \tilde{\vartheta}.
\end{aligned}$$

Die Dimension des Wärmeübergangskoeffizienten α ergibt sich aus dessen SI-Einheit W/m² K oder kg/s³ K. Entsprechend folgt aus der SI-Einheit W/Km = kgm/s³ K die Dimension der Wärmeleitfähigkeit λ.

Die hier verwendeten Dimensionen Länge, Zeit, Masse und Temperatur sehen wir als voneinander unabhängig an, das heißt es soll keine dieser Dimensionen durch die andere ausgedrückt werden können. Solche Dimensionen, die man nicht ineinander überführen kann, bezeichnet man als *Grunddimensionen*[1]. In der Wärmeübertragung genügen die genannten vier Grunddimensionen Länge, Zeit, Masse und Temperatur zur Charakterisierung der auftretenden physikalischen Größen.

Die gesuchten Kennzahlen in Gl. (354) sind Kombinationen der Form

$$x^{n_1} t^{n_2} X^{n_3} a^{n_4} \alpha^{n_5} \lambda^{n_6} (\vartheta_a - \vartheta_f)^{n_7} (\vartheta - \vartheta_f)^{n_8} \tag{355}$$

mit den acht Exponenten $n_1, n_2, \ldots, n_8$.

Diese Kombinationen müssen dimensionslos sein, es gilt also

$$x^{n_1} t^{n_2} X^{n_3} a^{n_4} \alpha^{n_5} \lambda^{n_6} (\vartheta_a - \vartheta_f)^{n_7} (\vartheta - \vartheta_f)^{n_8} = 1 \,.$$

Setzt man Dimensionen ein, so folgt

$$\tilde{l}^{n_1} \tilde{t}^{n_2} \tilde{l}^{n_3} \left(\frac{\tilde{l}^2}{\tilde{t}}\right)^{n_4} \left(\frac{\tilde{m}}{\tilde{t}^3 \tilde{\vartheta}}\right)^{n_5} \left(\frac{\tilde{m}\tilde{l}}{\tilde{t}^3 \tilde{\vartheta}}\right)^{n_6} (\tilde{\vartheta})^{n_7} (\tilde{\vartheta})^{n_8} = 1 \,,$$

---

[1] Grunddimensionen sind weitgehend willkürlich wählbar. Welche Konsequenzen sich bei Wahl anderer Grunddimensionen ergeben, hat J. Pawlowski aufgezeigt. Pawlowski, J.: Die Ähnlichkeitstheorie in der physikalisch-technischen Forschung. Berlin, Heidelberg, New York: Springer 1971.

oder geordnet nach den Grunddimensionen

$$\bar{l}^{n_1+n_3+2n_4+n_6} \cdot \tilde{t}^{n_2-n_4-3n_5-3n_6} \cdot \tilde{m}^{n_5+n_6} \cdot \tilde{\vartheta}^{-n_5-n_6+n_7+n_8} = 1.$$

Da diese Gleichung für jede Grunddimension einzeln erfüllt sein muß, erhält man durch Vergleich der Exponenten die vier Gleichungen

(1) $n_1 + n_3 + 2n_4 + n_6 = 0$
(2) $n_2 - n_4 - 3n_5 - 3n_6 = 0$
(3) $n_5 + n_6 = 0$
(4) $-n_5 - n_6 + n_7 + n_8 = 0$

für die acht Unbekannten $n_1, n_2, \ldots, n_8$.

Die Zahl der Gleichungen stimmt mit der Zahl der Grunddimensionen überein. Diese sei im allgemeinen Fall g; in unserem Beispiel ist $g = 4$. Die Zahl der Unbekannten in Gl. (352) war allgemein n; in unserem Beispiel ist $n = 8$.

Aus der Theorie der linearen Gleichungen stammt der Satz: Ein System von homogenen linearen Gleichungen mit n Unbekannten hat $n - r$ linear unabhängige Lösungen, wenn r der Rang der Matrix der Koeffizienten des Gleichungssystems ist. Der Rang r der Matrix stimmt praktisch immer mit der Zahl der Grunddimensionen überein[1].

Die Zahl der linear unabhängigen Größen ist also $n - r$. Man hat daher auch $n - r$ unabhängige Variablen in Gl. (353). Es ist somit die Zahl der dimensionslosen Größen in Gl. (353):

$$m = n - r, \tag{356}$$

oder im allgemeinen

$$m = n - g. \tag{356a}$$

Die zuletzt genannte, allerdings nicht streng gültige Formulierung bezeichnet man als das *Theorem von Buckingham*[2] oder als π-Theorem: Eine Funktion zwischen n dimensionsbehafteten Größen, die mit g Grundeinheiten gemessen werden, besitzt $n - g$ dimensionslose Größen.

Die $n - g$ Lösungen kann man nach den Regeln der Theorie linearer Gleichungssysteme ermitteln.

In praktischen Fällen ist die Bestimmung der Unbekannten jedoch meistens einfacher. Wir zeigen dies am Beispiel der vier Gleichungen (1) bis (4). Wegen Gl. (3) kann man die Gln. (2) und (4) vereinfachen zu

(2) $n_2 - n_4 = 0$,
(4) $n_7 + n_8 = 0$.

---

[1] Ausnahme siehe: Fußnote 1, S. 383.
[2] Buckingham, E.: On physically similar systems. Phys. Rev. 4 (1914) 345–376.

5. Die Ähnlichkeitstheorie der Wärmeübertragung

Damit kann man das Gleichungssystem auch schreiben

(1) $n_1 = -n_3 - 2n_4 - n_6$,
(2) $n_2 = n_4$,
(3) $n_5 = -n_6$,
(4) $n_7 = -n_8$.

Die Unbekannten n_1, n_2, n_5, n_7 sind hier durch die restlichen Größen n_3, n_4, n_6, n_8 ausgedrückt.

Die $n - g = 4$ Lösungen des Gleichungssystem und damit auch die $n - g$ Kennzahlen findet man, indem man $n - g$ Unbekannte willkürlich vorgibt. Wir setzen:

a) $n_3 = 1$; $n_4 = 0$; $n_6 = 0$; $n_8 = 0$.
Damit hat man

$n_1 = -1$; $n_2 = 0$; $n_3 = 1$; $n_4 = 0$; $n_5 = 0$; $n_6 = 0$;
$n_7 = 0$; $n_8 = 0$

und aus Gl. (355) ergibt sich die Kenngröße $\pi_1' = x^{-1}X$. Statt dessen wählen wir den Kehrwert

$$\pi_1 = x/X .$$

b) Gibt man
$n_3 = 0$; $n_4 = 1$; $n_6 = 0$; $n_8 = 0$ vor, so ist
$n_1 = -2$; $n_2 = 1$; $n_3 = 0$; $n_4 = 1$; $n_5 = 0$; $n_6 = 0$;
$n_7 = 0$; $n_8 = 0$

und man findet aus Gl. (355) als Kenngröße die Fourier-Zahl

$$\pi_2 = X^{-2}ta = at/X^2 = Fo .$$

c) Mit $n_3 = 0$; $n_4 = 0$; $n_6 = 1$; $n_8 = 0$ erhält man

$n_1 = -1$; $n_2 = 0$; $n_3 = 0$; $n_4 = 0$; $n_5 = -1$; $n_6 = 1$;
$n_7 = 0$; $n_8 = 0$.

Damit findet man die Kenngröße: $\pi_3' = \dfrac{\lambda}{\alpha X}$.

Ihr Kehrwert $\pi_3 = \dfrac{\alpha X}{\lambda}$ ist die Biot-Zahl.

d) Schließlich wählen wir noch

$n_3 = 0$; $n_4 = 0$; $n_6 = 0$; $n_8 = 1$. Daraus folgt
$n_1 = 0$; $n_2 = 0$; $n_3 = 0$; $n_4 = 0$; $n_5 = 0$; $n_6 = 0$;
$n_7 = -1$; $n_8 = 1$

und man erhält als Kenngröße

$$\pi_4 = \Theta = \frac{\vartheta - \vartheta_f}{\vartheta_a - \vartheta_f} .$$

Anstelle von Gl. (354) tritt also der einfache, schon bekannte Zusammenhang

$$F\left(\frac{x}{X};\ Fo;\ Bi;\ \Theta\right) = 0.\tag{357}$$

6 Grundlagen der Wärmeübertragung durch Konvektion

Bei der Wärmeübertragung in fluiden, strömenden Stoffen tritt zur molekularen Wärmeleitung noch der Energietransport durch die Konvektion hinzu. Wir wollen uns dies am einfachen Beispiel eines laminar strömenden Fluids klarmachen. Hierzu betrachten wir gemäß Abb. 193 ein Volumelement der Kantenlängen dx, dy und dz. In z-Richtung, also senkrecht zur Zeichenebene, sei die Temperatur konstant. Dann dringen durch molekulare Wärmeleitung die Wärmeströme $d\Phi_{\lambda x,\,\text{ein}}$, $d\Phi_{\lambda y,\,\text{ein}}$ in das Volumelement ein, und die Wärmeströme $d\Phi_{\lambda y,\,\text{aus}}$ sowie $d\Phi_{\lambda x,\,\text{aus}}$ treten aus diesem Volumelement aus.

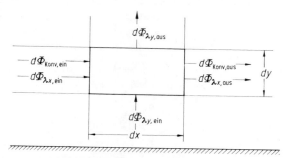

Abb. 193. Wärmebilanz bei molekularem und konvektivem Transport.

Wir wollen nun der Einfachheit halber annehmen, daß dieses Volumelement nur in x-Richtung mit der Geschwindigkeit w durchströmt wird. Die in das Volumelement einströmende Menge

$$d\dot{M} = \varrho w\,dA = \varrho w\,dy\,dz \tag{358}$$

bringt die spezifische Enthalpie h mit, und der durch Konvektion eingebrachte Enthalpiestrom beträgt

$$d\Phi_{\text{Konv, ein}} = \varrho w h\,dA = \varrho w h\,dy\,dz\,.\tag{359}$$

Bei stationärer Strömung unterscheidet sich der durch Konvektion ausgetragene Enthalpiestrom um die Temperaturänderung $d\vartheta$, die das Fluid im Volumelement auf dem Wege dx erfährt.

Bei strenger Betrachtung müßten wir auch die durch Konvektion ein- bzw. ausgetragene kinetische Energie, die Änderung der potentiellen Energie sowie die

6. Grundlagen der Wärmeübertragung durch Konvektion

im Volumelement durch Reibung dissipierte Energie beachten. Wir wollen hier jedoch annehmen, daß die Beiträge dieser Energieformen zum Transport fühlbarer Wärme vernachlässigbar klein seien. Dies ist in den meisten praktischen Fällen auch zulässig, solange die Strömungsgeschwindigkeit genügend weit unterhalb der Schallgeschwindigkeit liegt und der Druckverlust durch Reibung sich in Grenzen hält. Wir wollen weiterhin annehmen, daß nicht nur die Strömungsgeschwindigkeit keiner zeitlichen Änderung unterliegt, sondern daß auch die Wärmeströme durch molekulare Wärmeleitung konstant sind.

Die Energiebilanz für das Volumelement $dx\,dy\,dz$ läßt sich dann in die einfache Form

$$(d\Phi_{\lambda x,\,\text{ein}} - d\Phi_{\lambda x,\,\text{aus}}) + (d\Phi_{\lambda y,\,\text{ein}} - d\Phi_{\lambda y,\,\text{aus}}) + (d\Phi_{\text{Konv, ein}} - d\Phi_{\text{Konv, aus}}) = 0 \quad (360)$$

fassen. Mit den Ausdrücken für die molekulare Wärmeleitung und den konvektiven Enthalpietransport erhält diese Energiebilanz die Form

$$\frac{\partial}{\partial x}\left(-\lambda\,dA\,\frac{\partial \vartheta}{\partial x}\right) + \frac{\partial}{\partial y}\left(-\lambda\,dA\,\frac{\partial \vartheta}{\partial y}\right) + \frac{\partial}{\partial x}(\varrho w h\,dA) = 0\,. \quad (361)$$

Das Flächenelement dA kann man herauskürzen. Voraussetzungsgemäß soll die Geschwindigkeit unabhängig vom Weg x sein. Nimmt man weiter an, die Strömung sei inkompressibel, $\varrho = \text{const}$, so ist in dieser Gleichung

$$\frac{\partial}{\partial x}(\varrho w h) = \varrho w\,\frac{\partial h}{\partial x},$$

was man wegen $dh = c_p\,d\vartheta$ unter der Annahme konstanter spez. Wärmekapazität auch

$$\varrho w\,\frac{\partial h}{\partial x} = \varrho w c_p\,\frac{\partial \vartheta}{\partial x}$$

schreiben kann.

Durch Zusammenfassen und mit der Temperaturleitfähigkeit $a = \lambda/\varrho c_p$ ergibt sich

$$a\left(\frac{\partial^2 \vartheta}{\partial x^2} + \frac{\partial^2 \vartheta}{\partial y^2}\right) = w\,\frac{\partial \vartheta}{\partial x}. \quad (362)$$

Man kann diese Gleichung leicht auf einen dreidimensionalen Transport durch molekulare Leitung und Konvektion erweitern, und sie nimmt dann mit den Strömungsgeschwindigkeiten w_x, w_y und w_z in x-, y- und z-Richtung die Form an:

$$a\left(\frac{\partial^2 \vartheta}{\partial x^2} + \frac{\partial^2 \vartheta}{\partial y^2} + \frac{\partial^2 \vartheta}{\partial z^2}\right) = w_x\,\frac{\partial \vartheta}{\partial x} + w_y\,\frac{\partial \vartheta}{\partial y} + w_z\,\frac{\partial \vartheta}{\partial z}. \quad (363)$$

Bei der strömenden Bewegung von Fluiden mittlerer und kleiner Wärmeleitfähigkeit — alle Gase, aber auch die meisten Flüssigkeiten wie z. B. Wasser, Öle, Benzine oder andere organische Verbindungen — ist der molekulare Wärmetransport in x-Richtung — Längswärmeleitung genannt — klein gegenüber dem

Energietransport durch Konvektion, vorausgesetzt, daß nicht sehr geringe Strömungsgeschwindigkeiten vorliegen. Man kann deshalb die Längswärmeleitung vernachlässigen und Gl. (362) vereinfacht sich zu

$$a \frac{\partial^2 \vartheta}{\partial y^2} = w \frac{\partial \vartheta}{\partial x}. \qquad (362\text{a})$$

Zur Lösung der Gleichungen (362) bzw. (363) benötigen wir Aussagen über die Abhängigkeit der Strömungsgeschwindigkeiten von den Koordinaten x, y und z. Hierüber muß uns die Strömungsmechanik Aussagen machen. Für den von uns unterstellten Fall der eindimensionalen laminaren Strömung können wir aus der Strömungsmechanik den Newtonschen Schubspannungsansatz

$$\tau = \eta \frac{dw}{dy}; \qquad \frac{\tau}{\eta} = \frac{dw}{dy} \qquad (364)$$

sowie die Bedingung der Kontinuitätsgleichung

$$\frac{dw}{dx} = 0 \qquad (365)$$

heranziehen. Müßten wir eine beschleunigte oder verzögerte Strömung betrachten, so wären die strömungsmechanischen Bedingungen selbst im laminaren Fall nicht mehr so einfach, da wir dann zusätzlich die Navier-Stokes-Gleichung benötigen.

In technischen Apparaten und Maschinen ist aber meistens die Strömung nur in einer dünnen, wandnahen Schicht laminar; in den übrigen Bereichen strömt das Fluid turbulent. Es interessiert in der Regel auch nicht so sehr die Temperaturverteilung im Fluid, als vielmehr der von einer oder an eine Wand abgegebene Wärmestrom Φ. Um ihn zu ermitteln, stützt man sich auf den von Newton angegebenen und als Newtonsches Wärmeübergangsgesetz bezeichneten Ansatz

$$\Phi_{\text{Wand}} = \alpha A (\vartheta_{\text{Wand}} - \vartheta_\infty), \qquad (366)$$

der davon ausgeht, daß der von einer Wand abgegebene oder aufgenommene Wärmestrom proportional der Differenz der Temperatur an der Wandoberfläche ϑ_{Wand} und einer Temperatur im Fluid ϑ_∞ in genügend weiter Entfernung von der Wand ist. Der Faktor α wird Wärmeübergangskoeffizient genannt und er ist — wie in Gl. (367) angedeutet — eine Funktion der Stoffeigenschaften des Fluids, des Strömungszustandes und der geometrischen Verhältnisse.

$$\alpha = \alpha(\lambda, \eta, \varrho, c_p, \vartheta_\infty/\vartheta_{\text{Wand}}, w, \text{Geom.}). \qquad (367)$$

Da die Stoffeigenschaften im allgemeinen eine Funktion der Temperatur sind, kommt noch eine Abhängigkeit vom Temperaturverlauf in einer wandnahen Schicht des Fluids — in Gl. (367) durch das Temperaturverhältnis $\vartheta_\infty/\vartheta_{\text{Wand}}$ repräsentiert — hinzu.

Damit ist scheinbar das Problem zunächst nur auf eine andere Ebene verlagert,

da man jetzt den Wärmeübergangskoeffizienten α als Funktion dieser Parameter darstellen und beschreiben muß. Es bieten sich drei Lösungsmöglichkeiten für diese Aufgabe an, nämlich
— eine rein analytische Methode durch Integration des Differentialgleichungssystems zur Bilanzierung von Masse, Energie und Impuls, was identisch wäre mit dem einleitend erwähnten Vorgehen;
— ähnlichkeitstheoretische Ansätze, bei denen Experiment und Theorie Hand in Hand gehen, und
— ein rein empirisches Vorgehen, bei dem ein Experiment durch einen mathematisch formalen, physikalisch nicht begründeten und damit auch auf ähnliche Bedingungen nicht übertragbaren Ansatz nachvollzogen wird.

Die letztgenannte Möglichkeit ist unbefriedigend und trotz großer Fortschritte in der Rechenmaschinentechnik findet die Kombination aus Experiment und Ähnlichkeitstheorie die am weitesten verbreitete Anwendung und hat dank ihrer Erfolge in der Praxis die größte Bedeutung erlangt.

6.1 Dimensionslose Kenngrößen und Beschreibung des Wärmetransportes in einfachen Strömungsfeldern

Am Beispiel von Gl. (367) konnten wir sehen, daß der Wärmeübergangskoeffizient von zahlreichen Parametern und Einflußgrößen abhängt. In Kap. IX, 5 hatten wir gelernt, daß durch Einführen dimensionsloser Kennzahlen die Zahl der Variablen verringert werden kann. Gleichzeitig bieten diese dimensionslosen Kennzahlen die Möglichkeit der Übertragung und Verallgemeinerung von Meßergebnissen. Dimensionslose Kennzahlen kann man aus einer Dimensionsbetrachtung gewinnen. Man kann aber auch physikalische Grundgleichungen, wie z. B. die Erhaltungssätze für Masse, Energie und Impuls, dafür heranziehen. Wir wollen diesen zuletzt genannten Weg beschreiben, um einige wichtige Kennzahlen herzuleiten. Dafür müssen wir uns aber zunächst die Bilanzgleichungen dieser Erhaltungssätze vor Augen führen. Die Bilanzgleichung für die Energie hatten wir bereits in Kap. IX, 6 kennengelernt. Die Kontinuitätsgleichung und die Navier-Stokes-Gleichung, Formulierungen für die Erhaltung der Masse und das Kräftegleichgewicht, sollen hier nicht abgeleitet werden, sie werden aus der Strömungsmechanik als bekannt vorausgesetzt.

In kartesischen Koordinaten lautet die Navier-Stokes-Gleichung, formuliert nach den Richtungen x, y und z, mit der Annahme, daß die Schwerkraft g in y-Richtung wirke:

$$w_x \frac{\partial w_x}{\partial x} + w_y \frac{\partial w_x}{\partial y} + w_z \frac{\partial w_x}{\partial z} = -\frac{1}{\varrho}\frac{\partial p}{\partial x} + \nu\left(\frac{\partial^2 w_x}{\partial x^2} + \frac{\partial^2 w_x}{\partial y^2} + \frac{\partial^2 w_x}{\partial z^2}\right) \quad (368\,\text{a})$$

$$w_x \frac{\partial w_y}{\partial x} + w_y \frac{\partial w_y}{\partial y} + w_z \frac{\partial w_y}{\partial z} = -\frac{1}{\varrho}\frac{\partial p}{\partial y} + g + \nu\left(\frac{\partial^2 w_y}{\partial x^2} + \frac{\partial^2 w_y}{\partial y^2} + \frac{\partial^2 w_y}{\partial z^2}\right) \quad (368\,\text{b})$$

$$w_x \frac{\partial w_z}{\partial x} + w_y \frac{\partial w_z}{\partial y} + w_z \frac{\partial w_z}{\partial z} = -\frac{1}{\varrho}\frac{\partial p}{\partial z} + \nu\left(\frac{\partial^2 w_z}{\partial x^2} + \frac{\partial^2 w_z}{\partial y^2} + \frac{\partial^2 w_z}{\partial z^2}\right) \quad (368\,\text{c})$$

Wir wollen nun Gl. (368a), die Formulierung der Navier-Stokes-Gleichung in x-Richtung, in dimensionslosen Variablen schreiben. Dazu müssen wir die Gleichung mit konstanten gegebenen Größen erweitern. Dies können z. B. sein: die Anströmgeschwindigkeit w_∞ vor dem wärmetauschenden Element, eine seiner Hauptabmessungen L — bei einer längsangeströmten Platte deren Länge oder bei einem Rohr dessen Durchmesser — sowie eine charakteristische Temperatur oder Temperaturdifferenz, z. B. die aus der Wandtemperatur und der Fluidtemperatur in genügend weiter Entfernung von der Wand gebildete Temperaturdifferenz $\Delta \vartheta = \vartheta_\infty - \vartheta_{\text{Wand}}$.

Wenn wir nun Gl. (368a) mit L/w_∞^2 multiplizieren, den Druck mit Hilfe des Staudruckes ϱw_∞^2 dimensionslos machen sowie die dimensionslosen Längen $\xi = x/L$, $\eta = y/L$, $\zeta = z/L$ und die dimensionslosen Geschwindigkeiten $\omega_x = w_x/w_\infty$, $\omega_y = w_y/w_\infty$, $\omega_z = w_z/w_\infty$ einführen, so erhalten wir die Navier-Stokes-Gleichung in dimensionsloser Form

$$\frac{\partial^2 \omega_x}{\partial \xi^2} + \frac{\partial^2 \omega_x}{\partial \eta^2} + \frac{\partial^2 \omega_x}{\partial \zeta^2} = \frac{w_\infty L}{\nu} \left(\omega_x \frac{\partial \omega_x}{\partial \xi} + \omega_y \frac{\partial \omega_x}{\partial \eta} + \omega_z \frac{\partial \omega_x}{\partial \zeta} + \frac{\partial (p/\varrho w_\infty^2)}{\partial \xi} \right). \quad (369)$$

Wie wir sehen, enthält diese Gleichung auf der rechten Seite jetzt einen dimensionslosen Faktor, den wir aus der Strömungsmechanik als *Reynolds-Zahl*

$$Re = \frac{w_\infty L}{\nu} \quad (370)$$

kennengelernt, mit Hilfe dessen wir jetzt die Dichte ϱ in dem Produkt ϱg substituieren

$$Re = \frac{wL}{\nu} \quad \text{oder} \quad Re = \frac{wD}{\nu}, \quad (370)$$

wobei D der Rohrdurchmesser sein kann.

In ähnlicher Weise können wir auch die in y-Richtung formulierte Navier-Stokes-Gleichung, Gl. (368b), dimensionslos machen, die zusätzlich noch den Schwerkrafteinfluß enthält. Hierzu multiplizieren wir diese Gleichung mit der Dichte ϱ und erhalten dann als Auftriebsterm ϱg. Bei der Behandlung der thermischen Zustandsgleichung idealer Gase hatten wir in Gl. (10) auf S. 35 den Ausdehnungskoeffizienten β

$$\beta = \frac{1}{v}\left(\frac{\partial v}{\partial \vartheta}\right)_p = -\frac{1}{\varrho}\left(\frac{\partial \varrho}{\partial \vartheta}\right)_p \quad (10)$$

kennengelernt, mit Hilfe dessen wir jetzt die Dichte ϱ in dem Produkt ϱg substituieren.

$$\varrho = \frac{-\left(\dfrac{\partial \varrho}{\partial \vartheta}\right)_p}{\beta}. \quad (10\text{a})$$

Für die Temperatur T wollen wir eine für den Antrieb der freien Konvektion maßgebende Temperaturdifferenz $\Delta \vartheta$ einsetzen, und wir erhalten dann für den

6. Grundlagen der Wärmeübertragung durch Konvektion

Auftrieb die Maßstabsgröße

$$\frac{L^2 g \beta \, \Delta\vartheta}{w_\infty \nu}. \tag{371}$$

Diese multipliziert mit der Reynolds-Zahl liefert uns eine neue Kenngröße,

$$\frac{L^2 g \beta \, \Delta\vartheta}{w_\infty \nu} Re = \frac{L^3 g \beta \, \Delta\vartheta}{\nu^2} = Gr \tag{372}$$

die *Grashof-Zahl*, welche das Verhältnis von Auftriebs- und Zähigkeitskraft charakterisiert. Damit haben wir zwei kennzeichnende dimensionslose Größen, von denen die erste — die Reynolds-Zahl — einen Ähnlichkeitsparameter für die erzwungene Konvektion und die zweite — die Grashof-Zahl — einen für die auftriebsbedingte freie Konvektion darstellt.

Für die Ableitung weiterer Kennzahlen wollen wir jetzt die Energiegleichung

$$w_x \frac{\partial \vartheta}{\partial x} + w_y \frac{\partial \vartheta}{\partial y} + w_z \frac{\partial \vartheta}{\partial z} = a \left(\frac{\partial^2 \vartheta}{\partial x^2} + \frac{\partial^2 \vartheta}{\partial y^2} + \frac{\partial^2 \vartheta}{\partial z^2} \right) \tag{363}$$

heranziehen. Wir führen darin, wie oben bei der Navier-Stokes-Gleichung, dimensionslose Längen und dimensionslose Geschwindigkeiten ein. Die Temperatur normieren wir mit Hilfe eines Temperaturverhältnisses oder eines Verhältnisses von Temperaturdifferenzen

$$\Theta = \frac{\vartheta}{\vartheta_\infty} \quad \text{oder} \quad \Theta = \frac{\vartheta - \vartheta_0}{\vartheta_0 - \vartheta_\infty}$$

auf dimensionslose Werte und erhalten dann die Energiegleichung in dimensionsloser Form.

$$\frac{\partial^2 \Theta}{\partial \xi^2} + \frac{\partial^2 \Theta}{\partial \eta^2} + \frac{\partial^2 \Theta}{\partial \zeta^2} = \frac{w_\infty L}{a} \left(\omega_x \frac{\partial \Theta}{\partial \xi} + \omega_y \frac{\partial \Theta}{\partial \eta} + \omega_z \frac{\partial \Theta}{\partial \zeta} \right). \tag{373}$$

Gl. (373) enthält wieder einen Maßstabfaktor, der in der Literatur *Péclet-Zahl*

$$\frac{w_\infty L}{a} = Pe \tag{374}$$

genannt wird. Wenn wir die Péclet-Zahl durch die Reynolds-Zahl dividieren, erhalten wir die *Prandtl-Zahl*

$$\frac{Pe}{Re} = \frac{w_\infty L}{a} \cdot \frac{\nu}{w_\infty L} = \frac{\nu}{a} = \frac{\nu \varrho c_p}{\lambda} = Pr, \tag{375}$$

die, wie wir aus Gl. (375) sehen, eine Stoffkenngröße darstellt und die in der Wärmeübertragung — ähnlich wie die Reynolds- und die Grashof-Zahl — universelle Bedeutung erlangt hat.

Damit könnten wir uns nun Lösungen der Navier-Stokes-Gleichung und der Energiegleichung vorstellen, in denen ein Geschwindigkeits- bzw. Temperaturverhältnis als Funktion dimensionsloser Koordinaten sowie der Reynolds-,

Prandtl- und Grashof-Zahl dargestellt ist. Den Ingenieur in der Praxis interessiert aber meist nicht so sehr das Temperaturfeld im wärmeaufnehmenden bzw. wärmeabgebenden Fluid, ihm reicht es meist, den Wärmestrom zu kennen, den wir in Gl. (366) mit dem Wärmeübergangskoeffizienten α zu

$$|\Phi_{\text{Wand}}| = \alpha A (\vartheta_{\text{Wand}} - \vartheta_\infty) = \alpha A \, \Delta\vartheta$$

formuliert hatten. Wegen der Reibung des Fluids existiert unmittelbar an der Wand eine dünne, haftende Flüssigkeitsschicht, für die der Fouriersche Ansatz

$$|\Phi_{\text{Wand}}| = \lambda A \left.\frac{\partial \vartheta}{\partial y}\right|_{\text{Wand}} \tag{376}$$

gilt. Der durch die dünne, haftende Flüssigkeitsschicht tretende Wärmestrom muß gleich sein dem von der Flüssigkeit aufgenommenen oder abgegebenen Wärmestrom und durch Gleichsetzen von Gl. (366) und Gl. (376) sowie durch Einführen von $\vartheta/\Delta\vartheta$ erhalten wir

$$\frac{\alpha L}{\lambda} = \frac{\partial(\vartheta/\Delta\vartheta)}{\partial(y/L)}, \tag{377}$$

eine differentielle Beziehung in dimensionsloser Form, bei der das Temperaturverhältnis $\vartheta/\Delta\vartheta$ unter Zuhilfenahme der Energiegleichung mit dimensionslosen Koordinaten sowie der Reynolds-, Grashof- und Prandtl-Zahl ausgedrückt werden kann. Die linke Seite von Gl. (377) enthält wiederum einen dimensionslosen Maßstabfaktor, der als *Nusselt-Zahl*

$$Nu = \frac{\alpha L}{\lambda} \tag{378}$$

bezeichnet wird.

Die Nusselt-Zahl kann man auch anschaulich deuten: Denkt man sich den Wärmeübergangswiderstand $1/\alpha$ erzeugt durch eine an der Oberfläche haftende, ruhende Schicht des Fluids einer Dicke δ, die das ganze Temperaturgefälle aufnimmt, so ist

$$\frac{1}{\alpha} = \frac{\delta}{\lambda}. \tag{379}$$

Dieser Film muß also die Dicke $\delta = \lambda/\alpha$ haben. Die Nusseltsche Kennzahl ist dann nichts anderes als das Verhältnis der kennzeichnenden Länge L zur Dicke δ der gedachten ruhenden Schicht.

In der Literatur — besonders in der angelsächsischen — wird häufig die Nusselt-Zahl auf das Produkt aus der Reynolds- und Prandtl-Zahl bezogen, was dann zu einer neuen Kennzahl führt, die *Stanton-Zahl* genannt wird

$$St = \frac{Nu}{Re \, Pr} = \frac{\alpha}{\varrho w c_p}. \tag{380}$$

Diese Kennzahl ist sehr anschaulich zu deuten: Sie stellt das Verhältnis aus dem in die Wand oder von der Wand fließenden Wärmestrom zum Wärmestrom dar, der durch Konvektion im Fluid transportiert wird.

6. Grundlagen der Wärmeübertragung durch Konvektion

Die Nusselt-Zahl gibt uns nun die Möglichkeit, nach Lösungen der Bewegungsgleichung und der Energiegleichung zu suchen, in denen nicht mehr das Geschwindigkeits- bzw. Temperaturfeld als Funktion dimensionsloser Koordinaten sowie der Reynolds-, Prandtl- und Grashof-Zahl dargestellt ist, sondern in denen die Nusselt-Zahl in Abhängigkeit dieser dimensionslosen Parameter erscheint. Damit hat man einen unmittelbaren Ausdruck für den Wärmeübergang. Die Kennzahlen sind Maßstabsfaktoren für Ähnlichkeitsbetrachtungen und sagen aus, daß bei der Übertragung auf andere Größenverhältnisse oder andere Fluide für gleiche Wärmeübergangsverhältnisse nur jeweils die Kennzahlen gleich sein müssen, nicht aber jeder einzelne darin enthaltene Parameter. Will man z. B. den Wärmeübergang in einem Apparat unter den Bedingungen der reinen Zwangskonvektion untersuchen, so braucht man in der Versuchsanordnung nur die gleichen Werte für die Reynolds- und die Prandtl-Zahl einhalten wie sie später im Original zu erwarten sind. Man kann die Versuchseinrichtung im verkleinerten Maßstab ausführen und muß dann nur die Strömungsgeschwindigkeit so einstellen, bzw. ein Fluid mit einer solchen kinematischen Viskosität wählen, daß die Reynolds-Zahl im Versuchsmodell und im Original gleich ist. Bei der Wahl des Versuchsfluids kommt allerdings aus der Prandtl-Zahl die einschränkende Bedingung hinzu, daß das Verhältnis von kinematischer Viskosität und Temperaturleitfähigkeit im Versuch und im Original ebenfalls gleich sein müssen. Versuchsmodell und Original haben dann die gleiche Nusselt-Zahl, woraus aus dem Versuch unmittelbar auf den Wärmeübergangskoeffizienten im Original geschlossen werden kann.

Wir wollen nun ein einfaches Beispiel für die Lösung der Bewegungs- und der Energiegleichung und die Darstellung dieser Lösung in Form dimensionsloser Kennzahlen behandeln. Wir wählen dazu eine mit der Geschwindigkeit w_∞ längsangeströmte Platte, die von dem darüberstreichenden Fluid erwärmt wird. Unmittelbar an der Plattenoberfläche ist wegen der Haftbedingung die Geschwindigkeit Null, in genügend weiter Entfernung oberhalb der Platte bleibt die Strömung unbeeinflußt von den Reibungskräften an der Platte. Dazwischen wird sich ein Geschwindigkeitsprofil ausbilden, wie es in Abb. 194 skizziert ist. Ähnlich verhält sich die Temperatur des Fluids über der Platte. In genügend großer Höhe oberhalb der Platte ist sie gleich der Temperatur des Fluids im Anströmzustand und an der Plattenoberfläche wird sie sich der Plattentemperatur annähern.

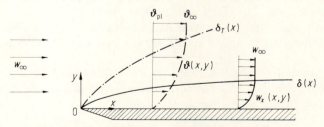

Abb. 194. Grenzschicht an längsangeströmter Platte; Geschwindigkeit und Temperatur.

Aus der Strömungsmechanik wissen wir, daß sich — ausgehend von der Plattenvorderkante — in Wandnähe eine laminare Strömung einstellt, auch wenn die Plattenanströmung turbulent ist. Diese laminare Grenzschicht verdickt sich über den Laufweg der Strömung längs der Platte, bis schließlich Turbulenz auftritt. Wir wollen hier nur den ganz einfachen Fall der rein laminaren Strömung — sowohl im Anströmgebiet als auch über der gesamten Platte — betrachten. Auch hier ist es üblich, von einer Grenzschicht zu sprechen und man definiert die Dicke δ als denjenigen Abstand von der Plattenoberfläche, an dem die Geschwindigkeit gerade 99% der Anströmgeschwindigkeit und damit der Geschwindigkeit im ungestörten Gebiet erreicht hat. Die Dicke dieser so festgelegten Grenzschicht wird längs der Platte zunehmen, da sich die Reibungskräfte längs des Strömungsweges aufsummieren und immer höhere Fluidschichten erfassen.

Ähnlich verhält es sich mit dem Temperaturprofil über der Platte. Auch hier können wir eine Grenzschichtdicke δ_T definieren, bei der die plattennahe Fluidschicht gerade noch 99% der Temperatur im ungestörten Anströmungsgebiet besitzt. Der Wärmetransport ist im wesentlichen auf den Bereich dieser Grenzschicht beschränkt.

Wenn wir über die Grenzschichtdicken etwas aussagen wollen, so müssen wir auf die Navier-Stokes-Gleichung — Gl. (368 a–c) — und auf die Energiegleichung — Gl. (363) — zurückgreifen. Zusätzlich benötigen wir die Kontinuitätsgleichung, die für ein inkompressibles Fluid und stationäre Strömung zweidimensional die einfache Form

$$\frac{\partial w_x}{\partial x} + \frac{\partial w_y}{\partial y} = 0 \qquad (381)$$

hat. In der Navier-Stokes-Gleichung wollen wir nun annehmen, daß in y-Richtung — also senkrecht zur Platte — Druckänderungen nicht vorhanden bzw. vernachlässigbar klein sind und daß auch keine Reibung infolge einer Strömung senkrecht zur Platte auftritt. Die Navier-Stokes-Gleichung für die Bewegung in x-Richtung in der Grenzschicht der Dicke δ lautet dann

$$w_x \frac{\partial w_x}{\partial x} + w_y \frac{\partial w_y}{\partial y} = -\frac{1}{\varrho} \frac{\partial p(x)}{\partial x} + \nu \frac{\partial^2 w_x}{\partial y^2}. \qquad (382)$$

Die Gleichungen (381) und (382) werden *Grenzschichtgleichungen* genannt, die 1904 von Prandtl angegeben wurden. Für die Strömung längs einer ebenen Platte stammt eine erste Lösung von Blasius, der die zusätzliche Vereinfachung machte, daß der Druckgradient auch längs der Platte dp/dx außer acht gelassen werden kann.

Für den Abstand von der Plattenoberfläche, bei dem die Strömung gerade 99% der Geschwindigkeit der ungestörten Anströmgeschwindigkeit erreicht hat, kam Blasius zu dem Ergebnis

$$\frac{\delta(x)}{x} \approx \frac{5{,}0}{\sqrt{Re_x}} \; ; \quad \text{oder:} \quad \frac{\delta(x)}{L} \approx \frac{5{,}0}{\sqrt{Re_L}} \sqrt{\frac{x}{L}}. \qquad (383)$$

6. Grundlagen der Wärmeübertragung durch Konvektion

Die Reynolds-Zahl wird in Gl. (383) entweder mit der Lauflänge x oder mit der Plattenlänge L gebildet. Als Geschwindigkeit ist die Anströmgeschwindigkeit einzusetzen. Die Definition der Grenzschichtdicke δ mit Hilfe der Annäherung des Geschwindigkeitsverlaufes auf 99 % der Anströmgeschwindigkeit ist willkürlich. Man kann auch eine physikalisch sinnvollere Annahme treffen und eine *Verdrängungsdicke* δ_V einführen, unter der man diejenige Schichtdicke versteht, um welche die Strömung infolge der Geschwindigkeitsminderung in der Grenzschicht nach außen abgedrängt wird. Diese Verdrängungsdicke errechnet sich aus dem Geschwindigkeitsverlauf

$$\delta_V = \int_0^\infty \left(1 - \frac{w_x}{w_{x\delta}}\right) dy \,. \tag{384}$$

Blasius lieferte für die Verdrängungsdicke δ_V der längsangeströmten ebenen Platte die exakte Lösung

$$\frac{\delta_V(x)}{x} = \frac{1{,}7208}{\sqrt{Re_x}} \,. \tag{385}$$

Als Anhaltspunkt kann man sich merken, daß die 99%-Grenzschichtdicke etwa dreimal so groß ist wie die Verdrängungsdicke.

Für den praktischen Gebrauch ist der Reibungsbeiwert ψ von Interesse, der für laminare Strömung durch

$$\psi(x) = 2 \frac{\tau_W(x)}{\varrho w_\infty^2} \approx 2 \frac{\tau_W(x)}{\varrho w_\delta^2} \tag{386}$$

definiert ist. Darin ist τ_W die Schubspannung des Fluids an der Wand. Blasius ermittelte den Reibungsbeiwert aus der exakten Lösung der Grenzschichtgleichung zu

$$\psi(x) = \frac{0{,}664}{\sqrt{Re_x}} \,. \tag{387}$$

Zur Berechnung des Wärmeüberganges müssen wir zusätzlich noch die Energiegleichung heranziehen, wobei wir annehmen wollen, daß Wärmeleitung nur senkrecht zur Plattenoberfläche erfolgt.

$$w_x \frac{\partial \vartheta}{\partial x} + w_y \frac{\partial \vartheta}{\partial y} = a \frac{\partial^2 \vartheta}{\partial y^2} \,. \tag{388}$$

Für $Pr = 1$ und konstante Wandtemperatur folgt als exakte Lösung für den Wärmeübergang

$$St \sqrt{Re_x} = 0{,}332 \quad \text{oder} \quad Nu_x = 0{,}332 \sqrt{Re_x} \,. \tag{389}$$

Für $Pr \neq 1$ existieren Näherungslösungen, z. B.

$$Nu_x = \frac{\alpha x}{\lambda} = 0{,}332 Re_x^{1/2} Pr^{1/3} \,. \tag{389a}$$

Durch Vergleich von Gl. (387) und Gl. (389) kann man unschwer den einfachen Zusammenhang zwischen Impuls- und Wärmeaustausch erkennen,

$$St = \frac{\psi}{2} \tag{390}$$

den man „Reynoldssche Analogie" nennt.

Eine besonders einfache und auf den ersten Blick überraschende Form hat das Lösungsergebnis der Energiegleichung, wenn wir eine ausgebildete laminare Strömung in einem Rohr betrachten. Von „hydrodynamisch ausgebildeter Strömung" spricht man nach den Regeln der Strömungsmechanik dann, wenn sich das Geschwindigkeitsprofil längs des Laufweges nicht mehr ändert. Man nennt eine Strömung „thermisch ausgebildet", wenn das Temperaturprofil seine Form beibehält. Diese Verhältnisse stellen sich nach einer gewissen Einlaufstrecke ein, deren Länge von der Reynolds-Zahl, dem Rohrdurchmesser und auch der Gestaltung der Eintrittsöffnung abhängt. Nach dieser Einlauflänge — also bei hydrodynamisch und thermisch ausgebildeter laminarer Strömung — stellt sich im Rohr, unabhängig von der Reynolds-Zahl, eine konstante Nusselt-Zahl ein, die für die Randbedingung konstanter Wandtemperatur den Wert

$$Nu = \frac{\alpha D}{\lambda} = 3{,}656 \tag{391}$$

hat und für die konstanter Heizflächenbelastung

$$Nu = \frac{\alpha D}{\lambda} = 4{,}364 \tag{392}$$

beträgt. Diese Lösung, die bereits von Nusselt angegeben wurde, vernachlässigt die Längswärmeleitung im Fluid, ist also für flüssige Metalle mit ihrer hohen Wärmeleitfähigkeit nicht gültig.

Wenn wir auf das für die längsangeströmte Platte gefundene Ergebnis zurückblicken, so müssen wir beachten, daß sich die Grenzschicht erst von der Vorderkante ausgehend entwickelte und die Nusselt-Zahlen in den Gleichungen (389) bzw. (389a) Funktionen der Lauflänge x sind, die in der Reynolds-Zahl enthalten ist. In den Gln. (391) und (392) wird als charakteristische Länge nicht mehr der Laufweg der Strömung, sondern der Durchmesser des Rohrs benützt. In der Einlaufzone des Rohrs liegen die Werte höher; sie gehen unmittelbar am Eintritt gegen unendlich und fallen dann auf die Werte der ausgebildeten Strömung 3,656 bzw. 4,364 ab.

Für turbulente Strömung sind die Verhältnisse wesentlich komplizierter. Man kann die turbulenten Schwankungsbewegungen in der Strömung dadurch berücksichtigen, daß man in die Navier-Stokes- und in die Energiegleichung Geschwindigkeits- und Temperaturschwankungen einführt, die sich einem Mittelwert überlagern. Es gibt auch Ansätze, die den Turbulenzeinfluß auf den Impuls- und Wärmeaustausch durch additive Korrekturgrößen — sogenannte turbulente Austauschgrößen — in der Navier-Stokes-Gleichung bei der kinematischen Viskosität und in der Energiegleichung bei der Temperaturleitfähigkeit berücksichtigen. In der Praxis benützt man aber meist empirische Beziehungen, die sich an die Form der Gleichung (389a) anlehnen:

$$Nu = C\, Re^m\, Pr^n.\tag{393}$$

Der Exponent n der Prandtl-Zahl liegt für die wärmeaufnehmende Wand wie in der laminaren Strömung bei 1/3 und steigt bei Heizung des Fluids auf 0,4. Die Strömungsgeschwindigkeit dagegen — und damit die Reynolds-Zahl — hat in turbulenter Strömung einen stärkeren Einfluß, der Exponent m nimmt Werte von 0,7 bis 0,8 an.

Die Reynoldssche Analogie zwischen Impulsaustausch, also Druckverlust, und Wärmeaustausch hat zwar noch die gleiche Form wie bei laminarer Strömung — Gl. (390) —, eine Erhöhung des Druckverlustbeiwertes ψ wirkt sich aber jetzt weniger stark auf die Stanton-Zahl aus

$$St = \frac{\psi}{8}.\tag{394}$$

Die Reynoldssche Analogie in ihrer einfachen Form gibt die tatsächlichen Verhältnisse nur annähernd und auch nur für Fluide, deren Prandtl-Zahl ungefähr 1 ist, wieder. In der Literatur sind verschiedene erweiterte und verbesserte Ansätze für den Zusammenhang zwischen Druckverlust und Wärmeaustausch zu finden.

Wenn wir auf Gl. (394) das aus der Strömungsmechanik bekannte Blasiussche Widerstandsgesetz

$$\psi = \frac{0{,}3164}{Re^{0{,}25}} = \frac{C^*}{Re^n}\tag{395}$$

anwenden, so erhalten wir für Fluide mit $Pr = 1$

$$Nu = 0{,}03955 \cdot Re^{0{,}75} = C\, Re^n,\tag{396}$$

was der Form nach mit der Aussage von Gl. (393) übereinstimmt. Empirische, d. h. auf Messungen beruhende Formeln enthalten um den Faktor 1,5 bis 2 niedrigere Wärmeübergangskoeffizienten als wir dies mit den Gln. (394) und (395) fanden. Die Reynoldssche Analogie gibt also nur eine grobe qualitative Näherung zwischen Druckverlust und Wärmeübergang.

6.2 Einzelprobleme der Wärmeübertragung ohne Phasenumwandlung

a) Erzwungene Konvektion

In der Praxis gibt es viele verschiedene Bauarten von Wärmetauschern. Die eigentlichen wärmetauschenden Elemente in den Wärmetauschern sind meist Rohre, die längsdurchströmt und von außen quer-, längs- oder auch schräggeströmt werden. Wir wollen deshalb unsere Betrachtungen bei der erzwungenen Konvektion auf die Strömung in und um Rohre beschränken.

Bei der Berechnung des Wärmeübergangskoeffizienten an einer Rohrwand müssen wir zunächst prüfen, ob das Fluid im Rohr laminar oder turbulent strömt. Unterhalb der Reynolds-Zahl $Re = 2300$ ist die Rohrströmung stets laminar.

Turbulente Strömung liegt mit Sicherheit bei $Re > 10^4$ vor. Im Zwischenbereich kann die Strömung je nach den Einlaufbedingungen laminar oder turbulent sein.

Für laminare Strömung wird von Schlünder[1] die einfache Gebrauchsformel

$$Nu = \frac{\alpha D_i}{\lambda} = \sqrt[3]{3{,}66^3 + 1{,}62^3 \, Re \, Pr \, \frac{D_i}{L}} \qquad (397)$$

angegeben, die im Gebiet thermischen Einlaufes bei hydrodynamisch ausgebildeter Laminarströmung gültig ist. Für große Lauflängen geht Gl. (397) in den Grenzwert $Nu_\infty = 3{,}66$ über. Die Gleichung gilt für die Randbedingung konstanter Wandtemperatur. Dies ist in der Praxis der häufigste Fall, und wir wollen auch unsere weiteren Betrachtungen bei der erzwungenen Konvektion darauf beschränken. Konstante Wärmestromdichte findet man bei Wärmefreisetzung durch elektrische Widerstandsheizung oder an den Brennelementen von Kernreaktoren. Gl. (397) sollte nur für Reynolds-Zahlen unter 2300 verwendet werden. Bei der Anwendung dieser Gleichung — wie auch bei der aller anderen Wärmeübergangsbeziehungen — ist auf die Wahl der richtigen Bezugstemperatur für die Stoffwerte in der Reynolds- und in der Prandtl-Zahl zu achten. Das Fluid kühlt oder erwärmt sich auf seinem Weg durch das Rohr, und es können dabei beachtliche Temperaturunterschiede zwischen Eintritt und Austritt entstehen. Ein Temperaturunterschied existiert aber nicht nur in, sondern auch quer zur Strömungsrichtung. In Gl. (397) ist die Bezugstemperatur für die Stoffwerte bei der mittleren Temperatur des Strömungsmediums $\vartheta_m = (\vartheta_{ein} + \vartheta_{aus})/2$ mit der Eintritts- und Austrittstemperatur des Fluids zu bilden. Stephan[2] hat für die mittleren Nusselt-Zahlen bei laminarer Strömung für kleine Lauflängen, also im hydrodynamischen und thermischen Einlauf, folgende Gleichung angegeben

$$Nu = \frac{\alpha D_i}{\lambda} = 3{,}66 + \frac{0{,}0677 \, (Re \, Pr \, D_i/L)^{1{,}33}}{1 + 0{,}1 \, Pr \, (Re \, D_i/L)^{0{,}83}}. \qquad (398)$$

Falls $0{,}1 \leq Pr < 100$, gilt die Gleichung im gesamten Bereich $0 \leq L/D_i \leq \infty$. Ist $Pr > 100$, so gilt die Gleichung nur für $L/D_i \leq 0{,}05 \, Re$, da die Strömung weiter stromabwärts $L/D_i > 0{,}05 \, Re$ hydrodynamisch ausgebildet ist, so daß dort Gl. (397) gilt. Die beiden Gleichungen (397) und (398) geben den Mittelwert der Nusselt-Zahl über die Einlauflänge L wieder.

Für turbulente Strömung hat Colburn den Reynoldsschen Analogieansatz auf Prandtl-Zahlen zwischen 0,6 und 50 erweitert mit

$$St \, Pr^{2/3} = \frac{\psi}{8}, \qquad (399)$$

und mit einem zahlenmäßig etwas modifizierten Blasius-Ansatz für den Druckverlust-Beiwert $\psi = 0{,}18 \, Re^{0{,}2}$ kommt er für die voll ausgebildete turbulente

---

[1] Schlünder, E. U.: Einführung in die Wärmeübertragung, 4. Aufl. Braunschweig: Vieweg 1983, S. 103.
[2] Stephan, K.: Wärmeübergang und Druckabfall bei nicht ausgebildeter Laminarströmung in Rohren und in ebenen Spalten. Chem. Ing. Tech. 31 (1959) 773—778.

Strömung zu der Gleichung

$$Nu = \frac{\alpha D_i}{\lambda} = 0{,}023\ Re^{0{,}8}\ Pr^{1/3}\ . \tag{400}$$

Diese einfache Beziehung gibt gute Werte bei schwacher Beheizung bzw. Kühlung für $10^4 < Re < 10^5$ und für $0{,}5 < Pr < 100$. Sie sollte erst nach einem Einlauf, der dem 60fachen Rohrdurchmesser entspricht, angewandt werden. Die Stoffwerte sind auf eine aus dem arithmetischen Mittelwert zwischen Wandtemperatur ϑ_W und einer sogenannten „Bulktemperatur" ϑ_B gebildeten Bezugstemperatur $\vartheta_{bez} = (\vartheta_W + \vartheta_B)/2$ zu beziehen. Die Bulktemperatur ist wiederum der arithmetische Mittelwert aus der Ein- und Austrittstemperatur des Fluids.

Hausen[1] gibt eine Beziehung an, die in einem sehr großen Reynolds-Bereich, nämlich von etwa $Re = 2{,}5 \cdot 10^5$ bis zur laminaren Strömung, also unter $Re = 2300$, gilt:

$$Nu = 0{,}0235\,(Re^{0{,}8} - 230)\,(1{,}8\,Pr^{0{,}3} - 0{,}8)\cdot\left[1 + \left(\frac{D_i}{L}\right)^{2/3}\right]\left(\frac{\eta_B}{\eta_W}\right)^{0{,}14}. \tag{401}$$

Man erkennt aus den ersten beiden runden Klammern von Gl. (401), daß sie auf die Colburn-Gleichung — Gl. (400) — zurückgeht. Der Ausdruck in der eckigen Klammer gibt die Einlaufkorrektur wieder. Die Richtung des Wärmestromes — Heizung oder Kühlung — beeinflußt bei temperaturabhängigen Stoffwerten die Wärmeübertragung. Hausen trägt dem durch ein Korrekturglied Rechnung, das mit dem Verhältnis der Viskositäten gebildet wird, die das Fluid bei Wand- und bei Bulktemperatur annimmt. Wärmeabgabe von der Wand bewirkt einen Temperaturanstieg im Fluid zur Wand, wodurch bei Flüssigkeiten die Viskosität in Wandnähe geringer ist als im Strömungskern. Die Reibung in der wandnahen Grenzschicht verringert sich dadurch. Bei Wärmeaufnahme durch die Wand sind die Verhältnisse umgekehrt. Gase haben eine von der Temperatur nur wenig abhängende kinematische Viskosität; sie nimmt bei mäßigen Drücken mit der Temperatur zu.

Schwieriger wird die Berücksichtigung des Temperatureinflusses, wenn sich das Fluid in der Nähe seines kritischen Zustandes — insbesondere im überkritischen Bereich — befindet. Die vorgenannten Beziehungen gelten strenggenommen nur, wenn die Zustandsgrößen über die ganze Strecke des betrachteten Wärmetransportes monotonen — steigenden oder fallenden — Verlauf haben. Im überkritischen Gebiet weisen die spezifische Wärmekapazität und der isobare volumetrische Ausdehnungskoeffizient ein Maximum auf und gehen am kritischen Punkt gegen unendlich. Auch die Wärmeleitfähigkeit nimmt dort sehr große Werte an. Die Viskosität hat am kritischen Punkt zwar endliche Werte und im überkritischen Gebiet monotonen Verlauf, ändert sich aber stark.

Flüssige Metalle haben wegen ihrer guten Wärmeleitfähigkeit sehr kleine Prandtl-Zahlen bis herab zu 0,001. Der Wärmeleitanteil ist deshalb auch bei

---

[1] Hausen, H.: Neue Gleichungen für die Wärmeübertragung bei freier oder erzwungener Konvektion. Allg. Wärmetech. 9 (1959) 75–79.

turbulenter Strömung sehr groß und in vielen Fällen darf auch die Wärmeleitung längs der Strömungsrichtung nicht vernachlässigt werden. Hartnett und Irvine[1] schlugen deshalb einen kombinierten Ansatz vor, der von der Vorstellung ausgeht, daß Wärmeleitung und turbulenter Wärmetransport additiv in einer Wärmeübergangsbeziehung behandelt werden können.

$$Nu = 0{,}67 Nu_\mathrm{p} + 0{,}015 Pe^{0{,}8} \qquad (402)$$

Sie verwenden für den Anteil der Wärmeleitung eine Nusselt-Zahl für die Kolbenströmung, die sogenannte Plug-Nusselt-Zahl Nu_p, die sich einstellen würde, wenn das flüssige Metall kolbenförmig, also mit über den Querschnitt konstanter Geschwindigkeit, durch das Rohr strömen würde. Dem tatsächlichen Geschwindigkeitsprofil und damit dem konvektiven Anteil des Wärmetransportes trägt der zweite Ausdruck auf der rechten Seite von Gl. (402) Rechnung, der mit der Péclet-Zahl gebildet wird. Die Nusselt-Zahl für die Kolbenströmung wird von den Wärmeleitwegen quer zur Strömungsrichtung bestimmt und hängt deshalb von der Querschnittsform des Rohrs ab. Für kreisförmigen Rohrquerschnitt und auch für andere Querschnittsformen längsdurchströmter Kanäle sind Nusselt-Zahlen für die Kolbenströmung in Tab. 36 zusammengestellt.

Tabelle 36. Nusselt-Zahlen für Kolbenströmung

Kanalform	Nu_p für $T_\mathrm{W} = $ const	Nu_p für $q_\mathrm{W} = $ const
Rohr	5,784	8,0
Quadrat	$\pi^2/2 = 4{,}93$	7,03
gleichseitiges Dreieck	—	6,67
Rechteck mit zwei beheizten Wänden	$\pi^2 = 9{,}87$	12

Damit haben wir bereits ein Verfahren kennengelernt, wie man einen für Rohrströmung gedachten Ansatz auch auf andere Kanalformen anwenden kann. Bei den meisten Fluiden — wie Wasser, Kohlenwasserstoffen und Gasen — mit Prandtl-Zahlen in der Nähe von Eins oder darüber ist die Umrechnung viel einfacher als bei flüssigen Metallen mit Prandtl-Zahlen zwischen 0,1 und 0,001. Man braucht in die Wärmeübergangsbeziehungen, z. B. Gl. (400) und Gl. (401), anstelle des Rohrdurchmessers nur den äquivalenten Durchmesser des Kanales einzusetzen, der mit $D_\mathrm{e} = 4A/U$ gebildet wird.

Wie unterschiedlich die Strömung und damit auch der Wärmeübergang in einem nicht kreisförmigen Strömungsquerschnitt sein können, davon vermittelt Abb. 195 einen Eindruck. Mit Hilfe der holographischen Interferometrie sind dort die Isothermen in einem Strömungsquerschnitt aufgenommen, der als Ausschnitt aus einem Stabbündel von drei in Dreiecksteilung angeordneten Stäben gebildet wird. Die Isothermen — dargestellt von dem längs der Staboberflächen mehr oder

---

[1] Hartnett, J. P.; Irvine, T. F. Jr.: Nusselt values for estimating turbulent liquid — metal heat transfer in noncircular ducts. A.I.Ch.E. J. 3 (1957) 313–317.

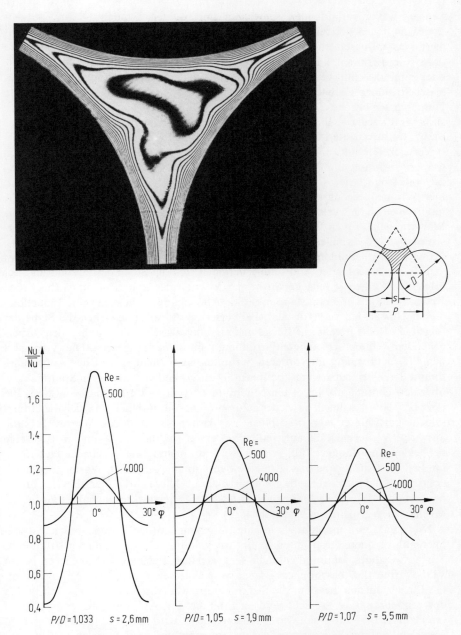

Abb. 195. Grenzschicht und Wärmeübergang im längsangeströmten Bündel.

weniger wellig verlaufenden schwarzen und weißen Streifen — sind in den Zonen, in denen sich zwei Stabwände nahe gegenüberstehen, bündelförmig gruppiert, was auf geschichtete — d. h. laminare — Strömung hinweist. In der Mitte des Strömungskanals kann man einen Bereich nahezu gleichmäßiger Temperatur — oder zumindest mit wenig Temperaturgefälle — erkennen, wie man es bei turbulenter Strömung beobachtet. Die Aufnahme wurde bei einer auf den äquivalenten Durchmesser bezogenen Reynolds-Zahl von 3000 gemacht. Der Strömung entsprechend variiert auch der Wärmeübergangskoeffizient über den Umfang der Stäbe. Im turbulenten Gebiet ist er nahezu doppelt so groß wie im laminaren.

Verwickelter und einer theoretischen Berechnung äußerst schwer zugänglich werden Strömung und Wärmeübergang, wenn man Rohre oder Stäbe im Bündel quer anströmt, wie es im Außenraum von Wärmetauschern häufig vorkommt. Der Wärmeübergangskoeffizient zeigt nicht nur über den Umfang der Stäbe unterschiedlichen Verlauf, auch die Position des Stabes im Bündel beeinflußt die Wärmeabgabe. Einen Eindruck hiervon vermittelt Abb. 196, in der für zwei verschiedene Anordnungen der Stäbe — nämlich fluchtend und vollversetzt — die örtliche Nusselt-Zahl in Polarkoordinaten über dem Umfang des Stabes aufgetragen ist. Bei fluchtender Anordnung befinden sich die Stäbe der zweiten und der folgenden Reihen jeweils im Strömungsschatten des Stabes der davorliegenden Reihe, was am vorderen Staupunkt eine Abflachung — ja sogar eine Eindellung — der Nusselt-Kurve verursacht. Bei versetzter Anordnung stehen die Stäbe der folgenden Reihe jeweils auf Lücke und sind der zwischen den Stäben der vorhergehenden Reihe beschleunigten Strömung unmittelbar ausgesetzt. Dies verbessert den Wärmeübergang im vorderen Staupunkt. Unabhängig von der Anordnung nimmt der Wärmeübergangskoeffizient — ausgehend vom vorderen Staupunkt — über den Umfang ab, bis er ein Minimum erreicht — im Beispiel von Abb. 196 etwa bei 100° — wonach er wieder zunimmt. Dies rührt daher, daß sich die Grenzschicht kurz hinter $\varphi = \pi/2$ ablöst, was sich positiv auf den Wärmeübergang auswirkt. Weiterhin fällt auf, daß die Kurven für die zweite und dritte Reihe bei beiden Anordnungen fülliger sind als für die erste Reihe, was bedeutet, daß die integrale Wärmeabgabe bzw. der über den Umfang gemittelte Wärmeübergangskoeffizient in der ersten Reihe am niedrigsten ist. Dies rührt daher, daß sich hinter der ersten und auch noch der zweiten Reihe eine verstärkte Turbulenz ausbildet, welche den Wärmeübergang erhöht.

Diese Faktoren müßten alle in eine Beziehung einfließen, welche den Wärmeübergang in querangeströmten Rohr- bzw. Stabbündeln zuverlässig beschreibt. Ein aufwendiges, dafür aber auch sehr genaues Rechenverfahren ist z. B. im VDI-Wärmeatlas[1] beschrieben. Es geht vom Wärmeübergang am querangeströmten Einzelrohr aus, bei dem die Strömung in zwei Abschnitte — nämlich in den der laminaren Grenzschicht und den hinter der Ablösung dieser laminaren Grenzschicht — unterteilt wird. Entsprechend wird die mittlere Nusselt-Zahl über den Umfang des Rohrs aus der im laminaren und der hinter der Ablösung im turbulenten Bereich durch Bilden des geometrischen Mittels zusammengesetzt.

---

[1] VDI Wärmeatlas, 4. Aufl. Düsseldorf: VDI-Verlag 1984, Blätter Ge1/Ge3.

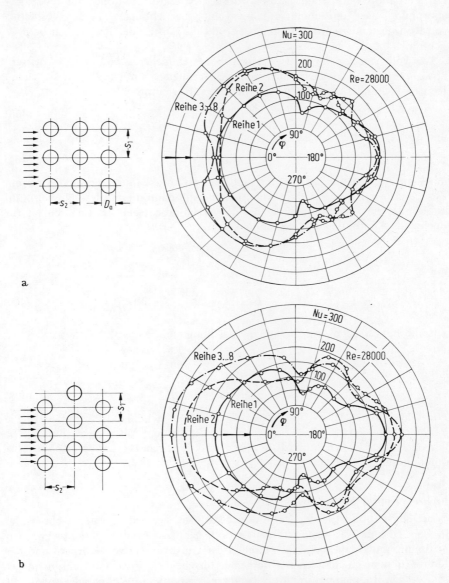

Abb. 196. Örtliche Nusselt-Zahlen an querangeströmten Stäben im Bündel.
a fluchtend; **b** vollversetzt, Stababstand gleich dem 1,5fachen Stabdurchmesser, Anströmung mit Luft

Die Verhältnisse im Bündel werden durch Korrekturfunktionen für die Rohranordnung, die Rohrteilung in Längs- und Querrichtung, d. h. das Verhältnis von Rohrabstand zu Rohrdurchmesser, und die Anzahl der Rohrreihen berücksichtigt.

Wir wollen hier ein von Hausen[1] angegebenes, einfacheres Verfahren diskutieren. Sowohl beim fluchtenden als auch beim vollversetzten — mit auf Lücke stehenden Rohren — Bündel können wir ein Querteilungsverhältnis

$$a = S_1/D_a \qquad (403)$$

und ein Längsteilungsverhältnis

$$b = S_2/D_a \qquad (404)$$

mit dem Abstand der Rohre und mit dem Rohraußendurchmesser definieren. Zusätzlich zur Reynolds- und Prandtl-Zahl muß dann die mittlere Nusselt-Zahl im Bündel eine Funktion dieser Teilungsverhältnisse sein. Hausen schlägt für fluchtende Anordnung die Gleichung

$$Nu = 0{,}34 f_1 \, Re^{0{,}60} \, Pr^{0{,}31} \qquad (405)$$

mit

$$f_1 = 1 + \left(a + \frac{7{,}17}{a} - 6{,}52\right)\left(\frac{0{,}266}{(b-0{,}8)^2} - 0{,}12\right)\sqrt{\frac{1000}{Re}} \qquad (406)$$

vor und für versetzte Anordnung die Gleichung

$$Nu = 0{,}35 f_2 \, Re^{0{,}57} \, Pr^{0{,}31} \qquad (407)$$

mit

$$f_2 = 1 + 0{,}1a + 0{,}34/b \, . \qquad (408)$$

Die Gleichungen gelten für Werte von a und b zwischen 1,25 und 3. In die Reynolds-Zahl sind für die Geschwindigkeit die mittlere Anströmgeschwindigkeit vor der ersten Rohrreihe und für die charakteristische Länge der Rohraußendurchmesser einzusetzen.

b) Freie Konvektion

Freie Konvektion ist in der Natur allgegenwärtig, sie wird aber auch sehr häufig in der Technik für den Wärmetransport genutzt. Analog der erzwungenen Strömung muß man auch hier zwischen der Umströmung von Körpern und der Konvektion in geschlossenen Räumen unterscheiden. Freie Konvektion in geschlossenen Räumen bestimmt die Temperatur in unseren Wohnungen und damit unser Wohlbefinden. Die Kenntnis der Vorgänge bei Naturkonvektion ist deshalb für die Klimatechnik wichtig. Aber auch bei der Erwärmung oder Kühlung eines Flüssigkeitsbades — im häuslichen Kochtopf, im Reaktions- oder Speicher-

---

[1] Hausen, H.: Bemerkung zur Veröffentlichung von A. Hackl und W. Gröll: Zum Wärmeübergangsverhalten zähflüssiger Öle. Verfahrenstech. 3 (1969) 355, 480 (Berichtigung).

6. Grundlagen der Wärmeübertragung durch Konvektion

behälter in der chemischen Industrie oder im Schmelzbad eines Siemens-Martin-Ofens für die Stahlerzeugung — bewirkt die freie Konvektion den Wärmetransport. Beispiele für den Wärmeübergang durch freie Konvektion an umströmten Körpern sind ebenfalls sehr vielfältig — angefangen vom Kondensator des Haushaltskühlschrankes bis zum größten technischen Kühlaggregat, den Trockenkühltürmen von Kraftwerken mit Wärmeströmen von 2000 bis 3000 MW.

Während bei erzwungener Konvektion eine Druckdifferenz, erzeugt durch ein Gebläse oder eine Pumpe, die treibende Kraft für die Strömung ist, bewirken bei freier Konvektion die Schwerkraft oder in manchen Fällen auch Fliehkräfte in Fluiden Dichteunterschiede, z. B. infolge von Temperaturunterschieden, und damit eine Bewegung. Daneben kann auch die Oberflächenspannung eine Konvektionsbewegung hervorrufen, die wir hier aber nicht näher behandeln wollen. Der Bewegung entgegengerichtet ist die Kraft aus der Schubspannung und im instationären Fall der Beschleunigung.

Für die Beschreibung des Wärmetransportes zieht man bei der freien Konvektion die Grashof-Zahl

$$Gr = \frac{L^3 g \beta \, \Delta \vartheta}{v^2} \tag{372}$$

oder in Stoffgemischen, in denen die Dichteunterschiede nicht durch einen Temperaturunterschied $\Delta \vartheta$, sondern durch einen Konzentrationsunterschied hervorgerufen werden, die *Archimedes-Zahl*

$$Ar = Gr^* = \frac{L^3 g \, \Delta \varrho / \varrho}{v^2} \tag{372a}$$

heran. Die Nusselt-Zahl wird dann mit der Grashof- und Prandtl-Zahl

$$Nu = f(Gr, Pr) \tag{409}$$

oder mit der Archimedes- und Prandtl-Zahl

$$Nu = f(Ar, Pr) \tag{409a}$$

beschrieben.

In geschlossenen Räumen, in denen von zwei gegenüberliegenden Wänden die eine beheizt und die andere gekühlt ist, bildet sich freie Konvektion erst aus, wenn Temperatur- bzw. Dichteunterschiede hinreichend groß sind. Die treibende Kraft muß erst die Ruheschubspannung überwinden, und in Stabilitätsbetrachtungen wurde nachgewiesen, daß für

$$Gr \, Pr < 1700 \tag{410}$$

sich keine freie Konvektion in spaltförmigen Hohlräumen waagerechter oder senkrechter Orientierung einstellen kann. Die Grashof-Zahl wird dabei mit der Spaltweite und der Temperaturdifferenz zwischen beheizter und gekühlter Wand, also beim horizontalen Spalt zwischen Unter- und Oberseite, gebildet.

Die Ausbildung der freien Konvektion in einem horizontalen Hohlraum veranschaulicht Abb. 197. Die Temperaturdifferenz zwischen der beheizten Unterseite und der gekühlten Oberseite wurde dabei zwischen 1 K und etwas über 5 K variiert. Wärmetransportierendes Fluid war Wasser von Umgebungstemperatur. Bei der gegebenen Spaltweite von 5 mm betrug das Produkt aus der Grashof- und Prandtl-Zahl bei 1 K Temperaturdifferenz gerade etwa 1700. Man erkennt aus den Isothermen darstellenden schwarzen und weißen Interferenzlinien des obersten Interferogramms der Abb. 197, daß bei $Gr\,Pr = 1700$ noch eine ebene, horizontale Temperaturschichtung wie bei reiner Wärmeleitung vorliegt, also noch keine

Abb. 197. Temperaturschichtung bei freier Konvektion im horizontalen Spalt.
Bilder links: Unterseite beheizt, Oberseite gekühlt,
Spalthöhe 5 mm, $\Delta\vartheta = 1$ bis 5,2 K, $GrPr = 1700$ bis 8000, Wasser.
Bild rechts: Unterseite beheizt, freie Oberfläche oben.

Konvektion zu beobachten ist. Mit zunehmender Temperaturdifferenz über den Spalt bilden sich dann aufwärts- und abwärtsgerichtete Strömungen mit regelmäßigem Muster aus, was in Abb. 197 daran zu erkennen ist, daß sich die Isothermen nach unten mit der Abwärtsströmung und nach oben mit der Aufwärtsströmung ausstülpen. Würde man statt der Isothermen die Stromlinien ausmessen, so fände man ein gleichmäßiges Muster von Rollzellen, deren Achsabstand und Durchmesser sich mit steigender Temperaturdifferenz verringern. Diese regelmäßigen Muster sind nur bei geringen Spaltweiten zu beobachten. Hat die Flüssigkeitsschicht auf ihrer Oberseite keine feste Berandung, sondern eine freie Oberfläche, so bilden sich von oben gesehen hexagonale Strömungsmuster — wie in Abb. 197 rechts veranschaulicht — aus. Zum ersten Mal wurde diese Konvektionsform mit ihrem charakteristischen isothermen Muster von Bénard beobachtet und man nennt diese Art der freien Konvektion deshalb auch „*Bénard-Konvektion*".

Den Wärmetransport durch die Fluidschicht im Spalt drückt man aus rein praktischen Gründen meist nicht in Form der Nusselt-Zahl aus, sondern man führt eine „scheinbare Wärmeleitfähigkeit" λ_s ein, die bei ebener Schicht durch

6. Grundlagen der Wärmeübertragung durch Konvektion

die Gleichung

$$q = \frac{\lambda_s}{\delta}(\vartheta_1 - \vartheta_2) \tag{411}$$

definiert ist. Sie ist also die Wärmeleitfähigkeit eines festen Körpers oder eines ruhenden Fluids mit gleicher Wärmestromdichte q wie sie unter dem Einfluß der Konvektion durch die Flüssigkeitsschicht von der Dicke δ unter der Wirkung des Temperaturunterschiedes $\vartheta_1-\vartheta_2$ hindurchtritt. Der Quotient λ_s/λ aus der scheinbaren Wärmeleitfähigkeit und der wahren Wärmeleitfähigkeit λ des Fluids gibt an, um wieviel Mal die Konvektion die reine Wärmeleitung durch das Fluid verbessert. Bei laminarer Konvektion im horizontalen Spalt, die in Abb. 197 links veranschaulicht ist, und für Luft kann man ansetzen

$$\frac{\lambda_s}{\lambda} = 0{,}2 Gr^{1/4}. \tag{412}$$

Wie die erzwungene, so kann auch die freie Konvektion turbulent werden. Für $GrPr^{1,65} > 160000$ gilt dann

$$\frac{\lambda_s}{\lambda} = 0{,}073 (Gr\ Pr^{1,65})^{1/3}. \tag{413}$$

Besonders interessant für die Heizungs- und Klimatechnik sind senkrecht angeordnete Hohlräume. Sie bestimmen z. B. die Wärmeverluste durch die Isolierverglasung. Bei durchsichtigen Wänden und optisch transparenten Fluiden macht die freie Konvektion jedoch nur einen Teil des Wärmetransportes aus. Hinzu kommt der Wärmetransport durch Strahlung, der insbesondere bei hohem Wärmeleitwiderstand wesentlich zu den Wärmeverlusten eines Hauses oder eines Zimmers beiträgt. Die Wärmestrahlung werden wir erst in Kap. IX,9 behandeln.

Im senkrechten Spalt kann der Wärmetransport für $2000 < Gr_\delta < 20000$, also für mäßige Konvektion, mit

$$\frac{\lambda_s}{\lambda} = 0{,}18\ Gr_\delta^{1/4} \left(\frac{h}{\delta}\right)^{-1/9}. \tag{414}$$

beschrieben werden. Für $20000 < Gr_\delta < 200000$ kann man den Ansatz

$$\frac{\lambda_s}{\lambda} = 0{,}065\ Gr_\delta^{1/3} \left(\frac{h}{\delta}\right)^{-1/9} \tag{415}$$

verwenden. Die Gln. (414) und (415) gelten für Luft und die Grashof-Zahl ist mit der Spaltweite δ zu bilden. Das Verhältnis von Höhe h zu Weite δ des Spaltes geht als schwache Korrektur ein.

Bei sehr breiten Spalten verwendet man nicht mehr die Gl. (414) oder (415) für den Wärmetransport, sondern man behandelt jede der beiden seitlichen Begrenzungen als senkrechte Platte, an der sich freie Konvektion unabhängig von der Strömung an der gegenüberliegenden Wand einstellt.

Die freie Konvektion an der senkrechten Platte kann — ähnlich wie die der erzwungenen — mit den Bilanzgleichungen für Masse, Impuls und Energie behandelt werden. Für laminare Grenzschicht wurde eine exakte Lösung abgeleitet, die nach Rohsenow und Choi[1] durch die Beziehung

$$\frac{Nu_x}{(Gr_x/4)^{1/4}} = \frac{0{,}676 Pr^{1/2}}{(0{,}861 + Pr)^{1/4}} \tag{416}$$

angenähert werden kann. Nusselt- und Grashof-Zahl sind dabei eine Funktion der Lauflänge der Strömung, d. h. des Abstandes von der Plattenunterkante. Als treibende Temperaturdifferenz ist in die Grashof-Zahl der Unterschied zwischen der Temperatur der Plattenoberfläche und der Temperatur des Fluids in genügend weiter Entfernung von der Platte — also außerhalb der Grenzschicht — einzusetzen. Bei Wärmeaufnahme durch die Platte ist der Strömungsweg von der Plattenoberkante zu zählen.

Meist interessiert aber nicht der örtliche Wert der Nusselt-Zahl bzw. des Wärmeübergangskoeffizienten, sondern die gesamte, bis zu einer Plattenhöhe x oder über die ganze Plattenhöhe übertragene Wärme. Man führt deshalb neben der örtlichen Nusselt-Zahl eine mittlere Nusselt-Zahl ein, die mit

$$\alpha_m = \frac{1}{x} \int_0^x \alpha(x)\, dx \tag{417}$$

zu

$$Nu_m = \frac{\alpha_m x}{\lambda} \quad \text{bzw.} \quad Nu_m = \frac{\alpha_m L}{\lambda} \tag{418}$$

definiert ist. Diese Mittelung auf Gl. (416) angewandt ergibt

$$\frac{Nu_m}{(Gr/4)^{1/4}} = \frac{0{,}902\, Pr^{1/2}}{(0{,}861 + Pr)^{1/4}}. \tag{419}$$

Laminare Grenzschicht kann an senkrechten Platten bis zu $Gr\, Pr \cong 10^8$ beobachtet werden. Für Prandtl-Zahlen in der Nähe von Eins kann man als Näherungslösung auch die einfache Gleichung

$$Nu_m = 0{,}55 (Gr\, Pr)^{1/4} \tag{420}$$

verwenden.

Geschlossene Lösungen für die turbulente Grenzschicht sind komplizierter; der Leser sei hier z. B. auf das Buch von Jischa[2] verwiesen. Für Prandtl-Zahlen zwischen 1 und 10 und für Werte des Produktes $Gr\, Pr > 10^8$ kann die einfache Beziehung

$$Nu_m = 0{,}13 (Gr\, Pr)^{1/3} \tag{421}$$

verwendet werden.

---

[1] Choi, H.; Rohsenow, W. M.: Heat, mass and momentum transfer. Englewood Cliffs: Prentice-Hall 1961.

[2] Jischa, M.: Konvektiver Impuls-, Wärme- und Stoffaustausch. Braunschweig: Vieweg 1982.

7 Wärmeübertragung beim Sieden und Kondensieren

Wir hatten bei der Behandlung der Wärmeübertragung in erzwungener Konvektion gesehen, daß der Wärmeübergangskoeffizient nicht oder über die Stoffwerte nur wenig von dem Temperaturunterschied zwischen der wärmeaufnehmenden oder -abgebenden Wand und dem Fluid abhängig ist. Die Wärmestromdichte wird damit proportional dieser Temperaturdifferenz. Freie Konvektion wird durch temperaturbedingte Dichteunterschiede angetrieben, und der Wärmeübergangskoeffizient ist deshalb eine Funktion der Temperaturdifferenz zwischen Wand und Fluid. Damit wird bei freier Konvektion die Wärmestromdichte $q \sim \Delta\vartheta^n$. Der Exponent n ist unabhängig vom Strömungs- bzw. Grenzschichtzustand größer als Eins.

Sieden und Kondensation sind mit Phasenwechsel verbunden, wodurch sich sehr hohe Dichteänderungen ergeben, und man kann deshalb von vornherein — ohne über den Phasenwechselmechanismus zunächst näher Bescheid zu wissen — erwarten, daß Konvektionsvorgänge auch hier den Wärmetransport beeinflussen.

7.1 Wärmeübergang beim Sieden

Wir wollen zunächst die beim Sieden zu beobachtenden Vorgänge in ihrer Auswirkung auf den Wärmeübergang diskutieren. Die physikalischen Vorgänge beim Wärmetransport durch Sieden unter freier Konvektion waren schon sehr früh Gegenstand zahlreicher experimenteller Untersuchungen und theoretischer Überlegungen. Die Beobachtung zeigt, daß sich Dampfblasen auf einer Heizfläche an bestimmten Stellen bilden, deren Zahl mit der Wärmestromdichte zunimmt. Die Blase wächst aus einem Keim, der in einer Rauhigkeitsvertiefung der Heizfläche vorhanden ist. Der Wärmestrom geht dabei keineswegs direkt aus der Heizfläche in die Dampfphase der Blase, sondern er überhitzt zunächst die an der Heizfläche anlagernde Flüssigkeitsschicht, was man — wie in Abb. 198 geschehen — anschaulich mit der holographischen Interferometrie nachweisen kann. Man erkennt, wie dort innerhalb weniger Millisekunden eine Dampfblase in die oberhalb einer beheizten Platte gebildete Grenzschicht hineinwächst, wobei sie ihr Volum zunächst sehr rasch vergrößert. In dem in Abb. 198 gezeigten Beispiel beginnt nach etwa 4 ms die Dampfblase ihr Volum wieder zu verringern und ist nach 7 ms völlig verschwunden. Dies liegt daran, daß das Wasser über der Heizfläche — in einem Abstand über 1 mm — eine Temperatur hatte, die 8 K unter der Sättigungstemperatur lag. Wir erkennen unmittelbar über der Heizfläche eine 0,5 bis 1 mm dicke Flüssigkeitsschicht mit starkem Temperaturgradienten. Am oberen Rand hat diese Flüssigkeitsschicht die mittlere Temperatur des Wasserbades, ist also 8 K unterkühlt, während ihre Temperatur unten unmittelbar an der Heizfläche 10 K über der Sättigungstemperatur liegt. Die Grenzschicht ist also in einem wandnahen Bereich überhitzt und das dort vorhandene Wasser befindet sich in einem thermodynamisch instabilen Zustand.

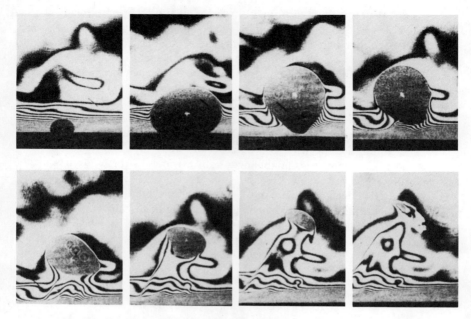

Abb. 198. Grenzschicht und Blasenbildung beim Sieden, Wasser von 1 bar, Wassertemperatur 8 K unter Sättigungstemperatur, $w = 0{,}25$ m/s, $q = 9$ W/cm².

Die Blase bezieht für ihr Wachstum aus dieser überhitzten Schicht ihren Wärme- und Stoffstrom.

Der Dampf in der Blase muß einen etwas höheren Druck p_D als die ihn umgebende Flüssigkeit besitzen

$$p_D - p_F = \frac{2\sigma}{R}, \tag{422}$$

da auf ihn zusätzlich zum Flüssigkeitsdruck p_F noch die an den Grenzflächen der Phasen vorhandene Oberflächenspannung σ wirkt, deren Einfluß — wie eine einfache Bilanz der an der Blase angreifenden Kräfte zeigt — mit wachsendem Blasenradius R abnimmt. Aus der Clausius-Clapeyronschen Gleichung

$$\frac{dp}{dT} = \frac{r}{(v_D - v_F)\,T} \tag{423}$$

kann man in einfacher Weise auch die Temperaturen in der Blase, d. h. den Grad der Überhitzung des Dampfes, abschätzen. Bei diesen einfachen Überlegungen ist vorausgesetzt, daß Trägheitskräfte vernachlässigt werden können und sich die Blase mit ihrer Umgebung im Kräftegleichgewicht befindet. Faßt man Gl. (422) und Gl. (423) zusammen und integriert unter den zusätzlichen vereinfachenden Voraussetzungen, daß sich der Dampf wie ein ideales Gas verhält und das spezifische Volum der Flüssigkeit gegenüber dem des Dampfes vernachlässigbar klein ist,

7. Wärmeübertragung beim Sieden und Kondensieren

so kann man abschätzen, welche Überhitzungstemperatur $(T_D - T_S)$ für das Wachstum eines Blasenkeims vom Radius R notwendig ist. Es ist

$$R = \frac{2\sigma}{r\varrho_D} \frac{T_S}{T_D - T_S}. \tag{424}$$

Man erhält als qualitatives Ergebnis, daß mit zunehmender Überhitzung der Flüssigkeit kleinere Keime aktiv werden können. Da eine Heizfläche in der Regel Rauhigkeiten verschiedener Abmessungen enthält, nimmt die Zahl der aktiven Keimstellen — d. h. die Stellen auf der Heizfläche, aus denen sich Blasen bilden — mit steigender Heizflächenbelastung zu. Je dichter die Blasenpopulation auf der Heizfläche aber ist, desto intensiver wird dort auch die Durchmischung der Flüssigkeit sein. Diese Rührwirkung der Blasen, zusammen mit dem Massen- und Energietransport in der Blase selbst in Form von Dampf bzw. Verdampfungsenthalpie, bestimmt den Wärmeübergang beim Sieden. Es ist deshalb zu erwarten, daß der Wärmeübergangskoeffizient beim Sieden mit steigender Heizflächenbelastung zunimmt. Ein einfaches Experiment, über das zum ersten Mal Nukijama[1] berichtete, bestätigt diese Überlegung. Dabei wurden in einem auf Sättigungstemperatur befindlichen Wasserbad auf der Oberseite einer horizontalen wärmeabgebenden Platte Blasen durch Sieden erzeugt. Gemessen wurde die Oberflächentemperatur der Platte in Abhängigkeit von der von der Heizfläche abgegebenen Wärmestromdichte. Das Meßergebnis — in der Literatur Nukijama-Kurve genannt — zeigt Abb. 199. Bei geringen Wärmestromdichten ist die Überhitzung

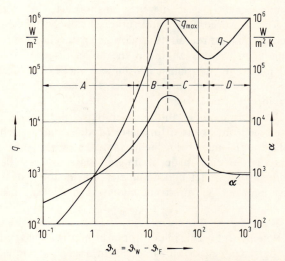

Abb. 199. Nukijama-Kurve, A freie Konvektion, B Blasenverdampfung, C instabile Filmverdampfung, D stabile Filmverdampfung.

---

[1] Nukijama, S.: The maximum and minimum values of the heat Q transmitted from metal to boiling water under atmospheric pressure. J. Jap. Soc. Mech. Eng. 37 (1934) 367–374, engl. Übersetzung in Int. J. Heat Mass Transfer 9 (1966) 1419–1433.

des Fluids an der Heizfläche noch zu gering, um Blasen zu aktivieren, und der Energietransport erfolgt allein durch einphasige freie Konvektion. Die Verdampfung tritt dabei erst auf der freien Oberfläche der Flüssigkeit ($R \to \infty$) auf. Der Beginn der Blasenbildung an der Heizfläche macht sich als Knick im Verlauf der Nukijama-Kurve bemerkbar, da sich der Wärmeübergang plötzlich merklich verbessert. Steigert man die Heizflächenbelastung weiter, so erreicht man schließlich einen Bereich, in dem die Transportvorgänge beim Blasensieden nicht mehr hydrodynamisch stabil sind, da wegen der dichten Blasenpopulation und der großen Dampfströme die Flüssigkeit die Heizfläche nicht mehr hinreichend gut erreichen kann. Die Siedeform ändert sich zum Filmsieden, d. h. es bildet sich jetzt ein zwar dünner, aber zusammenhängender Dampffilm zwischen Heizfläche und Flüssigkeit aus. Filmsieden hat um Größenordnungen geringere Wärmeübergangskoeffizienten als Blasensieden.

In der Literatur gibt es eine große Zahl theoretischer und experimenteller Untersuchungen über Blasenbildung und Blasenwachstum, die in englischsprachigen[1], aber auch in deutschsprachigen[2] Fachbüchern zusammenfassend dargestellt sind. Aus den experimentellen Beobachtungen wurden verschiedene Gleichungen abgeleitet. Ältere Beziehungen gehen davon aus, daß der Verdampfungsvorgang allein durch Wärmeleitung aus der überhitzten Flüssigkeit zur Phasengrenze bestimmt wird. In Erweiterung dieser Theorie wurden dann verschiedene Wärmetransportmodelle — meist konvektiver Art — entwickelt und dabei auch angenommen, daß nur ein Teil der Energie der überhitzten Flüssigkeitsschicht in unmittelbarer Umgebung der Blase zum Verdampfen aufgewendet wird, während ein großer Teil direkt an die umgebende Flüssigkeit weitertransportiert wird. Auch eine Grenzflächenkonvektion, hervorgerufen durch unterschiedliche Oberflächenspannung über den Blasenumfang, wurde als Wärmetransportmechanismus untersucht. In der Literatur sind auch Arbeiten zu finden, die davon ausgehen, daß sich unter der Blase eine zwar nur wenige tausendstel Millimeter dicke, aber dafür um so mehr überhitzte Flüssigkeitsschicht befindet, aus der die Blase während des Wachstums im wesentlichen ihre Wärme bezieht.

Aus diesen Betrachtungen der Bildung der Blase und ihrer Bewegung in der Flüssigkeit lassen sich physikalisch fundierte Modelle und Beziehungen für den Wärmeübergangskoeffizienten beim Sieden ableiten. Viele Ansätze gehen dabei von der Tatsache aus, daß die Zahl der Keim- und Blasenablösestellen mit wachsender Heizflächenbelastung steigt und damit der Wärmeübergangskoeffizient proportional einer Potenz der Wärmestromdichte ist. Ein solcher Ansatz lautet dann:

$$\alpha = Cq^n . \tag{425}$$

Diese einfache Potenzform wurde in der Literatur häufig angewandt und die Konstante C sowie der Exponent n Meßergebnissen angepaßt. Sie gilt aber nur für einen Stoff und bedarf zusätzlich der Korrektur für verschiedene Drücke. Wie wir

---

[1] van Stralen, S.; Cole, R.: Boiling phenomena, Bd. 1 u. 2, New York: Hemisphere 1979.
[2] Mayinger, F.: Strömung und Wärmeübergang in Gas-Flüssigkeits-Gemischen. Wien, New York: Springer 1982.

gesehen haben, hat auch die Rauhigkeit der Heizfläche einen Einfluß. Man ist deshalb im nächsten Schritt dazu übergegangen, die Einflußgrößen in Hauptgruppen für die Stoffeigenschaften der Flüssigkeit, für die Heizflächeneigenschaften sowie für die Wärmestromdichte q zusammenzufassen. Dies führte zu dem Ansatz

$$\alpha = C_F C_W F(p) \, q^n \,, \tag{425a}$$

in dem die Flüssigkeitseigenschaften durch C_F, die Eigenschaften der Heizfläche durch C_W und der Einfluß des Druckes durch $F(p)$ ausgedrückt sind. Die Korrekturfaktoren C_F und C_W sind dimensionsbehaftet und müssen jeweils den Eigenschaften des Stoffes und der Heizfläche angepaßt werden. Dimensionslose Darstellung läßt sich einfach dadurch erreichen, daß man den Ansatz in Gl. (425a) normiert, indem man ihn auf ein bestimmtes Siedesystem — Flüssigkeit, Heizwand, Siededruck und Wärmestromdichte — bezieht. Der Ansatz bleibt aber auch in dieser erweiterten Form für generell gültige Aussagen zum Wärmeübergang beim Sieden wenig befriedigend.

Allgemeinere Gültigkeit haben Ansätze, die auf dimensionslosen Gruppen von Stoffeigenschaften, Wärmestromdichte und thermodynamischem Zustand — Siedetemperatur — aufgebaut sind. Diese Beziehungen sind zwar auch empirischer Natur, haben aber den Vorteil, daß sie für verschiedene Stoffe und für einen weiten Druckbereich gelten. Der Einfachheit halber wird meist der Einfluß der Heizflächeneigenschaften außer acht gelassen. Als Beispiel soll hier die Beziehung von Stephan und Preußer[1] angeführt werden:

$$Nu = \frac{\alpha D_{Bl}}{\lambda_F} = 0{,}1 \left[\frac{q D_{Bl}}{\lambda_F \vartheta_S}\right]^{0{,}674} \left[\frac{\varrho_D}{\varrho_F}\right]^{0{,}156} \left[\frac{r D_{Bl}^2}{a_F^2}\right]^{0{,}371} \left[\frac{a_F^2 \varrho_F}{\sigma D_{Bl}}\right]^{0{,}350} \left[\frac{\eta c_p}{\lambda}\right]_F^{-0{,}162}. \tag{426}$$

Gl. (426) hat die aus der einphasigen Konvektion bekannte Form des Potenzansatzes, gebildet mit dimensionslosen Kenngrößen. Die Nusselt-Zahl enthält als charakteristische Länge den Durchmesser der Blase beim Ablösen von der Heizfläche. Dieser kann aus

$$D_{Bl} = 0{,}0146 \, \beta \left(\frac{2\sigma}{g(\varrho_F - \varrho_D)}\right)^{0{,}5} \tag{427}$$

berechnet werden.

Für den Randwinkel β sind bei Wasser 45°, bei kryogenen Flüssigkeiten 1° und bei Kohlenwasserstoffen einschließlich Kältemitteln 35° einzusetzen.

Der Wärmeübergang beim Sieden ändert sich, wenn man dem Dampf-Flüssigkeits-Gemisch eine erzwungene Konvektion überlagert, wie z. B. in den Siederohren eines Zwangsumlauf-Dampfkessels. Es ist leicht einzusehen, daß die parallel zur Heizfläche gerichtete Strömung der erzwungenen Konvektion die erste Phase

---

[1] Stephan, K.; Preußer, P.: Wärmeübergang und maximale Wärmestromdichte beim Behältersieden binärer und ternärer Flüssigkeitsgemische. Chem.-Ing.-Tech. MS 649/79, Synopse Chem.-Ing.-Tech. 51 (1979) 37.

des Blasenentstehens — nämlich die Keimbildung — kaum beeinflußt, da diese sich unmittelbar an der Wand unterhalb der Grenzschicht abspielt. Für die Aktivierung eines Siedekeims sind also auch bei Zwangskonvektion nur die Überhitzung der Grenzschicht in unmittelbarer Wandnähe und die Oberflächenbeschaffenheit der Heizfläche maßgebend. Etwas anders verhält es sich in der Phase des Blasenwachstums und des Blasenablösens. Bei einer Betrachtung der an der Blase angreifenden Kräfte ist hier neben Auftrieb und der haftenden Kraft aus der Oberflächenspannung noch die Kraft aus dem Widerstand, den die Blase der Strömung entgegensetzt, zu berücksichtigen. Beim Sieden mit erzwungener Konvektion sind aber in der Regel die Wärmestromdichten größer als beim Behältersieden und die Blasen wachsen deshalb schneller an. Dadurch gewinnt die Kraft aus der Trägheit der Flüssigkeit, die von der wachsenden Blase verdrängt werden muß, größeren Einfluß. Will man den Wärmeübergang beim Sieden unter den Bedingungen der erzwungenen Konvektion theoretisch analysieren, so muß man Informationen über den Verlauf der Strömungsgeschwindigkeit in der wandnahen Schicht haben, in der sich die Blasen bilden. Diese Schicht ist aber meßtechnisch schwer zugänglich und bis heute liegen keine Experimente vor, aus denen sich ein physikalisch zuverlässiger Ansatz für Bewegungsgleichungen ableiten läßt. Wir müssen deshalb versuchen, uns auf anderem Wege zu helfen.

Bei der Diskussion des Behältersiedens — also ohne überlagerte Zwangskonvektion — hatten wir gelernt, daß für den Wärmetransport im wesentlichen der Energie- und Stoffaustausch zwischen überhitzter Grenzschicht und Dampfblase während des Blasenwachstums und unmittelbar nach dem Ablösen maßgebend sind. Beide Vorgänge laufen bei Zwangskonvektion sehr ähnlich ab, solange genügend Flüssigkeit in der Nähe der Heizfläche vorhanden ist, da durch die Blasenpopulation an der Wand die Strömungsgeschwindigkeit stark reduziert ist. Es ist deshalb zu erwarten, daß sich auch die Wärmeübergangskoeffizienten beim Sieden ohne und mit Zwangskonvektion nicht wesentlich unterscheiden. Dies wurde durch eine Reihe von Messungen bestätigt, deren Ergebnisse nachwiesen, daß sich auch bei großen Strömungsgeschwindigkeiten nur eine unmerkliche Verbesserung im Wärmeübergang einstellt, solange eine genügend dicke Flüssigkeitsschicht in Wandnähe vorhanden ist. Man kann sich dies auch so vorstellen, daß die Mikrokonvektion infolge der Rührwirkung der innerhalb weniger Millisekunden wachsenden und sich ablösenden Blasen die Strömung an der Wand wesentlich intensiver beeinflußt als die vergleichsweise geringen Schubspannungskräfte der gerichteten Zwangskonvektion.

Anders werden die Verhältnisse, wenn an der Heizfläche infolge hohen Dampfgehaltes im Siederohr nur ein dünner Flüssigkeitsfilm vorhanden ist. Experimentelle Beobachtungen zeigten, daß sich dann kaum noch Blasen bilden. Es stellt sich hier vielmehr sogenanntes „stilles Sieden" ein, d. h. die Wärme wird durch Leitung und Konvektion von der Wand zur freien Oberfläche der Flüssigkeitsschicht transportiert und erst dort erfolgt die Dampfbildung. Der Wärmetransport wird deshalb im wesentlichen durch die Strömung in dieser Flüssigkeitsschicht bestimmt.

Bis heute ist es noch nicht gelungen, eine voll befriedigende theoretische Beschreibung dieses Wärmetransports zu erarbeiten. Es existieren jedoch eine Anzahl empirischer oder halbempirischer Wärmeübergangsbeziehungen. Obwohl sie nicht den Anspruch erheben können, unter allen bei Zwangskonvektion denkbaren geometrischen und fluiddynamischen Bedingungen gültig zu sein, haben sie sich in der Praxis doch als brauchbar erwiesen. Es soll hier beispielhaft eine Gleichungsform vorgestellt werden, die für innendurchströmte Rohre gilt. In ihr wird der Wärmeübergangskoeffizient beim Sieden unter zweiphasiger Zwangskonvektion $\alpha_{2\,ph}$ zu dem bei rein einphasiger Strömung α_{ZK} ins Verhältnis gesetzt. Als beschreibende Parameter werden eine Stoffwertkenngröße, der sogenannte Martinelli-Parameter X_{tt},

$$X_{tt} = \left(\frac{\varrho_D}{\varrho_F}\right)^{0,5} \left(\frac{\eta_F}{\eta_D}\right)^{0,1} \left(\frac{1-x^*}{x^*}\right)^{0,9} \qquad (428)$$

und die Siedezahl (boiling number)

$$Bo = \frac{q}{\dot{m}r} \qquad (429)$$

herangezogen. Die Gleichung für den Wärmeübergang hat die Form

$$\frac{\alpha_{2\,ph\,sieden}}{\alpha_{ZK}} = M\left[Bo \cdot 10^4 + N\left(\frac{1}{X_{tt}}\right)^n\right]^m. \qquad (430)$$

Die empirischen Konstanten in dieser Gleichung, wie sie von verschiedenen Autoren angegeben werden, sind in Tab. 37 zusammengestellt.

Tabelle 37. Zahlenwerte für die Konstanten in Gl. (430)

Stoff	Strömungsrichtung	M	N	n	m
Wasser	aufwärts	0,739	1,5	2/3	1
Wasser	abwärts	1,45	1,5	2/3	1
n-Butanol	abwärts	2,45	1,5	2/3	1
R12, R22	horizontal	1,91	1,5	2/3	0,6
R113	aufwärts	0,9	4,45	0,37	1
R113	abwärts	0,53	7,55	0,37	1

Der Martinelli-Parameter wurde ursprünglich für die Berechnung des Druckverlustes in Strömungen mit Dampf-Flüssigkeits-Gemischen entwickelt und enthält damit eine Aussage über den Impulsaustausch zwischen den Phasen. In der in Gl. (428) dargestellten Form gilt er nur für voll turbulente Strömung. Neben den Stoffwerten Dichte ϱ_D, ϱ_F und Viskosität η_D, η_F von Dampf und Flüssigkeit enthält der Martinelli-Parameter den Dampfgehalt x^* der Strömung, der mit den Mengenströmen des Dampfes $\dot{M}_D$ und der Flüssigkeit $\dot{M}_F$ zu

$$x^* = \frac{\dot{M}_D}{\dot{M}_D + \dot{M}_F}$$

definiert ist. Die Siedezahl enthält die Wärmestromdichte q, die auf den Strömungsquerschnitt bezogene Mengenstromdichte $\dot m$ sowie die Verdampfungsenthalpie r. Der in Gl. (430) notwendige Vergleichswert α_{ZK} des Wärmeübergangskoeffizienten bei einphasiger Strömung kann in einfacher Abwandlung der Gl. (400) aus

$$\alpha_{ZK} = \frac{\lambda_F}{D_i} 0{,}023 \left[\frac{D_i \dot m (1 - x^*)}{\eta_F}\right]^{0,8} \left[\frac{c_F \eta_F}{\lambda_F}\right]^{0,4} \qquad (400\,\text{a})$$

berechnet werden, d. h. die Reynolds-Zahl ist auf den flüssigen Anteil in der Strömung allein bezogen. Dies bedeutet, daß Gl. (430) den Wärmeübergang des siedenden Dampf-Flüssigkeits-Gemisches in Vergleich setzt zu demjenigen Wärmeübergang, der sich im gleichen Rohr einstellen würde, wenn nur der flüssige Anteil als strömendes Medium vorhanden wäre. Die Gln. (430) und (400a) können auch auf nicht kreisförmige Kanalquerschnitte angewendet werden; es ist dann anstelle des Rohrdurchmessers nur der äquivalente Durchmesser einzusetzen.

Es bleibt jetzt noch die Frage zu beantworten, von welchem Dampfgehalt an Gl. (430) verwendet werden kann. Hierfür gibt Abb. 200 einen Hinweis. Es sind dort für aufwärtsströmendes Wasser Rechenergebnisse aus Gl. (430) über dem Kehrwert des Martinelli-Parameters aufgetragen. Man sieht, daß abhängig von der Wärmestromdichte — in Abb. 200 ausgedrückt über die Siedezahl Bo — der Umschlag vom Blasensieden zum stillen Sieden im Bereich $0{,}5 < 1/X_{tt} < 5$ stattfindet. Gl. (430) kann also bis herab zu $1/X_{tt} = 0{,}5$ verwendet werden.

Bei der Auslegung von Verdampfern, sei es ohne oder mit überlagerter Zwangskonvektion, muß man darauf achten, daß die kritische Wärmestromdichte

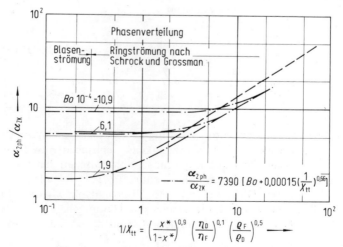

Abb. 200. Übergang vom Blasensieden zum stillen Sieden bei Ringströmung.

nicht überschritten wird. Sie hängt – insbesondere bei Zwangskonvektion – in komplizierter Weise von den Stoffwerten des Fluids, dem Dampfgehalt, den Strömungsbedingungen und der Gestalt des Kanals ab. Der Zustand jenseits der kritischen Heizflächenbelastung ist dadurch gekennzeichnet, daß die Flüssigkeit die wärmeabgebende Wand nicht mehr benetzt. Bei dünnen Flüssigkeitsschichten kann die Wand auch dadurch austrocknen, daß durch zu starke Verdampfung oder auch durch die Schubspannung des schneller strömenden Dampfs der Flüssigkeitsfilm an der Wand großflächig aufreißt. Die Gln. (426) und (430) gelten nur für eine von Flüssigkeit benetzte Wand. Für die Berechnung der kritischen Heizflächenbelastung und des Wärmeübergangs jenseits der kritischen Heizflächenbelastung sei auf die Literatur, z. B. auf das Buch von Collier[1] verwiesen.

7.2 Wärmeübergang beim Kondensieren

Beim Kondensieren muß wie beim Verdampfen die Verdampfungsenthalpie aufgebracht werden. Es ist deshalb wie beim Sieden zu erwarten, daß sich schon mit kleinen Temperaturunterschieden beträchtliche Wärmeströme übertragen lassen und daher große Wärmeübergangskoeffizienten auftreten.

Den Wärmeübergang bei Kondensation hat zuerst Nusselt[2] für eine senkrechte Platte theoretisch behandelt, indem er die Dicke δ der an der gekühlten Wand herablaufenden Flüssigkeitsschicht – von Nusselt „Wasserhaut" genannt, weswegen man auch von der Wasserhaut-Theorie spricht – unter der Annahme laminarer Strömung berechnete. Der Wärmeübergangskoeffizient ist dann der Kehrwert des Wärmewiderstandes dieser Wasserhaut nach der Gleichung

$$\alpha = \frac{\lambda}{\delta}. \qquad (431)$$

Nusselt ging von der Vorstellung aus, daß die Zulieferung des Dampfes an die Phasengrenze des Flüssigkeitsfilms keinen Wärmewiderstand erfährt, vielmehr der Wärmewiderstand allein durch den Film bestimmt ist. Für die Strömung der kondensierten Flüssigkeit im Film nahm Nusselt laminare Geschwindigkeitsverteilung an, wobei Beschleunigungskräfte während der Abwärtsströmung vernachlässigt werden. Der Dampf soll keine Kräfte auf den Flüssigkeitsfilm – z. B. in Form von Schubspannung – ausüben. Die Druckänderung mit der Höhe wurde vernachlässigt. Damit konnte die Bewegungsgleichung einfach als Gleichgewicht zwischen Schwerkraft und Zähigkeitskraft ausgedrückt werden. Mit der Energiegleichung und der Kontinuitätsgleichung ergab die Rechnung, auf die wir hier nicht eingehen wollen, schließlich, daß die Dicke δ der Flüssigkeitsschicht

---

[1] Collier, J. G.: Convective boiling and condensation. New York: McGraw-Hill 1980.
[2] Nusselt, W.: Die Oberflächenkondensation des Wasserdampfes. Z.VDI 60 (1916) 541–546, 569–575.

nach unten mit der Entfernung x von der Oberkante der Wand nach der Gleichung

$$\delta = \left[\frac{4\eta\lambda}{\varrho^2 gr}(\vartheta_s - \vartheta_w)x\right]^{1/4} \qquad (432)$$

zunimmt.

Dabei ist ϑ_s die Sättigungstemperatur des Dampfes und ϑ_w die Temperatur der Wandoberfläche. Der örtliche Wärmeübergangskoeffizient ergibt sich dann mit Gl. (431) zu

$$\alpha = \frac{\lambda}{\delta} = \left[\frac{1}{4}\frac{\lambda^3 \varrho gr}{\nu(\vartheta_s - \vartheta_w)}\frac{1}{x}\right]^{1/4} \qquad (433)$$

bzw. die örtliche Nusselt-Zahl zu

$$Nu_x = \frac{\alpha x}{\lambda} = \left[\frac{1}{4}\frac{g\varrho rx^3}{\nu\lambda(\vartheta_s - \vartheta_w)}\right]^{1/4}. \qquad (434)$$

Mit der Definition

$$\alpha_m = \frac{1}{H}\int_0^{x=H} \alpha(x)\,dx \qquad (435)$$

für den mittleren Wärmeübergangskoeffizienten α_m erhalten wir dann

$$\alpha_m = 0{,}943\left[\frac{\lambda^3 \varrho gr}{\nu(\vartheta_s - \vartheta_w)}\frac{1}{H}\right]^{1/4}. \qquad (436)$$

Gl. (436) kann man durch Einführen dimensionsloser Ausdrücke für die Plattenhöhe

$$K_H = H\left(\frac{g}{\nu^2}\right)^{1/3} \qquad (437)$$

und die Temperatur

$$K_T = \frac{\lambda}{\eta r}(\vartheta_s - \vartheta_w) \qquad (438)$$

dimensionslos machen:

$$Nu_m = \frac{\alpha_m(\nu^2/g)^{1/3}}{\lambda} = \frac{0{,}943}{(K_H K_T)^{1/4}}. \qquad (439)$$

In Gl. (436) steht die Plattenhöhe im Nenner, woraus man sieht, daß mit zunehmender Plattenhöhe der mittlere Wärmeübergangskoeffizient kleiner wird. Dies ist auch leicht einzusehen, da die Dicke des Flüssigkeitsfilms, durch den die Wärme transportiert werden muß, mit größerer Lauflänge zunimmt. Beobachtungen an langen, senkrechten Rohren zeigten, daß der Wärmeübergangskoeffizient der Kondensation nicht mehr mit der Länge abnahm, sondern wieder größer wurde,

7. Wärmeübertragung beim Sieden und Kondensieren

weil nach einer gewissen Lauflänge der Flüssigkeitsfilm von laminarer in turbulente Strömung umschlug. Dieser Umschlag kann wie bei Zwangskonvektion mit einer auf die Filmdicke δ bezogenen Reynolds-Zahl ermittelt werden

$$Re_\delta = \frac{\bar{w}_x \delta}{\nu}. \tag{440}$$

Darin ist $\bar{w}_x$ die Transportgeschwindigkeit des Flüssigkeitsfilms an der Stelle x, die aus der bis dahin kondensierten Flüssigkeitsmenge $\dot{M}$ pro Plattenbreite B berechnet werden kann

$$\frac{\dot{M}}{B} = \varrho \bar{w}_x \delta. \tag{441}$$

Die Kondensatmenge ergibt sich aus der einfachen Wärmebilanz $\dot{M}r = \Phi$.

Streng laminare Strömung mit glatter Filmoberfläche beobachtet man nur bis $Re_\delta < 10$, weshalb auch Gl. (439) bzw. (436) nur bis zu dieser Reynolds-Zahl angewandt werden soll. Danach wird der Film wellig und für $10 < Re_\delta < 75$ wird empfohlen, dieser Welligkeit durch Anpassung der Konstanten in Gl. (439) Rechnung zu tragen

$$Nu_m = 1{,}15(K_H K_T)^{-1/4}. \tag{442}$$

Im Bereich $75 < Re_\delta < 1200$ erfolgt allmählich der Übergang zu turbulenter Strömung im Film, was sich so auswirkt, daß in diesem Gebiet die Nusselt-Zahl nahezu konstant bleibt

$$Nu_m = 0{,}22. \tag{443}$$

Für das daran anschließende turbulente Gebiet $Re_\delta > 1200$ hat Grigull[1] den Wärmetransport durch Anwendung der Prandtl-Analogie für Rohrströmung auf die turbulente Kondensathaut berechnet. Dabei trat als neuer Parameter die Prandtl-Zahl auf. Die Ergebnisse dieser Rechnung lassen sich nicht in geschlossener Form wiedergeben. Zur einfacheren Berechnung kann man auch den Einfluß der Prandtl-Zahl unterdrücken und für das turbulente Gebiet eine empirische Gleichung benutzen. Grigull[2] empfahl hierfür die Formel

$$\alpha_m = 0{,}003 \left(\frac{\lambda^3 g \varrho^2 (\vartheta_s - \vartheta_w)}{\eta^3 r}\right)^{1/2}. \tag{444}$$

Die Gln. (436) bis (444) können auch für senkrechte Rohre und Platten, nicht aber für waagrechte Rohre verwendet werden.

An sehr glatten Oberflächen, besonders wenn sie leicht eingefettet sind, bildet sich keine zusammenhängende Flüssigkeitsschicht, sondern der Dampf kondensiert in Form kleiner Tropfen, die sich vergrößern, bis sie unter dem Einfluß der Schwere ablaufen. Dabei fegen sie eine Bahn frei, auf der sich ein neuer Pelz

---

[1] Grigull, U.: Wärmeübergang bei der Kondensation mit turbulenter Wasserhaut. Forsch. Ing. Wes. 13 (1942) 49–57.
[2] Grigull, U.: Wärmeübergang bei der Filmkondensation. Forsch. Ing. Wes. 18 (1952) 10–12.

feiner Tröpfchen bildet. Bei Tropfenkondensation stellen sich besonders hohe Wärmeübergangskoeffizienten ein. Da sie sich aber im Betrieb wegen unvermeidlicher Verschmutzung und wegen der Abtragung der Fetthaut nicht mit Sicherheit auf die Dauer aufrechterhalten läßt, rechnet man für die praktische Auslegung von Apparaten und Maschinen zweckmäßig nach der Theorie für einen geschlossenen Flüssigkeitsfilm.

Tabelle 38 enthält die zur Lösung von Aufgaben der Wärmeübertragung benötigten Stoffwerte: Dichte, spezifische Wärmekapazität, Wärmeleit- und Temperaturleitfähigkeit, Viskosität und Prandtl-Zahl einiger Stoffe.

Tabelle 38. Stoffwerte von Flüssigkeiten, Gasen und Feststoffen

Flüssigkeiten und Gase bei einem Druck von 1 bar	ϑ °C	ϱ kg/m³	c_p J/kgK	λ W/Km	$a \cdot 10^6$ m²/s	$\eta \cdot 10^6$ Pa·s	Pr
Quecksilber	20	13600	139	8000	4,2	1550	0,027
Natrium	100	927	1390	8600	67	710	0,0114
Blei	400	10600	147	15100	9,7	2100	0,02
Wasser	0	999,8	4217	0,562	0,133	1791,8	13,44
	5	1000	4202	0,572	0,136	1519,6	11,16
	20	998,3	4183	0,5996	0,144	1002,6	6,99
	99,3	958,4	4215	0,6773	0,168	283,3	1,76
Thermalöl S	20	887	1000	0,133	0,0833	426	576
	80	835	2100	0,128	0,073	26,7	43,9
	150	822	2160	0,126	0,071	18,08	31
Luft	−20	1,3765	1006	0,02301	16,6	16,15	0,71
	0	1,2754	1006	0,02454	17,1	19,1	0,7
	20	1,1881	1007	0,02603	21,8	17,98	0,7
	100	0,9329	1012	0,03181	33,7	21,6	0,69
	200	0,7256	1026	0,03891	51,6	25,7	0,68
	300	0,6072	1046	0,04591	72,3	29,2	0,67
	400	0,5170	1069	0,05257	95,1	32,55	0,66
Wasserdampf	100	0,5895	2032	0,02478	20,7	12,28	1,01
	300	0,379	2011	0,04349	57,1	20,29	0,938
	500	0,6846	1158	0,05336	67.29	34,13	0,741

Feststoffe	ϑ °C	ϱ kg/m³	c J/kgK	λ W/Km	$a \cdot 10^6$ m²/s
Aluminium 99,99%	20	2700	945	238	93,4
verg. V2A-Stahl	20	8000	477	15	3,93
Blei	20	11340	131	35,3	23,8
Chrom	20	6900	457	69,1	21,9
Gold (rein)	20	19290	128	295	119
UO₂	600	11000	313	4,18	1,21
UO₂	1000	10960	326	3,05	0,854
UO₂	1400	10900	339	2,3	0,622

Fortsetzung S. 421

Tabelle 38. (Fortsetzung)

Feststoffe	ϑ °C	ϱ kg/m³	c J/kgK	λ W/Km	$a \cdot 10^6$ m²/s
Kiesbeton	20	2200	879	1,28	0,662
Verputz	20	1690	800	0,79	0,58
Tanne, radial	20	410	2700	0,14	0,13
Korkplatten	30	190	1880	0,041	0,11
Glaswolle	0	200	660	0,037	0,28
Erdreich	20	2040	1840	0,59	0,16
Quarz	20	2300	780	1,4	0,78
Marmor	20	2600	810	2,8	1,35
Schamotte	20	1850	840	0,85	0,52
Wolle	20	100	1720	0,036	0,21
Steinkohle	20	1350	1260	0,26	0,16
Schnee (fest)	0	560	2100	0,46	0,39
Eis	0	917	2040	2,25	1,2
Zucker	0	1600	1250	0,58	0,29
Graphit	20	2250	610	155	1,14

8 Wärmeübertrager — Gleichstrom, Gegenstrom, Kreuzstrom

In den vorstehenden Kapiteln haben wir den Wärmeübergang zwischen festen Oberflächen und gasförmigen oder flüssigen fluiden Stoffen behandelt, wobei meist die Temperaturen als gegebene konstante Größen angesehen wurden. Bei der Wärmeübertragung von einem Fluid durch eine Wand hindurch an ein zweites hatten wir mit Gl. (341a) den Wärmedurchgangskoeffizienten k eingeführt und den Wärmestrom in der Form

$$\Phi = kA(\vartheta_1 - \vartheta_2) \tag{445}$$

angegeben, wobei $\vartheta_1 - \vartheta_2 = \Delta\vartheta$ der Temperaturunterschied beider Fluide war.

Beim Wärmeübergang ohne Änderung des Aggregatzustandes ändert sich die Temperatur des Fluids längs der Heizfläche, und es ist in der Regel auch die Differenz $\Delta\vartheta$ nicht mehr konstant. Zur Vereinfachung behält man aber in der Praxis meist die Form der Gl. (445) bei, indem man geeignete Mittelwerte $\vartheta_{1,m}$, $\vartheta_{2,m}$ und $\Delta\vartheta_m$ einführt und

$$\Phi = kA(\vartheta_{1,m} - \vartheta_{2,m}) = kA\,\Delta\vartheta_m \tag{445a}$$

schreibt. Bei annähernd linearem Verlauf der Temperaturen jedes Fluids längs der Heizfläche kann man diese Mittelwerte algebraisch aus den Anfangstemperaturen $\vartheta_{1,0}$, $\vartheta_{2,0}$ und Endtemperaturen $\vartheta_{1,A}$, $\vartheta_{2,A}$ nach den Gleichungen

$$\vartheta_{1,m} = \frac{\vartheta_{1,0} + \vartheta_{1,A}}{2}; \quad \vartheta_{2,m} = \frac{\vartheta_{2,0} + \vartheta_{2,A}}{2}; \tag{446a}$$

$$\Delta\vartheta_m = \frac{\vartheta_0 + \vartheta_A}{2} \tag{446b}$$

bilden.

Bei nichtlinearem Temperaturverlauf muß man in anderer Weise mitteln, wie im folgenden gezeigt werden soll.

Für einen beliebigen Wärmeübertrager seien

$\dot{M}_1$ und $\dot{M}_2$ die Mengenströme beider Fluide z. B. in kg/s,
c_1 und c_2 ihre spezifischen Wärmekapazitäten und
$\dot{M}_1 c_1 = \dot{C}_1$ und $\dot{M}_2 c_2 = \dot{C}_2$ die Wärmekapazitätsströme, z. B. in W/K.

Dann gilt, wenn man von den meist vernachlässigbar kleinen Wärmeverlusten an die Umgebung absieht, für den übertragenen Wärmestrom die Bilanzgleichung

$$\Phi = \dot{M}_1 c_1 (\vartheta_{1,0} - \vartheta_{1,A}) = \dot{M}_2 c_2 (\vartheta_{2,A} - \vartheta_{2,0}) \,. \tag{447}$$

Daraus folgt

$$\frac{\vartheta_{1,0} - \vartheta_{1,A}}{\vartheta_{2,A} - \vartheta_{2,0}} = \frac{\dot{M}_2 c_2}{\dot{M}_1 c_1} = \frac{\dot{C}_2}{\dot{C}_1} \,; \tag{448}$$

das heißt, die Temperaturänderungen beider Fluide verhalten sich umgekehrt wie ihre Wärmekapazitätsströme $\dot{C}_1$ und $\dot{C}_2$.

Um den Temperaturverlauf längs der Heizfläche ermitteln zu können, müssen wir auf die Bauart des Wärmeübertragers eingehen. Man unterscheidet – wie in Abb. 201 dargestellt – je nach Führung der Strömung die drei Bauarten

a) Gleichstrom,
b) Gegenstrom,
c) Kreuzstrom oder Querstrom.

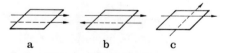

Abb. 201. Arten des Wärmeaustausches.
a Gleichstrom, b Gegenstrom, c Kreuzstrom.

8.1 Gleichstrom

Beim Wärmeübergang im Gleichstrom nähern sich die Temperaturen beider Fluide und ihr Temperaturunterschied wird längs der Heizfläche stetig kleiner, wie das Abb. 202 zeigt. Dann gilt Gl. (445) für ein Element dA der Heizfläche in der Form

$$d\Phi = k(\vartheta_1 - \vartheta_2) \, dA \,, \tag{449}$$

und die Temperaturänderung beider Fluide längs der Heizfläche ergibt sich aus

$$d\Phi = -\dot{C}_1 \, d\vartheta_1 = \dot{C}_2 \, d\vartheta_2 \,. \tag{450}$$

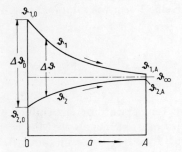

Abb. 202. Temperaturverlauf längs der Heizfläche beim Wärmeübergang im Gleichstrom ($\dot C_2 > \dot C_1$).

Durch Eliminieren von $d\Phi$ erhält man

$$d\vartheta_1 = -\frac{k}{\dot C_1}(\vartheta_1 - \vartheta_2)\, dA\,, \tag{451a}$$

$$d\vartheta_2 = \frac{k}{\dot C_2}(\vartheta_1 - \vartheta_2)\, dA \tag{451b}$$

und hieraus durch Subtrahieren

$$-d(\vartheta_1 - \vartheta_2) = \left(\frac{1}{\dot C_1} + \frac{1}{\dot C_2}\right)(\vartheta_1 - \vartheta_2)\,k\,dA\,. \tag{452}$$

Mit den Abkürzungen

$$\vartheta_1 - \vartheta_2 = \Delta\vartheta \quad \text{und} \quad \frac{1}{\dot C_1} + \frac{1}{\dot C_2} = \mu$$

erhält man

$$\frac{d\,\Delta\vartheta}{\Delta\vartheta} = -\mu k\, dA\,. \tag{453}$$

Die Integration dieser Differentialgleichung über die gesamte Wärmetauscherfläche ergibt

$$\Delta\vartheta_A = \Delta\vartheta_0\, e^{-\mu k A} \quad \text{oder} \quad \mu k A = \ln\frac{\Delta\vartheta_0}{\Delta\vartheta_A}\,; \tag{454}$$

wobei $\Delta\vartheta_0$ der Temperaturunterschied beider Fluide am Anfang und $\Delta\vartheta_A$ der am Ende des Wärmetauschers ist. Unter Zuhilfenahme von Gl. (449) kann man dann den durch die ganze Heizfläche A übertragenen Wärmestrom

$$\Phi = \frac{\Delta\vartheta_0}{\mu}\,(1 - e^{-\mu k A}) \tag{455}$$

berechnen.

Wenn man daraus μ mit Hilfe der Beziehungen (454) eliminiert, erhält man

$$\Phi = kA\,\frac{\Delta\vartheta_0 - \Delta\vartheta_A}{\ln\Delta\vartheta_0 - \ln\Delta\vartheta_A}\,. \tag{456}$$

Das ist dieselbe Form wie Gl. (445a), wenn wir

$$\Delta\vartheta_m = \frac{\Delta\vartheta_0 - \Delta\vartheta_A}{\ln \Delta\vartheta_0 - \ln \Delta\vartheta_A} = \Delta\vartheta_0 \frac{1 - \dfrac{\Delta\vartheta_A}{\Delta\vartheta_0}}{\ln \dfrac{\Delta\vartheta_0}{\Delta\vartheta_A}} \qquad (457)$$

als mittlere Temperaturdifferenz einführen. Diese logarithmisch gemittelte Temperaturdifferenz ist kleiner als der Mittelwert $(\Delta\vartheta_0 + \Delta\vartheta_A)/2$ und erreicht ihn beim Grenzwert $\Delta\vartheta_0 = \Delta\vartheta_A$, wie man durch Reihenentwicklung des Ausdruckes (457) erkennt.

Setzt man $\vartheta_1 - \vartheta_2 = \Delta\vartheta$ aus Gl. (454) in die Ausdrücke (451) für $d\vartheta_1$ und $d\vartheta_2$ ein und integriert, so ergeben sich – wenn man vor den eckigen Klammern für μ wieder seinen Wert einführt — die Gleichungen des Temperaturverlaufs beider Fluide in der Form

$$\vartheta_1 = \vartheta_{1,0} - \Delta\vartheta_0 \frac{\dot{C}_2}{\dot{C}_1 + \dot{C}_2} [1 - e^{-\mu kA}], \qquad (458\,a)$$

$$\vartheta_2 = \vartheta_{2,0} + \Delta\vartheta_0 \frac{\dot{C}_1}{\dot{C}_1 + \dot{C}_2} [1 - e^{-\mu kA}], \qquad (458\,b)$$

wenn man mit A die jeweilige Fläche des Wärmetauschers bezeichnet. Denkt man sich die Heizfläche über den Wert A hinaus ins Unendliche verlängert, so erkennt man leicht, daß sich beide Temperaturen demselben Grenzwert

$$\vartheta_\infty = \vartheta_{1,0} - \Delta\vartheta_0 \frac{\dot{C}_2}{\dot{C}_1 + \dot{C}_2} = \vartheta_{2,0} + \Delta\vartheta_0 \frac{\dot{C}_1}{\dot{C}_1 + \dot{C}_2} \qquad (459)$$

asymptotisch nähern. In Abb. 202 sind die Temperaturen und ihre gemeinsame Asymptote ϑ_∞ eingezeichnet. Dabei ist stets

$$(\vartheta_1 - \vartheta_\infty)/(\vartheta_\infty - \vartheta_2) = \dot{C}_2/\dot{C}_1 . \qquad (460)$$

Ist auf der einen Seite etwa für das Fluid 2 der Wärmeübergangskoeffizient sehr groß gegen die andere Seite, wie z. B. beim Kondensieren eines Dampfes oder beim Verdampfen einer Flüssigkeit oder auch bei sehr großen Strömungsgeschwindigkeiten, so bleibt die Temperatur $\vartheta_2 = \vartheta_{2,0}$ ungeändert und die Temperatur ϑ_1 nähert sich asymptotisch diesem Wert.

8.2 Gegenstrom

Die oben für Gleichstrom abgeleiteten Gleichungen gelten unverändert für Gegenstrom, wenn man beachtet, daß dabei die Mengenströme der beiden Fluide entgegengesetzt gerichtet sind. In den Ausdruck

$$\mu = \frac{1}{\dot{M}_1 c_1} + \frac{1}{\dot{M}_2 c_2} = \frac{1}{\dot{C}_1} + \frac{1}{\dot{C}_2}$$

muß daher der Strom $\dot{M}_2 c_2$ als negative Größe eingeführt werden, wenn er – wie in Abb. 203 angenommen – der positiven Zählrichtung der Heizfläche entgegenströmt. Dabei bekommt μ einen wesentlich kleineren Wert als im Falle des Gleichstroms, und man erkennt aus Gl. (459), daß die Grenztemperatur ϑ_∞ unterhalb der Temperatur beider Fluide liegt, wenn $\dot{C}_1 < |\dot{C}_2|$ ist, wie das in Abb. 202 und 203 angenommen ist.

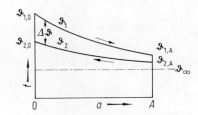

Abb. 203. Temperaturverlauf längs der Heizfläche beim Wärmeübergang im Gegenstrom ($|\dot{C}_2| > \dot{C}_1$).

Gegenstrom ist günstiger als Gleichstrom oder Kreuzstrom, denn er ermöglicht – wegen der geringeren mittleren Temperaturdifferenz zwischen beiden Fluiden – kleinere Exergieverluste, und im Grenzfall eines unendlich großen Produktes kA und bei verschwindenden Druckverlusten der Strömung wäre sogar eine reversible Wärmeübertragung ohne Temperaturunterschiede und damit ohne Entropiezunahme möglich.

8.3 Kreuzstrom

Bei Kreuzstrom strömen die Fluide beiderseits der Heizfläche senkrecht zueinander. Die Temperaturen der Fluide sind Funktionen der Ortskoordinaten der Heizfläche und daher beim Austritt nicht konstant. Wir wollen eine ebene Platte betrachten, über die gemäß Abb. 204 auf der Oberseite das Fluid *1* in x-Richtung und auf der Unterseite das Fluid *2* in y-Richtung strömt. Das Fluid *1* sei wärmer als das Fluid *2*. Bezeichnen wir mit ϑ_1 und ϑ_2 die Temperaturen des wärmeren und des kälteren Fluids und setzen den Wärmedurchgangskoeffizienten auf der ganzen Fläche als konstant voraus, so wird von dem Flächenelement $dA = dx\, dy$ der Wärmestrom

$$d\Phi = k(\vartheta_1 - \vartheta_2)\, dx\, dy$$

übertragen. Vernachlässigt man die Wärmeleitung parallel zur wärmeübertragenden Fläche, so kühlt dieser Wärmestrom das wärmere, in x-Richtung strömende Fluid ab nach der Gleichung

$$d\Phi = -\dot{C}_1 \frac{dy}{B} \frac{\partial \vartheta_1}{\partial x} dx \tag{461a}$$

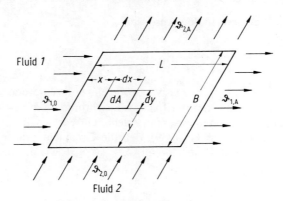

Abb. 204. Kreuzstrom an einer ebenen Platte

und erwärmt das kältere, in y-Richtung strömende Fluid nach

$$d\Phi = \dot{C}_2 \frac{dx}{L} \frac{\partial \vartheta_2}{\partial y} dy, \tag{461 b}$$

wenn mit $\dot{C}_1$ und $\dot{C}_2$ die Wärmekapazitätsströme des warmen und kalten Fluids bezeichnet werden. Treten beide Fluide mit den konstanten Anfangstemperaturen $\vartheta_{1,0}$ und $\vartheta_{2,0}$ in den Wärmeübertrager ein, so lauten die Grenzbedingungen

$$\vartheta_1 = \vartheta_{1,0} \quad \text{für} \quad x = 0 \quad \text{und} \quad \vartheta_2 = \vartheta_{2,0} \quad \text{für} \quad y = 0.$$

Führen wir nun statt x und y die dimensionslosen Veränderlichen

$$\xi = \frac{kB}{\dot{C}_1} x \quad \text{und} \quad \eta = \frac{kL}{\dot{C}_2} y \tag{462}$$

ein, so gehen die Gln. (461a) und (461b) unter Beachtung von $d\Phi = k(\vartheta_1 - \vartheta_2) dx dy$ über in

$$\frac{\partial \vartheta_1}{\partial \xi} = \vartheta_2 - \vartheta_1, \tag{463}$$

$$\frac{\partial \vartheta_2}{\partial \eta} = \vartheta_1 - \vartheta_2. \tag{464}$$

Diese Beziehungen sind die gesuchten Differentialgleichungen für reinen Kreuzstrom. Sie wurden zuerst von Nusselt gelöst. Die Nusseltsche Lösung läßt sich in etwas vereinfachter Schreibweise als Reihenentwicklung darstellen:

$$\frac{\vartheta_1 - \vartheta_{2,0}}{\vartheta_{1,0} - \vartheta_{2,0}} = 1 - e^{-(\xi+\eta)} \left[\xi + \frac{\xi^2}{2!}(1+\eta) + \frac{\xi^3}{3!}\left(1 + \eta + \frac{\eta^2}{2!}\right) \right.$$

$$\left. + \ldots + \frac{\xi^n}{n!}\left(1 + \eta + \frac{\eta^2}{2!} + \ldots + \frac{\eta^{n-1}}{(n-1)!}\right) + \ldots \right], \tag{465}$$

8. Wärmeübertrager – Gleichstrom, Gegenstrom, Kreuzstrom

$$\frac{\vartheta_2 - \vartheta_{2,0}}{\vartheta_{1,0} - \vartheta_{2,0}} = 1 - e^{-(\xi+\eta)} \left[1 + \xi(1+\eta) + \frac{\xi^2}{2!}\left(1 + \eta + \frac{\eta^2}{2!}\right) \right.$$
$$\left. + \ldots + \frac{\xi^n}{n!}\left(1 + \eta + \frac{\eta^2}{2!} + \ldots + \frac{\eta^n}{n!}\right) + \ldots \right]. \quad (466)$$

Hausen[1] hat verschiedene Näherungslösungen für die Differentialgleichungen (463) und (464) zusammengestellt, die sich sowohl für Handrechnungen als auch für Rechnungen auf dem Computer eignen. Das einfachste Verfahren zur Ermittlung des Wärmeübergangs im Kreuzstrom-Wärmeübertrager wurde von Nusselt selbst angegeben. Nusselt berechnete aus der Lösung der Differentialgleichungen (463) und (464) die dimensionslose mittlere Temperatur

$$\Theta_m = \frac{\vartheta_{1,A} - \vartheta_{2,0}}{\vartheta_{1,0} - \vartheta_{2,0}} \quad (467)$$

und stellte diese in Abhängigkeit der dimensionslosen Parameter

$$a = \frac{kLB}{\dot{C}_2} \quad \text{und} \quad b = \frac{kLB}{\dot{C}_1} \quad (468)$$

graphisch und in Form einer Tabelle dar. Auszugsweise sind Werte für die dimensionslose mittlere Temperatur in Tab. 39 wiedergegeben. Mit Hilfe des aus Tab. 39 entnommenen Wertes von Θ_m ergibt sich der von der Heizfläche A – mit den Kantenlängen L und B – übertragene Wärmestrom nach der Gleichung

$$\Phi = \dot{C}_1(\vartheta_{1,0} - \vartheta_{2,0})(1 - \Theta_m). \quad (469)$$

Tabelle 39. Dimensionslose mittlere Austrittstemperatur $\Theta_m = \frac{\vartheta_{1,A} - \vartheta_{2,0}}{\vartheta_{1,0} - \vartheta_{2,0}}$ als Funktion der Parameter a und b nach Nusselt

$b =$	0	0,5	1	2	3	4
$a = 0$	1	0,6065	0,3679	0,1353	0,0498	0,0183
1	1	0,7263	0,5238	0,2676	0,1340	0,0660
2	1	0,8012	0,6338	0,3857	0,2271	0,1284
3	1	0,8455	0,7113	0,4846	0,3277	0,2027
4	1	0,8799	0,7665	0,5645	0,4018	0,2709

Die mittlere Austrittstemperatur des anderen Fluids ergibt sich einfach aus dem Verhältnis der Wärmekapazitätsströme nach der Gleichung

$$\frac{\vartheta_{1,0} - \vartheta_{1,A}}{\vartheta_{2,A} - \vartheta_{2,0}} = \frac{\dot{C}_2}{\dot{C}_1}. \quad (470)$$

$\vartheta_{1,A}$ und $\vartheta_{2,A}$ sind die mittleren Austrittstemperaturen des warmen und kalten Fluids.

---

[1] Hausen, H.: Wärmeübertragung im Gegenstrom, Gleichstrom und Kreuzstrom, 2. Aufl. Berlin, Heidelberg, New York: Springer 1976.

Die mittlere Temperaturdifferenz $\Delta\vartheta_m = (\vartheta_{1,m} - \vartheta_{2,m})$, mit der man nach Gl. (445a) den übertragenen Wärmestrom berechnen kann, ist bei Kreuzstrom komplizierter festzulegen als bei Gleich- und Gegenstrom. Ein Diagramm zur unmittelbaren Bestimmung von $\Delta\vartheta_m$ aus den Ein- und Austrittstemperaturen hat Kühne[1] entworfen. Abb. 205 zeigt dieses Diagramm nach einer genaueren Berechnung von Roetzel[2]. Hierin ist als Abszisse $(\vartheta_{2,A} - \vartheta_{2,0})/(\vartheta_{1,0} - \vartheta_{2,0})$, als Ordinate $(\vartheta_{1,0} - \vartheta_{1,A})/(\vartheta_{1,0} - \vartheta_{2,0})$ aufgetragen, wobei $\vartheta_{1,A}$ und $\vartheta_{2,A}$ die mittleren Austrittstemperaturen der Fluide sind und $\dot{C}_2 \geq \dot{C}_1$ angenommen ist.

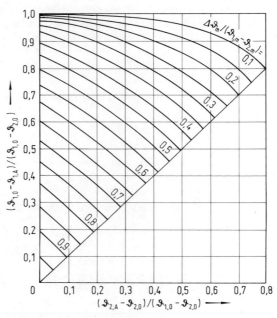

Abb. 205. Diagramm nach Kühne zur Ermittlung der mittleren Temperaturdifferenz $\Delta\vartheta_m$ bei reinem Kreuzstrom, berechnet von Roetzel.

9 Die Wärmeübertragung durch Strahlung

9.1 Grundbegriffe, Emission, Absorption, das Gesetz von Kirchhoff

Außer durch Berührung kann Wärme auch ohne jeden materiellen Träger durch Strahlung übertragen werden. Die Wärmestrahlung besteht aus einem kontinuierlichen Spektrum elektromagnetischer Wellen, die durch materielle Körper bei der

---

[1] Kühne, H.: Beitrag zur Frage der Aufstellung von Leistungsregeln für Wärmeaustauscher Z. VDI, Beiheft „Verfahrenstechnik" 2 (1943) 37–46.
[2] Roetzel, W.: Mittlere Temperaturdifferenz bei Kreuzstrom in einem Rohrbündel-Wärmeaustauscher. Brennstoff-Wärme-Kraft 21 (1969) 246–250.

Emission im allgemeinen aus innerer Energie erzeugt und bei der Absorption wieder in solche verwandelt werden.

Bei hohen Temperaturen wird die Strahlung sichtbar und ihre Energie steigt stark an. Für die Wärmeübertragung ist sie aber auch bei niedrigen Temperaturen von Bedeutung. Die für den Wärmeaustausch wichtigsten Strahlungsgesetze seien hier kurz behandelt.

Von der Oberfläche fester und flüssiger Körper wird Strahlung teils reflektiert, teils durchgelassen. Man nennt eine Oberfläche *spiegelnd*, wenn sie einen auftreffenden Strahl unter gleichem Winkel gegen die Flächennormale reflektiert, *matt*, wenn sie ihn zerstreut zurückwirft.

Der von der Oberfläche nicht reflektierte Teil der Strahlung wird entweder in tieferen Schichten des Körpers absorbiert oder durchgelassen. Bei inhomogenen Körpern kann auch eine Reflexion im Innern an eingebetteten Inhomogenitäten auftreten.

Fällt ein Wärmestrom Φ durch Strahlung auf einen Körper, so wird ein Teil Φ_R davon reflektiert, ein Teil Φ_A absorbiert und ein Teil Φ_D hindurchgelassen. Es ist

$$\Phi = \Phi_R + \Phi_A + \Phi_D$$

oder

$$1 = r + a + d \tag{471}$$

mit $r = \Phi_R/\Phi$, $a = \Phi_A/\Phi$ und $d = \Phi_D/\Phi$.

Den reflektierten Bruchteil mißt man durch die *Reflexionszahl r*, den absorbierten Bruchteil durch die *Absorptionszahl a* und den durchgelassenen Bruchteil durch die *Durchlaßzahl d*.

Man nennt einen Körper, der alle Strahlung reflektiert, einen *idealen Spiegel*. Für ihn ist $r = 1$, $a = 0$, $d = 0$.

Ein Körper, der alle auffallende Strahlung absorbiert, wird *schwarzer Körper* genannt. Für ihn ist $r = 0$, $a = 1$, $d = 0$.

Man nennt einen Körper *diatherman*, wenn er alle Strahlung durchläßt. Dann ist $r = 0$, $a = 0$, $d = 1$. Beispiele für diathermane Körper sind Gase wie O_2, N_2 und andere.

Die Entstehung von thermischer Strahlung aus innerer Energie bezeichnet man als *Emission*, die Umwandlung aufgenommener Strahlung in innere Energie als *Absorption*. Wie *Prévost* als erster erkannte, ist die ausgestrahlte Energie eines Körpers unabhängig von den Eigenschaften seiner Umgebung (Gesetz von Prévost). Ein „kälterer" Körper unterscheidet sich von einem „heißeren" somit dadurch, daß er weniger Strahlung emittiert.

Die Emission hängt aber nicht nur von der Temperatur des Körpers, sondern auch von der Wellenlänge λ ab, bei der Strahlung ausgesendet wird. Der von einem Flächenelement dA emittierte Wärmestrom hängt von der Größe des Flächenelements und dem Wellenlängenintervall $d\lambda$ ab.

$$d^2\Phi \sim d\lambda \, dA \, .$$

Aus dieser Proportionalität entsteht eine Gleichung durch Einführen einer Funktion $J(\lambda, T)$

$$d^2\Phi = J(\lambda, T)\, d\lambda\, dA\,, \tag{472}$$

die man Intensität der Strahlung nennt (SI-Einheit W/m³). Die durch Gl. (472) definierte Intensität ist häufig eine komplizierte Funktion von Wellenlänge und Temperatur. Es kann vorkommen, daß Körper in bestimmten Wellenlängenbereichen überhaupt nicht, in anderen sehr intensiv Energie durch Strahlung aussenden. Die über alle Wellenlängen $0 \leq \lambda \leq \infty$ emittierte Strahlung erhält man durch Integration von Gl. (472)

$$d\Phi = dA \int_{\lambda=0}^{\infty} J(\lambda, T)\, d\lambda\,.$$

Man schreibt abkürzend

$$E(T) = \int_{\lambda=0}^{\infty} J(\lambda, T)\, d\lambda \tag{473}$$

und bezeichnet die so definierte Größe $E(T)$ als die *Emission* (SI-Einheit W/m²).

Die von einem Körper absorbierte Strahlung hängt von der Intensität $J(\lambda, T)$ der ankommenden Strahlung ab, der Größe des Flächenelements dA, auf das die Strahlung auftrifft, und dem Wellenlängenintervall $d\lambda$, in dem Strahlung absorbiert wird,

$$d^2\Phi \sim J(\lambda, T)\, d\lambda\, dA\,.$$

Die absorbierte Strahlung ist außerdem noch eine Funktion der Temperatur T' des Strahlungsempfängers. Um aus der Proportionalität eine Gleichung zu machen, führt man einen Faktor $a_\lambda(\lambda, T')$ ein gemäß

$$d^2\Phi = a_\lambda(\lambda, T')\, J(\lambda, T)\, d\lambda\, dA\,, \tag{474}$$

den man *monochromatische Absorptionszahl* nennt. Den Zusammenhang zwischen a_λ und λ bei vorgegebener Temperatur nennt man das Absorptionsspektrum des Körpers. Es ist meistens eine komplizierte Funktion der Wellenlänge, und es kann vorkommen, daß Körper im Bereich des sichtbaren Lichts keine Strahlung absorbieren, sondern alle auffallende Strahlung reflektieren, während sie im Bereich der thermischen Strahlung alle Strahlung absorbieren. Solche Körper erscheinen dem Auge als weiß, während sie im Sinne der vorigen Definition schwarze Strahler sind.

Die gesamte von der Fläche dA absorbierte Energie erhält man aus der Gl. (474) durch Integration über alle Wellenlängen

$$d\Phi = dA \int_{\lambda=0}^{\infty} a_\lambda(\lambda, T')\, J(\lambda, T)\, d\lambda \tag{475}$$

oder

$$d\Phi = dA\, f(T', T)$$

mit

$$f(T', T) = \int_{\lambda=0}^{\infty} a_\lambda(\lambda, T') J(\lambda, T) \, d\lambda .$$

Um den Anschluß an die bereits definierte Emission zu finden, spaltet man die Funktion $f(T', T)$ auf in

$$f(T', T) = a(T', T) \int_{\lambda=0}^{\infty} J(\lambda, T) \, d\lambda = a(T', T) E(T) .$$

Damit geht Gl. (475) über in

$$d\Phi = a(T', T) E(T) \, dA . \tag{476}$$

Durch diese Gleichung ist die *Absorptionszahl* $a(T', T)$ definiert. Sie gibt an, welcher Bruchteil der von einem Körper der Temperatur T emittierten Energie von einem anderen Körper der Temperatur T' auf dessen Oberfläche dA absorbiert wird. Da schwarze Körper alle auftreffende Strahlungsenergie absorbieren, ist für sie $a = 1$, während für nichtschwarze Oberflächen $a < 1$ ist.

Zusammen mit Gl. (475) und mit (476) läßt sich die Absorptionszahl auf die Intensität und die monochromatische Absorptionszahl zurückführen:

$$a(T', T) = \int_{\lambda=0}^{\infty} a_\lambda(\lambda, T') J(\lambda, T) \, d\lambda / E(T) \tag{477}$$

mit $E(T)$ nach Gl. (473).

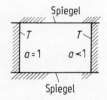

Abb. 206.
Zur Ableitung des Kirchhoffschen Gesetzes.

Zwischen Emission und Absorption von Körpern besteht ein enger Zusammenhang, den wir im folgenden ableiten wollen.

Es mögen sich zwei Flächen gleicher Temperatur T gegenüberstehen, von denen die eine schwarz ($a = 1$), die andere nichtschwarz ($a < 1$) sei. Wie in Abb. 206 dargestellt, soll der Raum zwischen den Flächen durch ideale Spiegel ($r = 1$) nach außen abgeschlossen sein. Spiegel und Flächen sollen zusammen ein adiabates System bilden. Die Emission der schwarzen Fläche bezeichnen wir mit E_s, die der nichtschwarzen Fläche mit E. Die nichtschwarze Fläche absorbiert die Energie aE_s und wirft demnach den Anteil $E_s - aE_s$ auf die schwarze Fläche zurück. Diese absorbiert die von der nichtschwarzen Fläche emittierte Strahlung E und den zurückgeworfenen Anteil $E_s - aE_s$. Man hat also folgende Energiebeträge, die absorbiert oder emittiert werden.

	Emittiert	Absorbiert
schwarze Fläche	E_s	$E + E_s(1 - a)$
nichtschwarze Fläche	E	aE_s

Im thermischen Gleichgewicht muß die emittierte gleich der absorbierten Energie sein, andernfalls würde sich die eine Platte abkühlen, die andere erwärmen, also letztlich Wärme von selbst von einem Körper tieferer auf einen Körper höherer Temperatur übergehen, was dem zweiten Hauptsatz der Thermodynamik widerspricht.

Durch Gleichsetzen der emittierten und der absorbierten Energien ergibt sich das *Gesetz von Kirchhoff*:

$$E(T) = a(T, T)\, E_s(T)\,. \tag{478}$$

Es besagt, daß ein beliebiger Körper bei einer bestimmten zeitlich nicht veränderlichen Temperatur soviel Strahlung emittiert wie er von einem schwarzen Körper gleicher Temperatur absorbiert. Nach Einsetzen der Definitionen Gl. (473) für die Emission und Gl. (477) für die Absorptionszahl folgt aus Gl. (478)

$$J(\lambda, T) = a_\lambda(\lambda, T)\, J_s(\lambda, T)\,, \tag{479}$$

wenn $J_s(\lambda, T)$ die Intensität des schwarzen Strahlers ist. Da die Absorptionszahlen a und a_λ höchstens den Wert Eins erreichen können, ergibt sich aus den Gln. (478) und (479)

$$E(T) \leqq E_s(T)\,,$$
$$J(\lambda, T) \leqq J_s(\lambda, T)\,.$$

Das Gleichheitszeichen gilt hierbei für den schwarzen Strahler. Emission und Intensität des schwarzen Strahlers können demnach von keinem anderen Strahler übertroffen werden.

Das Verhältnis der Emission eines beliebigen Körpers zu der des schwarzen Körpers bei derselben Temperatur T nennt man auch *Emissionszahl* $\varepsilon(T)$. Sie ist definiert durch:

$$\varepsilon(T) = \frac{E(T)}{E_s(T)}\,. \tag{480}$$

Ist die Temperatur eines Körpers zeitlich konstant, so emittiert er ebensoviel Energie wie er absorbiert. Es gilt dann wieder das Gesetz von Kirchhoff, Gl. (478). Man sieht, daß bei zeitlich unveränderlicher Temperatur eines Körpers die Emissionszahl $\varepsilon(T)$ und die Absorptionszahl $a(T, T)$ übereinstimmen. In allen übrigen Fällen können beide erheblich voneinander abweichen.

9.2 Die Strahlung des schwarzen Körpers

Die schwarze Strahlung läßt sich mit Hilfe geschwärzter, z. B. berußter Oberflächen nur bis auf einige Prozent erreichen. Man kann sie aber beliebig genau verwirklichen durch einen Hohlraum, dessen Wände überall gleiche Temperatur haben und in dem man eine im Vergleich zu seiner Ausdehnung kleine Öffnung zum Austritt der Strahlung anbringt.

Die Energie der schwarzen Strahlung verteilt sich auf die einzelnen Wellenlängen nach dem in Abb. 207 dargestellten *Planckschen Strahlungsgesetz*. Danach ist die Intensität J_s der Wellenlänge λ gegeben durch

$$J_s = \frac{c_1}{\lambda^5 (e^{c_2/\lambda T} - 1)}, \qquad (481)$$

wobei man aus den experimentell ermittelten grundlegenden Konstanten der Physik (Boltzmannsche Konstante k, Lichtgeschwindigkeit c und Plancksches Wirkungsquantum h) auf theoretischem Wege

$c_1 = 3{,}7415 \cdot 10^{-8}$ Wm² und $c_2 = 1{,}43879 \cdot 10^{-2}$ m · K erhält.

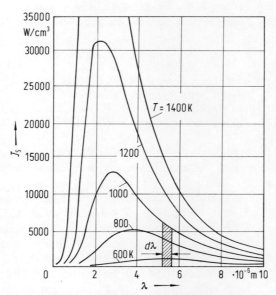

Abb. 207. Energieverteilung der schwarzen Strahlung nach dem Planckschen Gesetz.

Der Wellenlängenbereich des sichtbaren Lichts liegt in einem sehr schmalen Streifen zwischen $0{,}36 \cdot 10^{-6}$ m und $0{,}78 \cdot 10^{-6}$ m. Der Bereich der thermischen Strahlung, mit dem man es in der Technik zu tun hat, liegt also zum großen Teil in einem weiten Bereich viel größerer Wellenlängen.

Die von der Sonne kommende Strahlung hat eine Intensitätsverteilung, die sich etwa mit der des schwarzen Strahlers von 5600 K deckt. Für Strahlungsrechnungen kann man die Sonne somit näherungsweise durch einen schwarzen Strahler von 5600 K ersetzen. Bei dieser Temperatur fällt etwa ein Drittel der Intensitätskurve in den Bereich des sichtbaren Lichts.

Wie man aus Abb. 207 erkennt, verschieben sich die Maxima der Intensität mit steigender Temperatur zu immer kleineren Wellenlängen. Die Wellenlänge

λ_m des Intensitätsmaximums findet man aus

$$\frac{\partial J_\mathrm{s}(\lambda, T)}{\partial \lambda} = 0$$

zu

$$\lambda_\mathrm{m} T = 0{,}28978 \cdot 10^{-2}\ \mathrm{m \cdot K}\ .$$

Dies ist das *Wiensche Verschiebungsgesetz*. Mit ihm kann man aus der Lage des Intensitätsmaximums auf die Temperatur eines schwarzen Strahlers schließen oder umgekehrt aus der Temperatur den Wellenlängenbereich hoher Strahlungsintensität abschätzen.

Durch Integration der Intensität, Gl. (481), über alle Wellenlängen erhält man nach Gl. (473) die Emission des schwarzen Strahlers. Als Ergebnis der Integration erhält man das *Stefan-Boltzmannsche Gesetz* der Gesamtstrahlung

$$E_\mathrm{s} = \sigma T^4\ , \tag{483}$$

wobei die unmittelbare Messung der Strahlung

$$\sigma = 5{,}77 \cdot 10^{-8}\ \mathrm{W/m^2\ K^4}$$

ergibt. Die theoretische Berechnung über Gl. (481) aus den Grundkonstanten der Physik ergibt den etwas kleineren Wert $\sigma = 5{,}6697 \cdot 10^{-8}\ \mathrm{W/m^2\ K^4}$, den wir nicht benutzen werden.

Bisher hatten wir nur die Gesamtstrahlung aller Richtungen betrachtet und wollen nun auf die Richtungsverteilung der von einem Flächenelement ausgehenden Strahlung eingehen.

Die Intensität der schwarzen Strahlung ist richtungsunabhängig. Schwarze Strahler erscheinen von allen Richtungen aus betrachtet gleich hell. Die Emission in Richtung φ gegen die Flächennormale nimmt lediglich ab, weil die Projektion der strahlenden Fläche in dieser Richtung abnimmt. In Richtung der Flächennormalen muß die von einer schwarzen Oberfläche ausgesandte oder aus der Öffnung eines Hohlraumes herauskommende schwarze Strahlung offenbar ihren größten Wert haben und in Richtung φ gegen die Flächennormale entsprechend der Projektion der strahlenden Fläche in dieser Richtung abnehmen. Ist E_n die Strahlung in normaler Richtung, E_φ die in der Richtung φ gegen die Normale, so gilt demnach für die schwarze Strahlung das *Lambertsche Cosinusgesetz*

$$E_\varphi = E_\mathrm{n} \cos \varphi\ . \tag{484}$$

Mit wachsender Entfernung vom Strahler nimmt die auf die Einheit einer zur Richtung der Strahlung senkrechten Fläche fallende Strahlung proportional $1/r^2$ ab. Da die scheinbare Größe der strahlenden Fläche, d. h. der Raumwinkel, unter dem sie von der bestrahlten Fläche aus gesehen erscheint, sich im gleichen Verhältnis verkleinert, bleibt die Flächenhelligkeit des Strahlers ungeändert.

Die Gesamtstrahlung E aller Richtungen des Halbraumes über einem Flächenelement erhält man durch Integration über alle Raumwinkelelemente $d\Omega$ der Halbkugel nach der Gleichung

$$E = \int E_\mathrm{n} \cos \varphi\ d\Omega\ ,$$

9. Die Wärmeübertragung durch Strahlung

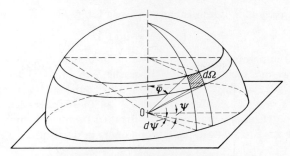

Abb. 208. Raumwinkelelement der Halbkugel.

wobei nach Abb. 208

$$d\Omega = \sin \varphi \, d\varphi \, d\psi$$

ist. Die Integration ergibt

$$E = \pi E_n . \tag{485}$$

Die Gesamtstrahlung ist also das π-fache der Strahlung je Raumwinkeleinheit in in senkrechter Richtung.

9.3 Die Strahlung technischer Oberflächen

Die Strahlung wirklicher Körper weicht von der des schwarzen Körpers wesentlich ab, sie hat im allgemeinen eine andere Verteilung über die Wellenlänge und folgt auch nicht dem Lambertschen Cosinusgesetz. Die schwarze Strahlung bildet aber stets die obere Grenze, die für keine Wellenlänge und in keiner Richtung von anderen Körpern übertroffen werden kann, wenn diese nur auf Grund ihrer Temperatur strahlen.

Für andere Arten der Strahlungserzeugung durch elektrische Entladungen in Gasen, durch chemische Vorgänge usw. gilt die Begrenzung nicht.

Für die Zwecke der Wärmeübertragung genügt es in der Regel, die monochromatische Absorptionszahl $a_\lambda(\lambda, T)$ als unabhängig von der Wellenlänge anzusehen. Solche Körper bezeichnet man als grau. Nach Gl. (479) ist die Intensität

$$J(\lambda, T) = a_\lambda(T) \, J_s(\lambda, T) \tag{486}$$

als Funktion der Wellenlänge für jede vorgegebene Temperatur nur um einen konstanten Faktor a_λ gegenüber der Intensität des schwarzen Körpers verringert. Die Intensitätsverteilung entspricht also qualitativ der von Abb. 207, jedoch sind für jede Temperatur die Kurven um einen konstanten Faktor in Richtung kleinerer Werte der Intensität verschoben.

Integration von Gl. (486) über alle Wellenlängen ergibt für den grauen Strahler

$$E(T) = a_\lambda(T) \, E_s(T) .$$

Andererseits findet man durch Integration von Gl. (477)

$$a(T', T) = a_\lambda(T'),$$

wenn T' die Temperatur des Strahlungsempfängers ist. Die letzte Beziehung ist nur möglich, wenn a nicht von der Temperatur T abhängt, so daß $a(T') = a_\lambda(T')$ ist. Dieses gilt für beliebige Temperaturen, also auch wenn $T' = T$ gesetzt wird, somit ist $a(T) = a_\lambda(T)$. Aufgrund von Gl. (480) ist außerdem $a_\lambda(T) = \varepsilon(T)$. Absorptions- und Emissionszahlen grauer Strahler stimmen überein. Man kann auf graue Strahler das Stefan-Boltzmannsche Gesetz in der Form

$$E(T) = \varepsilon(T)\,\sigma T^4 \qquad (487)$$

anwenden.

Die Richtungsverteilung der Strahlung weicht, wie Messungen von E. Schmidt und Eckert[1] gezeigt haben, bei vielen Körpern erheblich vom Lambertschen Cosinusgesetz ab. Die Abb. 209 bis 211 zeigen die gemessenen Emissionszahlen ε_φ einiger Körper in Polardiagrammen.

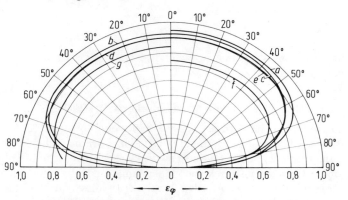

Abb. 209. Richtungsverteilung der thermischen Strahlung einiger Nichtleiter.
a feuchtes Eis, *b* Holz, *c* Glas, *d* Papier, *e* Ton, *f* Kupferoxid, *g* rauher Korund.

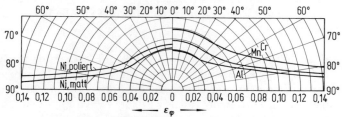

Abb. 210. Richtungsverteilung der thermischen Strahlung einiger Metalle.

---

[1] Schmidt, E.; Eckert, E.: Über die Richtungsverteilung der Wärmestrahlung von Oberflächen. Forsch. Ing. Wes. 6 (1935) 175–183.

9. Die Wärmeübertragung durch Strahlung

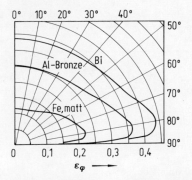

Abb. 211. Richtungsverteilung der thermischen Strahlung von Wismut, mattblankem Eisen und Aluminium-Bronze-Lackanstrich.

Das Lambertsche Cosinusgesetz wird dabei durch eine Halbkugel über der strahlenden Fläche dargestellt. Man erkennt, daß in der Nähe der streifenden Emission (bei $\varphi = 90°$) die Nichtleiter erheblich weniger, die blanken Metalle erheblich mehr strahlen als in Richtung der Flächennormalen. Die Emissionszahl ε für die Gesamtstrahlung ist daher verschieden von der Emissionszahl ε_n in Richtung der Flächennormalen.

In Tab. 40 sind die Emissionszahlen einiger Oberflächen bei der Temperatur ϑ angegeben.

Tabelle 40. Emissionszahl ε_n der Strahlung in Richtung der Flächennormalen und ε der Gesamtstrahlung für verschiedene Körper bei der Temperatur ϑ nach[1-3].
Bei Metallen nimmt die Emissionszahl mit steigender Temperatur zu, bei nichtmetallischen Körpern (Metalloxide, organische Körper) in der Regel etwas ab. Soweit genauere Messungen nicht vorliegen, kann für blanke Metalloberflächen im Mittel $\varepsilon/\varepsilon_n = 1,2$, für andere Körper bei glatter Oberfläche $\varepsilon/\varepsilon_n = 0,95$, bei rauher Oberfläche $\varepsilon/\varepsilon_n = 0,98$ gesetzt werden.

Oberfläche	ϑ in °C	ε_n	ε
Gold, hochglanzpoliert	225	0,018	
Silber, poliert	38	0,022	
Kupfer, poliert	20	0,030	
Kupfer, poliert, leicht angelaufen	20	0,037	
Kupfer, schwarz oxidiert	20	0,78	
Kupfer, oxidiert	130	0,76	0,725
Kupfer, geschabt	20	0,070	
Aluminium, walzblank	170	0,039	0,049
Aluminium, hochglanzpoliert	225	0,039	
Aluminiumbronzeanstrich	100	0,20 ... 0,40	
Nickel, blank matt	100	0,041	0,046
Nickel, poliert	100	0,045	0,053
Chrom, poliert	150	0,058	0,071
Eisen und Stahl, hochglanzpoliert	175	0,052	
	225	0,064	
—, poliert	425	0,144	
	1027	0,377	
—, geschmirgelt	20	0,242	
Gußeisen, poliert	200	0,21	

Fortsetzung auf S. 438

Tabelle 40 (Fortsetzung)

Oberfläche	ϑ in °C	ε_n	ε
Stahlguß, poliert	770	0,52	
	1040	0,56	
Eisen, vorpoliert	100	0,17	
oxidierte Oberflächen:			
Eisenblech			
—, rot angerostet	20	0,612	
—, stark verrostet	19	0,685	
—, Walzhaut	21	0,657	
Gußeisen, oxidiert bei 866 K	200	0,64	
	600	0,78	
Stahl, oxidiert bei 866 K	200	0,79	
	600	0,79	
Stahlblech, dicke rauhe Oxidschicht	24	0,8	
Gußeisen, rauhe Oberfläche, stark oxidiert	38 ... 250	0,95	
Emaille, Lacke	20	0,85 ... 0,95	
Heizkörperlacke	100	0,925	
Ziegelstein, Mörtel, Putz	20	0,93	
Porzellan	20	0,92 ... 0,94	
Glas	90	0,940	0,876
Eis, glatt, Wasser	0	0,966	0,918
Eis, rauher Reifbelag	0	0,985	
Wasserglasrußanstrich	20	0,96	
Papier	95	0,92	0,89
Holz	70	0,935	0,91
Dachpappe	20	0,93	

[1] Schmidt, E.: Wärmestrahlung technischer Oberflächen bei gewöhnlicher Temperatur. München: Oldenbourg 1927.
[2] Schmidt, E.; Eckert, E.: Über die Richtungsverteilung der Wärmestrahlung von Oberflächen. Forsch. Ing. Wes. 6 (1935) 175–183.
[3] VDI-Wärmeatlas, 4. Aufl. Düsseldorf: VDI-Verlag 1984, Ka3 und Ka4.

9.4 Der Wärmeaustausch durch Strahlung

Bisher betrachteten wir die Strahlung eines einzigen Körpers. In der Regel haben wir es aber mit zwei oder mehreren Körpern zu tun, die miteinander im Strahlungsaustausch stehen. Dabei bestrahlen nicht nur die wärmeren die kälteren, sondern auch die kälteren die wärmeren, und die übertragene Wärmestrahlung ist die Differenz der jeweils absorbierten Anteile dieser Strahlungsbeträge.

Als einfachsten Fall betrachten wir den Wärmeaustausch durch Strahlung zwischen zwei parallelen ebenen sehr großen Flächen *1* und *2* mit den Temperaturen T_1 und T_2 und den Emissionszahlen ε_1 und ε_2. Dann emittieren nach dem Stefan-

9. Die Wärmeübertragung durch Strahlung

Boltzmannschen Gesetz die beiden Flächen die Strahlungen

$$E_1 = \varepsilon_1 \sigma T_1^4 \quad \text{und} \quad E_2 = \varepsilon_2 \sigma T_2^4 \,. \tag{488}$$

Da beide Flächen aber nicht schwarz sind, wird die von *1* auf *2* fallende Strahlung dort teilweise reflektiert, der zurückgeworfene Teil fällt wieder auf *1*, wird dort teilweise reflektiert, dieser Teil fällt wieder auf *2* usw. Das gleiche gilt für die Strahlung der Fläche *2*. Es findet also ein dauerndes Hin- und Herwerfen von immer kleiner werdenden Strahlungsbeträgen statt, deren absorbierte Teile alle zur Wärmeübertragung beitragen. Man kann die übertragene Wärme durch Summieren aller dieser Einzelbeträge ermitteln, einfacher kommt man dabei in folgender Weise zum Ziel:

Die gesamte je Flächeneinheit von jeder der beiden Oberflächen ausgehende Strahlung bezeichnen wir mit H_1 und H_2. Im sichtbaren Bereich würde man von *Helligkeit* der Fläche sprechen, und wir wollen diesen Begriff hier auf die Gesamtstrahlung übertragen. In H_1 und H_2 sind außer der eigenen Emission der Flächen auch alle an ihnen reflektierten Strahlungsbeträge enthalten.

Die ausgetauschte Wärmestromdichte ist dann gleich dem Unterschied

$$q_{12} = H_1 - H_2$$

der Gesamtstrahlung beider Richtungen. Die von der Fläche *1* ausgehende Strahlung besteht aus der eigenen Emission E_1 und dem an ihr reflektierten Bruchteil der Strahlung H_2 nach der Gleichung

$$H_1 = E_1 + (1 - \varepsilon_1) H_2 \,.$$

Entsprechend gilt für die von Fläche *2* ausgehende Strahlung

$$H_2 = E_2 + (1 - \varepsilon_2) H_1 \,.$$

Berechnet man aus den beiden Gleichungen H_1 und H_2 und setzt in die vorhergehende Gleichung ein, so wird

$$q_{12} = \frac{\varepsilon_2 E_1 - \varepsilon_1 E_2}{\varepsilon_2 + \varepsilon_1 - \varepsilon_1 \varepsilon_2},$$

oder, wenn man E_1 und E_2 nach Gl. (488) einsetzt,

$$q_{12} = \frac{\sigma}{\dfrac{1}{\varepsilon_1} + \dfrac{1}{\varepsilon_2} - 1} (T_1^4 - T_2^4) = C_{12}(T_1^4 - T_2^4) \,. \tag{489}$$

Dabei bezeichnet man

$$C_{12} = \frac{\sigma}{\dfrac{1}{\varepsilon_1} + \dfrac{1}{\varepsilon_2} - 1} \tag{489a}$$

als *Strahlungsaustauschkonstante*, sie ist stets kleiner als die Strahlungskonstante jedes der beiden Körper. Ist z. B. die erste Oberfläche schwarz, so wird $C_{12} = \varepsilon_2 \sigma$, sind beide schwarz, so wird $C_{12} = \sigma$.

Als nächsten Fall betrachten wir zwei im Strahlungsaustausch stehende, einander vollständig umschließende konzentrische Kugeln oder Zylinder nach Abb. 212 und 213. Die beiden einander zugekehrten Oberflächen A_1 und A_2 sollen diffus reflektieren und das Lambertsche Cosinusgesetz befolgen. Dann fällt von der Strahlung des Körpers *2* nur der Bruchteil φ auf *1*, und der Bruchteil $1 - \varphi$ fällt auf *2* selbst zurück. Anderseits wird ein Flächenelement von *2* auch nur zum Bruchteil φ von *1* und zum Bruchteil $1 - \varphi$ von *2* angestrahlt.

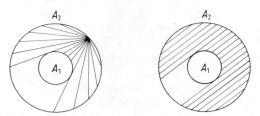

Abb. 212 u. 213. Strahlungsaustausch zwischen konzentrischen Flächen.

Den Bruchteil φ erhält man in folgender Weise: Von jedem Punkt der Fläche *2* gehen nach allen Richtungen des Halbraumes Strahlen aus. Die Gesamtheit dieser Strahlen gruppieren wir nun zu lauter Bündeln von Parallelstrahlen nach Abb. 213, deren jedes einer Richtung des Raumes zugeordnet ist. Von jedem dieser Bündel, dessen Querschnitt die Projektion der Kugel *2* ist, fällt ein Teil auf die Kugel *1*, der ihrem projizierten Querschnitt entspricht. Da die Projektionen im gleichen Verhältnis stehen wie die Flächen selbst, ist

$$\varphi = \frac{A_1}{A_2}.$$

Dasselbe Ergebnis erhält man durch die gleichen Überlegungen für konzentrische Zylinder, und man kann diesen Wert von φ näherungsweise auch auf andere, einander vollständig umhüllende Flächen anwenden.

Sind wieder H_1 und H_2 die Helligkeiten der beiden Oberflächen, so geht von der Fläche A_1 der Wärmestrom $A_1 H_1$, von der Fläche A_2 der Wärmestrom $A_2 H_2$ aus. Von der letzten fällt aber nur der Betrag

$$\varphi A_2 H_2 = A_1 H_2$$

auf A_1, und der übertragene Wärmestrom ist dann

$$q_{12} A_1 = \Phi_{12} = A_1 (H_1 - H_2),$$

und für H_1 gilt wie früher

$$H_1 = E_1 + (1 - \varepsilon_1) H_2.$$

Bei H_2 besteht die reflektierte Strahlung aber aus zwei Teilen, von denen der eine die von *1* kommende Strahlung φH_1, der andere die von *2* wieder auf *2*

9. Die Wärmeübertragung durch Strahlung

zurückfallende Strahlung $(1 - \varphi) H_2$ berücksichtigt. Dann gilt

$$H_2 = E_2 + (1 - \varepsilon_2)\varphi H_1 + (1 - \varepsilon_2)(1 - \varphi) H_2 \,.$$

Entfernt man aus diesen drei Gleichungen wieder H_1 und H_2 und setzt $\varphi = A_1/A_2$ sowie E_1 und E_2 aus Gl. (488) ein, so gilt für den Strahlungsaustausch solcher Flächenpaare

$$q_{12} = \frac{\Phi_{12}}{A_1} = \frac{\sigma}{\dfrac{1}{\varepsilon_1} + \dfrac{A_1}{A_2}\left(\dfrac{1}{\varepsilon_2} - 1\right)} (T_1^4 - T_2^4) = C_{12}(T_1^4 - T_2^4), \quad (490)$$

wobei

$$C_{12} = \frac{\sigma}{\dfrac{1}{\varepsilon_1} + \dfrac{A_1}{A_2}\left(\dfrac{1}{\varepsilon_2} - 1\right)} \quad (490\,\text{a})$$

die Strahlungsaustauschkonstante ist. Wenn $A_2 \gg A_1$ ist, wird $C_{12} = \varepsilon_1 \sigma$, d. h. dann ist die Strahlung der Fläche A_2 gleichgültig.

Dieser Fall trifft z. B. auf ein Thermometer zu, das im Strahlungsaustausch mit den Zimmerwänden steht.

Bei einander nicht umschließenden Flächen ist die Berechnung des Strahlungsaustausches verwickelter. In Abb. 214 seien dA_1 und dA_2 Elemente zweier solcher beliebig im Raum liegenden Flächen mit den Temperaturen T_1 und T_2, den Emissionszahlen ε_1 und ε_2 und der Entfernung r.

Das Element dA_1 strahlt dann im ganzen den Wärmestrom

$$\varepsilon_1 E_s \, dA_1 = \varepsilon_1 \sigma T_1^4 \, dA_1$$

aus, davon fällt je Raumwinkeleinheit in die Richtung φ_1 der Betrag

$$\frac{\varepsilon_1}{\pi} E_s \cos\varphi_1 \, dA_1 \,.$$

Auf das Element dA_2, das von dA_1 gesehen den Raumwinkel

$$d\Omega = \frac{dA_2 \cos\varphi_2}{r^2}$$

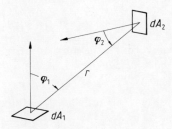

Abb. 214. Strahlungsaustausch zweier Flächenelemente.

ausfüllt, trifft dann

$$\frac{\varepsilon_1}{\pi} E_s \cos \varphi_1 \, dA_1 \, d\Omega = \frac{\varepsilon_1}{\pi} E_s \frac{\cos \varphi_1 \cos \varphi_2}{r^2} dA_1 \, dA_2,$$

hiervon absorbiert dA_2 den Betrag

$$\frac{\varepsilon_1 \varepsilon_2}{\pi} E_s \frac{\cos \varphi_1 \cos \varphi_2}{r^2} dA_1 \, dA_2 = \frac{\varepsilon_1 \varepsilon_2}{\pi} \sigma T_1^4 \frac{\cos \varphi_1 \cos \varphi_2}{r^2} dA_1 \, dA_2.$$

In gleicher Weise kann man die von dA_1 absorbierte Strahlung des Elements dA_2 ausrechnen und erhält

$$\frac{\varepsilon_1 \varepsilon_2}{\pi} \sigma T_2^4 \frac{\cos \varphi_1 \cos \varphi_2}{r^2} dA_1 \, dA_2.$$

Die Differenz dieser Beträge ist der ausgetauschte Wärmestrom

$$d^2\Phi_{12} = \frac{\varepsilon_1 \varepsilon_2}{\pi} \sigma(T_1^4 - T_2^4) \frac{\cos \varphi_1 \cos \varphi_2}{r^2} dA_1 \, dA_2. \tag{491}$$

Für endliche Flächen ergibt die Integration den ausgetauschten Wärmestrom

$$\Phi_{12} = \frac{\varepsilon_1 \varepsilon_2}{\pi} \sigma(T_1^4 - T_2^4) \int_{A_2} \int_{A_1} \frac{\cos \varphi_1 \cos \varphi_2}{r^2} dA_1 \, dA_2. \tag{491a}$$

Das über beide Flächen A_1 und A_2 zu erstreckende Doppelintegral ist dabei eine Größe, die nur von der räumlichen Anordnung der Flächen abhängt. Bei dieser Rechnung ist die Reflexion unberücksichtigt geblieben, d. h. es ist nicht beachtet, daß ein Teil, der z. B. von A_1 zurückgeworfen wird, hier teils absorbiert, teils reflektiert wird usw. Der Ausdruck gilt daher nur, wenn diese wieder zurückgeworfenen Beträge klein gegen die ursprüngliche Emission sind. Das ist der Fall, wenn die Oberflächen wenig reflektieren, also in ihren Eigenschaften dem schwarzen Körper nahekommen oder wenn die Raumwinkel, unter denen die Flächen voneinander gesehen erscheinen, klein sind. In der Feuerungstechnik, wo man solche Berechnungen der gegenseitigen Zustrahlung braucht, haben die Flächen meist Emissionsverhältnisse von 0,8 bis 0,9, so daß Gl. (491a) anwendbar ist. Die unbequeme Integration kann man oft dadurch umgehen, daß man für $\cos \varphi_1$, $\cos \varphi_2$ und r mittlere geschätzte Werte einsetzt.

Die Gl. (491a) kann man abkürzend auch

$$\Phi_{12} = e_{12} A_1 \varepsilon_1 \varepsilon_2 \sigma(T_1^4 - T_2^4) \tag{492}$$

schreiben, worin e_{12} die nur von der geometrischen Lage der beiden Flächen abhängige *Einstrahlzahl* ist

$$e_{12} = \frac{1}{A_1 \pi} \int_{A_2} \int_{A_1} \frac{\cos \varphi_1 \cos \varphi_2}{r^2} dA_1 \, dA_2. \tag{492a}$$

Durch Vertauschen der beiden Indices 1 und 2 findet man für die Einstrahlzahl

$$e_{12}A_1 = e_{21}A_2.\tag{492b}$$

Gl. (492) gilt voraussetzungsgemäß nur, wenn man wechselseitige Reflexionen vernachlässigen kann. Würde man in dieser vorigen Ableitung auch die wechselseitigen Reflexionen berücksichtigen, so ergäbe sich der allgemeine Ausdruck

$$\Phi_{12} = \frac{\sigma\varepsilon_1\varepsilon_2}{1-(1-\varepsilon_1)(1-\varepsilon_2)e_{12}e_{21}} A_1 e_{12}(T_1^4 - T_2^4) \tag{493}$$

mit den Einstrahlzahlen e_{12} und e_{21} nach den Gln. (492a) und (492b).

Da die Gln. (492) und (493) für praktische Rechnungen bequem sind, benutzt man sie meistens zur Berechnung des ausgetauschten Wärmestroms. Für in der Technik häufig vorkommende geometrische Anordnungen findet man Einstrahlzahlen in der einschlägigen Literatur[1,2] meistens in Form von Diagrammen. Es sind aber auch graphische Verfahren zur näherungsweisen Ermittlung der Einstrahlzahlen bekannt[1].

Aufgabe 52. Die Wand eines Kühlhauses besteht aus folgenden Schichten:
einer äußeren Ziegelmauer von 50 cm Dicke   ($\lambda = 0{,}75$ W/Km),
einer Korksteinisolierung von 10 cm Dicke   ($\lambda = 0{,}04$ W/Km),
einer inneren Betonschicht von 5 cm Dicke   ($\lambda = 1{,}0$ W/Km).
Die Temperatur der Außenluft beträgt 25 °C, die der Luft im Innern -5 °C. Der Wärmeübergangskoeffizient ist auf der Außenseite der Wand $\alpha_a = 20$ W/m² K, auf der Innenseite $\alpha_i = 7$ W/m² K.
Wieviel Wärme strömt durch 1 m² Wand hindurch?

Aufgabe 53. Ein Wasservorwärmer besteht aus vier versetzt hintereinander liegenden Rohrreihen mit je zehn Stahlrohren (Wärmeleitfähigkeit 50 W/Km) von 50 mm innerem und 56 mm äußerem Durchmesser sowie einer Länge von 2 m. Das Längs- und das Querteilungsverhältnis sind gleich groß. Der lichte Abstand zwischen zwei Rohren einer Reihe beträgt 50 mm, der lichte Abstand zwischen dem äußersten Rohr und dem Apparatemantel 25 mm. Jede Rohrreihe wird durch ein auf den Apparatemantel aufgesetztes, unbeheiztes Halbrohr ergänzt.
Durch das Rohrbündel strömen Rauchgase im Querstrom mit einer mittleren Geschwindigkeit von 6 m/s (bezogen auf den zwischen den Rohren freibleibenden Querschnitt). In den Rohren strömt Wasser mit einer mittleren Geschwindigkeit von 0,15 m/s.
Für die Rauchgase, die eine mittlere Temperatur von 325 °C besitzen, werden die Eigenschaften von Luft bei Atmosphärendruck angenommen (s. Tabelle 38). Auf der Wasserseite (Druck 20 bar, mittlere Temperatur 175 °C) seien folgende Stoffwerte gegeben:
Dichte $\varrho = 892{,}8$ kg/m³, spezifische Wärmekapazität $c_p = 4350$ J/kgK, dynamische Viskosität $\eta = 160 \cdot 10^{-6}$ Pa · s, Wärmeleitfähigkeit $\lambda = 0{,}679$ W/Km.
Wie groß sind die Wärmeübergangskoeffizienten auf der Rauchgas- und Wasserseite der Rohre? Die Nusselt-Zahl der Rauchgasseite ist hier mit dem Faktor 0,95 zu korrigieren, da das betrachtete Rohrbündel vier Reihen hat, die Formel von Hausen aber nur für Bündel ab zehn Rohrreihen gilt. Welche Abkühlung erfahren die Rauchgase? Um wieviel erwärmt sich das Wasser, wenn es alle Rohre nacheinander durchströmt?

Aufgabe 54. Ein Feuerbett von 4 m² Fläche und einer Temperatur von 1300 °C strahlt eine Kesselheizfläche von 200 °C an. Die Verbindungslinie von Feuerbettmitte zu Heiz-

---
[1] Hottel, H. C.; Sarofim, A. F.: Radiative transfer. New York: McGraw-Hill 1967.
[2] VDI-Wärmeatlas, 4. Aufl. Düsseldorf: VDI-Verlag 1984, Kb1 bis Kb10.

flächenmitte ist 5 m lang, sie steht senkrecht auf der Heizfläche und ist gegen die Normale der Feuerbettebene um 30° geneigt. Die Entfernung des Feuerbettes von der Heizfläche ist also so groß, daß für alle Teile beider Flächen im Durchschnitt derselbe Neigungswinkel wie für die Verbindungslinie der Flächenmitten angesetzt werden kann. Die Emissionszahl des Feuerbettes beträgt $\varepsilon_1 = 0{,}95$, die der Heizfläche $\varepsilon_2 = 0{,}80$.

Wie groß ist die durch Strahlung übertragene Wärmestromdichte?

Anhang: Dampftabellen

Tabelle I. Zustandsgrößen von Wasser und Dampf bei Sättigung (Temperaturtafel)

Temperatur t °C	Druck p bar	Spezifisches Volum		Dichte des Dampfes ϱ'' kg/m³	Entropie		$s'' - s'$ $= r/T$ kJ/kg K
		des Wassers v' m³/kg	des Dampfes v'' m³/kg		des Wassers s' kJ/kg K	des Dampfes s'' kJ/kg K	
0,00	0,006108	0,0010002	206,3	0,004847	−0,0002	9,1577	9,1579
5	0,008718	0,0010000	147,2	0,006795	0,0762	9,0269	8,9507
10	0,012270	0,0010003	106,4	0,009396	0,1510	8,9020	8,7510
15	0,017039	0,0010008	77,98	0,01282	0,2243	8,7826	8,5583
20	0,02337	0,0010017	57,84	0,01729	0,2963	8,6684	8,3721
25	0,03166	0,0010029	43,40	0,02304	0,3670	8,5592	8,1922
30	0,04241	0,0010043	32,93	0,03037	0,4365	8,4546	8,0181
35	0,05622	0,0010060	25,24	0,03961	0,5049	8,3543	7,8494
40	0,07375	0,0010078	19,55	0,05116	0,5721	8,2583	7,6862
45	0,09582	0,0010099	15,28	0,06546	0,6383	8,1661	7,5278
50	0,12335	0,0010121	12,05	0,08302	0,7035	8,0776	7,3741
55	0,15741	0,0010145	9,579	0,1044	0,7677	7,9926	7,2249
60	0,19920	0,0010171	7,679	0,1302	0,8310	7,9108	7,0798
65	0,2501	0,0010199	6,202	0,1612	0,8933	7,8322	6,9389
70	0,3116	0,0010228	5,046	0,1982	0,9548	7,7565	6,8017
75	0,3855	0,0010259	4,134	0,2419	1,0154	7,6835	6,6681
80	0,4736	0,0010292	3,409	0,2933	1,0753	7,6132	6,5379
85	0,5780	0,0010326	2,829	0,3535	1,1343	7,5454	6,4111
90	0,7011	0,0010361	2,361	0,4235	1,1925	7,4799	6,2874
95	0,8453	0,0010399	1,982	0,5045	1,2501	7,4166	6,1665
100	1,0133	0,0010437	1,673	0,5977	1,3069	7,3554	6,0485
105	1,2080	0,0010477	1,419	0,7046	1,3630	7,2962	5,9332
110	1,4327	0,0010519	1,210	0,8265	1,4185	7,2388	5,8203
115	1,6906	0,0010562	1,036	0,9650	1,4733	7,1832	5,7099
120	1,9854	0,0010606	0,8915	1,122	1,5276	7,1293	5,6017
125	2,3210	0,0010652	0,7702	1,298	1,5813	7,0769	5,4956
130	2,7013	0,0010700	0,6681	1,497	1,6344	7,0261	5,3917
135	3,131	0,0010750	0,5818	1,719	1,6869	6,9766	5,2897
140	3,614	0,0010801	0,5085	1,967	1,7390	6,9284	5,1894
145	4,155	0,0010853	0,4460	2,242	1,7906	6,8815	5,0909
150	4,760	0,0010908	0,3924	2,548	1,8416	6,8358	4,9942
155	5,433	0,0010964	0,3464	2,886	1,8923	6,7911	4,8988
160	6,181	0,0011022	0,3068	3,260	1,9425	6,7475	4,8050
165	7,008	0,0011082	0,2724	3,671	1,9923	6,7048	4,7125
170	7,920	0,0011145	0,2426	4,123	2,0416	6,6630	4,6214
175	8,924	0,0011209	0,2165	4,618	2,0906	6,6221	4,5315
180	10,027	0,0011275	0,1938	5,160	2,1393	6,5819	4,4426
185	11,233	0,0011344	0,1739	5,752	2,1876	6,5424	4,3548
190	12,551	0,0011415	0,1563	6,397	2,2356	6,5036	4,2680
195	13,987	0,0011489	0,1408	7,100	2,2833	6,4654	4,1821

Tabelle I (Fortsetzung)

Temperatur t °C	Druck p bar	Spezifisches Volum		Dichte des Dampfes ϱ'' kg/m³	Entropie		$s'' - s'$ $= r/T$ kJ/kg K
		des Wassers v' m³/kg	des Dampfes v'' m³/kg		des Wassers s' kJ/kg K	des Dampfes s'' kJ/kg K	
200	15,549	0,0011565	0,1272	7,864	2,3307	6,4278	4,0971
205	17,243	0,0011644	0,1150	8,694	2,3778	6,3906	4,0128
210	19,077	0,0011726	0,1042	9,593	2,4247	6,3539	3,9292
215	21,060	0,0011811	0,09463	10,57	2,4713	6,3176	3,8463
220	23,198	0,0011900	0,08604	11,62	2,5178	6,2817	3,7639
225	25,501	0,0011992	0,07835	12,76	2,5641	6,2461	3,6820
230	27,976	0,0012087	0,07145	14,00	2,6102	6,2107	3,6005
235	30,632	0,0012187	0,06525	15,33	2,6562	6,1756	3,5194
240	33,478	0,0012291	0,05965	16,76	2,7020	6,1406	3,4386
245	36,523	0,0012399	0,05461	18,31	2,7478	6,1057	3,3579
250	39,776	0,0012513	0,05004	19,99	2,7935	6,0708	3,2773
255	43,246	0,0012632	0,04590	21,79	2,8392	6,0359	3,1967
260	46,943	0,0012756	0,04213	23,73	2,8848	6,0010	3,1162
265	50,877	0,0012887	0,03871	25,83	2,9306	5,9658	3,0352
270	55,058	0,0013025	0,03559	28,10	2,9763	5,9304	2,9541
275	59,496	0,0013170	0,03274	30,55	3,0223	5,8947	2,8724
280	64,202	0,0013324	0,03013	33,19	3,0683	5,8586	2,7903
285	69,186	0,0013487	0,02773	36,06	3,1146	5,8220	2,7074
290	74,461	0,0013659	0,02554	39,16	3,1611	5,7848	2,6237
295	80,037	0,0013844	0,02351	42,53	3,2079	5,7469	2,5390
300	85,927	0,0014041	0,02165	46,19	3,2552	5,7081	2,4529
305	92,144	0,0014252	0,01993	50,18	3,3029	5,6685	2,3656
310	98,700	0,0014480	0,01833	54,54	3,3512	5,6278	2,2766
315	105,61	0,0014726	0,01686	59,33	3,4002	5,5858	2,1856
320	112,89	0,0014995	0,01548	64,60	3,4500	5,5423	2,0923
325	120,56	0,0015289	0,01419	70,45	3,5008	5,4969	1,9961
330	128,63	0,0015615	0,01299	76,99	3,5528	5,4490	1,8962
335	137,12	0,0015978	0,01185	84,36	3,6063	5,3979	1,7916
340	146,05	0,0016387	0,01078	92,76	3,6616	5,3427	1,6811
345	155,45	0,0016858	0,009763	102,4	3,7193	5,2828	1,5635
350	165,35	0,0017411	0,008799	113,6	3,7800	5,2177	1,4377
355	175,77	0,0018085	0,007859	127,2	3,8489	5,1442	1,2953
360	186,75	0,0018959	0,006940	144,1	3,9210	5,0600	1,1390
365	198,33	0,0020160	0,006012	166,3	4,0021	4,9579	0,9558
370	210,54	0,0022136	0,004973	201,1	4,1108	4,8144	0,7036
371	213,06	0,0022778	0,004723	211,7	4,1414	4,7738	0,6324
372	215,62	0,0023636	0,004439	225,3	4,1794	4,7240	0,5446
373	218,20	0,0024963	0,004084	244,9	4,2325	4,6559	0,4234
374	220,81	0,0028407	0,003458	289,2	4,3487	4,5166	0,1679
374,15	221,20	0,00317	0,00317	315,5	4,4429	4,4429	0

Anhang: Dampftabellen

Tabelle I (Fortsetzung)

Temperatur t °C	Enthalpie des Wassers h' kJ/kg	Enthalpie des Dampfes h'' kJ/kg	Verdampfungsenthalpie r kJ/kg	Innere Energie des Wassers u' kJ/kg	Innere Energie des Dampfes u'' kJ/kg	$u'' - u' = \varphi$ kJ/kg	$p \cdot (v'' - v') = \psi$ kJ/kg
0,00	−0,04	2501,6	2501,6	−0,0406	2375,6	2375,6	126,0
5	21,01	2510,7	2489,7	21,01	2382,4	2361,4	128,3
10	41,99	2519,9	2477,9	41,99	2389,3	2347,3	130,5
15	62,94	2529,1	2466,1	62,94	2396,2	2333,3	132,9
20	83,86	2538,2	2454,3	83,86	2403,0	2319,1	135,2
25	104,77	2547,3	2442,5	104,77	2409,9	2305,1	137,4
30	125,66	2556,4	2430,7	125,66	2416,7	2291,0	139,6
35	146,56	2565,4	2418,8	146,55	2423,5	2277,0	141,9
40	167,45	2574,4	2406,9	167,44	2430,2	2262,8	144,2
45	188,35	2583,3	2394,9	188,34	2436,9	2248,6	146,4
50	209,26	2592,2	2382,9	209,25	2443,6	2234,4	148,6
55	230,17	2601,0	2370,8	230,15	2450,2	2220,1	150,8
60	251,09	2609,7	2358,6	251,07	2456,7	2205,6	152,9
65	272,02	2618,4	2346,3	271,99	2463,3	2191,3	155,1
70	292,97	2626,9	2334,0	292,94	2469,7	2176,8	157,2
75	313,94	2635,4	2321,5	313,90	2476,0	2162,1	159,3
80	334,92	2643,8	2308,8	334,87	2482,3	2147,4	161,4
85	355,92	2652,0	2296,5	355,86	2488,5	2132,6	163,5
90	376,94	2660,1	2283,2	376,87	2494,6	2117,7	165,5
95	397,99	2668,1	2270,2	397,90	2500,6	2102,7	167,4
100	419,06	2676,0	2256,9	418,95	2506,5	2087,6	169,4
105	440,17	2682,7	2243,6	440,04	2512,3	2072,3	171,3
110	461,32	2691,3	2230,0	461,17	2517,9	2056,7	173,2
115	482,50	2698,7	2216,2	482,32	2523,6	2041,3	175,0
120	503,72	2706,0	2202,2	503,51	2529,0	2025,5	176,8
125	524,99	2713,0	2188,0	524,74	2534,2	2009,5	178,5
130	546,31	2719,9	2173,6	546,02	2539,4	1993,4	180,2
135	567,68	2726,6	2158,9	567,3	2544,4	1977,1	181,8
140	589,10	2733,1	2144,0	588,7	2549,3	1960,6	183,4
145	610,60	2739,3	2128,7	610,1	2554,0	1943,9	184,9
150	632,15	2745,4	2113,2	631,6	2558,6	1927,0	186,3
155	653,78	2751,2	2097,4	653,2	2563,0	1909,8	187,6
160	675,47	2756,7	2081,3	674,8	2567,1	1892,3	188,9
165	697,25	2762,0	2064,8	696,5	2571,1	1874,6	190,1
170	719,12	2767,1	2047,9	718,2	2575,0	1856,8	191,3
175	741,07	2771,8	2030,7	740,1	2578,6	1838,5	192,2
180	763,12	2776,3	2013,1	762,0	2582,0	1820,0	193,2
185	785,26	2780,4	1995,2	784,0	2585,1	1801,1	194,1
190	807,52	2784,3	1976,7	806,1	2588,1	1782,0	194,7
195	829,88	2787,8	1957,9	828,3	2590,9	1762,6	195,3
200	852,37	2790,9	1938,6	850,6	2593,1	1742,5	196,0
205	874,99	2793,8	1918,8	873,0	2595,5	1722,5	196,3
210	897,74	2796,2	1898,5	895,5	2597,4	1701,9	196,5
215	920,63	2798,3	1877,6	918,1	2599,0	1680,9	196,8
220	943,67	2799,9	1856,2	940,9	2600,3	1659,4	196,8
225	966,89	2801,2	1834,3	963,8	2601,4	1637,6	196,7
230	990,26	2802,0	1811,7	986,9	2602,1	1615,2	196,5
235	1013,8	2802,3	1788,5	1010,1	2602,4	1592,3	196,1
240	1037,6	2802,2	1764,6	1033,5	2602,5	1569,0	195,6
245	1061,6	2801,6	1740,0	1057,1	2602,1	1545,0	194,9

Tabelle I (Fortsetzung)

Temperatur t °C	Enthalpie des Wassers h' kJ/kg	Enthalpie des Dampfes h'' kJ/kg	Verdampfungs- enthalpie r kJ/kg	Innere Energie des Wassers u' kJ/kg	Innere Energie des Dampfes u'' kJ/kg	$u'' - u' = \varphi$ kJ/kg	$p \cdot (v'' - v') = \psi$ kJ/kg
250	1085,8	2800,4	1714,6	1080,8	2601,4	1520,6	194,1
255	1110,2	2798,7	1688,5	1104,7	2600,2	1495,5	193,0
260	1134,9	2796,4	1661,5	1128,9	2598,6	1469,7	191,8
265	1159,9	2793,5	1633,6	1153,3	2596,6	1443,3	190,4
270	1185,2	2789,9	1604,6	1178,0	2593,9	1415,9	188,8
275	1210,9	2785,5	1574,7	1203,1	2590,7	1387,6	186,9
280	1236,8	2780,4	1543,6	1228,2	2587,0	1358,8	184,9
285	1263,2	2774,5	1511,3	1253,9	2582,6	1328,7	182,5
290	1290,0	2767,6	1477,6	1279,8	2577,4	1297,6	180,0
295	1317,3	2759,8	1442,6	1306,2	2571,6	1265,4	177,1
300	1345,0	2751,0	1406,0	1332,9	2565,0	1232,1	174,0
305	1373,4	2741,1	1367,7	1360,3	2557,5	1197,2	170,5
310	1402,4	2730,0	1327,6	1388,1	2549,1	1161,0	166,6
315	1432,1	2717,6	1285,5	1416,5	2539,5	1123,0	162,5
320	1462,6	2703,7	1241,1	1445,7	2528,9	1083,2	157,8
325	1494,0	2688,0	1194,0	1475,6	2516,9	1041,3	152,6
330	1526,5	2670,2	1143,6	1506,4	2503,1	996,7	147,0
335	1560,3	2649,7	1089,5	1538,4	2487,2	948,8	140,6
340	1595,5	2626,2	1030,7	1571,6	2468,8	897,2	133,5
345	1632,5	2598,9	966,4	1606,3	2447,1	840,8	125,6
350	1671,9	2567,7	895,7	1643,1	2422,2	779,1	116,7
355	1716,6	2530,4	813,8	1684,8	2392,3	707,5	106,3
360	1764,2	2485,4	721,3	1728,8	2355,8	627,0	94,2
365	1818,0	2428,0	610,0	1778,0	2308,8	530,8	79,2
370	1890,2	2342,8	452,6	1843,6	2238,1	394,5	58,1
371	1910,5	2317,9	407,4	1862,0	2217,3	355,3	52,1
372	1935,6	2286,9	351,4	1884,6	2191,2	306,6	44,7
373	1970,5	2244,0	273,5	1916,0	2154,9	238,9	34,6
374	2046,3	2155,0	108,6	1983,6	2078,6	95,0	13,6
374,15	2107,4	2107,4	0	2037,3	2037,3	0	0

Tabelle II. Zustandsgrößen von Wasser und Dampf bei Sättigung (Drucktafel)

Druck	Temperatur		Spez. Volum des Dampfes	Dichte des Dampfes	Entropie des Wassers	Entropie des Dampfes	$s'' - s'$ $= r/T$
p bar	t °C	T K	v'' m³/kg	ϱ'' kg/m³	s' kJ/kg K	s'' kJ/kg K	kJ/kg K
0,010	6,9828	280,13	129,20	0,007739	0,1060	8,9767	8,8707
0,015	13,036	286,19	87,98	0,01137	0,1957	8,8288	8,6331
0,020	17,513	290,66	67,01	0,01492	0,2607	8,7246	8,4639
0,025	21,096	294,25	54,26	0,01843	0,3119	8,6440	8,3321
0,030	24,100	297,25	45,67	0,02190	0,3544	8,5785	8,2241
0,040	28,983	302,13	34,80	0,02873	0,4225	8,4755	8,0530
0,050	32,898	306,05	28,19	0,03547	0,4763	8,3960	7,9197
0,060	36,183	309,33	23,74	0,04212	0,5209	8,3312	7,8103
0,080	41,534	314,68	18,10	0,05523	0,5925	8,2296	7,6371
0,10	45,833	318,98	14,67	0,06814	0,6493	8,1511	7,5018
0,12	49,446	322,60	12,36	0,08089	0,6963	8,0872	7,3909
0,15	53,997	327,15	10,02	0,09977	0,7549	8,0093	7,2544
0,20	60,086	333,24	7,650	0,1307	0,8321	7,9094	7,0773
0,25	64,992	338,14	6,204	0,1612	0,8932	7,8323	6,9391
0,30	69,124	342,27	5,229	0,1912	0,9441	7,7695	6,8254
0,40	75,886	349,04	3,993	0,2504	1,0261	7,6709	6,6448
0,50	81,345	354,49	3,240	0,3086	1,0912	7,5947	6,5035
0,60	85,954	359,10	2,732	0,3661	1,1454	7,5327	6,3873
0,70	89,959	363,11	2,365	0,4229	1,1921	7,4804	6,2883
0,80	93,512	366,66	2,087	0,4792	1,2330	7,4352	6,2022
0,90	96,713	369,86	1,869	0,5350	1,2696	7,3954	6,1258
1,0	99,632	372,78	1,694	0,5904	1,3027	7,3598	6,0571
1,1	102,32	375,47	1,549	0,6455	1,3330	7,3277	5,9947
1,2	104,81	377,96	1,428	0,7002	1,3609	7,2984	5,9375
1,3	107,13	380,28	1,325	0,7547	1,3868	7,2715	5,8847
1,4	109,32	382,47	1,236	0,8088	1,4109	7,2465	5,8356
1,5	111,37	384,52	1,159	0,8628	1,4336	7,2234	5,7898
1,6	113,32	386,47	1,091	0,9165	1,4550	7,2017	5,7467
1,8	116,93	390,08	0,9772	1,023	1,4944	7,1622	5,6678
2,0	120,23	393,38	0,8854	1,129	1,5301	7,1268	5,5967
2,2	123,27	396,42	0,8098	1,235	1,5627	7,0949	5,5322
2,4	126,09	399,24	0,7465	1,340	1,5929	7,0657	5,4728
2,6	128,73	401,88	0,6925	1,444	1,6209	7,0389	5,4180
2,8	131,20	404,35	0,6460	1,548	1,6471	7,0140	5,3669
3,0	133,54	406,69	0,6056	1,651	1,6716	6,9909	5,3193
3,2	135,75	408,90	0,5700	1,754	1,6948	6,9693	5,2745
3,4	137,86	411,01	0,5385	1,857	1,7168	6,9489	5,2321
3,6	139,86	413,01	0,5103	1,960	1,7376	6,9297	5,1921
3,8	141,78	414,93	0,4851	2,062	1,7574	6,9116	5,1542
4,0	143,62	416,77	0,4622	2,163	1,7764	6,8943	5,1179
4,5	147,92	421,07	0,4138	2,417	1,8204	6,8547	5,0343
5,0	151,84	424,99	0,3747	2,669	1,8604	6,8192	4,9588
6,0	158,84	431,99	0,3155	3,170	1,9308	6,7575	4,8267
7,0	164,96	438,11	0,2727	3,667	1,9918	6,7052	4,7134
8,0	170,41	443,56	0,2403	4,162	2,0457	6,6596	4,6139
9,0	175,36	448,51	0,2148	4,655	2,0941	6,6192	4,5251
10,0	179,88	453,03	0,1943	5,147	2,1382	6,5828	4,4446
11,0	184,07	457,22	0,1774	5,637	2,1786	6,5497	4,3711
12,0	187,96	461,11	0,1632	6,127	2,2161	6,5194	4,3033

Tabelle II (Fortsetzung)

Druck	Temperatur		Spez. Volum des Dampfes	Dichte des Dampfes	Entropie des Wassers	des Dampfes	$s'' - s'$ $= r/T$
p bar	t °C	T K	v'' m³/kg	ϱ'' kg/m³	s' kJ/kg K	s'' kJ/kg K	kJ/kg K
13,0	191,61	464,76	0,1511	6,617	2,2510	6,4913	4,2403
14,0	195,04	468,19	0,1407	7,106	2,2837	6,4651	4,1814
15,0	198,29	471,44	0,1317	7,596	2,3145	6,4406	4,1261
16,0	201,37	474,52	0,1237	8,085	2,3436	6,4175	4,0739
17,0	204,31	477,46	0,1166	8,575	2,3713	6,3957	4,0244
18,0	207,11	480,26	0,1103	9,065	2,3976	6,3751	3,9775
19,0	209,80	482,95	0,1047	9,555	2,4228	6,3554	3,9326
20,0	212,37	485,52	0,09954	10,05	2,4469	6,3367	3,8898
22,0	217,24	490,39	0,09065	11,03	2,4922	6,3015	3,8093
24,0	221,78	494,93	0,08320	12,02	2,5343	6,2690	3,7347
26,0	226,04	499,19	0,07686	13,01	2,5736	6,2387	3,6651
28,0	230,05	503,20	0,07139	14,01	2,6106	6,2104	3,5998
30	233,84	506,99	0,06663	15,01	2,6455	6,1837	3,5382
32	237,45	510,60	0,06244	16,02	2,6786	6,1585	3,4799
34	240,88	514,03	0,05873	17,03	2,7101	6,1344	3,4243
36	244,16	517,31	0,05541	18,05	2,7401	6,1115	3,3714
38	247,31	520,46	0,05244	19,07	2,7689	6,0896	3,3207
40	250,33	523,48	0,04975	20,10	2,7965	6,0685	3,2720
42	253,24	526,39	0,04731	21,14	2,8231	6,0482	3,2251
44	256,05	529,20	0,04508	22,18	2,8487	6,0286	3,1799
46	258,75	531,90	0,04304	23,24	2,8735	6,0097	3,1362
48	261,37	534,52	0,04116	24,29	2,8974	5,9913	3,0939
50	263,91	537,06	0,03943	25,36	2,9206	5,9735	3,0529
55	269,93	543,08	0,03563	28,07	2,9757	5,9309	2,9552
60	275,55	548,70	0,03244	30,83	3,0273	5,8908	2,8635
65	280,82	553,97	0,02972	33,65	3,0759	5,8527	2,7768
70	285,79	558,94	0,02737	36,53	3,1219	5,8162	2,6943
75	290,50	563,65	0,02533	39,48	3,1657	5,7811	2,6154
80	294,97	568,12	0,02353	42,51	3,2076	5,7471	2,5395
85	299,23	572,38	0,02193	45,61	3,2479	5,7141	2,4662
90	303,31	576,46	0,02050	48,79	3,2867	5,6820	2,3953
95	307,21	580,36	0,01921	52,06	3,3242	5,6506	2,3264
100	310,96	584,11	0,01804	55,43	3,3605	5,6198	2,2593
110	318,05	591,20	0,01601	62,48	3,4304	5,5595	2,1291
120	324,65	597,80	0,01428	70,01	3,4972	5,5002	2,0030
130	330,83	603,98	0,01280	78,14	3,5616	5,4408	1,8792
140	336,64	609,79	0,01150	86,99	3,6242	5,3803	1,7561
150	342,13	615,28	0,01034	96,71	3,6859	5,3178	1,6319
160	347,33	620,48	0,009308	107,4	3,7471	5,2531	1,5060
180	356,96	630,11	0,007498	133,4	3,8765	5,1128	1,2363
200	365,70	638,85	0,005877	170,2	4,0149	4,9412	0,9263
220	373,69	646,84	0,003728	268,3	4,2947	4,5799	0,2852
221,20	374,15	647,30	0,00317	315,5	4,4429	4,4429	0

Tabelle II (Fortsetzung)

Druck p bar	Enthalpie des Wassers h' kJ/kg	Enthalpie des Dampfes h'' kJ/kg	Verdampfungs-enthalpie r kJ/kg	Innere Energie des Wassers u' kJ/kg	Innere Energie des Dampfes u'' kJ/kg	$u'' - u' = \varphi$ kJ/kg	$p \cdot (v'' - v') = \psi$ kJ/kg
0,010	29,34	2514,4	2485,0	29,34	2385,2	2355,9	129,2
0,015	54,71	2525,5	2470,7	54,71	2393,5	2338,8	132,0
0,020	73,46	2533,6	2460,2	73,46	2399,6	2326,1	134,0
0,025	88,45	2540,2	2451,7	88,45	2404,6	2316,2	135,6
0,030	101,00	2545,6	2444,6	100,99	2408,6	2307,6	137,0
0,040	121,41	2554,5	2433,1	121,41	2415,3	2293,9	139,2
0,050	137,77	2561,6	2423,8	137,76	2420,7	2282,9	140,9
0,060	151,50	2567,5	2416,0	151,49	2425,1	2273,6	142,4
0,080	173,86	2577,1	2403,2	173,85	2432,3	2258,5	144,8
0,10	191,83	2584,8	2392,9	191,82	2438,1	2246,3	146,7
0,12	206,94	2591,2	2384,3	206,93	2442,9	2236,0	148,3
0,15	225,97	2599,2	2373,2	225,95	2448,9	2223,0	150,3
0,20	251,45	2609,9	2358,4	251,43	2456,9	2205,5	153,0
0,25	271,99	2618,3	2346,4	271,96	2463,2	2191,2	155,1
0,30	289,30	2625,4	2336,1	289,27	2468,5	2179,2	156,8
0,40	317,65	2636,9	2319,2	317,61	2477,2	2159,6	159,7
0,50	340,56	2646,0	2305,4	340,51	2484,0	2143,5	161,9
0,60	359,93	2653,6	2293,6	359,87	2489,7	2129,8	163,9
0,70	376,77	2660,1	2283,3	376,70	2494,6	2117,9	165,5
0,80	391,72	2665,8	2274,0	391,64	2498,8	2107,2	166,9
0,90	405,21	2670,9	2265,6	405,12	2502,7	2097,6	168,1
1,0	417,51	2675,4	2257,9	417,41	2506,0	2088,6	169,3
1,1	428,84	2679,6	2250,8	428,73	2509,2	2080,5	170,3
1,2	439,36	2683,4	2244,1	439,23	2512,0	2072,8	171,2
1,3	449,19	2687,0	2237,8	449,05	2514,8	2065,8	172,1
1,4	458,42	2690,3	2231,9	458,27	2517,3	2059,0	172,9
1,5	467,13	2693,4	2226,2	466,97	2519,6	2052,6	173,7
1,6	475,38	2696,2	2220,9	475,21	2521,6	2046,4	174,4
1,8	490,70	2701,5	2210,8	490,51	2525,6	2035,1	175,7
2,0	504,70	2706,3	2201,6	504,49	2529,2	2024,7	176,9
2,2	517,62	2710,6	2193,0	517,39	2532,4	2015,0	177,9
2,4	529,64	2714,5	2184,9	529,38	2535,3	2005,9	178,9
2,6	540,87	2718,2	2177,3	540,59	2538,2	1997,6	179,3
2,8	551,44	2721,5	2170,1	551,14	2540,6	1989,5	180,6
3,0	561,43	2724,7	2163,2	561,11	2543,0	1981,9	181,4
3,2	570,90	2727,6	2156,7	570,56	2545,2	1974,6	182,1
3,4	579,92	2730,3	2150,4	579,55	2547,2	1967,7	182,7
3,6	588,53	2732,9	2144,4	588,14	2549,2	1961,1	183,3
3,8	596,77	2735,3	2138,6	596,36	2551,0	1954,6	183,9
4,0	604,67	2737,6	2133,0	604,24	2552,7	1948,5	184,4
4,5	623,16	2742,9	2119,7	622,67	2556,7	1934,0	185,7
5,0	640,12	2747,5	2107,4	639,57	2560,2	1920,6	186,8
6,0	670,42	2755,5	2085,0	669,76	2566,2	1896,4	188,6
7,0	697,06	2762,0	2064,9	696,28	2571,1	1874,8	190,1
8,0	720,94	2767,5	2046,5	720,05	2575,3	1855,3	191,3
9,0	742,64	2772,1	2029,5	741,63	2578,8	1837,2	192,3
10,0	762,61	2776,2	2013,6	761,48	2581,9	1820,4	193,2
11,0	781,13	2779,7	1998,5	779,88	2584,6	1804,7	193,9
12,0	798,43	2782,7	1984,3	797,06	2586,9	1789,8	194,5
13,0	814,70	2785,4	1970,7	813,21	2589,0	1775,8	194,9

Tabelle II (Fortsetzung)

Druck p bar	Enthalpie des Wassers h' kJ/kg	Enthalpie des Dampfes h'' kJ/kg	Verdampfungsenthalpie r kJ/kg	Innere Energie des Wassers u' kJ/kg	Innere Energie des Dampfes u'' kJ/kg	$u''-u' = \varphi$ kJ/kg	$p\cdot(v''-v') = \psi$ kJ/kg
14,0	830,08	2787,8	1957,7	828,47	2590,8	1762,3	195,4
15,0	844,67	2789,9	1945,2	842,94	2592,4	1749,5	195,8
16,0	858,56	2791,7	1933,2	856,71	2593,8	1737,1	196,1
17,0	871,84	2793,4	1921,5	869,86	2595,2	1725,3	196,2
18,0	884,58	2794,8	1910,3	882,48	2596,3	1713,8	196,4
19,0	896,81	2796,1	1899,3	894,58	2597,2	1702,6	196,7
20,0	908,59	2797,2	1888,6	906,24	2598,1	1691,9	196,7
22,0	930,95	2799,1	1868,1	928,34	2599,7	1671,4	196,8
24,0	951,93	2800,4	1848,5	949,07	2600,7	1651,6	196,8
26,0	971,72	2801,4	1829,6	968,6	2601,6	1633,0	196,7
28,0	990,48	2802,0	1811,5	987,1	2602,1	1615,0	196,5
30	1008,4	2802,3	1793,9	1004,8	2602,4	1597,6	196,2
32	1025,4	2802,3	1776,9	1021,5	2602,5	1581,0	195,9
34	1041,8	2802,1	1760,3	1037,6	2602,4	1564,8	195,5
36	1057,6	2801,7	1744,2	1053,1	2602,2	1549,1	195,0
38	1072,7	2801,1	1728,4	1068,0	2601,8	1533,8	194,5
40	1087,4	2800,3	1712,9	1082,4	2601,3	1518,9	194,0
42	1101,6	2799,4	1697,8	1096,3	2600,7	1504,4	193,4
44	1115,4	2798,3	1682,9	1109,8	2599,9	1490,1	192,8
46	1128,8	2797,0	1668,3	1122,9	2599,0	1476,1	192,1
48	1141,8	2795,7	1653,9	1135,7	2598,1	1462,4	191,4
50	1154,5	2794,2	1639,7	1148,1	2597,1	1449,0	190,7
55	1184,9	2789,9	1605,0	1177,7	2593,9	1416,2	188,8
60	1213,7	2785,0	1571,3	1205,8	2590,4	1384,6	186,7
65	1241,1	2779,5	1538,4	1232,4	2586,3	1353,9	184,5
70	1267,4	2773,5	1506,0	1257,9	2581,9	1324,0	182,1
75	1292,7	2766,9	1474,2	1282,4	2576,9	1294,5	179,7
80	1317,1	2759,9	1442,8	1306,0	2571,7	1265,7	177,2
85	1340,7	2752,5	1411,7	1328,8	2566,1	1237,3	174,5
90	1363,7	2744,6	1380,9	1350,9	2560,1	1209,2	171,7
95	1386,1	2736,4	1350,2	1372,5	2553,9	1181,4	168,9
100	1408,0	2727,7	1319,7	1393,5	2547,3	1153,8	165,9
110	1450,6	2709,3	1258,7	1434,2	2533,2	1099,0	159,7
120	1491,8	2689,2	1197,4	1473,5	2517,8	1044,3	153,0
130	1532,0	2667,0	1135,0	1511,6	2500,6	989,0	146,0
140	1571,6	2642,4	1070,7	1549,1	2481,4	932,3	138,5
150	1611,0	2615,0	1004,0	1586,1	2459,9	873,8	130,2
160	1650,5	2584,9	934,3	1623,1	2436,0	812,9	121,6
180	1734,8	2513,9	779,1	1701,7	2378,9	677,2	101,8
200	1826,5	2418,4	591,9	1785,8	2300,9	515,1	76,8
220	2011,1	2195,6	184,5	1952,3	2113.6	161,3	23,2
221,20	2107,4	2107,4	0	2037,3	2037,3	0	0

Tabelle III. Zustandsgrößen v, h und s von Wasser und überhitztem Dampf.
Oberhalb der waagerechten Querstriche herrscht flüssiger, darunter dampfförmiger Zustand

t °C	1,0 bar $t_s = 99{,}63$ °C			5,0 bar $t_s = 151{,}84$ °C			10,0 bar $t_s = 179{,}88$ °C			25 bar $t_s = 223{,}94$ °C		
	v'' 1,694	h'' 2675,4	s'' 7,3598	v'' 0,3747	h'' 2747,5	s'' 6,8192	v'' 0,1943	h'' 2776,2	s'' 6,5828	v'' 0,07991	h'' 2800,9	s'' 6,2536
	v	h	s	v	h	s	v	h	s	v	h	s
0	0,0010002	0,1	−0,0001	0,0010000	0,5	−0,0001	0,0009997	1,0	−0,0001	0,0009990	2,5	0,0000
10	0,0010002	42,1	0,1510	0,0010000	42,5	0,1509	0,0009998	43,0	0,1509	0,0009991	44,4	0,1508
20	0,0010017	84,0	0,2963	0,0010015	84,3	0,2962	0,0010013	84,8	0,2961	0,0010006	86,2	0,2958
30	0,0010043	125,8	0,4365	0,0010041	126,1	0,4364	0,0010039	126,6	0,4362	0,0010032	127,9	0,4357
40	0,0010078	167,5	0,5721	0,0010076	167,9	0,5719	0,0010074	168,3	0,5717	0,0010067	169,7	0,5711
50	0,0010121	209,3	0,7035	0,0010119	209,7	0,7033	0,0010117	210,1	0,7030	0,0010110	211,4	0,7023
60	0,0010171	251,2	0,8309	0,0010169	251,5	0,8307	0,0010167	251,9	0,8305	0,0010160	253,2	0,8297
70	0,0010228	293,0	0,9548	0,0010226	293,4	0,9545	0,0010224	293,8	0,9542	0,0010217	295,0	0,9533
80	0,0010292	335,0	1,0752	0,0010290	335,3	1,0750	0,0010287	335,7	1,0746	0,0010280	336,9	1,0736
90	0,0010361	377,0	1,1925	0,0010359	377,3	1,1922	0,0010357	377,7	1,1919	0,0010349	378,8	1,1908
100	1,696	2676,2	7,3618	0,0010435	419,4	1,3066	0,0010432	419,7	1,3062	0,0010425	420,9	1,3050
110	1,744	2696,4	7,4152	0,0010517	461,6	1,4182	0,0010514	461,9	1,4178	0,0010506	463,0	1,4165
120	1,793	2716,5	7,4670	0,0010605	503,9	1,5273	0,0010602	504,3	1,5269	0,0010593	505,3	1,5255
130	1,841	2736,5	7,5173	0,0010699	546,5	1,6341	0,0010696	546,8	1,6337	0,0010687	547,8	1,6322
140	1,889	2756,4	7,5662	0,0010800	589,2	1,7388	0,0010796	589,5	1,7383	0,0010787	590,5	1,7368
150	1,936	2776,3	7,6137	0,0010908	632,2	1,8416	0,0010904	632,5	1,8410	0,0010894	633,4	1,8394
160	1,984	2796,2	7,6601	0,3835	2766,4	6,8631	0,0011019	675,7	1,9420	0,0011008	676,6	1,9402
170	2,031	2816,0	7,7053	0,3941	2789,1	6,9149	0,0011143	719,2	2,0414	0,0011131	720,1	2,0395
180	2,078	2835,8	7,7495	0,4045	2811,4	6,9647	0,1944	2776,5	6,5835	0,0011262	763,9	2,1372
190	2,125	2855,6	7,7927	0,4148	2833,4	7,0127	0,2002	2802,0	6,6392	0,0011403	808,1	2,2338
200	2,172	2875,4	7,8349	0,4250	2855,1	7,0592	0,2059	2826,8	6,6922	0,0011555	852,8	2,3292
210	2,219	2895,2	7,8763	0,4350	2876,6	7,1042	0,2115	2851,0	6,7427	0,0011719	897,9	2,4237
220	2,266	2915,0	7,9169	0,4450	2898,0	7,1478	0,2169	2874,6	6,7911	0,0011897	943,7	2,5175
230	2,313	2934,8	7,9567	0,4549	2919,1	7,1903	0,2223	2897,8	6,8377	0,08163	2820,1	6,2920
240	2,359	2954,6	7,9958	0,4647	2940,1	7,2317	0,2276	2920,6	6,8825	0,08436	2850,5	6,3517

Tabelle III (Fortsetzung). Zustandsgrößen v, h und s von Wasser und überhitztem Dampf

t °C	1,0 bar $t_s = 99{,}63$ °C			5,0 bar $t_s = 151{,}84$ °C			10,0 bar $t_s = 179{,}88$ °C			25 bar $t_s = 223{,}94$ °C		
	v'' 1,694	h'' 2675,4	s'' 7,3598	v'' 0,3747	h'' 2747,5	s'' 6,8192	v'' 0,1943	h'' 2776,2	s'' 6,5828	v'' 0,07991	h'' 2800,9	s'' 6,2536
	v	h	s	v	h	s	v	h	s	v	h	s
250	2,406	2974,5	8,0342	0,4744	2961,1	7,2721	0,2327	2943,0	6,9259	0,08699	2879,5	6,4077
260	2,453	2994,4	8,0719	0,4841	2981,9	7,3115	0,2379	2965,2	6,9680	0,08951	2907,4	6,4605
270	2,499	3014,4	8,1089	0,4938	3002,7	7,3501	0,2430	2987,2	7,0088	0,09196	2934,2	6,5104
280	2,546	3034,4	8,1454	0,5034	3023,4	7,3879	0,2480	3009,0	7,0485	0,09433	2960,3	6,5580
290	2,592	3054,4	8,1813	0,5130	3044,1	7,4250	0,2530	3030,6	7,0873	0,09665	2985,7	6,6034
300	2,639	3074,5	8,2166	0,5226	3064,8	7,4614	0,2580	3052,1	7,1251	0,09893	3010,4	6,6470
310	2,685	3094,6	8,2514	0,5321	3085,4	7,4971	0,2629	3073,5	7,1622	0,10115	3034,7	6,6890
320	2,732	3114,8	8,2857	0,5416	3106,1	7,5322	0,2678	3094,9	7,1984	0,10335	3058,6	6,7296
330	2,778	3135,0	8,3196	0,5511	3126,7	7,5668	0,2727	3116,1	7,2340	0,10551	3082,1	6,7689
340	2,824	3155,3	8,3529	0,5606	3147,4	7,6008	0,2776	3137,4	7,2689	0,10764	3105,3	6,8071
350	2,871	3175,6	8,3858	0,5701	3168,1	7,6343	0,2824	3158,5	7,3031	0,10975	3128,2	6,8442
360	2,917	3196,0	8,4183	0,5795	3188,8	7,6673	0,2873	3179,7	7,3368	0,11184	3151,0	6,8804
370	2,964	3216,5	8,4504	0,5889	3209,6	7,6998	0,2921	3200,9	7,3700	0,11391	3173,6	6,9158
380	3,010	3237,0	8,4820	0,5984	3230,4	7,7319	0,2969	3222,0	7,4027	0,11597	3196,1	6,9505
390	3,056	3257,6	8,5133	0,6078	3251,2	7,7635	0,3017	3243,2	7,4348	0,11801	3218,4	6,9845
400	3,102	3278,2	8,5442	0,6172	3272,1	7,7948	0,3065	3264,4	7,4665	0,12004	3240,7	7,0178
410	3,149	3298,9	8,5747	0,6266	3293,0	7,8256	0,3113	3285,6	7,4978	0,12206	3262,9	7,0505
420	3,195	3319,7	8,6049	0,6359	3314,0	7,8561	0,3160	3306,9	7,5287	0,12407	3285,0	7,0827
430	3,241	3340,5	8,6347	0,6453	3335,0	7,8862	0,3208	3328,1	7,5592	0,12607	3307,1	7,1143
440	3,288	3361,4	8,6642	0,6547	3356,1	7,9160	0,3256	3349,5	7,5893	0,12806	3329,2	7,1455
450	3,334	3382,4	8,6934	0,6640	3377,2	7,9454	0,3303	3370,8	7,6190	0,13004	3351,3	7,1763
460	3,380	3403,4	8,7223	0,6734	3398,4	7,9745	0,3350	3392,2	7,6484	0,13202	3373,3	7,2066
470	3,427	3424,5	8,7508	0,6828	3419,7	8,0033	0,3398	3413,6	7,6775	0,13399	3395,4	7,2365
480	3,473	3445,6	8,7791	0,6921	3441,0	8,0318	0,3445	3435,1	7,7062	0,13596	3417,5	7,2660
490	3,519	3466,9	8,8071	0,7014	3462,3	8,0600	0,3492	3456,7	7,7346	0,13792	3439,6	7,2952
500	3,565	3488,1	8,8348	0,7108	3483,8	8,0879	0,3540	3478,3	7,7627	0,13987	3461,7	7,3240
510	3,612	3509,5	8,8623	0,7201	3505,3	8,1155	0,3587	3499,9	7,7905	0,14182	3483,9	7,3525

Tabelle III (Fortsetzung). Zustandsgrößen v, h und s von Wasser und überhitztem Dampf

t °C	1,0 bar $t_s = 99,63$ °C			5,0 bar $t_s = 151,84$ °C			10,0 bar $t_s = 179,88$ °C			25 bar $t_s = 223,94$ °C		
	v'' 1,694	h'' 2675,4	s'' 7,3598	v'' 0,3747	h'' 2747,5	s'' 6,8192	v'' 0,1943	h'' 2776,2	s'' 6,5828	v'' 0,07991	h'' 2800,9	s'' 6,2536
	v	h	s	v	h	s	v	h	s	v	h	s
520	3,658	3530,9	8,8894	0,7294	3526,8	8,1428	0,3634	3521,6	7,8181	0,14377	3506,1	7,3806
530	3,704	3552,4	8,9164	0,7388	3548,4	8,1699	0,3681	3543,4	7,8454	0,14571	3528,3	7,4085
540	3,750	3574,0	8,9431	0,7481	3570,1	8,1967	0,3728	3565,2	7,8724	0,14765	3550,6	7,4360
550	3,797	3595,6	8,9695	0,7574	3591,8	8,2233	0,3775	3587,1	7,8991	0,14958	3572,9	7,4633
560	3,843	3617,3	8,9957	0,7667	3613,6	8,2496	0,3822	3609,0	7,9256	0,15151	3595,2	7,4903
570	3,889	3639,1	9,0217	0,7760	3635,5	8,2757	0,3869	3631,0	7,9518	0,15344	3617,6	7,5170
580	3,935	3660,9	9,0474	0,7853	3657,4	8,3016	0,3916	3653,1	7,9779	0,15537	3640,1	7,5434
590	3,981	3682,8	9,0729	0,7946	3679,4	8,3272	0,3963	3675,2	8,0036	0,15729	3662,6	7,5697
600	4,028	3704,8	9,0982	0,8039	3701,5	8,3526	0,4010	3697,4	8,0292	0,15921	3685,1	7,5956
610	4,074	3726,8	9,1233	0,8132	3723,6	8,3778	0,4057	3719,7	8,0545	0,16112	3707,7	7,6213
620	4,120	3748,9	9,1482	0,8225	3745,8	8,4028	0,4104	3742,0	8,0796	0,16304	3730,3	7,6468
630	4,166	3771,1	9,1729	0,8318	3768,1	8,4276	0,4150	3764,3	8,1045	0,16495	3753,0	7,6721
640	4,213	3793,4	9,1974	0,8411	3790,4	8,4522	0,4197	3786,8	8,1292	0,16686	3775,8	7,6971
650	4,259	3815,7	9,2217	0,8504	3812,8	8,4766	0,4244	3809,3	8,1537	0,16876	3798,6	7,7220
660	4,305	3838,1	9,2458	0,8597	3835,3	8,5008	0,4291	3831,8	8,1780	0,17067	3821,4	7,7466
670	4,351	3860,5	9,2698	0,8690	3857,8	8,5248	0,4337	3854,4	8,2021	0,17257	3844,3	7,7710
680	4,397	3883,0	9,2935	0,8783	3880,4	8,5486	0,4384	3877,1	8,2261	0,17447	3867,3	7,7952
690	4,444	3905,6	9,3171	0,8876	3903,0	8,5723	0,4431	3899,9	8,2498	0,17637	3890,3	7,8192
700	4,490	3928,2	9,3405	0,8968	3925,8	8,5957	0,4477	3922,7	8,2734	0,17826	3913,4	7,8431
710	4,536	3951,0	9,3637	0,9061	3948,5	8,6190	0,4524	3945,5	8,2967	0,18016	3936,5	7,8667
720	4,582	3973,7	9,3867	0,9154	3971,4	8,6421	0,4571	3968,5	8,3199	0,18205	3959,7	7,8902
730	4,628	3996,6	9,4096	0,9247	3994,3	8,6651	0,4617	3991,4	8,3430	0,18394	3982,9	7,9134
740	4,675	4019,5	9,4324	0,9340	4017,3	8,6879	0,4664	4014,5	8,3658	0,18583	4006,2	7,9365
750	4,721	4042,5	9,4549	0,9432	4040,3	8,7105	0,4710	4037,6	8,3885	0,18772	4029,5	7,9595
760	4,767	4065,5	9,4773	0,9525	4063,4	8,7330	0,4757	4060,8	8,4111	0,18961	4052,9	7,9822
770	4,813	4088,6	9,4996	0,9618	4086,6	8,7553	0,4803	4084,0	8,4335	0,19149	4076,4	8,0048
780	4,859	4111,8	9,5217	0,9710	4109,8	8,7774	0,4850	4107,3	8,4557	0,19338	4099,9	8,0272
790	4,906	4135,0	9,5436	0,9803	4133,1	8,7994	0,4896	4130,7	8,4777	0,19526	4123,4	8,0495
800	4,952	4158,3	9,5654	0,9896	4156,4	8,8213	0,4943	4154,1	8,4997	0,19714	4147,0	8,0716

Tabelle III (Fortsetzung). Zustandsgrößen v, h und s von Wasser und überhitztem Dampf

$t\,°C$	50 bar $t_s = 263{,}91\,°C$			76 bar $t_s = 291{,}41\,°C$			100 bar $t_s = 310{,}96\,°C$			125 bar $t_s = 327{,}79\,°C$		
	v'' 0,03943	h'' 2794,2	s'' 5,9735	v'' 0,02495	h'' 2765,5	s'' 5,7742	v'' 0,01804	h'' 2727,7	s'' 5,6198	v'' 0,01351	h'' 2678,4	s'' 5,4706
	v	h	s	v	h	s	v	h	s	v	h	s
0	0,0009977	5,1	0,0002	0,0009964	7,7	0,0004	0,0009953	10,1	0,0005	0,0009940	12,6	0,0006
10	0,0009979	46,9	0,1505	0,0009967	49,4	0,1503	0,0009956	51,7	0,1501	0,0009944	54,1	0,1498
20	0,0009995	88,6	0,2952	0,0009983	91,0	0,2947	0,0009972	93,2	0,2942	0,0009961	95,6	0,2936
30	0,0010021	130,2	0,4350	0,0010009	132,6	0,4342	0,0009999	134,7	0,4334	0,0009988	137,0	0,4326
40	0,0010056	171,9	0,5702	0,0010045	174,2	0,5691	0,0010034	176,3	0,5682	0,0010023	178,5	0,5672
50	0,0010099	213,5	0,7012	0,0010087	215,8	0,7000	0,0010077	217,8	0,6989	0,0010066	220,0	0,6977
60	0,0010149	255,3	0,8283	0,0010137	257,4	0,8269	0,0010127	259,4	0,8257	0,0010116	261,5	0,8243
70	0,0010205	297,0	0,9518	0,0010193	299,1	0,9503	0,0010183	301,1	0,9489	0,0010171	303,1	0,9474
80	0,0010268	338,8	1,0720	0,0010256	340,9	1,0703	0,0010245	342,8	1,0687	0,0010233	344,8	1,0671
90	0,0010337	380,7	1,1890	0,0010324	382,8	1,1871	0,0010312	384,6	1,1854	0,0010300	386,6	1,1836
100	0,0010412	422,7	1,3030	0,0010398	424,7	1,3010	0,0010386	426,5	1,2992	0,0010374	428,4	1,2973
110	0,0010492	464,9	1,4144	0,0010478	466,7	1,4122	0,0010465	468,5	1,4103	0,0010452	470,3	1,4082
120	0,0010579	507,1	1,5233	0,0010564	508,9	1,5209	0,0010551	510,6	1,5188	0,0010537	512,4	1,5166
130	0,0010671	549,5	1,6298	0,0010656	551,3	1,6273	0,0010642	552,9	1,6250	0,0010627	554,6	1,6227
140	0,0010771	592,1	1,7342	0,0010754	593,8	1,7315	0,0010739	595,4	1,7291	0,0010724	597,1	1,7266
150	0,0010877	635,0	1,8366	0,0010859	636,6	1,8338	0,0010843	638,1	1,8312	0,0010827	639,7	1,8285
160	0,0010990	678,1	1,9373	0,0010971	679,6	1,9343	0,0010954	681,0	1,9315	0,0010937	682,5	1,9287
170	0,0011111	721,4	2,0363	0,0011091	722,9	2,0331	0,0011073	724,2	2,0301	0,0011054	725,7	2,0271
180	0,0011241	765,2	2,1339	0,0011219	766,5	2,1304	0,0011199	767,8	2,1272	0,0011179	769,1	2,1240
190	0,0011380	809,3	2,2301	0,0011356	810,5	2,2264	0,0011335	811,6	2,2230	0,0011313	812,9	2,2195
200	0,0011530	853,8	2,3253	0,0011504	854,9	2,3213	0,0011480	855,9	2,3176	0,0011456	857,0	2,3139
210	0,0011691	898,8	2,4194	0,0011662	899,8	2,4151	0,0011636	900,7	2,4112	0,0011610	901,6	2,4072
220	0,0011866	944,4	2,5129	0,0011834	945,2	2,5082	0,0011805	945,9	2,5039	0,0011776	946,7	2,4996
230	0,0012056	990,7	2,6057	0,0012020	991,3	2,6006	0,0011988	991,8	2,5960	0,0011956	992,4	2,5913
240	0,0012264	1037,8	2,6984	0,0012224	1038,1	2,6928	0,0012188	1038,4	2,6877	0,0012151	1038,8	2,6825
250	0,0012494	1085,8	2,7910	0,0012448	1085,8	2,7848	0,0012406	1085,8	2,7792	0,0012364	1086,0	2,7736
260	0,0012750	1134,9	2,8840	0,0012696	1134,5	2,8771	0,0012648	1134,2	2,8709	0,0012600	1134,1	2,8646

Anhang: Dampftabellen 457

Tabelle III (Fortsetzung). Zustandsgrößen v, h und s von Wasser und überhitztem Dampf

t °C	50 bar $t_s = 263{,}91$ °C			76 bar $t_s = 291{,}41$ °C			100 bar $t_s = 310{,}96$ °C			125 bar $t_s = 327{,}79$ °C		
	v'' 0,03943	h'' 2794,2	s'' 5,9735	v'' 0,02495	h'' 2765,5	s'' 5,7742	v'' 0,01804	h'' 2727,7	s'' 5,6198	v'' 0,01351	h'' 2678,4	s'' 5,4706
	v	h	s	v	h	s	v	h	s	v	h	s
270	0,04053	2818,9	6,0192	0,0012973	1184,5	2,9701	0,0012917	1183,9	2,9631	0,0012861	1183,3	2,9561
280	0,04222	2856,9	6,0886	0,0013289	1236,2	3,0643	0,0013221	1235,0	3,0563	0,0013154	1233,9	3,0484
290	0,04380	2892,2	6,1519	0,0013654	1289,9	3,1605	0,0013570	1287,9	3,1512	0,0013488	1286,2	3,1421
300	0,04530	2925,5	6,2105	0,02620	2808,8	5,8503	0,0013979	1343,4	3,2488	0,0013875	1340,6	3,2380
310	0,04673	2957,0	6,2651	0,02752	2854,0	5,9285	0,0014472	1402,2	3,3505	0,0014336	1398,1	3,3373
320	0,04810	2987,2	6,3163	0,02873	2895,0	5,9982	0,01926	2783,5	5,7145	0,0014905	1459,7	3,4420
330	0,04942	3016,1	6,3647	0,02985	2932,9	6,0615	0,02042	2836,5	5,8032	0,01383	2697,2	5,5018
340	0,05070	3044,1	6,4106	0,03090	2968,2	6,1196	0,02147	2883,4	5,8803	0,01508	2768,7	5,6195
350	0,05194	3071,2	6,4545	0,03190	3001,6	6,1737	0,02242	2925,8	5,9489	0,01612	2828,0	5,7155
360	0,05316	3097,6	6,4966	0,03286	3033,4	6,2243	0,02331	2964,8	6,0110	0,01704	2879,6	5,7976
370	0,05435	3123,4	6,5371	0,03378	3063,9	6,2721	0,02414	3001,3	6,0682	0,01787	2925,7	5,8698
380	0,05551	3148,8	6,5762	0,03467	3093,3	6,3174	0,02493	3035,7	6,1213	0,01863	2967,6	5,9345
390	0,05666	3173,7	6,6140	0,03554	3121,8	6,3607	0,02568	3068,5	6,1711	0,01934	3006,4	5,9935
400	0,05779	3198,3	6,6508	0,03638	3143,6	6,4022	0,02641	3099,9	6,2182	0,02001	3042,9	6,0481
410	0,05891	3222,5	6,6866	0,03720	3176,6	6,4422	0,02711	3130,3	6,2629	0,02065	3077,5	6,0991
420	0,06001	3246,6	6,7215	0,03801	3203,2	6,4807	0,02779	3159,7	6,3057	0,02126	3110,5	6,1471
430	0,06110	3270,4	6,7556	0,03880	3229,2	6,5181	0,02846	3188,3	6,3467	0,02186	3142,3	6,1927
440	0,06218	3294,0	6,7890	0,03958	3254,9	6,5543	0,02911	3216,2	6,3861	0,02243	3173,1	6,2362
450	0,06325	3317,5	6,8217	0,04035	3280,3	6,5896	0,02974	3243,6	6,4243	0,02299	3203,0	6,2778
460	0,06431	3340,9	6,8538	0,04111	3305,3	6,6240	0,03036	3270,5	6,4612	0,02353	3232,2	6,3179
470	0,06537	3364,2	6,8853	0,04186	3330,1	6,6577	0,03098	3297,0	6,4971	0,02406	3260,7	6,3565
480	0,06642	3387,4	6,9164	0,04260	3354,7	6,6906	0,03158	3323,2	6,5321	0,02458	3288,7	6,3939
490	0,06746	3410,5	6,9469	0,04333	3379,2	6,7228	0,03217	3349,0	6,5661	0,02509	3316,2	6,4302
500	0,06849	3433,7	6,9770	0,04406	3403,5	6,7545	0,03276	3374,6	6,5994	0,02559	3343,3	6,4654
510	0,06952	3456,7	7,0067	0,04478	3427,7	6,7856	0,03334	3400,0	6,6320	0,02608	3370,0	6,4998

Tabelle III (Fortsetzung). Zustandsgrößen v, h und s von Wasser und überhitztem Dampf

t °C	50 bar $t_s = 263{,}91$ °C			76 bar $t_s = 291{,}41$ °C			100 bar $t_s = 310{,}96$ °C			125 bar $t_s = 327{,}79$ °C		
	v'' 0,03943	h'' 2794,2	s'' 5,9735	v'' 0,02495	h'' 2765,5	s'' 5,7742	v'' 0,01804	h'' 2727,7	s'' 5,6198	v'' 0,01351	h'' 2678,4	s'' 5,4706
	v	h	s	v	h	s	v	h	s	v	h	s
520	0,07055	3479,8	7,0360	0,04549	3451,8	6,8161	0,03391	3425,1	6,6640	0,02657	3396,5	6,5334
530	0,07157	3502,9	7,0648	0,04620	3475,8	6,8462	0,03448	3450,2	6,6953	0,02705	3422,7	6,5662
540	0,07259	3525,9	7,0934	0,04690	3499,8	6,8759	0,03504	3475,1	6,7261	0,02752	3448,6	6,5983
550	0,07360	3549,0	7,1215	0,04760	3523,7	6,9051	0,03560	3499,8	6,7564	0,02799	3474,4	6,6298
560	0,07461	3572,0	7,1494	0,04830	3547,6	6,9339	0,03615	3524,5	6,7863	0,02845	3500,0	6,6608
570	0,07562	3595,1	7,1769	0,04899	3571,4	6,9624	0,03670	3549,2	6,8156	0,02891	3525,5	6,6912
580	0,07662	3618,2	7,2042	0,04968	3595,2	6,9905	0,03724	3573,7	6,8446	0,02936	3550,9	6,7211
590	0,07762	3641,3	7,2311	0,05036	3619,1	7,0182	0,03778	3598,2	6,8731	0,02981	3576,2	6,7506
600	0,07862	3664,5	7,2578	0,05105	3642,9	7,0457	0,03832	3622,7	6,9013	0,03026	3601,4	6,7796
610	0,07961	3687,7	7,2842	0,05172	3666,7	7,0728	0,03885	3647,1	6,9292	0,03070	3626,5	6,8082
620	0,08060	3710,9	7,3103	0,05240	3690,5	7,0996	0,03939	3671,6	6,9567	0,03114	3651,6	6,8365
630	0,08159	3734,1	7,3362	0,05307	3714,4	7,1262	0,03991	3696,0	6,9838	0,03158	3676,6	6,8643
640	0,08258	3757,4	7,3618	0,05374	3738,2	7,1524	0,04044	3720,4	7,0107	0,03201	3701,6	6,8919
650	0,08356	3780,7	7,3872	0,05441	3762,1	7,1784	0,04096	3744,7	7,0373	0,03245	3726,6	6,9190
660	0,08454	3804,1	7,4124	0,05508	3785,9	7,2041	0,04148	3769,1	7,0635	0,03287	3751,5	6,9459
670	0,08552	3827,5	7,4373	0,05575	3809,8	7,2296	0,04200	3793,5	7,0895	0,03330	3776,4	6,9725
680	0,08650	3850,9	7,4620	0,05641	3833,8	7,2549	0,04252	3817,9	7,1153	0,03373	3801,3	6,9987
690	0,08747	3874,3	7,4865	0,05707	3857,7	7,2799	0,04303	3842,3	7,1408	0,03415	3826,2	7,0247
700	0,08845	3897,9	7,5108	0,05772	3881,7	7,3046	0,04355	3866,8	7,1660	0,03457	3851,1	7,0504
710	0,08942	3921,4	7,5349	0,05838	3905,7	7,3292	0,04406	3891,2	7,1910	0,03499	3876,0	7,0759
720	0,09039	3945,0	7,5587	0,05903	3929,8	7,3535	0,04457	3915,6	7,2157	0,03541	3900,9	7,1011
730	0,09136	3968,7	7,5824	0,05969	3953,8	7,3776	0,04507	3940,1	7,2402	0,03582	3925,8	7,1260
740	0,09232	3992,3	7,6059	0,06034	3977,9	7,4015	0,04558	3964,6	7,2645	0,03623	3950,7	7,1507
750	0,09329	4016,1	7,6292	0,06099	4002,1	7,4252	0,04608	3989,1	7,2886	0,03665	3975,6	7,1752
760	0,09425	4039,8	7,6523	0,06164	4026,2	7,4487	0,04658	4013,6	7,3124	0,03706	4000,5	7,1994
770	0,09521	4063,6	7,6753	0,06228	4050,4	7,4720	0,04709	4038,2	7,3361	0,03746	4025,5	7,2234
780	0,09617	4087,5	7,6980	0,06293	4074,6	7,4951	0,04759	4062,8	7,3595	0,03787	4050,4	7,2472
790	0,09713	4111,4	7,7206	0,06357	4098,9	7,5181	0,04808	4087,4	7,3828	0,03828	4075,3	7,2708
800	0,09809	4135,3	7,7431	0,06421	4123,2	7,5408	0,04858	4112,0	7,4058	0,03868	4100,3	7,2942

Tabelle III (Fortsetzung). Zustandsgrößen v, h und s von Wasser und überhitztem Dampf

t °C	150 bar $t_s = 342{,}13$ °C			200 bar $t_s = 365{,}70$ °C			250 bar			300 bar		
	v'' 0,01034	h'' 2615,0	s'' 5,3178	v'' 0,005877	h'' 2418,4	s'' 4,9412						
	v	h	s	v	h	s	v	h	s	v	h	s
0	0,0009928	15,1	0,0007	0,0009904	20,1	0,0008	0,0009881	25,1	0,0009	0,0009857	30,0	0,0008
10	0,0009933	56,5	0,1495	0,0009910	61,3	0,1489	0,0009888	66,1	0,1482	0,0009866	70,8	0,1475
20	0,0009950	97,9	0,2931	0,0009929	102,5	0,2919	0,0009907	107,1	0,2907	0,0009886	111,7	0,2895
30	0,0009977	139,3	0,4318	0,0009956	143,8	0,4303	0,0009935	148,3	0,4287	0,0009915	152,7	0,4271
40	0,0010013	180,7	0,5663	0,0009992	185,1	0,5643	0,0009971	189,4	0,5623	0,0009951	193,8	0,5604
50	0,0010055	222,1	0,6966	0,0010034	226,4	0,6943	0,0010013	230,7	0,6920	0,0009993	235,0	0,6897
60	0,0010105	263,6	0,8230	0,0010083	267,8	0,8204	0,0010062	272,0	0,8178	0,0010041	276,1	0,8153
70	0,0010160	305,2	0,9459	0,0010138	309,3	0,9430	0,0010116	313,3	0,9401	0,0010095	317,4	0,9373
80	0,0010221	346,8	1,0655	0,0010199	350,8	1,0623	0,0010177	354,8	1,0591	0,0010155	358,7	1,0560
90	0,0010289	388,5	1,1819	0,0010265	392,4	1,1784	0,0010242	396,2	1,1750	0,0010219	400,1	1,1716
100	0,0010361	430,3	1,2954	0,0010337	434,0	1,2916	0,0010313	437,8	1,2879	0,0010289	441,6	1,2843
110	0,0010439	472,2	1,4062	0,0010414	475,8	1,4022	0,0010389	479,5	1,3982	0,0010364	483,2	1,3943
120	0,0010523	514,2	1,5144	0,0010497	517,7	1,5101	0,0010470	521,3	1,5059	0,0010445	524,9	1,5017
130	0,0010613	556,4	1,6204	0,0010585	559,8	1,6158	0,0010557	563,3	1,6113	0,0010530	566,7	1,6068
140	0,0010709	598,7	1,7241	0,0010679	602,0	1,7192	0,0010650	605,4	1,7144	0,0010621	608,7	1,7097
150	0,0010811	641,3	1,8259	0,0010779	644,5	1,8207	0,0010748	647,7	1,8155	0,0010718	650,9	1,8105
160	0,0010919	684,0	1,9258	0,0010886	687,1	1,9203	0,0010853	690,2	1,9148	0,0010821	693,3	1,9095
170	0,0011035	727,1	2,0241	0,0010999	730,0	2,0181	0,0010964	732,9	2,0123	0,0010930	735,9	2,0067
180	0,0011159	770,4	2,1208	0,0011120	773,1	2,1145	0,0011083	775,9	2,1083	0,0011046	778,7	2,1022
190	0,0011291	814,1	2,2161	0,0011249	816,6	2,2093	0,0011209	819,2	2,2028	0,0011169	821,8	2,1963
200	0,0011433	858,1	2,3102	0,0011387	860,4	2,3030	0,0011343	862,8	2,2960	0,0011301	865,2	2,2891
210	0,0011584	902,6	2,4032	0,0011534	904,6	2,3954	0,0011487	906,8	2,3879	0,0011440	909,0	2,3806
220	0,0011748	947,6	2,4953	0,0011693	949,3	2,4870	0,0011640	951,2	2,4789	0,0011590	953,1	2,4710
230	0,0011924	993,1	2,5867	0,0011863	994,5	2,5776	0,0011805	996,0	2,5689	0,0011750	997,7	2,5605
240	0,0012115	1039,2	2,6775	0,0012047	1040,3	2,6677	0,0011983	1041,5	2,6583	0,0011922	1042,8	2,6492
250	0,0012324	1086,2	2,7681	0,0012247	1086,7	2,7574	0,0012175	1087,5	2,7472	0,0012107	1088,4	2,7374
260	0,0012553	1133,9	2,8585	0,0012466	1134,0	2,8468	0,0012384	1134,2	2,8357	0,0012307	1134,7	2,8250

Tabelle III (Fortsetzung). Zustandsgrößen v, h und s von Wasser und überhitztem Dampf

t °C	150 bar $t_s = 342{,}13$ °C			200 bar $t_s = 365{,}70$ °C			250 bar			300 bar		
	v'' 0,01034	h'' 2615,0	s'' 5,3178	v'' 0,005877	h'' 2418,4	s'' 4,9412						
	v	h	s	v	h	s	v	h	s	v	h	s
270	0,0012807	1182,8	2,9493	0,0012706	1182,1	2,9363	0,0012612	1181,8	2,9241	0,0012525	1181,8	2,9124
280	0,0013090	1232,9	3,0407	0,0012971	1231,4	3,0262	0,0012863	1230,3	3,0126	0,0012763	1229,7	2,9998
290	0,0013411	1284,6	3,1333	0,0013269	1282,0	3,1169	0,0013141	1280,0	3,1017	0,0013025	1278,6	3,0874
300	0,0013779	1338,2	3,2277	0,0013606	1334,3	3,2088	0,0013453	1331,1	3,1916	0,0013316	1328,7	3,1756
310	0,0014212	1394,5	3,3250	0,0013994	1388,6	3,3028	0,0013807	1383,9	3,2829	0,0013642	1380,3	3,2648
320	0,0014736	1454,3	3,4267	0,0014451	1445,6	3,3998	0,0014214	1438,9	3,3764	0,0014012	1433,6	3,3556
330	0,0015402	1519,4	3,5355	0,0015004	1506,4	3,5013	0,0014694	1496,7	3,4730	0,0014438	1489,2	3,4485
340	0,0016324	1593,3	3,6571	0,0015704	1572,5	3,6100	0,0015273	1558,3	3,5743	0,0014939	1547,7	3,5447
350	0,01146	2694,8	5,4467	0,0016662	1647,2	3,7308	0,0016000	1625,1	3,6824	0,0015540	1610,0	3,6455
360	0,01256	2770,8	5,5677	0,001827	1742,9	3,8835	0,001698	1701,1	3,8036	0,001628	1678,0	3,7541
370	0,01348	2833,6	5,6662	0,006908	2527,6	5,1117	0,001852	1788,8	3,9411	0,001728	1749,0	3,8653
380	0,01428	2887,7	5,7497	0,008246	2660,2	5,3165	0,002240	1941,0	4,1757	0,001874	1837,7	4,0021
390	0,01500	2935,7	5,8225	0,009181	2749,3	5,4520	0,004609	2391,3	4,8599	0,002144	1959,1	4,1865
400	0,01566	2979,1	5,8876	0,009947	2820,5	5,5585	0,006014	2582,0	5,1455	0,002831	2161,8	4,4896
410	0,01628	3019,3	5,9469	0,01061	2880,4	5,6470	0,006887	2691,3	5,3069	0,003956	2394,5	4,8329
420	0,01686	3057,0	6,0016	0,01120	2932,9	5,7232	0,007580	2774,1	5,4271	0,004921	2558,0	5,0706
430	0,01741	3092,7	6,0528	0,01174	2980,2	5,7910	0,008172	2842,5	5,5252	0,005643	2668,8	5,2295
440	0,01794	3126,9	6,1010	0,01224	3023,7	5,8523	0,008696	2901,7	5,6087	0,006227	2754,0	5,3499
450	0,01845	3159,7	6,1468	0,01271	3064,3	5,9089	0,009171	2954,3	5,6821	0,006735	2825,6	5,4495
460	0,01895	3191,5	6,1904	0,01315	3102,7	5,9616	0,009609	3002,3	5,7479	0,007189	2887,7	5,5349
470	0,01943	3222,3	6,2322	0,01358	3139,2	6,0112	0,01002	3046,7	5,8082	0,007602	2943,3	5,6102
480	0,01989	3252,4	6,2724	0,01399	3174,4	6,0581	0,01041	3088,5	5,8640	0,007985	2993,9	5,6779
490	0,02035	3281,8	6,3112	0,01439	3208,3	6,1028	0,01078	3128,1	5,9162	0,008343	3040,9	5,7398
500	0,02080	3310,6	6,3487	0,01477	3241,1	6,1456	0,01113	3165,9	5,9655	0,008681	3085,0	5,7972
510	0,02123	3338,9	6,3850	0,01514	3273,1	6,1867	0,01147	3202,3	6,0122	0,009002	3126,7	5,8508
520	0,02166	3366,8	6,4204	0,01551	3304,2	6,2262	0,01180	3237,5	6,0568	0,009310	3166,6	5,9014

Anhang: Dampftabellen

Tabelle III (Fortsetzung). Zustandsgrößen v, h und s von Wasser und überhitztem Dampf

t °C	150 bar $t_s = 342{,}13$ °C			200 bar $t_s = 365{,}70$ °C			250 bar			300 bar		
	v'' 0,01034	h'' 2615,0	s'' 5,3178	v'' 0,005877	h'' 2418,4	s'' 4,9412						
	v	h	s	v	h	s	v	h	s	v	h	s
530	0,02208	3394,3	6,4548	0,01586	3334,7	6,2644	0,01211	3271,5	6,0995	0,009605	3204,8	5,9493
540	0,02250	3421,4	6,4885	0,01621	3364,7	6,3015	0,01242	3304,7	6,1405	0,009890	3241,7	5,9949
550	0,02291	3448,3	6,5213	0,01655	3394,1	6,3374	0,01272	3337,0	6,1801	0,01017	3277,4	6,0386
560	0,02331	3475,0	6,5535	0,01688	3423,0	6,3724	0,01301	3368,7	6,2183	0,01043	3312,1	6,0805
570	0,02371	3501,4	6,5851	0,01721	3451,6	6,4065	0,01330	3399,7	6,2553	0,01069	3345,9	6,1208
580	0,02411	3527,7	6,6160	0,01753	3479,9	6,4398	0,01358	3430,2	6,2913	0,01095	3378,9	6,1597
590	0,02450	3553,8	6,6465	0,01785	3507,8	6,4724	0,01386	3460,3	6,3263	0,01119	3411,3	6,1974
600	0,02488	3579,8	6,6764	0,01816	3535,5	6,5043	0,01413	3489,9	6,3604	0,01144	3443,0	6,2340
610	0,02527	3605,6	6,7058	0,01847	3563,0	6,5356	0,01439	3519,1	6,3938	0,01167	3474,2	6,2696
620	0,02565	3631,4	6,7349	0,01878	3590,3	6,5663	0,01465	3548,1	6,4263	0,01191	3505,0	6,3042
630	0,02602	3657,1	6,7635	0,01908	3617,4	6,5965	0,01491	3576,7	6,4583	0,01214	3535,3	6,3380
640	0,02640	3682,7	6,7917	0,01938	3644,3	6,6261	0,01517	3605,2	6,4896	0,01236	3565,3	6,3710
650	0,02677	3708,3	6,8195	0,01967	3671,1	6,6554	0,01542	3633,4	6,5203	0,01258	3595,0	6,4033
660	0,02714	3733,8	6,8470	0,01996	3697,9	6,6841	0,01566	3661,4	6,5504	0,01280	3624,4	6,4350
670	0,02750	3759,2	6,8741	0,02025	3724,5	6,7125	0,01591	3689,2	6,5801	0,01302	3653,5	6,4661
680	0,02787	3784,7	6,9009	0,02054	3751,0	6,7405	0,01615	3716,9	6,6093	0,01323	3682,4	6,4966
690	0,02823	3810,1	6,9274	0,02083	3777,4	6,7681	0,01639	3744,5	6,6381	0,01344	3711,2	6,5265
700	0,02859	3835,4	6,9536	0,02111	3803,8	6,7953	0,01663	3771,9	6,6664	0,01365	3739,7	6,5560
710	0,02894	3860,8	6,9796	0,02139	3830,1	6,8222	0,01687	3799,2	6,6944	0,01385	3768,1	6,5850
720	0,02930	3886,1	7,0052	0,02167	3856,4	6,8488	0,01710	3826,5	6,7219	0,01406	3796,3	6,6136
730	0,02965	3911,5	7,0306	0,02195	3882,6	6,8751	0,01733	3853,6	6,7491	0,01426	3824,4	6,6418
740	0,03001	3936,8	7,0557	0,02222	3908,8	6,9011	0,01756	3880,7	6,7760	0,01446	3852,4	6,6696
750	0,03036	3962,1	7,0806	0,02250	3935,0	6,9267	0,01779	3907,7	6,8025	0,01465	3880,3	6,6970
760	0,03070	3987,4	7,1052	0,02277	3961,1	6,9521	0,01802	3934,6	6,8287	0,01485	3908,1	6,7240
770	0,03105	4012,7	7,1296	0,02304	3987,2	6,9773	0,01824	3961,5	6,8546	0,01504	3935,8	6,7507
780	0,03140	4038,0	7,1537	0,02331	4013,2	7,0021	0,01846	3988,4	6,8802	0,01524	3963,5	6,7770
790	0,03174	4063,3	7,1776	0,02358	4039,3	7,0267	0,01869	4015,1	6,9055	0,01543	3991,0	6,8031
800	0,03209	4088,6	7,2013	0,02385	4065,3	7,0511	0,01891	4041,9	6,9306	0,01562	4018,5	6,8288

Tabelle III (Fortsetzung). Zustandsgrößen v, h und s von Wasser und überhitztem Dampf

t °C	350 bar			400 bar			450 bar			500 bar		
	v	h	s	v	h	s	v	h	s	v	h	s
0	0,0009834	34,9	0,0007	0,0009811	39,7	0,0004	0,0009789	44,6	0,0001	0,0009767	49,3	−0,0002
10	0,0009844	75,5	0,1467	0,0009823	80,2	0,1459	0,0009802	84,8	0,1450	0,0009781	89,5	0,1441
20	0,0009865	116,3	0,2883	0,0009845	120,8	0,2870	0,0009824	125,4	0,2857	0,0009804	129,9	0,2843
30	0,0009894	157,2	0,4254	0,0009874	161,6	0,4238	0,0009854	166,1	0,4221	0,0009835	170,5	0,4205
40	0,0009930	198,2	0,5584	0,0009910	202,5	0,5565	0,0009891	206,8	0,5545	0,0009872	211,2	0,5525
50	0,0009973	239,2	0,6874	0,0009953	243,5	0,6852	0,0009933	247,7	0,6829	0,0009914	251,9	0,6807
60	0,0010021	280,3	0,8127	0,0010001	284,5	0,8102	0,0009981	288,6	0,8077	0,0009961	292,8	0,8052
70	0,0010074	321,5	0,9345	0,0010054	325,6	0,9317	0,0010033	329,6	0,9289	0,0010014	333,7	0,9261
80	0,0010133	362,7	1,0529	0,0010112	366,7	1,0498	0,0010091	370,7	1,0468	0,0010071	374,7	1,0438
90	0,0010197	404,0	1,1683	0,0010175	407,9	1,1649	0,0010154	411,8	1,1617	0,0010133	415,7	1,1584
100	0,0010266	445,4	1,2807	0,0010244	449,2	1,2771	0,0010222	453,0	1,2736	0,0010200	456,8	1,2701
110	0,0010341	486,9	1,3904	0,0010317	490,6	1,3866	0,0010294	494,3	1,3829	0,0010271	498,0	1,3791
120	0,0010420	528,5	1,4976	0,0010395	532,1	1,4935	0,0010371	535,7	1,4895	0,0010347	539,4	1,4856
130	0,0010504	570,2	1,6024	0,0010478	573,7	1,5981	0,0010453	577,3	1,5939	0,0010428	580,8	1,5897
140	0,0010594	612,1	1,7050	0,0010567	615,5	1,7005	0,0010540	618,9	1,6959	0,0010514	622,4	1,6915
150	0,0010689	654,2	1,8056	0,0010660	657,4	1,8007	0,0010632	660,7	1,7959	0,0010605	664,1	1,7912
160	0,0010790	696,4	1,9042	0,0010760	699,6	1,8991	0,0010730	702,7	1,8940	0,0010701	705,9	1,8890
170	0,0010897	738,8	2,0011	0,0010866	741,9	1,9956	0,0010833	744,9	1,9903	0,0010803	748,0	1,9850
180	0,0011011	781,5	2,0963	0,0010976	784,4	2,0905	0,0010943	787,3	2,0849	0,0010910	790,2	2,0793
190	0,0011131	824,4	2,1900	0,0011094	827,2	2,1839	0,0011059	829,9	2,1779	0,0011024	832,7	2,1720
200	0,0011260	867,7	2,2824	0,0011220	870,2	2,2759	0,0011182	872,8	2,2695	0,0011144	875,4	2,2632
210	0,0011396	911,2	2,3735	0,0011353	913,5	2,3665	0,0011312	915,9	2,3597	0,0011272	918,4	2,3531
220	0,0011542	955,1	2,4634	0,0011495	957,2	2,4560	0,0011450	959,4	2,4488	0,0011407	961,6	2,4417
230	0,0011697	999,4	2,5524	0,0011646	1001,3	2,5444	0,0011598	1003,2	2,5367	0,0011551	1005,2	2,5292
240	0,0011863	1044,2	2,6405	0,0011808	1045,8	2,6320	0,0011754	1047,5	2,6238	0,0011703	1049,2	2,6158
250	0,0012042	1089,5	2,7279	0,0011981	1090,8	2,7188	0,0011922	1092,1	2,7100	0,0011866	1093,6	2,7015
260	0,0012235	1135,4	2,8148	0,0012166	1136,3	2,8050	0,0012102	1137,3	2,7955	0,0012040	1138,4	2,7864
270	0,0012443	1182,0	2,9013	0,0012367	1182,4	2,8907	0,0012294	1183,0	2,8805	0,0012226	1183,8	2,8707
280	0,0012670	1229,3	2,9877	0,0012583	1229,2	2,9761	0,0012502	1229,4	2,9651	0,0012426	1229,9	2,9545
290	0,0012918	1277,5	3,0741	0,0012819	1276,8	3,0614	0,0012727	1276,5	3,0494	0,0012641	1276,4	3,0380

Anhang: Dampftabellen

Tabelle III (Fortsetzung). Zustandsgrößen v, h und s von Wasser und überhitztem Dampf

$t\,°C$	350 bar			400 bar			450 bar			500 bar		
	v	h	s	v	h	s	v	h	s	v	h	s
300	0,0013191	1326,8	3,1608	0,0013077	1325,4	3,1469	0,0012972	1324,4	3,1337	0,0012874	1323,7	3,1213
310	0,0013494	1377,3	3,2482	0,0013361	1375,0	3,2327	0,0013240	1373,2	3,2182	0,0013128	1371,9	3,2046
320	0,0013835	1429,4	3,3367	0,0013677	1425,9	3,3193	0,0013535	1423,2	3,3032	0,0013406	1421,0	3,2882
330	0,0014221	1483,3	3,4268	0,0014032	1478,4	3,4071	0,0013864	1474,5	3,3890	0,0013713	1471,3	3,3723
340	0,0014666	1539,5	3,5192	0,0014434	1532,9	3,4965	0,0014233	1527,5	3,4760	0,0014055	1523,0	3,4573
350	0,0015186	1598,7	3,6149	0,0014896	1589,7	3,5885	0,0014651	1582,4	3,5649	0,0014438	1576,4	3,5436
360	0,001580	1662,3	3,7166	0,001542	1650,5	3,6856	0,001512	1641,3	3,6590	0,001486	1633,9	3,6355
370	0,001656	1725,5	3,8156	0,001605	1709,0	3,7774	0,001566	1696,6	3,7457	0,001534	1686,8	3,7184
380	0,001754	1799,9	3,9304	0,001682	1776,9	3,8814	0,001630	1759,7	3,8430	0,001589	1746,8	3,8110
390	0,001892	1886,3	4,0617	0,001779	1850,7	3,9942	0,001706	1827,4	3,9459	0,001653	1810,5	3,9077
400	0,002111	1993,1	4,2214	0,001909	1934,1	4,1190	0,001801	1900,6	4,0554	0,001729	1877,7	4,0083
410	0,002494	2133,1	4,4278	0,002095	2031,2	4,2621	0,001924	1981,0	4,1739	0,001822	1949,4	4,1140
420	0,003082	2296,7	4,6656	0,002371	2145,7	4,4285	0,002088	2070,6	4,3042	0,001938	2026,6	4,2262
430	0,003761	2450,6	4,8861	0,002749	2272,5	4,6105	0,002307	2170,4	4,4471	0,002084	2110,1	4,3458
440	0,004404	2577,2	5,0649	0,003200	2399,4	4,7893	0,002587	2277,0	4,5977	0,002269	2199,7	4,4723
450	0,004956	2676,4	5,2031	0,003675	2515,6	4,9511	0,002913	2384,2	4,7469	0,002492	2293,2	4,6026
460	0,005430	2758,0	5,3151	0,004137	2617,1	5,0906	0,003266	2486,4	4,8874	0,002747	2387,2	4,7316
470	0,005854	2828,2	5,4103	0,004560	2704,4	5,2089	0,003626	2580,8	5,0152	0,003023	2478,4	4,8552
480	0,006239	2890,4	5,4934	0,004941	2779,8	5,3097	0,003982	2667,5	5,1312	0,003308	2564,9	4,9709
490	0,006594	2946,6	5,5676	0,005291	2846,5	5,3977	0,004315	2744,7	5,2330	0,003596	2646,6	5,0786
500	0,006925	2998,3	5,6349	0,005616	2906,8	5,4762	0,004625	2813,5	5,3226	0,003882	2723,0	5,1782
510	0,007237	3046,4	5,6968	0,005919	2962,2	5,5474	0,004915	2876,1	5,4030	0,004152	2791,8	5,2665
520	0,007532	3091,8	5,7543	0,006205	3013,7	5,6128	0,005190	2933,8	5,4763	0,004408	2854,9	5,3466
530	0,007814	3134,8	5,8083	0,006476	3062,1	5,6735	0,005450	2987,7	5,5439	0,004653	2913,7	5,4202
540	0,008083	3176,0	5,8592	0,006735	3108,0	5,7302	0,005698	3038,5	5,6066	0,004888	2968,9	5,4886
550	0,008342	3215,4	5,9074	0,006982	3151,6	5,7835	0,005934	3086,5	5,6654	0,005113	3021,1	5,5525
560	0,008592	3253,5	5,9534	0,007219	3193,4	5,8340	0,006161	3132,2	5,7206	0,005328	3070,7	5,6124
570	0,008834	3290,4	5,9974	0,007447	3233,6	5,8819	0,006378	3175,9	5,7727	0,005535	3118,0	5,6688
580	0,009069	3326,2	6,0396	0,007667	3272,4	5,9276	0,006587	3217,9	5,8222	0,005734	3163,2	5,7221

Tabelle III (Fortsetzung). Zustandsgrößen v, h und s von Wasser und überhitztem Dampf

$t\,°C$	350 bar			400 bar			450 bar			500 bar		
	v	h	s	v	h	s	v	h	s	v	h	s
590	0,009297	3361,0	6,0802	0,007881	3309,9	5,9714	0,006789	3258,3	5,8693	0,005926	3206,6	5,7726
600	0,009519	3395,1	6,1194	0,008088	3346,4	6,0135	0,006984	3297,4	5,9143	0,006111	3248,3	5,8207
610	0,009737	3428,4	6,1574	0,008290	3382,0	6,0540	0,007174	3335,3	5,9575	0,006291	3288,6	5,8666
620	0,009949	3461,1	6,1942	0,008487	3416,7	6,0931	0,007359	3372,2	5,9990	0,006465	3327,7	5,9106
630	0,01016	3493,2	6,2300	0,008680	3450,8	6,1310	0,007538	3408,2	6,0391	0,006634	3365,7	5,9529
640	0,01036	3524,9	6,2648	0,008868	3484,2	6,1678	0,007714	3443,4	6,0778	0,006799	3402,7	5,9937
650	0,01056	3556,1	6,2988	0,009053	3517,0	6,2035	0,007886	3477,8	6,1154	0,006960	3438,9	6,0331
660	0,01076	3587,0	6,3321	0,009234	3549,4	6,2384	0,008055	3511,7	6,1519	0,007118	3474,3	6,0712
670	0,01095	3617,5	6,3646	0,009412	3581,3	6,2724	0,008220	3545,1	6,1874	0,007273	3509,1	6,1083
680	0,01115	3647,7	6,3965	0,009588	3612,8	6,3056	0,008382	3577,9	6,2221	0,007424	3543,3	6,1443
690	0,01133	3677,6	6,4277	0,009760	3644,0	6,3382	0,008542	3610,3	6,2559	0,007573	3576,9	6,1795
700	0,01152	3707,3	6,4584	0,009930	3674,8	6,3701	0,008699	3642,4	6,2890	0,007720	3610,2	6,2138
710	0,01170	3736,8	6,4885	0,01010	3705,4	6,4013	0,008854	3674,1	6,3214	0,007864	3643,0	6,2473
720	0,01189	3766,1	6,5181	0,01026	3735,7	6,4320	0,009006	3705,5	6,3532	0,008006	3675,4	6,2802
730	0,01207	3795,2	6,5473	0,01043	3765,8	6,4622	0,009157	3736,6	6,3843	0,008146	3707,5	6,3123
740	0,01224	3824,1	6,5760	0,01059	3795,7	6,4918	0,009305	3767,5	6,4150	0,008284	3739,3	6,3439
750	0,01242	3852,9	6,6043	0,01075	3825,5	6,5210	0,009452	3798,1	6,4451	0,008420	3770,9	6,3749
760	0,01259	3881,6	6,6322	0,01091	3855,0	6,5498	0,009597	3828,5	6,4746	0,008554	3802,2	6,4053
770	0,01277	3910,1	6,6597	0,01106	3884,4	6,5781	0,009740	3858,7	6,5038	0,008687	3833,3	6,4353
780	0,01294	3938,5	6,6868	0,01122	3913,6	6,6060	0,009881	3888,8	6,5324	0,008818	3864,1	6,4647
790	0,01311	3966,9	6,7135	0,01137	3942,7	6,6335	0,01002	3918,7	6,5607	0,008948	3894,8	6,4937
800	0,01327	3995,1	6,7400	0,01152	3971,7	6,6606	0,01016	3948,4	6,5885	0,009076	3925,3	6,5222

Anhang: Dampftabellen

Tabelle IV. Spezifische Wärmekapazität c_{p_0} und Enthalpie h_0 von Wasser im idealen Gaszustand

t °C	T K	c_{p_0} kJ/kg K	h_0 kJ/kg	t °C	T K	c_{p_0} kJ/kg K	h_0 kJ/kg
0	273,15	1,8516	2501,78	150	423,15	1,9132	2783,81
10	283,15	1,8549	2520,31	180	453,15	1,9285	2841,44
20	293,15	1,8583	2538,88	200	473,15	1,9391	2880,11
30	303,15	1,8618	2557,48	250	523,15	1,9672	2977,76
40	313,15	1,8654	2576,11	300	573,15	1,9971	3076,86
50	323,15	1,8692	2594,79	350	623,15	2,0286	3177,50
60	333,15	1,8731	2613,50	400	673,15	2,0613	3279,74
70	343,15	1,8771	2632,25	450	723,15	2,0949	3383,64
80	353,15	1,8812	2651,04	500	773,15	2,1292	3489,24
90	363,15	1,8855	2669,87	550	823,15	2,1637	3596,56
100	373,15	1,8898	2688,75	600	873,15	2,1983	3705,61
110	383,15	1,8943	2707,67	650	923,15	2,2326	3816,39
120	393,15	1,8989	2726,63	700	973,15	2,2663	3928,86
130	403,15	1,9035	2745,65	750	1023,15	2,2991	4043,00
140	413,15	1,9083	2764,70	800	1073,15	2,3306	4158,75

Tabelle V. Zustandsgrößen von Ammoniak, NH_3, bei Sättigung[1]

Temperatur t °C	Druck p bar	Spez. Volum der Flüssigkeit v' dm³/kg	Spez. Volum des Dampfes v'' dm³/kg	Dichte der Flüssigkeit ϱ' kg/m³	Dichte des Dampfes ϱ'' kg/m³	Enthalpie der Flüssigkeit h' kJ/kg	Enthalpie des Dampfes h'' kJ/kg	Verdampfungsenthalpie $r = h'' - h'$ kJ/kg	Entropie der Flüssigkeit s' kJ/kg K	Entropie des Dampfes s'' kJ/kg K	$r/T = s'' - s'$ kJ/kg K
−50	0,41	1,424	2626	702,1	0,3808	136,2	1552	1416	4,787	11,13	6,346
−45	0,55	1,436	2005	696,2	0,4987	158,3	1561	1402	4,885	11,03	6,146
−40	0,72	1,449	1552	690,1	0,6445	180,5	1569	1388	4,981	10,93	5,954
−35	0,93	1,462	1215	684,0	0,8228	202,8	1577	1374	5,076	10,84	5,768
−30	1,19	1,475	962,9	677,8	1,039	225,2	1584	1359	5,168	10,76	5,589
−25	1,52	1,489	770,9	671,5	1,297	247,7	1592	1344	5,260	10,68	5,415
−20	1,90	1,504	623,3	665,1	1,604	270,3	1599	1328	5,350	10,60	5,247
−15	2,36	1,518	508,5	658,6	1,967	293,1	1605	1312	5,438	10,52	5,084
−10	2,91	1,534	418,3	652,0	2,391	315,9	1612	1296	5,526	10,45	4,924
−5	3,55	1,550	346,7	645,3	2,885	338,9	1618	1279	5,612	10,38	4,770
0	4,29	1,566	289,4	638,6	3,456	362,0	1624	1262	5,697	10,32	4,619
5	5,16	1,583	243,2	631,7	4,113	385,2	1629	1244	5,781	10,25	4,471
10	6,15	1,601	205,6	624,6	4,865	408,5	1634	1225	5,863	10,19	4,327
15	7,28	1,619	174,7	617,5	5,723	432,0	1638	1206	5,945	10,13	4,186
20	8,57	1,639	149,3	610,2	6,697	455,7	1642	1186	6,025	10,07	4,047
25	10,03	1,659	128,2	602,8	7,801	479,5	1645	1166	6,105	10,02	3,910
30	11,67	1,680	110,5	595,2	9,046	503,6	1648	1145	6,184	9,960	3,775
35	13,50	1,702	95,70	587,4	10,45	527,9	1650	1122	6,263	9,905	3,643
40	15,55	1,726	83,15	579,5	12,03	552,4	1652	1099	6,341	9,852	3,511
45	17,82	1,750	72,48	571,3	13,80	577,2	1653	1076	6,418	9,799	3,381
50	20,33	1,777	63,37	562,9	15,78	602,4	1653	1051	6,495	9,746	3,251

[1] Nach Ahrendts, J.; Baehr, H. D.: Die thermodynamischen Eigenschaften von Ammoniak. VDI-Forschungsheft 596. Düsseldorf 1979. Der Nullpunkt der inneren Energie u' liegt am Tripelpunkt (−77,6 °C, 0,0603 bar). Die Entropien sind Absolutwerte.

Tabelle VI. Zustandsgrößen von Kohlendioxid, CO_2, bei Sättigung[1]

Temperatur t	Druck p	Spez. Volum		Dichte		Enthalpie		Verdampfungsenthalpie $r = h'' - h'$	Entropie		$r/T = s'' - s'$
		der Flüssigkeit v'	des Dampfes v''	der Flüssigkeit ϱ'	des Dampfes ϱ''	der Flüssigkeit h'	des Dampfes h''		der Flüssigkeit s'	des Dampfes s''	
°C	bar	dm³/kg	dm³/kg	kg/m³	kg/m³	kJ/kg	kJ/kg	kJ/kg	kJ/kg K	kJ/kg K	kJ/kg K
−50	6,84	0,8653	55,68	1156	17,96	−201,4	139,0	340,5	2,692	4,218	1,526
−45	8,34	0,8798	45,94	1137	21,77	−191,0	140,5	331,4	2,738	4,191	1,453
−40	10,07	0,8953	38,19	1117	26,19	−180,6	141,7	322,2	2,782	4,164	1,382
−35	12,05	0,9117	31,96	1097	31,29	−170,2	142,6	312,7	2,826	4,139	1,313
−30	14,30	0,9293	26,90	1076	37,18	−159,7	143,1	302,9	2,868	4,114	1,246
−25	16,85	0,9484	22,75	1054	43,96	−149,2	143,4	292,6	2,910	4,089	1,179
−20	19,72	0,9690	19,31	1032	51,77	−138,6	143,2	281,9	2,951	4,065	1,113
−15	22,93	0,9916	16,45	1008	60,78	−127,8	142,7	270,5	2,992	4,040	1,048
−10	26,51	1,017	14,05	983,6	71,20	−116,7	141,5	258,3	3,033	4,015	0,9815
−5	30,47	1,045	12,00	957,2	83,31	−105,4	139,8	245,2	3,075	3,989	0,9145
0	34,86	1,077	10,26	928,8	97,49	−93,58	137,4	231,0	3,117	3,962	0,8457
5	39,70	1,114	8,749	897,8	114,3	−81,24	134,1	215,4	3,159	3,934	0,7743
10	45,01	1,158	7,430	863,3	134,6	−68,16	129,7	197,8	3,204	3,903	0,6987
15	50,85	1,214	6,258	823,8	159,8	−54,00	123,6	177,6	3,251	3,867	0,6164
20	57,25	1,289	5,187	776,1	192,8	−38,14	115,1	153,2	3,303	3,826	0,5227
25	64,28	1,404	4,152	712,3	240,8	−18,92	102,0	120,9	3,365	3,770	0,4054
30	72,06	1,700	2,892	588,2	345,7	12,99	72,60	59,60	3,467	3,663	0,1966
31,06	73,84	2,156	2,156	463,7	463,7	42,12	42,12	0	3,561	3,561	0

[1] Nach Bender, E.: Equation of state exactly representing the phase behavior of pure substances. Proc. 5th Symp. Thermophys. Properties, ASME, New York (1970) 227−235 und Sievers, U.; Schulz, S.: Korrelation thermodynamischer Eigenschaften der idealen Gase Ar, CO, H_2, N_2, O_2, CO_2, H_2O, CH_4 und C_2H_4. Chem. Ing. Tech. 53 (1981) 459−461.

Tabelle VII. Zustandsgrößen von Monofluortrichlormethan, $CFCl_3$, (R 11) bei Sättigung[1]

Temperatur t	Druck p	Spez. Volum		Enthalpie		Verdampfungsenthalpie $r = h'' - h'$	Entropie	
		Flüssigkeit v'	Dampf v''	Flüssigkeit h'	Dampf h''		Flüssigkeit s'	Dampf s''
°C	bar	dm³/kg	dm³/kg	kJ/kg	kJ/kg	kJ/kg	kJ/kg K	kJ/kg K
−30	0,0917	0,6250	1594,6	175,72	375,26	199,54	0,9059	1,7267
−25	0,1206	0,6292	1235,2	179,63	377,80	198,17	0,9219	1,7205
−20	0,1568	0,6335	967,9	183,60	380,36	196,76	0,9377	1,7150
−15	0,2014	0,6379	766,7	187,62	382,92	195,30	0,9534	1,7100
−10	0,2560	0,6424	613,5	191,70	385,49	193,79	0,9690	1,7055
−5	0,3221	0,6470	495,6	195,82	388,06	192,24	0,9845	1,7015
0	0,4014	0,6517	403,9	200,00	390,63	190,63	1,0000	1,6979
5	0,4958	0,6565	332,0	204,23	393,20	188,97	1,0153	1,6947
10	0,6071	0,6615	275,0	208,53	395,77	187,24	1,0306	1,6919
15	0,7376	0,6666	229,4	212,87	398,33	185,46	1,0457	1,6894
20	0,8892	0,6718	192,7	217,26	400,88	183,62	1,0608	1,6872
25	1,0644	0,6772	163,0	221,71	403,43	181,72	1,0758	1,6854
30	1,2655	0,6828	138,6	226,20	405,96	179,76	1,0907	1,6837
35	1,4950	0,6885	118,6	230,73	408,47	177,74	1,1055	1,6823
40	1,7553	0,6944	102,05	235,32	410,97	175,65	1,1202	1,6812
45	2,049	0,7005	88,22	239,95	413,45	173,50	1,1348	1,6802
50	2,379	0,7067	76,63	244,62	415,91	171,29	1,1493	1,6794

[1] Nach Kältemaschinenregeln, 7. Aufl., Karlsruhe: Müller 1981.

Tabelle VIII. Zustandsgrößen von Difluordichlormethan, CF_2Cl_2, (R 12) bei Sättigung[1]

Temperatur t	Druck p	Spez. Volum		Enthalpie		Verdampfungsenthalpie	Entropie	
		Flüssigkeit v'	Dampf v''	Flüssigkeit h'	Dampf h''	$r = h'' - h'$	Flüssigkeit s'	Dampf s''
°C	bar	dm³/kg	dm³/kg	kJ/kg	kJ/kg	kJ/kg	kJ/kg K	kJ/kg K
−70	0,1227	0,6248	1128,7	137,73	319,79	182,06	0,7379	1,6341
−65	0,1681	0,6301	842,50	142,04	322,16	180,12	0,7588	1,6242
−60	0,2263	0,6355	639,13	146,36	324,53	178,17	0,7793	1,6153
−55	0,2999	0,6410	492,11	150,71	326,92	176,21	0,7995	1,6073
−50	0,3916	0,6467	384,11	155,06	329,30	174,24	0,8192	1,6001
−45	0,5045	0,6526	303,59	159,45	331,69	172,24	0,8386	1,5936
−40	0,6420	0,6587	242,72	163,85	334,07	170,22	0,8576	1,5878
−35	0,8074	0,6650	196,11	168,27	336,44	168,17	0,8763	1,5826
−30	1,0045	0,6716	160,01	172,72	338,80	166,08	0,8948	1,5779
−25	1,2374	0,6783	131,72	177,20	341,15	163,95	0,9120	1,5737
−20	1,5101	0,6853	109,34	181,70	343,48	161,78	0,9308	1,5699
−15	1,8270	0,6926	91,45	186,23	345,78	159,55	0,9485	1,5666
−10	2,1927	0,7002	77,02	190,78	348,06	157,28	0,9658	1,5636
−5	2,6117	0,7081	65,29	195,38	350,32	154,94	0,9830	1,5609
0	3,0889	0,7163	55,678	200,00	352,54	152,54	1,0000	1,5585
5	3,6294	0,7249	47,736	204,66	354,72	150,06	1,0167	1,5563
10	4,2383	0,7338	41,131	209,35	356,86	147,51	1,0333	1,5543
15	4,9208	0,7433	35,601	214,09	358,96	144,87	1,0497	1,5525
20	5,6824	0,7532	30,942	218,88	361,01	142,13	1,0660	1,5509
25	6,528	0,7637	26,934	223,72	363,00	139,28	1,0822	1,5494
30	7,465	0,7747	23,629	228,62	364,94	136,32	1,0982	1,5479
35	8,498	0,7864	20,745	233,59	366,81	133,22	1,1142	1,5466
40	9,633	0,7989	18,261	238,62	368,60	129,98	1,1301	1,5452
45	10,877	0,8122	16,110	243,75	370,31	126,56	1,1460	1,5439
50	12,236	0,8265	14,239	248,96	371,92	122,96	1,1619	1,5425

[1] Nach Kältemaschinenregeln, 7. Aufl., Karlsruhe: Müller 1981.

Tabelle IX. Zustandsgrößen von Difluormonochlormethan, CHF_2Cl, (R 22) bei Sättigung[1]

Temperatur t	Druck p	Spez. Volum		Enthalpie		Verdampfungsenthalpie	Entropie	
		Flüssigkeit v'	Dampf v''	Flüssigkeit h'	Dampf h''	$r = h'' - h'$	Flüssigkeit s'	Dampf s''
°C	bar	dm³/kg	dm³/kg	kJ/kg	kJ/kg	kJ/kg	kJ/kg K	kJ/kg K
−80	0,1052	0,6594	1757,8	113,62	367,85	254,23	0,6303	1,9466
−75	0,1487	0,6649	1273,9	118,27	370,41	252,14	0,6541	1,9266
−70	0,2061	0,6706	940,1	123,02	372,97	249,95	0,6777	1,9081
−65	0,2808	0,6765	705,3	127,87	375,52	247,65	0,7013	1,8911
−60	0,3762	0,6825	537,2	132,84	378,07	245,23	0,7248	1,8754
−55	0,4966	0,6888	415,0	137,92	380,59	242,67	0,7483	1,8608
−50	0,6463	0,6954	324,8	143,11	383,09	239,98	0,7718	1,8473
−45	0,8301	0,7021	257,2	148,40	385,55	237,15	0,7952	1,8347
−40	1,0533	0,7092	205,9	153,81	387,97	234,16	0,8185	1,8229
−35	1,3213	0,7165	166,5	159,31	390,34	231,03	0,8418	1,8120
−30	1,6402	0,7241	135,9	164,90	392,65	227,75	0,8649	1,8016
−25	2,0160	0,7320	111,96	170,57	394,89	224,32	0,8879	1,7919
−20	2,4550	0,7403	92,93	176,34	397,07	220,73	0,9108	1,7828
−15	2,9640	0,7490	77,69	182,16	399,16	217,00	0,9334	1,7741
−10	3,5498	0,7581	65,40	188,06	401,18	213,12	0,9558	1,7658
−5	4,2193	0,7676	55,39	194,00	403,10	209,10	0,9780	1,7579
0	4,9797	0,7776	47,18	200,00	404,93	204,93	1,0000	1,7503
5	5,8385	0,7882	40,398	206,03	406,65	200,62	1,0216	1,7429
10	6,803	0,7994	34,754	212,11	408,27	196,16	1,0430	1,7358
15	7,881	0,8112	30,026	218,21	409,77	191,56	1,0640	1,7289
20	9,081	0,8238	26,041	224,34	411,14	186,80	1,0848	1,7221
25	10,411	0,8373	22,661	230,50	412,38	181,88	1,1053	1,7153
30	11,879	0,8517	19,779	236,69	413,48	176,79	1,1254	1,7087
35	13,495	0,8673	17,305	242,93	414,42	171,49	1,1454	1,7020
40	15,268	0,8841	15,171	249,22	415,19	165,97	1,1651	1,6952
45	17,208	0,9024	13,320	255,57	415,76	160,19	1,1847	1,6882
50	19,326	0,9226	11,704	262,03	416,11	154,08	1,2042	1,6811
55	21,635	0,9449	10,286	268,62	416,20	147,58	1,2238	1,6736
60	24,145	0,9700	9,033	275,41	415,99	140,58	1,2436	1,6656

[1] Nach Kältemaschinenregeln, 7. Aufl., Karlsruhe: Müller 1981.

Tabelle X. Antoine-Gleichung. Konstanten einiger Stoffe[1]

$$\log_{10} p = A - \frac{B}{C + t} \cdot p \text{ in hPa, } t \text{ in °C}$$

Stoff	A	B	C
Methan	6,82051	405,42	267,777
Ethan	6,95942	663,70	256,470
Propan	6,92888	803,81	246,99
Butan	6,93386	935,86	238,73
Isobutan	7,03538	946,35	246,68
Pentan	7,00122	1075,78	233,205
Isopentan	6,95805	1040,73	235,445
Neopentan	6,72917	883,42	227,780
Hexan	6,99514	1168,72	224,210
Heptan	7,01875	1264,37	216,636
Oktan	7,03430	1349,82	209,385
Cyclopentan	7,01166	1124,162	231,361
Methylcyclopentan	6,98773	1186,059	226,042
Cyclohexan	6,96620	1201,531	222,647
Methylcyclohexan	6,94790	1270,763	221,416
Ethylen	6,87246	585,00	255,00
Propylen	6,94450	785,00	247,00
Buten-(1)	6,96780	926,10	240,00
Buten-(2) cis	6,99416	960,100	237,000
Buten-(2) trans	6,99442	960,80	240,00
Isobuten	6,96624	923,200	240,000
Penten-(1)	6,97140	1044,895	233,516
Hexen-(1)	6,99063	1152,971	225,849
Propadien	5,8386	458,06	196,07
Butadien-(1,3)	6,97489	930,546	238,854
Isopren	7,01054	1071,578	233,513
Benzol	7,03055	1211,033	220,790
Toluol	7,07954	1344,800	219,482
Ethylbenzol	7,08209	1424,255	213,206
m-Xylol	7,13398	1462,266	215,105
p-Xylol	7,11542	1453,430	215,307
Isopropylbenzol	7,06156	1460,793	207,777
Wasser (90—100 °C)	8,0732991	1656,390	226,86

[1] Aus: Wilhoit, R. C.; Zwolinski, B. J.: Handbook of vapor pressures and heats of vaporization of hydrocarbons and related compounds. Publication 101. Thermodynamics Research Center, Dept. of Chemistry, Texas A & M University, 1971 (American Petroleum Institute Research Project 44).

Lösungen der Übungsaufgaben

Aufgabe 1
  Mit Gl. (6)
$$p_1 V_1 = mRT_1,$$
$$p_2 V_2 = mRT_2,$$
folgt:
$$V_2 = \frac{p_1}{p_2}\frac{T_2}{T_1} V_1 = \frac{120 \text{ bar} \cdot 273{,}15 \text{ K}}{1 \text{ bar} \cdot 283{,}15 \text{ K}} \cdot 0{,}02 \text{ m}^3,$$
$$V_2 = 2{,}315 \text{ m}^3.$$

Aufgabe 2
  In 4500 m Höhe erfordert die Füllung
$$m_{H_2} = \frac{p_1 V_1}{RT_1} = \frac{530 \text{ mbar} \cdot 200000 \text{ m}^3}{4{,}1245 \text{ kJ/(kgK)} \cdot 273{,}15 \text{ K}}$$
$$m_{H_2} = 9408{,}9 \text{ kg Wasserstoff},$$

bzw.
$$m_{He} = \frac{p_1 V_1}{RT_1} = \frac{530 \text{ mbar} \cdot 200000 \text{ m}^3}{2{,}0773 \text{ kJ/(kgK)} \cdot 273{,}15 \text{ K}},$$
$$m_{He} = 18681{,}7 \text{ kg Helium},$$

Auf dem Erdboden nimmt das Gas das Volum V_2 ein, wobei
$$\frac{V_2}{V_1} = \frac{p_1}{p_2}\frac{T_2}{T_1} = \frac{530 \text{ mbar} \cdot 293{,}15 \text{ K}}{935 \text{ mbar} \cdot 273{,}15 \text{ K}} = 0{,}608 \text{ ist}.$$

Der Auftrieb des Luftschiffes ist gleich der Differenz des Gewichts der verdrängten Luft und des Traggases im Zustand 1:
für Wasserstoff
$$\frac{p_1 V_1}{T_1}\left(\frac{1}{R_{\text{Luft}}} - \frac{1}{R_{H_2}}\right) \cdot g = \frac{530 \text{ mbar} \cdot 200000 \text{ m}^3}{273{,}15 \text{ K}}$$
$$\times \left(\frac{1}{0{,}2872 \text{ kJ/(kg K)}} - \frac{1}{4{,}1245 \text{ kJ/(kg K)}}\right) \cdot 9{,}80665 \frac{\text{m}}{\text{s}^2} = 1232948 \text{ N} \approx 1{,}23 \text{ MN},$$

für Helium
$$\frac{p_1 V_1}{T_1}\left(\frac{1}{R_{\text{Luft}}} - \frac{1}{R_{He}}\right) g = \frac{530 \text{ mbar} \cdot 200000 \text{ m}^3}{273{,}15 \text{ K}}$$
$$\times \left(\frac{1}{0{,}2872 \text{ kJ/(kg K)}} - \frac{1 \text{ kg K}}{2{,}0773 \text{ kJ/(kg K)}}\right) \cdot 9{,}80665 \frac{\text{m}}{\text{s}^2} = 1142014 \text{ N} \approx 1{,}14 \text{ MN}.$$

Aufgabe 3
Es ist $m_2^{(\sigma)} = m_1^{(\sigma)} + \Delta m$, wenn $m^{(\sigma)}$ die Masse in der Stahlflasche ist.

$$m_1^{(\sigma)} = \frac{p_1 V_1}{RT_1} = \frac{1{,}2 \cdot 10^5 \text{ N/m}^2 \cdot 0{,}5 \text{ m}^3}{296{,}8 \text{ J/kgK} \cdot 300{,}15 \text{ K}} = 0{,}6735 \text{ kg}$$

$$m_2^{(\sigma)} = \frac{p_2 V_2}{RT_2} = \frac{p_2 V_1}{RT_1} = \frac{p_2}{p_1} \frac{p_1 V_1}{RT_1} = \frac{p_2}{p_1} m_1^{(\sigma)} = 5 m_1^{(\sigma)} = 3{,}3676 \text{ kg}$$

$$\Delta m = 2{,}6941 \text{ kg}.$$

Nach Gl. (42b) ist wegen $dL_t = 0$, $dm_2 = 0$ und $dm_1 = dm$

$$Q_{12} = U_2^{(\sigma)} - U_1^{(\sigma)} - h_1 \Delta m$$

$$Q_{12} = m_2^{(\sigma)} u_2^{(\sigma)} - m_1^{(\sigma)} u_1^{(\sigma)} - (u_1 + p_1 v_1) \Delta m.$$

Mit $m_2^{(\sigma)} = m_1^{(\sigma)} + \Delta m$ folgt

$$Q_{12} = (u_2^{(\sigma)} - u_1^{(\sigma)}) m_1^{(\sigma)} + (u_2^{(\sigma)} - u_1) \Delta m - p_1 v_1 \Delta m.$$

Wegen $T_2^{(\sigma)} = T_1^{(\sigma)}$ ist $u_2^{(\sigma)} = u_1^{(\sigma)}$. Weiter sind

$$c_v = c_p - R = 0{,}7421 \text{ kJ/kg} \quad \text{und} \quad p_1 v_1 = RT_1.$$

Damit

$$Q_{12} = c_v (T_2^{(\sigma)} - T_1) \Delta m - RT_1 \Delta m$$
$$= 0{,}7421 \text{ kJ/kgK} \cdot (300{,}15 - 350{,}15) \text{ K} \cdot 2{,}6941 \text{ kg} - 0{,}2968 \text{ kJ/kgK} \cdot$$
$$350{,}15 \text{ K} \cdot 2{,}6941 \text{ kg} = -380 \text{ kJ}.$$

Aufgabe 4
Es ist

$$t_m = \frac{(m c_p + m_s c_{p_s}) t + m_a c_{p_a} t_a}{m c_p + m_s c_{p_s} + m_a c_{p_a}},$$

aufgelöst nach c_{p_a}

$$c_{p_a} = \frac{(m c_p + m_s c_{p_s})(t - t_m)}{m_a (t_m - t_a)},$$

$$c_{p_a} = \frac{\left(0{,}8 \text{ kg} \cdot 4{,}186 \frac{\text{kJ}}{\text{kg K}} + 0{,}25 \text{ kg} \cdot 0{,}234 \frac{\text{kJ}}{\text{kg K}}\right)(15\,°\text{C} - 19{,}24\,°\text{C})}{0{,}2 \text{ kg} (19{,}24\,°\text{C} - 100\,°\text{C})},$$

$$c_{p_a} = 0{,}894 \frac{\text{kJ}}{\text{kg K}}.$$

Aufgabe 5
Aus Gl. (6) folgt wegen $V = \text{const}$:

$$T_2 = \frac{p_2}{p_1} T_1 = \frac{10 \text{ bar}}{5 \text{ bar}} \cdot 293{,}15 \text{ K} = 586{,}30 \text{ K},$$

$$t_2 = 313{,}15\,°\text{C}.$$

Die notwendige Wärmezufuhr wird unter der Annahme $c_v = \text{const}$:

$$Q_{12} = \int_1^2 mc_v \, dT = mc_v(T_2 - T_1),$$

$$m = \frac{p_1 V_1}{RT_1} = \frac{5 \text{ bar} \cdot 2 \text{ m}^3}{0{,}2872 \text{ kJ/(kgK)} \cdot 293{,}15 \text{ K}} = 11{,}88 \text{ kg},$$

$$Q_{12} = 11{,}88 \text{ kg} \cdot 0{,}7171 \frac{\text{kJ}}{\text{kg K}} (313{,}15\,°C - 20\,°C),$$

$$Q_{12} = 2497 \text{ kJ}.$$

Aufgabe 6
Die potentielle Energie der Bleikugel von der Masse m vor dem Aufprall ist mgz. Sie wird vollständig in kinetische Energie umgewandelt, dann gilt für die Temperatursteigerung Δt

$$\frac{2}{3} m \cdot g \cdot z = mc_v \Delta t,$$

$$\Delta t = \frac{2gz}{3c_v} = \frac{2 \cdot 9{,}81 \text{ (m/s}^2) \cdot 100 \text{ m}}{3 \cdot 0{,}126 \text{ kJ/(kgK)}},$$

$$\Delta t = 5{,}19\,°C.$$

Aufgabe 7
Die Leistung der Kraftmaschine ist

$$|P| = M_d \omega = M_d \cdot 2\pi n$$
$$= 4905 \text{ Nm} \cdot 2\pi \cdot 1200 \text{ min}^{-1},$$

$$|P| = 6{,}16 \cdot 10^5 \frac{\text{Nm}}{\text{s}} = 616 \text{ kW}.$$

Die abgegebene Leistung der Kraftmaschine wird in innere Energie des Kühlwassers verwandelt.

$$|P| = \Phi_{12} = \dot{M}c(t_2 - t_1); \qquad c = 4{,}186 \frac{\text{kJ}}{\text{kg K}}.$$

Daraus berechnet sich die Temperatur des ablaufenden Kühlwassers zu

$$t_2 = \frac{|P|}{\dot{M}c} + t_1 = \frac{616 \text{ kW}}{8000 \text{ kg/h} \cdot 4{,}186 \text{ kJ/(kg K)}} + 10\,°C = 76{,}22\,°C.$$

Aufgabe 8
a) Isotherme Zustandsänderung
Nach Gl. (6) ist

$$p_1 V_1 = mRT,$$
$$p_2 V_2 = mRT$$

und damit das Endvolum

$$V_2 = \frac{p_1}{p_2} V_1 = \frac{10 \text{ bar}}{1 \text{ bar}} \cdot 0{,}01 \text{ m}^3,$$

$$V_2 = 0{,}1 \text{ m}^3.$$

Die verrichtete Arbeit folgt aus Gl. (54d)

$$L_{12} = p_1 V_1 \ln \frac{p_2}{p_1} = 10 \text{ bar} \cdot 0{,}01 \text{ m}^3 \cdot \ln 0{,}1 \;,$$

$$L_{12} = -23{,}026 \text{ kJ}$$

und ist nach Gl. (54c) gleich der zugeführten Wärme

$$Q_{12} = -L_{12} = 23{,}026 \text{ kJ} \;.$$

b) Quasistatische adiabate Zustandsänderung
Endvolum nach Gl. (57a)

$$p_1 V_1^{\varkappa} = p_2 V_2^{\varkappa}$$

$$V_2 = V_1 \left(\frac{p_1}{p_2}\right)^{1/\varkappa} = 0{,}01 \text{ m}^3 \left(\frac{10 \text{ bar}}{1 \text{ bar}}\right)^{1/1{,}4} \;, \qquad \varkappa = 1{,}4 \text{ für Luft,}$$

$$V_2 = 0{,}0518 \text{ m}^3 \;,$$

Endtemperatur nach Gl. (58b)

$$T_2 = T_1 \left(\frac{p_2}{p_1}\right)^{\frac{\varkappa-1}{\varkappa}}$$

$$= 298{,}15 \text{ K} \cdot (0{,}1)^{0{,}4/1{,}4} \;,$$

$$T_2 = 154{,}4 \text{ K} \;,$$

verrichtete Arbeit nach Gl. (59d)

$$L_{12} = \frac{p_1 V_1}{\varkappa - 1} \left[\left(\frac{p_2}{p_1}\right)^{\frac{\varkappa-1}{\varkappa}} - 1\right]$$

$$= \frac{10 \text{ bar} \cdot 0{,}01 \text{ m}^3}{0{,}4} \left[0{,}1^{0{,}4/1{,}4} - 1\right] \;,$$

$$L_{12} = -12{,}051 \text{ kJ} \;,$$

zugeführte Wärme

$$Q_{12} = 0 \;.$$

c) Polytrope Zustandsänderung
Endvolum nach Gl. (60)

$$p_1 V_1^n = p_2 V_2^n \quad \text{mit} \quad n = 1{,}3 \;,$$

$$V_2 = V_1 \left(\frac{p_1}{p_2}\right)^{1/n} = 0{,}01 \text{ m}^3 \cdot 10^{1/1{,}3} \;,$$

$$V_2 = 0{,}0588 \text{ m}^3 \;,$$

Endtemperatur nach Gl. (60c)

$$T_2 = T_1 \left(\frac{p_2}{p_1}\right)^{\frac{n-1}{n}}$$

$$= 298{,}15 \text{ K} \cdot (0{,}1)^{(1{,}3-1)/1{,}3} \;,$$

$$T_2 = 175{,}25 \text{ K} \;,$$

verrichtete Arbeit nach Gl. (61)

$$L_{12} = \frac{p_1 V_1}{n-1} \left[\left(\frac{p_2}{p_1}\right)^{\frac{n-1}{n}} - 1 \right],$$

$$L_{12} = \frac{10 \text{ bar} \cdot 0{,}01 \text{ m}^3}{1{,}3 - 1} [0{,}1^{0{,}3/1{,}3} - 1],$$

$$L_{12} = -13{,}740 \text{ kJ},$$

zugeführte Wärme nach Gl. (64)

$$Q_{12} = L_{12} \frac{n - \varkappa}{\varkappa - 1},$$

$$Q_{12} = -13{,}740 \text{ kJ} \frac{1{,}3 - 1{,}4}{1{,}4 - 1},$$

$$Q_{12} = 3{,}435 \text{ kJ}.$$

Aufgabe 9

Das Anfangsvolum ist

$$V_1 = \frac{\pi d^2}{4} z_1 = \frac{\pi (0{,}2 \text{ m})^2}{4} \cdot 0{,}5 \text{ m} = 0{,}0157 \text{ m}^3,$$

und das Endvolum

$$V_2 = \frac{\pi d^2}{4} z_2 = \frac{\pi (0{,}2 \text{ m})^2}{4} (0{,}5 \text{ m} - 0{,}4 \text{ m}) = 0{,}00314 \text{ m}^3.$$

Für die Nutzarbeit an der Kolbenstange erhält man nach Gl. (18)

$$L_{n_{12}} = L_{12} + p_u(V_2 - V_1).$$

Bei der adiabaten Kompression nimmt die Luft nach Gl. (59d) unter Beachtung von Gl. (57a) die Energie

$$L_{12} = \frac{p_1 V_1}{\varkappa - 1} \left[\left(\frac{p_2}{p_1}\right)^{\frac{\varkappa-1}{\varkappa}} - 1 \right] = \frac{p_1 V_1}{\varkappa - 1} \left[\left(\frac{V_1}{V_2}\right)^{\varkappa-1} - 1 \right]$$

$$= \frac{1 \text{ bar} \cdot 0{,}0157 \text{ m}^3}{1{,}4 - 1} \left[\left(\frac{0{,}0157}{0{,}00314}\right)^{0{,}4} - 1 \right],$$

$$L_{12} = 3{,}547 \text{ kJ} \quad \text{auf}.$$

Durch den äußeren atmosphärischen Druck wird die Verschiebearbeit

$$p_u(V_2 - V_1) = 1 \text{ bar} (0{,}00314 - 0{,}0157) \text{ m}^3$$
$$= -1{,}256 \text{ kJ}$$

verrichtet.

Somit kann der Luftpuffer die Stoßenergie

$$L_{n_{12}} = (3{,}547 - 1{,}256) \text{ kJ},$$

$$L_{n_{12}} = 2{,}291 \text{ kJ} = 2291 \text{ Nm}$$

aufnehmen.

Die Endtemperatur ist nach Gl. (58a)

$$T_2 = T_1 \left(\frac{V_1}{V_2}\right)^{\varkappa-1} = 293{,}15 \text{ K} \left(\frac{0{,}0157}{0{,}00314}\right)^{0{,}4},$$

$$T_2 = 558{,}05 \text{ K} \quad \text{oder} \quad t_2 = 284{,}90 \text{ °C},$$

der Enddruck nach Gl. (57a)

$$p_2 = p_1 \left(\frac{V_1}{V_2}\right)^{\varkappa},$$

$$p_2 = 1 \text{ bar} \left(\frac{0{,}0157}{0{,}00314}\right)^{1{,}4},$$

$$p_2 = 9{,}52 \text{ bar}.$$

Aufgabe 10

Wie auf S. 39 dargelegt, ist 1 m_n^3 die Gasmenge bei 0 °C und 1,01325 bar (Zustand 0). Die angesaugte Luftmenge (Zustand 1) ergibt sich nach Gl. (6) aus

$$\dot{m} = \frac{p_0 \dot{V}_0}{RT_0} = \frac{p_1 \dot{V}_1}{RT_1}; \quad \dot{V}_1 = \frac{p_0}{p_1}\frac{T_1}{T_0}\dot{V}_0$$

$$\dot{V}_1 = 1{,}01325 \frac{293{,}15}{273{,}15} 1000 = 1087{,}44 \text{ m}^3/\text{h}$$

a) Bei isothermer Zustandsänderung ist dann nach Gl. (54d) die Leistung

$$P_{12} = p_1 \dot{V}_1 \ln \frac{p_2}{p_1}$$

$$= 10^5 \frac{\text{N}}{\text{m}^2} \cdot 1087{,}44 \frac{\text{m}^3}{\text{h}} \ln 15$$

$$P_{12} = 81{,}8 \text{ kW}$$

und die abzuführende Wärme je Zeiteinheit nach Gl. (54c)

$$\Phi_{12} = -P_{12} = -81{,}8 \text{ kW}.$$

b) Bei quasistatischer adiabater Kompression ergibt Gl. (59d)

$$P_{12} = \frac{p_1 \dot{V}_1}{\varkappa - 1}\left[\left(\frac{p_2}{p_1}\right)^{\frac{\varkappa-1}{\varkappa}} - 1\right] = \frac{10^5 \frac{\text{N}}{\text{m}^2} \cdot 1087{,}44 \frac{\text{m}^3}{\text{h}}}{1{,}4 - 1}\left[15^{\frac{1{,}4-1}{1{,}4}} - 1\right],$$

$$P_{12} = 88{,}2 \text{ kW},$$

$$\Phi_{12} = 0.$$

c) Bei polytroper Kompression mit $n = 1{,}3$ liefert Gl. (61)

$$P_{12} = \frac{p_1 \dot{V}_1}{n-1}\left[\left(\frac{p_2}{p_1}\right)^{\frac{n-1}{n}} - 1\right] = \frac{10^5 \frac{\text{N}}{\text{m}^2} \cdot 1087{,}44 \frac{\text{m}^3}{\text{h}}}{1{,}3 - 1}\left[15^{\frac{1{,}3-1}{1{,}3}} - 1\right],$$

$$P_{12} = 87{,}4 \text{ kW},$$

und nach Gl. (64) ist die je Zeiteinheit abgeführte Wärme

$$\Phi_{12} = \frac{n - \varkappa}{\varkappa - 1} P_{12}$$

$$= \frac{1{,}3 - 1{,}4}{1{,}4 - 1} \cdot 87{,}4 \text{ kW},$$

$$\Phi_{12} = -21{,}85 \text{ kW}.$$

Aufgabe 11

Man läßt das Luftvolum $V = 0{,}50$ m³ zunächst vom Druck $p_1 = 1{,}01325$ bar auf $p_2 = 0{,}01$ bar isotherm expandieren, teilt dann davon 0,050 m³ ab und komprimiert den Rest wieder auf p_1. Die Summe der dabei zu verrichtenden Arbeiten mit Berücksichtigung der Arbeit der Atmosphäre ergibt den gesuchten Arbeitsaufwand.

$$-L = V p_2 \left(\frac{p_1}{p_2} - 1 - \ln \frac{p_1}{p_2} \right)$$

$$= 0{,}05 \text{ m}^3 \cdot 0{,}01 \text{ bar} \left(\frac{1{,}01325 \text{ bar}}{0{,}01 \text{ bar}} - 1 - \ln \frac{1{,}01325 \text{ bar}}{0{,}01 \text{ bar}} \right),$$

$$-L = 4{,}785 \text{ kJ}.$$

Aufgabe 12

Die abgegebene Arbeit ist

$$-L_{12} = 5 \text{ kWh} = Q_{12}$$

und die Entropiezunahme ist

$$\Delta S = \frac{Q_{12}}{T} = \frac{5 \text{ kWh}}{293{,}15 \text{ K}} = 61{,}4 \frac{\text{kJ}}{\text{K}}.$$

Aufgabe 13

Man schreibt das vollständige Differential der Funktion

$$H = H(S, p),$$

$$dH = \left(\frac{\partial H}{\partial S} \right)_p dS + \left(\frac{\partial H}{\partial p} \right)_S dp$$

an. Nach der Gibbsschen Fundamentalgleichung, Gl. (108), ist weiter

$$dH = T \, dS + V \, dp.$$

Durch Vergleich erhält man [s. Gl. (109) und (109a)]:

$$\left(\frac{\partial H}{\partial S} \right)_p = T, \quad \left(\frac{\partial H}{\partial p} \right)_S = V.$$

Da die Enthalpie eine Zustandsgröße ist, gilt

$$\left[\frac{\partial}{\partial p} \left(\frac{\partial H}{\partial S} \right)_p \right]_S = \left[\frac{\partial}{\partial S} \left(\frac{\partial H}{\partial p} \right)_S \right]_p.$$

Es ist also:

$$\left(\frac{\partial T}{\partial p} \right)_S = \left(\frac{\partial V}{\partial S} \right)_p.$$

Aufgabe 14

a) Beim Überströmen bleibt die innere Energie und damit nach S. 86 bei Temperaturausgleich auch die Temperatur ungeändert. Vor dem Ausgleich sind in beiden Behältern die Luftmassen

$$m_1 = \frac{p_1 V_1}{RT} = \frac{1 \text{ bar} \cdot 5 \text{ m}^3}{0{,}2872 \text{ kJ/(kg K)} \cdot 293{,}15 \text{ K}},$$

$$m_1 = 5{,}94 \text{ kg},$$

$$m_2 = \frac{p_2 V_2}{RT} = \frac{20 \text{ bar} \cdot 2 \text{ m}^3}{0{,}2872 \text{ kJ/(kg K)} \cdot 293{,}15 \text{ K}},$$

$$m_2 = 47{,}51 \text{ kg}$$

enthalten, die Gesamtmasse beträgt

$$m_1 + m_2 = m = 53{,}45 \text{ kg}.$$

Um den gemeinsamen Enddruck zu ermitteln, setzt man die Zustandsgleichung vor und nach dem Ausgleich an

$$m_1 + m_2 = \frac{p(V_1 + V_2)}{RT} = \frac{p_1 V_1 + p_2 V_2}{RT}.$$

Daraus folgt der gemeinsame Enddruck

$$p = \frac{p_1 V_1 + p_2 V_2}{V_1 + V_2} = \frac{1 \text{ bar} \cdot 5 \text{ m}^3 + 20 \text{ bar} \cdot 2 \text{ m}^3}{5 \text{ m}^3 + 2 \text{ m}^3} = 6{,}43 \text{ bar},$$

$$p = 6{,}43 \text{ bar}.$$

m_2 expandiert von p_2 auf p, m_1 wird von p_1 auf p komprimiert. Bei reversiblem isothermem Ausgleich kann die Arbeit

$$L = p_2 V_2 \ln \frac{p_2}{p} - p_1 V_1 \ln \frac{p}{p_1}$$

$$= 20 \text{ bar} \cdot 2 \text{ m}^3 \cdot \ln \frac{6{,}43}{20} - 1 \text{ bar} \cdot 5 \text{ m}^3 \cdot \ln \frac{1}{6{,}43},$$

$$L = -3608{,}5 \text{ kJ} = -Q$$

verrichtet werden, es tritt also eine Entropiezunahme

$$\Delta S = \frac{Q}{T} = \frac{3608{,}5 \text{ kJ}}{293{,}15 \text{ K}} = 12{,}31 \frac{\text{kJ}}{\text{K}} \text{ ein}.$$

b) Bei Ausgleich nur des Druckes, nicht der Temperaturen, ergibt sich derselbe gemeinsame Enddruck $p = 6{,}43$ bar aus der Bedingung konstanter innerer Energie. Im Behälter 2 expandiert die Luft reversibel adiabat von 20 bar auf 6,43 bar und kühlt sich auf

$$T_2 = T \left(\frac{p}{p_2}\right)^{\frac{\varkappa - 1}{\varkappa}} = 293{,}15 \text{ K} \left(\frac{6{,}43}{20}\right)^{\frac{1{,}4 - 1}{1{,}4}}$$

$$T_2 = 211{,}97 \text{ K}$$

ab. Daraus kann man die Menge Luft in beiden Behältern berechnen.

$$m_2 = \frac{p V_2}{R T_2} = \frac{6{,}43 \text{ bar} \cdot 2 \text{ m}^3 \text{ kg K}}{0{,}2872 \text{ kJ} \cdot 211{,}97 \text{ K}},$$

$$m_2 = 21{,}12 \text{ kg},$$

$$m_1 = m - m_2 = (53{,}45 - 21{,}12) \text{ kg} = 32{,}33 \text{ kg}.$$

Aus der Bedingung, daß die innere Energie der Luft im gesamten Behälter gleich der Summe der inneren Energien der Luft in den beiden einzelnen Behältern ist, folgt dann die Temperatur T_1:

$$(m_1 + m_2) c_v T = m_1 c_v T_1 + m_2 c_v T_2 ,$$

$$T_1 = \frac{(m_1 + m_2)T - m_2 T_2}{m_1}$$

$$= \frac{53{,}45 \text{ kg} \cdot 293{,}15 \text{ K} - 21{,}12 \text{ kg} \cdot 211{,}97 \text{ K}}{32{,}33 \text{ kg}} ,$$

$$T_1 = 346{,}18 \text{ K} .$$

Aufgabe 15
Gl. (132) lautet für reversibel isotherme Entmischung

$$L = pV \left(\frac{V_1}{V} \ln \frac{V}{V_1} + \frac{V_2}{V} \ln \frac{V}{V_2} \right),$$

$$pV = mRT ; \quad R = 0{,}2872 \frac{\text{kJ}}{\text{kg K}} ,$$

$$L = mRT \left(\frac{V_1}{V} \ln \frac{V}{V_1} + \frac{V_2}{V} \ln \frac{V}{V_2} \right),$$

$$L = 1 \text{ kg} \cdot 0{,}2872 \frac{\text{kJ}}{\text{kg K}} \cdot 293{,}15 \text{ K} \left(0{,}79 \ln \frac{1}{0{,}79} + 0{,}21 \ln \frac{1}{0{,}21} \right),$$

$$L = 43{,}27 \text{ kJ} .$$

Aufgabe 16
Das Schmelzen des Eises und Erwärmen des entstandenen Wassers auf Umgebungstemperatur erfordert die Wärme (T_s = Schmelztemperatur)

$$Q = [c(T_s - T_0) + \Delta h_s + c_p(T_u - T_s)]$$

$$= 100 \text{ kg} \left[2{,}04 \frac{\text{kJ}}{\text{kg K}} \cdot 5 \text{ K} + 333{,}5 \frac{\text{kJ}}{\text{kg}} + 4{,}186 \frac{\text{kJ}}{\text{kg K}} \cdot 20 \text{ K} \right],$$

$$Q = 42742 \text{ kJ} .$$

Der Umgebung wird diese Wärme bei $T_u = 293{,}15$ K entzogen, damit erfährt sie eine Entropieabnahme von

$$\frac{-Q}{T_u} = \frac{-42742 \text{ kJ}}{293{,}15 \text{ K}} = -145{,}80 \frac{\text{kJ}}{\text{K}} ,$$

andererseits erfährt das Eis die Entropiezunahme

$$m \left[c \int_0^s \frac{dT}{T} + \frac{\Delta h_s}{T_s} + c_p \int_s^u \frac{dT}{T} \right]$$

$$= m \left[c \ln \frac{T_s}{T_0} + \frac{\Delta h_s}{T_s} + c_p \ln \frac{T_u}{T_s} \right]$$

$$= 100 \text{ kg} \left[2{,}04 \frac{\text{kJ}}{\text{kg K}} \ln \frac{273{,}15}{268{,}15} + \frac{333{,}5 \text{ kJ/kg}}{273{,}15 \text{ K}} + 4{,}186 \frac{\text{kJ}}{\text{kg K}} \ln \frac{293{,}15}{273{,}15} \right]$$

$$= 155{,}44 \frac{\text{kJ}}{\text{K}} .$$

Die Entropiezunahme des ganzen Vorgangs ist also

$$\Delta S = (155{,}44 - 145{,}80)\,\frac{\text{kJ}}{\text{K}} = 9{,}64\,\frac{\text{kJ}}{\text{K}}\,.$$

Um den Schmelzvorgang wieder rückgängig zu machen, muß nach Gl. (134)

$$-L_{ex} = H_0 - H_u - T_u(S_0 - S_u)$$

aufgewandt werden. Gilt Index 0 für das Eis von $-5\,°\text{C}$, Index u für das Wasser von $20\,°\text{C}$, so ist $H_u - H_0 = Q = 42742$ kJ die oben berechnete Wärmezufuhr, $S_u - S_0 = 155{,}44$ kJ/K die Entropiezunahme des Eises und $T_u = 293{,}15$ K die Umgebungstemperatur. Damit wird

$$-L_{ex} = -42742\text{ kJ} - 293{,}15\text{ k} \cdot (-155{,}44\text{ kJ/K}) = 2825\text{ kJ}\,.$$

Aufgabe 17

a) Bei isothermer Entspannung gibt das Gas die Nutzarbeit Gl. (18)

$$L_{n12} = -\int_1^2 p\,dV + p_u(V_2 - V_1)$$

$$= L_{12} + p_u(V_2 - V_1)$$

ab. Die Volumarbeit L_{12} folgt aus Gl. (54d)

$$L_{12} = -p_1 V_1 \cdot \ln\frac{p_1}{p_2} = -50\text{ bar} \cdot 0{,}1\text{ m}^3 \cdot \ln 50\,,$$

$$L_{12} = -1956\text{ kJ}\,.$$

Die Verschiebearbeit zur Überwindung des atmosphärischen Druckes erfordert dabei die Arbeit

$$p_u(V_2 - V_1) \quad \text{mit} \quad V_2 = \frac{p_1}{p_2}V_1 = 50 \cdot 0{,}1\text{ m}^3 = 5\text{ m}^3$$

$$p_u(V_2 - V_1) = 1\text{ bar}\,(5 - 0{,}1)\text{ m}^3 = 490\text{ kJ}\,.$$

Die Nutzarbeit bei isothermer Entspannung ist also

$$L_{n12} = (-1956 + 490)\text{ kJ} = -1466\text{ kJ}\,.$$

b) Bei quasistatischer adiabater Entspannung ist nach Gl. (57)

$$V_2 = V_1 \left(\frac{p_1}{p_2}\right)^{1/\varkappa}$$

$$= 0{,}1\text{ m}^3 \cdot 50^{1/1{,}4}$$

$$V_2 = 1{,}635\text{ m}^3$$

und die Volumarbeit L_{12} nach Gl. (59d)

$$L_{12} = \frac{p_1 V_1}{\varkappa - 1}\left[\left(\frac{p_2}{p_1}\right)^{\frac{\varkappa-1}{\varkappa}} - 1\right] = \frac{50\text{ bar} \cdot 0{,}1\text{ m}^3}{1{,}4 - 1}\left[\left(\frac{1}{50}\right)^{\frac{1{,}4-1}{1{,}4}} - 1\right],$$

$$L_{12} = -841{,}22\text{ kJ}\,.$$

Die Veränderung der Atmosphäre erfordert hier

$$p_u(V_2 - V_1) = 1\text{ bar}\,(1{,}635 - 0{,}1)\text{ m}^3 = 153{,}5\text{ kJ}\,,$$

so daß als Arbeit gewinnbar bleiben

$$L_{n12} = (-841{,}22 + 153{,}5)\text{ kJ} = -687{,}72\text{ kJ}\,.$$

Die tiefste Temperatur beträgt nach Gl. (58b):

$$T_{min} = T_1 \left(\frac{p_2}{p_1}\right)^{\frac{\varkappa-1}{\varkappa}} = 293{,}15 \text{ K} \left(\frac{1}{50}\right)^{\frac{1{,}4-1}{1{,}4}},$$

$$T_{min} = 95{,}87 \text{ K}.$$

Die Entropiezunahme beim Abblasen nach Ausgleich der Temperatur ermittelt man, indem man die Entspannung zunächst reversibel isotherm ausgeführt denkt, wobei, wie oben ausgerechnet, 1466 kJ an Arbeit gewonnen werden und diese Arbeit nachträglich durch Reibung in innere Energie verwandelt wird. Dabei ist die Entropiezunahme ($T_u = T_2$)

$$\Delta S = \frac{-L_{n12}}{T_u} = \frac{1466 \text{ kJ}}{293{,}15 \text{ K}} = 5{,}00 \frac{\text{kJ}}{\text{K}}.$$

Hiervon zu unterscheiden ist die Entropiezunahme des Gases

$$\frac{-L_{12}}{T_u} = \frac{1956 \text{ kJ}}{293{,}15 \text{ K}} = 6{,}703 \frac{\text{kJ}}{\text{K}}.$$

Aufgabe 18

Die maximal gewinnbare Arbeit ist durch die Exergie, Gl. (133), gegeben

$$-L_{ex} = U_1 - U_u - T_u(S_1 - S_u) + p_u(V_1 - V_u)$$

$$= mc_v(T_1 - T_u) - T_u \left[mc_p \ln \frac{T_1}{T_u} - mR \ln \frac{p_1}{p_u}\right]$$

$$+ p_u \left[m \frac{RT_1}{p_1} - m \frac{RT_u}{p_u}\right].$$

Es ist
$$c_p = R \frac{\varkappa}{\varkappa - 1} = 0{,}2872 \frac{\text{kJ}}{\text{kg K}} \cdot \frac{1{,}4}{0{,}4} = 1{,}0043 \frac{\text{kJ}}{\text{kg K}},$$

$$c_v = c_p - R = 0{,}7171 \frac{\text{kJ}}{\text{kg K}}.$$

und damit $-L_{ex} = 1 \text{ kg} \cdot 0{,}7171 \frac{\text{kJ}}{\text{kg K}} (400 \text{ K} - 300 \text{ K})$

$$-300 \text{ K} \cdot \left[1 \text{ kg} \cdot 1{,}0043 \frac{\text{kJ}}{\text{kg K}} \ln \frac{400}{300} - 1 \text{ kg} \cdot 0{,}2872 \frac{\text{kJ}}{\text{kg K}} \ln \frac{8}{1}\right]$$

$$+ 1 \text{ bar} \cdot \left[1 \text{ kg} \cdot 0{,}2872 \frac{\text{kJ}}{\text{kg K}} \cdot \frac{400 \text{ K}}{8 \text{ bar}} - 1 \text{ kg} \cdot 0{,}2872 \frac{\text{kJ}}{\text{kg K}} \cdot \frac{300 \text{ K}}{1 \text{ bar}}\right],$$

$$L_{ex} = -92{,}4 \text{ kJ}.$$

Aufgabe 19

a) Nach dem 1. Hauptsatz für offene Systeme Gl. (39a) gilt unter Vernachlässigung der potentiellen Energie und für adiabate Zustandsänderungen mit $w_1 = 0$:

$$P_{12} = \dot{M}\left[h_2 - h_1 + \frac{1}{2} w_2^2\right].$$

Es ist für ideale Gase

$$h_2 - h_1 = c_p(T_2 - T_1)$$

mit
$$c_p = \frac{\varkappa}{\varkappa - 1} R.$$

Eingesetzt in obige Gleichung ergibt

$$P_{12} = \dot{M}\left[\frac{\varkappa}{\varkappa - 1} R(T_2 - T_1) + \frac{1}{2} w_2^2\right]$$

$$= 10 \frac{\text{kg}}{\text{s}} \left[\frac{1,4}{1,4 - 1} \cdot 0,2872 \frac{\text{kJ}}{\text{kg K}} (450 \text{ K} - 800 \text{ K}) + \frac{1}{2} \cdot 10^4 \frac{\text{m}^2}{\text{s}^2}\right],$$

$$P_{12} = -3468,2 \frac{\text{kJ}}{\text{s}} = -3468,2 \text{ kW} = -3,4682 \text{ MW}.$$

b) Für den Exergieverlust adiabater Systeme gilt nach Gl. (141a)

$$L_{v12}^{(ad)} = \int_1^2 T_u \, dS = T_u(S_2 - S_1).$$

Die Entropiedifferenz berechnet man aus

$$s_2 - s_1 = c_p \ln \frac{T_2}{T_1} - R \ln \frac{p_2}{p_1} = 1,0043 \frac{\text{kJ}}{\text{kg K}} \ln \frac{450}{800} - 0,2872 \frac{\text{kJ}}{\text{kg K}} \ln \frac{1,5}{15}$$

$$s_2 - s_1 = 0,0835 \frac{\text{kJ}}{\text{kg K}},$$

$$P_{v12}^{(ad)} = T_u \dot{M}(s_2 - s_1)$$

$$= 300 \text{ K} \cdot 10 \frac{\text{kg}}{\text{s}} \cdot 0,0835 \frac{\text{kJ}}{\text{kg K}},$$

$$P_{v12}^{(ad)} = 250,5 \text{ kW}.$$

Aufgabe 20

a) Für den Exergieverluststrom eines Wärmetauschers gilt nach Tab. 20:

$$P_{v12} = T_u \Phi_{12} \frac{T_1 - T_2}{T_1 T_2}$$

$$= 300 \text{ K} \cdot 1 \text{ MW} \cdot \frac{(360 \text{ K} - 250 \text{ K})}{360 \text{ K} \cdot 250 \text{ K}},$$

$$P_{v12} = 0,367 \text{ MW}$$

b) Exergetischer Wirkungsgrad:

$$\eta = \frac{\text{Summe der abgeführten Exergien}}{\text{Summe der zugeführten Exergien}},$$

worin sich die zu- bzw. abgeführten Exergien aus den Exergien der Stoffströme gemäß Gl. (134), den Exergien der über die Systemgrenzen ausgetauschten Wärmen gemäß Gl. (138) und den an den Systemgrenzen verrichteten technischen Arbeiten zusammensetzen. Die Differenz zwischen zu- und abgeführten Exergien ist der Exergieverlust.

Die vorstehende Definition für den exergetischen Wirkungsgrad η ist sicher vernünftig, da η im günstigsten (reversiblen) Fall den Wert Eins und im ungünstigsten (irreversiblen) Fall den Wert Null erreicht.

Aufgabe 21

Nach Gl. (138) ist

$$-P = \frac{T_1 - T_u}{T_1} \Phi_u = \frac{258{,}15 \text{ K} - 293{,}15 \text{ K}}{258{,}15 \text{ K}} \cdot 35 \text{ kW},$$

$P = 4{,}75$ kW theoretische Leistung.

An das Kühlwasser sind

$$\Phi = \Phi_u \frac{T_u}{T_1} = 39{,}7 \text{ kW}$$

abzuführen. Der benötigte Kühlwasserstrom ist

$$\dot{M} = \frac{\Phi}{c_p \Delta T} = \frac{39{,}7 \text{ kW}}{4{,}186 \text{ kJ/(kg K)} \cdot 7 \text{ K}} = \frac{39{,}7 \text{ (kJ/s)} \cdot 3600 \text{ (s/h)}}{4{,}186 \text{ kJ/(kg K)} \cdot 7 \text{ K}},$$

$\dot{M} = 4877$ kg/h.

Aufgabe 22

a) Der vom Rauchgas abgegebene Wärmestrom Φ_{12} wird von der Luft aufgenommen

$$\Phi_{12} = \dot{M}_R \int_{T_{1R}}^{T_{2R}} c_{pR} \, dT = \dot{M}_L c_{pL} (T_1 - T_u).$$

Hierin ist der vom Rauchgas abgegebene Wärmestrom

$$\dot{M}_R \int_{T_{1R}}^{T_{2R}} c_{pR} \, dT = 10 \frac{\text{kg}}{\text{s}} \int_{800 \text{ K}}^{1200 \text{ K}} \left(1{,}1 \frac{\text{kJ}}{\text{kg K}} + 0{,}5 \cdot 10^{-3} \frac{\text{kJ}}{\text{kg K}^2} \cdot T\right) dT = 6400 \text{ kW}.$$

Damit erhält man

$$T_1 = \frac{6400 \text{ kJ/s}}{10 \text{ kg/s} \cdot 1 \text{ kJ/(kg K)}} + 300 \text{ K} = 940 \text{ K}.$$

b) Der Exergieverlust des adiabat isolierten Lufterhitzers ergibt sich als Produkt aus Umgebungstemperatur und Entropiezunahme [Gl. (141a)]

$$L_V^{(\text{ad})} = T_u \Delta S.$$

Die gesamte Entropieänderung ΔS setzt sich aus der Entropiezunahme der Luft und der Entropieabnahme des Rauchgases zusammen. Die Entropiezunahme der Luft beträgt

$$\dot{M}_L c_{pL} \ln \frac{T_1}{T_u} = 10 \frac{\text{kg}}{\text{s}} \cdot 1 \frac{\text{kJ}}{\text{kg K}} \ln \frac{940}{300} = 11{,}42 \frac{\text{kJ}}{\text{sK}}$$

und die Entropieabnahme des Rauchgases

$$\dot{M}_R \int_{1200 \text{ K}}^{800 \text{ K}} c_{pR} \frac{dT}{T} = 10 \frac{\text{kg}}{\text{s}} \left[1{,}1 \frac{\text{kJ}}{\text{kg K}} \ln \frac{800}{1200} + 0{,}5 \cdot 10^{-3} \frac{\text{kJ}}{\text{kg K}^2} (800 \text{ K} - 1200 \text{ K})\right]$$

$$= -6{,}46 \frac{\text{kJ}}{\text{sK}}.$$

Damit ist der Exergieverlust

$$P_v^{(ad)} = 300 \text{ K} \left(11{,}42 \frac{\text{kJ}}{\text{sK}} - 6{,}46 \frac{\text{kJ}}{\text{sK}}\right) = 1488 \text{ kW}.$$

Aufgabe 23

a) Durch das Rühren erhöht sich die innere Energie und damit die Temperatur der Flüssigkeit. Die Temperatur T_1 nach dem Rühren ergibt sich aus dem ersten Hauptsatz

$$L_{1u} = m(u_1 - u_u) = mc(T_1 - T_u)$$

zu

$$T_1 = \frac{L_{1u}}{mc} + T_u = \frac{0{,}2 \text{ kWh} \cdot 3600 \text{ kJ/kWh}}{5 \text{ kg} \cdot 0{,}8 \text{ kJ/(kg K)}} + 300 \text{ K} = 480 \text{ K}.$$

Die Entropie der Flüssigkeit nimmt hierbei für den isochoren Vorgang nach Gl. (111a) um

$$S_1 - S_u = mc \ln \frac{T_1}{T_u} = 5 \text{ kg} \cdot 0{,}8 \frac{\text{kJ}}{\text{kg K}} \ln \frac{480}{300} = 1{,}88 \frac{\text{kJ}}{\text{K}}$$

zu, infolgedessen ist der Vorgang irreversibel.

b) Die zugeführte Energie wird vollständig dissipiert, so daß bestenfalls die Exergie der zugeführten Energie nach Gl. (140) wieder gewinnbar ist

$$-L_{ex} = \int_{T_u}^{T_1} \left(1 - \frac{T_u}{T}\right) d\Psi = \int_{T_u}^{T_1} \left(1 - \frac{T_u}{T}\right) mc \, dT,$$

$$-L_{ex} = mc(T_1 - T_u) - T_u mc \ln \frac{T_1}{T_u} = L_{1u} - T_u(S_1 - S_u),$$

$$-L_{ex} = 0{,}2 \text{ kWh} \cdot 3600 \text{ kJ/kWh} - 300 \text{ K} \cdot 1{,}88 \text{ kJ/K} = 156 \text{ kJ},$$

$$L_{ex} = -0{,}043 \text{ kWh}.$$

Aufgabe 24

a) Die innere Energie des adiabaten Behälters besteht aus der Summe der inneren Energie der beiden Kammern und bleibt konstant. Infolgedessen hat nach Entfernen der Trennwand die innere Energie der einen Kammer um den gleichen Anteil zugenommen, wie die der anderen abgenommen hat.

$$m'c_v'(T_1' - T_m) = -m''c_v''(T_1'' - T_m).$$

Daraus erhält man die Endtemperatur

$$T_m = \frac{m'c_v'T_1' + m''c_v''T_1''}{m'c_v' + m''c_v''} = \frac{m'T_1' + m''T_1''}{m' + m''},$$

$$T_m = \frac{18 \text{ kg} \cdot 294 \text{ K} + 30 \text{ kg} \cdot 530 \text{ K}}{18 \text{ kg} + 30 \text{ kg}} = 441{,}5 \text{ K}.$$

Den Enddruck erhält man aus der thermischen Zustandsgleichung idealer Gase zu

$$p = \frac{(m' + m'') R T_m}{V' + V''} = \frac{(18 \text{ kg} + 30 \text{ kg}) \cdot 0{,}189 \text{ kJ/(kg K)} \cdot 441{,}5 \text{ K}}{10 \text{ m}^3 + 3 \text{ m}^3},$$

$$p = 3{,}08 \text{ bar}.$$

b) Nach Entfernen der Trennwand hat sich die Entropie des einen Gases geändert um

$$\Delta S' = m' \left[c_v' \ln \frac{T_m}{T_1'} + R' \ln \frac{V' + V''}{V'} \right]$$

$$= 18 \text{ kg} \left[0{,}7 \frac{\text{kJ}}{\text{kg K}} \ln \frac{441{,}5 \text{ K}}{294 \text{ K}} + 0{,}189 \frac{\text{kJ}}{\text{kg K}} \ln \frac{10 \text{ m}^3 + 3 \text{ m}^3}{10 \text{ m}^3} \right],$$

$$\Delta S' = 6{,}02 \frac{\text{kJ}}{\text{K}},$$

die des anderen um

$$\Delta S'' = m'' \left[c_v'' \ln \frac{T_m}{T_1''} + R' \ln \frac{V' + V''}{V''} \right]$$

$$= 30 \text{ kg} \left[0{,}7 \frac{\text{kJ}}{\text{kg K}} \ln \frac{441{,}5 \text{ K}}{530 \text{ K}} + 0{,}189 \frac{\text{kJ}}{\text{kg K}} \ln \frac{10 \text{ m}^3 + 3 \text{ m}^3}{3 \text{ m}^3} \right],$$

$$\Delta S'' = 4{,}48 \frac{\text{kJ}}{\text{K}}.$$

Die Entropie des adiabaten Gesamtsystems hat somit um

$$\Delta S = \Delta S' + \Delta S'' = 10{,}50 \text{ kJ/K}$$

zugenommen. Somit ist die Mischung irreversibel.
Der Exergieverlust berechnet sich nach Gl. (141) als Produkt aus Entropiezunahme und Umgebungstemperatur

$$L_V = T_u \, \Delta S = 293{,}15 \text{ K} \cdot 10{,}50 \text{ kJ/K} = 3078 \text{ kJ}.$$

Aufgabe 25

Aus den Dampftabellen und dem h,s-Diagramm ergeben sich als zugeführte Wärmen:

im Vorwärmer $12{,}7 \cdot 10^6$ kJ/h = 3,52 MW,
im Kessel $39{,}2 \cdot 10^6$ kJ/h = 10,9 MW und
im Überhitzer $10{,}3 \cdot 10^6$ kJ/h = 2,87 MW.

Aufgabe 26

Das spezifische Volum des Dampfes ist 0,01413 m³/kg. Im Kessel sind 37,25 kg Dampf und 962,75 kg Wasser. Die Enthalpie des Dampfes ist 100090 kJ, die des Wassers 1 440 000 kJ.

Aufgabe 27

Es müssen 998 kJ zugeführt werden, wobei der Dampfgehalt auf $x = 0{,}986$ steigt.

Aufgabe 28

Es müssen $1{,}23 \cdot 10^6$ kJ zugeführt werden, wobei 12,9 kg Wasser verdampfen.

Aufgabe 29

Aus dem h,s-Diagramm erhält man eine Endtemperatur von 100 °C, einen Dampfgehalt von 0,899. Bei Expansion bis 6,2 bar wäre der Dampf gerade trocken gesättigt. Die Expansionsarbeit bei Entspannung bis auf 1 bar ist 495 kJ oder 495000 Nm je kg Dampf.

Aufgabe 30

Der Wassergehalt ist 5,3%. Die Entropiezunahme ist 1,285 kJ/(kg K) und der Exergieverlust 376,6 kJ/kg.

Aufgabe 31

Die Temperatur und den Druck am Tripelpunkt erhält man als Schnittpunkt der gegebenen Dampfdruckkurven.

$$12{,}665 - \frac{3023{,}3 \text{ K}}{T_{tr}} = 16{,}407 - \frac{3754 \text{ K}}{T_{tr}},$$

$$T_{tr} = \frac{3754 - 3023{,}3}{16{,}407 - 12{,}665} \text{ K},$$

$$T_{tr} = 195{,}27 \text{ K}.$$

Einsetzen in die erste Gleichung ergibt für den Druck

$$\frac{p_{tr}}{1 \text{ bar}} = \exp\left[12{,}665 - \frac{3023{,}3 \text{ K}}{T_{tr}}\right],$$

$$p_{tr} = 0{,}0597 \text{ bar}.$$

Die Verdampfungsenthalpie ist nach der Gleichung von Clausius-Clapeyron, Gl. (153):

$$r = (v'' - v')\, T_{tr} \left(\frac{dp}{dT}\right)_{tr}.$$

Das spezifische Volum des gesättigten Dampfes darf man bei dem niedrigen Druck des Tripelpunktes aus $v'' = RT/p$ berechnen:

$$v'' = \frac{0{,}4882 \text{ kJ/(kg K)} \cdot 195{,}27 \text{ K}}{0{,}0597 \text{ bar}} = 15{,}96 \frac{\text{m}^3}{\text{kg}}.$$

Weiter folgt aus der Gleichung der Dampfdruckkurve:

$$\left(\frac{dp}{dT}\right)_{tr} = \exp\left[12{,}665 - \frac{3023{,}3}{195{,}27}\right] 3023{,}3 \text{ K} \cdot \frac{1}{195{,}27^2 \text{ K}^2} \text{ bar},$$

$$\left(\frac{dp}{dT}\right)_{tr} = 0{,}4737 \cdot 10^{-2} \frac{\text{bar}}{\text{K}}.$$

Nach Einsetzen der Werte in die Gleichung von Clausius-Clapeyron erhält man die Verdampfungsenthalpie:

$$r = 1476{,}2 \frac{\text{kJ}}{\text{kg}}.$$

Für die Sublimationsenthalpie gilt:

$$\Delta h_s = T_{tr}(v'' - v''') \left(\frac{dp}{dT}\right)_{tr},$$

mit

$$\left(\frac{dp}{dT}\right)_{tr} = \exp\left[16{,}407 - \frac{3754}{195{,}27}\right] 3754 \text{ K} \cdot \frac{1}{195{,}27^2 \text{ K}^2} \text{ bar},$$

$$\left(\frac{dp}{dT}\right)_{tr} = 0{,}5882 \cdot 10^{-2} \frac{\text{bar}}{\text{K}},$$

$$\Delta h_s = 1833{,}0 \frac{\text{kJ}}{\text{kg}}.$$

Aufgabe 32

a) Van-der-Waalssche Gleichung:
Die Gleichung der Boyle-Kurve für das van-der-Waalssche Gas ergibt sich folgendermaßen:
Für Gl. (171) kann man schreiben:

$$p_r v_r = \frac{8 T_r v_r}{3 v_r - 1} - \frac{3}{v_r}.$$

Auf der Boyle-Kurve haben die Isothermen waagerechte Tangenten, und es gilt dort

$$\left(\frac{\partial (p_r v_r)}{\partial p_r}\right)_{T_r} = \left[\frac{\partial}{\partial v_r}\left(\frac{8 T_r v_r}{3 v_r - 1} - \frac{3}{v_r}\right)\right]_{T_r} \left(\frac{\partial v_r}{\partial p_r}\right)_{T_r} = 0.$$

Da $\left(\dfrac{\partial v}{\partial p_r}\right)_{T_r}$ die Kompressibilität bedeutet, die stets von 0 verschieden ist, gilt für die Boyle-Kurve des Van-der-Waals-Gases

$$\left[\frac{\partial}{\partial v_r}\left(\frac{8 T_r v_r}{3 v_r - 1} - \frac{3}{v_r}\right)\right]_{T_r} = 0,$$

differenziert:

$$-\frac{8 T_r}{(3 v_r - 1)^2} + \frac{3}{v_r^2} = 0.$$

Mit Hilfe von Gl. (171) erhält man schließlich die Gleichung für die Boyle-Kurve:

$$(p_r v_r)^2 - 9(p_r v_r) + 6 p_r = 0.$$

Inversionskurve in Amagat-Koordinaten:
Für die adiabate Drosselung gilt auf der Inversionskurve (s. S. 237)

$$\left(\frac{\partial h}{\partial p}\right)_T = 0$$

oder mit Gl. (208a)

$$\left(\frac{\partial h}{\partial p}\right)_T = -\left[T\left(\frac{\partial v}{\partial T}\right)_p - v\right] = 0.$$

Die Bedingung für die Inversionskurve lautet demnach in normierter Form

$$\left(\frac{\partial v_r}{\partial T_r}\right)_{p_r} = \frac{v_r}{T_r}.$$

Angewandt auf Gl. (171) ergibt sich schließlich die Gleichung der Inversionskurve zu

$$(p_r v_r)^2 - 18(p_r v_r) + 9 p_r = 0.$$

b) Gleichung von Dieterici:
Die normierte Form der Gleichung von Dieterici, Gl. (180), erhält man auf gleiche Weise wie die von van der Waals. Für die Konstanten ergibt sich (vgl. Aufgabe 33b):

$$a = e_k^2 v_k^2 p_k; \qquad b = \frac{v_k}{2}; \qquad R = \frac{e^2}{2}\frac{p_k v_k}{T_k}.$$

Die Gleichung lautet damit

$$\left(p_r \, e^{2\left(\frac{1}{v_r T_r}-1\right)}\right)(2v_r - 1) = T_r.$$

Analog zu Teilaufgabe a) ergibt sich in Amagat-Koordinaten für die Boyle-Kurve

$$p_r v_r \, e^{\left(\frac{p_r}{2p_r v_r - p_r} - 2\right)} - 2 = 0$$

und für die Inversionskurve

$$p_r v_r \, e^{\left[\frac{p_r}{2(2p_r v_r - p_r)} - 2\right]} - 4 = 0.$$

Aufgabe 33

Für den Wendepunkt mit waagerechter Tangente einer Isotherme im p,v-Diagramm gilt:

$$\left(\frac{\partial p}{\partial v}\right)_T = 0 \quad \text{und} \quad \left(\frac{\partial^2 p}{\partial v^2}\right)_T = 0.$$

a) Gleichung von Berthelot:
aus Gl. (179) folgt für den kritischen Punkt

$$p_k = \frac{RT_k}{v_k - b} - \frac{a}{T_k v_k^2}$$

und

$$\left(\frac{\partial p}{\partial v}\right)_{T_k} = -\frac{RT_k}{(v_k - b)^2} + \frac{2a}{T_k v_k^3} = 0,$$

$$\left(\frac{\partial^2 p}{\partial v^2}\right)_{T_k} = \frac{2RT_k}{(v_k - b)^3} - \frac{6a}{T_k v_k^4} = 0,$$

und die Konstanten a, b und R errechnen sich zu:

$$a = 3 p_k v_k^2 T_k,$$

$$b = \frac{v_k}{3},$$

$$R = \frac{8}{3} \frac{p_k v_k}{T_k} = 2{,}667 \frac{p_k v_k}{T_k}.$$

b) Gleichung von Dieterici:
aus Gl. (180) folgt für den kritischen Punkt:

$$p_k = \frac{RT_k}{v_k - b} \, e^{-\frac{a}{v_k RT_k}}$$

und:

$$\left(\frac{\partial p}{\partial v}\right)_{T_k} = -\frac{RT_k}{(v_k - b)^2} e^{-\frac{a}{v_k RT_k}} + \frac{a}{v_k^2(v_k - b)} e^{-\frac{a}{v_k RT_k}} = 0,$$

$$\left(\frac{\partial^2 p}{\partial v^2}\right)_{T_k} = \frac{2RT_k}{(v_k - b)^3} e^{-\frac{a}{v_k RT_k}} - \frac{2a}{v_k^2(v_k - b)^2} e^{-\frac{a}{v_k RT_k}}$$

$$- \frac{2a}{v_k^3(v_k - b)} e^{-\frac{a}{v_k RT_k}} + \frac{a^2(RT_k)^{-1}}{v_k^4(v_k - b)} e^{-\frac{a}{v_k RT_k}} = 0.$$

Daraus folgt:

$$-\frac{RT_k}{(v_k - b)^2} + \frac{a}{v_k^2(v_k - b)} = 0,$$

$$\frac{2RT_k}{(v_k - b)^3} - \frac{2a}{v_k^2(v_k - b)^2} - \frac{2a}{v_k^3(v_k - b)} + \frac{a^2(RT_k)^{-1}}{v_k^4(v_k - b)} = 0.$$

Nach einigen algebraischen Umformungen und Zusammenfassung ergibt sich

$$a = e^2 v_k^2 p_k = 7{,}389 v_k^2 p_k,$$

$$b = \frac{v_k}{2},$$

$$R = \frac{e^2}{2} \frac{p_k v_k}{T_k} = 3{,}695 \frac{p_k v_k}{T_k}.$$

c) Gleichung von Redlich-Kwong:
aus Gl. (181) folgt für den kritischen Punkt

$$p_k = \frac{RT_k}{v_k - b} - \frac{a}{T_k^{0,5} v_k(v_k + b)}$$

und

$$\left(\frac{\partial p}{\partial v}\right)_{T_k} = -\frac{RT_k}{(v_k - b)^2} + \frac{a[(v_k + b) + v_k]}{T_k^{0,5} v_k^2(v_k + b)^2} = 0$$

$$\left(\frac{\partial^2 p}{\partial v^2}\right)_{T_k} = \frac{2RT_k}{(v_k - b)^3} + \frac{a}{T_k^{0,5}} \frac{2v_k(v_k + b) - 2(2v_k + b)^2}{v_k^3(v_k + b)^3} = 0.$$

Nach einigem Umformen lassen sich für a und b zwei Gleichungen angeben:

$$b^3 + 3v_k b^2 + 3v_k^2 b - v_k^3 = 0$$

und

$$a = p_k T_k^{0,5} \frac{v_k^2(v_k + b)^2}{v_k^2 - 2v_k b - b^2}$$

Als Lösung erhält man

$$b = 0{,}2599 v_k, \qquad a = 3{,}847 p_k T_k^{0,5} v_k^2$$

und damit

$$R = 3 \frac{p_k v_k}{T_k}.$$

Aufgabe 34

Die spezifische Enthalpie h läßt sich aus dem spezifischen Volum v ableiten mit Hilfe der thermodynamischen Beziehung [Gl. (207)].

$$\left(\frac{\partial h}{\partial p}\right)_T = -T\left(\frac{\partial v}{\partial T}\right)_p + v = -T^2\left(\frac{\partial\left(\frac{v}{T}\right)}{\partial T}\right)_p.$$

Die erweiterte Kochsche Zustandsgleichung in dimensionsloser Form lautet (S. 243) mit $v = v_1 v_B$ und $v_1 = 1 \text{ m}^3/\text{kg}$

$$v_B = \frac{\bar{R}T_r}{p_r} - \frac{A - E(c - p_r)T_r^{2\cdot 2,82}}{T_r^{2,82}} - \left[\frac{B - (d\cdot p_r - T_r^3)D\cdot p_r}{T_r^{14}} + \frac{C}{T_r^{32}}\right]p_r^2 - (1 - ep_r)FT_r.$$

Wir schreiben Gl. (207)

$$\left(\frac{\partial h}{\partial p_r}\right)_{T_r} = -T_r^2\left(\frac{\partial\left(\frac{v_B}{T_r}\right)}{\partial T_r}\right)_{p_r} p_k v_1.$$

Durch Einsetzen von v_B aus der erweiterten Kochschen Zustandsgleichung und Integration ergibt sich

$$h = h_0 - p_k v_1 \left[\left(\frac{3{,}82A}{T_r^{2,82}} + 1{,}82E\left(c - \frac{p_r}{2}\right)T_r^{2,82}\right)p_r \right.$$
$$\left. + \left(\frac{5B - 3(d\cdot p_r - T_r^3)Dp_r}{T_r^{14}} + \frac{11C}{T_r^{32}}\right)p_r^3\right],$$

in dieser Gleichung ist

$$h_0 = r_0 + 0{,}1474 \text{ kJ/kg} + \int_{273,15\text{K}}^{T} c_{p_0}\, dT$$

die Enthalpie des Dampfes im Zustand des vollkommenen Gases mit $r_0 = 2500$ kJ/kg.
Entropie:
In Kap. V, 4.6 ist die Gl. (199)

$$\left(\frac{\partial s}{\partial p}\right)_T = -\left(\frac{\partial v}{\partial T}\right)_p$$

abgeleitet. In dimensionslosen Koordinaten p_r und T_r schreibt sich diese Gleichung in der Form

$$\left(\frac{\partial s}{\partial p_r}\right)_{T_r} = -\left(\frac{\partial v_B}{\partial T_r}\right)_{p_r} \frac{p_k v_1}{T_k}$$

Durch Einsetzen von v_B aus der erweiterten Kochschen Zustandsgleichung und Integration ergibt sich:

$$s = s_0 - \frac{p_k v_1}{T_k}\bar{R}\ln\frac{p}{p_0} - \frac{p_k v_1}{T_k}\left\{\left[\frac{2{,}82A}{T_r^{3,82}} + 2{,}82E\left(c - \frac{p_r}{2}\right)T_r^{1,82} - F\left(1 - e\frac{p_r}{2}\right)\right]p_r \right.$$
$$\left. + \left[\frac{\frac{14}{3}B - \left(\frac{14}{5}p_r\cdot d - \frac{11}{4}T_r^3\right)Dp_r}{T_r^{15}} + \frac{32\,C}{3T_r^{33}}\right]p_r^3\right\}$$

mit der Integrationskonstanten

$$s_0 = \frac{r_0}{273{,}15 \text{ K}} + 0{,}00042 \frac{\text{kJ}}{\text{kg K}} + \int_{273{,}15\text{K}}^{T} c_{p_0} \frac{dT}{T}.$$

Aufgabe 35

Die Gleichung von Benedict, Webb und Rubin lautet für $Z = 1$

$$0 = \left(B_0 - \frac{A_0}{RT} - \frac{e}{RT^3}\right)\frac{1}{\bar{V}} + \left(b - \frac{a}{RT}\right)\frac{1}{\bar{V}^2}$$

$$+ \left(a\frac{\alpha}{RT}\right)\frac{1}{\bar{V}^5} + \left(\frac{c}{RT^3}\right)[(1 + \gamma\bar{V}^{-2})/\bar{V}^2]\,e^{-\gamma\bar{V}^{-2}}.$$

Aufgabe 36

Man bestimmt zunächst den günstigsten Wert für den Zwischendruck wie folgt: Bei polytroper Kompression und für $n = \varkappa$ auch bei adiabater ist die Summe der Arbeiten beider Stufen

$$L = mRT_1 \frac{n}{n-1}\left[\left(\frac{p_x}{p_1}\right)^{\frac{n-1}{n}} - 1\right] + mRT_1 \frac{n}{n-1}\left[\left(\frac{p_2}{p_x}\right)^{\frac{n-1}{n}} - 1\right]$$

oder

$$L = mRT_1 \frac{n}{n-1}\left[\left(\frac{p_x}{p_1}\right)^{\frac{n-1}{n}} + \left(\frac{p_2}{p_x}\right)^{\frac{n-1}{n}} - 2\right].$$

Hierin muß p_x so gewählt werden, daß der von p_x abhängige Ausdruck

$$\left(\frac{p_x}{p_1}\right)^{\frac{n-1}{n}} + \left(\frac{p_2}{p_x}\right)^{\frac{n-1}{n}}$$

ein Minimum wird. Wir führen zur Vereinfachung $(n - 1)/n = z$ ein, differenzieren nach p_x und setzen das Ergebnis gleich Null, dann wird

$$\frac{z p_x^{z-1}}{p_1^z} - \frac{z p_2^z}{p_x^{z+1}} = 0$$

oder

$$p_x^{2z} = p_1^z p_2^z \quad \text{oder} \quad \frac{p_x}{p_1} = \frac{p_2}{p_x}.$$

Die Arbeitsersparnis durch zweistufige Kompression ist also dann am größten, wenn beide Stufen dasselbe Druckverhältnis haben. Damit wird auch die Arbeit beider Stufen gleich, was für die Konstruktion von Vorteil ist. Bei drei- und mehrstufigen Verdichtern müssen dementsprechend die Druckverhältnisse aller Stufen gleich sein.

Aufgabe 37

Als Zwischendruck ergibt sich für diese Aufgabe:

$$p_m = \sqrt{1 \text{ bar} \cdot 40 \text{ bar}} = 6{,}32 \text{ bar}.$$

Lösungen der Übungsaufgaben

Die angesaugte Luftmenge ist 121 kg/h, die Leistung der ersten Stufe

$$230 \cdot 10^5 \text{ J/h} = 6,39 \text{ kW},$$

die der zweiten $258 \cdot 10^5$ J/h = 7,17 kW, Wärmeabfuhr im Niederdruckzylinder 4423 kJ/h, im Zwischenkühler $1,432 \cdot 10^4$ kJ/h und im Hochdruckzylinder 4958 kJ/h. Lufttemperatur beim Verlassen des Hochdruckzylinders 221 °C, Hubvolum des Niederdruckzylinders 6,17 l, des Hochdruckzylinders 1,09 l.

Aufgabe 38

$$p_2 = 21{,}67 \text{ bar}, \quad t_2 = 433 \text{ °C}, \quad t_3 = 704 \text{ °C}, \quad p_4 = 1{,}38 \text{ bar}, \quad t_4 = 133 \text{ °C}.$$

Wärmezufuhr $Q = 0{,}521$ kJ je Hub, Wärmeabfuhr $|Q_0| = 0{,}216$ kJ je Hub, Arbeit $|L| = 0{,}304$ kJ je Hub.

Aufgabe 39

$p_2 = 40{,}2$ bar, $t_2 = 713$ °C, $p_3 = 40{,}2$ bar, $t_3 = 1699$ °C, $p_4 = 2{,}64$ bar, $t_4 = 632$ °C, Wärmezufuhr $Q = 14{,}08$ kJ je Hub, Wärmeabfuhr $|Q_0| = 5{,}74$ kJ je Hub. Arbeit 8,34 kJ je Hub. Theoretische Leistung bei 250 min^{-1} 34,8 kW.

Aufgabe 40

Nach Abb. 129 ist die zugeführte Wärme

$$c_v(T_{2'} - T_2) + c_p(T_{3'} - T_{2'}),$$

die abgeführte

$$c_v(T_4 - T_1),$$

damit wird

$$\eta = 1 - \frac{c_v(T_4 - T_1)}{c_v(T_{2'} - T_2) + c_p(T_{3'} - T_{2'})}$$

$$= 1 - \frac{T_4/T_1 - 1}{T_{2'}/T_1 - T_2/T_1 + \varkappa(T_{3'}/T_1 - T_{2'}/T_1)},$$

wegen

$$\frac{T_4}{T_1} = \frac{T_3}{T_2} \quad \text{und} \quad \frac{T_{2'}}{T_2} = \frac{p_{2'}}{p_2} = \psi$$

folgt

$$\eta = 1 - \frac{(T_3/T_{2'})(T_{2'}/T_2) - 1}{T_2/T_1[\psi - 1 + \varkappa\psi(T_3/T_{2'} - 1)]},$$

woraus sich nach Einsetzen von $T_3/T_{2'} = \varphi$ und $T_2/T_1 = \varepsilon^{\varkappa - 1}$ sofort Gl. (242) ergibt.

Aufgabe 41

Die je Umdrehung der Stirling-Maschine aufzubringende Arbeit errechnet sich zu 1500 J.
Mit den gegebenen Temperaturen von 800 °C und 20 °C sowie dem Kompressionsverhältnis von 0,5 l zu 3 l erhält man aus Gl. (234) eine für diese Arbeit notwendige Gasmenge von $3{,}74 \cdot 10^{-3}$ kg. Diese Gasmenge steht im expandierten Zustand im kalten Zylinder unter einem Druck von 1,049 bar und erreicht nach isothermer Kompression und isochorer Erwärmung den maximalen Druck von 23,04 bar. Den Wirkungsgrad des Prozesses liefert Gl. (235) zu $\eta_{\text{th}} = 0{,}727$.

Aufgabe 42

Nach den Dampftabellen ist die Enthalpie des Speisewassers 136,11 kJ/kg, nach dem h,s-Diagramm die des überhitzten Dampfes 3240,7 kJ/kg; im Kessel und Überhitzer müssen also $3104,6 \cdot 10^4$ kJ/h zugeführt werden. Das adiabate Wärmegefälle bei Entspannung auf 0,05 bar beträgt nach dem h,s-Diagramm 1100,7 kJ/kg. Da die Turbine aber nur einen Wirkungsgrad von 80% hat, werden dem Dampf nur $0,80 \cdot 1100,7$ kJ/kg entzogen, so daß er mit einer Enthalpie von 2360,1 kJ/kg entsprechend einem Dampfgehalt von 0,918 in den Kondensator gelangt, dort müssen (2360,1 — 136,1) kJ/kg entzogen werden, um ihn zu kondensieren. Die Leistung an der Turbinenwelle ist $0,95 \cdot 0,80 \cdot 1100,7 \cdot 10^4$ kJ/h = 2323,7 kW.

Der Dampfverbrauch ist 4,30 kg/kWh, der Wärmeverbrauch $1,336 \cdot 10^4$ kJ/kWh.

Aufgabe 43

Aus dem h, s-Diagramm ergibt sich für den Clausius-Rankine-Prozeß ein Wirkungsgrad $\eta_{th} = 0,407$ bei einem Enddampfgehalt von $x = 0,725$, bei zweimaliger Zwischenüberhitzung ist $\eta_{th} = 0,417$ und $x = 0,947$.

Aufgabe 44

Je kg Dampf werden zugeführt: im Kessel 2593,3 kJ, im ersten Überhitzer 366,7 kJ, im zweiten Überhitzer 549,1 kJ. Im Kondensator werden abgeführt 2451,0 kJ. Der thermische Wirkungsgrad ist $\eta_{th} = 0,317$, die Arbeit je kg Dampf beträgt 1114,1 kJ. Durch eine Turbine anstelle der Drosselung vom kritischen Druck auf 100 bar werden an Arbeit mehr gewonnen 93,5 kJ/kg oder 8,4%.

Aufgabe 45

Wasserdampf von 150 bar und 500 °C besitzt nach VDI-Dampftafel (bzw. Dampftafel S. 460) eine spezifische Enthalpie von 3310,6 kJ/kg und eine spezifische Entropie von 6,3487 kJ/kgK.

Bei der reversibel adiabaten Entspannung auf 25 bar werden 461,6 kJ/kg in der Dampfturbine in Arbeit verwandelt. Der entspannte Dampf strömt mit einer spezifischen Enthalpie von 2849,0 in den Kältemittel-Wasserdampf-Wärmetauscher und wird dort durch Abgabe seiner Überhitzungs- und Verdampfungsenthalpie isobar gerade vollständig kondensiert. Nach VDI Wasserdampftafel (bzw. in Dampftafel S. 453 interpoliert) hat das Kondensat eine spezifische Enthalpie von 961,3 kJ/kg, und damit stehen je kg Wasser zur Erwärmung, Verdampfung und Überhitzung des Kältemittels Chlordifluormethan (2849,0 — 961,3) = 1887,7 kJ zur Verfügung. Je kg Kältemittel muß im Wärmetauscher eine Wärme von 262,3 kJ zugeführt werden.

Das Massenstromverhältnis Wasserdampf zu Kältemittel ergibt sich aus dem Erhaltungssatz für die Energie im Wärmetauscher zu

$$\frac{1887,7 \text{ kJ/kg H}_2\text{O}}{262,3 \text{ kJ/kg KM}} = 7,20 \frac{\text{kg KM}}{\text{kg H}_2\text{O}}$$

Der Kältemitteldampf gibt bei der reversibel adiabaten Entspannung eine spezifische Arbeit von 33 kJ/kg ab.

Die Leistungsverteilung auf Wasserdampf- und Kältemittelturbine ergibt sich aus dem Massenstromverhältnis und der spezifischen reversiblen adiabaten Arbeit jedes der Stoffe. Die H_2O-Dampfturbine gibt eine Leistung von 330,1 MW, die Kältemitteldampfturbine eine von 169,9 MW ab. Der theoretische Wirkungsgrad der Anlage beträgt $\eta = 0,3$.

Die H_2O-Turbine verläßt ein Volumstrom von $60,23 \frac{\text{m}^3}{\text{s}}$, die Kältemittelturbine einer von $133,87 \frac{\text{m}^3}{\text{s}}$.

Hätte man den Kältemittelprozeß nicht nachgeschaltet, sondern die H$_2$O-Turbine für die gesamte Leistung von 500 MW herangezogen, so ergäbe sich bei einem Kondensatordruck von 0,04 bar am Abdampfstutzen ein Volumstrom von 9155,1 $\frac{m^3}{s}$, also ein um den Faktor 68 größerer Wert als bei der Kältemittelturbine. Das bedeutet, daß der Durchmesser des Abdampfstutzens der Kältemittelturbine bei gleichen Strömungsgeschwindigkeiten rund 8mal kleiner sein kann als der einer H$_2$O-Niederdruckturbine.

Aufgabe 46

Die Schmelzenthalpie des Eises ist rund 333,5 kJ/kg; um stündlich 500 kg Eis von 0 °C aus Wasser von 20 °C herzustellen, braucht man eine Kälteleistung von 58 kW.
Der Kälteprozeß entspricht grundsätzlich der Abb. 148, deren Beziehungen wir benutzen. Den Dampftabellen für Ammoniak entnimmt man

bei $t = -10$ °C Sättigungstemperatur:

$$p_0 = 2{,}91 \text{ bar}, \quad v_0'' = 0{,}418 \text{ m}^3/\text{kg}, \quad h_0' = 315{,}9 \text{ kJ/kg}, \quad h_0'' = 1692 \text{ kJ/kg},$$

$$r_0 = 1296 \text{ kJ/kg}, \quad s_0' = 5{,}526 \text{ kJ/kg K}, \quad s_0'' = 10{,}45 \text{ kJ/kg K};$$

bei 10 bar Sättigungsdruck:

$$t_s = 24{,}9 \text{ °C}, \quad h' = 479{,}0 \text{ kJ/kg}, \quad h'' = 1645 \text{ kJ/kg};$$

für flüssiges Ammoniak bei +15 °C entsprechend der Unterkühlung in Punkt 5 ist $h_5' = 432{,}0$ kJ/kg. In Punkt 1 bei $x_1 = 0{,}98$ bar ist $h_1 = h_0' + x_1 \cdot r_0 = 1586$ kJ/kg, in Punkt 8 ist $h_s = h_5' = 432{,}0$ kJ/kg, daraus folgt die Kälteleistung $h_1 - h_s = 1154$ kJ/kg.
Es müssen also stündlich 180,9 kg Ammoniak verdichtet werden. Der Dampfgehalt bei 8 am Ende der Drosselung folgt aus $h_0' + x_s \cdot r_0 = h_5'$ zu $x_s = 0{,}0896$. Bei der Kompression überhitzt sich der Dampf. Aus dem Mollier-Diagramm für Ammoniak findet man auf einer Linie konstanter Entropie vom Punkt 1 bis zur Isobaren 10 bar gehend: $h_2 - h_1 = 170$ kJ/kg. Wenn aus dem Diagramm Enthalpiedifferenzen abgegriffen werden, sind die Unterschiede in den Enthalpienullpunkten von Tabelle und Diagramm bedeutungslos. Die Arbeit je kg Ammoniak wird dann 227 kJ und $h_2 = 1813$ kJ/kg. An das Kühlwasser sind 69,4 kW abzugeben. Die Leistungsziffer $\varepsilon = \dfrac{h_1 - h_s}{h_2 - h_1} = 5{,}08$. Beim Carnot-Prozeß zwischen -10 °C und 24,9 °C wäre $\varepsilon = 7{,}54$. Der Leistungsbedarf des Kompressors ist 14,3 kW. Das Hubvolum bei einem spezifischen Volum $v_1 = 0{,}41$ m^3/kg und einem Liefergrad $\lambda = 0{,}9$ ist 2,746 l.

Aufgabe 47

Mit einer Dichte der Luft von $\varrho = 0{,}927$ kg/m^3 wird nach Gl. (268) $w = 79{,}7$ m/s.

Aufgabe 48

Das Sicherheitsventil muß die ganze Dampferzeugung abführen können. Der Gegendruck ist kleiner als der kritische, dann ergibt sich der notwendige Querschnitt aus Gl. (290) mit $\psi_{max} = 0{,}472$ und $v_0 = 0{,}1451$ m^3/kg für Sattdampf zu $A_s = 12{,}93$ cm^2. Wegen der Strahleinschnürung, deren Größe von der Formgebung des Ventils abhängt, muß man hierauf noch einen Zuschlag machen.

Aufgabe 49

Aus Gl. (275) ergibt sich mit 19,62 mbar, $\alpha = 0{,}648$ und $\varrho = 0{,}517$ kg/m^3 nach den Dampftafeln
$$\dot{M} = 0{,}648 \cdot 2{,}83 \cdot 10^{-3} \text{ m}^2 \sqrt{2 \cdot 0{,}517 \text{ kg/m}^3 \cdot 19{,}62 \cdot 10^2 \text{ kg/(s}^2\text{m)}} = 0{,}0826 \text{ kg/s}$$
$= 297{,}36$ kg/h.

Aufgabe 50

Für den Zustand im engsten Querschnitt liefert Gl. (290) bei einem spez. Volum des Dampfes $v_0 = 0{,}288$ m³/kg und $\psi_{max} = 0{,}472$ den Dampfstrom $\dot M = 0{,}391$ kg/s. Im engsten Querschnitt ist $p_s = 5{,}46$ bar, $t_s = 268{,}8$ °C, $v_s = 0{,}458$ m³/kg, $w_s = 570{,}2$ m/s. Im geraden Rohrstück ist $\psi = \psi_{max} d_s^2/d_2^2 = 0{,}118$. Den zugehörigen Druck erhält man durch Probieren aus Gl. (282) zu $p_2 = 9{,}86$ bar; die Adiabatengleichung ergibt dort $v_2 = 0{,}291$ m³/kg sowie $t_2 = 348$ °C und damit liefert die Kontinuitätsgleichung (258) die Geschwindigkeit $w_2 = 90{,}5$ m/s. Im Austrittsquerschnitt wird $\psi_e = \psi_{max} d_s^2/d_e^2 = 0{,}0755$. Durch Probieren aus Gl. (282) erhält man $p_e = 0{,}187$ bar und aus Gl. (279) $w_e = 1224{,}6$ m/s. Hierbei ist angenommen, daß der Dampf nicht kondensiert.

Aufgabe 51

Wenn die Temperatur des Gases im Behälter durch Wärmeabfuhr auf T_0 gehalten wird, gilt nach Einströmen der Luftmenge m für den Druck p im Behälter $pV = mRT_0$ und für die Änderung in der Zeit z gilt

$$\frac{dp}{dz}\frac{V}{RT_0} = \frac{dm}{dz} = \dot M,$$

wobei

$$\dot M = A\psi \sqrt{2\frac{p_0}{v_0}}$$

ist, daraus folgt

$$\frac{dp}{dz} = A\psi \frac{RT_0}{V}\sqrt{2\frac{p_0}{v_0}},$$

wobei in ψ nach Gl. (282) noch der Druck p vorkommt. Durch Trennen der Veränderlichen und Integrieren erhält man für die Zeit, nach der im Behälter der Druck p erreicht wird,

$$z = \frac{V}{ART_0}\sqrt{2\frac{v_0}{p_0}} \int_0^p \frac{1}{\psi}\, dp.$$

Das Integral auf der rechten Seite löst man graphisch, indem man $1/\psi$ über p aufträgt und planimetriert. Für $p < p_s$ ist dabei $\psi = \psi_{max} = $ const einzusetzen. Der Druck im Behälter steigt also bis zum kritischen Wert geradlinig an und erreicht diesen, wie die Ausrechnung zeigt, nach 33,4 min. Danach nimmt der Druck immer langsamer zu.

Wird keine Wärme vom einströmenden Gas an die Behälterwände abgegeben, so erhöht sich die innere Energie $mc_v T_0$ der einströmenden Luft um die an ihr von der Atmosphäre geleistete Verdrängungsarbeit $p_0 v_0 = RT_0$. Im Behälter muß die Luft daher eine höhere Temperatur

$$T_a = \frac{c_v + R}{c_v} T_0 = \varkappa T_0$$

annehmen. Damit wird die Einströmzeit $z_a = z/\varkappa$. Der oben berechnete zeitliche Verlauf des Druckes behält also dieselbe Form, nur die Zeiten sind im Verhältnis $\varkappa$ verkürzt.

Aufgabe 52

Der Wärmedurchgangswiderstand ist nach Gl. (340)

$$R = 3{,}41 \text{ m}^2\text{K/W},$$

und es gehen 8,80 W/m² durch die Wand hindurch.

Aufgabe 53

Die angegebene Gleichung für die Nusselt-Zahl bezieht sich auf die freie Anströmgeschwindigkeit. Der Strömungsquerschnitt ohne Rohre beträgt 2,226 m², die projizierte Rohrfläche 1,176 m². Mit der Kontinuitätsgleichung ergibt sich eine Anströmgeschwindigkeit von $w_0 = w_e A_e/A_0 = 2{,}83$ m/s.

Bei der Bezugstemperatur $\vartheta_m = (325\ °C + 175\ °C)/2 = 250\ °C$ ergeben sich aus Tab. 38 folgende Stoffwerte: Dichte $\varrho = 0{,}6664$ kg/m³, spezifische Wärmekapazität $c_p = 1036$ J/kg K, dynamische Viskosität $\eta = 27{,}45 \cdot 10^{-6}$ Pa · s, Wärmeleitfähigkeit $\lambda = 0{,}04241$ W/Km. Die Reynolds-Zahl errechnet sich zu $Re = 3847$ und die Prandtl-Zahl zu $Pr = 0{,}67$.

Aus der von Hausen angegebenen Gl. (407) für die versetzte Anordnung läßt sich mit $a = b = (0{,}05 + 0{,}056)/0{,}056 = 1{,}893$ und $f_2 = 1{,}369$ nach Gl. (408) unter Berücksichtigung des Korrekturfaktors 0,95 die Nusselt-Zahl zu $Nu = 44{,}44$ berechnen. Aus der Definitionsgleichung der Nusselt-Zahl ergibt sich dann ein Wärmeübergangskoeffizient von $\alpha = 33{,}7$ W/m²K.

Die Reynolds-Zahl im Rohr beträgt $Re = 41\,850$, die Strömung ist also turbulent. Mit Gl. (400) ergibt sich eine Nusselt-Zahl von $Nu = 115{,}5$ und ein Wärmeübergangskoeffizient von $\alpha = 1569$ W/m² K.

Bei Berücksichtigung der Wärmeleitung durch die Stahlrohre ergibt sich ein Wärmestrom von $\Phi = 40 \cdot 1733$ W $= 69\,330$ W. Aus $\Phi = \dot{M} c_p \Delta\vartheta$ und $\dot{M} = \varrho w A$ ergibt sich für das Rauchgas eine Abkühlung von 16 K und für das Wasser eine Erwärmung von 61 K.

Aufgabe 54

Mit Hilfe von Gl. (491), in die man für φ_1 und φ_2 mittlere Werte und für dA_1 und dA_2 die endliche Fläche von Rost und Heizfläche einsetzt, erhält man eine Wärmestromdichte in der Heizfläche allein durch Strahlung von

$$q_{12} = \frac{0{,}95 \cdot 0{,}80}{\pi} \cdot 5{,}77 \cdot 10^{-8}[6{,}122 \cdot 10^{12} - 5{,}005 \cdot 10^{10}]\frac{4}{25} \cdot 0{,}866\ \text{W/m}^2 = 11\,740\ \text{W/m}^2.$$

Namen- und Sachverzeichnis

abgeschlossenes System 4, 40, 41, 177
absolute Temperatur (auch thermodynamische) 14, 116, 130
— Temperaturskala 127, 222
— Entropie 227
Absorption 428, 429, 431
Absorptionszahl 429, 431, 436
—, monochromatische 430, 435
Absorptionskältemaschine 313
Ackeret, J. 275, 338
adiabat 70
adiabate Drosselung 79
— — von Dämpfen 217
adiabate Zustandsänderung 71, 100
Adiabatenexponent 87, 91, 100
adiabater Prozeß 79
ähnliche Strömungsfelder 322
Ähnlichkeitstheorie 381
Ahrendts, J. 465
allgemeiner Kreisprozeß 260
allgemeines Korrespondenzprinzip 238
Allotropie 194, 220
Amagat, E. H. 237
Amagat-Koordinaten 237, 258
Ambrose, D. 197
Ammoniak 91, 96, 194, 195, 197, 213, 221, 224, 313, 314, 465
Ampère 27
Analogie, Reynoldssche 396, 397, 398
Anergie 181
— der Dissipationsenergie 188
— der inneren Energie 181
— einer Wärme 185, 292
— einer Enthalpie 182
Ansatz von Fourier 392
— von Newton 371, 388
Anströmgeschwindigkeit 390
Antoine-Gleichung 220, 469
Antoine-Konstanten 220, 469
Anzapfdampf 308
äquivalenter Durchmesser 400, 416
Arbeit 42, 260
—, Ausdehnungs- 326
— der reversiblen Mischung 177
— der Schubspannungen 166
—, dissipierte 60, 74, 144, 165, 172

—, elektrische 52, 59
—, Hub- 325
—, indizierte 290
—, innere 290
—, magnetische 56, 59
—, maximal gewinnbare 178, 179, 268
—, mechanische 44, 45, 70
—, Reibungs- 325
—, reversible 260
—, technische 73, 79, 181, 268
—, Umwandlung von Wärme in 183
—, Verallgemeinerung des Begriffs der 59
—, Volum- 45, 59
— von Sattdampf 302
— zur Entmischung 177, 187
Arbeitsdruck, mittlerer 291
Archimedes-Zahl 405
assoziierender Stoff 228
Atomwärme 225, 226
Atmosphäre, physikalische 28, 29
—, technische 28, 29
Auftrieb 390, 391
Ausdehnung, thermische 65
Ausdehnungsarbeit 326
Ausdehnungskoeffizient 35, 390
Ausflußfunktion 333
Ausflußziffer 332
ausgebildete Strömung 164, 396
Auspuffvorgang 282, 285, 290
äußere Koordinaten 40
äußerer Totpunkt 318
Austauschgrößen, turbulente 396
Austauschprozeß 10, 116, 138
Avogadro, A. 37
—, Gesetz von 36, 37
— Konstante 38, 51

Baehr, H. D. 61, 92, 96, 201, 268, 465
Bar 28
Barometer 327
Bauer, J. 197
Behältersieden 412
Belpaire 159
Bénard, H. 406
Bénard-Konvektion 406

Bender, E.   201, 466
Benedict, M.   241
Benedict-Webb-Rubin, Zustandsgleichung von   241
Benson-Kessel   304
Benzinmotor   289
Berichtigungsfaktor für Fadenthermometer   21
Bernoullische Gleichung   326, 329
Berthelot, D.   241, 258
Beschleunigung, substantielle   324
Bezugstemperatur   398, 399
Bidard, R.   262, 263
Binder, L.   375
Binder-Schmidt-Verfahren   375
Biot-Zahl   377, 380, 385
Bird, R. B.   230, 241
Blase   409, 410
Blasenabreißdurchmesser   413
Blasenbildung   409
Blasensieden   412, 416
Blasenströmung   416
Blasenverdampfung   411
Blasenwachstum   409
Blasius, H.   394, 395, 398
Blasiussches Widerstandsgesetz   397
Blende   326, 328, 329
boiling number   415
Boltzmann, L.   135
Boltzmannsche Konstante   39, 136, 433
Born, M.   70
Börnstein, R.   93, 240
Boyle-Kurve   203, 236, 237, 258
Boylesches Gesetz   202
Boyle-Temperatur   203
Brennermotor   282
Brennstoff-Luft-Verhältnis   357
Brickwedde, F. G.   222
Brückenschaltung   22
Brush, S. G.   241
Bryan, G. H.   70
Buckingham, E.   384
—, Theorem von   384
Bulktemperatur   399
Bündel, längsangeströmtes   401
—, querangeströmtes   403
Burnett, E. S.   193

Candela   27
Carnot, S.   264
Carnot-Faktor   268
Carnotisierung   308
Carnot-Prozeß   263, 264, 274, 299

Carnotscher Kreisprozeß   263, 264, 274, 299
— —, reversibler   264
— —, thermischer Wirkungsgrad   268
— —, Umkehrung   269
— —, Wirkungsgrad des reversiblen   267
Celsius, A.   14
Celsius-Skala   15
Celsius-Temperatur   15
charakteristische Länge   390
— Temperatur   390
Charatheodory, C.   70
Chebycheff-Polynom   231
Choi, H.   408
Clapeyron, E.   218
Clausius, R.   116, 218
Clausius-Clapeyronsche Gleichung   218, 410
Clausius-Rankine-Prozeß   296, 299, 304
—, Wirkungsgrad des   301, 303
Clausiussche Differentialgleichung   255
Clausiussche Ungleichung   144
Colburn, A. P.   398
Colburn-Gleichung   399
Cole, R.   412
Collier, J. G.   417
Cosinusgesetz, Lambertsches   434
Cranz, C. J.   343, 344
Curiesches Gesetz   57
Curtiss, C. F.   230, 241

Daimler, G.   277
Daltonsches Gesetz   174
Dampf   194, 203, 207, 300, 304
— nahe dem kritischen Zustand   304
—, nasser   200, 300
—, trocken gesättigter   300
—, überhitzter   195, 220, 224, 244, 300
—, unterkühlter   234
Dampfdruckkurve   195, 224
Dampf-Flüssigkeits-Gemische   415
Dampfgehalt   200, 300
—, Strömungs-   414
Dampfkraftanlage   296
— mit Kernreaktor und Sekundärkreislauf   298
— mit nachgeschaltetem Kältemittelkreislauf   312
Dampfmaschine, Umkehrung der   314
Dampfmaschinenprozeß, reversibler   298
Dampftabellen   445
Dampftafel, Internationale   244
Dampfverbrauch   302
D'Ans, J.   227, 240

Daten, kritische 197
Debye, P. J. W. 226
Debye-Temperatur 226
Dehnung 49
de Laval, C. G. P. 339
de Nevers, N. 242
Deuterium 222
diatherm 11
diatherman 429
diatherme Wand 11
Dichte 8
Dichteanomalie 194
Dielektrikum 51
dielektrische Verschiebung 54
Dielektrizitätskonstante des Vakuums 53
Diesel, R. 277
Diesel-Motor 277, 282
—, theoretischer Wirkungsgrad 289
Diesel- oder Gleichdruckverfahren 286
Dieterici, C. 241, 258
Differential, vollständiges 121
Differentialgleichung, Clausiussche 255
—, Fouriersche 374
—, Pfaffsche 123
Differenzengleichung 375
Diffusion 173
Diffusor 355
Difluordichlormethan, R12 313, 315, 415, 467
Difluormonochlormethan, R22 313, 315, 415, 468
dimensionslose Kennzahlen 321, 382, 389, 413, 418, 426
— Koordinaten 351
Diphenyloxid 195, 213, 310
Dipol 228
Dissipation 60
Dissipationsarbeit (auch dissipierte Arbeit) 60, 144
— bei der Drosselung 172
— beim Wärmeübergang 147
— einer Strömung 165
— in offenen Systemen 74
Dissipationsenergie 144, 187
—, Anergie der 188
— bei der Drosselung 172
— bei der Mischung 175
— beim Wärmeübergang 145
dissoziierender Stoff 228
Dritter Hauptsatz 138, 157, 227
Drosselkalorimeter 218, 257
Drosselung 79, 171
—, adiabate 79, 217
—, dissipierte Energie bei der 172
—, Entropiezunahme bei der 172

— idealer Gase 80
—, isotherme 258
— realer Gase 257
Druck 28, 151, 326
—, Arbeits- 291
—, dynamischer 326, 327
—, Gesamt- 326, 327
—, indizierter 291
—, kritischer 196
—, Laval- 334, 339, 340
—, statischer 326, 327, 345, 362
—, Stau- 326, 361, 390
Druckarbeit 74
Druckeinheiten 27, 28, 29
Druckkraft 166
Druckverhältnis, kritisches 333, 335, 340
—, Laval- 333, 335, 340
Druckverlust 397
Druckverlustbeiwert 397
Druckwasserreaktor 297
Druckwelle 343
Dulong, P. L. 225
Dulong-Petitsche Regel 226
Durchflußmessung 328
Durchflußzahl 330
Durchlaßzahl 429
Durchmesser, äquivalenter 400, 416
Düse 326, 328, 331
—, konvergente 331
—, Laval- 339, 344, 350
—, Lorin- 357
—, Venturi- 329
—, verjüngte 331
Dyn 26, 28
dynamische Viskosität 168, 321
dynamischer Druck 326, 327

Eaves, S. K. 313
Eckert, E. 436, 438
effektive Nutzarbeit 291
Egli, M. 316
Eigentemperatur 371
einfaches System 72, 152, 192
Einheiten 25, 27
—, kohärente 28
Einheitensystem, Internationales 26
Einlauf, Nusselt-Zahl im hydrodynamischen und thermischen 398
Einlaufstrecke 322, 396
Einschnürung 328
Einschnürungszahl 329, 332
Einspritzmotor 285
Einspritzverhältnis 286
Einstrahlzahl 442

Namen- und Sachverzeichnis

Eis 220, 224, 421, 436, 438
Eispunkt des Wassers 14, 15, 223
—, Gleichgewicht am 13
Elastizitätsmodul 50
elektrische Feldstärke 52
— Polarisation 54
— Suszeptibilität 54
elektrisches Potential 51, 52
elektrochemische Valenz 51
— Zelle 50
Elementarladung 51
Emission 428, 429, 430, 431
—, streifende 437
Emissionszahl 432, 436
—, Zahlenwerte 437, 438
empirische Temperatur 9, 11
— Temperaturskala 9, 12
Energie 40, 181, 189
—, Anergie der inneren 181
—, Einheit der 26, 27
—, Expansions- 325
—, freie 251
—, innere 62, 63, 69, 70, 252
— —, der idealen Gase 86, 162
— —, der Umgebung 180
— —, kinetische Deutung 63
—, kinetische 44, 63, 325, 330
—, mechanische 43
—, potentielle 44
Energiebilanz 323, 387
Energieerhaltungssatz 323, 381, 389
Energiesatz der Mechanik 44
Energieumwandlungen, zweiter Hauptsatz für 177
Enthalpie 78, 153, 155, 182, 252
—, Anergie einer 182
— der Strömung 330
— eines Stoffstroms 182
—, freie 248
Enthalpienullpunkt 203
Entmischungsarbeit 177, 187
Entropie 116, 117, 121, 130, 135, 138, 141, 247
—, absolute 227
— fester Körper 157, 225
— flüssiger Körper 157
— idealer Gase 155
—, molare, idealer Gase 158
— eines Gemisches idealer Gase 175
Entropiediagramm 159
— idealer Gase 160
Entropieerzeugung 140, 142
Entropienullpunkt 203
Entropieströmung 142
Entropie und Wärme 145

Entzündungstemperatur 283, 286
Erhaltungssatz für Energie 323, 381, 389
— — Impuls 323, 347, 356, 381, 389
— — Masse 323, 381, 389
Ericsson-Prozeß 263, 273, 279
—, Wirkungsgrad 274
Ersatzsystem 4, 75, 76, 81, 188
Erstarren 220, 223
Erstarrungsenthalpie 208
Erstarrungspunkt 18, 19
Erster Hauptsatz 40
— — für geschlossene Systeme 69
— — für instationäre Prozesse 80
— — für offene Systeme 73, 80, 330
— — für stationäre Fließprozesse 73
erweitertes Korrespondenzprinzip 238
Erweiterungsverhältnis 341, 342
erzwungene Konvektion 393, 397, 409, 413, 414, 419
— beim längsangeströmten Bündel 401
— beim querangeströmten Bündel 402, 403
—, zweiphasige 415
exergetischer Wirkungsgrad 191, 268, 292, 481
Exergie 179, 181, 189
— bei der Mischung idealer Gase 186
—, Berechnung der 179
— einer Wärme 182, 185, 268, 292
— eines geschlossenen Systems 179
— eines offenen Systems 181
— eines Stoffstroms 181
Exergieverlust 188, 190, 223, 293, 306, 425
— durch Wärmeübertragung 189, 306
— eines Dampfkraftprozesses 306
Expansionsenergie 325
extensive Zustandsgrößen 7

Faden 21
Fadenthermometer 21
—, Berichtigungsfaktor für 21
— nach Mahlke 21
Fahrenheit-Skala 15
Fallbeschleunigung 25, 26
Fanno-Linie 348
Faraday-Konstante 51
Feld, elektromagnetisches 58
Feldstärke 52, 56
—, elektrische 52
—, magnetische 56
fester Zustand 223, 225
Festpunkte, thermometrische 19
Filmsieden 411, 412
Filmverdampfung 411, 412

Fixpunkt 13, 15, 16
Fixpunkte der Internationalen Praktischen Temperaturskala 16, 17, 18
Fließprozeß, stationärer 73
Fluid 75, 320, 370
—, inkompressibles 164
Flüssigkeit, überhitzte 234
Flüssigkeitsthermometer 19
Förderleistung 295
Fördervolum 294
Formulation, Internationale Dampftafel 244
Fourier, J. B. 374
Fourier-Reihe 374
Fouriersche Differentialgleichung 374
— Wärmeleitgleichung 392
Fouriersches Gesetz 366, 392
Fourier-Zahl 380, 385
Fowler, R. H. 11
Fratzscher, W. 268
freie Energie 251
freie Enthalpie 248
freie Konvektion 404
— — an der senkrechten Platte 407
— — beim Behältersieden 413
— — im horizontalen Hohlraum 405, 406
— — im senkrechten Spalt 405, 407
Freiheitsgrade 5, 67, 225
— der Rotation 67
— der Translation 67
— eines Systems 5
Freistromtemperatur 371
Fried, V. 193
Fundamentalgleichung 152, 153, 192
—, zur Enthalpie gehörende 154, 155
—, Gibbssche 154, 204, 205

Gase 194
—, Arbeit zur Entmischung idealer 187
—, Drosselung idealer 80
—, Drosselung realer 257
—, Entmischung idealer 177, 187
—, Entropiediagram idealer 160
—, Entropie idealer 155
—, Entropie eines Gemisches idealer 175
—, Exergie bei der Mischung idealer 186
—, innere Energie idealer 86, 162
—, kinetische Energie idealer 66
—, spezifische Wärmekapazität idealer 85, 160, 161, 163, 251
—, spezifische Wärmekapazität realer 88, 255
—, Strömung idealer 331

—, thermische Zustandsgleichung idealer 31, 32, 38
—, Zustandsgleichung idealer 31, 32, 38
—, Zustandsgleichung realer 227
Gaskältemaschine 280
Gaskompressor, technischer 293
Gaskonstante 32, 36, 37, 87, 91
—, individuelle 32, 37, 87
—, universelle 38, 39, 87
—, Zahlenwerte 91
Gastheorie, kinetische 67, 88, 136, 227
Gasthermometer 12, 121
Gasturbine 270, 357, 361, 362
Gasturbinenprozeß mit geschlossenem Kreislauf 276
— mit offenem Kreislauf 275
Gay-Lussac, L. J. 86, 135, 162
— und Joule, Versuch von 86, 119, 135, 162, 163, 173, 266
Gefrieren 223
Gegendruck 342
Gegenstrom 421, 424
gemischter Vergleichsprozeß 288
generalisierte Kraft 59
— Verschiebung 59
gerader Verdichtungsstoß 346, 350
Gesamtdruck 326, 327
Gesamtwirkungsgrad 296, 355
geschlossenes System 3, 69
Geschwindigkeit 320
—, Anström- 390
—, Grenz- 347
—, Laval- 339, 350
—, mittlere 320, 322, 323
—, Schall- 335, 348
—, Strahl- 340
Geschwindigkeitsverhältnis 342
Geschwindigkeitsverteilung 320
—, Maxwellsche 63, 151
Geschwindigkeitsziffer 322
Gesetz der übereinstimmenden Zustände 236
— von Avogadro 36, 37
— von Blasius 397
— von Curie 57
— von Dalton 174
— von Fourier 392
— von Hooke 50
— von Kirchhoff 428, 431, 432
— von Lambert 434
— von Newton 168, 170
— von Ohm 368, 369
— von Planck 18, 433
— von Prévost 429
— von Stefan-Boltzmann 434, 436, 439

— von Wien   434
Gewicht   26
Giauque, W. F.   13
Gibbssche   Fundamentalgleichung   154, 204, 205
Gibbsscher Phasenraum   6
Giorgi, G.   26
Gleichdruckmotor   282, 289
Gleichdruckverfahren   286
Gleichgewicht   141, 216
— am Eispunkt   13
—, metastabiles   216
—, stabiles   216
—, thermisches   9, 11
—, thermodynamisches   9
Gleichgewichtszustand   1, 10
Gleichstrom   421, 422
Gleichung von Bernoulli   326, 329
— von Clausius and Clapeyron   218, 410
— von Colburn   399
— von Navier-Stokes   388, 389, 394, 396
—, Wellen-   337
Gleichungen von Maxwell   54, 56, 58
Grammel, R.   106
Grashof-Zahl   391, 405
grauer Körper   435
— Strahler   435
Grenzgeschwindigkeit   347
Grenzkurve   196
Grenzschicht   409
—, laminare   394, 408
—, Temperatur   394
—, turbulente   408
Grenzschichtgleichungen   394
Grigull, U.   244, 368, 419
Gröll, W.   404
Größe, dimensionslose   321, 381, 389, 413, 418, 426, 427
—, wegunabhängige   6
Größengleichungen   25, 29
Grossman, L. M.   416
Grunddimensionen   383
Guggenheim, E. A.   238
Gütegrad   291, 301, 356

Haase, R.   144
Hackl, A.   404
Hadrill, H. F. J.   313
Hakenrohr   327
Hálá, E.   193
halbdurchlässige Wand   176
Hartmann, H.   92
Hartnett, J. P.   400
Häufigkeit   134

Hauptsatz, dritter   138, 157, 227
—, erster   40
— —, für geschlossene Systeme   69
— —, für instationäre Prozesse   80
— —, für offene Systeme   73, 80, 330
— —, für stationäre Fließprozesse   73
—, nullter   11
—, zweiter   112
— —, allgemeine Formulierung   141
— —, andere Formulierungen   143
— —, Anwendung auf Energieumwandlungen   177
— —, Schlußfolgerungen   145
— —, statistische Deutung   131
Hausen, H.   134, 399, 404, 427
Heißluftmaschine   270, 357
Heizflächenbelastung   366, 411
—, kritische   417
Heizung, reversible   269, 316
Heizwert des Kraftstoffes   291
Helligkeit   439
Hencky, K.   22
Hirschfelder, J. O.   230, 241
holographische Interferometrie   400, 409
homogenes System   72
Hookesches Gesetz   50
Hottel, H. C.   443
Hou, Y. C.   242
H,S-Diagramm   159, 211
Hubarbeit   325
Hubvolum   291
hydrodynamisch ausgebildete Strömung   396

idealer Spiegel   429
IFC-Formulation   244
Impuls   137
Impulssatz   323, 347, 356, 381, 389
Impulsstromdichte   347
Indikatordiagram   290, 296
individuelle Gaskonstante   32, 37, 87, 91
indizierte Leistung   296
indizierter Druck   291
Induktion, magnetische   55
inkompressibles Fluid   164
innere Energie   62, 63, 69, 70, 252
— — idealer Gase   86, 162
— — der Umgebung   180
innerer Totpunkt   294
— Wirkungsgrad   355, 359, 360, 362, 363, 364
— Zustand   40
instationärer Prozeß   80
Integrabilitätsbedingung   122

integrierender Nenner 121, 122, 123, 127, 130
Intensität 430
Intensitätsverteilung 433
— der Sonne 433
intensive Zustandsgrößen 7
Interferometrie, holographische 400, 409
intermolekulares Potential 228
Internationale Praktische Temperaturskala 16
— — —, Fixpunkte der 16, 17, 18
Internationales Einheitensystem 27
Inversionskurve 236, 237, 239, 258
Inversionstemperatur 237
Irreversibilität 112
irreversible Vorgänge 114, 115
irreversibler Kreisprozeß 261
Irvine, T. F. Jr. 400
isenthalpe Zustandsänderung 80, 171, 209, 217, 257
Isentrope 100, 104, 147, 215, 331
Isentropenexponent 87, 91, 100
Isobare 98
— Zustandsänderung 98, 214
Isochore 97
— Zustandsänderung 97, 214
Isotherme 13, 98
— Drosselung 258
— Zustandsänderung 98
isothermer Kompressibilitätskoeffizient 35
isothermes Gleichungssystem 238
isotrop 53, 56

Jakob, M. 206
Jischa, M. 408
Joule 26, 27
Joule, J. P. 163
Joule-Prozeß 272, 274
—, Wirkungsgrad 272
Joule-Thomson-Effekt 217, 236, 237, 239, 257
Joule-Thomson-Inversionskurve 236, 237, 239, 258
Joule, Versuch von Gay-Lussac und 86, 119, 135, 162, 163, 173, 266
Justi, E. 93

Kalorie 30, 31
Kalorimeter 193
kalorische Zustandsgleichung 83, 85, 193, 257, 348
— Zustandsgrößen 193, 203, 246
Kaltdampf 270
Kaltdampfmaschine 314

Kälteleistung 270
Kältemaschine 270, 280, 293, 314
—, Leistungsziffer der 270, 316
—, Prinzip der 186
Kältemittelkreislauf, Dampfkraftanlage mit 312
Kaltluftmaschine 270
Kamerlingh Onnes, A. H. 240
Kanal, verjüngter 324
kanonische Zustandsgleichung 153
Kapazität 53
Kapoor, R. M. 242
Keimbildung 414
Keimstelle 411
Keller, C. 275
Kelvin 14, 121
Kelvin, Lord 14
Kennzahlen, dimensionslose 321, 382, 389
Kernreaktor 222, 276, 297, 298, 311
Kessel, Benson- 304
Kestin, J. 197
Kilogramm 25, 26
Kilogrammprototyp 25
Kilopond 26, 28
kinematische Viskosität 321, 396
kinetische Energie 44, 63
— — idealer Gase 66
— Gastheorie 67, 88, 136, 227
— Theorie der Wärme 63, 65
Kirchhoff, Gesetz von 428, 431, 432
Knoblauch, O. 22, 205, 206
Koch, W. 206
Kochsche Zustandsgleichung für Wasserdampf 243
Koenemann 313
kohärente Einheiten 28
Kohäsionsdruck 232
Kohlendioxid 194, 208, 213, 241, 274, 314
—, Dampfdruckkurve 195, 221, 466
—, Diagramme 203, 209, 236
—, Stoffdaten 91, 93, 95, 158, 197, 466
Kohlenwasserstoffe, chlorierte 310
—, fluorierte 310
Kolbenströmung 400
Kompensationsschaltung 23
Kompressibilitätskoeffizient, isothermer 35
Kompressionsarbeit 109
Kompressor 107, 293
—, günstigster Zwischendruck 317
Kondensation 409, 417, 424
— an der senkrechten Platte 417
—, Tropfen- 419
konservatives Kraftfeld 45
Konstante, Avogadro- 38, 51
—, Boltzmannsche 39, 136, 433

—, Strahlungsaustausch- 439, 441
Kontinuitätsgleichung 323, 329, 340, 388
Konvektion 386
—, Bénard- 406
—, dreidimensionale 387
—, erzwungene 393, 397, 409, 413, 414, 419
— —, beim längsangeströmten Bündel 401
— —, beim querangeströmten Bündel 402, 403
— —, zweiphasige 415
—, freie 404, 409, 411, 412
— —, an der senkrechten Platte 407
— —, beim Behältersieden 413
— —, im horizontalen Hohlraum 405, 406
— —, im senkrechten Spalt 405, 407
—, Mikro- 414
—, Wärmeübertragung durch 365, 386
Koordinaten 4, 5, 6
—, äußere 40
—, dimensionslose 351
—, makroskopische 3
Koordinatensystem 5
Kopfwelle 343
Körper, grauer 435
—, schwarzer 137, 429, 431, 432
Korrespondenzparameter 238
Korrespondenzprinzip, allgemeines 238
—, erweitertes 238
Korrespondenzpunkte 239
Kovolum 232
Kraft 42
—, generalisierte 59
Kraft, R. 241
Kraftfeld, konservatives 45
Kraftstoffverbrauch, spezifischer 291
Kraft-Wärme-Kopplung 304
Kreisprozeß 260
—, allgemeiner 260
—, Carnotscher 263, 264, 269
—, elementarer 249
—, irreversibler 261
—, reversibler 260
—, thermischer Wirkungsgrad eines 261
—, Zustandsänderung beim 262
Kreuzstrom 421, 425
kritische Daten einiger Stoffe 197
— Heizflächenbelastung 417
— Reynolds-Zahl 322
— Temperatur 196
— Wärmestromdichte 411, 416
kritischer Druck 196
— Punkt 195, 196, 399
kritisches Druckverhältnis 333, 335, 340

— Volum 196
Kühne, H. 428
Kwong, J. N. S. 241, 258

Lambertsches Cosinusgesetz 434
laminare Strömung 164, 320, 388, 395, 396, 397, 398, 419
— Grenzschicht 394, 408
Landolt, H. 93, 240
Landolt, M. 29
Landolt-Börnstein 93, 240
Länge, charakteristische 390
längsangeströmte Platte 393
Längsteilungsverhältnis 404
Laval-Druck 334, 339, 340
— Druckverhältnis 333, 335, 340
— Düse 339, 344, 350
— Geschwindigkeit 339, 350
Lax, E. 227, 240
Leistung 73, 145, 291, 356, 361
—, Einheit der 27, 28
—, indizierte 296
Leistungsziffer der Kältemaschine 270, 281, 316
— der Wärmepumpe 317
Leitung, Wärmeübertragung durch 365
Lennard-Jones, J. E. 230
Lennard-Jones-Potential 230
Lichtgeschwindigkeit 53, 433
Liefergrad 317, 319
logarithmisch gemittelte Temperatur 424
Lord Kelvin 14
Lorin-Düse 357
Loschmidt-Zahl 38
Lucas, K. 239
Luft 194
—, Stoffdaten 91, 93, 95, 96, 158, 197, 202, 203, 420
Luftstrahlantrieb 355
Luftverdichter 108, 293
— technischer 293

Machscher Winkel 343
Mach-Zahl 363
magnetische Feldstärke 56
— Induktion 55
— Permeabilität 56
— Suszeptibilität 57
Magnetisierung 55, 57
Mahlke, A. 21
—, Fadenthermometer nach 21
makroskopische Koordinaten 3
Makrozustand 131, 138

Martin, J. J. 242
Martin, O. 310
Martinelli-Parameter 415, 416
Maschine 261
—, Gütegrad einer 291
Masse 25, 26, 27
Massenerhaltungssatz 323, 381, 389
Maßstabsfaktor 393
Maßsysteme 25
matte Oberfläche 429
maximale Arbeit 179, 181, 189
Maxwell-Relation 155, 162
Maxwellsche Geschwindigkeitsverteilung 63, 151
— Gleichungen 54, 56, 58
Maybach, W. 277
Mayinger, F. 412
McGlashan, M. L. 238
Mechanik, Energiesatz der 44
mechanische Arbeit 44, 45, 70
— Energie 43
mechanischer Wirkungsgrad 296
Meijer, R. J. 277
Mengenmessung 328
metastabiles Gleichgewicht 216
Methylchlorid 197, 213, 315
Mikrokonvektion 414
Mikrozustand 131, 137
Mischung 173
—, Arbeit zur reversiblen 177
— idealer Gase, Exergie bei der 186
Mischungskalorimeter 90
Mischungsregel 90
Mischungstemperatur 90
mittlere Geschwindigkeit 320, 322, 323
— Molwärme 94
— Nusselt-Zahl 408
— spezifische Wärmekapazität 89
— Temperaturdifferenz 424, 425
mittlerer Arbeitsdruck 291
Moderator 222
Modifikation 194, 220, 227
Mol 27, 28, 37
molare Wärmekapazität 87, 90, 91, 92
— —, mittlere 94
— Zustandsgrößen 8
molekulare Wärmeleitung 386
Mollier, R. 85, 159
Mollier-Diagramm 85, 159, 348
Molmasse 8, 37, 91
Molmenge 8, 37
Molvolum 38
— der idealen Gase 39
Molwärme 87, 90, 91, 92, 225
—, mittlere 94

monochromatische Absorptionszahl 430, 435
Monofluortrichlormethan, R11 315, 466
Morsy, T. E. 228, 229
Motor, Benzin- 289
—, Brenner 282
—, Diesel- 282, 289
—, Einspritz- 285
—, Gleichdruck 282
—, Otto- 277, 282, 289
—, Philips- 277
—, Stirling- 277
—, Verbrennungs- 282
—, Vergaser- 284
—, Verpuffungs- 282
—, Zünder- 282
Mündung 331
Münster, A. 37
Murphy 222
Mutterteilungen für Quecksilberthermometer 20

Nachverbrennung 364
Nahewirkungstheorie 55
Naßdampf 200, 207
natürlicher Prozeß 115
Navier-Stokes-Gleichungen 388, 389, 394, 396
Nenner, integrierender 121, 122, 123, 127, 130
Nernstsches Wärmetheorem 136, 138, 153, 157
Newton 26, 27, 28
Newton, I. 371, 388
Newtonscher Ansatz 371, 388
— Schubspannungsansatz 168, 388
Newtonsches Gesetz der Wärmeleitung 170
— Wärmeübergangsgesetz 388
nichtstationäre Wärmeleitung 374
nichtstatische Zustandsänderung 48, 62
nichtumkehrbarer Prozeß 114, 115, 141, 163
Nichtumkehrbarkeiten, Verluste durch 187
Nicolsches Prisma 25
Normalgerät 18
Normalstoff 228
Normgewicht 26
normierte Form der van-der-Waalsschen Gleichung 235
— Zustandsgrößen 229, 235
Normkubikmeter 39
Nukijama, S. 411
Nukijama-Kurve 411
Nullpunkt der Enthalpie 203

Namen- und Sachverzeichnis 505

— der Entropie 203
nullter Hauptsatz 11
Nusselt, W. 249, 252, 256, 396, 417, 426, 427
Nusseltsche Wasserhauttheorie 417
Nusselt-Zahl 392, 396, 413, 418
— beim Blasensieden 413
— beim Kondensieren 418
— für ausgebildete laminare Strömung längs einer Platte 396
— im hydrodynamischen und thermischen Einlauf 398
—, mittlere 408
—, örtliche 403, 408, 418
—, Plug- 400
Nutzarbeit 49
—, effektive 291
Nutzleistung bei Luftstrahlantrieben 356, 361
Nutzwirkungsgrad 291

Oberfläche, matte 429
—, spiegelnde 429
—, technische, Strahlung der 435
Oberflächenfilm 50
Oberflächenspannung 50, 410, 414
offenes System 3, 73, 80, 181, 330
Öffnungsverhältnis 329
Ohmsches Gesetz 368, 369
örtliche Nusselt-Zahl 403, 408, 418
Ostwald, W. 2
Otto-Motor 277, 282
—, theoretischer Wirkungsgrad 289
—, Verdichtungsverhältnis 289
Otto- oder Verpuffungsverfahren 284

Parallelströmung 320
Pascal 28
Pawlowski, J. 383
Péclet-Zahl 391
Permeabilität 56
Petit, A. T. 225
Pfaffsche Differentialgleichung 123
phänomenologische Thermodynamik 192, 238
Phase 194
Phasenraum, Gibbsscher 6
Philips-Motor 277
physikalische Atmosphäre 28, 29
Pick, J. 193
Pitotrohr 327
Planck, M. 116, 127, 137, 138
Plancksches Strahlungsgesetz 18, 433

— Wirkungsquantum 89, 137, 433
Plank, R. 134, 222, 240
Platte, längsangeströmte 393
—, senkrechte 417
Plattenkondensator 51
Plug-Nusselt-Zahl 400
Pohl, H.-Chr. 92
Poise 321
polarer Stoff 228
Polarisation 51, 53, 54
Polarisationseffekt 228
Polarkoordinaten 125
polytrope Zustandsänderung 103
Potential 51, 52, 153, 228
—, elektrisches 51, 52
—, intermolekulares 228
—, thermodynamisches 153
potentielle Energie 44
Pound-mass 26
praktische Temperaturmessung 19
Praktische Temperaturskala, Internationale 16
Prandtl, L. 327, 349, 394
Prandtl-Analogie 419
Prandtlsches Staurohr 326, 327
Prandtl-Zahl 391, 419
Prast, G. 281
Prausnitz, J. M. 241, 242
Preßluftmaschine 111
Preußer, P. 413
Prévost, P. 429
—, Gesetz von 429
Prinzip der übereinstimmenden Zustände 229
Propeller 355
Prozeß 148, 190
—, adiabater 79
—, Carnot- 263, 264, 274, 299
—, Clausius-Rankine- 296, 299, 301, 303, 304
—, Ericsson- 263, 273, 279
—, instationärer 80
—, irreversibler 114, 115, 141, 148
—, isothermer 146
—, Joule- 272, 274
—, natürlicher 115
—, nichtumkehrbarer 114, 115, 141, 163
—, quasistatischer 148, 151
—, Quecksilber-Wasserdampf- 311
—, reibungsbehafteter 163
—, reversibler 113, 115, 141, 151, 185, 260
—, reversibler Dampfmaschinen- 298
—, stationärer 73
—, Stirling- 277, 280, 293
—, thermodynamischer 260

—, umkehrbarer 113, 115, 141
Prozeßgrößen 149
Punkt, kritischer 195, 196, 399
p,v,T-Diagramme 194

Quantenstoff 228
Quantentheorie 89, 136, 137
quasistatische adiabate Zustandsänderung 100
— Zustandsänderung 48, 62
Quecksilber 19, 194, 195, 197, 213, 221, 420
— in Kraftanlagen 310
Quecksilberthermometer 20
Quecksilber-Wasserdampf-Prozeß 311
Querstrom 422
Querteilungsverhältnis 404

Raisch, E. 206
Randwinkel 413
Rankine-Prozeß 263, 264
Rankine-Skala 15
Rant, Z. 179, 181
Rathmann, D. 197
Raum, schädlicher 294
Raumwinkel 27, 434
Rayleigh-Linie 348
reale Gase, Drosselung 257
— —, spezifische Wärmekapazität 88
— —, Zustandsgleichung 227
Realgasfaktor 193, 201, 229, 239
— für Luft 202
Redlich, O. 241, 258
Redlich-Kwong, Zustandsgleichung von 241, 258
Reflexionszahl 429
Reibungsarbeit 61, 325
reibungsbehaftete Strömung 164
reibungsbehafteter Prozeß 163
Reibungsbeiwert 395
Reid, R. C. 241, 242
reversible Heizung 269, 316
— Vorgänge 112
reversibler Dampfmaschinenprozeß 298
— Kreisprozeß 260
Reynoldssche Analogie 396, 397, 398
Reynolds-Zahl 321, 322, 390, 415, 419
—, kritische 322
Richtungsverteilung der Strahlung schwarzer Körper 434
— — — technischer Oberflächen 436, 437
Ringströmung 416
Rohrleitungen, Strömung in 79

Rohrschale 368
Rohrströmung, laminare 397
Rohsenow, W. M. 408
Rossini, F. D. 93
Rotation, Freiheitsgrade der 67
Rothe, R. 6
Rötzel, W. 428
Rubin, L. C. 241

Sarofim, A. F. 443
Sattdampf, Arbeit von 302
Sattdampfmaschine 297
Sättigungszustand 195
Schade, H. 164
schädlicher Raum 294
Schallgeschwindigkeit 335, 348
scheinbare Wärmeleitfähigkeit 406
schiefer Verdichtungsstoß 351
Schleppkraft 321
Schlierenaufnahme 338
— einer Kopfwelle 344
Schlünder, E. U. 398
Schmelzdruckkurve 224
Schmelzen 220
Schmelzenthalpie 220, 224
Schmelzpunkt 18, 19
Schmelztemperatur 221
Schmidt, E. 244, 346, 368, 375, 436, 438
Schmierstoffverbrauch, spezifischer 291
Schomäcker, H. 92
Schraubenpropeller 356
Schrock, V. E. 416
Schubrohr 355, 357
Schubspannung 164, 321, 325, 395
Schubspannungsansatz von Newton 168, 388
Schubstrahl 361
Schulz, S. 466
schwarzer Körper 137, 429, 431, 432
— —, Strahlung des 432
Schwefeldioxid 194, 241
—, Dampfdruckkurve 195, 221
—, Stoffdaten 91, 93, 95, 158, 197
schweres Wasser 222
Schwier, K. 96, 201
semipermeable Wand 176
Sengers, J. V. 197
Senkin, J. 241
senkrechter Verdichtungsstoß 346
Sherwood, T. K. 241, 242
Sieden, stilles 414, 416
—, Wärmeübergang beim 409
Siedepunkt 15, 18, 19

Siedewasserreaktor 297
Siedezahl 415
SI-Einheiten 26, 27
Sievers, U. 466
Skala, Celsius- 15
—, Fahrenheit- 15
—, Rankine- 15
—, thermodynamische 15
Sonne, Intensitätsverteilung der 433
Spalt, horizontaler 405, 406, 407
—, senkrechter 405, 407
Spannung 49
Spannungskoeffizient 35
Speisewasservorwärmung 308
Spencer, R. C. 197
spezifische Wärmekapazität 83, 84, 87, 153, 247, 255
— — am kritischen Punkt 206
— — bei konstantem Druck 84, 153, 161
— — bei konstantem Volum 83, 153, 160
— — fester Körper 225
— — idealer Gase 85, 160, 161, 163, 251
— —, mittlere 89
— — realer Gase 88, 255
— — von Eis 224
— — von Luft 96
— — von luftfreiem Wasser 85
— — von Wasser 465
spezifische Zustandsgrößen 7
spezifischer Kraftstoffverbrauch 291
— Schmierstoffverbrauch 291
— Wärmeübergangswiderstand 372
spezifisches Volum 7
Spiegel, idealer 429
spiegelnde Oberfläche 429
Stab, elastischer 49
stabiles Gleichgewicht 216
Stanton-Zahl 392
stationäre Strömung 320
— Wärmeleitung 366
stationärer Fließprozeß 73
— Prozeß 73
statischer Druck 326, 327, 345, 362
— Zustand 61
statistische Thermodynamik 228, 238
Staudruck 326, 361, 390
Staupunkt 327, 402
Staurohr, Prandtlsches 326, 327
Stefan-Boltzmannsches Gesetz 434, 436, 439
Stephan, K. 222, 398, 413
Stickstoff 194, 241, 429
—, Dampfdruckkurve 195, 221
—, Stoffdaten 91, 92, 95, 158, 197, 230
Stille, U. 25

stilles Sieden 414, 416
Stirling, R. 277
Stirling-Kältemaschine 280, 281
— —, Leistungsziffer der 281
— Motor 277
— Prozeß 277, 293
— —, Wirkungsgrad des 280
— —, Umkehrung des 280
Stodola, A. 344, 345, 351
Stoff, assoziierender 228
—, dissoziierender 228
—, Normal- 228
—, polarer 228
—, Quanten- 228
Stoffmenge 36, 37, 39
Stoffstrom, Exergie eines 181
Stokes 321
Stoßfront 346
Strahlablösung 344
Strahleinschürung 329
Strahler, grauer 435
—, schwarzer 432
Strahlgeschwindigkeit 340
Strahltriebwerk 355, 361, 362
Strahlung 428
— des schwarzen Körpers 432
— technischer Oberflächen 435
—, Wärmeaustausch durch 438
—, Wärmeübertragung durch 365
Strahlungsaustausch 438
Strahlungsaustauschkonstante 439, 441
Strahlungsgesetz, Plancksches 18, 433
Strahlungsthermometer 25
Straub, D. 238, 239
Strömung 79, 164, 320, 396
—, ausgebildete 164, 396
— durch Kanäle 320
—, Dissipationsarbeit einer 165
—, Enthalpie der 330
— idealer Gase 331
— in Rohrleitungen 79, 164
—, kinetische Energie der 330
—, Kolben- 400
—, laminare 164, 320, 388, 395, 396, 397, 398, 419
—, Parallel- 320
—, reibungsbehaftete 164
—, stationäre 320
—, turbulente 164, 320, 321, 398, 419
Strömungsdampfgehalt 414
Strömungsfelder, ähnliche 322
—, einfache 389
Strömungsmitteltemperatur 371
Sublimation 220
Sublimationsdruckkurve 224

Sublimationsenthalpie 224
substantielle Beschleunigung 324
Suszeptibilität, elektrische 54
—, magnetische 57
System 3
—, abgeschlossenes 4, 40, 41, 147, 177
—, adiabates 70
—, einfaches 72, 152, 192
—, Freiheitsgrade eines 5
—, geschlossenes 3, 69, 179
—, homogenes 72
—, Koordinaten eines 4, 5, 6
—, offenes 3, 73, 80, 181, 330
—, thermodynamisches 3, 5
—, Zustand des 5
Systemgrenze 3

Takt 282
technische Arbeit 73, 79, 181, 268
— Atmosphäre 28, 29
— Oberfläche, Strahlung der 435
technischer Gaskompressor 293
— Luftverdichter 293
Teilungsverhältnis, Längs- 404
—, Quer- 404
Temperatur 9
—, absolute (auch thermodynamische) 116, 130
—, Bezugs- 398, 399
—, Bulk- 399
—, charakteristische 390
—, dimensionslose 380
—, Eigen- 371
—, empirische 9, 11, 118
—, Freistrom- 371
—, grenzschicht 394
—, kritische 196
—, logarithmisch gemittelte 424
—, Strömungsmittel- 371
—, thermodynamische (auch absolute) 14, 118, 151
Temperaturdifferenz, mittlere 424, 425
Temperaturleitfähigkeit 374, 396, 397
Temperaturmessung, praktische 19
Temperaturskala, absolute (auch thermodynamische) 127, 222
—, empirische 9, 12
—, Internationale Praktische 16
—, thermodynamische (auch absolute) 14
Theorem von Buckingham 384
Theorie der Wärme, kinetische 63, 65
thermisch ausgebildete Strömung 396
thermische Ausdehnung 65

— Zustandsgleichung 32, 33, 153, 193, 246, 257
— — idealer Gase 31, 32, 38
— Zustandsgrößen 193
thermischer Wirkungsgrad 261, 268
thermisches Gleichgewicht 9, 11
Thermodynamik, phänomenologische 192, 238
—, statistische 228, 238
thermodynamische Prozesse 260
— Temperatur 14, 118, 151
— Temperaturskala 14, 15
— Wahrscheinlichkeit 131, 133, 135, 136
thermodynamischer Prozeß 260
thermodynamisches Gleichgewicht 9
— Potential 153
— System 3, 5
Thermoelement 23, 24
Thermokraft 24
Thermometer 12, 19, 118, 441
—, Berichtigungsfaktor für 21
thermometrische Festpunkte 19
Thermostatik 2
Thompson, Ph. A. 197
Thomson, W. 14
Thomson-Joule-Effekt 217, 236, 237, 239, 257
Tieftemperaturerzeugung 280
Torr 28, 29
Totpunkt, äußerer 318
—, innerer 294
Trägheitskraft 321
Translation, Freiheitsgrade der 67
Tripelpunkt 13, 18, 19, 195, 223
— des Wassers 13, 14, 15, 121, 223
Trockengehen der Wand 417
Tropfenkondensation 419, 420
Truesdell, C. 145
T,S-Diagramm 145, 159, 264
Turbine 296
Turbinenstrahlantrieb 360
turbulente Austauschgrößen 396
— Grenzschicht 408
— Strömung 164, 320, 321, 398, 419

überhitzte Flüssigkeit 234, 409
Überhitzung 303, 409
Übersättigung 216
Überströmversuch 86, 119, 135, 162, 163, 173, 266
Umgebung 3
—, Einfluß der, auf Energieumwandlungen 177
—, innere Energie der 180

Ungleichung, Clausiussche 144
universelle Gaskonstante 38, 39, 87
Unterkühlung 216, 234, 409
Urey, H. C. 222

Valenz, elektrochemische 51
van der Waals, J. D. 232
van-der-Waalssche Zustandsgleichung 232, 235
van-der-Waalssches Gas 236
— Gesetz der übereinstimmenden Zustände 236
van Stralen, S. 412
van t'Hoff, J. H. 176
Venturidüse 329
Verbrennungsmotor 282
Verbrennungsturbine 360
Verdampfung 194, 409, 424
Verdampfungsenthalpie 204, 224, 300
Verdampfungsentropie 205
Verdampfungswärme 205
Verdichter 107, 293
Verdichtungsarbeit 109
Verdichtungsstoß 346
—, gerader 346, 350
—, schiefer 351
—, senkrechter 346
Verdichtungsverhältnis 285
Verdrängungsdicke 395
Verformung 166
Vergasermotor 284
Vergleichsprozeß, gemischter 288
Verhältnis, Brennstoff-Luft- 357
—, Längsteilungs- 404
—, Querteilungs- 404
Verluste durch Nichtumkehrbarkeiten 187
Verpuffungsmotor 282, 289
Verpuffungsverfahren 284
Verschiebearbeit 47, 77, 108
Verschiebung, dielektrische 54
—, generalisierte 59
Verschiebungsgesetz, Wiensches 434
Versuch von Gay-Lussac und Joule 86, 119, 135, 162, 163, 173, 266
Viertaktverfahren 282
Vilim, O. 193
Virialgleichung 229
Virialkoeffizient 230, 239
Viskosität 168, 321
—, dynamische 168, 321
—, kinematische 321, 396
vollständiges Differential 121
Volt 27
Volum 2

—, kritisches 196
—, spezifisches 7
Volumarbeit 45, 71, 146
Vorgänge, irreversible 114, 115
—, nichtumkehrbare 114, 115
—, reversible 112, 115
—, umkehrbare 112, 115
Vortriebswirkungsgrad 355
Vorwärmung, Speisewasser- 308

Wagmann, D. D. 93
Wahrscheinlichkeit, thermodynamische 131, 133, 135, 136
Waibel, R. 193
Wand, diatherme 11
—, ebene 368, 370, 373
—, halbdurchlässige oder semipermeable 176
—, zylindrische 368, 373
Wärme 67, 70, 260, 366
—, Anergie einer 185, 292
—, Exergie einer 182, 185, 268, 292
—, kinetische Theorie der 63, 65
—, Umwandlung in Arbeit 183
Wärmeaustausch durch Strahlung 438
Wärmedurchgang 370, 372
Wärmedurchgangskoeffizient 373, 421
Wärmekapazität 83, 153
—, mittlere molare 94
—, mittlere spezifische 89
—, molare 87, 90, 91, 92
—, spezifische 83, 84, 87, 247, 255
— —, am kritischen Punkt 206
— —, bei konstantem Druck 84, 153, 161
— —, bei konstantem Volum 83, 153, 160
— —, der Polytrope 105
— —, des überhitzten Wasserdampfes 206
— —, fester Körper 84, 225
— —, idealer Gase 85, 160, 161, 163, 251
— —, realer Gase 88, 255
— —, von Eis 224
— —, von Luft 96
— —, von luftfreiem Wasser 85
— —, von Wasser im idealen Gaszustand 465
Wärmekapazitätsstrom 422
Wärmekraftmaschine 186
Wärmeleitfähigkeit 170, 366
— einiger Stoffe 367, 368
—, scheinbare 406
Wärmeleitung 169, 365
—, dissipierte Energie bei der 170
—, dreidimensionale molekulare 387
—, molekulare 386

—, Newtonsches Gesetz der 170
—, nichtstationäre 374
—, stationäre 366
Wärmeleitwert 382
Wärmeleitwiderstand 368
—, spezifischer 368
Wärmepumpe 270, 282, 293, 304, 316
—, Prinzip der 186
Wärmestrahlung 428
Wärmestrom 366
Wärmestromdichte 366, 412
—, kritische 411, 416
Wärmeströmung, dreidimensionale 378
Wärmetheorem, Nernstsches 136, 138, 153, 157
Wärmetönung 90, 227
Wärmeträger 213
Wärmetransport 407
— im horizontalen Hohlraum 407
— im senkrechten Spalt 407
Wärmeübergang 370
— beim Kondensieren 417
— beim Sieden 409
Wärmeübergangsgesetz, Newtonsches 388
Wärmeübergangskoeffizient 371, 388, 412
—, gemittelter 418
—, örtlicher 418
Wärmeübergangswiderstand 372
—, spezifischer 372
Wärmeübertrager 421
Wärmeübertragung 365, 381
— beim Kondensieren 409, 417
— beim Sieden 409
— durch Konvektion 365, 386
— durch Leitung 365
— durch Strahlung 365, 428
—, Exergieverlust durch 189
— im Gegenstrom 421, 424
— im Gleichstrom 421, 422
— im Kreuzstrom 421, 425
Wärmewiderstand einer Wasserhaut 417
Wasser 194, 198, 203, 299, 413, 415, 420, 469
—, absolute Entropie 227
—, Dampfdruckkurve 195, 221, 445
—, Dampftabellen 445
—, Eispunkt 14
—, Emissionszahl 438
—, h,p-Diagramm 208
—, h,s-Diagramm 211, 212
—, h,t-Diagramm 207
—, kritischer Punkt 196, 197
—, molare Entropie 158
—, p,t-Diagramm 200
—, p,v-Diagramm 195

—, pv/T,t-Diagramm 201
— Schmelzenthalpie 190, 220, 224
—, schweres 222
—, Siedepunkt 15
—, spezifische Wärmekapazität des Eises 224
— — —, des überhitzten Dampfes 206
— — —, und Enthalpie im idealen Gaszustand 465
— — —, von luftfreiem 85
—, Tripelpunkt 13, 14, 121, 223
—, t,s-Diagramm 209, 210, 211, 213, 225
—, t,v-Diagramm 199
—, Verdampfungsenthalpie 219, 445
—, Zustandsgleichungen des Dampfes 242
Wasserbremse 107
Wasserdampftafeln 30, 445
Wassereinspritzung 364
Wasserhaut-Theorie, Nusseltsche 417
Watt 27, 28
Watt, J. 277
Webb, G. B. 241
wegunabhängige Größen 6
Wellenarbeit 73
Wellengleichung 337
Wheatstonesche Brücke 22
Widerstandsgesetz von Blasius 397
Widerstandsthermometer 22
Wiensches Verschiebungsgesetz 434
Wilhoit, R. C. 469
Winkel 27
—, Machscher 343
Winkelgeschwindigkeit 73
Wirkdruck 330
Wirkungsgrad 290
— des Diesel-Motors 289
— des Ericsson-Prozesses 274
— des Gleichdruckverfahrens 287, 288
— des Joule-Prozesses 272
— des Otto-Motors 285, 289
— des reversiblen Carnotschen Kreisprozesses 267
— des Schubrohres 359
— des Stirling-Prozesses 280
— des Verpuffungsverfahrens 285, 289
—, exergetischer 191, 268, 292, 306, 481
—, innerer 291, 306, 355, 360
—, thermischer 261, 268, 291
—, thermodynamischer 306
Wirkungsgrad des Clausius-Rankine-Prozesses 301, 303
— der Maschine 301
—, effektiver 301
—, mechanischer 301

—, thermischer, des theoretischen Prozesses 301
—, thermischer, des wirklichen Prozesses 301
Wirkungsgrad des Luftstrahlantriebs 355
—, äußerer 355
—, Gesamt- 355
—, innerer 355, 359, 360, 362, 363, 364
—, thermodynamischer 355
—, Vortriebs- 355
Wirkungsgrad des Motors 291
—, effektiver 291
—, indizierter 291
—, innerer 291
—, mechanischer 291
—, thermischer 291
Wirkungsgrad des Verdichters 296
—, gesamter 296
—, indizierter 296
—, mechanischer 296
Wirkungsquantum, Plancksches 89, 137, 433
Wohl, A. 240

Zähigkeitskraft 321
Zelle, elektrochemische 50
Zinkchloriddiammoniak 313
Zündung 282
Zustand 5
—, fester 223, 225
—, innerer 40
—, instabiler 216, 234, 409
—, metastabiler 216, 234
—, Sättigungs- 195
—, stabiler 216, 234
—, statischer 61
Zustände, Gesetz der übereinstimmenden 236
—, Prinzip der übereinstimmenden 229
Zustandsänderung 5, 147
—, adiabate 71, 147, 215
— bei Kreisprozessen 262
—, idealer Gase 97
—, irreversible 147
—, isenthalpe 80, 171, 209, 217, 257
—, isentrope 148
—, isobare 98, 104, 214
—, isochore 97, 104, 214
—, isotherme 98, 104
—, nichtstatische 48, 62

—, polytrope 103
—, quasistatische 48, 62
—, quasistatische adiabate 100, 104
—, reversible adiabate 100, 104, 147, 215
—, reversible 147
— von Dämpfen 214
Zustandsfunktion 6
Zustandsgleichung 6, 192, 230
— für überhitzten Dampf 244
—, kalorische 83, 85, 193, 257, 348
—, kanonische 153
— realer Gase 227
—, thermische 32, 33, 153, 193, 246, 257
— —, idealer Gase 31, 33, 38
— von Benedict-Webb-Rubin 241, 259
— von Berthelot 241, 258
— von Clausius 242
— von Dieterici 241, 258
— von Eichelberg 242
— von Kamerlingh Onnes 240
— von Koch 243
— von Koch, erweiterte 243, 259
— von Martin-Hou 242
— von Mollier 242
— von Plank 240
— von Redlich-Kwong 241, 258
— von van der Waals 232, 235, 258
— von Wohl 240
Zustandsgrößen 6, 149, 192, 207
—, extensive 7
—, intensive 7
—, kalorische 193, 203, 246
—, molare 8
—, normierte 229, 235
—, spezifische 7
—, thermische 193
— von Dämpfen 203, 207
Zwangskonvektion 393, 414, 419
—, zweiphasige 415
zweiphasige Zwangskonvektion 415
Zweitaktverfahren 282
Zweiter Hauptsatz 112
— —, allgemeine Formulierung 141
— —, andere Formulierungen 143
— —, Anwendung auf Energieumwandlungen 177
— —, Schlußfolgerungen 145
— —, statistische Deutung 131
Zwischenüberhitzung 307
Zwolinski, B. J. 469